ibo Schriftenreihe

Band 9

Dr. Guido Fischermanns

Praxishandbuch Prozessmanagement

6. völlig neu bearbeitete Auflage

Verlag Dr. Götz Schmidt, Gießen

ISBN 3 921 313 686

Vorwort

Im Prozessmanagement gibt es zwei grundsätzliche Vorgehensweisen, Business Process Reengineering (BPR) für fundamental neue Lösungen und Kaizen für kontinuierliche Verbesserungen. Während die letzten Auflagen mehr oder wenig behutsam überarbeitet wurden, war es nun an der Zeit, eher das Reengineering zu wählen. Folgende grundsätzlichen Neuerungen sind in der nun vorliegenden Auflage enthalten

- Der „rote Faden" des Buches wurde grundsätzlich überarbeitet. Mit der „Strategischen Prozessorganisation", „Prozessgestaltung", „Kontinuierlichen Prozessoptimierung" und dem „Prozessmanagement" werden vier in sich geschlossene Konzepte zum Verändern und Erhalten der Prozessorganisation vorgestellt.
- Dem Prozesslebenszyklus folgend wird den vier aufeinander aufbauenden Konzepten mit dem ibo-Prozessfenster das entsprechende Orientierungsmodell gegeben.
- Alle Methoden und Techniken werden an einem neuen durchgehenden Fallbeispiel erklärt.
- Inhalte der früheren Auflagen „Grundlagen der Ablauf- bzw. Prozessorganisation" wurden soweit sie noch zeitgemäß waren in die neuen Konzepte integriert. Alle übernommenen Werkzeuge, vor allem die Modellierungs- und Analysetechniken, wurden einem grundsätzlichen „facelifting" unterzogen.
- Am Ende des Buches zeigen vier Praxisfälle aus verschiedenen Branchen, wie die Konzepte des ibo-Prozessfensters in der Realität umgesetzt wurden.
- All diesen Neuerungen wird mit dem neuen Titel „Praxishandbuch Prozessmanagement" Rechnung getragen.

Neben den inhaltlichen Änderungen ist nun auch die Autorenschaft ganz auf mich übergegangen. Meinem bisherigen Mitautor Wolfgang Liebelt war es aus beruflichen und privaten Gründen nicht möglich, bei der grundlegenden Neuauflage mitzuwirken. Diese Entscheidung fiel ihm sehr schwer, schließlich war er Autor der ersten Stunde zum Thema Ablauf- bzw. Prozessorganisation. Seine bereits vor 25 Jahren entwickelten Ideen und Techniken flossen in viele spätere Veröffentlichungen rund um das Thema Prozessmanagement ein. Ich danke ihm an dieser Stelle ganz herzlich für all die wichtigen Impulse und Gedanken, die er in der langjährigen Zusammenarbeit eingebracht hat.

Ein solches Werk wäre ohne die zahlreichen helfenden Hände nicht möglich gewesen. Besonders danke ich Dagmar Hofmann für die unendliche Geduld und die zahlreichen Ideen bei der technischen Umsetzung des Buches. Dankbar bin ich ferner Ulla Nappi, Nathalie Skalnik und Andreas Liebelt für die Gestaltung des Layouts und der Umsetzung der Grafiken. Bei Hanne-Lore Schmidt möchte ich mich für das sorgsame Korrekturlesen bedanken. Beatrix

Thielert, Marc Richter, Michael Berger und Michael Völpel haben mir dankenswerterweise bei verschiedenen Recherchen zur Seite gestanden. Für die bereitgestellten Fallbeispiele am Ende des Buches danke ich Bertram Schütze, Klaus Knechten und Wolfgang Liebelt.

Nicht zuletzt gilt meinem Verleger Prof. Dr. Götz Schmidt besonderer Dank für seine wertvollen Anregungen.

Gießen, im April 2006 Dr. Guido Fischermanns

Inhaltsverzeichnis

G	**Grundlagen Prozessorganisation**	**11**
G.1	Entwicklung und Bedeutung des Prozessdenkens	11
G.2	Prozessdefinition	12
G.2.1	Input/Output	13
G.2.2	Kunden	15
G.2.3	Wert	15
G.2.4	Elemente mit logischen Folgebeziehungen	16
G.2.5	Dimensionen	18
G.3	ibo-Prozessfenster	18
G.3.1	Strategische Prozessorganisation	20
G.3.2	Prozessgestaltung	22
G.3.3	Kontinuierliche Prozessoptimierung	24
G.3.4	Prozessmanagement	26
G.4	Die Prozessorganisation als Teil der Organisation	28
G.4.1	Traditionelles Organisationsverständnis	29
G.4.1.1	Stellenbildung	31
G.4.1.2	Leitungssystem	33
G.4.1.3	Structure follows process?	35
G.4.2	Erweitertes Organisationsverständnis	37
G.5	Prozessorganisation und andere Management-konzepte	40
G.6	Generelle Zwecksetzungen der Prozessorganisation	45
G.7	Aktuelle Studien	48
1	**Strategische Prozessorganisation**	**53**
1.1	Markt- und Wettbewerbsstrategien finden	56
1.1.1	Strategische Geschäftsfelder identifizieren	63
1.1.2	Kundenbedürfnisse analysieren	66
1.1.3	Wettbewerber analysieren	70
1.1.4	Kernkompetenzen identifizieren	74
1.1.5	Marktstrategien formulieren	81
1.1.6	Wettbewerbsstrategien formulieren	88
1.2	Unternehmensprozessmodell	91
1.2.1	Prozessebenen	92
1.2.2	Cluster für Unternehmensprozesse	97
1.2.3	Soll- und Ist-Prozessmodelle	102
1.2.4	Unternehmensprozesse identifizieren	105
1.2.5	Variantenbildung bei der Prozessidentifikation	107

1.3	Prozesscheck	111
1.3.1	Kernziele der Prozessorganisation	112
1.3.2	Grobe Prozessmodellierung	115
1.3.3	Prozessdiagnose	122
1.4	Prozessvision	125
1.4.1	Unternehmensübergreifende Prozessvisionen	126
1.4.2	Unternehmensinterne Prozessvisionen	140
1.5	Prozesse priorisieren	153
1.5.1	Quantitative ABC-Analyse	153
1.5.2	Qualitative-ABC Analyse	157
1.5.3	Portfolio-Analyse	158
1.6	Multi-Projektmanagement	165
1.7	Change Management	168
2	**Prozessgestaltung**	**175**
2.1	Prozessplanung	182
2.2	Prozesserhebung	186
2.3	Prozessmodellierung	188
2.3.1	Prozesssicht	189
2.3.2	Organisationssicht	199
2.3.3	IT-Systemsicht	205
2.3.4	Datensicht	209
2.3.5	Folgeplan und Erweiterter Folgeplan	210
2.3.6	Folgestruktur	213
2.3.7	Geblockter Text	216
2.4	Prozessanalyse	220
2.4.1	Prozessqualität	222
2.4.1.1	Beherrschbare Prozesse	224
2.4.1.2	Fehlerfreie Prozesse	237
2.4.2	Prozesszeit	243
2.4.2.1	Durchlaufzeit	247
2.4.2.2	Termintreue	256
2.4.3	Prozesskosten	258
2.4.3.1	Häufigkeitsbasierte Prozesskostenrechnung	261
2.4.3.2	Mengenbasierte Prozesskostenrechnung	268
2.4.3.3	Top-down-Prozesskostenrechnung	271
2.4.3.4	Auslastungsgrad in Prozessen	278
2.5	Prozesswürdigung	283
2.5.1	Problemsuche	286

2.5.2	Ursachen-/Wirkungsanalyse	296
2.5.3	Problemdarstellung	308
2.5.4	Problembewertung	310
2.5.5	Fazit der Würdigung	313
2.6	Prozessdesign	316
2.6.1	Prozessbefreiung	317
2.6.2	Prozesselemente eliminieren/hinzufügen	320
2.6.3	Prozesselemente optimieren	321
2.6.4	Prozesslogik optimieren	332
2.6.5	Prozessdimensionen optimieren	336
2.6.6	Aufbauorganisation optimieren	339
2.6.7	Gesamtprozessdesign	341
2.7	Prozessbewertung	347
2.8	Prozessrealisierung	350
2.9	Prozesseinführung	351
2.10	Projektmanagement	354
2.10.1	Rollen des Projektmanagements	355
2.10.2	Aufbauformen des Projektmanagements	357
2.11	Einzelprozesstools	360
2.12	Management von Instabilität	362
2.13	Exkurs: Six Sigma	370
3	**Kontinuierliche Prozessoptimierung**	**373**
3.1	Prozesskennzahlen	375
3.2	Prozessleistungsmessung	379
3.2.1	Prozessmonitoring	381
3.2.2	Multi-Moment-Monitoring	384
3.2.3	Eignung der Methoden zur Leistungsmessung	386
3.3	Prozessleistungsdiagnose und -steuerung	389
3.3.1	Kaizen	390
3.3.2	PDCA-Cycle (auch Deming- oder Qualitätszirkel)	395
3.3.3	PROSA	396
3.3.4	FMEA	397
3.4	Prozessverantwortlicher, -leiter und -teams	399
3.5	Prozesscockpit	405
3.6	Management von Stabilität	410

4	**Prozessmanagement**	**413**
4.1	Prozessmanagement-Assessment	416
4.1.1	Zu prüfende Prozessthemen	416
4.1.2	Bewertungsschema	422
4.1.3	ibo-Prozessmanagement-Assessment	425
4.2	Prozessmanagement-Konzept	430
4.3	Prozessmanagement-Implementierung	433
4.4	Prozessmanagement-Support und -Audit	438
4.5	Processoffice	440
4.5.1	Chief Process Office(r)	441
4.5.2	Prozessmanager	443
4.6	Prozessmanagement-Tools	446
4.7	Rollenkonflikte	452

Praxisbeispiele

A	Einführung einer Gesamtbanklösung bei der Schaffhauser Kantonalbank (Bertram Schütze)	455
B	Prozesshandbuch bei einer Großbank (Wolfgang Liebelt)	465
C	Prozessoptimierung bei einem führenden Unternehmen der Bauzulieferindustrie (Klaus Knechten)	471
D	Prozessorganisatorische Vorarbeiten für eine E-Business-Lösung einer großen Krankenkasse (Wolfgang Liebelt)	483

Literaturverzeichnis **497**

Stichwortverzeichnis **503**

G Grundlagen Prozessorganisation

G.1 Entwicklung und Bedeutung des Prozessdenkens

Vielfalt der Prozessbegriffe

Wie in jeder Disziplin ist auch in der Prozessorganisation in den letzten Jahren eine Inflation von Begriffen festzustellen. Der ursprüngliche Begriff der Ablauforganisation ist heute nahezu vollständig durch den Begriff (Geschäfts)- Prozessorganisation abgelöst. Dieser Substitutionsprozess wurde durch eine Vielzahl prozessorientierter Managementkonzepte wie Business Process Reengineering (BPR), Total Quality Management (TQM), Kontinuierlicher Verbesserungsprozess (KVP) oder jüngst Business Process Management begünstigt. Wie sind nun die verschiedenen Begriffe rund um die Prozessorganisation zu sehen?

Entwicklungsphasen der Prozessorganisation

Ein kurzer Exkurs in die Historie zeigt den Weg zum heutigen Prozessorganisationsgedanken. Am Anfang galt es, einzelne Prozesse bzw. Abläufe in einzelnen Funktionsbereichen empirisch zu optimieren. Mit dem BPR-Gedanken von HAMMER/CHAMPY Anfang der 90er Jahre kam die Anforderung auf, die Prozessoptimierung konzeptionell und ganzheitlich anzugehen. Es stand nicht mehr der einzelne Prozess im Vordergrund, sondern die Gesamtheit aller Prozesse und deren abteilungsübergreifende Optimierung. Damit entstand die seinerzeit neue Herausforderung, Prozessmodelle zu entwickeln und die Geschäftsprozesse zu priorisieren. Gleichzeitig wurde auch der Ruf nach eigenen Verantwortlichkeiten laut. Neue Rollen wie z. B. Prozessverantwortliche oder Prozessmanager wurden kreiert.

Die Informationstechnologie sorgte auch dafür, dass durch immer leistungsfähigere Software zur Dokumentation, Analyse und Kommunikation von Prozessen der sinnvolle Einsatz dieser Technik selbst zu einem komplexen Thema wurde. In jüngster Zeit strengen sich Unternehmen vermehrt an, laufende Prozesse permanent auf Kurs zu halten. Dazu bedarf es Prozesskennzahlen, ständiger Informationen über den Ist-Verlauf der Prozesse sowie kontinuierlich veranlasster Verbesserungsmaßnahmen.

Führen von Prozessveränderungen

Nimmt man alle diese bisher skizzierten Themen zusammen, fällt auf, dass eine Koordination aller Themengebiete notwendig wird. Deshalb ist es in vielen Unternehmen zunehmend üblich, dass sie für die Führung aller Prozessorganisationsaktivitäten eigene Prinzipien, Verfahren, Stellen und Techniken einsetzen. Damit ist der Gedanke des Prozessmanagements geboren.

Der derzeit diskutierte Begriff „Business Process Management (BPM)“ vereint nun alle Entwicklungsphasen der Prozessorganisation aus den letzten Jahrzehnten. Hier finden sich sowohl die radikalen ganzheitlichen Ansätze, als auch die empirischen Einzelprozessgestaltungen wieder. Auch kontinuierliche Prozesscontrollingthemen sind ebenso beim BPM enthalten wie die Fragen zum Managen der Prozessorganisation.

G.2 Prozessdefinition

Beginnen wir bei dem, um das sich alles dreht: Im Kern aller Konzepte geht es um den Prozess. Aber was genau ist ein Prozess?

Definition

Ein Prozess ist eine Struktur, deren Elemente Aufgaben, Aufgabenträger, Sachmittel und Informationen sind, die durch logische Folgebeziehungen verknüpft sind. Darüber hinaus werden deren zeitliche, räumliche und mengenmäßige Dimensionen konkretisiert. Ein Prozess hat ein definiertes Startereignis (Input) und Ergebnis (Output) und dient dazu, einen Wert für Kunden zu schaffen (siehe Abbildung G.01).

Diese Prozessdefinition ist allgemeingültig, d.h. mit ihr lassen sich alle Arten von Prozessen erfassen, unabhängig davon, ob sie beispielsweise im Haushalt, im Sport oder im Unternehmen stattfinden. Um zu verdeutlichen, dass sich ihre Veröffentlichungen auf Unternehmen beziehen, verwenden einige Autoren den Begriff Geschäftsprozess oder Business process. Andere Publikationen benutzen den Begriff Geschäftsprozess ausschließlich für bereichsübergreifende Prozesse (siehe hierzu auch Kapitel 1.2.1 Prozessebenen). Hier wird auf diese begriffliche Feinheit verzichtet. Alle folgenden Aussagen beziehen sich auf Prozesse im Geschäftsumfeld, unabhängig davon, ob sie innerhalb einer Abteilung, bereichsübergreifend oder gar unternehmensübergreifend ablaufen.

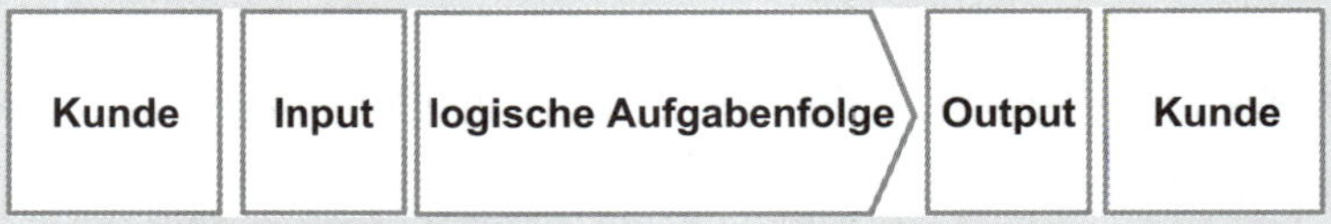

Abb. G.01: Prozessdefinition

Im Unternehmen gibt es sehr viele, mitunter hunderte von Prozessen.

Definition

Die Summe aller Prozesse bildet die Prozessorganisation.

Abbildung G.02 stellt die Prozessorganisation innerhalb der Aufbauorganisation (siehe hierzu Kapitel G.4) dar.

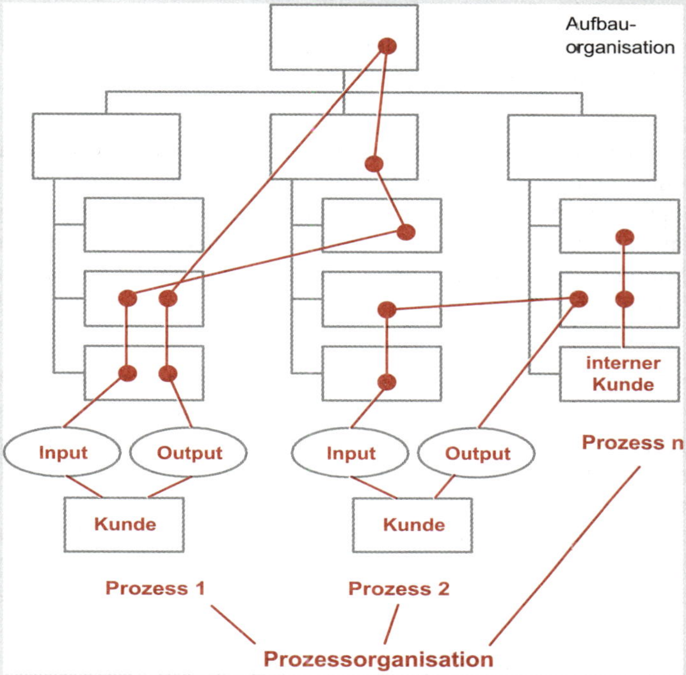

Abb. G.02: Prozessorganisation

Die fünf wesentlichen Bestandteile der Prozessdefinition sind

Bestandteile der Prozess-definition

- Input/Output
- Kunde
- Wert
- Elemente mit Folgebeziehungen
- Dimensionen.

Sie sollen im Folgenden näher erläutert werden.

G.2.1 Input/Output

Start von Prozessen

In Prozessen werden Ereignisse als Startereignis verarbeitet und als Ergebnis erzeugt. Ereignisse sind Zustandsausprägungen, die im Unterschied zu Aufgaben keine Kosten und Zeiten verursachen. Das Startereignis löst Prozesse aus und wird häufig auch als Input, Trigger oder Auslöser bezeichnet.

Tipp

Ein Input kann z.B. darin bestehen, dass eine vorgelagerte Aufgabe beendet wird, ein Vorprodukt eingeht, ein bestimmter Zeitpunkt eintritt, ein Aufgabenträger eine bewusste Entscheidung trifft oder sich eine Veränderung in der Umwelt ergibt. Die Formulierung des Startereignisses ist sorgfältig zu wählen, da von ihm der relevante Prozessbeginn entscheidend bestimmt wird. Der Input eines Prozesses ist über die eingegebenen materiellen/immateriellen Objekte, gegebenenfalls durch Eigenschaftsworte präzisiert, zu beschreiben (z.B. schriftlicher Auftrag) und den entsprechenden Kunden zuzuordnen. Um Zuordnungsproblemen vorzubeugen, sollte der Verarbeitungsstatus des Objektes präzise definiert werden. Hierzu ist das einen Prozess auslösende Objekt mit einer Verrichtung am Besten in Perfektform (z.B. schriftlicher Auftrag erteilt oder schriftlicher Auftrag eingetroffen) zu formulieren.

Ende von Prozessen

Die für die Kunden erzeugten Produkte bilden das Ergebnis eines Prozesses. Synonyme Begriffe sind Output, Arbeitsergebnis oder Endereignis. Da Ergebnisse eines Initialprozesses Startereignisse des Folgeprozesses sind, ist der Begriff Ereignis die neutrale Zustandsbeschreibung, unabhängig davon, ob das Ereignis einen Prozess auslöst oder am Ende des Prozesses steht. Diese materiellen/immateriellen Objekte sind aus dem vorangegangenen Bearbeitungsschritt zu übernehmen.

Tipp

Die Objekte sind gegebenenfalls durch Eigenschaftsworte zu ergänzen, um ihren Ausgabezustand präziser zu fassen (z.B. verpackte Ware, frankierte Rechnung). Auf jeden Fall ist das relevante Prozessende durch ein sorgfältig und präzise formuliertes Endereignis zu bestimmen. Wie beim Input geschieht dies mittels eines Objektes und einer Verrichtung im Perfekt (z.B. Ware versendet oder Ware erhalten oder Ware bezahlt).

Selbstverständlich können auch während des Prozesses Objekte mit unterschiedlichsten Verarbeitungsstadien in die Aufgabenerfüllung ein- und ausgehen.

Definition

Um einen eindeutigen Prozessstart und ein eindeutiges Prozessende sicherzustellen, ist für jeden Prozess jeweils nur ein Input und ein Output zu definieren. Die während des Prozesses auftretenden Ein- und Ausgänge werden als Schnittstellen bezeichnet.

G.2.2 Kunden

Ursprünglich versteht man unter dem Begriff Kunde vor allem den privaten Konsumenten. Das hier zugrundegelegte Kundenverständnis ist jedoch umfassender.

Definition

Kunden sind alle Personen oder Organisationseinheiten, die Leistungen (Produkte oder Dienstleistungen) vom betrachteten Prozess empfangen, unabhängig davon, ob sie diese „bezahlen“ oder nicht.

Bei den Kunden können einerseits die allgemeine Rolle (z.B. als Auftraggeber), andererseits die konkreten Rolleninhaber (z.B. Einzelhändler oder Großhändler) genannt werden. Aus diesem Grund sind unterschiedliche Kundenbegriffe notwendig.

Interne und externe Kunden

Kunden können nach internen und externen Kunden unterschieden werden. Ob man von intern oder extern spricht, hängt davon ab, wie eng oder weit man auf die Prozessorganisation schaut. Stehen alle Prozesse eines Unternehmens im Fokus, sind alle Organisationseinheiten innerhalb der Unternehmensgrenzen interne Kunden. Alle anderen Einheiten außerhalb der betrachteten Firma wie beispielsweise Lieferanten, Endkunden oder Transportgesellschaften werden dann als externe Kunden bezeichnet.

Bei der engeren Sichtweise betrachtet man nur einen einzelnen Prozess. Dabei kann noch einmal danach differenziert werden, ob die Organisationseinheiten in Prozessgestaltungsprojekten verändert werden können oder nicht. Aufgabenträger innerhalb der Prozesse, die gestaltet werden dürfen, werden dann als interne Kunden bezeichnet. Andere Organisationseinheiten innerhalb und außerhalb des Unternehmens, die nicht im Prozess involviert sind bzw. aktiv gestaltet werden sollen, sind dann externe Kunden.

Tipp

Da diese verschiedenen Betrachtungswinkel aber immer wieder zur Verwirrung führen können, gehen wir im Folgenden grundsätzlich davon aus, dass externe Kunden außerhalb des Unternehmens angesiedelt sind und interne Kunden Organisationseinheiten der Firma sind.

G.2.3 Wert

Ein Prozess muss definitionsgemäß wertschöpfend sein, d.h. einen Nutzen für den Kunden bringen.

Definition

Unter prozessorganisatorischer Wertschöpfung versteht man das Entstehen einer Leistung, für das der Kunde bereit ist, Geld zu zahlen.

Der Output eines Prozesses stellt dann einen Wert für den Kunden dar, wenn er Bedürfnisse des Kunden in zufriedenstellendem Maß befriedigt. Die Kundenbedürfnisse können originärer und abgeleiteter Art sein. Bei originären Bedürfnissen handelt es sich um elementare, dauerhafte Bedürfnisse. Sie sind prinzipiell oder auf längere Sicht nicht weg rationalisierbar.

Originäres Bedürfnis

So ist es beispielsweise ein originäres Bedürfnis eines Kunden, Daten zu sichern. Während der Kunde früher seine Daten vielleicht mit Disketten oder CD-ROMS sicherte, nutzt er heute eine externe Festplatte oder einen USB-Stick. Und bestimmt wird es in Zukunft wieder neue Technologien geben, die die immer größer werdende Datenmenge optimal sichern können.

Wichtig ist bei den originären Bedürfnissen, dass man von konkreten Produkten abstrahiert (es sei denn, der Kunde kauft ein USB-Stick mit dem Prestigemotiv, sich diesen um den Hals zu hängen). Wenn sich Unternehmen immer im Klaren über die originären Bedürfnisse ihrer Kunden sind, laufen sie nicht Gefahr, ihren Markt zu verlieren, weil sie nicht zu sehr auf ihr Produkt fixiert sind, sondern rechtzeitig technische Innovationen aufgegriffen haben.

Im Unterschied dazu haben abgeleitete Bedürfnisse ihren Ursprung in einer Lösung für ein originäres Problem. Abgeleitete Bedürfnisse können sich ändern oder wegfallen.

Abgeleitetes Bedürfnis

Das Bedürfnis, einen USB-Stick zu kaufen, reicht in der Regel nicht, die abgeleiteten Bedürfnisse vollständig zu beschreiben. An das Produkt werden bestimmte Ansprüche gestellt. So sollte es z.B. klein, stabil, ansprechend gestaltet, preisgünstig und schnell lieferbar sein. Weitere Anhaltspunkte für abgeleitete Kundenbedürfnisse werden im **Kapitel 1.1.2** angesprochen.

G.2.4 Elemente mit logischen Folgebeziehungen

Aufgaben mit logischen Folgebeziehungen stellen den eigentlichen Kern der Prozessorganisation dar. Sie machen die Besonderheit der prozessorganisatorischen Gestaltung aus und bestimmen den Leistungsumfang sowie die spezifischen Ausprägungen prozessorganisatorischer Techniken.

Aufgaben stehen im Mittelpunkt

Aufgaben werden von Aufgabenträgern oder Sachmitteln erledigt. Zur Aufgabenerfüllung werden Informationen benötigt oder Informationen sind das Ergebnis von Arbeitsschritten.

Demnach richtet sich die Folge von Aufgabenträgern, Sachmitteln und Informationen immer nach dem Ablauf der Aufgaben. Das ist auch der Grund, weshalb von allen Elementen die Aufgabenfolge meist im Mittelpunkt steht.

Definition

Aufgaben sind dauerhaft wirksame Aufforderungen, etwas Bestimmtes zu tun. Aufgaben sind nur vollständig beschrieben, wenn Objekt (woran) und Verrichtung (was) genannt werden.

Bei logischen Folgebeziehungen handelt es sich um sachlich bedingte Reihenfolgen von Aufgaben. Es gibt folgende Möglichkeiten der logischen Folgebeziehungen, die alle auf den Prinzipien UND und ODER aufbauen,

- UND-Nacheinander
- UND-Nebeneinander
- ODER-Nebeneinander.

Sequenzielle und parallele Bearbeitung

Von UND-Nacheinander wird gesprochen, wenn eine Aufgabe vollkommen abgeschlossen sein muss, bevor die nachfolgende Aufgabe begonnen werden kann. Bei der parallelen Aufgabenerfüllung handelt es sich um die logische Folgebeziehung UND-Nebeneinander. Bei ODER-Nebeneinander bestehen mindestens zwei Alternativen, auf welchem Weg ein Prozess fortgeführt werden kann. Während für die detaillierte Sicht auf die Prozessstruktur alle logischen Folgebeziehungen relevant sind, spielt bei der strategischen Betrachtung der Prozesse meist nur die Folgebeziehung UND-Nacheinander eine Rolle.

Am Beispiel der Auftragsabwicklung werden die wesentlichen Kriterien der Prozessdefinition in Abbildung G.03 noch einmal zusammengefasst.

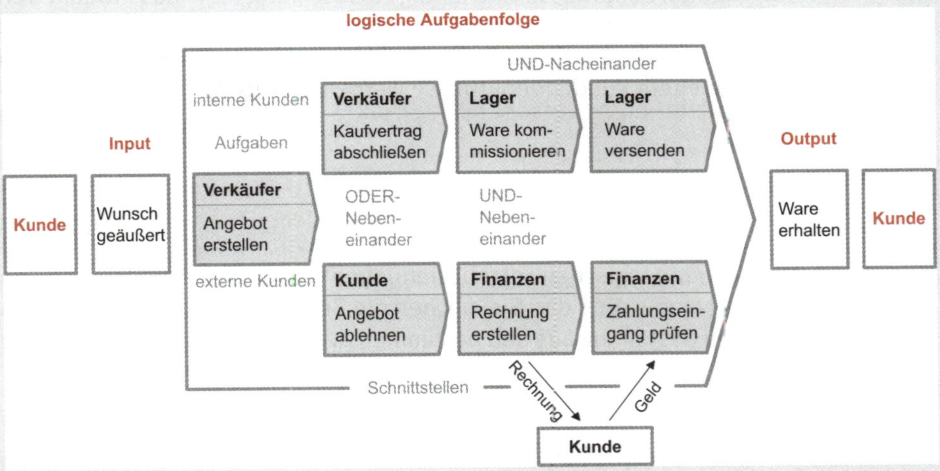

Abb.G.03: Definitionsmerkmale am Beispiel der Auftragsabwicklung

G.2.5 Dimensionen

Prozesse und deren Aufgaben finden zu bestimmten Zeiten an verschiedenen Orten in unterschiedlichen Mengen statt.

Zeit
Raum
Menge

Zeitlich regeln Prozessbeziehungen die Zeiträume, Zeitpunkte und Zeitdauer der Aufgabenerledigung (siehe Kapitel 2.4.2 Prozesszeit).

In puncto Raum stellt sich die Frage, an welchen Standorten oder Arbeitsplätzen die Aufgaben erfüllt und über welche Transportwege Zwischenergebnisse fließen.

Mengenmäßig wird in Prozessen geregelt, wie oft die Prozesse in einem definierten Zeitraum stattfinden und wieviele Objekte je Arbeitsschritt gruppiert werden. Auch die Reihenfolge der Bearbeitung bei größeren Objektmengen ist prozessorganisatorisch zu regeln.

Bei der Auftragsabwicklung können beispielsweise die Aufträge nach dem Fifo (first in-first out)-, Lifo (lost in-first out)- oder Hifo (highest in-first out)-Prinzip bearbeitet werden.

G.3 ibo-Prozessfenster

Wie eingangs erwähnt, sind in den letzten Jahren zahlreiche Konzepte zur und um die Prozessorganisation herum entstanden. Um eine Orientierung zu bieten, wird nun das ibo-Prozessfenster eingeführt.

Definition

Das ibo-Prozessfenster ist ein ganzheitliches Orientierungsmodell, das aus den vier Konzepten zur Strategischen Prozessorganisation, Prozessgestaltung, Kontinuierlichen Prozessoptimierung und zum Prozessmanagement besteht.

Gliederungslogik des ibo-Prozessfensters

Die Konzepte sind vor dem Hintergrund unterschiedlicher Anwendungsszenarien entstanden. Zum einen wird unterschieden, ob die Prozessorganisation als Ganzes oder nur einzelne Prozesse betrachtet werden (spaltenweise Sicht). Zum anderen wird darauf fokussiert, ob eine einmalige Veränderung (change the process) im Rahmen von Projekten ansteht oder eher der laufende Betrieb (run the process) in der Linienorganisation relevant ist (zeilenweise Sicht). Abbildung G.04 ordnet die vier Konzepte.

Anstelle von Konzept könnte man bei allen vier Quadranten auch von Managementansätzen sprechen. Da jeweils alle Aspekte der Führung und Koordination angesprochen werden, liegt eine Analogie zu anderen Managementkonzepten, wie beispielsweise Qualitäts- oder Kostenmanagement, nahe. An dieser Stelle soll aber nicht zur Inflation der Managementansätze beigetragen werden (siehe Kapitel G.5), so bleibt es beim Begriff Konzept.

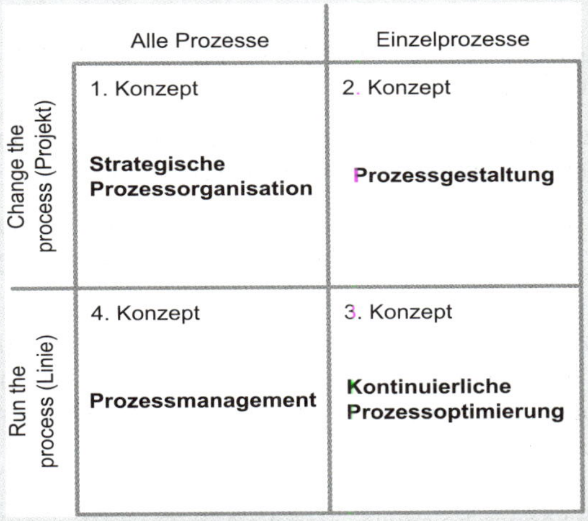

Abb. G.04: ibo-Prozessfenster

Innerhalb der vier Konzepte werden die Themen immer nach dem gleichen Prinzip grafisch angeordnet (siehe Abbildung G.05). Im unteren großen Kasten wird jeweils die Methode dargestellt. Dabei werden die wesentlichen Aufgaben in ihrer typischen Reihenfolge als Prozess dargestellt. Die zur Aufgabenerfüllung empfehlenswerten Techniken werden an dem jeweiligen Prozessschritt erläutert. Im linken oberen Themenfeld (Strukur) werden die aufbauorganisatorischen Regelungen aufgezeigt, die es bedarf, um die Aufgaben des jeweiligen Konzeptes effizient zu erledigen. Die IT-technischen Anforderungen aus der Aufgabenerfüllung werden im mittleren, die kulturellen Voraussetzungen im rechten oberen Thema aufgezeigt.

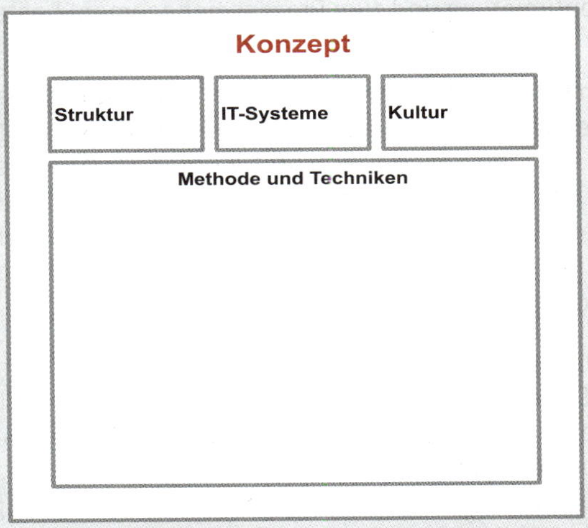

Abb. G.05: Grundaufbau der vier Prozessfenster

Lebenszyklus legt Konzeptfolge fest

Auch wenn es keine zwingende Reihenfolge der vier Konzepte gibt, so lässt sich doch zumindest eine idealtypische Abfolge der Ansätze erklären. Dem Prinzip „Vom Groben zum Detail“ und dem Prozesslebenszyklus folgend stehen die Überlegungen zur „Strategischen Prozessorganisation“ am Anfang. Die weiteren Felder werden dem Uhrzeigersinn nach behandelt. Das damit das Thema „Prozessmanagement“ ans Ende gestellt wird, hat vor allem didaktische Gründe. Viele der für das Prozessmanagement wichtigen Aspekte sind in den vorherigen 3 Feldern erklärt. In der praktischen Umsetzung würde das Prozessmanagement am Anfang stehen, aber dazu später mehr (siehe Kapitel 4).

G.3.1 Strategische Prozessorganisation

Ein Begriff wie „strategische“ deutet bereits darauf hin, dass es sich bei diesem Thema der Prozessorganisation um einen grundsätzlichen, langfristigen und unternehmensweit geltenden Ansatz handelt.

Definition

Die Strategische Prozessorganisation ist ein projektorientiertes Konzept, das alle Prozesse grundsätzlich auf die Unternehmensstrategie zur Steigerung der Kundenorientierung und Leistungsfähigkeit ausrichtet.

Ergebnis der Strategischen Prozessorganisation ist ein Maßnahmenplan, um ein prozessorientiertes Unternehmen zu realisieren. Für alle identifizierten Prozesse gibt es eine Prozessvision. Diese beschreibt, wie die Abläufe zukünftig grob organisiert sind. Die Schritte zur Strategieumsetzung erfolgen dann entweder durch eine Reihe abgestimmter Prozessgestaltungsprojekte (2. Konzept) oder bei kleineren Veränderungen durch die kontinuierliche Optimierung der Prozesse (3. Konzept).

Strategie ist Maß aller Dinge

Bis zur Strategieumsetzung gibt es grundsätzlich zwei Wege. Zum einen kann man soll-orientiert (deduktiv) vorgehen, zum anderen ist-orientiert (induktiv). Beim soll-orientierten Vorgehen steht getreu dem Prinzip „process follows strategy“ zunächst die Überlegung im Vordergrund, Markt- und Wettbewerbsstrategien zu formulieren.

Welche langfristigen Ziele, z. B. beim Wachstum, verfolgt das Unternehmen? Mit welchen Produkten bei welchen Kunden in welchen Märkten sollen die Ziele erreicht werden? Welche Wettbewerbsposition nimmt das Unternehmen ein, Kostenführerschaft, Differenzierung oder Konzentration?

Zukünftiges Geschäft

Entsprechend dem BPR-Ansatz nach HAMMER/CHAMPY ist in diesem Zusammenhang auch die fundamentale Frage zu stellen, ob nicht gänzlich neue Geschäftsfelder besetzt und/oder bisherige Märkte aufgegeben werden.

Aus der nun vorliegenden Strategie wird das Unternehmens-Prozessmodell deduktiv entwickelt. Einzig und allein die zukünftige Ausrichtung des Unternehmens ist maßgeblich dafür, wie die Prozesse konzipiert werden sollen. Im dritten Schritt werden die bestehenden Prozesse grob mit der Strategie abgeglichen. Der Prozesscheck ergibt für alle Prozesse ein Bild darüber, wo Prozesse bereits strategiekonform gestaltet sind, oder wo gravierende Stärken und Schwächen der Ist-Prozesse vorliegen.

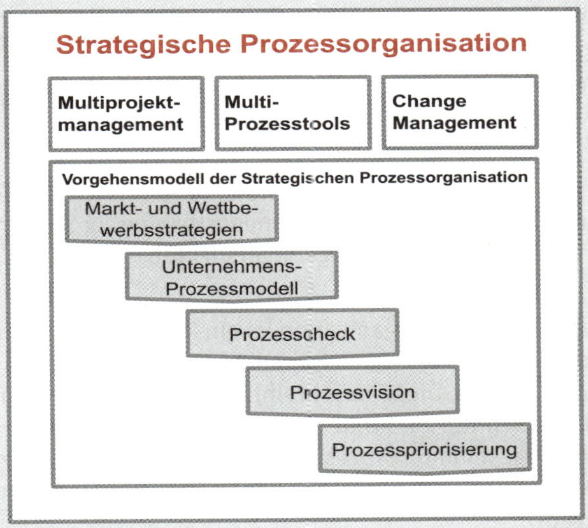

Abb. G.06: Themen der Strategischen Prozessorganisation

In der anschließenden Prozessvision werden je Prozess Gestaltungsoptionen erarbeitet und abgewogen, bevor man sich schließlich auf eine grundsätzliche Stoßrichtung je Prozess entscheidet. Da in der Regel die Kapazitäten, Prozesse fundamental zu gestalten, begrenzt sind, bedarf es eines allgemein akzeptierten Verfahrens zur Prozesspriorisierung im Management.

Kriterien zur Prozess-priorisierung

Bei der Priorisierung der Prozesse können strategisch relevante Kriterien wie kritische Erfolgsfaktoren oder Kernkompetenzen ebenso berücksichtigt werden wie prozessbezogene Aspekte wie Verbesserungspotenzial oder ressourcenbezogene Kriterien wie Durchführbarkeit.

Ist-orientierte Vorgehensweise

Der wesentliche Unterschied bei der ist-orientierten Vorgehensweise im Vergleich zur soll-orientierten Variante ist, dass das Unternehmensprozessmodell nicht anhand der vorher definierten Strategie aufgestellt wird, sondern von den real im Unternehmen vorliegenden Prozessen ausgeht. Erst bei den folgenden Schritten vom Prozesscheck bis zur Prozesspriorisierung findet der Abgleich mit der Strategie statt. Da mit diesem ist-orientierten Start aber der Blick für fundamental und radikal neue Prozessgestaltungsansätze verbaut ist, wird meist nicht mehr der „große Wurf“ angestrebt, sondern vielmehr werden eine Reihe punktueller Prozessoptimierungen angestoßen.

Tipp

Sicherlich sind auf diese Weise nicht gleich die viel zitierten „Quantensprünge“ von HAMMER/CHAMPY erreichbar, aber auch stetige Prozessverbesserungen führen über einen längeren Zeitraum zur signifikanten Steigerung der Kundenorientierung und Wettbewerbsfähigkeit der Unternehmen. Dennoch wird im Folgenden der konzeptionelle Ansatz für die strategische Prozessorganisation verfolgt. Die strategische Ausrichtung des Unternehmens soll das Maß allen Handelns sein, also sollte die Strategieüberlegung vor allen anderen Überlegungen erfolgen.

Damit die Schritte zur Strategischen Prozessorganisation umgesetzt werden können, gibt es einige Anforderungen an die Struktur, Technik und Kultur. Diese werden in den drei Themenfeldern

- Multi-Projektmanagement
- Multi-Prozesstool
- Change Management

berücksichtigt. Abbildung G.06 fasst die Themen der Strategischen Prozessorganisation zusammen.

G.3.2 Prozessgestaltung

Das einmalige und zeitlich befristete Verändern von einzelnen Prozessen ist die etablierteste Baustelle der Prozessorganisation. Hier greifen die Methoden des Projekt- und Prozessmanagements ineinander.

Definition

Die Prozessgestaltung ist ein projektorientiertes Konzept, das den Projektablauf, das Projektmanagement sowie die technische und kulturelle Unterstützung bei der grundsätzlichen Neuentwicklung oder Überarbeitung eines einzelnen Prozesses regelt.

Die Phasen bei Prozessoptimierungsprojekten entsprechen dem klassischen Dreiklang von Planung-Realisierung-Kontrolle. Die Vorgehensweise bei der Prozessplanung richtet sich nach den Prinzipien der rationalen Entscheidungsfindung. Zunächst werden die Prozesse im Ist-Zustand erhoben und modelliert, sowie die Zeiten, Kosten und Qualität analysiert. Anhand der mit der Prozessoptimierung verfolgten Ziele werden in der anschließenden Prozesswürdigung die Stärken und Schwächen des Ist-Ablaufes sowie deren Ursachen und Wirkungen ermittelt. Beim Prozessdesign werden die prozessualen, aufbauorganisatorischen, technischen und personellen Gestaltungsmöglichkeiten ausgeschöpft. In der abschließenden Prozessbewertung werden die Folgen der Prozessoptimierungen auf die Zielerreichung eingeschätzt. Diese Schrittfolge wird auch Planungszyklus, Problemlösungszyklus oder Entscheidungszyklus genannt.

Rationales Entscheiden bei der Prozessplanung

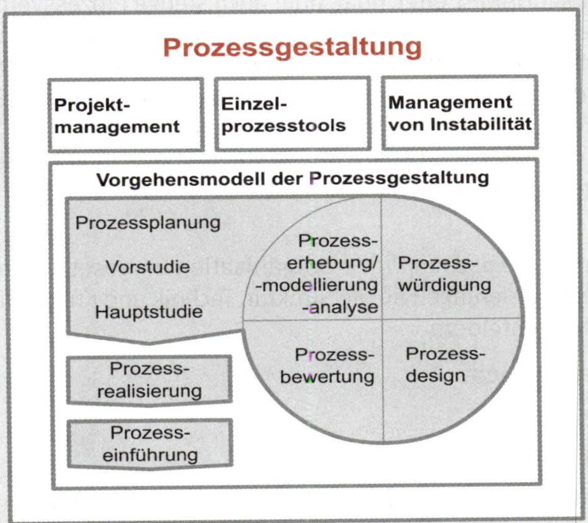

Abb. G.07: Themen der Prozessgestaltung

Der Planungszyklus wird in der Regel zweimal durchlaufen. Beim ersten Mal in der sogenannten Vorstudie werden die Schritte sehr grob durchlaufen. Ziel dieses Grobkonzeptes ist es, Grundsatzentscheidungen bezüglich der Prozessgestaltung herbeizuführen.

Vorstudie

Beispielsweise wird geprüft, ob der Prozess eher hoch arbeitsteilig oder ganzheitlich organisiert wird oder ob er ganz oder teilweise ausgelagert wird. In der Vorstudie werden somit die Ideen aus der Strategischen Prozessorganisation in konkretere Prozesspläne gefasst. Jedoch noch nicht so detailliert, dass sie sofort realisiert werden können.

Dazu bedarf es in der Regel eines zweiten Durchlaufes im Planungszyklus. In dieser Hauptstudie werden die Grundsatzentscheidungen durch genaue Prozessbeschreibungen sowie umsetzungsreife Anforderungen an Personal und Technik fein ausgearbeitet.

Umsetzung entscheidend über Erfolg

Mit der Prozessrealisierung wird der nach der Planungsphase bisher auf dem Papier stehende Ablauf in die Praxis umgesetzt. Arbeitsanweisungen werden dokumentiert, Techniken installiert und Mitarbeiter qualifiziert. Ebenfalls ist ein umfangreiches Testing anzusetzen. Damit die Optimierungen auch gelebt werden, ist die aktive Unterstützung der Prozesseinführung durch Dokumentation, Information und Schulung besonders wichtig.

Schließlich gehören zur Prozessgestaltung auch die organisatorischen Fragen des Projektmanagements, die technischen Anforderungen der Einzelprozesstools sowie die kulturelle Fähigkeit mit Instabilität umgehen zu können.

Abbildung G.07 gibt eine Übersicht über die bei der Prozessgestaltung relevanten Themen.

G.3.3 Kontinuierliche Prozessoptimierung

Das jüngste Baby in der ganzheitlichen Betrachtung der Prozessorganisation ist die „Kontinuierliche Prozessoptimierung".

Definition

Die Kontinuierliche Prozessoptimierung ist ein linienorientiertes Konzept,das alle Messungs-, Diagnose- und Steuerungsaktivitäten umfasst, die eine beständige und empirische Verbesserung der Prozessorganisation hinsichtlich vordefinierter Prozesskennzahlen herbeiführen.

Bedeutung von Prozesskennzahlen wächst

Natürlich ist auch dieser Gedanke nicht ganz neu. Schon vielfach wurden Anläufe gestartet, Management-Informationssysteme zu schaffen, die einer Führungskraft aktuelle Daten über das Geschäftsgeschehen adressatengerecht präsentieren. Dabei spielten auch immer schon - wenn auch untergeordnet - Prozesskennzahlen eine Rolle. Richtig ernsthaft wurden bisher aber Kennzahlen wie Durchlaufzeit, Prozesskosten oder -qualität nicht verfolgt. Erst mit Managementkonzepten wie TQM, Balanced Scorecard (BSC) oder Performance Measurement wächst das Bewusstsein in der Führung, Prozesskennzahlen zu definieren und zu verfolgen.

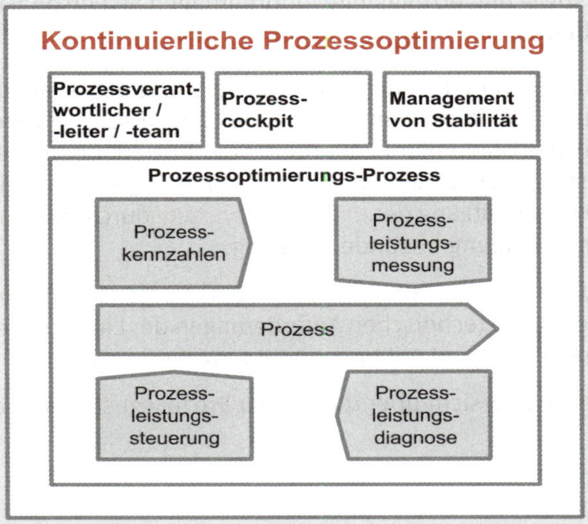

Abb. G.08: Themen der Kontinuierlichen Prozessoptimierung

Eine erste Herausforderung besteht beim Kontinuierlichen Prozessmanagement darin, die richtigen Kennzahlen für die jeweiligen Prozesse zu finden. Zwar ist die Klaviatur möglicher Prozesskennzahlen endlich und weitgehend bekannt.

Weniger ist mehr

Die Kunst liegt darin, sich bei der Menge der Kennzahlen zu beschränken und die Faktoren zu operationalisieren. Entsprechend dem Motto „Plane nur, was du auch steuerst", sollten nur einige wenige wichtige Prozesskennzahlen (Key Performance Indicators) definiert werden, die durch eindeutige Bezugsgrößen messbar sind.

Tipp

Die nächste und mit Abstand größte Schwierigkeit in der Praxis besteht in der fortlaufenden Messung der Ist-Werte der Kennzahlen. Hier reichen die Verfahren vom echtzeitbasierten Monitoring über punktuelle Erhebungsverfahren bis hin zu einmaligen Auditierungen.

In der Prozessleistungsdiagnose werden Soll-Ist-Abweichungen der Prozesskennzahlen aufgedeckt und nach ihren Gründen untersucht. Hierbei sind Ursachen-Wirkungs-Zusammenhänge zwischen den Prozesskennzahlen aufzuzeigen und darzustellen. Schließlich müssen entsprechend der Ursachen Steuerungsmaßnahmen eingeleitet werden. Dabei kann auf eine Reihe Verfahren aus bekannten Vorgehensweisen wie KVP, Kaizen oder Benchmarking zurückgegriffen werden.

Punktuelle Verbesserungen

Strukturell sind bei der Kontinuierlichen Prozessoptimierung die Aufgaben, Kompetenzen und Verantwortlichkeiten von Prozessverantwortlichen und

-eigentümern festzulegen. Mit dem Prozesscockpit werden die technischen Notwendigkeiten der fortlaufenden Controllingaktivitäten angesprochen. Kulturell ist es besonders wichtig, mit Stabilität umzugehen. Alle Themen der Kontinuierlichen Prozessoptimierung werden in Abbildung G.08 zusammengefasst.

G.3.4 Prozessmanagement

Mit dem Prozessmanagement wird eine Metaebene betreten. Ein Prozessmanagement-System zu konzipieren, zu implementieren und zu auditieren ist selbst ein fortlaufender Prozess, der in einem Unternehmen zu regeln ist.

Definition

Prozessmanagement ist ein auf Dauer ausgerichtetes Konzept von Vorgehensweisen, Verantwortlichkeiten, IT-Unterstützungen und kulturflankierenden Maßnahmen, um eine effektive und effiziente Prozessorganisation im Unternehmen gewährleisten zu können.

Da im Rahmen dieses Buches nicht zwischen Prozess und Geschäftsprozess unterschieden wird (siehe Kapitel G.2), werden konsequenterweise die Begriffe Prozessmanagement, Geschäftsprozessmanagement und Business Process Management synonym verwandt.

Bestandsaufnahme in puncto Prozessmanagement

Wahrscheinlich gibt es heute kaum noch ein Unternehmen, das bezüglich Prozessorientierung bei Null steht. Bei verschiedenen Reorganisationsvorhaben, Qualitätsmanagementoffensiven, IT-Einführungen oder im Zusammenhang mit neuen Managementansätzen kommt man an Prozessfragen gar nicht vorbei. Ein Prozessmanagement-Assessment dient dazu, den Reifegrad des Prozessmanagementsystems eines Unternehmens festzustellen.

Beispielsweise können Unternehmen mit Hilfe von Standardfragebögen von der EQA feststellen, zu welchen Aspekten der Prozessorganisation ihr Haus bereits fortgeschritten ist beziehungsweise großer Nachholbedarf besteht.

Nach der Standortbestimmung ist ein Prozessmanagement-Konzept zu erarbeiten. Dabei werden zu allen Komponenten des Prozessmanagement-Systems Alternativen erarbeitet, bewertet und ausgewählt. Somit entstehen zu allen vier Konzepten des ibo-Prozessfensters die jeweils im Unternehmen verbindlich geregelten Schrittfolgen. Diese werden durch Vorgehensstandards festgelegt.

Tipp

Die Anzahl und Tiefe der Vorgehensstandards sollten sich aus Akzeptanz- und Wirtschaftlichkeitsgründen auf einem vernünftigen Niveau bewegen. Tendenziell sollten die geregelten Schrittfolgen bei der Strategischen Prozessorganisation und beim Prozessmanagement eher grob, bei der Prozessgestaltung und bei der Kontinuierlichen Prozessoptimierung eher detaillierter sein. Ebenfalls hilfreich ist es, wenn häufig einzusetzende Methoden und Techniken wie beispielsweise zur Priorisierung, Erhebung, Modellierung, Analyse, Würdigung, Design und Bewertung standardisiert bereitgestellt werden. Hier bewähren sich insbesondere die Prozessmanagement-Handbücher, in denen die Schritte der einzelnen Verfahren anhand eines hausspezifischen Beispieles erläutert werden. Gleichzeitig werden benötigte Formulare wie z. B. Erhebungsbögen oder Programme wie z. B. Excel-Sheets zur Analyse mitgeliefert. Die Prozessmanagement-Handbücher werden heute idealerweise im Intra-/Extranet elektronisch bereitgestellt.

Sorgfältige Einführung notwendig

Wie bei allen Einführungen von Systemen lebt auch das Prozessmanagement erst dann, wenn sowohl das „Dürfen, Können und Wollen“ unterstützt werden. Mit Standards zu den Themen der vier Konzepte des ibo-Prozessfensters ist für das „Dürfen“ gesorgt, fürs „Können“ und „Wollen“ ist die Prozessimplementierung zuständig. Allein auf schriftlichem Weg werden Mitarbeiter in der Regel nicht in die Lage versetzt, Methoden und Techniken richtig anzuwenden. Hier helfen professionelle Schulungen sowie eine persönliche Unterstützung, die mit der Prozessorganisation beschäftigten Mitarbeiter fit zu machen. Mit Informationsveranstaltungen und Marketingaktionen wird eventuellen Widerständen von Betroffenen entgegengewirkt und von der Notwendigkeit von Standards überzeugt.

Kein System ist für die Ewigkeit geschaffen. In regelmäßigen Prozessmanagement-Audits werden die eingeführten Standards dahin gehend untersucht, ob sie praxistauglich und geeignet sind.

Neben dem Prozessmanagement-Prozess nehmen die Regelungen zur institutionellen Anordnung neu definierter Prozessrollen wie Prozessverantwortlicher, Chief Process Officer oder Prozesseigentümer einen größeren Umfang bei dem Konzept des Prozessmanagement-Systems ein. Auch die Auswahl und Implementierung ganzheitlicher Prozessmanagementtools, die die Aktivitäten der Strategischen Prozessorganisation, Prozessgestaltung, Kontinuierlichen Prozessoptimierung und des Prozessmanagements unterstützen, ist häufiger Bestandteil des Vorschlages.

Da mit der Verankerung neuer Verantwortlichkeiten für Prozessmanagement aus kultureller Sicht die größte Herausforderung darin besteht, Konkurrenzsituationen mit etablierten Strukturen in den Griff zu bekommen, wird das Thema Rollenkonflikt angesprochen.

Abbildung G.09 fasst die Themen des Prozessmanagements zusammen.

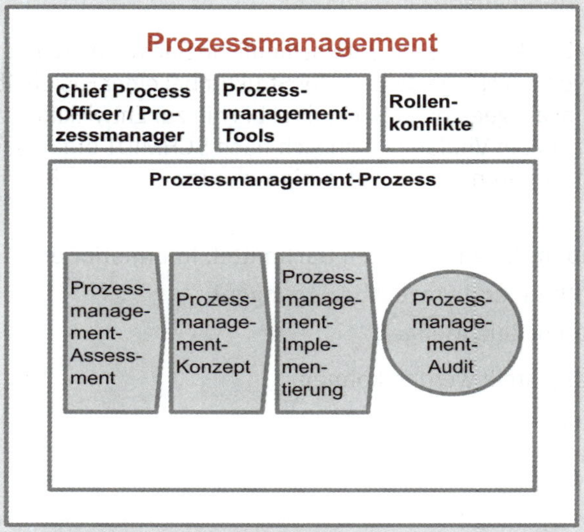

Abb.G.09: Themen des Prozessmanagements

G.4 Die Prozessorganisation als Teil der Organisation

Was früher selbstverständlich war, ist heute teilweise aus dem Denken vieler Praktiker, aber auch wissenschaftlich geprägter Autoren gerückt:

Organisationslehre

Die Prozessorganisation ist Teil der Organisationslehre! Mit dieser Aussage ist einerseits ein bewusstes Bekenntnis zum traditionellen Organisationsverständnis im Sinne der Aufbau- und Ablauforganisation verbunden. Andererseits ist dies aber auch ein Plädoyer für einen modernen umfassenden Organisationsansatz, der das Dach für eine Reihe organisationsgeprägter Themen bildet.

Ist der Zusammenhang von Prozessmanagement und Organisation denn noch zeitgemäß? Mehr denn je! Alle Versuche in der Praxis, die Prozessorganisation losgelöst von der Gesamtorganisation zu etablieren, können als gescheitert bezeichnet werden. Aber dazu später mehr.

Zunächst einmal soll hier die Frage geklärt werden, was heute unter einem traditionellen und modernen Organisationsverständnis gemeint ist und welche Beziehungen zwischen der Prozessorganisation und Aufbauorganisation vorliegen.

G.4.1 Traditionelles Organisationsverständnis

Elemente
Beziehungen
Dimensionen

Organisatorische Vorhaben können sehr unterschiedliche Sachverhalte betreffen. Die Spanne reicht von der Neugestaltung der Struktur bei einer Fusion über die Auswahl und den Einsatz geeigneter Sachmittel bis hin zur Entwicklung von IT-Anwendungen. Trotz dieser Vielfalt lassen sich nach SCHMIDT organisatorische Regelungen im engeren Sinne auf einige wenige zentrale Begriffe zurückführen,

- Elemente (Aufgaben, Aufgabenträger, Sachmittel, Informationen)
- Beziehungen (Aufbau- und Prozessbeziehungen)
- Dimensionen (Raum, Zeit, Menge),

die in einem Würfel dargestellt werden können.

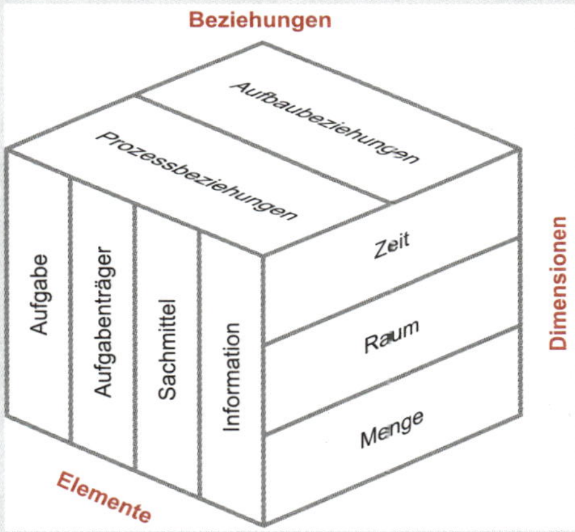

Abb. G.10: Der Organisationswürfel

Die Trennung in Aufbau- und Prozessorganisation begründet sich vor allem in der Art der Beziehung, mit der die Elemente verbunden werden. Bei der Prozessorganisation ist die Beziehung dynamisch, d. h. die Veränderung der Elemente im Zeitablauf steht im Vordergrund.

Dynamische
Beziehung

Am Beispiel der Auftragsabwicklung kann diese Dynamisierung gezeigt werden. Der ursprüngliche Kundenwunsch nach einem Produkt wird zunächst in ein Angebot, dann in einen Auftrag und schließlich in die Produktlieferung und Bezahlung transferiert. Entsprechend wechseln von Verarbeitungsstufe zu Verarbeitungsstufe die Aufgaben, Aufgabenträger, Sachmittel und Informationen bei jedem Durchlauf.

Bei der Aufbauorganisation ist die Beziehung statisch, d. h. die Elemente werden im Ruhezustand einander zugeordnet.

Definition

Die Aufbauorganisation regelt die statischen Beziehungen der Elemente Aufgaben, Aufgabenträger, Sachmittel und Information im Rahmen der Stellenbildung sowie des Leitungs-, Sachmittel-, Informations- und Kommunikationssystems.

Die Stellenbildung und das Leitungssystem bilden den Kern der Aufbauorganisation. Die Aspekte Spezialisierungsgrad und Arbeitsteilung im Rahmen der Stellenbildung und die Gestaltungsmöglichkeiten der Hierarchie beim Leitungssystem werden im Folgenden vertieft, weil sie große Schnittmengen zur Prozessorganisation aufweisen.

Das Sachmittelsystem als statische Verknüpfung von PCs, Servern, Großrechnern etc. zur IT-Infrastruktur oder die Beziehungen von DV-Modulen, Anwendungssystemen oder webbasierten Technologien zur IT-Architektur eines Unternehmens spielen für die Prozessorganisation vor allem als „Enabler" eine wichtige Rolle. Neue Technologien ermöglichen (enable) innovative Prozessgestaltungen.

Beispiel für Prozessinnovation

Von der flächendeckend einsetzbaren RFID-Technologie gehen derzeit sehr viele Prozessinnovationen aus. Die Möglichkeit, jeden einzelnen Gegenstand mit einem Chip auszustatten, der von sich aus Signale aussendet, die dem Empfänger eine Vielzahl von Informationen über den Gegenstand mitteilen, wird durch seine massenweise Ausbreitung stetig kostengünstiger. Wenn beispielsweise alle Produkte in einem Lager mit solch „intelligenten Barcodes" ausgestattet sind, könnte der Inventurprozess drastisch verkürzt werden.

Weitere Möglichkeiten für die Prozessorganisation, die sich durch etablierte oder neue Technologien ergeben, werden in Kapitel 1.4.2 angesprochen.

IT ist nicht alles

Auch wenn heute die IT das Sachmittelsystem dominiert und längst zu einem eigenständigen großen Thema neben der Aufbauorganisation geworden ist, gibt es noch andere Facetten wie Arbeitsplatzgestaltung, Raumplanung oder Standortfragen, die selbstverständlich Einfluss auf die Prozessorganisation haben. Mitarbeiter, die an einem Prozess zusammen arbeiten, haben nachweislich bessere Prozessergebnisse, wenn sie räumlich nah beieinander sind. Trotz aller technischen Kommunikationsmöglichkeiten ist anscheinend das persönliche Wort nur schwer durch andere Medien zu ersetzen.

Das gleiche gilt für Informations- und Kommunikationssysteme, die nicht nur technisch zu lösen sind. Die effiziente Gestaltung von Meetings, Gremien oder anderen Kommunikationssystemen ist Teil der Aufbauorganisation. In Prozessen die richtige Information zum richtigen Zeitpunkt am richtigen Ort zur Verfügung zu haben, ist ebenfalls im unmittelbaren Zusammenhang mit dem Informationssystem der Aufbauorganisation zu sehen.

G.4.1.1 Stellenbildung

Die aufbauorganisatorische Frage der „richtigen" Stellenbildung betrifft jeden Mitarbeiter eines Unternehmens unmittelbar. Schließlich wird hier festgelegt, welche Aufgaben man im Job tagtäglich erledigt und welche Ausstattung man hierfür hat.

Definition

Eine Stelle ist ein nach Art und Menge abgegrenzter Aufgabenkomplex für einen Aufgabenträger, dem zur Aufgabenerfüllung Informationen und Sachmittel zur Verfügung gestellt werden.

Kern der Stellenbildung ist die Frage, wie viel Aufgaben einem Aufgabenträger zugedacht werden. Aufgaben können nach verschiedenen Kriterien zu Stellen zusammengefasst werden. So kann es verrichtungszentralisierte Stellen geben, bei denen der Stelleninhaber nur eine Tätigkeit oder einige wenige Verrichtungen an unterschiedlichen Objekten vollzieht.

So werden beispielsweise Aufgaben wie Ware einlagern, Ware kommissionieren oder Ware umpacken in einer Stelle „Lager" konzentriert.

Die höchste Spezialisierung liegt vor, wenn ein Stelleninhaber nur eine einzige Verrichtung ausübt.

Beispiel für Spezialisierung

Ein Beispiel für eine weitreichende Spezialisierung ist die Stelle der Warenannahme. Hier wird ausschließlich die Aufgabe „Ware annehmen" ausgeführt.

An diesem Punkt wird bereits deutlich, wie eng die Aspekte der Stellenbildung mit Fragen der Prozessorganisation verbunden sind. Aus Sicht eines Objektes führt die Verrichtungszentralisierung dazu, dass bei der dynamischen Prozessbetrachtung die Veränderung eines Objektes an verschiedenen Stellen stattfindet. Deshalb spricht man auch von Objektdezentralisierung (siehe Abbildung G.11).

Das Objekt „Ware" wird an 4 verschiedenen Stellen bearbeitet.

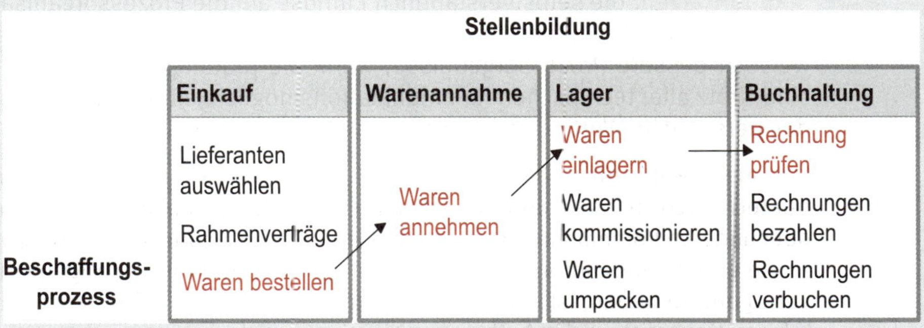

Abb. G.11: Verrichtungszentralisierte bzw. objektdezentralisierte Stellenbildung

„Einer macht alles“

Die andere grundsätzliche Möglichkeit, Stellen zu bilden, ist die Objektzentralisation. Hierbei werden Stellen so gebildet, dass der Stelleninhaber viele Verrichtungen an einem Objekt durchführt. Im Extremfall spricht man von der ganzheitlichen Vorgangsbearbeitung. Dabei übernimmt der Aufgabenträger alle Tätigkeiten, die zur vollständigen Bearbeitung eines Objektes notwendig sind.

Das Objekt „Ware“ wird an einer Stelle bearbeitet.

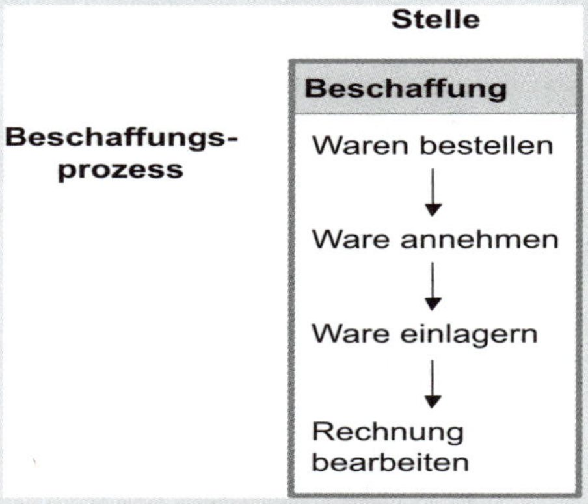

Abb. G.12: Objektzentralisierte Stellenbildung

Alternative Formen der Aufgabenverteilung

Sowohl die Verrichtungs- als auch die Objektzentralisation bringen Vor- wie Nachteile mit sich. Aus diesem Grund werden bei der Stellenbildung auch alternative Möglichkeiten der Aufgabenverteilung diskutiert. Bei einem Aufgabenwechsel (Job Rotation) lösen sich die Mitarbeiter in einem bestimmten zeitlichen Rhythmus ab. A übernimmt die Aufgaben von B, B die Aufgaben von C und C die Aufgaben von A. Dieser Wechsel kann nach Stunden - so z.B. bei sehr einseitigen Belastungen im Produktionsbereich - oder auch nach Tagen oder Wochen stattfinden.

Aufgabenerweiterung (Job Enlargement) liegt dann vor, wenn Mitarbeiter zusätzlich vor- oder nachgelagerte Aufgaben bekommen. Damit vergrößert sich das Aufgabenspektrum. Während im Wege des Job Enlargement eine Aufgabenerweiterung dadurch erfolgt, dass vergleichbare oder ähnliche Aufgabenelemente hinzugefügt werden, die Qualität der Arbeit aber im Prinzip unverändert bleibt, führt Job Enrichment zu einer qualitativen Aufwertung der Stellen. Wie im Job Enlargement werden verschiedenartige Aufgabenelemente zusammengefasst. Darüber hinaus - und das macht das Wesen der Bereicherung aus - werden die Ausführungsaufgaben um Führungs- und Unterstützungsaufgaben erweitert.

Die teilautonomen Arbeitsgruppen stellen eine logische Fortentwicklung des Konzeptes der Aufgabenbereicherung dar. Zusätzlich ist die Gruppe auch noch frei, ihre eigene Arbeitsteilung, die Arbeitsverfahren, Zeiteinteilung, die Gruppenstruktur usw. festzulegen. Die Fremdsteuerung beschränkt sich auf die vorgegebenen Leistungen, die im Idealfall auch mit der Gruppe abgestimmt werden. Den Weg zur Leistung bestimmt die Gruppe selbst. Darüber hinaus ist die Gruppe auch noch dafür zuständig, Arbeitsverfahren zu verbessern, geeignete technische Hilfen einzusetzen oder zu entwickeln etc.

G.4.1.2 Leitungssystem

Mit der Kompetenzverteilung im Unternehmen wird die Hierarchie festgelegt.

Das Leitungssystem regelt die Über- und Unterordnung von Stellen. Definition

Leitungsstellen werden mit Weisungsbefugnissen ausgestattet, um die arbeitsteilig auf nächster Ebene agierenden Aufgabenträger abzustimmen. Da die Abstimmung häufig über mehrere Ebenen von oben nach unten erfolgt, wird auch von vertikaler Koordination gesprochen.

Beispielsweise werden Abteilungsleiter für Einkauf, Lager und Buchhaltung eingesetzt, um die Stellen mit ihren jeweiligen Aufgabenpaketen abzustimmen.

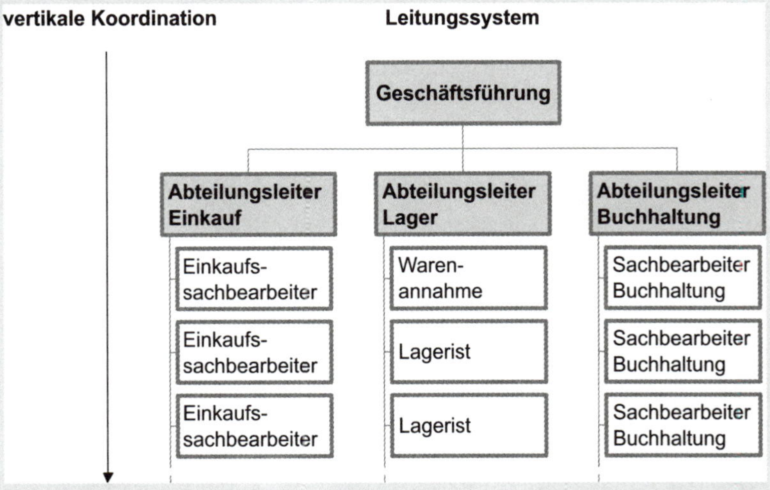

Abb. G.13: Vertikale, funktionale Koordination

Eine Grundsatzentscheidung bei der Gestaltung des Leitungssystems betrifft die Frage, wie die Weisungsbefugnisse in einem Unternehmen verteilt werden. In Unternehmen mit einer Einlinienorganisation hat jeder Mitarbeiter nur

Einlinien- oder Mehrlinienorganisation

einen direkten Vorgesetzten. Bei der Mehrlinienorganisation haben Mitarbeiter mehr als einen Vorgesetzten, die alle mit Weisungsbefugnissen ausgestattet sind. Beide Organisationsformen können um Stäbe als Leitungshilfsstellen ergänzt werden.

Will man grundsätzlich wissen, wie die Organisationsstruktur aufgebaut ist, kann man dies anhand der obersten Hierarchiestufen erkennen. Hier werden vor allem funktionale (verrichtungsorientierte) und divisionale (objektorientierte) Organisationen unterschieden.

Definition

Eine funktionale Organisation liegt vor, wenn die erste oder zweite Hierarchieebene nach Verrichtungen gegliedert ist (siehe Organigramm in Abbildung G.13). Von einer divisionalen Organisation wird gesprochen, wenn auf den obersten beiden Hierarchieebenen ein Objekt die Aufgaben- und Kompetenzverteilung bestimmt. Als Objekte kommen Produkte, Kunden und Regionen in Frage.

Da eine reine Gliederung nach Verrichtungen und Objekten immer auch mit Nachteilen verbunden ist, werden heute vermehrt auch geschäftsfeldorientierte, prozessorientierte und gemischte Organisationen diskutiert, die die starre Strukturierung nach nur einem Prinzip aufgeben. Auch Kombinationen von Gliederungskriterien in Mehrliniensystemen werden immer wieder herangezogen, um möglichst optimal das Prinzip der vertikalen Koordination einzusetzen.

Vermeintlicher Königsweg: Matrix

Am bekanntesten ist die Matrixorganisation, bei der die Nachteile der funktionalen Gliederung durch eine zweite Weisungsebene, die entweder nach Produkten, Regionen oder Kunden strukturiert ist, aufgefangen werden sollen (siehe Abbildung G.14).

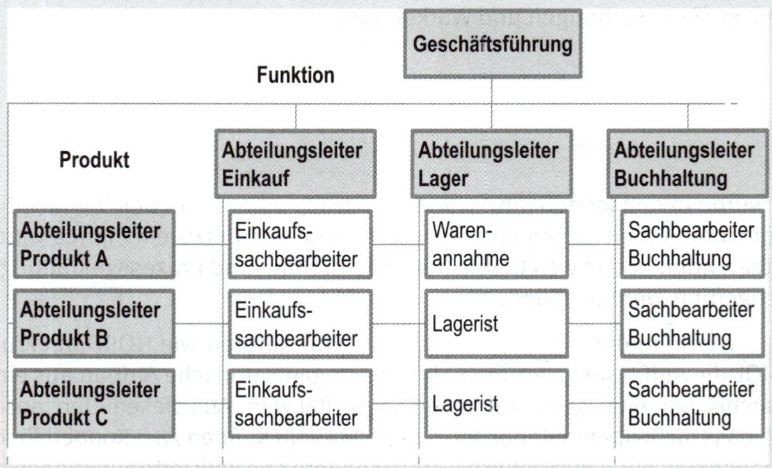

Abb. G.14: Matrixorganisation

Die Erfahrungen mit der Matrixorganisation sind auch für die Prozessorganisation von hoher Bedeutung. So sehen neuere Ansätze vor, die Verantwortung für Prozesse in extra hierfür geschaffene Leitungsstellen zu geben. Auf die Erfolgschancen solch einer hierarchischen Verankerung von Prozessverantwortung wird in Kapitel 3.4 näher eingegangen.

Kritik an Hierarchien

Die Hierarchie als alleinige Koordinationsform ist zunehmend in die Kritik gekommen. Die tayloristische Trennung von „Denken und Tun" bei der vertikalen Koordination hat dazu geführt, dass in früheren Organisationsstrukturen Führungs-, Ausführungs- und Unterstützungsaufgaben strikt voneinander getrennt wurden.

Denker Macher Aufpasser-Strukturen

Die Vorstellung, durch konzentriertes Vordenken und Steuern Prozesse rationell gestalten und abwickeln zu können, trifft nur für eine statische Umwelt und einfache Prozesse zu. Sobald die Unternehmen raschen Umweltveränderungen unterworfen sind, stoßen die „Denker Macher Aufpasser"- Strukturen an Flexibilitäts-, Schnelligkeits- und Innovationsgrenzen.

Deshalb finden sich heute in der Unternehmenspraxis neben der Primärorganisation eine Reihe horizontaler Koordinationsformen in der Sekundärorganisation.

Definition

Unter Primärorganisation werden die dauerhaften Regelungen zur Koordination planbarer Aufgaben verstanden. Daneben gibt es eine Reihe die Hierarchie überlagernder zeitlich befristeter oder dauerhafter Einrichtungen zur Koordination neuartiger oder einmaliger Aufgaben, sowie zur Verbesserung der Koordination dauerhafter Aufgaben. Diese Leitungsorganisationsformen werden der Sekundärorganisation zugerechnet. Beispiele für Sekundärformen sind Projektgruppen, Kollegien/Komitees, Ausschüsse, Kommissionen, Konferenzen/Besprechungen und Workshops.

G.4.1.3 Structure follows process?

Viel wurde in den letzten Jahren vom Paradigmawechsel in der Organisation gesprochen. Damit ist gemeint, dass in Theorie und Praxis ein Sinneswandel stattgefunden hat, in welcher Reihenfolge Aufbau- und Prozessgestaltungen durchgeführt werden sollen.

Vorfahrts-regeln wechseln

Früher wurde in der Organisationstheorie von Autoren wie NORDSIECK und KOSIOL die Auffassung vertreten, dass der organisatorische Aufbau aus einer hierarchischen Analyse der Aufgaben abgeleitet wird. Aus diesem Denkansatz folgt, dass nicht übergreifende Prozesse etwa vom Kunden zum Kunden für die Aufbauorganisation maßgeblich waren, sondern spezialisierte Funktionen mit entsprechend spezialisierten Berufsbildern. Nach dieser Abgrenzung waren

Klassische Lehre Aufbau vor Prozess

dann die Vorgesetzten der so gebildeten spezialisierten Einheiten (Dezernate, Hauptabteilungen, Abteilungen, Gruppen etc.) dafür zuständig, dass innerhalb der Einheiten die dort zu erledigenden Prozesse möglichst gut bewältigt werden konnten. Die Optimierung der Prozesse begann und endete an den Grenzen der Organisationseinheiten. Dieser Ansatz förderte die Dominanz der Aufbau- über die Prozessorganisation, die Reihenfolge hieß also Aufbau- vor Ablauforganisation.

Die Vorherrschaft der Aufbauorganisation über die Prozessstruktur war in einer ruhigen und überschaubaren Umwelt relativ unproblematisch. Ziele wie Stabilität, Standardisierungs- und Spezialisierungsvorteile sowie Sicherheit beherrschten organisatorische Gestaltungsüberlegungen. Im Zuge dynamischer und komplexer Zeiten hat sich die Zielpriorität in Richtung Schnelligkeit, Reaktionsfähigkeit, Innovationsfähigkeit und Flexibilität entwickelt. Prozesse können diese Ziele maßgeblich beeinflussen, so dass heute vom Primat der Prozessorganisation gesprochen werden kann.

structure follows process

Die Aufbauorganisation folgt prozessorganisatorischen Überlegungen und nicht wie früher umgekehrt.

So plausibel der Sinneswandel klingen mag, einige praktische Schwierigkeiten werden dabei häufig übersehen. Zunächst fehlt es häufig an einer Prozessorientierung im Bewusstsein der Mitarbeiter. Im Wirtschaftsleben fällt es den meisten Mitarbeitern leicht, „aufbauorganisatorisch" zu denken.

Wenn sich z.B. jemand in einem neuen Kreis vorstellt, nennt er seinen Namen, seine Organisationseinheit, seine Aufgabenbereiche und vielleicht noch seine hierarchische Position. Jeder kann sich ein Bild von dem Mitarbeiter machen, weil jeder mit Aussagen über Aufgaben, Kompetenzen und Verantwortungen aufgewachsen ist.

In Prozessen denken fällt schwer

Organigramme dokumentieren seit Jahrzehnten die Aufbaustruktur eines Unternehmens. Sobald jedoch die Frage nach Prozessen auftaucht, tritt eine gewisse Unsicherheit auf. Welches sind die wichtigen Unternehmensprozesse? Wie hängen die Prozesse zusammen? Wie hoch ist der eigene Beitrag zum Prozesserfolg?

Die funktionale Gliederung vieler Unternehmen hat das prozessorientierte Denken in der Vergangenheit erschwert. Wer einen Bereich wie beispielsweise Einkauf leitet oder in dieser Organisationseinheit arbeitet, der schaut in erster Linie darauf, dass seine Bereichsziele erfüllt werden. Diese Vorgaben waren bisher vor allem Einkaufsbudgets, Qualitätsziele oder Liefertermine. Werden diese Ziele erfüllt, winkt der Aufstieg. Wen wundert es da, dass bereichsübergreifende Interessen zweitrangig sind?

So verspricht der Vertrieb jedem Kunden eine individuelle Lösung, während die Fertigung ein „Einheitsmodell“ herstellen möchte. Ohne Rücksicht auf andere Einheiten wird der eigene Bereich optimiert und das Unternehmensoptimum zugunsten des Bereichsoptimums geopfert. Auch diese „menschliche“ Erklärung führt zu einer eindeutigen Reihenfolge Aufbauorganisation vor Prozessorganisation.

In der Praxis gilt immer noch: Aufbauorganisation vor Prozessorganisation

Die Fiktion der Stelle macht es einfacher, Personen mit Organisationseinheiten gleichzusetzen. Etablierte Berufsbilder sind funktional ausgerichtet. So gibt es den Konstrukteur, den Monteur, den Verkäufer, den Einkäufer, den Organisator oder den Controller. Mit einer prozessorientierten Ausrichtung können sich diese Berufsbilder durchaus ändern. Ansatzweise finden sich solche veränderten Berufsbilder bei Logistikern, Kundenbetreuern oder Projektleitern.

Verrichtungsspezialisierte Jobs

Schließlich darf bei aller Euphorie über die Wichtigkeit prozessorientierter Ansätze nicht vergessen werden, dass über Hierarchien Macht- und Statusfragen beantwortet werden. In den Einstellungen, Werten und Normen vieler Führungskräfte ist es wohl nach wie vor wichtig, „wie viele Köpfe man unter sich hat“, „wer den Hut aufhat“ oder „welchen Dienstwagen man fährt“.

Bleibt die Prozessorientierung nur ein Denken in Prozessen, werden funktionale Barrieren weiterhin maßgeblichen Verbesserungen im Wege stehen. Entscheidend wird es sein, den Prozessgedanken auch durch Weisungsbefugnisse und Stellen in prozessorientierten Aufbaustrukturen zu institutionalisieren.

Prozessorientierte Aufbauorganisation

Letztlich zeigt die Diskussion auch, dass die Trennung von Aufbau- und Prozessorganisation vielerorts immer noch nicht als theoretischer Kunstgriff, sondern als faktische Trennung zweier unterschiedlicher Gestaltungsbereiche verstanden wird. Jede aufbauorganisatorische Änderung beinhaltet Prozessumgestaltungen und umgekehrt. So sind beispielsweise Ansätze wie Gruppenarbeit oder Prozessverantwortliche wichtige Komponenten moderner Prozessorganisationskonzepte. Aufbau- und Prozessstruktur sind „zwei Seiten einer Medaille“.

Zwei Seiten einer Medaille

G.4.2 Erweitertes Organisationsverständnis

Bisher wurden die Gestaltungsansätze der Aufbau- und Prozessorganisation innerhalb der Unternehmensgrenzen betrachtet. Aspekte der Stellenbildung, des Leitungs-, Sachmittel-, Informations- und Kommunikationssystems sowie der Prozessorganisation werden deshalb auch unter dem Begriff Binnenorganisation zusammengefasst. In den letzten Jahren hat sich ein unternehmensübergreifendes Verständnis der Organisation entwickelt, das zunehmend Veränderungen der Unternehmensgrenzen und die Gestaltung arbeitsteiliger

Binnen- und Rahmenorganisation

Prozesse zwischen Unternehmen betrachtet. Hier spricht man von Rahmenorganisation. Die Gestaltungsfelder des erweiterten Organisationsansatzes werden in Abbildung G.15 dargestellt.

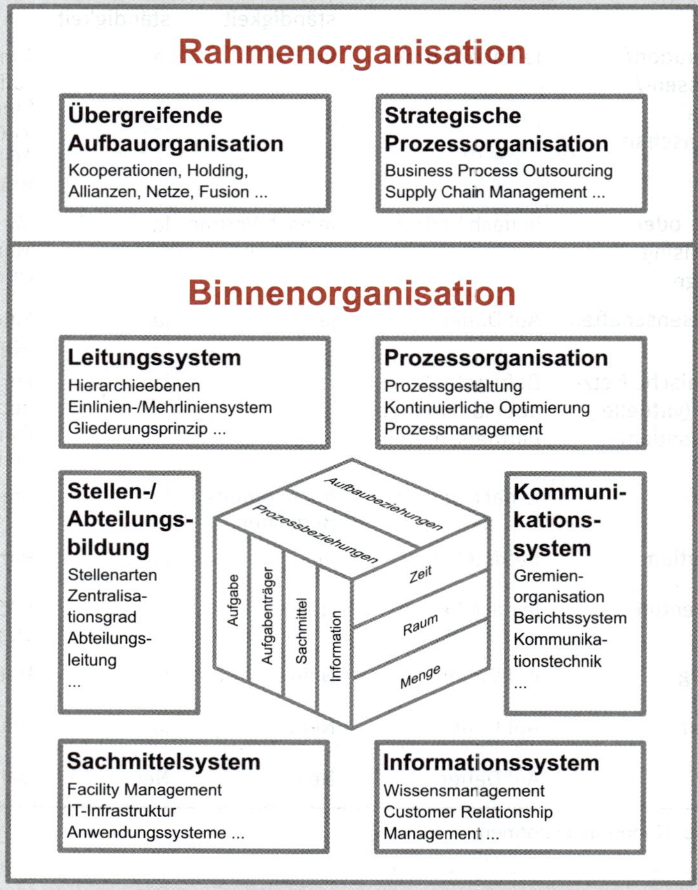

Abb. G.15: Erweitertes Organisationsverständnis

Zusammen stark

Im Zusammenhang mit strategischen Überlegungen sind übergreifende aufbauorganisatorische Lösungen neueren Datums wie Allianzen, Kooperationen, Holding, Fusionen oder Netzwerke zu sehen. Ein Grund für die gesteigerte Bedeutung dieser Konzepte ist es, dass es für viele Unternehmen nicht sinnvoll ist, alle für ihr definiertes Geschäftsfeld notwendigen Leistungen selbst zu erbringen. Mit Kooperationen oder Allianzen lösen vor allem kleinere Unternehmen die Schwierigkeit, weitere Märkte mit Produkten zu bedienen, die mit ihren originären Geschäftsfeldern eng verbunden sind, ohne selbst über die Ressourcen verfügen zu müssen. Abbildung G.16 gibt eine Übersicht über typische Kooperationsformen und deren Kennzeichen.

Form	Dauer der Zusammenarbeit	Wirtschaftliche Selbstständigkeit	Rechtliche Selbstständigkeit	Beispiele
Kooperation/ Interessen-/ Arbeitsgemeinschaft	Je nach Vertrag	Ja	Ja	T-mobile mit Fujitsu und Siemens IG-Coaching AG Duisburger Brückenbau
Lizenz- oder Franchising-Verträge	Je nach Vertrag	Je nach Vertrag	Ja	Mc Donald's Marco Polo Obi
Genossenschaften	Auf Dauer	Ja	Ja	Milchgenossenschaft
Dynamische Netzwerke (virtuelle Organisation)	Befristete Projekte, aber langfristige Partnerschaften	Ja	Ja	Korrespondentennetzwerk der Frankfurter Allgemeine Zeitung
Allianz	Je nach Vertrag	In bestimmten Bereichen	Ja	Star Alliance
Konsortium	Befristet	Ja	Ja	Bankenkonsortium
Joint venture	Je nach Vertrag	Nein	Ja	BASF-Shanghai-Coatings Co., Ltd.
Holding	Auf Dauer	Nein	Ja	Douglas
Konzern	Auf Dauer	Nein	Ja	Deutsche Bahn
Fusion	Auf Dauer	Nein	Nein	Daimler Chrysler

Abb. G.16: Kooperationsformen

Analog den primär aufbauorganisatorisch-rechtlichen Konzepten unternehmensübergreifender Zusammenarbeit gibt es auch prozessbezogene Ansätze, die die Unternehmensgrenzen überschreiten und die gesamte Wertschöpfungskette betrachten. Konzepte wie Business Process Outsourcing, Shared Service Center oder Supply Chain Management sind entsprechend dem erweiterten Organisationsverständnis der Rahmenorganisation zu zuordnen. In Kapitel 1.4 werden die in der Strategischen Prozessorganisation diskutierten Prozessvisionen ausführlich dargestellt.

Die zahlreich entstandenen Ansätze zur unternehmensübergreifenden Aufbau- und Prozessorganisation sind sicherlich nicht ausschließlich der Organisation zu zuweisen. Ihrem ganzheitlichen Anspruch folgend haben sie neben orga-

Disziplinübergreifende Ansätze

nisatorischen Vorschlägen auch strategische, rechtliche, technische, personelle und controllingrelevante Konzeptteile. Mit diesen Ansätzen wachsen die einst aus der Führung herausgelösten Teildisziplinen wie Organisation, Planung, Personal, IT oder Controlling wieder zusammen und werden wohl heute am besten unter dem Begriff „Managementkonzepte" geführt. Entsprechend dem Fokus dieses Buches werden im Folgenden die prozessorganisatorischen Aspekte der Managementkonzepte näher beleuchtet. Dabei besteht nicht der Anspruch die Methoden vollständig zu charakterisieren.

G.5 Prozessorganisation und andere Managementkonzepte

Es gibt eine Vielzahl unterschiedlicher Managementkonzepte und -verfahren, die die Prozessorganisation als festen Bestandteil ihres Ansatzes verstehen oder zumindest enge Verbindungen mit ihr haben. Entsprechend ihrer Hauptstoßrichtung können die Konzepte den hier eingeführten 4 Feldern des ibo-Prozessfensters zugeordnet werden (siehe Abbildung G.17). Wie bei jeder schematischen Darstellung versteht es sich von selbst, dass diese Einteilungen nicht immer eindeutig sind.

Strategische Prozessorganisation

- Lean Management
- Strategisches Management
- Supply Chain Management
- Kernkompetenzmanagement
- Business Process Reengineering (BPR)

Prozessgestaltung

- Prozess-Benchmarking
- Geschäftsprozessoptimierung (GPO)
- Six Sigma
- Prozesskostenrechnung

Prozessmanagement

- ISO 9001ff.
- Total Quality Management (TQM)
- Spice ISO 15504
- EFQM
- Business Process Management (BPM)

Kontinuierliche Prozessoptimierung

- Betriebliches Vorschlagswesen (BVW)
- Kaizen
- Kontinuierlicher Verbesserungsprozess
- Process Performance Management
- Workflowmanagement (WFM)
- Balanced Scorecard (BSC)

Abb. G.17: Systematisierung von Management-Konzepten

Nachstehend werden einige Managementkonzepte vorgestellt.

Managementkonzepte zur Strategischen Prozessorganisation

Lean Management
Toyota, MIT, Krafcik — Anfang 1950

- Bezieht sich auf den sorgfältigen Umgang mit allen verfügbaren Ressourcen
- Richtet gesamtes Unternehmen prozessorientiert aus
- Individual- und kundenauftragsorientiert
- Stärkt die Konzentration auf die Effizienz und Effektivität der Wertschöpfungsprozesse

Strategisches Management
Markowitz, Dunst, Ansoff, BCG — Anfang 1950

- Entwickelt Strategien und Leitbilder aufgrund kritischer Erfolgsfaktoren
- Ist marktorientiert
- Stärkt Position der Vertriebs- und Produktionsprozesse
- Identifiziert Kern- und kritische Prozesse

Supply Chain Management
Bothe, Christopher, Pfohl, Hertel — 1989

- Standardisiert unternehmensübergreifende Prozesse
- Regelt den Weg von Produkten, Informations- und Geldströmen vom Zulieferer über Hersteller und Händler bis zum Kunden
- Unterstützt Kernkompetenzansatz und Outsourcing
- Fördert Kooperationen

Kernkompetenzmanagement
Prahalad, Hamel, Krüger, Homp — 1990

- Konzentriert sich auf die eigenen Stärken, die nicht imitierbar und substituierbar sind
- Ist ressourcenorientiert
- Stärkt Position der Unterstützungs-und Führungsprozesse
- Kernkompetenzen, -prozesse sind Ursache für Wettbewerbsvorteil

Business Process Reengineering
Hammer/Champy — 1991

- Gestaltet alle Prozesse fundamental und radikal neu
- Geht top-down vor, also ist am Soll orientiert
- Etabliert das Thema Prozessorganisation im Management
- Stößt das Denken in Unternehmensprozessmodellen an

Abb. G.18: Managementkonzepte zur Strategischen Prozessorganisation

Managementkonzepte zur Prozessgestaltung	
Prozess-Benchmarking Firma Xerox, Komus, Weber, Siebert	1979
■ Interner, wettbewerbsorientierter oder funktionaler Vergleichsprozess ■ Fördert die konsequente Ausrichtung von Prozessen am best-practice ■ Hilft kritische Prozesse zu analysieren ■ Instrument des geplanten und dynamischen Organisationswandels ■ Eng mit TQM verbunden	
Geschäftsprozessoptimierung (GPO) Firma Diebold, Dernbach	1988
■ Die gesamte Geschäftsabwicklung wird marktorientiert optimiert ■ Zielt auf ein deutlich höheres Niveau organisatorischer Leistungsfähigkeit, nicht auf bloße Produktivitätssteigerungen ■ Beruht auf den Phasen der Ist-Aufnahme und der Sollkonzeption	
Six Sigma Firma Motorola, Harry, Magnusson	Anfang 90er
■ Praktizierte Null-Fehler-Qualität ■ Verbindung zwischen markt-und ressourcenorientiertem Ansatz ■ Soll in einer mehrstufigen Wirkungskette Verbesserungen erzielen ■ Voraussetzung ist die Erkennung von Werttreibern	
Prozesskostenrechnung Johnson, Kaplan, Horváth, Mayer	1987
■ Soll die Tranzparenz in den indirekten Leistungsbereichen erhöhen ■ Dient der Erkennung und Gestaltung der Kosten verursachenden Faktoren ■ Verteilt Gemeinkosten verursachungsgerecht ■ Setzt eine Erhebung der Geschäftsprozesse voraus ■ Erzeugt höhere Aufmerksamkeit auf die prozessbezogenen Cost Driver	

Abb. G.19: Managementkonzepte zur Prozessgestaltung

Managementkonzepte zur Kontinuierlichen Prozessoptimierung	
Betriebliches Vorschlagswesen (BVW) Alfred Krupp	1888
■ Förderung, Begutachtung, Anerkennung und Umsetzung von Verbesserungsvorschlägen der Mitarbeiter ■ Fördert das Bewusstsein in Bezug auf Prozesse, Wirtschaftlichkeit und Qualität	
Kaizen/Kontinuierlicher Verbesserungsprozess (KVP) Imai, Teufel	1994
■ Im Mittelpunkt stehen Effizienz und Effektivität der Geschäftsprozesse ■ Verbesserung der Produktqualität, Senkung der Kosten und Verkürzung der Bearbeitungszeit durch Vermeidung von Ressourcenverschwendung ■ Unterstützt koordinierte Verbesserung/Anpassung von Geschäftsprozessen	
Performance Measurement Gleich	1997
■ Instrument zur marktorientierten Steuerung der Unternehmensprozesse ■ Verbesserung durch fortlaufendes Messen, Bewerten und Visualisieren ■ Kennzahlen zur Beurteilung von Effektivität, Effizienz und Leistungspotenzialen der Prozesse	
Workflowmanagement (WFM) Heilmann, Maurer	1994
■ Formale, DV bezogene Komponente des Prozessmanagements ■ Permanente Kontrolle der Prozessabwicklung und der strukturellen Prozessveränderungen mit den Indikatoren Zeit, Kosten, Qualität, Produktivität	
Balanced Scorecard (BSC) Kaplan, Norton	1996
■ Offenes System von finanziellen und nicht finanziellen Kennzahlen, muss an die betrieblichen Gegebenheiten angepasst werden ■ Durch die Betrachtung der nicht-finanziellen Perspektive können Prozesse verändert werden, bevor finanzielle Auswirkungen entstehen	

Abb. G.20: Managementkonzepte zur Kontinuierlichen Prozessoptimierung

Managementkonzepte zum Prozessmanagement

ISO 9000 ff.
ISO 1987

- Rückt die der Produktion vorgelagerten Prozesse stärker in den Mittelpunkt
- Trägt zur stärkeren Kontrolle vor- und nachgelagerter Prozesse des Unternehmens bei
- Dient der Beschreibung von Begriffen und Aufgaben der betrieblichen Qualitätspolitik

Total Quality Management (TQM)
Ishikawa, von Ahsen, Töpfer 1989

- Führungsmethode, die produkt-, fertigungsorientierte und kundenbezogene Aspekte der Qualitätssicherung umfasst
- Fördert übergreifendes Prozessverständnis
- Es sind alle Abteilungen, Bereiche und Mitarbeiter aller Hierarchieebenen in den Qualitätsprozess einbezogen

Spice
ISO 15504 1998

- Beinhaltet die Methodik und Strukturen, um Bewertungen von einzelnen Software-Entwicklungs-Prozessen durchzuführen
- Beschreibt wie Bewertungen durchzuführen, Ergebnisse darzustellen sind, wie daraus Maßnahmen abgeleitet werden können
- Setzt auf einem generischen Phasenmodell auf

European Foundation for Quality Management Modell (EFQM)
European Foundation for Quality Management 1999

- Zeigt eigene Stärken, Schwächen und Verbesserungspotenziale auf und hilft die Unternehmensstrategie darauf auszurichten
- Besteht aus neun Kriterien und einer offen gehaltenen Grundstruktur
- Setzt an Mitarbeitern, Partnerschaften, Ressourcen, Prozessen an

Business Process Management
Business Process Management Initiative

- Es geht um die Beherrschung komplexer Geschäftsprozesse
- Es werden alle Phasen von der Prozessanalyse über die Konzeption, Modellierung und Simulation optimierter Prozesse bis zur Schließung des Lifecycle-Prozesses durch Auswertung der Laufzeitinformationen mit den Modelldaten eingeschlossen

Abb. G.21: Managementkonzepte zum Prozessmanagement

G.6 Generelle Zwecksetzungen der Prozessorganisation

Prozesse werden vielfach benötigt

Sich mit der Prozessorganisation auseinanderzusetzen ist kein Selbstzweck. Schließlich verursacht es einen mitunter großen erstmaligen und laufenden Aufwand, wenn man sich systematisch mit dem Management von Prozessen beschäftigt. Diese Investition rechtfertigt sich nur, wenn ein entsprechender Gegenwert zu erwarten ist. Worin aber liegt der Nutzen der Prozessorganisation? In den meisten Fällen beschäftigt man sich mit Prozessen zur Vorarbeit für andere Teildisziplinen. So unterstützt Prozessmanagement die Zwecke der Bereiche

- Unternehmensentwicklung
- Qualitätsmanagement
- Controlling
- Organisation
- Informationstechnik (IT).

Abb. G.22: Zwecksetzungen des Prozessmanagements

Prozesse dienen der Steuerung

Wie bereits bei den verwandten Managementkonzepten ausgeführt, ist Prozessorganisation in vielen Ansätzen ein wesentlicher Bestandteil. Ansätze wie BSC, Six-Sigma oder Benchmarking werden je nach Themenschwerpunkt entweder von Abteilungen wie Unternehmensentwicklung, Controlling oder Qualitätsmanagement initiiert beziehungsweise nach ihrer Projektphase in diesen Bereichen dauerhaft verankert.

Damit die Managementkonzepte ihren planenden und steuernden oder qualitätssichernden Zweck erfüllen, müssen vollständige Prozesskataloge, Prozesskennzahlen etc. vorliegen.

Aus-gewogenes Kennzahlen-System

Besonders deutlich wird dies zum Beispiel bei der in der Regel vom Bereich Controlling initiierten Balanced Scorecard. Die „Internen Geschäftsprozesse" werden hier in einer der vier Perspektiven der BSC explizit berücksichtigt (siehe Abbildung g.23).

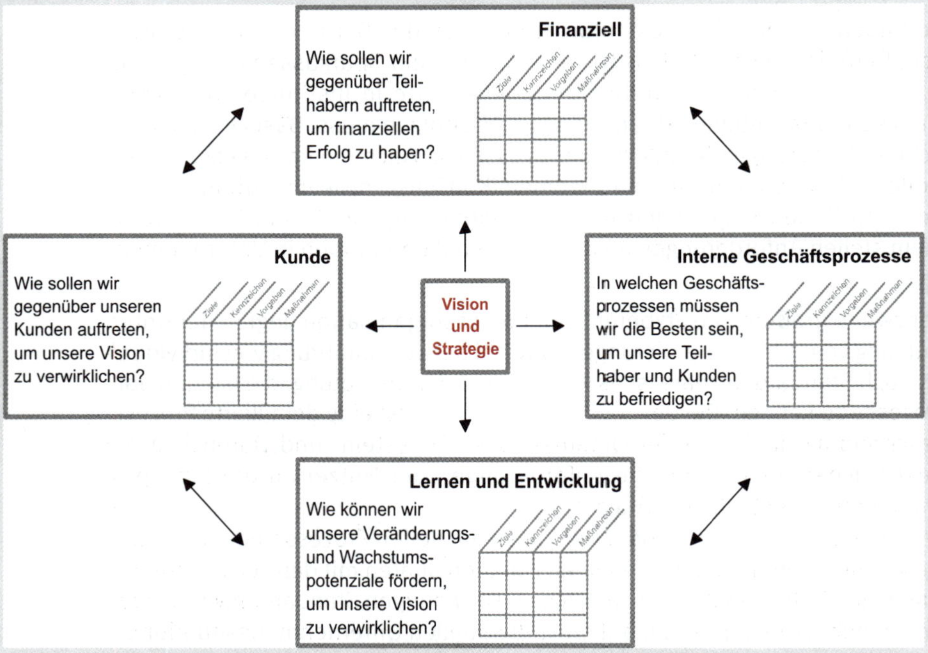

Abb. G.23: Balanced Scorecard, Blick auf interne Geschäftsprozesse

Unmittelbaren Nutzen stiftet die Prozessorganisation bei Reorganisationsvorhaben. Durch optimierte Prozesse werden Kosten eingespart, Kunden gebunden, Neukunden gewonnen und Mitarbeiter motiviert. Die Dokumentation von Prozessen hilft vor allem bei der Einarbeitung von neuen Mitarbeitern. Zwar reicht eine rein schriftliche Einführung in neue Arbeitsgebiete allein nicht aus, um Prozessbeteiligte fit für ihren Job zu machen. Sie haben aber durchaus neben persönlichen Maßnahmen wie Schulung, Support oder Coaching den Vorteil, dass sich der Mitarbeiter in einer ruhigen Minute die Arbeitsabläufe im Unternehmen klarmachen kann.

Prozesse beeinflussen die Effizienz

Über die erstmalige Einarbeitung hinaus dienen dokumentierte Prozesse als Arbeitsanweisung im laufenden Betrieb. Durch aktuelle Prozessdokumentationen wissen die Mitarbeiter jederzeit, welche Aufgaben von ihnen im Prozessverlauf erwartet werden. Häufig geben die Arbeitsanweisungen darüber hinaus Hilfestellungen wie beispielsweise einzusetzende Programme, Dokumente oder Sachmittel.

Prozesse qualifizieren Mitarbeiter

Ein vielfacher Grund sich mit Prozessen zu beschäftigen, liegt für Unternehmen darin, Rechtssicherheit zu gewährleisten. In immer mehr Branchen wird von Gesetzesseite her verlangt, dass Prozesse dokumentiert und gesteuert werden.

So haben die MAK (Mindestanforderungen an das Betreiben von Kreditgeschäften) dazu geführt, dass bei den Banken und Sparkassen eine genaue Dokumentation aller Kreditbearbeitungsschritte in institutseinheitlichen Organisationsrichtlinien (Kredithandbuch) erfolgen muss. Basel II sieht ähnliche Anforderungen für alle Bankprozesse vor. Auch die im Gesetz zur Kontrolle und Transparenz im Unternehmen (KonTraG) sowie im Sarbanes Oxley Act getroffenen Regelungen für ein Risikomanagement- und Frühwarnsystem stellen Anforderungen an die Prozessdokumentation in Unternehmen.

Beispiel: MAK, Basel II und SOX

Der zweite größere Einsatzbereich für Prozessorganisation liegt in der Unterstützung von IT-Implementierungen. Sowohl bei der Einführung von Individual- als auch Standardsoftware ist es von elementarer Bedeutung, die Ist- und Soll-Prozesse zu kennen. Bei der Softwareentwicklung ist eine detaillierte Prozessbeschreibung inklusive der Organisations-, IT-System- und Datensicht ein wesentliches Instrument, die Anforderungen der Nutzer an die Eigenprogrammierung festzulegen. Auch bei der Auswahl von Standard-Software wie beispielsweise ERP-, SCM- oder CRM-Systeme helfen Prozessmodellierungen, die von den Unternehmen verlangten Funktionalitäten mit den Leistungsmerkmalen der Softwarepakete abzugleichen. Die heutigen Standardanwendungen sind zunehmend anpassbar auf die individuellen Unternehmenssituationen. Beim Customizing von ERP- oder anderen Softwaresystemen unterstützen Prozessmodelle, indem sie die fachlichen Anforderungen an die Abstimmung der Standards festlegen. Am unmittelbarsten ist die Prozessorganisation beim Einsatz von Workflowmanagementsystemen betroffen.

Organisation vor Technik

Workflowmanagementsysteme sind Softwaresysteme, die betriebliche Prozesse durch die Koordination und Organisation von Aufgaben, Anwendungen, Daten und beteiligte Aufgabenträger unterstützen.

Definition

Nur wenn die einzelnen Prozessschritte inklusive der Organisations- und Datensicht detailliert vorliegen, ist es möglich, die Aufgabenfolge komplett zu automatisieren und zu steuern.

G.7 Aktuelle Studien

Mehrere Studien liegen vor

In Deutschland werden vermehrt Studien zum Stand des Prozessmanagements durchgeführt. Aus den drei Studien

- IDS Scheer Business Process Report 2005
- Gadatsch/Knupperts/Schnägelberger 2004
- Bach/Biemann 2004

sollen exemplarisch herausgezogene Ergebnisse einen Überblick über den Status quo des Prozessmanagements in Deutschland geben. In späteren Kapiteln werden weitere Befragungsergebnisse aus diesen Studien entsprechend den behandelten Themen herangezogen.

Einvernehmlich bestätigen die Studien, dass das Thema Geschäftsprozessmanagement in den Unternehmen zur Zeit eine hohe Bedeutung hat.

Prozessmanagement boomt

In der Studie von BACH/BIEMANN haben die meisten der 272 befragten Unternehmen Prozessmanagement bereits eingeführt (23 %) oder sind zur Zeit dabei (14 %) bzw. sehen es als fortlaufenden Prozess an (63 %). Da die Hälfte der Befragungsteilnehmer die Prozessmanagement-Einführung erst nach 2002 beendet haben, schließen die Autoren darauf, dass das Thema in jüngster Zeit an Bedeutung gewonnen hat.
Bei SCHEER beschäftigen sich 67 % der befragten IT-Entscheider stark bis sehr stark mit dem Thema Geschäftsprozessoptimierung.
In der Studie von GADATSCH/KNUPPERTS/SCHNÄGELBERGER beantworten 96 % der befragten 245 Unternehmen die Frage, inwieweit Geschäftsprozessmanagement für sie von aktuellem Interesse ist, mit sehr wichtig oder wichtig (siehe Abbildung G.24).

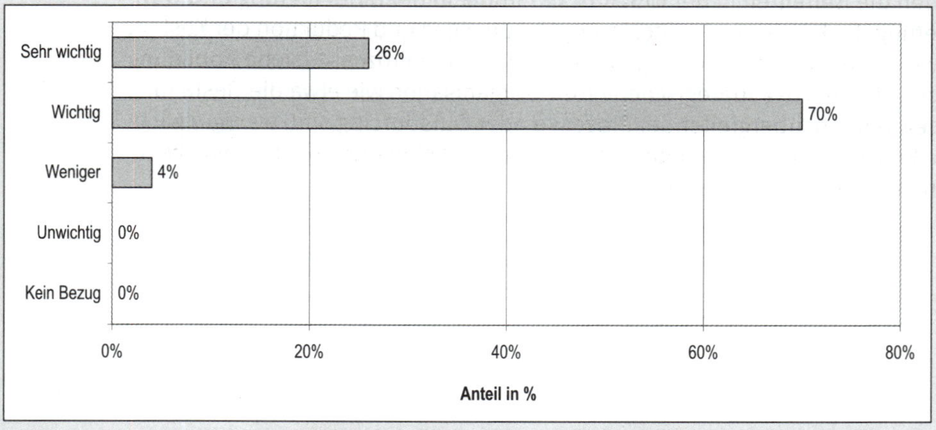

Abb. G.24: Bedeutung des Prozessmanagements
Quelle: GADATSCH/KNUPPERTS/SCHNÄGELBERGER 2004

Am weitesten haben nach den Befragungsergebnissen von SCHEER Telekommunikationsunternehmen, Banken, Energieversorger und Versicherer das Management von Prozessen vorangetrieben (siehe Abbildung G.25).

Telekommunikation, Banken, Versicherungen und Energieversorger beim Prozessmanagement vorn

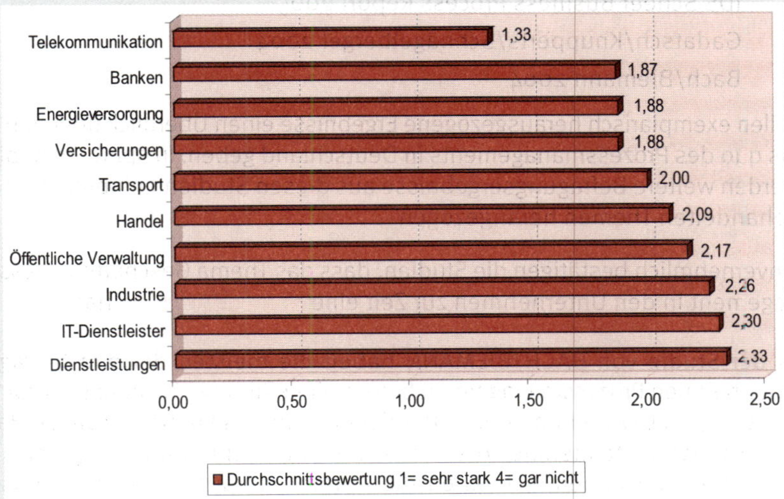

Abb. G.25: Wichtigkeit von Prozessmanagement nach Branchen
Quelle: IDS SCHEER 2005

Hinsichtlich der hier eingeführten vier Konzepte des ibo-Prozessfensters haben die Themen der Prozessgestaltung eindeutig die Nase vorn.

Die mit Abstand wichtigsten Themen des Geschäftsprozessmanagements sehen die Befragten in der IDS SCHEER-Studie in der Modellierung und Optimierung der Prozesse, der Steigerung der Effizienz und Reduktion der Kosten, sowie in der Standardisierung/Harmonisierung der Prozesse (siehe Abbildung G.26). Themen der strategischen Prozessorganisation wie etwa die Gestaltung unternehmensübergreifender Prozesse oder Outsourcing sind weniger wichtige Konzepte. Auch die Kontinuierliche Prozessoptimierung wird nur von wenigen als Top-Thema gesehen.

Optimierung ist das Top-Thema des Prozessmanagements

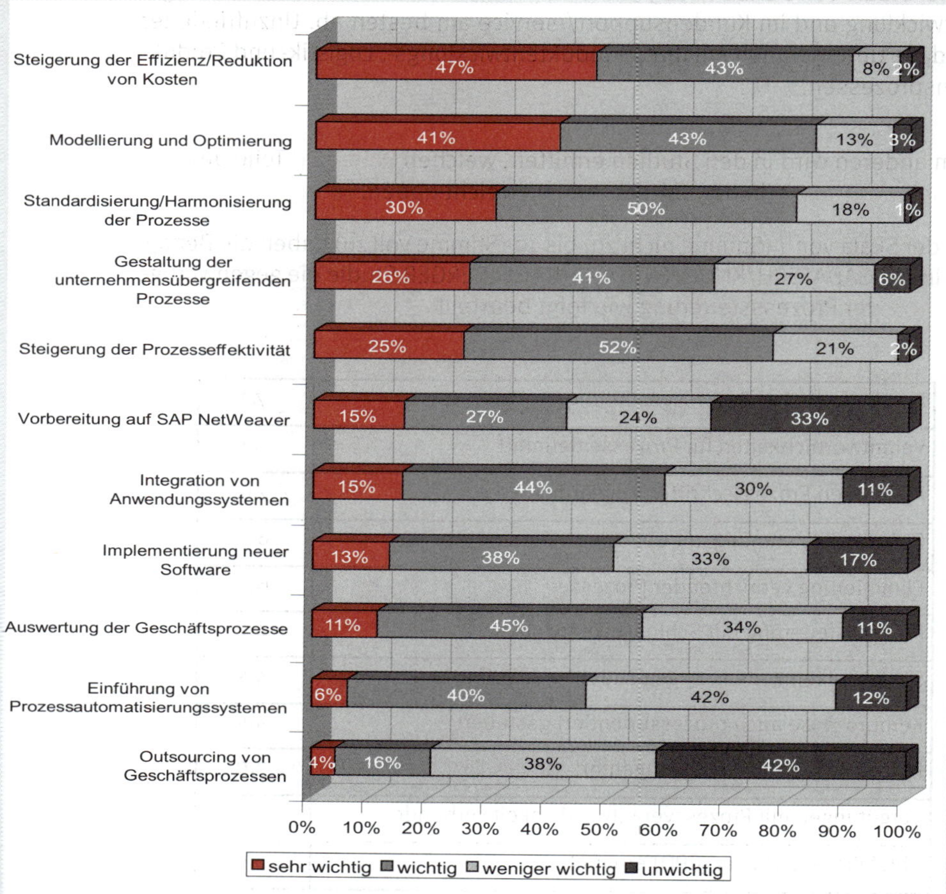

Abb. G.26: Die wichtigsten Themen innerhalb des Geschäftsprozessmanagements 2005. Quelle: IDS SCHEER 2005

Bedeutung der Organisation vor IT

Bezüglich der Zwecksetzungen von Prozessmanagement zeigt die Studie auch, dass die IT-nahen Themen wie „Integration von Anwendungssystemen", „Implementierung neuer Standardsoftware" und „Einführung von Prozessautomatisierungssystemen" in der Bedeutung weit hinter den organisatorischen Gründen für Prozessmanagement rangieren.

Hinsichtlich der Güte des Prozessmanagements gibt es zwei unterschiedliche Blickrichtungen.

Zum einen gibt es Befragungsergebnisse, wie zufrieden die Unternehmen mit welchen Prozessen sind.

In der Studie von SCHEER 2005 schneiden die Prozesse in der Kundenauftragsentwicklung und im Kundensupport/-service am besten ab. Unzufriedener sind die Unternehmen mit ihren Produktentwicklungs-, Logistik- und Produktionsprozessen.

Kundennahe Prozesse liegen vorn

Zum anderen wird in den Studien ermittelt, welchen Reifegrad Teile des Prozessmanagements in den Unternehmen erreicht haben.

Auf der Skala von 1 (Stimme nicht zu) bis 10 (Stimme voll zu) haben die Befragten in der GADATSCH/KNUPPERTS/SCHNÄGELBERGER-Studie die gegenwärtige Effizienz der Prozesssteuerung wie folgt beurteilt:

Kundenfokus bei Prozessgestaltung	7,3
Verantwortlichkeiten für Prozesse definiert	7,3
Aktivitäten Prozessschritten zugeordnet	7,0
Prozessziele stimmig mit Geschäftszielen	6,8
Eliminierung vernichtender Prozesse	6,2
Prozesssteuerung mit Schlüsselkennzahlen	4,7
Schlüsselkennzahlen angewendet bei Meetings	4,5
Kernprozesse auch prozessorientiert gesteuert	4,5
Prozesskostenrechnung eingeführt	3,0
Vergütungen mit Prozessverantwortlichkeit verbunden	3,0
Chief Process Officer (CPO) ernannt	2,6

Abb. G.27: Effizienz der Prozesssteuerung
Quelle: GADATSCH/KNUPPERTS/SCHNÄGELBERGER 2004

Daraus lässt sich ablesen, dass Komponenten des Prozessmanagements wie Verantwortlichkeiten oder Prozessziele weitgehend umgesetzt sind, andere Bausteine wie Kopplung von Vergütung und Prozessergebnis oder Ernennung eines CPO's noch in den Kinderschuhen stecken.

Verantwortlichkeiten sind häufig geregelt

Ein ähnliches Bild hat die Studie von BACH/BIEMANN ergeben. In 96% aller befragten Unternehmen sind Prozessverantwortliche benannt und 85% der Unternehmen haben Leistungsparameter für ihre Prozesse definiert. Bezüglich der laufenden Überwachung und Steuerung der Kennzahlen im Sinne der Kontinuierlichen Prozessoptimierung zeigt die Studie jedoch noch erheblichen Handlungsbedarf in den befragten Unternehmen auf.

Bei der Kontinuität hapert es

Wie reif sind deutsche Unternehmen beim Prozessmanagement?

Zusammenfassend zu den bisherigen Studienergebnissen kann man sagen, dass es einige aussagekräftige Angaben hinsichtlich der Bedeutung, Zwecksetzung und Organisation des Prozessmanagements gibt. Was zur Zeit noch fehlt, ist eine umfassende Studie zum Reifegrad des Prozessmanagements in Unternehmen. Bisher wurden einige einzelne Aspekte des ibo-Prozessfensters auf ihre praktische Umsetzung hin ermittelt, eine vollständige Bestandsaufnahme des derzeitigen Entwicklungsgrades von Prozessmanagement in deutschen Unternehmen steht noch aus.

1 Strategische Prozessorganisation

Prozesse sind der Hebel, Unternehmensstrategien umzusetzen. In Anlehnung an das Chandler-Credo „Structure follows strategy" könnte man auch sagen „Process follows strategy".

Die Strategische Prozessorganisation ist ein projektorientiertes Konzept, das alle Prozesse grundsätzlich auf die Unternehmensstrategie ausrichtet, um die Kundenorientierung und Leistungsfähigkeit zu steigern.

Definition

Das Heranrücken der Prozessorganisation an die Strategie ist ein, wenn nicht sogar der wesentliche Verdienst von HAMMER/CHAMPY. Mit ihrem BPR-Ansatz haben sie es in den 90er Jahren geschafft, die Ablauforganisation aus dem Schattendasein herauszuführen und das Thema im Management hoffähig zu machen. Auf einmal war es auf Vorstandsetagen angesagt, von Kernprozessen, Wertschöpfung oder Prozessverantwortlichen zu sprechen. Es gab nahezu kein größeres Unternehmen in Deutschland, das nicht ein BPR-Projekt durchgeführt hat, indem sämtliche Prozesse darauf hin überprüft wurden, inwieweit sie dazu beitragen, marktorientierte Strategien zu unterstützen oder Kernkompetenzen zu fördern. Wirklich alle?

BPR schärft Bewusstsein für Prozesse im Managament

In der Studie von Gadatsch haben nur 7 % der Teilnehmer auf die Frage, ob ihre Geschäftsprozesse systematisch mit der Unternehmensstrategie verbunden sind, mit „Vollständig" geantwortet. Der überwiegende Teil der Befragten sieht nur eine teilweise Integration der Prozessorganisation mit der Unternehmensstrategie (siehe Abbildung 1.01).

Prozesse sind unzureichend mit Strategie verbunden

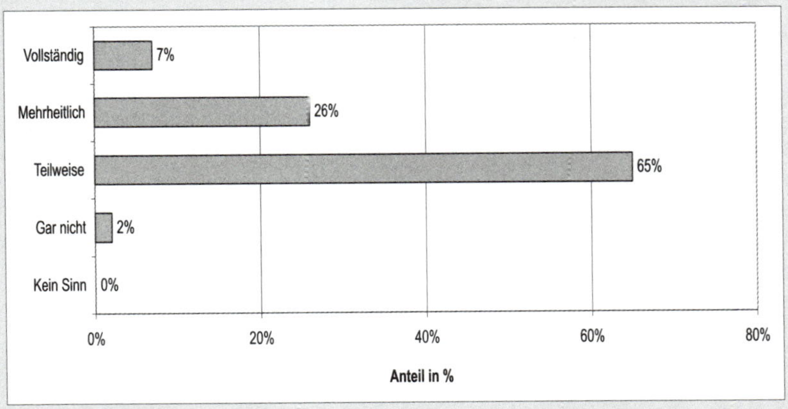

Abb. 1.01: Verbindung von Strategie und Prozessen

Anscheinend sind noch viele Unternehmen weit von dem Anspruch einer strategischen Prozessorganisation entfernt. Im Folgenden wird das Vorgehensmo-

Erstes Konzept des ibo-Prozessfensters

dell der Strategischen Prozessorganisation zeigen, welche Aktivitäten notwendig sind, um alle Prozesse grundsätzlich auf die Unternehmensstrategie auszurichten. Ebenfalls werden die übrigen Themen des 1. Konzeptes des ibo-Prozessfensters (siehe Abbildung 1.02) vertieft. Einen schnellen Überblick über das Konzept der Strategischen Prozessorganisation findet sich in Kapitel G.3.1.

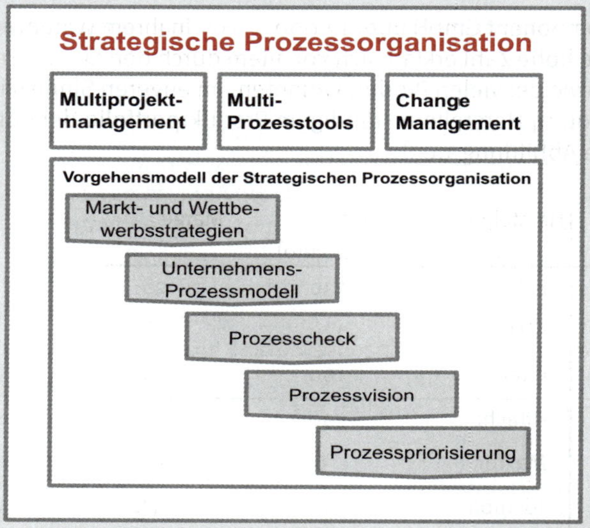

Abb. 1.02: Themen der Strategischen Prozessorganisation

Die Themen aller vier Konzepte des ibo-Prozessfensters werden von nun an anhand eines durchgängigen Beispieles veranschaulicht.

Component GmbH

Die Component GmbH vertreibt Computerkomponenten und -zubehör an Systemhäuser und Systemintegratoren, sogenannte OEMs (Original Equipment Manufactures). Im Aufbau befindlich ist der Vertrieb von Systemlösungen. Die Component GmbH ist Tochter eines großen amerikanischen IT-Distributers. Der Sitz der Component GmbH ist in einer Kleinstadt im mitteldeutschen Raum. Hier werden die Waren gelagert und nach ganz Europa versandt.

Nach dem über 20jährigen stetigen Wachstum im Computermarkt ist nun eine Sättigung eingetreten. Der Markt ist von einem verschärften Preiskampf geprägt. Ebenfalls kennzeichnet den Markt ein extrem kurzer Produktlebenszyklus. Teilweise findet z. B. bei Festplatten oder DVD-Laufwerken bereits nach 3 Monaten ein Modellwechsel statt. Besonders deutlich wird diese Dynamik bei den Prozessoren. Die Leistungsfähigkeit der CPUs steigt exponentiell. Dieser Markt verspricht nach wie vor die besten Wachstumsraten, da die Chips in immer mehr Elektrogeräte, Autos etc. Eingang finden.

Es gibt drei internationale Hauptmitbewerber, die ebenfalls weltweit Computerbausteine und -zubehör an Großabnehmer vertreiben. Zusammen haben die vier Distributoren einen Marktanteil in Europa von fast 50 %. Daneben gibt es eine Reihe kleinerer, lokaler IT-Großhändler und Netzwerkanbieter in den jeweiligen Marktsegmenten. Im Monitormarkt tritt die Component GmbH durch die Exklusivvertriebsrechte bei einem Monitorhersteller selbst wie ein Hersteller auf und konkurriert dort mit anderen Monitoranbietern.

Component GmbH

Insgesamt hat die Component GmbH über 12.000 Artikel in ihrem Warenwirtschaftssystem. Diese hohe Zahl erklärt sich vor allem durch den kurzen Produktlebenszyklus sowie der vielen Produktvarianten. Im engeren Sinne sind folgende Produkte von 14 Herstellern ständig im Produktportfolio der Component GmbH (siehe Abbildung 1.03).

Komponenten	Hersteller	Umsatz (in Mio Euro)	Marge
Monitor	EIZO	230	12%
CPUs	AMD	120	7%
	Intel	160	4%
Festplatten	Hitachi	40	4%
	Maxtor	35	5%
	Toshiba	25	4%
CD-ROMs/CD-Writer/DVD	LG	6	6%
	Plextor	3	7%
	Toshiba	5	7%
Drucker	Lexmark	4	8%
	Minolta	4	7%
	OKI	3	7%
Handheld	Palm	7	8%
	Toshiba	5	9%
Netzwerke	AVAYA	25	10%
	Intel	10	8%
	Enterasys	20	9%

Abb. 1.03: Produktportfolio der Component GmbH

Die Aufbauorganisation der Component GmbH zeigt Abbildung 1.04.

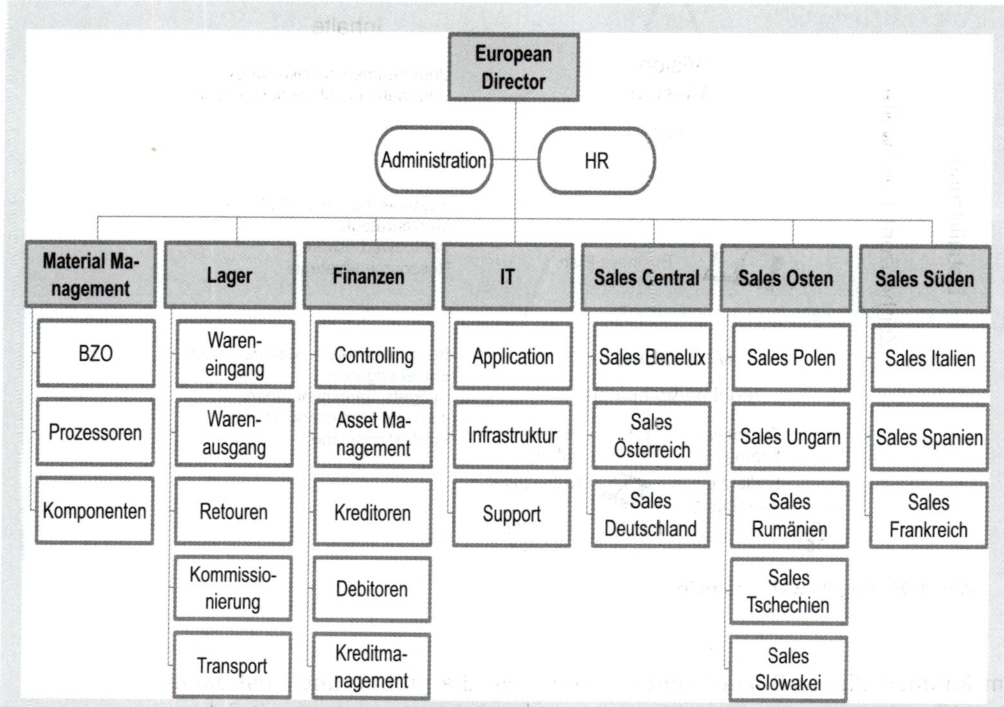

Abb. 1.04: Organigramm der Component GmbH

1.1 Markt- und Wettbewerbsstrategien finden

Der erste Schritt im Vorgehensmodell der Strategischen Prozessorganisation beschäftigt sich damit, die Markt- und Wettbewerbsstrategien eines Unternehmens festzulegen.

Begriffswelt Strategie

Bevor im Einzelnen die Marktstrategiefindung erläutert wird, sollen zunächst der Strategiebegriff sowie bedeutungsnahe Ausdrücke erklärt werden. Das dies notwendig ist, zeigen immer wieder endlos dauernde Definitionsdiskussionen in Strategieworkshops. Allzu schnell rücken die eigentlichen Inhalte in den Hintergrund, wenn kein gemeinsames Verständnis davon herrscht, wie sich Vision, Mission, Leitbild, Strategie etc. voneinander unterscheiden und welche Inhalte sie im Einzelnen haben.

Abbildung 1.05 gibt einen Überblick über verschiedene Begriffe im Zusammenhang mit Strategischen Überlegungen.

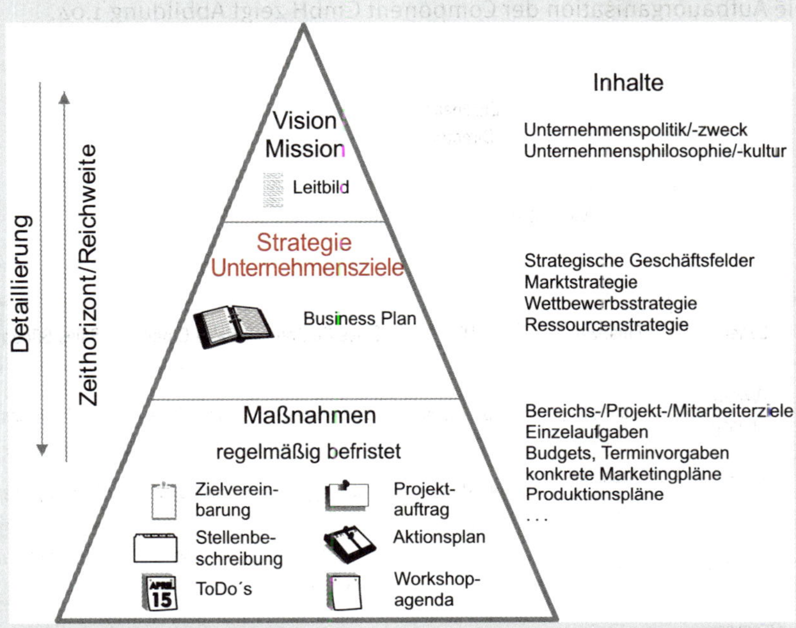

Abb.1.05: Begriffswelt Strategie

Im Rahmen dieses Buches unterscheiden wir die groben und abstrakten Begriffe wie Vision/Mission/Leitbild von den konkreteren und mit Zahlen versehenen Begriffen Strategie und strategische Ziele. Die kurzfristigen und sehr detaillierten Maßnahmen spielen bei strategischen Überlegungen keine Rolle.

Vision/Mission/Leitbild

Definition

Eine Vision ist ein langfristiges Ziel auf höchster Aggregationsebene, das vielen Menschen das Gefühl gibt, mit ihrer täglichen Arbeit einen Beitrag für etwas großes übergeordnetes Ganzes zu erbringen.

Damit Visionen ihren Zweck erfüllen können, müssen sie

- plastisch (Martin Luther King, „I have a dream“)
- identifikationsfördernd
- realisierbar (Henry Ford, „Autos für jedermann“)
- anspruchsvoll
- präsent

sein.

Beispiele für aktuelle gesellschaftspolitische Visionen

Gesellschaftspolitische Visionen der jüngsten Zeit waren zum Beispiel in Europa die Euro-Einführung oder in Deutschland die EXPO 2000. Ob eine Vision wirklich in den Köpfen aller ist, merkt man am besten an der Antwort auf die Frage, was jemand gerade tut. So hätte beispielsweise 2005 diese Frage an einen Straßenbauarbeiter die überraschende Antwort bringen können, dass er am Erfolg der Fussball WM 2006 arbeitet. Zu anderen Zeiten hätte er vielleicht eher geantwortet, dass er die Teerdecke erneuert.

Visionen helfen bei Projektmüdigkeit

Da bei der Strategischen Prozessorganisation das gesamte Unternehmen einem Veränderungsprozess unterzogen wird, ist ein leitendes Bild von wesentlicher Bedeutung. Bei größeren Reorganisationen ist es ganz normal, dass es Durststrecken gibt, bei denen Zweifel am Sinn des Projektes aufkommen. Dann ist es besonders wichtig, eine gemeinsame Idee davon zu haben, wohin die Reise geht.

Component GmbH

Bei dem Projekt „Strategische Prozessorganisation" der Component GmbH wurde allen Beteiligten die Vision mit auf den Weg gegeben, mit der Entwicklung eines prozessorientierten Unternehmens den Erfolg und die Existenz der Firma nachhaltig zu sichern.

Visionen sollte es jedoch nicht nur für große Veränderungsvorhaben geben, auch im Tagesgeschäft ist eine Vision hilfreich. Ob es im Unternehmenskontext gelingt, immer eine Vision zu finden, die allen Mitarbeitern den Eindruck vermittelt, an etwas Bedeutungsvollem und Aufregendem zu arbeiten, ist sicher schwierig. Zumal die Arbeitswelt nicht immer so in den Schlagzeilen ist wie zum Beispiel Sportereignisse und auch nicht ständig größere Reorganisationen anstehen. Man muss sogar aufpassen, dass diese herausragenden Beispiele nicht dazu führen, dass die Unternehmensführung darauf verzichtet, Visionen zu formulieren, weil es so weltbewegende Ereignisse im eigenen Haus nicht gibt.

Visionen im Alltag

Diese Konsequenz wäre jedoch fatal. Der Anspruch an die Attraktivität der Vision fürs Tagesgeschäft sollte gar nicht zu hoch sein.

Oft reicht es aus, wenn die Vision Mitarbeitern Antworten auf die „Terminalfrage" gibt. Wenn zwei Menschen zufällig im Flughafenterminal ins Gespräch kommen, taucht meist ziemlich schnell die Frage auf, was der jeweilige für einen Job hat. Dann ist es notwendig, einem wildfremden Menschen womöglich aus einem ganz anderen Kulturkreis ohne Kenntnisse von Firmennamen oder Branchen kurz und knapp zu erklären, woran man arbeitet und warum es Sinn macht.

Folglich sollte die Unternehmensvision in möglichst ein/zwei Sätzen den Zweck des Unternehmens sowie wichtige Unternehmenswerte vermitteln.

Die Unternehmensvision beinhaltet dann in kurzer und prägnanter Form die Unternehmenspolitik und -philosophie.

Kurz und prägnant

Die Unternehmenspolitik (synonym Unternehmenszweck, -auftrag oder -gegenstand) gibt Auskunft über die beiden Fragen

Fragen zur Unternehmenspolitik

- Warum gibt es das Unternehmen?
  - Welchen Zweck erfüllt das Unternehmen in der Industrie- und Dienstleistungslandschaft in der Gegenwart und in Zukunft?
  - Was ist die Existenzgrundlage?
- Was macht das Unternehmen?
  - Welche Aufgaben hat das Unternehmen, und welche Produkte bzw. Dienstleistungen werden angeboten?
  - Welche Qualitätsansprüche werden mit den Aufgaben, Produkten und Dienstleistungen verbunden?

Die Unternehmensphilosophie spiegelt sich wider in der Kultur eines Unternehmens, welche das Denken und Handeln aller Mitarbeiter beeinflusst.

Definition

Unter Unternehmenspolitik versteht man alle Grundsatzentscheidungen, die das Verhalten eines Unternehmens nach außen und innen in der Weise bestimmen, dass die Existenz des Unternehmens langfristig gesichert ist. Die Unternehmensphilosophie macht Aussagen zu den grundlegenden Werthaltungen, Einstellungen und Überzeugungen eines Unternehmens gegenüber Kunden, Mitarbeitern, Mitbewerbern, Umwelt sowie Gesellschaft.

Visionen beinhalten somit Grundsatzentscheidungen als Entschlüsse,

- die nicht aus höherwertigen Entscheidungen abgeleitet werden können
- die langfristig ausgerichtet und Rahmenbedingung für alle Entscheide in allen Bereichen eines Unternehmens sind
- die in den Aufgabenbereich der obersten Führungsstufe fallen
- die sehr abstrakt formuliert und nicht direkt in Handlungen umsetzbar sind.

Die Unternehmensvision der Component GmbH lautet wie folgt:

Component GmbH

Die Component GmbH ist ein weltweit agierender Großhändler für Computerzubehör mit hervorragender Produktqualität, dem bestmöglichen Service und hohem Know-how. Zusätzlich zu einer ausgefeilten Infrastruktur und Logistik verfügt sie in allen Produktbereichen über Fachleute, die den Handelspartnern durch ihre exzellenten Produkt- und Marktkenntnisse einen erstklassigen Service bieten können. Dies wird durch die langjährige Erfahrung ihrer Mitarbeiter und durch regelmäßige Schulungen sichergestellt.

Neben Unternehmensvisionen und der Visionen für große Veränderungsprojekte wie bei der Strategischen Prozessorganisation sind Visionen auch für einzelne Prozessgestaltungen denkbar. Vor allem bei konzeptionellen Prozessveränderungen hilft die Prozessvision, das Ziel nicht aus den Augen zu verlieren (siehe Kapitel 1.4).

Während Visionen nach innen gerichtet sind, ist eine Mission nach außen gerichtet. Die Mission geht häufig einher mit bekannten Werbeslogan.

Definition

Eine Mission vermittelt die Kompetenz der Marke.

Beispiele für Missionen

BMW	Freude am Fahren
Adam Opel AG	Wir haben verstanden!
Dresdner Bank	Die Beraterbank
LBS	Wir geben Ihrer Zukunft ein Zuhause

Die in der Vision enthaltene Unternehmenspolitik und -philosophie stellt eine erste grobe, relativ vage Orientierungshilfe dar, die häufig in Form eines Leitbildes konkretisiert wird.

Definition

Ein Unternehmensleitbild enthält Grundsätze und ein Wertesystem, an denen sich das Handeln und die längerfristige Planung eines Unternehmens ausrichten sollen. Es beschreibt eine realistische Idealvorstellung davon, wie sich das Unternehmen versteht und wo es mittel- und langfristig hin will.

Häufig wird mit Leitbildern auch eine bestimmte Dokumentationsform verbunden. Dabei wird eine symbolische Anzahl von Leitsätzen, (z.B. 7 oder 10) in einer ansprechend aufbereiteten Form (Plakat, Folder etc.), den Mitarbeitern zur Verfügung gestellt.

Ccmponent GmbH

Auszug aus dem Leitbild der Component GmbH:

Wir bieten unseren Mitarbeitern anspruchsvolle und attraktive Arbeitsplätze. Wir schaffen ein Umfeld mit Chancen und Freiräumen, indem Mitarbeiter voneinander lernen, sich fortlaufend qualifizieren und persönlich entwickeln können.

Wir achten und fördern die Fähigkeiten und die Eigenverantwortung aller Mitarbeiter.

Für die Akzeptanz von Leitbildern ist weniger die letztendliche Formulierung und Dokumentationsform als vielmehr der Entstehungsprozess entscheidend. Folgende Schritte sind dabei wichtig:

Der Weg ist das Ziel

1. Gespräch mit der Geschäftsführung über die strategische Ausrichtung und die momentan gelebte Kultur im Unternehmen

2. Erstellen eines vorläufigen Leitbildes, eines kommentierten Leitbildes und eines Fragebogens zum Leitbild mit Projektteam

3. Kopieren und Verteilen des vorläufigen Leitbildes, des kommentierten Leitbildes und des Fragebogens zum Leitbild an alle Mitarbeiter des Unternehmens mit der Aufforderung zur Bearbeitung

4. Abstimmen des Leitbildes mit der Geschäftsführung.

Unternehmensstrategie/-ziele

Damit sind wir beim eigentlichen Kern der Strategiefindung. Während Visionen, Missionen und Leitbilder eher abstrakter, globaler Art sind, wird es bei den strategischen Entscheidungen deutlich handfester. Seit den späten 70er setzt sich die Managementlehre und -praxis bewusst mit der Frage der richtigen Unternehmensstrategie auseinander. Das Thema Strategie ist jedoch schon viel älter. Ursprünglich kommt der Begriff aus dem Militärischen und heißt sinngemäß „Mittelwahl“. Mit welchen Mitteln zieht der Kriegsherr aufs Schlachtfeld, um seinen Gegner zu besiegen. Auch wenn es zugegebenermaßen schönere Analogien gibt, so hilft diese Worterklärung schon bei dem Verständnis, worum es bei der Strategiefindung im Eigentlichen geht.

Ursprung des Strategiebegriffes

Zunächst muss man sich klar über das Ziel des „Kampfes“ werden. Dann muss man den Markt, also sozusagen das „Schlachtfeld“, kennen. Das sind die Kunden mit ihren Bedürfnissen und Produktwünschen. Des Weiteren sollte man sich über seine Wettbewerber und deren Produkte im Klaren sein, also sinngemäß die Gegner mit ihren „Waffen“ kennen. Und schließlich hilft die Kenntnis der eigenen Mittel und Stärken, um ein bewusstes Angebot auf den Markt zu bringen, das ist dann die Mittelwahl.

Elemente einer Strategie

Grundsätzlich sind Ziele angestrebte Wirkungen oder Soll-Zustände. Ziele sind auf unterschiedlichen Ebenen relevant.

Sie begegnen einem beispielsweise in individuellen Zielgesprächen mit Mitarbeitern, in Form von Budgetvereinbarungen mit Bereichsleitern oder eben wie jetzt auf Unternehmensebene.

Ziele kommen im ibo-Prozessfenster immer wieder vor

Im Kontext der Prozessorganisation interessieren besonders die ablaufbezogenen Projektziele im Rahmen einmaliger Prozessgestaltungsprojekte (siehe Kapitel 2.4 und die Prozesskennzahlen bei der Kontinuierlichen Prozessoptimierung im Kapitel 3.1). Immer erfüllen Ziele die gleichen Zwecksetzungen, sie dienen als Erfolgsmesser, Entscheidungskriterien, Steuerungsgrößen oder Motivationsfaktoren. Im Rahmen der Strategischen Prozessorganisation interessieren die Unternehmensziele.

Definition

Unternehmensziele sind die aus der Unternehmenspolitik und -philosophie abgeleiteten obersten Ziele, auf die sämtliche unternehmerischen Tätigkeiten ausgerichtet sind.

Beispiele für Ziele unterschiedlicher Zielträger

Unternehmensziele werden auf unterschiedliche Weise bestimmt. Der Shareholder-Ansatz orientiert sich an den Interessen der Anteilseigner und formuliert vornehmlich monetäre Ziele wie Gewinn, Rentabilität oder Liquidität. Weitgehender ist der Stakeholder-Ansatz. Hier werden auch nicht-monetäre Ziele anderer Anspruchsgruppen innerhalb des Unternehmens (Führungskräfte, Mitarbeiter) sowie aus der Gesellschaft (Staat, Umwelt) und dem Unternehmensumfeld (Kunden, Lieferanten) einbezogen.

Ziele dieser Zielträger sind beispielsweise Wachstum, Umsatz, Marktanteil, Qualität, Kundenbindung, attraktive Arbeitsplätze oder Entwicklungsperspektiven.

Die Unternehmensziele sind nun mit strategischen Maßnahmen umzusetzen.

Definition

Unter Unternehmensstrategie versteht man die Gesamtheit aller Entscheidungen zum Aufbau, Halten oder Verändern von Erfolgspositionen und/oder Erfolgspotenzialen.

Sicht von außen

Bei der Erfolgsposition wird die Außensicht des Unternehmens betrachtet, indem das Unternehmen sein Verhältnis zu den Anspruchsgruppen (Stakeholdern) bei folgenden Punkten bestimmt

- Produkt-/Marktkombination
- Wettbewerbsposition
- Wettbewerbsstrategien.

Im Folgenden wird dieser Teil der Strategie als Marktstrategie bezeichnet.

Sicht von innen

Die Erfolgspotenziale eines Unternehmens liegen in den materiellen Ressourcen

- finanzielle Ressourcen (Eigen- und Fremdkapital etc.)
- physisch basierte Ressourcen (Rohstoffe, Maschinen, Gebäude etc.)
- IT-basierte Ressourcen (Hardware, Software, Netze etc.)

und in den immateriellen Ressourcen

- Bestandsressourcen (Firmenruf, Patente, Daten etc.)
- Human-Resourcen (Mitarbeiter, Qualifikationsstand etc.)
- strukturelle Ressourcen (Aufbau- und Prozessorganisation, Managementsysteme etc.)
- kulturelle Ressourcen (Unternehmenskultur, Werte, Einstellungen etc.).

Weil bei diesem Part der Unternehmensstrategie primär das Innenverhältnis beleuchtet wird, sprechen wir im Folgenden von Ressourcenstrategie. Entsprechend dem Fokus dieses Buches wird im Kapitel 1.4 bei der Prozessvision vertieft, wie vor allem Prozesse strategisch dazu beitragen können, die Erfolgspotenziale zu halten oder zu verändern.

Prozesse machen einen Großteil der Ressourcenstrategie aus

Im Anschluss wird nun gezeigt, wie Unternehmen ihre Markt- und Wettbewerbsstrategien finden. Dazu sind folgende Schritte sinnvoll:

1. Strategische Geschäftsfelder identifizieren
2. Kundenbedürfnisse ermitteln
3. Wettbewerber analysieren
4. Kernkompetenzen identifizieren
5. Marktstrategien formulieren
6. Wettbewerbsstrategien formulieren.

Selbstverständlich haben wir uns hierbei nur auf die wesentlichen Schritte beschränkt, die unserer Meinung nach wichtig für das Verständnis der Prozessorganisation sind. Beispielsweise wird hier darauf verzichtet, neben den Kunden und Wettbewerbern weitere Anspruchsgruppen (Stakeholder) wie Lieferanten, Aktionäre, Öffentlichkeit oder Staat zu analysieren.

Konzentration auf prozessrelevante Strategieaspekte

1.1.1 Strategische Geschäftsfelder identifizieren

Den Markt gibt es nicht. Vielmehr gibt es unzählige Märkte, die nicht immer eindeutig abzugrenzen sind und die mit der Zeit veränderlich sind. Um überhaupt die Komplexität in den Griff zu bekommen, hat es sich etabliert, den Gesamtmarkt in einzelne strategische Geschäftsfelder zu segmentieren.

Ein Strategisches Geschäftsfeld (SGF) ist eine Teilmenge des gesamten Betätigungsfeldes eines Unternehmens, das sich durch eine eigene Marktaufgabe, spezielle Erfolgsaussichten und Risikofaktoren und eine abgrenzbare Konkurrenzsituation charakterisieren lässt. Für Geschäftsfelder sind definitionsgemäß eigenständige Strategien erforderlich.

Definition

Kriterien für die Abgrenzung von strategischen Geschäftsfeldern können sein:

- Produkte
- Kundengruppen
- Kundenbedürfnisse
- Technologien
- Geografie
- Kostenstruktur
- Konkurrenzsituation.

Grundsätzlich gibt es zwei Möglichkeiten, strategische Geschäftsfelder abzugrenzen:

- Inside-out-Segmentierung
- Outside-in-Segmentierung.

Bestehende Produkte und Kunden bestimmen SGF

Bei der inside-out-Segmentierung geht man von dem bestehenden Produktangebot und den bearbeiteten Kunden des betrachteten Unternehmens aus und baut eine Geschäftsfeldmatrix auf.

Bei den Kunden kann man grundsätzlich den Konsumgütermarkt, der Produkte und Dienstleistungen für den persönlichen Bedarf von Einzelkunden und Haushalte bereit stellt, vom Investitionsgütermarkt unterscheiden, der sich an Produzenten, Wiederverkäufer und öffentliche Stellen richtet. Dieser Grundaufteilung entsprechend haben sich in verschiedenen Branchen typische Kundengruppen herauskristallisiert.

Component GmbH

So teilen beispielsweise Banken ihre Kunden in Firmen-, Privat- und vermögende Privatkunden auf. Im vorliegenden Beispielfall der Component GmbH werden die Kunden auf den Investitonsgütermärkten in Systemhäuser, Systemintegratoren (OEMs) und Systemlöser segmentiert. Daneben werden noch die Privat- und Firmenkunden im Sinne der Endverbraucher betrachtet.

Bei Unternehmen mit einem breiten Produktangebot ist es sinnvoll, Produktgruppen zu bilden und gegebenenfalls mehrere Matrizen auf unterschiedlichen Aggregationsebenen zu betrachten.

Component GmbH

Die Component GmbH handelt zum einen mit Zwischenprodukten (CPU, Gehäuse etc.), die als Bausteine in „Endprodukte“ eingehen, zum anderen mit einzeln verkäuflichen Waren wie Monitore, Drucker oder Computerzubehör.

Zunächst werden alle einzelnen Produkt/Marktkombinationen identifiziert, die das Unternehmen im Angebot hat. Dabei wird deutlich, wo noch vom Unternehmen unbearbeitete Felder sind, bei denen es sich ggf. einzusteigen lohnt.

Component GmbH

So beliefert beispielsweise die Component GmbH die Gruppen der Privat- und Firmenkunden gar nicht. Dagegen wird den Systemhäusern das gesamte Produktangebot, den Systemintegratoren nur die Zwischenprodukte angeboten (siehe Abbildung 1.06).

Im nächsten Schritt werden die Produkt-/Marktkombinationen zu einem Strategischen Geschäftsfeld zusammen gefasst, bei denen strategisch relevante Gemeinsamkeiten vorliegen. Die Ähnlichkeiten können sich auf eines oder mehrere der genannten Kriterien wie Technologie, Geografie oder Konkurrenzsituation beziehen.

Kundengruppe / Produkte	Systemintegratoren (OEM)	Systemhäuser	Firmenkunde	Privatkunden
Monitor		SGF 2		
CPUs				
Festplatten				
Netzwerke				
Gehäuse				
CD-ROMs				
Drucker	SGF 1			
Tastaturen				
Mäuse				
Sound				
Software				
Digitalcameras				

Abb. 1.06: Bestehende Geschäftsfeldmatrix der Component GmbH

Component GmbH

Der Markt für den Großhandel von Computerbausteinen wie CPUs, Festplatten etc. ist mit der Kundengruppe der OEMs vergleichbar. Die Hauptmitbewerber handeln alle mit identischen Produkten. Alle sind weltweit aktiv und arbeiten mit vergleichbaren Technologien. Dagegen ist der Handel von Monitoren für die Component GmbH ein eigenständiges Geschäftsfeld, weil man hier durch die exklusiven Vertriebsrechte in einigen europäischen Ländern wie ein Hersteller auftritt und deshalb auch die anderen Hersteller als Wettbewerber sieht und nicht etwa wie in den anderen Geschäftsfeldern als Distributoren.

Beurteilung der inside-out-Segmentierung

Für die inside-out-Segmentierung spricht, dass sie für die Beteiligten im Strategieformulierungsprozess leicht verständlich ist, weil sie an intern bekannten Denkmustern anknüpft. Darin kann aber genau auch eine Problematik bestehen. Der Blick „über den Tellerrand“ hinaus für neue Produkte und Kundengruppen wird nicht forciert. Deshalb empfiehlt sich von vornherein bewusst auch neue Produkte und potenzielle Kundengruppen in die Zeilen und Spalten der Matrix aufzunehmen, auch wenn sie momentan noch nicht bedient werden.

Weiterhin kritisch ist es, dass die von den internen Gegebenheiten abgeleitete Segmentierung zu sehr den Produktfokus pflegt. Bereits im Kapitel G.2 bei den Erläuterungen zu den Kriterien der Prozessdefinition wurde die Bedeutung der originären Kundenbedürfnisse für den erzeugten Wert eines Prozesses dargelegt.

Bedürfnisse definieren SFGs

Die outside-in-Segmentierung setzt bei der Isolierung von Geschäftsfeldern direkt bei diesen Kundenbedürfnissen an. Anstelle einer Produkt/Kunden-Matrix ist dann eine Bedürfnis/Kunden-Matrix aufzustellen.

Component GmbH

Die Component GmbH überlegt in diesem Fall, ob sie dem originären Kundenbedürfnis nach „Daten speichern“ grundsätzlich nachkommen will. Dabei wird ebenfalls geprüft, ob dieses Grundbedürfnis von Kundengruppe zu Kundengruppe unterschiedlich ist, so dass sich eigenständige strategische Geschäftsfelder anbieten.

1.1.2 Kundenbedürfnisse analysieren

Ohr am Kunden

„It's the same old story, everywhere I go,..., try to keep the customer satisfy“ sangen Simon and Garfunkel schon Anfang der 70er. Die Bedürfnisse seiner Kunden zu kennen und zu befriedigen, ist der Schlüssel zum Erfolg. Nur die Unternehmen, die stets ein aktuelles Bild über die Erwartungen ihrer Kunden an die Prozesse und Produkte haben, können diese auch in effizienter Weise gestalten und anbieten. Wünsche gibt es viele und Geschmäcker sind bekanntlich verschieden. Auch ändern sie sich schon mal mit der Zeit.

Component GmbH

Die Component GmbH führt alle zwei Jahre eine Befragung ihrer Kundengruppen durch. Dabei wird zunächst ungestützt gefragt, welche Anforderungen die jeweilige Kundengruppe grundsätzlich an einen Großhändler von Computerteilen hat. Die zunächst offen gestellte Frage hilft, eine erste Präferenz der kaufrelevanten Kriterien zu erfahren. Anforderungen, die aufgrund einer freien Assoziation genannt werden, haben erfahrungsgemäß einen besonders hohen Einfluss auf die Anbieterauswahl. Eine Auswahl häufig genannter Anforderungen der Systemintegratoren war bei der letzten Kundenbefragung:

Component GmbH

- Hohe Verfügbarkeit der Produkte
- Preisgünstige Produkte
- Integrationsfähigkeit der Produkte
- Gute Produktberatung
- Hoher Service
- Markenimage der Produkte
- Sicherheit des Unternehmens
- Hohe Flexibilität
- Unterstützung bei Marktanalysen
- Hilfe bei Positionierung der Produkte
- Leichte Produktbestellung
- Testmöglichkeiten neuer Produkte
- Finanzierungsangebote
- Räumliche Nähe
- Vertrauensvolle Zusammenarbeit
- Aktuelle Produkt- und Preisinformationen.

Übereinstimmende Bedürfnisse

Die Liste der Anforderungen ist in der Regel sehr heterogen. Alles andere wäre bei einer ungestützten Frage auch überraschend. Dennoch ist es interessant zu beobachten, dass es für viele Branchen trotz aller Individualitäten dauerhafte Anforderungen von Kunden gibt, die für die große Mehrheit der Kunden in dem jeweiligen Segment von gleich hoher Bedeutung sind.

Definition

Ein Kritischer Erfolgsfaktor ist ein Kundenbedürfnis, das von der Mehrheit der avisierten Kundengruppe als das Wichtigste oder eines der wichtigsten Kriterien für den Kaufentscheid dargestellt wird. Unternehmen, die diese Erfolgsfaktoren nicht zur Zufriedenheit der Kunden erfüllen, haben langfristig keine Existenzberechtigung am Markt.

Kritische Erfolgsfaktoren könnte man auch als Mussanforderungen charakterisieren. Firmen, die diese Kriterien nicht erfüllen, fallen bei der Anbieterauswahl gleich durchs Sieb.

Component GmbH

Um die kritischen Erfolgsfaktoren in ihrem Markt zu ermitteln, stellt die Component GmbH ihren Kunden als nächstes die Frage, wie wichtig bestimmte Kriterien ihrer persönlichen Einschätzung nach in naher Zukunft für Großhändler von Computerteilen sind. Die Auswahl der vorgegebenen Kriterien wurde im Vorfeld durch ein internes Team erarbeitet. Es handelt sich deshalb um eine gestützte Befragung.

Überschaubare Zahl wichtiger Bedürfnisse

Bei den vorgegebenen Faktoren ist es wichtig, dass die Kriterien möglichst trennscharf und vollständig sind. Der mühevolle Prozess der Kriterienwahl besteht in der Clusterung der vielen möglichen Kundenbedürfnisse. Einerseits darf eine solche Kundenbefragung nicht zu lange sein, ein 10-15 minütiges Telefonat ist hier die Obergrenze des Zumutbaren. Andererseits sollte sie die Kriterienliste so vollständig wie möglich ermitteln helfen.

Bedingt durch unterschiedliche Begrifflichkeiten erscheint die Liste möglicher Kundenbedürfnisse mitunter sehr lang und von Markt zu Markt verschieden. Die Erfahrung zeigt jedoch, dass die Klaviatur der Anforderungen endlich und gar nicht so umfangreich ist. Viele Anforderungen sind redundant oder verfeinern Kernanforderungen. Letztlich dreht es sich immer mehr oder weniger um folgende Kriteriencluster:

- Produktleistungen
- Prozessleistungen
- Serviceleistungen
- Preis-/Leistung
- Emotionale Faktoren.

Selbstverständliche Wünsche werden nur durch gestützte Befragung klar

Durch diese gestützte Befragung wird sichergestellt, dass die Kunden zu allen kaufrelevanten Anforderungen ihre Priorität abgeben. Typischerweise werden bei der ungestützten Befragung nur wenige kaufrelevante Anforderungen genannt. Vor allem Selbstverständlichkeiten werden nicht spontan assoziiert, wenngleich sie natürlich bei jeder Kaufentscheidung eine Rolle spielen.

Component GmbH

Selbstverständliche Erwartungen der Kunden sind zum Beispiel, dass die Waren in einwandfreiem Zustand geliefert werden und reibungslos funktionieren. In der ungestützten Befragung wurden jedoch solche Erwartungen äußerst selten genannt. Bei der gestützten Abfrage landeten diese Kriterien aber im mittleren Bereich.

Die Einschätzung der Wichtigkeit des Kriteriums sollte in einer ungerade skalierten Abfrage erfolgen. Folgende 5er-Skala eignet sich beispielsweise zu diesem Zweck:

(5) sehr wichtig
(4) eher wichtig
(3) neutral
(2) eher unwichtig
(1) sehr unwichtig.

In Abbildung 1.07 werden die Ergebnisse der gestützten Kundenbefragung gezeigt.

Cluster	Kriterien	Wichtigkeit
Produktleistungen	Hohe Verfügbarkeit der Produkte	4,7
	Markenimage der Produkte	4,2
	Integrationsfähigkeit der Produkte	4,1
	Fehlerfreie Produkte	3,8
	Innovative Produkte	3,9
	Ansprechendes Produktdesign	3,3
	Preisgünstige Produkte	4,8
Prozessleistungen	Schnelle Lieferung	4
	Einwandfreie Lieferung	3,5
	Hohe Flexibilität	4,1
	Leichte Produktbestellung	3,9
Serviceleistungen	Gute Produktberatung	3,8
	Hoher Service	3,9
	Testmöglichkeiten neuer Produkte	3,9
	Finanzierungsangebote	2,8
	Unterstützung bei Marktanalysen	3
	Hilfe bei Positionierung der Produkte	3,1
	Räumliche Nähe	2,9
	Aktuelle Produkt- und Preisinformationen	3,8
	Lagerzusatzleistungen (Etikettierung, Kommissionierung)	3,5
Emotionale Faktoren	Vertrauensvolle Zusammenarbeit	3,8
	Sicherheit des Unternehmens	3,9
	Ehrlichkeit	3,9
	Freundlichkeit	4,2

Abb. 1.07: Ergebnis der Kundenbefragung der Component GmbH

Das Ergebnis der Fragen in Abbildung 1.07 zeigt, dass es zwei herausragende Kundenanforderungen gibt.

Für den überwiegenden Teil des Produktportfolios der Component GmbH sind Preis und Verfügbarkeit die kritischen Erfolgsfaktoren.

Component GmbH

Es empfiehlt sich, die Kriterien hinsichtlich ihres erreichten Punktwertes zu Wichtigkeitsstufen zusammen zu fassen.

Component GmbH

Die Component GmbH hat für sich folgende Einteilung der Wichtigkeit vorgenommen:

> 4,5		sehr wichtig (kritische Erfolgsfaktoren)
≥ 3,5	< 4,5	wichtig
≥ 2,5	< 3,5	weniger wichtig
< 2,5		unwichtig.

1.1.3 Wettbewerber analysieren

Identifikation der Wettbewerber schwierig

Die große Schwierigkeit bei der Wettbewerbsanalyse ist weniger, die Stärken und Schwächen der Konkurrenten im Vergleich zum eigenen Unternehmen zu ermitteln, als vielmehr heraus zu finden, wer die wichtigen Wettbewerber sind. Allzu leicht läuft man Gefahr, sich auf einige wenige bekannte Hauptmitbewerber zu konzentrieren und nicht den Blick für Newcomer oder Substituten zu haben.

Component GmbH

So wie sich die Component GmbH für das eigene Unternehmen strategisch überlegt, ob man mit seinen bisherigen Produkten in neue Märkte geht oder sogar den Schritt wagt, mit neuen Produkten in neuen Märkten seinen Erfolg zu suchen, so tun dies selbstverständlich andere Unternehmen auch. Folglich sind die eigenen Märkte und Positionen nie davor geschützt, dass neue Anbieter in den Markt eindringen oder Alternativprodukte die eigenen Angebote substituieren.

Erschwerend kommt bei der Identifikation der Wettbewerber eines Unternehmens hinzu, dass je nach Betätigungsfeld der Firmen es nicht nur eine Branche gibt, in der man sich tummelt, sondern mitunter gleich mehrere.

Diversifizierter Anbieter

Ein Automobilkonzern wie die Volkswagen AG agiert mittlerweile nicht mehr nur in der Autobranche. Die Volkswagenbank spielt eine zunehmend bedeutende Rolle in der Bankbranche und die Volkswagen Coaching GmbH ist ein größerer Anbieter im Trainingsmarkt.

Geschäftsfeldspezifische Wettbewerbsanalyse

Sinnvollerweise erfolgt die Wettbewerbsanalyse dann je strategischem Geschäftsfeld. In diesen Märkten variiert die Anzahl der Wettbewerber mitunter enorm. Je nach Marktchancen und Markteintrittsbarrieren (Größenvorteile, Kapitalbedarf, gesetzliche Reglementierungen etc.) des jeweiligen Geschäftsfeldes reicht die Anzahl der Mitbewerber von einigen wenigen Großanbietern bis zu hunderten von kleineren Mitstreitern.

Die eigentliche Wettbewerberanalyse umfasst zwei Schritte. Zum einen ist das Wettbewerbsverhalten der Hauptmitbewerber zu untersuchen. Anzahl und Art der Vertriebsaktivitäten, Werbekampagnen oder Preiskämpfe geben Aufschluss über die Wettbewerbsintensität. Je nach Phase im Produktlebenszyklus (siehe Abbildung 1.08) und Auslastungsgrad der Unternehmen ist der Konkurrenzkampf mehr oder weniger heftig.

Da man heute davon ausgeht, dass 75 % der Märkte als gesättigt angesehen werden und die meisten Unternehmen Überkapazitäten haben, wundert es nicht, dass man auf fast allen Märkten aggressives Wettbewerberverhalten vorfindet.

Wettbewerberverhalten

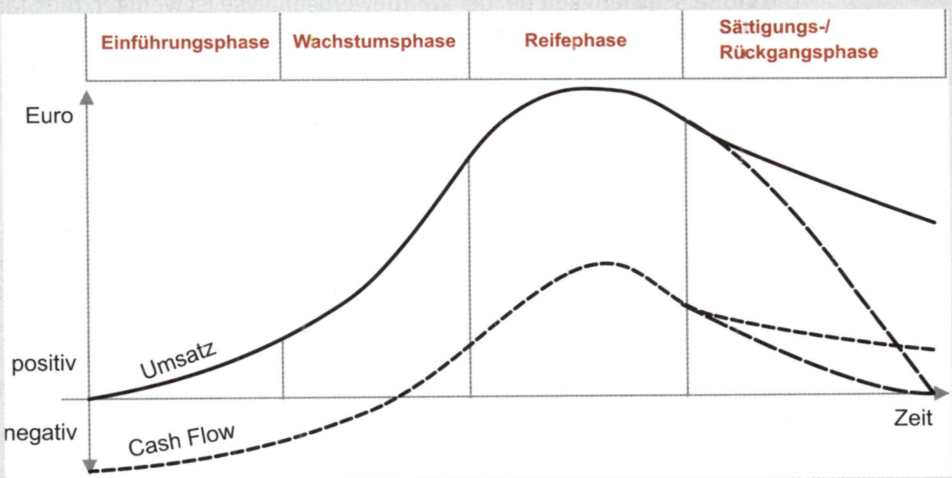

Abb. 1.08: Produktlebenszyklus

Zum anderen ist die Wettbewerbsposition des eigenen Unternehmens in Relation zu den Hauptkonkurrenten zu ermitteln. Große Unternehmen in ständig von Marktforschungsinstituten analysierten Branchen können hier auf repräsentative Daten zugreifen.

Vergleich mit Anderen

Die Component GmbH ist im umsatzbezogenen Ranking der 50 größten Distributoren ständig unter den top 3.

Component GmbH

Solche primär nach Umsatz- oder Erfolgsgrößen aufgestellten Ranglisten bringen aber nicht viel, um Unternehmen gegenüber den Wettbewerbern strategisch zu positionieren. Hier ist vielmehr interessant, wie gut die Mitbewerber bei den kritischen Erfolgsfaktoren im Vergleich zur eigenen Firma von den Kunden gesehen werden. In der bereits skizzierten Kundenbefragung (siehe Kapitel 1.1.2) könnte es deshalb einen weiteren Fragenkomplex geben,

Wer liegt bei den Kundenwünschen vorn?

in wieweit das Unternehmen sowie der wichtigste Wettbewerber die Erfolgsfaktoren erreichen. Abbildung 1.09 zeigt einen Auszug aus der Wettbewerbsanalyse der Component GmbH.

		Component GmbH	Wichtigster Wettbewerber
1	Bietet hohe Verfügbarkeit der Produkte	5 4 3 2 1 ○─○─○─○─○	5 4 3 2 1 ○─○─○─○─○
2	Bietet Markenimage der Produkte	5 4 3 2 1 ○─○─○─○─○	5 4 3 2 1 ○─○─○─○─○
3	…….		

Abb. 1.09: Auszug aus der Wettbewerbsanalyse der Component GmbH

Component GmbH

Die Kundengruppe der Systemintegratoren bewertet die Component GmbH sowie den wichtigsten Mitbewerber bezüglich der kritischen Erfolgsfaktoren (siehe Abbildung 1.10):

	Wichtigkeit	Kriterien	Component	Wettbewerber
sehr wichtig	4,8	Preisgünstige Produkte	4,1	4,5
	4,7	Hohe Verfügbarkeit der Produkte	4,2	4,4
wichtig	4,2	Markenimage der Produkte	4,7	4,1
	4,2	Freundlichkeit	4,5	3,8
	4,1	Integrationsfähigkeit der Produkte	4,1	3,7
	4,1	Hohe Flexibilität	4,3	3,5
	4	Schnelle Lieferung	3,3	4,2
	3,9	Innovative Produkte	4,1	3,7
	3,9	Leichte Produktbestellung	4,4	3,8
	3,9	Hoher Service	4,1	3,9
	3,9	Testmöglichkeiten neuer Produkte	4,6	3,8
	3,9	Sicherheit des Unternehmens	4	4
	3,9	Ehrlichkeit	4,2	3,8
	3,8	Fehlerfreie Produkte	3,8	3,7
	3,8	Gute Produktberatung	4,3	3,7
	3,8	Aktuelle Produkt- und Preisinformationen	3,3	3,9
	3,8	Vertrauensvolle Zusammenarbeit	3,9	3,5
	3,5	Einwandfreie Lieferung	4,2	4
	3,5	Lagerzusatzleistungen (Etikettierung etc.)	3	3,8
weniger wichtig	3,3	Ansprechendes Produktdesign	3,9	3,7
	3,1	Hilfe bei Positionierung der Produkte	4,3	3,2
	3	Unterstützung bei Marktanalysen	3,2	3,5
	2,9	Räumliche Nähe	2,2	3,5
	2,8	Finanzierungsangebote	2,9	3,1

Abb. 1.10: Tabellarische Wettbewerbsanalyse der Component GmbH

Grafisch können die Werte in einem Diagramm abgetragen werden (siehe Abbildung 1.11).

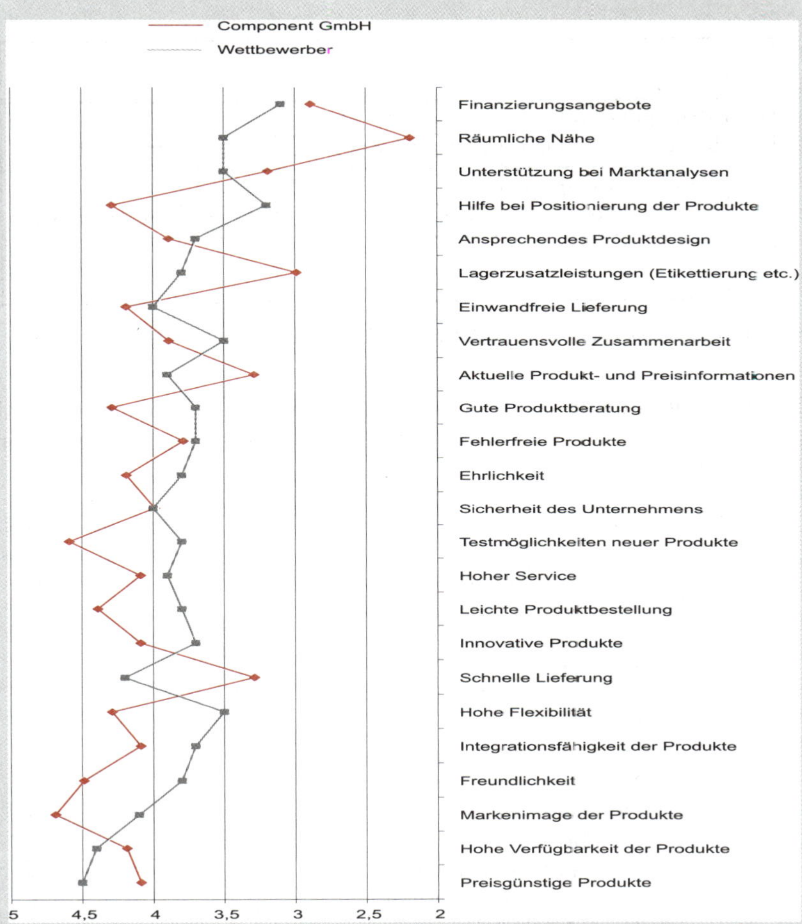

Abb. 1.11: Grafische Wettbewerbsanalyse der Component GmbH

Anhand des Profils kann nun abgeleitet werden, ob ein Unternehmen die wichtigen und sehr wichtigen Kundenbedürfnisse gut bedient oder ob Wünsche offen bleiben.

Component GmbH

Offensichtlich hat die Component GmbH ausgerechnet bei den kritischen Erfolgsfaktoren derzeit ein Problem. Stärken der Firma sind in den Augen der Kunden das Markenimage der Produkte, die Freundlichkeit, die Flexibilität und eine Reihe Serviceleistungen.

Auch wird anhand des Profils deutlich, wo eine Firma eventuell „zu viel des Guten tut“.

Component GmbH

Die Component GmbH steht in der Meinung der Kunden beim Punkt „Hilfe bei Positionierung der Produkte“ hoch im Kurs (4,3 gegenüber 3,2). Da das Kriterium aber als weniger wichtig bei der Kaufentscheidung vom Kunden eingeschätzt wird, stellt sich die Frage, ob der Aufwand, der mit dieser zusätzlichen Serviceleistung verbunden ist, gerechtfertigt ist.

Im Vergleich zum Mitbewerber kann man natürlich besonders gut punkten, wenn man bei den hoch gewichteten Kriterien besser als der Konkurrent abschneidet.

1.1.4 Kernkompetenzen identifizieren

Die ressourcenorientierte Marktstrategie setzt bei den Stärken und Alleinstellungsmerkmalen von Unternehmen an. Bevor der Kernkompetenzenansatz erläutert wird, sollen zunächst die Erfahrungen des Fallunternehmens mit der marktorientierten Strategiefindung dargestellt werden.

Component GmbH

Auch die Component GmbH stand in der Vergangenheit immer wieder vor der Frage, welche neuen Produkte und Geschäftsbereiche sie neben dem ursprünglichen Monitor- und Prozessorengeschäft anbieten sollte. Dabei orientierte man sich am Marktgeschehen. So beobachtete man z.B. eine stark steigende Nachfrage nach Speichermedien. Diese Entwicklung nahm die Gesellschaft zum Anlass, zunächst Festplatten und später CD-ROM/DVD-Laufwerke zu vertreiben. Der derzeitige Umsatz mit diesen Produktgruppen bestätigt, dass die Entscheidung richtig war. Auch die auf ähnliche Weise angestoßenen Erweiterungen des Produktangebotes um Netzwerke und Drucker haben sich heute als zwei weitere Standbeine der Component GmbH etabliert.

Es gab aber auch negative Erfahrungen mit der ausgeprägten „outside-in-Sicht“. So wollte die Component GmbH beispielsweise am Aufschwung der Handhelds und Digitalcameras teilhaben. Um in dieses Geschäft eintreten zu können, wurden zwar hohe Investitionen getätigt, die bisherigen Erfahrungen zeigen jedoch, dass die Component GmbH bei beiden Produkten weit weg vom durchschnittlichen Marktwachstum liegt.

Warum gelingt der Markteintritt?

Das Beispiel zeigt, dass eine ausschließlich auf externe Märkte fixierte Geschäftsfelddefinition nicht immer erfolgreich ist. Sicherlich hängt es von vielen Faktoren ab, ob der Eintritt in einen neuen Markt gelingt oder nicht. Hier kann z.B. Managementgeschick, Organisationsform, Kultur, Kontakte oder einfach die Gunst der Stunde über Erfolg und Misserfolg entscheiden.

Hätte das Handelsunternehmen rechtzeitig über seine Kernkompetenzen nachgedacht, wäre ihm vielleicht der eine oder andere Fehlgriff erspart geblieben. Was sind Kernkompetenzen?

Definition

Bei Kernkompetenzen handelt es sich um die eigentliche(n) Stärke(n) eines Unternehmens, durch die es sich von den Mitbewerbern abhebt. Sie bestehen in der Regel aus einem Bündel von Fähigkeiten und Technologien, das

- auf speziellem Wissen des Unternehmens basiert
- für den Kunden einen eindeutig erkennbaren Wert erzeugt
- von Mitbewerbern schwer imitierbar ist
- schwer substituierbar ist.

Die einzelnen Definitionskriterien sollen im Folgenden erläutert werden.

Ressourcen-orientiert

Der Kernkompetenzansatz ist ressourcenorientiert, d.h. die internen Fähigkeiten und Technologien bestimmen maßgeblich die Geschäftsfeldwahl. Sie können nach physisch greifbaren (tangiblen) und physisch nicht greifbaren (nicht tangiblen) Ressourcen unterschieden werden.

Beispiele für tangible Ressourcen sind Mitarbeiter, die Produktionsanlagen, EDV Systeme oder Gebäude. Nicht greifbare Fähigkeiten finden sich beispielsweise in der Unternehmenskultur oder in informellen Beziehungen innerhalb und außerhalb des Unternehmens.

Über solche Ressourcen verfügt jedoch jedes Unternehmen mehr oder weniger, so dass nun geschaut werden muss, in wieweit die Ressourcen besonderer Art sind.

Ob ein Bündel von Fähigkeiten und Technologien eine Kernkompetenz eines Unternehmens ist, hängt zunächst davon ab, ob es auf einem speziellen Wissen des Unternehmens basiert.

Component GmbH

Beispielsweise hat die Component GmbH über Jahre hinaus einen besonderen lokalen Service und technischen Support für ihre Kunden aufgebaut. Die Computerbauer und Systemintegratoren werden bei ihrer gesamten Wertschöpfungskette vom Produktdesign über erste Prototypen bis zur Herstellung der Computer professionell von der Component GmbH unterstützt. Dieser Service wird zum einen durch verschiedene leistungsfähige Einrichtungen wie Labore für die Integration der Komponenten, Testcenter zur Überprüfung der Kompatibilität und Performance oder Showrooms ermöglicht. Zum anderen verfügen die Mitarbeiter der Component GmbH über ein hohes Produkt-Know-how. Informationstechnisch nutzt die Component GmbH über Direktan-

Component GmbH

bindung den elektronischen Datenaustausch mit vielen Lieferanten und Kunden. Für den Kunden bietet die Component GmbH einen sofortigen Zugriff auf einen umfangreichen und jederzeit aktuellen Warenbestand zu einem bestmöglichen Preis über ihr webbasiertes Portal. Abbildung 1.12 zeigt die besonderen Leistungen der Component GmbH.

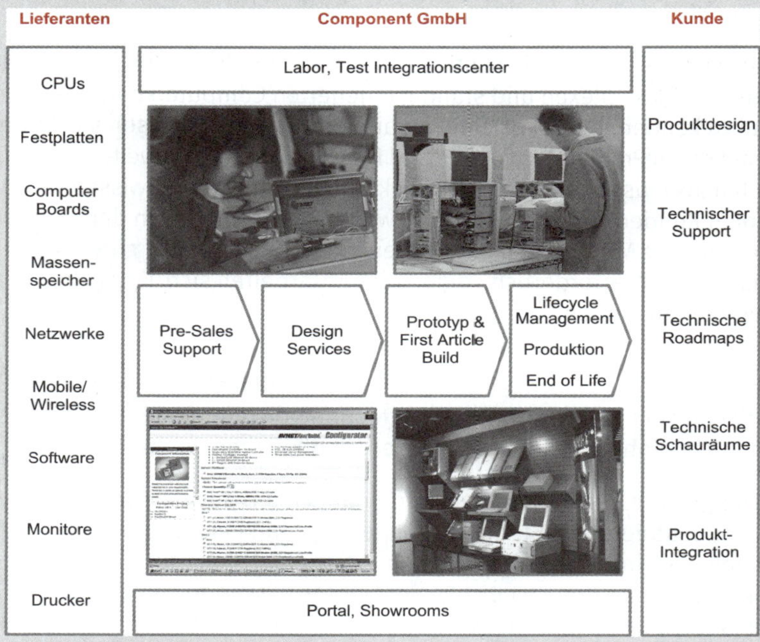

Abb. 1.12: Kernkompetenz der Component GmbH

Nicht leicht zu bekommen

Das Beispiel zeigt, dass es sich bei Kernkompetenzen nicht um herkömmliche am Markt zu erhaltene Ressourcen handeln kann.

Wenn beispielsweise das Handelsunternehmen eine Standardsoftware für die Auftragsabwicklung einsetzt, kann wohl kaum von einer Kernkompetenz ausgegangen werden.

Auch eine erworbene Lizenz, die ganz normal am Markt handelbar ist, ist in aller Regel keine besondere Stärke eines Unternehmens.

Bündel von Fähigkeiten und Technologien

Des weiteren zeigt das Beispiel, dass die Kombination mehrerer Fähigkeiten und Technologien wichtig ist. Der Einsatz eines Systems zum elektronischen Datenaustausch ist für sich allein gesehen noch nichts Außergewöhnliches. In Verbindung mit dem Netz an hochqualifiziertem Personal, Laboren, Testcentern, Showrooms und dem leistungsfähigen Portal kann es jedoch als Kernkompetenz betrachtet werden.

Dass es sich bei dem geschilderten Fall um eine Kernkompetenz handelt, erkennt man daran, dass das Bündel auch der Anforderung zweier weiterer Definitionskriterien entspricht, nämlich schwer imitierbar und substituierbar zu sein. Schwer imitierbar deshalb, weil es für einen Mitbewerber lange dauert, ehe er ähnliches Know-how aufgebaut hätte. Das wird am Beispiel der Mitarbeiterqualitäten besonders deutlich.

Component GmbH

Zunächst ist es wichtig, die richtigen Mitarbeiter für diesen Job auszuwählen. Um die hochkomplexen und ständig erneuerten Computerkomponenten im Detail zu kennen, bedarf es einer geraumen Zeit. Dazu müssen sich die Mitarbeiter durch Produktschulungen und Fachliteratur ständig weiterbilden. Darüber hinaus müssen sie über die Fähigkeit verfügen, das Fachwissen verständlich dem Kunden zu vermitteln. Eine weitere Qualität liegt in der Serviceorientierung der Mitarbeiter mit Kundenkontakt. Auch eine gute Unternehmenskultur ist erforderlich, damit die Mitarbeiter sich längerfristig ans Unternehmen binden.

Während der Zeit, bis ein Mitbewerber eine vergleichbare oder höhere Qualität auf diesem Gebiet aufgebaut hätte, hätte die Component GmbH ausreichend Gelegenheit, sich auf den neuen Wettbewerber einzustellen.

Outsourcing von Kernkompetenzen nicht möglich

Die Fähigkeiten und Technologiekombination sind auch schwer zu substituieren. Substituieren heißt, die Leistungen am Markt einzukaufen, sprich Outsourcing. Es wird sich wohl kaum ein externer Anbieter für die geschilderte Kernkompetenz finden, der nicht selbst dieses Wissen zu seinem eigenen Vorteil ausnutzt. Das zeigt, wie wichtig es bei Make-or-Buy Entscheidungen ist, seine Kernkompetenzen zu kennen.

Vom Kunden gewünscht

Bei dem inside-out-orientierten Kernkompetenzen-Ansatz darf jedoch ein Definitionskriterium nicht vergessen werden. Wenn es keinen Markt mehr für bestimmte Computerkomponenten gibt, nutzt dem Handelsunternehmen seine Kernkompetenz auf Dauer nichts, d.h. letztendlich muss auch bei diesem Ansatz die outside-in-Sicht berücksichtigt werden. Die Kernkompetenzen müssen für den Kunden einen erkennbaren Wert erzeugen. Bereits bei der Prozessdefinition wurde der Begriff Wert erläutert (siehe Kapitel G.2). Wichtig war hier die Erkenntnis, dass Werte Ergebnis der Befriedigung originärer oder abgeleiteter Bedürfnisse sind.

Component GmbH

Zusammengefasst lässt sich die Kernkompetenz der Component GmbH wie folgt erklären: Die Component GmbH verfügt über ein Bündel von Fähigkeiten und Infrastruktureinheiten, die das Unternehmen in die Lage versetzt, Computerkomponenten zu Endprodukten zusammenzufügen.

Der Kernkompetenzen-Baum greift die Idee der originären und abgeleiteten Bedürfnisse auf (siehe Abbildung 1.13). Ein Unternehmen sollte sich auf einige wenige Kernkompetenzen konzentrieren, die originäre Kundenbedürfnisse befriedigen. Damit ist auf Dauer sichergestellt, dass das Unternehmen nicht von heute auf morgen vom Markt verdrängt wird.

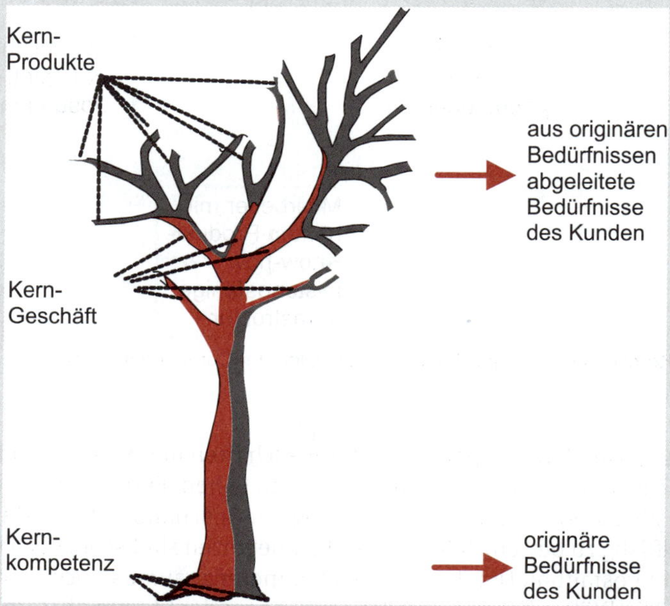

Abb. 1.13: Kernkompetenzen-Baum

Weiter sollten Unternehmen ihre Kerngeschäfte auf den erkannten Kernkompetenzen aufbauen.

Component GmbH

Nachdem sich die Component GmbH über ihre Kernkompetenzen klar geworden ist, nutzt sie diese Erkenntnis konsequent aus. Aus der oben geschilderten Kernkompetenz ist neben dem Großhandel mit Komponenten ein zweites erfolgreiches Kerngeschäft erwachsen. Die Component GmbH arbeitet mit verschiedenen Unternehmen wie Automobilzulieferern, Fahrstuhlherstellern oder Spezialmaschinenfabriken an Komplettlösungen, in die anspruchsvolle Computerteile integriert werden (siehe Abbildung 1.14).

Schließlich sind auf der Grundlage der definierten Geschäftsfelder Kernprodukte zu benennen.

Definition

Kernprodukte sind die konkret für die Kunden erwerbbaren materiellen oder immateriellen Güter. Sie befriedigen die abgeleiteten Bedürfnisse des Kunden.

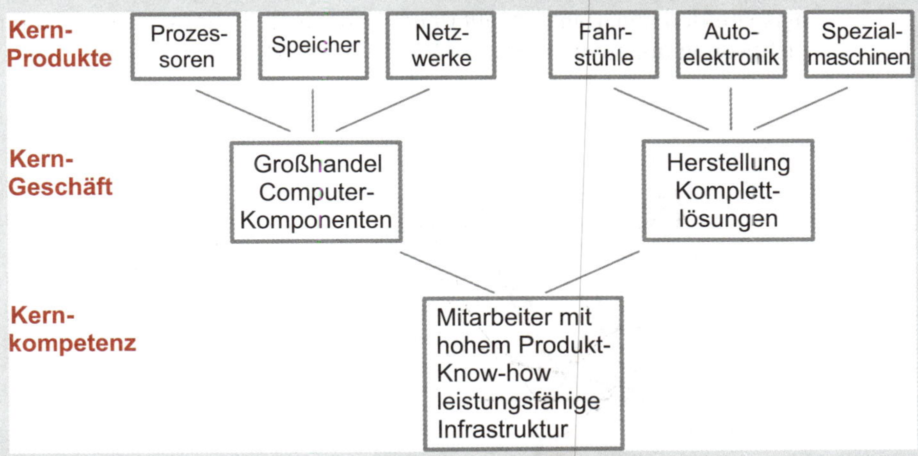

Abb. 1.14: Kernkompetenz, -geschäfte und -produkte der Component GmbH

Die Unterteilung von Kernkompetenzen, Kerngeschäften und Kernprodukten ist in engem Zusammenhang mit dem Zeitraum zu sehen. Endprodukte sind relativ kurzfristig zu verändern. Die Verlagerung der Geschäftsfelder ist dagegen nur mittelfristig zu bewerkstelligen. Kernkompetenzen sind schließlich nur auf lange Sicht gestaltbar. Um das Bild des Kompetenzbaumes noch einmal aufzugreifen, die Blätter können abfallen, evtl. sogar der Stamm absterben, aber solange die Wurzeln intakt sind, kann es neue Triebe und Blätter geben und das Unternehmen langfristig existieren.

Aufbau von Kernkompetenzen ist langwierig

Jetzt, nachdem der Begriff der Kernkompetenz erläutert ist, ist klar, warum der Handel mit Handhelds und Digitalcameras nicht den erwarteten Erfolg bringen. Die besonderen Serviceleistungen wie Integrationsvorschläge oder Kompatibilitätstests beim Handel von Computerteilen an Systemintegratoren werden beim Handel fertiger Endgeräte von den Kunden nicht honoriert. Folglich kann die Component GmbH bei Handhelds oder Digitalcameras auf ihre Wettbewerbsvorteile nicht bauen.

Component GmbH

Mit dem Kernkompetenzen-Ansatz wird die anfangs dargestellte marktorientierte Strategiedefinition um eine innenorientierte Sichtweise ergänzt. Bei jeder Strategieentscheidung wird die Frage gestellt, ob die angestrebten Geschäfte mit den eigenen Kernkompetenzen vereinbar sind. Es kann sogar soweit gehen, dass Unternehmen Kerngeschäfte auf Kernkompetenzen aufbauen, für die es noch gar keinen Markt gibt.

Beispielsweise liegt die Kernkompetenz von SONY in der Miniaturisierung von elektronischen Geräten. Die Verknüpfung verschiedener, spezifischer Fähig-

Beispiel SONY

keiten in der Feinmechanik, Optik und Elektronik führte zu dieser unternehmensweiten Kernkompetenz. Hierauf aufbauend entwickelte SONY den „Walkman", obwohl zum Zeitpunkt der Produkteinführung noch kein konkreter Konsumentenbedarf vorlag. Das Produktangebot hat sich seine Nachfrage selbst geschaffen.

Stärken auf andere Geschäftszweige übertragen

Zwischenzeitlich zeigen zahlreiche Studien über die Erfolgswahrscheinlichkeit von Produktinnovationen, dass vor allem Strategien, die auf den Transfer bestehender Kernkompetenzen in andere Geschäftsbereiche die größten Aussichten auf Erfolg haben. Hierfür gibt es in der Praxis zahlreiche Beispiele.

Ausgehend von Produkten wie dem Walkman, hat SONY ihre Miniaturisierungsfähigkeit auf viele andere Produkte übertragen z.B. Discman, Videokameras oder Hifi-Geräte.

Beispiel Apple

Apple hat mit seiner Designkompetenz und Fähigkeit, einfach zu bedienende Geräte und Programme herzustellen, den Sprung von der Computerindustrie in die Musikindustrie geschafft. Mit dem Festplatten-MP3-Player ipod und der dazugehörigen Software itunes hat Apple innerhalb kürzester Zeit den Marktstandard gesetzt.

Das Beispiel von Apple zeigt auch, dass man sich nicht auf seiner Kernkompetenz ausruhen kann und sorgsam den Markt und seine Wettbewerber beobachten muss. SONY hatte bisher mit dem Walkman und dem Discman in idealer Weise die eigene Kernkompetenz der Miniaturisierung in Einklang mit dem Kundenbedürfnis nach leicht portabler Musik gebracht. Eigentlich hätte man diesen Vorsprung auch auf den Markt der MP3-Player übertragen können. Das zögerliche Aufgreifen des Kundenbedürfnisses, Musik leicht und günstig aus dem Internet herunter zu laden, hat SONY nun weit ins Hintertreffen auf diesem Markt gebracht.

Prozesse machen Kernkompetenzen aus

Schließlich sei noch einmal auf die Besonderheit der Beziehung von Kernkompetenz und Prozessorganisation eingegangen. Wie bereits erläutert, besteht eine Kernkompetenz niemals nur aus einer einzelnen Fähigkeit oder Technologie. Wichtig ist, dass zwischen den Ressourcen einzigartige und originelle Beziehungen bestehen. Beziehungen werden in Prozessen geregelt. Somit drückt sich letztlich die Kernkompetenz in der Effektivität (Qualität, Zeit, Kosten) eines oder mehrerer Prozesse aus.

Component GmbH

Bei der Component GmbH beeinflussen eine Reihe von Prozessen wie Personalentwicklung, Informationsversorgung oder Vertriebsunterstützung die geschilderte Kernkompetenz.

1.1.5 Marktstrategien formulieren

Strategien können auf unterschiedlichen Ebenen formuliert werden. Auf der Gesamtunternehmensebene stellt sich für das Management die Frage, ob und wie man sich in bestimmten Geschäftsfeldern engagiert.

Geschäftseinheiten decken Produkt-/Marktkombinationen ab

Wird ein Geschäftsfeld als attraktiv eingeschätzt, gibt es die Möglichkeit, eine eigene Geschäftseinheit hierfür zu gründen. Besteht diese bereits, stellt sich gesamtunternehmerisch die Frage, ob mehr in dieses Feld investiert wird oder die Mittel auf andere Geschäftsfelder umgeschichtet werden.

Component GmbH

Der Component-Konzern ist mit insgesamt über 40 rechtlich selbstständigen Geschäftseinheiten weltweit vertreten. Derzeit werden dem globalen Trend folgend mehrere westeuropäische Töchter verkleinert und zusammengelegt. Dagegen expandieren die Gesellschaften in den neuen EU-Beitrittsländern und in Asien.

Kooperationsstrategie

Selbstverständlich muss ein Unternehmen nicht immer im Alleingang strategische Geschäftsfelder bearbeiten. Die bereits in Kapitel G.4.2 dargestellten verschiedenen Kooperationsformen bieten zahlreiche strategische Optionen, mit anderen Unternehmen mehr oder weniger stark vereint zu diversifizieren. Da die Gestaltungsmöglichkeiten unternehmensübergreifender Zusammenarbeit auch noch einmal im Kapitel 1.4 bei der Prozessvision aufgegriffen werden, soll an dieser Stelle nicht weiter auf Kooperationsformen eingegangen werden.

Widmen wir uns jetzt den Marktstrategien auf der Ebene der einzelnen Geschäftseinheit. Die Marktstrategie beschäftigt sich mit der Frage, in welchem Geschäft ein Unternehmen eigentlich tätig sein will. Historisch gesehen kann man dabei zwei Phasen betrachten:

Outside-in-Sicht

Die erste Phase der Strategielehre war sehr reaktiv geprägt. Bei dieser sogenannten „Outside-in-Sicht" gehen alle Strategieüberlegungen vom Kunden und dessen Bedürfnissen aus. Die Suche nach der richtigen Erfolgsposition sowie die Frage, wie diese Position gehalten oder ausgebaut werden kann, stand in den frühen 80er Jahren im Fokus der Strategien. Die von den Kunden genannten Bedürfnisse sind der Ausgangspunkt bei der reaktiven Positionierung.

Inside-out-Sicht

Diese reaktive Marktorientierung hatte jedoch den Nachteil, dass zu wenig Fokus auf Produktinnovation und das Schaffen neuer Märkte gelegt wurde. Deshalb ist die zweite Phase der Strategielehre Ende der 80er/Anfang der 90er Jahre durch eine starke Ressourcenorientierung gekennzeichnet. Entscheidend für das Marktangebot sind nicht nur der Kunde und seine Wünsche, sondern vor allem auch die eigene Stärke und die Kernkompetenzen der Firma. Diese aktive Positionierung setzt bei latent vorhandenen Kundenbedürfnissen an, die die Kunden bisher nicht ausdrücklich äußern. Der Bedarf „schlummert" sozusagen bei den Kunden, ohne dass sie es wissen, und muss von den Unternehmen erst geweckt werden.

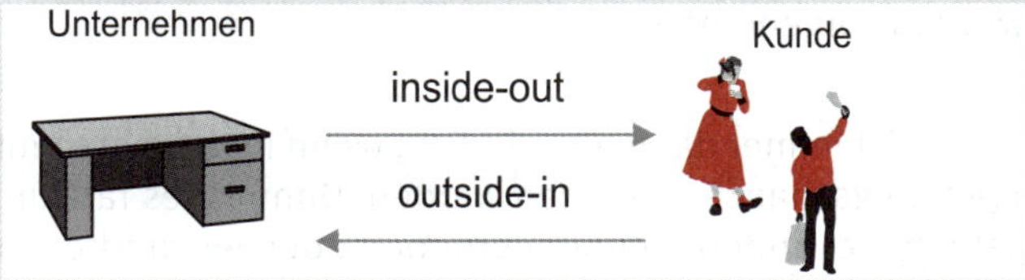

aktive Positionierung	reaktive Positionierung
ressourcenorientiert	marktorientiert
Kernkompetenz	Kunden-Wettbewerbs-orientierung
verborgene, latente Bedürfnisse	wahrnehmbare Bedürfnisse
betont langfristig	eher mittelfristig

Abb. 1.15: Aktive und reaktive Positionierung

Beispiel SONY

Hätte Sony in den 80er Jahren eine Kundenbefragung durchgeführt, um zu erfahren, ob es einen Markt für tragbare Kassettenrekorder gibt, hätten sie sicherlich niemals den Mut gehabt, den Walkman auf den Markt zu bringen. Die Erfolgsstory des Walkman zeigt aber, dass es Sony seinerzeit geschafft hat, sich seinen eigenen Markt zu schaffen und von Anfang an eine dominierende Marktposition einzunehmen.

Diese Outside-in-Sicht ist allerdings auch mit der Gefahr behaftet, dass sich Unternehmen, die allzu sehr ihr Marktangebot an den eigenen Fähigkeiten ausrichten, den Blick für die Kunden und deren Bedürfnisse aus den Augen verlieren. Die beste Kernkompetenz nützt nichts, wenn es dafür keinen Markt gibt.

Beispiel Dual Polaroid

Sicherlich hatte Dual eine besondere Stärke, Plattenspieler zu bauen oder Polaroid die Kompetenz Sofortbildkameras herzustellen, beide Firmen gibt es aber nicht mehr in der alten Form, weil sie es verpasst haben, rechtzeitig auf die Substitutionsprodukte wie CD-Player und Digitalkamera zu reagieren.

1. Option: Es bleibt wie es ist

Der aktuelle Stand des strategischen Managements bezieht sowohl die reaktive wie aktive Positionierung ein. Die Veränderung der Positionierung kann wiederum in einer aktualisierten Geschäftsfeldmatrix visualisiert werden. Stimmt die angestrebte Soll-Position mit der Ist-Lage überein, kann das Unternehmen die Marktposition beibehalten.

Dies ist für das SGF 1 in Abbildung 1.16 der Fall. Lediglich kleinere Änderungen im Produktprogramm wie beispielsweise das Herausnehmen von CD-ROM´s und Digitalcameras sowie die Hereinnahme von DVD-Writer, USB-Stick und Handhelds wurden vorgenommen.

Component GmbH

Eine Umpositionierung ist immer dann erforderlich, wenn im angestammten Segment zu wenige Erfolgschancen gesehen werden. Dann ist es ratsam, in der näheren Umgebung bei anderen Kundengruppen oder verwandten Kundengruppen neben dem Stammgeschäft einen zusätzlichen Markt zu generieren.

2. Option: Stammgeschäft ausbauen

So hat die Component GmbH strategisch entschieden, die Monitore, für die sie Exklusivvertriebsrechte hat, neben den Systemhäusern auch an Firmenkunden direkt zu vertreiben (siehe SGF 2 in Abbildung 1.16). Diese Umpositionierung ist natürlich nicht unkritisch, da man nun mit eigenen Kunden (Systemhäusern) bei den Firmenkunden konkurriert.

Component GmbH

Kundengruppe / Produkte	Systemintegratoren (OEM)	Systemhäuser	Firmenkunde	Privatkunden	Systemlöser
Monitor		SGF 2	SGF 2		
CPUs	SGF 1	SGF 1			SGF 3
Festplatten	SGF 1	SGF 1			SGF 3
Netzwerke	SGF 1	SGF 1			SGF 3
Gehäuse	SGF 1	SGF 1			SGF 3
DVD-Writer	SGF 1	SGF 1			SGF 3
Drucker	SGF 1	SGF 1			
Tastaturen	SGF 1	SGF 1			
Mäuse	SGF 1	SGF 1			
USB-Stick	SGF 1	SGF 1			
Software	SGF 1	SGF 1			
Handheld	SGF 1	SGF 1			

Abb. 1.16: Aktualisierte Geschäftsfeldmatrix der Component GmbH

Wenn ganz neue Zielgruppen mit einer eigenständigen Marktstrategie erschlossen werden, spricht man von Neupositionierung.

3. Option

Die Component GmbH hat nach der Analyse ihrer Kernkompetenzen erkannt, dass sie mit ihren Fähigkeiten und Technologien der Zielgruppe von Systemlösern idealerweise ihre Dienstleistungen und Produkte anbieten kann (siehe Kapitel 1.1.4). Es ist ein neues SGF 3 in der Geschäftsfeldmatrix der Component GmbH (siehe Abbildung 1.16)entstanden, indem beispielsweise Automobil- oder Maschinenbauern die Dienstleistung angeboten wird, Computerteile in Komplettlösungen wie Navigationssysteme oder Schaltelemente einzubauen.

Component GmbH

Fließende Grenzen zwischen Geschäftseinheiten

Spätestens bei der Neupositionierung fällt auf, dass die bisherige Trennung von Strategien auf Gesamtunternehmensebene und Geschäftseinheiten nicht immer durchzuhalten ist. Sobald sich die Grenzen der vorliegenden Geschäftsfelder verändern, sind die strategischen Entscheidungen zwischen oberer und unterer Ebene iterativ abzustimmen.

In diesem Zusammenhang ist auch die bereits in den 60er Jahren entstandene Produkt-Markt-Matrix nach ANSOFF einzuordnen. Sie gibt grundsätzliche Handlungsalternativen, wie ein Markt mit welchen Produkten abgedeckt werden kann.

Auf der Marktseite wird das einzelne Marktsegment in weitere Zielgruppen (Region, Größe, Branche) unterteilt.

Component GmbH

Beispielsweise hat die Component GmbH die Systemintegratoren und Systemhäuser im SGF 1 hinsichtlich ihrer Größe in jeweils drei Zielgruppen mit hohem, mittlerem und geringem Umsatz unterteilt.

Bei der Single-Segment-Strategie setzen Unternehmen darauf, eine einzelne Zielgruppe möglichst vollständig zu bearbeiten. Gerade kleinere und mittlere Unternehmen verfolgen häufig diese Nischenstrategie.

Nischen konsequent besetzen

So fokussieren sich z.B. kleinere Unternehmensberatungen oder Softwareanbieter häufig ganz auf eine Branche. Die Konzentration der Kräfte auf ein Kundenklientel erhöht die Erfolgschancen, weil Referenzprojekte und Branchenexpertise von den Kunden wichtige Anforderungen bei der Auswahl des Dienstleisters sind.

Risikostreuung

Allerdings sind Unternehmen mit einer Ein-Segment-Strategie dem „Klumpenrisiko“ ausgesetzt. Stagniert oder sinkt die Nachfrage in der bearbeiteten Zielgruppe, gibt es keine schnellen neuen Erlösquellen. Deshalb bietet es sich an, mehrere Zielgruppen bzw. alle Kunden in dem Markt zu bearbeiten. Aber auch dieser Multi-Segment-Strategie sind Grenzen gesetzt. Je mehr verschiedene Kunden bedient werden, desto höher ist der Koordinationsaufwand und die Synergien gehen verloren.

Auf der Produktseite stellen sich analoge Überlegungen. Auch hier kann man mit einem, mehreren oder allen Produkten und Dienstleistungen eines Geschäftsfeldes an den Markt gehen. Kombiniert man nun die Ziel-/Produktgruppenalternativen, so gibt es nach ANSOFF für die vier Schnittfelder folgende Handlungsalternativen (siehe Abbildung 1.17).

Markt / Produkt	gegenwärtig	neu
gegenwärtig	Konservation, Marktdurchdringung	Expansion, Marktentwicklung
neu	Innovation, Produktentwicklung	Diversifikation

Abb. 1.17: Strategische Handlungsoption nach ANSOFF

Bei der Marktdurchdringung versucht man in einem Marktsegment möglichst viel Potenzial abzuschöpfen. Dabei werden die Aktivitäten sukzessive auf alle im Geschäftsfeld segmentierten Ziel- und Produktgruppen ausgedehnt.

Markt-segmente vollständig abdecken

Das SGF 1 (siehe Abbildung 1.16) ist heute von der Component GmbH weit durchdrungen. Nahezu alle Systemintegratoren und Systemhäuser zählen zu den ehemaligen, aktuellen oder potenziellen Kunden. Die Produktpalette wird ständig auf die neuesten Computerteile und Zubehöre ergänzt. Ursprünglich hatte das Unternehmen einmal als kleines Versandhaus damit begonnen, Festplatten aus Asien zu importieren und an große Systemintegratoren zu vertreiben. Sukzessive wurde die Produktpalette erweitert und später dann auch die Zielgruppe der Systemhäuser hinzu genommen.

Component GmbH

Geht ein Unternehmen mit seinen angestammten Produkten in neue Marktsegmente, spricht man von Marktentwicklung. Ähnlich den Ausführungen bei der Multi-Segment-Strategie dehnen sich die Unternehmen auf neue Kundengruppen oder Regionen mit ihren Produkten aus. Dem Kernkompetenzen-Ansatz folgend kann es auch erfolgsversprechend sein, mit den bisherigen Produkten neue Kundenbedürfnisse anzusprechen.

Neue Kunden-gruppen mit etablierten Produkten gewinnen

Hier kann wiederum die erfolgreiche Marktentwicklung der Component GmbH in das lukrative Geschäftsfeld der Systemlöser als Beispiel aufgeführt werden. Mit der Erweiterung der Geschäftsfeldmatrix um das SGF 3 sichert man die Handelsergebnisse mit diesen Zwischenprodukten ab und verdient zusätzlich an der Integrationsleistung.

Component GmbH

Bei der Produktentwicklung bietet man den bisherigen Zielgruppen veränderte oder neu entwickelte Produkte und Dienstleistungen an. Vollständiges Neuland betritt man bei der Diversifikation. Hierbei werden neue Produkte auf neuen Märkten angeboten, ein sicherlich riskanter aber auch chancenreicher Schritt.

Produkt-innovationen auf alten und neuen Märkten

Mit der Entscheidung für eine Diversifikation ist man endgültig wieder auf der Gesamtunternehmensebene angekommen. Wie viele Geschäftsfelder sollte ein Unternehmen bearbeiten? Auf diese Frage gibt es sicherlich keine Patentantwort.

Positive Beispiele für eine intensive Diversifikation wie etwa General Electrics sind eher die Ausnahme. Bisher waren die Erfahrungen mit einer weitgehenden Produkt-Markt-Erschließung eines Unternehmens überwiegend negativ. Die Konzentration auf das Kerngeschäft ist hier erfolgversprechender.

BCG-Matrix

Seit Jahrzehnten geben verschiedene Portfolio-Ansätze Empfehlungen über den richtigen Mix an Geschäftsfeldern. Sie sind in der Regel als zweidimensionale Matrix aufgebaut, bei der sich eine Achse auf die Unternehmens- und die andere Achse auf die Umweltsicht bezieht.

Eine der wohl bekanntesten Portfolio-Analysen ist die Marktanteil-Marktwachstum-Matrix von der Boston Consulting Group (BCG) in Abbildung 1.18.

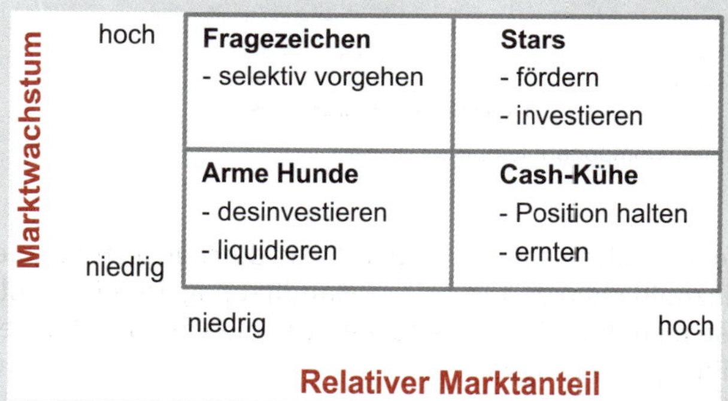

Abb. 1.18: BCG-Portfolio-Analyse

E nordnen der Geschäftsfelder

Bei diesem Ansatz wird die Umweltsicht auf der y-Achse durch das gegenwärtige oder zu erwartende Marktwachstum verdichtet eingetragen. Die Unternehmenssicht drückt sich in dem relativen Marktanteil aus. Im nächsten Schritt werden dann die Geschäftsfelder innerhalb der vier Felder positioniert.

Der Mix muss stimmen

Zwei Schlüsse lassen sich aus dem Portfolio-Ansatz ableiten. Zum einen kann man erkennen, ob der Mix an Geschäftsfeldern momentan oder in Zukunft ausgewogen ist. Ausgewogen kann zum Beispiel heißen, es gibt Geschäftsfelder, die genug Cashflow bereitstellen, um andere Geschäftsfelder quer zu finanzieren. Zum anderen geben Normstrategien (z.B. fördern, ernten, desinvestieren) den Portfolio-Analysen Anhaltspunkte dafür, durch welche strategischen Weichenstellungen diese ausgewogenen Geschäftsfeldstrukturen erreicht werden können.

Die Component GmbH ist in der momentan komfortablen Situation, zwei Cash Cows zu haben (Monitore und Handelsware), die sie ernten kann. Die daraus resultierende Finanzkraft stellen sie dem zu fördernden Bereich Systemlösungen zur Verfügung (siehe Abbildung 1.19).

Component GmbH

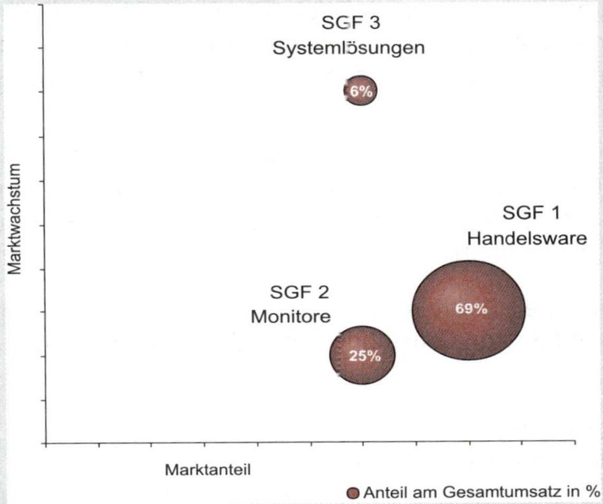

Abb. 1.19: Portfolio der Component GmbH

Dass sich die Portfolio-Analyse so stark in der Praxis durchgesetzt hat, liegt vor allem an der ganzheitlichen und einfachen Handhabung. Dennoch sollte die Portfolio-Analyse nicht unreflektiert erfolgen, wie die Vor- und Nachteile der Technik in Abbildung 1.20 zeigen:

Vorteile	Nachteile
■ Einheitlicher Maßstab für alle Geschäftsfelder ■ Analyse und Empfehlung in einer Methode ■ Gesamtunternehmensbild ■ Externe und interne Sicht ■ Hilfreiches Moderationsinstrument ■ Einfach zu handhaben	■ Komplexitätsreduktion ■ Problem der Bemessung, z. B. Marktanteile ■ Gefahr der Patentrezepte ■ Fehlende Berücksichtigung der Interdependenzen von Geschäftsfeldern ■ Normstrategien teilweise empirisch widerlegt (z.B. Dogs machen mehr Cash als die Cash Cow)

Abb. 1.20: Vor- und Nachteile der Portfolio-Analyse

1.1.6 Wettbewerbsstrategien formulieren

Was machen die Anderen?

„Man ist immer nur so gut, wie es der Gegner zulässt" ist nicht nur ein gültiges Sprichwort im Sport. Der Erfolg von Unternehmen ist immer auch im Zusammenhang mit den Aktivitäten der Mitbewerber im Kampf um die Gunst des Kunden zu sehen. Die militärische Wortwahl an dieser Stelle deutet bereits wieder darauf hin, dass bestimmte Verhaltensweisen bei der Strategiewahl aus Kampfanalogien stammen. Nochmals sei betont, dass daraus nicht unbedingt auf eine heutige Geisteshaltung der Strategieautoren zu schließen ist. Vielmehr stammen viele dieser Managementansätze aus einer Zeit, in der das Umfeld wesentlich kriegerischer geprägt war als heute.

Grundsätzlich unterscheidet man offensive und defensive Wettbewerbsstrategien. Zunächst bietet sich wieder die Analogie zum Sport an, wo es heißt „die wichtigen Spiele gewinnt man in der Verteidigung". Defensivstrategien zielen darauf ab, Wettbewerbspositionen zu halten.

Pfründe sichern

Bei der Festungsstrategie geht es im Kern darum, bestehende Alleinstellungsmerkmale wie besondere Standorte, wichtige Rohstoffquellen oder Markenrechte zu sichern.

Component GmbH

Beispielsweise besteht die oberste Priorität der Component GmbH in ihrem strategischen Geschäftsfeld 2 darin, die Alleinvertriebsrechte für einen der führenden Monitorhersteller durch möglichst langfristige Verträge für die Zukunft zu sichern.

Fehlt einem Unternehmen ein solch starkes Pfund, so könnten Wettbewerber durch eine Flankenabsicherung davon abgehalten werden, in die weniger geschützten Märkte einzudringen. Finanzstarke Unternehmen sichern ihre Flanken häufig durch Aufkäufe ab.

Component GmbH

Als ein neu auf dem Markt ankommender Nischenanbieter schnelle Erfolge beim Großhandel von modischen USB-Sticks erzielte, hat die Component GmbH diesen Mitbewerber übernommen, um zu verhindern, dass er bald eine größere Bedrohung im angestammten Segment darstellt.

Greifen weder Festungsstrategie noch Flankenabsicherung, bleibt nur noch der Rückzug aus dem Geschäftsfeld oder das Glück im Angriff zu suchen.

Bei den offensiven Strategien gibt es zunächst die massive Form des Frontalangriffes. Hierbei werden die Mitbewerber gleich durch mehrere direkte Maßnahmen in Bedrängnis gebracht.

Nach der Übernahme der Handelsfirma in den amerikanischen Component-Konzern bestanden neue Möglichkeiten, im deutschen Markt die Mitbewerber anzugehen. Durch die hohe Finanzkraft der Mutter konnten die Mengenvorteile in der Beschaffung in Preisvorteile für die Kunden umgemünzt werden. Diese wurden durch zahlreiche Marketingaktivitäten und von einem deutlich personell verstärkten Vertriebsteam dazu genutzt, zahlreiche neue Kunden von Mitbewerbern zu gewinnen.

Component GmbH

Als Pendant zur defensiven Flankensicherung gibt es den offensiven Flankenangriff. Durch Erfolge in Märkten, in denen die Wettbewerber weniger aktiv sind, kann man seine Position soweit stärken, dass dann auch ein Frontalangriff im Stammmarkt der Konkurrenten möglich ist. Ähnlich die Umgehungsstrategie, die zunächst die direkte Konfrontation mit Mitbewerbern vermeidet und im Verborgenen Wettbewerbsvorteile aufbaut. Diese können dann zu einem späteren Zeitpunkt im Kampf um Marktanteile genutzt werden.

Bevor das SGF 3 Systemlösungen von der Component GmbH systematisch erschlossen wurde, hat man sich die Rechte für mehrere innovative Miniatur-Computerbausteine (Festplatten) gesichert, die speziell für den Einbau in Systemlösungen geeignet sind. Zeitgleich wurden durch gemeinsame Forschungsprojekte mit großen Auto- und Maschinenbauern Beziehungen zu den Firmen aufgebaut, die den späteren Markteintritt erleichtert haben.

Component GmbH

Schließlich gibt es noch die Guerilla-Attacken, die vor allem kleinere Regionalfirmen in Nischenmärkten nutzen. Mit beschränktem Budget ist es hier möglich, durch Einzelmaßnahmen wie Rabattaktionen oder Verkaufsveranstaltungen Erfolge bei den Kunden zu erzielen, die sich von den großen Anbietern nicht genug betreut fühlen.

Kleine Nadelstiche

Neben der Frage, wie man gegenüber dem Mitbewerber vorgeht, ist die zweite wichtige Entscheidung, wie man sich mit seinen Produkten und Leistungen von den Konkurrenten abheben will. Hier lassen sich nach PORTER Wettbewerbsstrategien grundsätzlich in die Strategie der Kostenführerschaft oder Differenzierungsstrategie unterscheiden.

Die Kostenführerschaft zielt darauf ab, eine günstigere Kostenstruktur als die Mitbewerber zu haben. Ein maßgeblicher Stellhebel hierfür sind die Größeneffekte („economies of scale"), die bereits in den 60er Jahren von BCG mit der Erfahrungskurve nachgewiesen wurden. Demnach sinken die Stückkosten, je mehr Produkte hergestellt werden. Folglich ist es erstrebenswert, einen großen Marktanteil zu erlangen, um relativ zu Wettbewerbern niedrigere Stückkosten zu haben. Diese Position ist dann eine Art „Selbstläufer", denn die niedrigen Kosten ermöglichen es dem Unternehmen, niedrige Preise zu verlangen. Gerade in Märkten mit sehr vergleichbaren Leistungen und transparenten Preisen („Commodities") greift der Kunde in der Regel auf das günstigste Produkt zurück und verstärkt damit den Marktanteil des Marktführers wiederum.

Größeneffekte in Kosten- und Preisvorteile ummünzen

Beispiel

Beispiele für Kostenführerschaft sind Handelsketten wie ALDI, Lidl oder Penny.

Die Differenzierungsstrategie setzt darauf, eine einzigartige Produktsituation zu schaffen, um sich so von Konkurrenten abzuheben und sich gegen deren Preissenkungen abzusichern. Ansatzpunkte für Differenzierungsmöglichkeiten sind die bereits erwähnten kritischen Erfolgsfaktoren. Legt ein Kunde bei seinem Kaufentscheid besonderen Wert auf z.B. gutes Design, einzigartige Technologie oder gut ausgebautes Händlernetz, wäre es für ein Unternehmen strategisch überlegenswert, einen oder mehrere von diesen Kriterien besonders gut in sein Leistungspaket einzubauen und zu kommunizieren. Ausprägungen einer Differenzierungsstrategie könnten beispielsweise eine Qualitätsführerschaft, Technologieführerschaft oder Serviceführerschaft sein.

Component GmbH

Die Component GmbH verfolgt die Wettbewerbsstrategie der dedizierten Linie. Sie konzentriert sich auf den Handel mit Produkten von einigen wenigen Top-Herstellern aus den jeweiligen Segmenten. Damit versteht sie sich als Value Added Reseller (VAR), d. h. sie bietet über die Logistik hinaus den Herstellern und Kunden weitere Dienstleistungen an wie z.B. kompetente Beratung oder Test- und Integrationscenter. Sie unterscheidet sich so von den Hauptmitbewerbern, die eher die Strategie „Broadliner" fahren, d. h. von möglichst vielen Lieferanten die Produkte vertreiben, ohne einen Mehrwert anzubieten („Kistenschieber").

Ganz oder gar nicht?

Sowohl die Strategie der Kostenführerschaft als auch die Differenzierungsstrategie können entweder über alle Marktsegmente hinweg oder in einem einzelnen Geschäftsfeld verfolgt werden. Bei der Konzentration auf eine Nische spricht PORTER je nach Strategie von Kostenfokus oder Differenzierungsfokus. Eine breit angelegte Marktbearbeitung bezeichnet man als umfassende Kostenführerschaft oder Differenzierung (siehe Abbildung 1.21).

		Wettbewerbsvorteil	
		Kostenvorteil	Leistungsvorteil
Wettbewerbsfeld	weit Markt-führer	umfassende Kostenführerschaft	umfassende Differenzierung
	eng "Nische"	Kostenfokus	Differenzierungs-fokus

Abb. 1.21: Handlungsstrategien nach PORTER

Porter geht von einer U-förmigen Beziehung von Rentabilität und Marktanteil aus. Demnach agieren besonders Unternehmen mit einem hohen Marktanteil als Kostenführer erfolgreich oder Firmen mit kleinen Marktanteilen, die sich differenzieren oder fokussieren. Der Rest befindet sich in einer „Weder Fisch-noch-Fleisch-Situation“ (Stuck in the middle) mit mittelgroßem Marktanteil und geringer Rentabilität (siehe Abbildung 1.22).

Zwischen den Stühlen

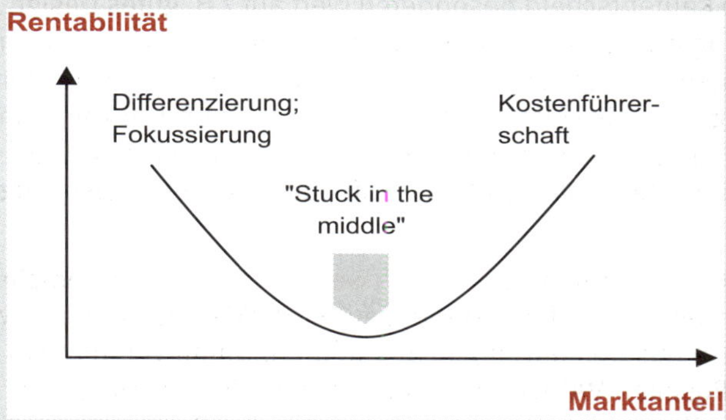

Abb. 1.22: Beziehung von Rentabilität - Marktanteil nach PORTER

Während PORTER fordert, sich für eine Wettbewerbsstrategie zu entscheiden, besagt die Outpacing-Strategie, dass es Sinn machen kann, die Strategie der Kostenführerschaft und Differenzierungsstrategie gleichzeitig zu verfolgen oder rasch zwischen diesen Strategien zu wechseln.

Wechsel zwischen Strategien

Solange sich für den Markt bespielbarer DVD-Player noch kein marktweiter Standard durchgesetzt hat, empfiehlt sich eine Produktdifferenzierung. Setzt sich ein Standard durch, macht der Strategiewechsel zur Kostenführerschaft Sinn. Je mehr Wettbewerber den Markt betreten, bietet sich wiederum ein Wechsel zur Produktdifferenzierung an.

Beispiel

1.2 Unternehmensprozessmodell

Der zweite große Schritt der Strategischen Prozessorganisation ist es, das Unternehmensprozessmodell aufzubauen.

Das Unternehmensprozessmodell bildet die Gesamtheit aller Clusterprozesse und Hauptprozesse auf oberster Gliederungsebene ab.

Definition

1.2.1 Prozessebenen

Das Definitionskriterium „oberste Gliederungsebene" deutet darauf hin, dass die bisherige allgemein gültige Prozessdefinition um die Ebenensicht erweitert werden muss. Prozesse können auf verschiedenen Detaillierungsgraden betrachtet werden. Mit der Zerlegung eines Prozesses in seine Teilprozesse entstehen wiederum Prozesse, die weiter untergliedert werden können. Diese Verfeinerung kann man über mehrere Ebenen durchführen.

Definition

Grundsätzlich ist ein Teilprozess eine Untermenge eines darüber liegenden Prozesses, unabhängig auf welcher Ebene der Prozessgliederung.

Bei den Begriffen Teilschritt, Unterprozess oder Subprozess handelt es sich um synonyme Bezeichnungen für eine Untergliederung eines Prozesses in seine Bestandteile. Teilprozesse auf letzter Gliederungsebene sind definitionsgemäß Aufgaben, da deren weitere Untergliederung nicht vorgesehen ist.

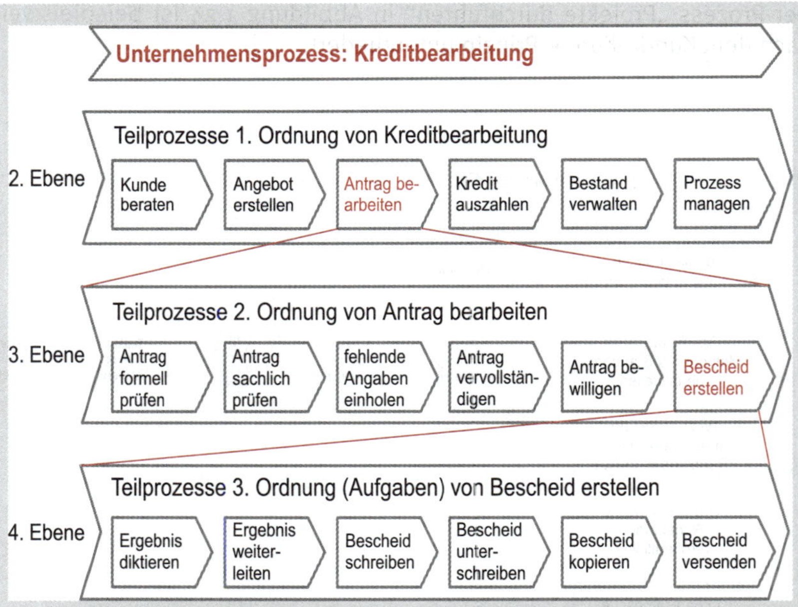

Abb. 1.23: Prozessgliederung am Beispiel eines Kreditprozesses

Es gibt zwei Möglichkeiten, Prozesse zu gliedern,

- Clusterprinzip
- Kunde-Kunde-Prinzip.

Bei dem Clusterprinzip bildet der Oberprozess eine Sammelbezeichnung für die darunter aufgeführten Teilprozesse. Charakteristisch für Clusterprozesse ist, dass die untergeordneten Prozesse keine zwingend zeitlich logische Reihenfolge untereinander haben. Auch sind sie in ihrer Art meist unterschiedlich, das heißt sie differenzieren hinsichtlich ihrer Wiederholungshäufigkeit, Komplexität, Konstanz und Determiniertheit (siehe Kapitel 1.2.5). Sammelbegriff

In Abbildung 1.24 ist beispielsweise „Organisationsprozesse" ein Clusterprozess, der in die beiden Prozesse „Organisatorische Regelungen bereitstellen" und „Projekte durchführen" untergliedert ist. Auch der Prozess „Organisatorische Regelungen bereitstellen" ist ein Clusterprozess.

Das Kunde-Kunde-Prinzip bedeutet, dass die aufgegliederten Prozesse Vorgänger- und Nachfolger-Beziehungen haben und eine eindeutige Kunden-Kunden-Beziehung darstellen. End-to-end-Betrachtung

Der Prozess „Projekte durchführen" in Abbildung 1.24 ist beispielsweise nach dem Kunde-Kunde-Prinzip untergliedert.

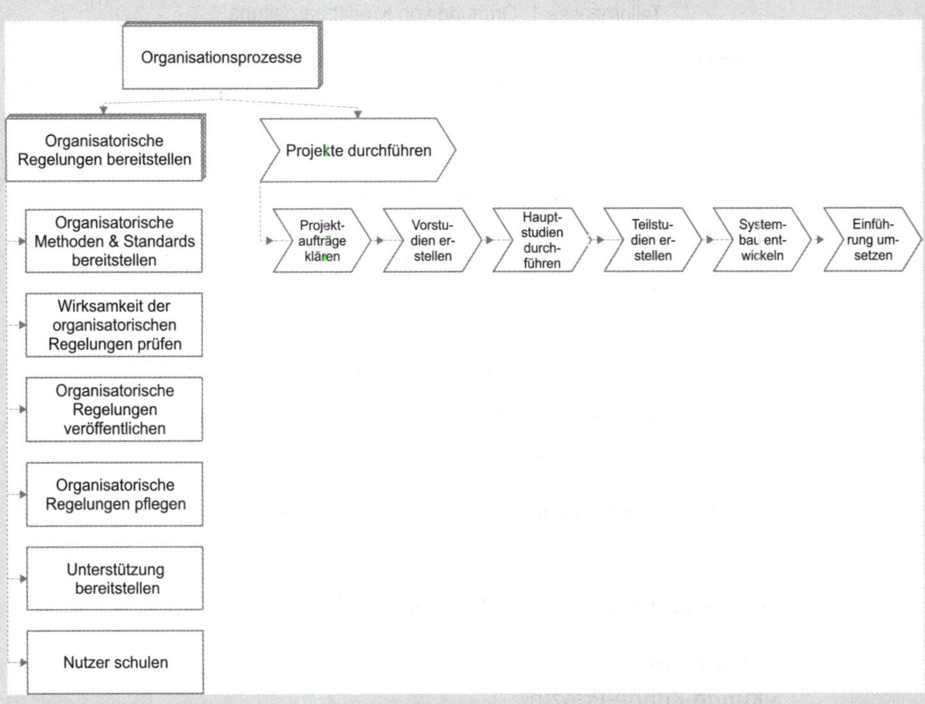

Abb. 1.24: Untergliederung der Organisationsprozesse

Eine Reihe von Ansätzen in Theorie und Praxis belegt Prozesse, die nach dem Kunde-Kunde-Prinzip gegliedert werden, mit einem eigenständigen Begriff wie beispielsweise Geschäftsprozess, Kernprozess, Schlüsselprozess, Leistungsprozess oder Unternehmensprozess. Da alle diese Bezeichnungen aber auch in anderen Zusammenhängen (z. B. Kern- und Schlüsselprozess bei der Prozesspriorisierung) vorkommen, sind sie nicht geeignet, Gliederungsebenen in Prozesshierarchien kenntlich zu machen. An dieser Stelle wird deshalb der Begriff Hauptprozess eingeführt.

Haupt-prozess

> Ein Ablauf ist dann ein Hauptprozess, wenn er aus einer (erkennbar) zusammenhängenden Folge von Teilprozessen besteht (zeitliche Unterbrechungen sind erlaubt), die in derselben zeitlichen Periodizität abläuft (läuft eine Prozessphase 1x pro Jahr, eine andere monatlich ab, ist der Prozess entsprechend aufzuteilen).

Nur Hauptprozesse erzeugen Wert für Kunden

Die Unterscheidung von Cluster- und Hauptprozessen wird meist in der Praxis nicht so offensichtlich modelliert wie in dem Beispiel aus Abbildung 1.24. Die Darstellung von Unternehmensprozessmodellen folgt häufig anderen Gesichtspunkten wie Design- oder Marketingaspekten.

Aus prozessorganisatorischen Überlegungen ist es jedoch wichtig, zwischen Cluster- und Hauptprozessen zu differenzieren. Nur bei nach dem Kunde-Kunde-Prinzip gegliederten Prozessen greift die definitorische Überlegung, dass der Output eines Prozesses für Kunden einen Wert darstellt, der in aufeinander aufbauenden Prozessschritten erzeugt wurde.

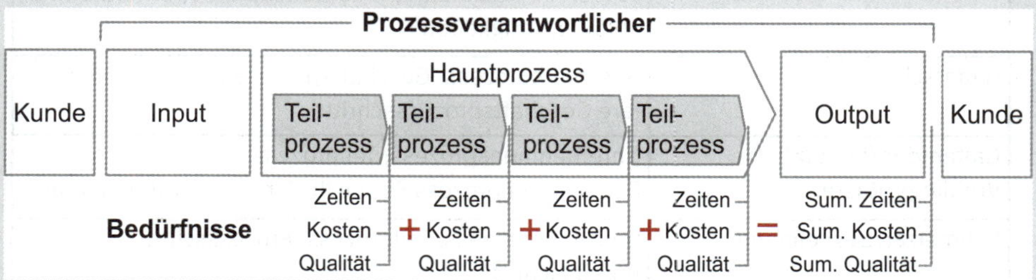

Abb. 1.25: Charakteristika eines Hauptprozesses

Und nur bei Hauptprozessen ist es sinnvoll, beispielsweise Zeiten, Kosten oder Qualitätskennzahlen der Teilprozesse auf die nächst höhere Prozessebene auf zu addieren (siehe Abbildung 1.25). Schließlich sollte einem Prozessverantwortlichen auch nur die Verantwortung für einen Hauptprozess gegeben werden. Die Hoheit über einen Clusterprozess kann typischerweise einem Abteilungsleiter oder einem Geschäftsführer übertragen werden.

SCHMELZER bezeichnet nur die Hauptprozesse auf oberster Ebene als Geschäftsprozesse und stellt als besonderes Kennzeichen dar, dass sie abteilungsübergreifend sind. Damit sind für die Definition von Hauptprozessen auf oberster Ebene die Kunden und ihre Bedürfnisse entscheidend, nicht bestehende Aufbaustrukturen.

In diesem Buch wird nicht nach Geschäftsprozessen und Prozessen unterschieden. Verfolgt nämlich ein Unternehmen konsequent die Vision einer Reinen Prozessorganisation (siehe Kapitel 1.4.2, prozessorientierte Aufbauorganisation), verläuft ein Geschäftsprozess nur noch in einem Bereich. Damit wird aber die Definitionsgrundlage für Geschäftsprozesse entzogen, was sicherlich nicht der ursprünglichen Idee zuträglich ist.

Unternehmensprozessmodelle, die allzu offensichtlich Abteilungsprozesse abbilden, zum Beispiel Einkaufs-, Vertriebs- oder Finanzprozesse, gliedern sich eher nach dem Clusterprozessprinzip. Übergreifende Kunde-Kunde-Beziehungen werden hier nicht berücksichtigt.

In der Literatur sowie bei zahlreichen firmenspezifischen Prozessmanagement-Konzepten finden sich vermehrt Vorschläge, den einzelnen Ebenen eines Prozessmodells fest zugeordnete Bezeichnungen zu geben (siehe Abbildung 1.26).

Autoren	Ebenenbezeichnungen
Bokranz/Kasten	Unternehmensprozesse, Geschäftsprozesse, Teilprozesse, Arbeitsabläufe, Teilarbeitsabläufe, Unterarbeitsabläufe, Tätigkeiten
Gadatsch	Geschäftsprozess, Geschäftsprozessschritte, Elementare Geschäftsprozessschritte
Gaitanides/Scholz/ Vrohlings/Raster	Unternehmensprozess, Teilprozess Ebene II, Teilprozess Ebene III, Arbeitsschritt, Aktivität
Schmelzer/Sesselmann	Geschäftsprozess, Teilprozess, Prozessschritt, Arbeitsschritt
Nadig	Prozess, Aktivität, Tätigkeit
Vahs	Geschäftsprozess, Teilprozess 1. Ebene, Teilprozess 2. Ebene, Elementarprozess mit Aktivitäten

Abb. 1.26: Bezeichnungen von Haupt- und Teilprozessen auf unterschiedlichen Ebenen

Der sehr weit gegliederte Ansatz von BOKRANZ/KASTEN greift zudem die Unterscheidung von Cluster- und Hauptprozessen auf. So sollen auf den ersten drei Prozessebenen nur Clusterprozesse dargestellt werden, die folgenden Ebenen beinhalten nur noch Hauptprozesse.

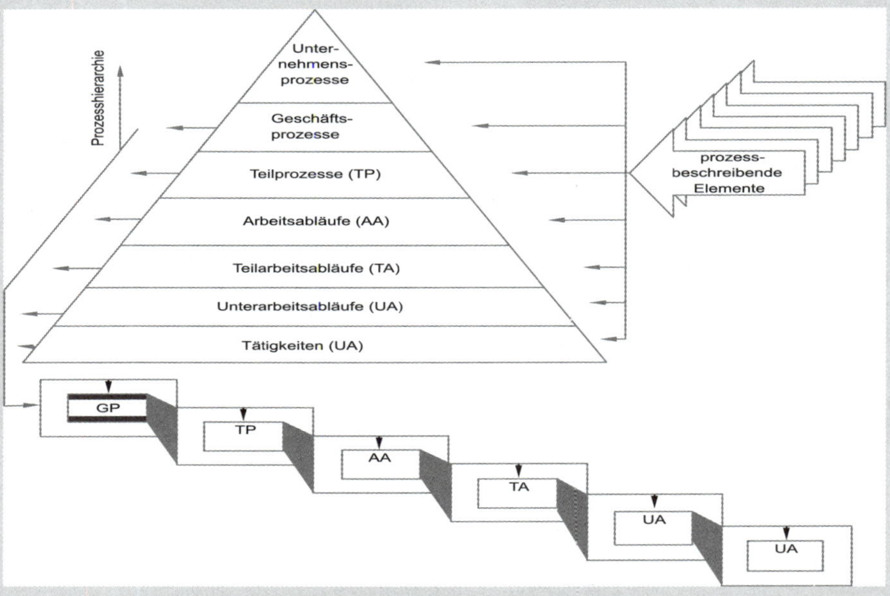

Abb. 1.27: Prozessebenen nach BOKRANZ/KASTEN

Durchgängige Ebenenbezeichnung schwierig

Auch wenn eine Standardisierung der Begrifflichkeiten das Verständnis für verschiedene Prozessebenen fördert, so überwiegen doch die Schwierigkeiten, die mit einer solchen Gleichschaltung verbunden sind. Zunächst gibt es das Problem, dass sich Prozesse in ihrer Art zum Teil deutlich unterscheiden, demzufolge variiert auch die Notwendigkeit, Prozessebenen zu bilden. Darüber hinaus können Teilprozesse in mehrere Hauptprozesse auf verschiedenen Ebenen eingehen. Und schließlich hängt es stark von der Zwecksetzung ab, wie tief ein Prozess gegliedert wird (siehe Kapitel G.6).

Tipp

Wir empfehlen deshalb, lediglich die Begriffe Unternehmensprozess für die oberste Ebene und Aufgabe für die jeweils unterste Ebene festzulegen. Die Bezeichnung für untergliederte Prozessabschnitte auf den dazwischen liegenden Ebenen sind Teilprozesse n'ter Ordnung.

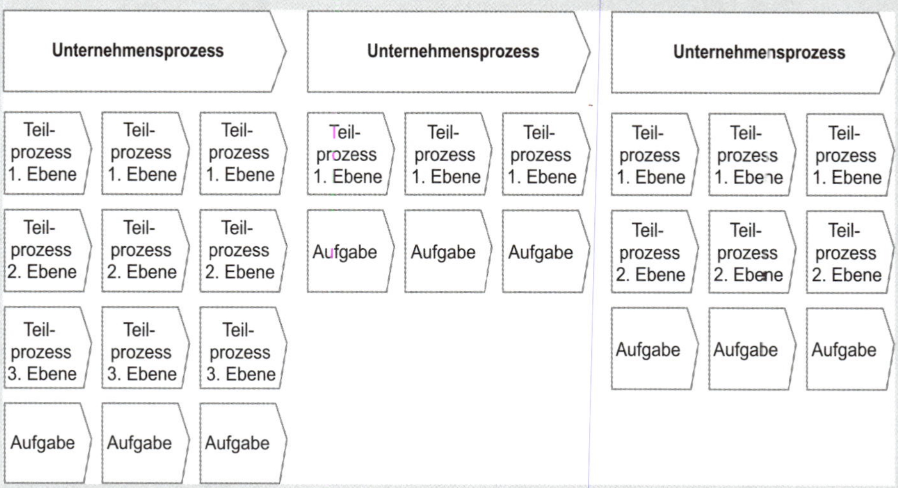

Abb. 1.28: Ebenenbezeichnungen

1.2.2 Cluster für Unternehmensprozesse

Während Anfang der 90er Jahre die Frage nach den Prozessen eines Unternehmens auf oberster Ebene noch vielfaches Achselzucken hervorrief, liegt mittlerweile eine breitere Erfahrung bei der Identifikation von Unternehmensprozessen vor. Sowohl die in der Theorie entworfenen allgemeinen Prozessmodelle als auch die zahlreichen in Praxisprojekten entwickelten branchenspezifischen Prozessmodelle haben hier für mehr Klarheit gesorgt. Dennoch bleibt bei jedem neuen Aufbau eines Prozessmodells die Schwierigkeit, nach welchen Gesichtspunkten idealerweise gegliedert werden soll.

Praxis holt auf

Nahezu alle Unternehmensprozessmodelle sind heute phasenorientiert konzipiert. Die Phasengliederung ist bereits aus der Aufgabenanalyse bekannt, bei der Aufgaben hinsichtlich ihrer Zwecksetzung in ausführende, unterstützende und führende Aufgaben unterschieden werden. Einen entscheidenden Einfluss auf die heutigen Prozessmodelle hat das in den 80er Jahren von Porter entwickelte Wertschöpfungskettendiagramm (siehe Abbildung 1.29). Es beruht auf dem Ansatz, die Geschäftsprozesse hinsichtlich ihrer strategischen Bedeutung in primäre und unterstützende Aktivitäten zu unterteilen.

Phasenorientierte Prozessmodelle

Primäre Aktivitäten tragen unmittelbar zur Wertschöpfung bei und befriedigen Kundenbedürfnisse, sekundäre Aktivitäten unterstützen lediglich die Wertschöpfung.

Wertschöpfende und unterstützende Prozesse

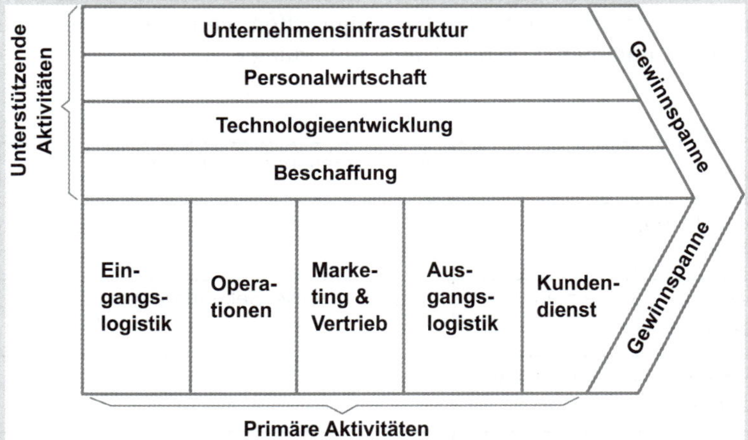

Abb. 1.29: PORTER- Wertschöpfungskette

Die sekundären Prozesse wurden in der Folgezeit von mehreren Autoren noch einmal differenziert in Management- und Supportprozesse. Das SOS-Konzept (Steuerungsprozesse, operative Prozesse und Serviceprozesse) von KRÜGER ist hierfür ein Beispiel (siehe Abbildung 1.30).

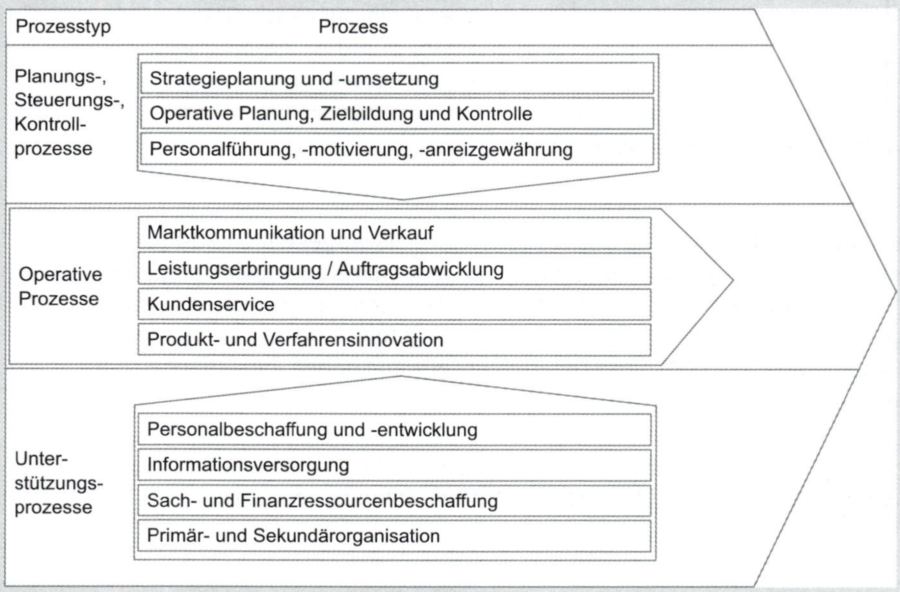

Abb. 1.30: SOS-Konzept von KRÜGER

Weitere Autoren haben die Zwei- oder Dreiteilung der Cluster für Unternehmensprozesse in den letzten Jahren aufgegriffen, vereinzelt gibt es auch Ansätze mit 4 und mehr Clustern (siehe Abbildung 1.31).

Autoren	Unternehmensprozesscluster
Binner (1997)	Produktionsprozesse, Dienstleistungsprozesse
Schmelzer/Sesselmann (2005)	Primäre Prozesse, Sekundäre Prozesse
Bokranz/Dieckhöner/Kasten (2003)	Kundenorientierter Prozess, Interner Serviceprozess, Managementprozess
Fischermanns/Liebelt (1997)	Führungs-, Ausführungs-, Unterstützungsprozesse
Österle (1995)	Leistungsprozess, Unterstützungsprozess, Führungsprozess
EFQM	Management Processes, Business Processes, Support Processes
Rüegg-Stürm (2002)	Managementprozesse, Geschäftsprozesse, Unterstützungsprozesse
Hässig (2000)	Strategische Führungsprozesse, Gestaltungsprozesse, Unterstützungsprozesse, Leistungserstellungsprozesse

Abb. 1.31: Unternehmensprozesscluster

Das in der 3. Auflage dieses Buches 1997 erstmals vorgestellte FAU-Prozessmodell hat sich als grobe Orientierung bei der konkreten Entwicklung unternehmensspezifischer Prozessmodelle in unterschiedlichen Branchen bewährt. Auch dass die meisten Autoren der Dreiteilung gefolgt sind und internationale Standards wie z. B. EFQM diese Unterteilung gewählt haben, bestätigt den eingeschlagenen Weg.

Das FAU-Prozessmodell ist ein branchenneutrales Raster mit den drei Prozessclustern Führungs-, Ausführungs- und Unterstützungsprozessen. Definition

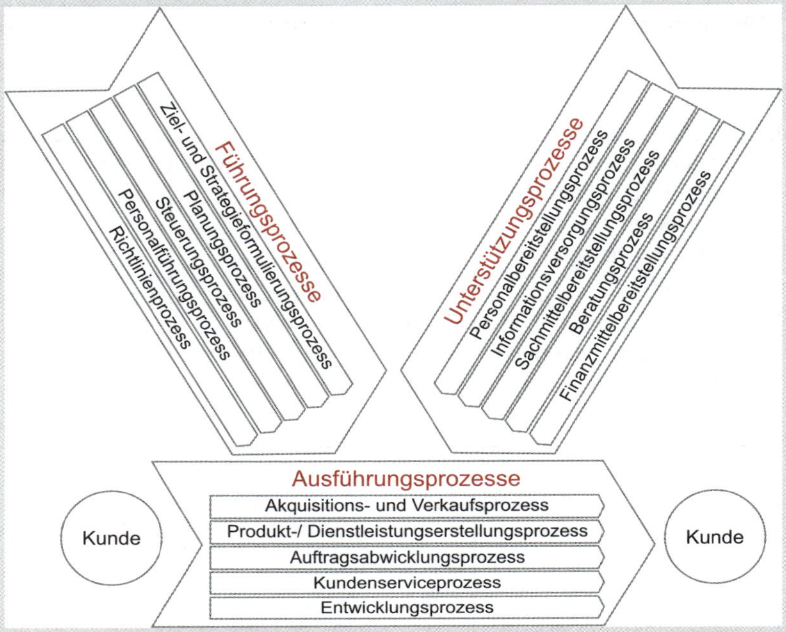

Abb. 1.32: FAU-Prozessmodell

Definition

In Ausführungsprozessen erfolgt die eigentliche Wertschöpfung. Die Folge der Aktivitäten zielt darauf ab, bedürfnisgerechte Produkte/Dienstleistungen effizient zu erzeugen. Unterstützungsprozesse dienen dazu, alle benötigten Ressourcen (Personen, Sachmittel, Informationen, Finanzen) so bereit zu stellen, dass Ausführungs-, aber auch Führungsprozesse reibungslos funktionieren. Führungsprozesse dienen der Koordination (Planung, Diagnose, Steuerung) von Ausführungs- und Unterstützungsprozessen so, dass deren jeweilige definierte Prozess- und Ergebnisqualität erreicht wird. Es muss Führungsprozesse geben, die auch die Prozess- und Ergebnisqualität der Führungsprozesse selbst sicherstellen sowie der Innovation dienen.

In Abbildung 1.33 werden die Charakteristika und synonymen Bezeichnungen für Führungs-, Ausführungs- und Unterstützungsprozesse dargestellt.

Führungsprozesse	Ausführungsprozesse	Unterstützungsprozesse
Charakteristika		
■ Zur übergreifenden strategischen und finanziellen Lenkung der Leistungs- und Ressourcenprozesse ■ Bezieht sich auf „hoheitliche Aufgaben der Unternehmensplanung und Managementkontrolle“	■ Direkt an der Wertschöpfungskette beteiligt ■ Bezieht sich mindestens auf eine Produkt- bzw. Leistungsart des Unternehmens und leistet einen messbaren Beitrag zum Kundennutzen	■ Indirekt an der Wertschöpfungskette beteiligt ■ Unterstützt die Leistungsprozesse ■ Bezieht sich auf die zur Wertschöpfung benötigten Grundressourcen (Material, Kapital, Anlagen, Personal)
Synonyme		
■ Planungs- und Steuerungsprozess ■ Kontrollprozess ■ Managementprozess ■ Corporate Functions	■ Leistungsprozess ■ Primärprozess ■ Produktbezogener Prozess	■ Ressourcenprozess ■ Sekundärprozess ■ Querprozess ■ Serviceprozess ■ Supportprozess ■ Service Functions
Beispiele		
■ Budgetplanung ■ Strategische Planung	■ Auftragsabwicklung ■ Vertrieb	■ Investitionsentwicklung ■ Personalverwaltung

Abb. 1.33: Charakteristika von Führungs-, Ausführungs- und Unterstützungsprozessen

Neben der praktischen Bestätigung gibt es neuere Managementansätze, die vor allem die weitere Unterteilung der sekundären Prozesse in Führungs- und Unterstützungsprozesse sinnvoll erscheinen lassen.

Outsourcing von sekundären Prozessen

Bisher wurden Zentraleinheiten in Konzernen nicht differenziert betrachtet. So gab und gibt es zum Beispiel zentrale Personalabteilungen, Organisationsabteilungen oder Finanzabteilungen. Im Zuge der Diskussion, welche Kernkompetenzen ein Unternehmen hat und welche Organisationseinheiten sinnvollerweise outgesourct werden können, gewinnt die Trennung von Corporate Functions (Managementprozesse) und Service Functions (Unterstützungsprozesse) an Bedeutung (siehe Kapitel 1.4.1).

Differenziertes Vorgehen für Führungs- und Unterstützungsprozesse

So entstehen kleine Corporate Service-Center, in denen die Führungsprozesse vertikal zentralisiert werden können. Die Unterstützungsprozesse können in Shared Servcice Center horizontal gebündelt werden oder im Zuge eines Business Process Outsourcing ganz extern vergeben werden. Somit können die Prozesse, die zur internen Steuerung unerlässlich für die Führung eines Unternehmens sind, organisatorisch, rechtlich und wirtschaftlich anders gehandhabt werden als Prozesse, die die Leistungserstellung unterstützen.

Component GmbH

Beispielsweise hat die Component GmbH die früher in allen Konzerneinheiten vorgehaltenen IT-Ressourcen neu organisiert. Die strategischen und finanziellen Planungs-, Richtlinien- und Steuerungsprozesse zu IT-Entscheidungen sind in einem weltweit zuständigen Corporate Service Center gebündelt. Hier werden Vorgaben für IT-Standards im Konzern gemacht und die IT-Strukturen konsolidiert. Die europäischen Töchter haben ein zentrales Shared Service Center für sämtliche IT-Unterstützungsprozesse.

1.2.3 Soll- und Ist-Prozessmodelle

Die vielen in Theorie und Praxis entwickelten Verfahren, Unternehmensprozesse zu identifizieren, lassen sich grundsätzlich in zwei Methoden unterscheiden,

- soll-orientiert
- ist-orientiert.

process follows strategy

Bei dem soll-orientierten Ansatz werden die Unternehmensprozesse anhand der Unternehmensstrategie abgeleitet. Ausgehend von der zukünftigen Produkt-/Markt-Ausrichtung und den damit verbundenen Kundenbedürfnissen werden zunächst die dafür notwendigen Ausführungsprozesse definiert.

„Welche Prozesse sind notwendig, um die Produkte bzw. Dienstleistungen zu entwickeln, zu erzeugen und zu vermarkten?“

Anschließend werden die Führungs- und Unterstützungsprozesse ermittelt, die erforderlich sind, um die Leistungserstellung sicher zu stellen. Dieses soll-orientierte Verfahren wird vielfach auch als top-down-Ansatz bezeichnet, da die zunächst auf oberster Ebene der Prozesshierarchie ermittelten Prozesse in weiteren Schritten „von oben nach unten“ in Teilprozesse zerlegt werden.

Entscheidend ist bei diesem Ansatz, dass die so identifizierten Prozesse mitunter nicht mit der Praxis und den Denkstrukturen der Verantwortlichen übereinstimmen.

Abb. 1.34: Entwicklung eines Prozessmodells im Team

Grüne Wiese

Strategien sind auf die Zukunft ausgerichtete Handlungsanweisungen. Besonders deutlich wird dies bei den strategischen Entscheidungen, neue Geschäftsfelder aufzubauen oder sich aus bestehenden Produkt-Markt-Segmenten zurückzuziehen. So finden sich auf einmal bisher noch unbekannte Prozesse in dem soll-orientierten Prozessmodell wieder, andere momentan noch täglich durchgeführte Prozesse sind nicht mehr in der Prozesslandkarte enthalten.

Component GmbH

Die Component GmbH hat strategisch entschieden, bestimmte Dienstleistungen wie Umetikettieren, Umverpacken oder Einzelverpacken aktiv ihren Kunden anzubieten. Für diesen Service kann die Component GmbH direkt Umsätze erwirtschaften, wichtiger ist jedoch die damit erzielte Kundenbindung. Diese strategische Absichtserklärung findet sich bereits wieder in dem Lagerprozess „Value Added Services" (siehe Abbildung 1.38, Unternehmensprozessmodell).

Der ist-orientierte Ansatz beginnt mit einer Sammlung der verschiedenen bereits im Unternehmen identifizierten Prozesse, Teilprozesse und Aufgaben. Quellen können dabei in der jüngeren Vergangenheit erhobene Prozesse im Rahmen von Prozessgestaltungsprojekten sein. Vielfach werden auch Prozesskataloge im Zusammenhang mit anderen Vorhaben wie beispielsweise Qualitätsmanagementsystemen, Fachkonzepten bei IT-Implementierungen oder die Erfüllung gesetzlicher Anforderungen (Basel II oder Sarbanes-Oxley) erstellt.

Prozesse von unten nach oben verdichten

Die zusammengetragenen Prozesse werden dann nach Kriterien wie Wertschöpfungsbeitrag, ähnliche Prozessart, aufbauorganisatorische Nähe oder technologische Gemeinsamkeiten von unten nach oben verdichtet. Aus diesem Grund wird dieses Vorgehen oft auch als bottom-up-Ansatz tituliert. Bezeichnender als die Verdichtungsrichtung ist für diese Art der Prozessidentifizierung jedoch die genaue Wiedergabe der im Alltag erlebten Prozesse mit allen ihren Stärken und Schwächen. Diese Orientierung am Ist geht soweit, dass am Anfang der Prozessabgrenzung häufig eine Problemstellung steht.

Component GmbH

Die Component GmbH hatte in der Vergangenheit immer wieder Probleme mit der Bearbeitung von Kundenretouren. So hat es lange gedauert, bis festgestellt werden konnte, ob die Ursache für die Retouren beispielsweise durch Produktions-, Transport-, Kommissionierungs- oder Einlagerungsfehler begründet war. Auch das Ermitteln, wer für die Gewährleistung aufkommt und die Rücknahme abwickelt, war sehr arbeitsintensiv und führte regelmäßig zu Konflikten mit den Lieferanten und verärgerte die Kunden. In einem Projekt zur Optimierung des Retourenmanagement wurden alle dieses Problemfeld betreffenden Prozesse und Teilprozesse identifiziert.

top-down ist optimal

Welcher Weg soll nun bei der Prozessidentifikation eingeschlagen werden, soll- oder ist-orientiert? Die Argumente sprechen mehrheitlich für die top-down-Vorgehensweise. Alle bisherigen Erfahrungen zeigen, dass die Hauptproblematik, den Prozessgedanken im Sinne einer bereichsübergreifenden Wertschöpfungskette zur Befriedigung von Kundenbedürfnissen in Unternehmen zu etablieren, darin besteht, dass die Verantwortlichen in bestehenden Aufbau- und Ablaufstrukturen denken.

Eine ist-orientierte Prozessidentifikation fördert diese im Status-quo verhaftende Bereichssicht. Teilprozesse werden innerhalb der eigenen Abteilungsgrenzen gesehen. Eigene Besonderheiten werden hervorgehoben, so dass eventuelle Redundanzen zu anderen vergleichbaren Prozessen nicht auffallen. Es besteht die latente Gefahr, sich im Operativen zu verlieren. Viele breitgetretene Detaildiskussionen, ob beispielsweise die Leihgeräteabwicklung bei Endkunden und Systemintegratoren vergleichbar abläuft oder nicht, versperren den Blick fürs große Ganze.

Dagegen eröffnet die strategieorientierte Abgrenzung von Prozessen die Möglichkeit, unabhängig von Eigeninteressen, Detaildiskussionen und Vergangenheitsorientierung die Prozesse auf die anstehenden Bedürfnisse der Kunden und Gesamtinteressen des Unternehmens auszurichten.

In der Praxis schwer durchzuhalten

Letztlich ist die Suche nach dem richtigen Ansatz zur Prozessidentifikation keine entweder-oder Frage. Die Nachteile der Ist-Orientierung sind aufgezeigt, andererseits ist eine reine soll-orientierte Prozessabgrenzung vielfach unrealistisch. Die Vorstellung, dass das Prozessmodell nur anhand der Strategie entwickelt wird, ohne den Hintergrund des realen Unternehmens und der Branche zu kennen, mag vielleicht reizvoll, aber nicht wirklich praxistauglich sein. Dazu ist mittlerweile in jeder Branche die Komplexität und Spezialisierung soweit vorangeschritten, dass es sehr schwierig ist, ohne eine längere Erfahrung in diesem Kontext konkrete Handlungsempfehlungen zu geben. Insofern kann die Hauptlast der Prozessidentifikation nur aus den eigenen Reihen kommen. Damit ist aber automatisch verbunden, dass die Ist-Sicht mit einfließt, denn niemand kann an der Projekttür seine bisherigen Erfahrungen komplett abstreifen.

Tipp

Die Empfehlung lautet, bei der Prozessidentifikation zunächst soll-orientiert zu beginnen. Eine externe Moderation kann dabei helfen, bestehende Prozessabgrenzungen möglichst lange auszublenden. Im Sinne eines Gegenstromverfahrens ist es in einem zweiten Schritt sinnvoll, das soll-orientiert aufgestellte Prozessmodell mit dem Ist auf Vollständigkeit und Realitätsbezug abzugleichen.

1.2.4 Unternehmensprozesse identifizieren

Die soll-orientierte Prozessidentifikation setzt die Unternehmensstrategie voraus, die im Kern aussagt,

- welche Produkte werden
- für welche Kunden angeboten.

Auf der Basis dieser Strategie ist nun zu klären, welche Wertschöpfungsschritte grundsätzlich notwendig sind, um die Produkte den Kunden zur Verfügung zu stellen.

Component GmbH

Für eine Handelsfirma wie die Component GmbH sind dies die Prozesse
- Warenbeschaffung
- Warenlagerung
- Warentransport
- Sales.

Mehr als nur ein Produkt

Die Strategiefindung hat bereits gezeigt, dass es heute nicht mehr ausreicht, dem Kunden nur das „nackte“ Produkt mit einem Preis anzubieten. Um das Produkt herum werden vom Kunden eine Reihe weiterer Leistungen erwartet. Da der Kunde heute meist zwischen mehreren Anbietern mit vergleichbaren Produkten und Preisen auswählen kann, werden die Zusatzleistungen erfolgsentscheidend. Es gibt zahlreiche Situationen, in denen der Kunde mit dem Unternehmen in Kontakt tritt und Leistungen abfragt, die letztlich alle mehr oder weniger dazu beitragen, ob er sich für das Produkt entscheidet oder nicht.

Component GmbH

Eine Analyse der Kundenbedürfnisse ergänzt um die Kernkompetenz der Component GmbH hat ergeben, welche Leistungen die Handelsfirma rund um den eigentlichen Produktverkauf anbietet:

- Leihgeräte
- Preislisten
- Rahmenverträge
- Beratung
- Online Bestandsabfrage
- Technischer Support
- Angebote
- Schulungen
- Kommissionierung
- Etikettierung.

Auch diese „zusätzlichen" Leistungen sind Quellen für weitere Ausführungsprozesse.

Um sicher zu gehen, dass alle relevanten Prozesse vollständig identifiziert und definiert worden sind, kann die in Abbildung 1.36 dargestellte Checkliste herangezogen werden.

Die Bestandteile der Prozessidentifikation können in einer Tabelle zusammengefasst werden (siehe Abbildung 1.35).

An alles gedacht?

Kunde	Input	Prozess	Output	Kunde
Kunde	Interesse Rahmenauftrag	Rahmenaufträge bearbeiten	Rahmenauftrag	Kunde
Kunde	Anfrage eingetroffen	Sales-Prozess	Auftrag erteilt	Kunde
Kunde	Wunsch Leihgerät	Leihgeräte-abwicklung	Leihgerät	Kunde
Kunde	Preisinformation	Preislisten-update	Preisliste	Kunde

Abb. 1.35: Tabelle zur Definition von Prozessen

Nr.	Checkpunkt	ok?
1.	Werden die den Prozess auslösenden Organisationseinheiten/Kunden konkret bzw. in ihrer Rolle genannt?	■
2.	Ist das Startereignis im Perfekt so formuliert, dass der relevante Beginn des Prozesses eindeutig feststeht?	■
3.	Ist der Input des Prozesses über die eingegebenen materiellen/immateriellen Objekte, gegebenenfalls durch Eigenschaftsworte präzisiert, beschrieben?	■
4.	Ist der Prozess mit Objekt (z.B. Auftrag) und Verrichtung (z.B. abwickeln) benannt, so dass klar ist, um was es geht?	■
5.	Ist der Prozess mit einer Identnummer versehen, so dass er eindeutig angesprochen und edv-technisch verarbeitet werden kann?	■
6.	Ist der Output des Prozesses über die auszugebenden materiellen/immateriellen Objekte bzw. Produkte, ggf. durch Eigenschaftsworte präzisiert, festgelegt?	■
7.	Ist das relevante Prozessende durch ein präzises und im Perfekt formuliertes Endereignis bestimmt?	■
8.	Sind die Empfänger/Kunden konkret bzw. über ihre Rolle identifiziert?	■

Abb. 1.36: Checkliste zur Prozessdefinition

1.2.5 Variantenbildung bei der Prozessidentifikation

Gleiche Schrittfolgen zusammenfassen

Grundsätzlich sollten Prozesse objektunabhängig abgegrenzt werden. Unter objektunabhängig versteht man, dass die notwendigen Prozessschritte in ihrer Art und ihrem Ablauf grundsätzlich gleich sind, losgelöst vom konkreten Input und Output.

Component GmbH

Die Leihgeräteabwicklung der Component GmbH erfolgt immer nach dem gleichen Procedere, unabhängig davon, ob der Kunde einen Monitor, einen Drucker oder eine Festplatte für eine gewisse Zeit ausleihen will.

Kleinere Abweichungen im Prozess je Objekt treten immer wieder auf, sind aber in der Regel unkritisch. Sie werden dann in der Detailbeschreibung der Prozesse mit Hilfe von Bedingungen entsprechend modelliert (siehe Kapitel 2.3.1).

Component GmbH

Beim Verleihen von hochwertigen Farbdruckern wird über die Leihzeit eine Vereinbarung über den Verbrauch von Druckerpatronen mit den Kunden getroffen. Das ist bei der Ausleihe aller anderen Produkte der Component GmbH nicht vorgesehen. Durch diesen Unterschied ändert sich aber nicht grundsätzlich der Ablauf der Leihgeräteabwicklung.

Problematisch wird es, wenn sich die durchzuführenden Prozessschritte und deren Reihenfolge je Objekt gravierend unterscheiden. Dann ist es empfehlenswert, eigene Hauptprozesse für die verschiedenen Objekte zu bilden.

Typische Merkmale von Prozessen

Bei der Frage, ob Prozesse objektunabhängig sind oder nicht, hilft das Prozessprofil. Das Prozessprofil ist geprägt durch,

- Prozesseigenschaften
- Prozessvoraussetzungen
- Prozessansprüche.

Prozesseigenschaften

Prozesse unterscheiden sich hinsichtlich ihrer Komplexität, Wiederholungshäufigkeit, Konstanz und Determiniertheit zum Teil erheblich voneinander.

Component GmbH

Die Beschaffung von Druckern, Netzwerken und den anderen Handelswaren findet häufig in unregelmäßigen Abständen statt. Die Tätigkeitsfolge ist komplex und kommunikationsintensiv, nicht alle Arbeitsschritte sind im vorhinein bekannt. Dagegen findet die Beschaffung von Monitoren aufgrund der Exklusivrechte selten, aber dafür regelmäßig und mit klar definierten Arbeitsschritten statt.

Ressourceneinsatz

Weiterhin unterscheiden sich Prozesse darin, welche Mitarbeiterqualifikationen, Produktionsverfahren, IT-Systeme oder Wertvorstellungen notwendig sind, um die Aufgabenerfüllung zu ermöglichen.

Component GmbH

Der Beschaffungsprozess von Monitoren ist weitgehend automatisiert und eng mit der technischen Lösung des Lieferanten verzahnt. Bei den Kontakten mit dem Exklusivpartner kommt es vor allem auf die hohe soziale Kompetenz der Prozessbeteiligten an, die eigentliche Bedienung des Systems stellt keine hohen Ansprüche an die Qualifikation. Ganz anders die Beschaffung der übrigen Handelswaren. Hier wird Verhandlungsgeschick, technisches Know-how und unternehmerisches Bewusstsein von den Prozessbeteiligten verlangt. Die technische Unterstützung ist von Lieferant zu Lieferant unterschiedlich, so dass eine hohe Flexibilität bei der Abwicklung erforderlich ist.

Prozessanforderungen

Schließlich sind die Unternehmensprozesse so auszugrenzen, dass die im Prozess vereinten Aufgaben weitgehend übereinstimmende Kundenbedürfnisse befriedigen.

Ähnliche Werte

Preis und Verfügbarkeit wurden bereits als die kritischen Erfolgsfaktoren beim Handel von Computerteilen identifiziert. Folglich sind niedrige Prozesskosten und -zeiten bei der Beschaffung von Handelswaren elementar. Da die Component GmbH im Monitorgeschäft über die Exklusivrechte eines Herstellers verfügt, spielen hier Preis und Verfügbarkeit weniger eine Rolle, entscheidend sind Qualität und zusätzliche Dienstleistungen.

Das aus Prozesseigenschaften, Ressourceneinsatz und Prozessanforderungen bestehende Prozessprofil kann in einer Tabelle dargestellt werden (siehe Abbildung 1.37). Es bietet Hilfen zur Gliederung von Prozessen auf den obersten Prozessebenen. Weist z.B. ein Prozess bei zwei oder mehreren unterschiedlichen Objekten ein annähernd gleiches Prozessprofil auf, ist es sinnvoll, sie als einen Hauptprozess zu betrachten. Unterscheidet sich das Profil in einigen Punkten deutlich, so bietet es sich an, die Prozesse separat zu betrachten.

Prozessmerkmale auf einen Blick

Die Beschaffung von Handelsware, sei es Drucker, Netzwerke oder Festplatten wird bei der Component GmbH in dem Prozess „Beschaffung Handelsware“ zusammengefasst. Dagegen wird die Beschaffung von Monitoren als separater Hauptprozess in das Unternehmensprozessmodell aufgenommen, weil das Prozessprofil signifikant von den übrigen Beschaffungsvorgängen abweicht.

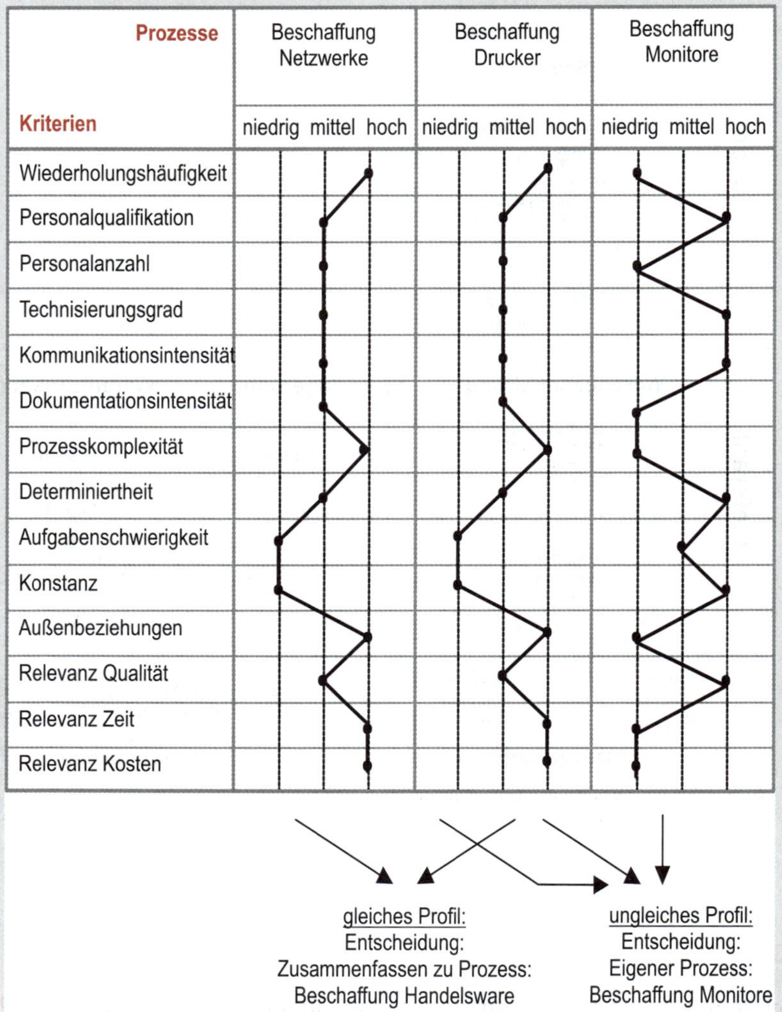

Abb. 1.37: Prozessprofil

Prozessmodell für Gesamtunternehmen

Nach der Entscheidung kann die strategische Prozessstruktur in einem Unternehmensprozessmodell abgebildet werden. Analog dem Organigramm, das die Leitungsstruktur eines Unternehmens grob abbildet, stellt das Unternehmensprozessmodell das Unternehmen aus prozessorganisatorischer Sicht dar.

Abbildung 1.38 zeigt das Unternehmensprozessmodell der Component GmbH.

Abb. 1.38: Unternehmensprozessmodell

1.3 Prozesscheck

Nachdem nun die Unternehmensprozesse identifiziert sind, sind die Prozesse grundsätzlich nach ihren Stärken und Schwächen sowie Chancen und Risiken zu untersuchen. Im Rahmen der Strategischen Prozessorganisation werden die grundsätzlichen Optimierungspotenziale ermittelt.

Definition

Beim Prozesscheck werden die Prozesse grob den Prozesszielen gegenübergestellt, um festzustellen, wo grundsätzliche Stärken und Schwächen sowie Chancen und Risiken des Prozesses liegen.

Aufgaben des Prozesschecks

Der Prozesscheck besteht aus den drei Schritten

1) Kernziele der Prozessorganisation
2) Grobe Prozesslandkarte
3) Prozessdiagnose,

die im Folgenden vertieft werden.

1.3.1 Kernziele der Prozessorganisation

Ziele sind überall wichtig

Prozessziele sind nicht nur hier beim Prozesscheck relevant, sie werden an verschiedenen Stellen dieses Buches herangezogen, um festzustellen, ob Prozesse und Prozessergebnisse hinsichtlich bestimmter Anforderungen gut oder schlecht sind. Sie tauchen als Kundenbedürfnisse bei der Strategiefindung auf, sind Analyse-, Würdigungs- und Bewertungskriterien in der Prozessgestaltung und dienen als Prozesskennzahlen in der kontinuierlichen Prozessoptimierung.

Es gibt eine Reihe Begriffe, die synonym zu dem hier verstandenen Zielverständnis zu sehen sind (siehe Abbildung 1.39).

■ Beurteilungskriterien	■ Qualitätsmaßstäbe
■ Indikatoren	■ Performance
■ Budgetgrößen	■ Soll-Anforderungen
■ Plandaten	■ Benchmarks
■ Leistungsparameter	■ Messgrößen
■ Würdigungskriterien	■ Bewertungsfaktoren
■ Analysedaten	■ Service Level Agreement
■ Führungsgrößen	■ Steuerungskennzahlen

Abb. 1.39: Synonyme Begriffe für Ziele

Gemeinsames Zielverständnis

Auch wenn es sicherlich feine Unterschiede zwischen den verschiedenen Begriffsdefinitionen gibt, so haben sie im Kern doch gemeinsam, dass sie die Messlatte für gut laufende Prozesse darstellen. Wir folgen deshalb hier einer allgemeinen Definition von Prozesszielen und präzisieren dann jeweils an den entsprechenden Stellen mögliche Besonderheiten der ähnlichen Begriffe.

Definition

Prozessziele sind angestrebte Zustände oder erwünschte Wirkungen der Soll-Abläufe.

In Theorie und Praxis gibt es seit Jahrzehnten hinreichend genug Empfehlungen, wie Ziele richtig erarbeitet werden sollen. Wir verweisen hier auf Band 1 dieser Schriftenreihe, in dem ausführlich die Schritte der Zielformulierung dargestellt werden.

Durchlaufzeit Prozessziel Nr. 1

In jüngster Zeit gibt es zwei Studien, die zeigen, welche Prozessziele in der betrieblichen Praxis am häufigsten genannt werden. In der Empirie von BACH/BIEMANN werden Durchlaufzeit, Termin- und Liefertreue, Kosten sowie Fehlerrate in 80-90% der Fälle genannt (siehe Abbildung 1.40).

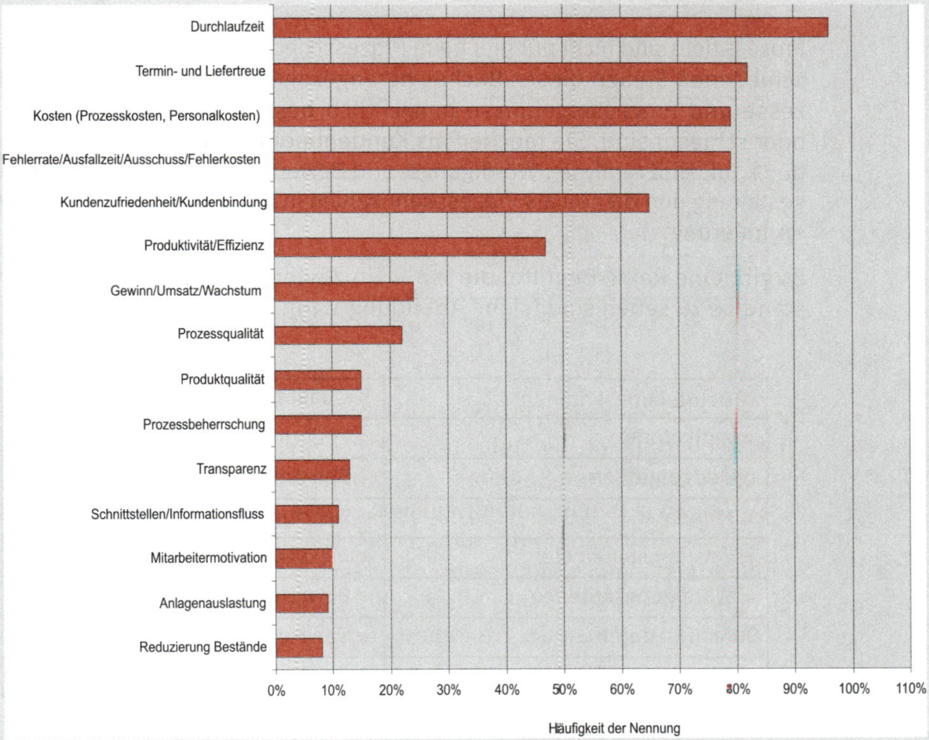

Abb. 1.40: Prozessleistungsparameter zur Steuerung von Geschäftsprozessen (Bach 2004)

Ähnliche Ergebnisse liefert die Studie von GADATSCH/SCHNÄGELBERGER/KNUPPERTS (siehe Abbildung 1.41).

Nutzen des Prozessmanagements	relativ
Senkung Prozesskosten	54,8%
Höhere Kundenzufriedenheit	52,4%
Kürzere Durchlaufzeiten	52,4%
Steigerung Flexibilität	50,0%
Höhere Mitarbeitermotivation	47,6%
Positivere Unternehmenskultur	45,2%
Besseres Verständnis Geschäftsmodell	42,9%
Verbesserung Kernkompetenzen	42,9%
Steigerung Qualität	42,9%
Schnellere Produkteinführung	31,0%
Umsatzanstieg	21,4%
Bessere Produkteinführungsquote	11,9%
Weniger Managementressourcen	11,9%

Abb. 1.41: Nutzen des Prozessmanagements (Gadatsch 2004)

Ziele ohne Operationalisierung nicht eindeutig

Bereits an diesen beiden Prozesszielkatalogen sieht man die Schwierigkeit der Zielformulierung, dass nämlich Begrifflichkeiten nie eindeutig sein können. Selbst bei identischen Begriffen (z.B. Durchlaufzeit), aber erst recht bei ähnlichen Worten (z.B. Transparenz und besseres Verständnis) fehlt die nötige Zielklarheit. Deshalb wird in den zahlreichen Handlungsempfehlungen zur Zielformulierung immer wieder gefordert, dass Ziele unter anderem redundanzfrei, operationalisiert und strukturiert sein sollen. Eine populäre Liste hinsichtlich Anforderungen an die Zielformulierung ist das SMART-Prinzip.

- S - pecific: unmissverständliche und eindeutige Zieldefinition
- M - easurable: Definieren von Kriterien um sicherzustellen, dass das Erreichen des Zieles messbar ist
- A - chievable: die Ziele sollen erreichbar sein
- R - elevant: nur Ziele von hoher Bedeutung werden gesetzt
- T - imely: zu jedem Ziel gehört eine klare Terminvorgabe.

Im Folgenden gehen wir von einer Struktur aus, bei der wir nachstehende Prozessoberziele identifiziert haben:

Wiederkehrende Prozessoberziele

- Kurze Durchlaufzeit
- Niedrige Prozesskosten
- Hohe Prozessqualität
- Hohe Produktqualität
- Hohe Kundenzufriedenheit
- Hohe Mitarbeiterzufriedenheit.

Für den grob angelegten Prozesscheck ist es noch nicht erforderlich, die Prozessziele exakter zu formulieren und zu messen. Eine genaue Prozessanalyse, wie sie im Rahmen der Prozessgestaltung unternommen wird (siehe Kapitel 2.4), ist im Rahmen der strategischen Prozessorganisation viel zu aufwändig. Zudem verstellt sie den Blick für grundsätzlich neue Wege. Wenn man einmal zu tief in den Ist-Prozess eingestiegen ist, fällt es umso schwerer, aus der Distanz auf den Prozess grundsätzlich zu schauen.

Beim Prozesscheck reichen Schätzungen

Es ist also beim Prozesscheck nicht so entscheidend zu wissen, dass die durchschnittliche Durchlaufzeit der Beschaffung von Handelswaren der Component GmbH bei 7 Tagen, 16 Stunden und 41 Minuten liegt. Zu diesem Zeitpunkt reicht es vollkommen, wenn mehrere Experten, die mit den Prozessen tagtäglich vertraut sind, schätzen, dass der Prozess „im Schnitt gut eine Woche braucht." Wichtig ist lediglich, dass alle das gleiche Zielverständnis haben.

Component GmbH

1.3.2 Grobe Prozessmodellierung

Die erste Annäherung an den zu untersuchenden Prozess erfolgt sinnvollerweise über das Dokumentenstudium. Alles was bereits in der Vergangenheit über den Prozess schriftlich festgehalten wurde - sei es als Fließtext oder in grafischer Form - hilft, die Ist-Situation zu erfassen. Jedoch sollte man bei älteren und detaillierteren Prozessbeschreibungen vorsichtig sein. Zu groß ist die Gefahr, dass sich im Kopf ein unrealistisches und verwirrendes Bild des Ist-Prozesses festsetzt, das beim grundsätzlichen Prozessdesign den Blick für innovative Lösungsansätze versperrt.

Überblick verschaffen

Um möglichst effizient den Prozess grob zu erheben, empfiehlt sich ein Workshop mit den Hauptbetroffenen des Prozesses. Ergebnis des Workshops sollte eine Prozessskizze sein.

Definition

Prozessskizzen sind globale grafische Beschreibungen einzelner Prozesse. Bei diesen Darstellungen werden die Schnittstellen zwischen den für die Prozessschritte zuständigen Organisationseinheiten grafisch dargestellt.

Um einzelne Prozesse grob darzustellen, gibt es eine Reihe unterschiedlicher Darstellungsmöglichkeiten. Im Folgenden werden die Modellierungsformen

- Systemdiagramm
- Schnittstellenmatrix
- Prozessdiagramm
- Vorgangskettendiagramm
- Swimlane-Modell

dargestellt.

Nur Aufgabenfolgen abbilden

Allen groben Prozessmodellierungen ist gemein, dass sie die Folge von Prozessschritten in der Regel rein sequenziell darstellen, d.h. Bedingungen oder Rückkopplungen werden nicht abgebildet. Typisch für Prozesslandkarten ist ebenfalls, dass wichtige Informations- und Warenflüsse zwischen den Prozessschritten abgebildet werden.

Systemdiagramm

Das Systemdiagramm ist eine Darstellung aus dem Systemdenken. Diese Methode wird in Band 1 dieser Schriftenreihe vertieft. Modelliert werden

- die betroffenen Organisationseinheiten (sogenannte Untersysteme) als Kreise (Bubbles, deshalb wird die Technik auch Bubble-Chart genannt)
- Informationsflüsse, Warenflüsse, organisatorische Regelungen etc. (sogenannte Teilsysteme) als Pfeile.

Abgrenzen der betroffenen Organisationseinheiten

Vielfach wird das Systemdenken dazu benutzt, mit Hilfe einer Systemgrenze abzuklären, welche Organisationseinheiten und Teilsysteme in einem Projekt gestaltet werden sollen und welche nicht. Im Systemdiagramm der Abbildung 1.42 ist beispielweise die Abteilung „Programmierung“ von der Gestaltung ausgenommen.

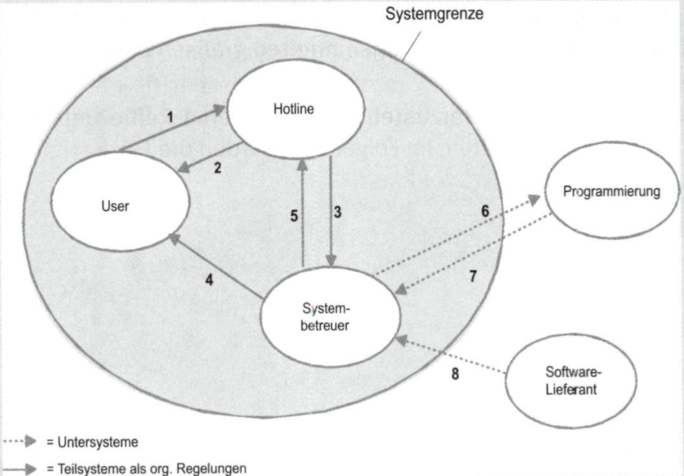

1 = Störungsmeldung	5 = Erledigungsvermerk
2 = Vergabe Auftragsnummer	6 = Programm-Release
3 = Weitergabe/Störungsmeldung	7 = Systemanpassung
4 = Störungsbehebung	8 = SW-Lieferung

Abb. 1.42: Systemdiagramm „Einrichtung eines internen Benutzerservice"

Schnittstellenmatrix

Um darzustellen, welche groben Schnittstellen es zwischen den Organisationseinheiten gibt, bietet sich die in Abbildung 1.43 dargestellte Schnittstellenmatrix an. Hierbei werden in der jeweils ersten Zeile und Spalte die Organisationseinheiten aufgelistet. Die Detailprozesse innerhalb der Organisationseinheiten werden nicht dargestellt. Die Schnittfelder werden als „Black Box" betrachtet. Im Mittelpunkt stehen die Außenbeziehungen der Organisationseinheiten, d. h. „Was fließt von ... an?"

Außenbeziehungen wesentlich

an / von	**User**	**Hotline**	**Systembetreuer**	**Programmierung**	**SW-Lieferanten**
User	Black Box	1	/	/	/
Hotline	2	Black Box	3	/	/
Systembetreuer	4	5	Black Box	6	/
Programmierung	/	/	7	Black Box	/
SW-Lieferanten	/	/	8	/	Black Box

Abb. 1.43: Schnittstellenmatrix: „Einrichtung eines internen Benutzerservice"

Prozessdiagramm

Organisationseinheiten als Schwimmbahnen im Längsformat

Im Prozessdiagramm werden die betroffenen Organisationseinheiten als vertikale große Pfeile dargestellt. Die groben Prozessschritte (kleine Pfeile) werden den einzelnen Abteilungen zugeordnet. Die zwischen den Teilprozessen fließenden Informationen, Daten, Waren etc. werden an den Pfeilen dokumentiert (siehe Abbildung 1.44).

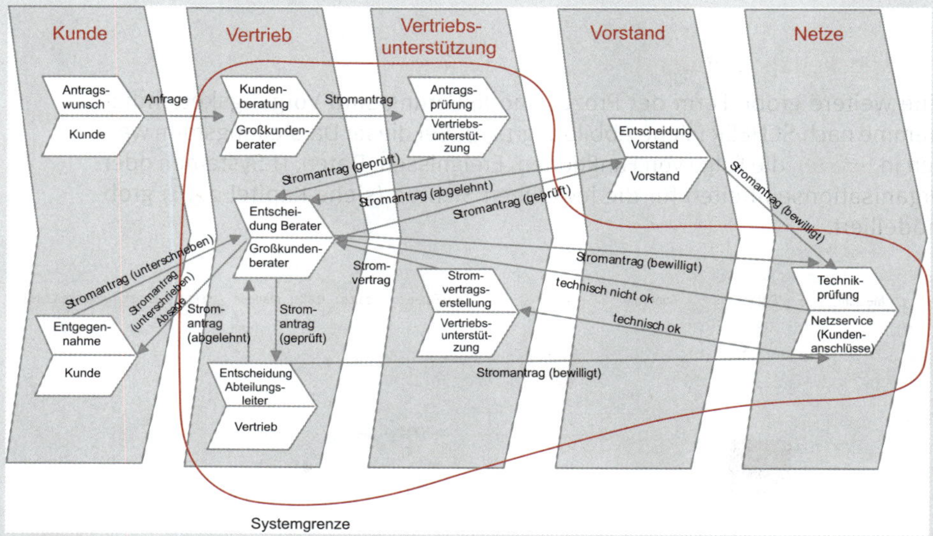

Abb. 1.44: Prozessdiagramm für einen Energieversorger

Auch das Prozessdiagramm basiert auf der Unterscheidung von Unter- und Teilsystemen des Systemdenkens. Während das Bubble-Chart die aufbauorganisatorische Sicht in den Vordergrund rückt, geschieht die Systemangrenzung beim Prozessdiagramm auf Teilprozessebene.

Im vorliegenden Beispiel in Abbildung 1.44 bedeutet die gezogene Linie, dass alle Teilprozesse innerhalb der Grenze gestaltet werden dürfen. Teilprozesse außerhalb der Linie wie z. B. die Entscheidung des Vorstandes oder die Entgegennahme des Kunden sind jedoch nicht zu verändern.

Folgende Regeln sind bei der Erstellung von Prozessdiagrammen zu beachten:

Konventionen für Prozessdiagramme

- Prozesse werden mit entsprechend beschrifteten Blockpfeilen dargestellt
- Die Blockpfeile werden von links nach rechts gezeichnet, parallele Prozesse untereinander
- Die Reihenfolge wird durch die logischen Folgebeziehungen bestimmt

- Die Blockpfeile werden durch Linien verbunden, die Abhängigkeiten bzw. logische Folgebeziehungen deutlich machen
- Linien stehen in der Regel für eine Input-/Outputbeziehung, die im tabellarischen Prozessmodell entsprechend vertreten sein muss
- Das Prozessdiagramm kann auch externe Prozesse beinhalten, sofern dies für das Verständnis bzw. die Ablauflogik notwendig ist.

Vorgangskettendiagramm

Grobe Modellierung der Sichten

Eine weitere grobe Form der Prozessmodellierung sind Vorgangskettendiagramme nach SCHEER (siehe Abbildung 1.45). Bei dieser Darstellungsform werden in Spalten die Folge von Funktionen, Ereignissen, Daten, IT-Systemen oder Organisationseinheiten für die jeweiligen Sichten (siehe Kapitel 2.3.1) grob modelliert.

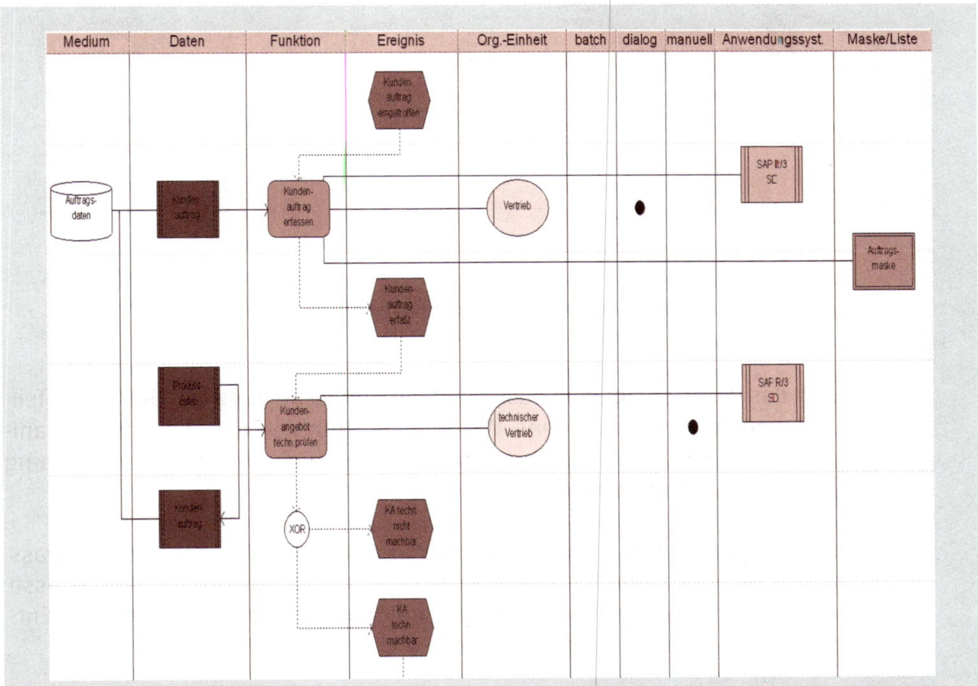

Abb. 1.45: Vorgangskettendiagramm

Will man aufzeigen, dass Prozesse mehrfach zwischen Organisationseinheiten springen, ist das Vorgangskettendiagramm nicht so geeignet wie die anderen Darstellungstechniken.

Horizontales Prozessdiagramm (Swimlane)

Kippt man das Prozessdiagramm um 90 Grad, werden die Organisationseinheiten als horizontale Bahnen dargestellt. Daher hat diese Darstellung auch den Namen Swimlane, zu deutsch Schwimmbahnen-Modell. Ansonsten folgt die Modellierung den Konventionen des Prozessdiagramms.

Component GmbH

Die Component GmbH hat sich dazu entschieden, beim Prozesscheck die Abläufe grob mit der Swimlanetechnik zu modellieren. Abbildung 1.46 zeigt ein horizontales Prozessdiagramm für den Ablauf „Beschaffung von Handelsware".

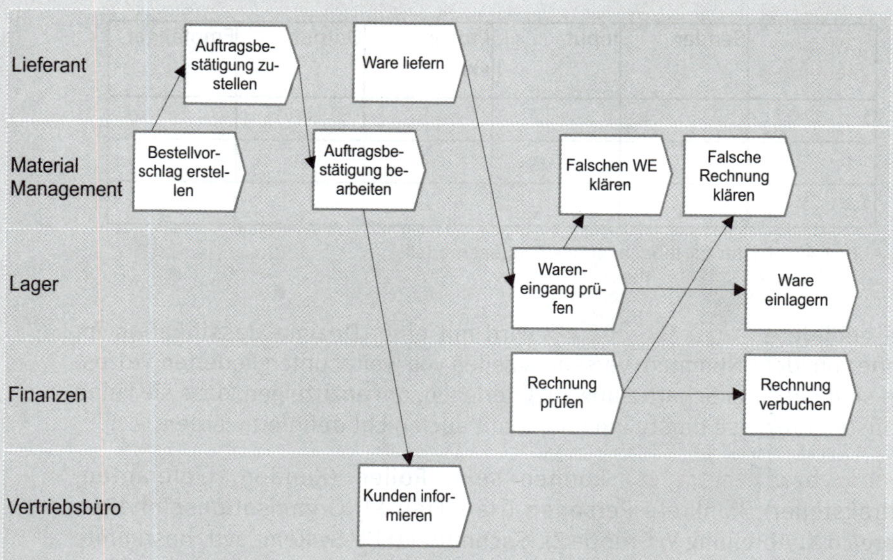

Abb. 1.46: Horizontales Prozessdiagramm (Swimlane) für den Prozess „Beschaffung von Handelsware"

Das horizontale Prozessdiagramm wird häufig auch dazu benutzt, Prozesslandkarten zu erstellen.

Definition

Eine Prozesslandkarte modelliert die Zusammenhänge von Haupt- und/oder Teilprozessen auf Gesamtunternehmensebene oder ausgewählten Teilbereichen.

Prozesskatalog (tabellarisches Prozessmodell)

Grafiken stoßen auf Grenzen

Alle grafischen Modelle stoßen bei zunehmender Größe auf die Schwierigkeit, dass die Darstellung von Beziehungen zwischen den Elementen seitenübergreifend nicht möglich ist. Damit diese Informationen nicht verloren gehen, bietet sich ein tabellarisches Prozessmodell an.

Ziel ist es, ein komplettes Prozessmodell zu erstellen, das in seiner tabellarischen Form aus der Prozessgliederung (linker Teil) und der Prozessdefinition (rechter Teil) besteht. Die Prozessmodell-Tabelle ist so aufgebaut, dass je Prozess eine Zeile verwendet wird. Die Zeilen sind in Spalten mit folgenden Inhalten aufgeteilt: Prozessgliederung, Kunde/Sender, Input, Prozessskizze, Output, Kunde/Empfänger (siehe Abbildung 1.47).

Prozess-gliederung	Sender	Input	Prozess-skizze	Output	Empfänger
1					
1.1					
1.1.1					

Abb. 1.47: Raster für tabellarisches Prozessmodell

Die gebildete Prozessgliederung wird mit einer Dezimalklassifikation im Sinne von Ident-Nummern versehen. Zeilen von weiter untergliederten Prozessen sind mit einer Schattierung zu unterlegen, um anzuzeigen, dass sie keine robusten Prozesse darstellen und somit auch nicht definiert werden.

Auch Initial- und Folgeprozesse nennen

Sender bzw. Empfänger können sein: Rollen (Kunden, Lieferanten, Antragsteller), konkrete Personen (Herr/Frau X), Organisationseinheiten (Bereich X, Abteilung Y, Gruppe Z), Sachmittel (EDV-System, evtl. bestimmte Programme) und andere Prozesse (Weisungserstellungs-Prozess). Andere Prozesse zu nennen bietet sich besonders dann an, wenn der betrachtete Prozess einen oder mehrere Folge-Prozesse hat. Bei solchen Situationen ist es auch immer sinnvoll, noch einmal zu fragen, ob es sich wirklich um zwei eigenständige Prozesse handelt oder ob es ein „zerhackter“ objektunabhängiger Prozess ist, der eigentlich wieder zusammengesetzt werden sollte.

Pro Prozess kann es einen oder mehrere Sender/Empfänger geben mit jeweils eigenen In- und Outputs. Diese sind durch waagerechte Linien optisch zu trennen.

Der Input des Prozesses ist über die eingegebenen materiellen/immateriellen Objekte (Formulare, Datenträger, Dateien, Daten und Informationen) gegebenenfalls durch Eigenschaftsworte präzisiert zu beschreiben (z.B. schriftlicher Antrag) und den entsprechenden Kunden/Sendern zuzuordnen.

Wesentliche Aufgaben auflisten

In der Spalte Prozessskizze wird beschrieben, auf welche Art und Weise der Input zum Output verarbeitet wird. Dies geschieht im tabellarischen Prozessmodell durch das Nennen der wichtigsten Tätigkeitsschritte bzw. Aufgaben. Treten Fallunterscheidungen bzw. Varianten auf, sind diese kursiv hervorzuheben. Die zugehörigen Schritte sind einzurücken,, allgemein gültige (von Bedingungen unabhängige) Schritte linksbündig zu schreiben.

Objekt-unabhängigkeit prüfen

Wenn es für unterschiedliche Fälle unterschiedliche In- und Outputs gibt, ist dies ebenfalls durch waagerechte Trennlinien deutlich zu machen. Bei Prozessen mit Varianten bzw. Fallunterscheidungen ist noch einmal zu hinterfragen, ob die Gemeinsamkeiten hinsichtlich der Aufgaben wirklich größer sind als die Unterschiede. Ist das nicht der Fall, sollte der betreffende Prozess in objektunabhängige Prozesse aufgesplittet werden.

Die für die Kunden erzeugten Ergebnisse bilden den Output eines Prozesses. Der Output ist gegebenenfalls durch Eigenschaftsworte zu ergänzen, um seinen Ausgabezustand präziser zu fassen (z.B. unterschriebener Bescheid) und den entsprechenden Kunden/Empfängern zuzuordnen. Zu beachten ist, dass der Output eines Prozesses zum Input für seinen Anschluss-Prozess wird.

1.3.3 Prozessdiagnose

Die aufgeführten Prozessziele stellen Anforderungen an die vorhandenen Prozesse dar, die es zu erreichen gilt. Somit ist die Zielerreichung ein adäquates Mittel zur Diagnose von Prozessen.

> Die Prozessdiagnose ist der letzte Schritt des Prozesschecks, bei dem die grob skizzierten Prozesse den Kernzielen der Prozessorganisation gegenübergestellt werden.

Wie gut oder schlecht sind die Prozesse?

Werden Ziele nur unzureichend oder gar nicht erfüllt, so spricht man von einer Schwäche, da die Prozesse nicht imstande - zu schwach - sind, die gesetzten Ziele zu erreichen. Erfüllt ein Prozess jedoch die an ihn gesteckten Ziele oder übertrifft sie sogar, so handelt es sich um eine Stärke.

Mit Blick auf die erwartete Zukunft, kann man sich dann leicht Chancen und Risiken als Abweichungen der WIRD- von den SOLL-Zielen ableiten. Dieses Verfahren entspricht der aus der Unternehmensstrategie stammenden SWOT-Analyse. SWOT steht dabei als Abkürzung für „Strengths“ (Stärken), „Weaknesses“ (Schwächen), „Opportunities“(Chancen) und „Threats“(Risiken) wie in Abbildung 1.48.

Den Kern der SWOT-Analyse bilden die Fragen, die darauf abzielen, ein Bild des gegenwärtigen Unternehmens bezüglich der Prozesse mit seinen Entwicklungsmöglichkeiten zu entwerfen. Das Bild wird dabei sowohl von internen

Gegebenheiten als auch von externen Einflüssen bestimmt. Man erhält eine leicht ersichtliche Liste zu berücksichtigender Punkte.

	Gegenwart Intern	Zukunft Extern
positiv	Stärken (Strengths)	Chancen (Opportunities)
negativ	Schwächen (Weaknesses)	Risiken (Threats)

Abb. 1.48: SWOT-Analyse

Beurteilung der SWOT-Analyse

Die Stärken der SWOT-Analyse liegen in der einfachen Anwendung und dem intuitiven Verständnis sowie der geringen Vorbereitungszeit.

Jedoch erhält man keine Aussagen über den Zusammenhang der Aussagen. Das „Warum?", die Ursachen für die vermeintlich gefundenen Stärken/Schwächen bleibt bei dieser Analyse unberücksichtigt.

Eine weitere Möglichkeit, Prozessdiagnose durchzuführen, bietet das Benchmarking. Der aus der Geodäsie stammende Begriff dient als Referenzpunkt, als Standard, an dem etwas gemessen werden kann (engl. to benchmark = Maßstab festlegen). Benchmarking basiert auf der simplen Idee, aus dem Vergleich mit Anderen Anregungen zu erhalten, um die eigene Effektivität und Effizienz zu verbessern.

Definition

Benchmarking ist grundsätzlich ein Vorgehenskonzept, mit dessen Hilfe unterschiedliche Objekte wie zum Beispiel Produkte oder Dienstleistungen verglichen werden.

Vergleich mit Anderen

Konkret auf die Prozessorganisation bezogen, lassen sich mit Benchmarking vor allem Erkenntnisse gewinnen, wie unterschiedliche Organisationseinheiten oder andere Unternehmen Prozesse gestalten und welche Prozesskennzahlen sie mit diesem Design erreichen.

Definition

Beim Prozessbenchmarking werden sowohl die organisatorische, technische und personelle Gestaltung der Aufgabenfolge als auch die Ergebnisse von Prozessen vergleichbaren Einheiten gegenüber gestellt.

Betriebsvergleich

Benchmarking kann punktuell oder fortlaufend zum Einsatz kommen. Des Weiteren kann man zwischen internem und externem Benchmarking unterscheiden. Beim internen Benchmarking findet der Kennzahlenvergleich zwischen einzelnen Organisationseinheiten oder Prozessen innerhalb des Unternehmens statt.

Component GmbH

Die Component GmbH vergleicht regelmäßig die Kennzahlen des Beschaffungsprozesses in Deutschland mit denen der anderen Standorte. Ebenfalls führt die Firma ein internes Benchmarking für die Beschaffung verschiedener Produkte durch. So lassen sich Anhaltspunkte für produktbedingte Unterschiede erkennen.

best practices

Beim externen Benchmarking vergleicht man das eigene Unternehmen mit anderen Firmen. Dabei kann man noch einmal unterscheiden, ob es sich um einen Vergleich mit Konkurrenten (wettbewerbsorientiertes Benchmarking) oder um ein funktionales Benchmarking handelt. Bei Letzterem vergleicht man unabhängig von der Branche die eigenen Prozesse mit denen der Besten („best practise"). Durch diesen bewussten Blick über den eigenen Tellerrand erwartet man Ideen.

Component GmbH

In einem Projekt zur Optimierung der Personalprozesse hat sich die Component GmbH die Personalprozesse eines Finanzdienstleisters zum Maßstab genommen. Sie galten zum Zeitpunkt des Projektes in Deutschland als höchst fortgeschritten und effizient.

Abbildung 1.49 zeigt die verschiedenen Formen des Benchmarking.

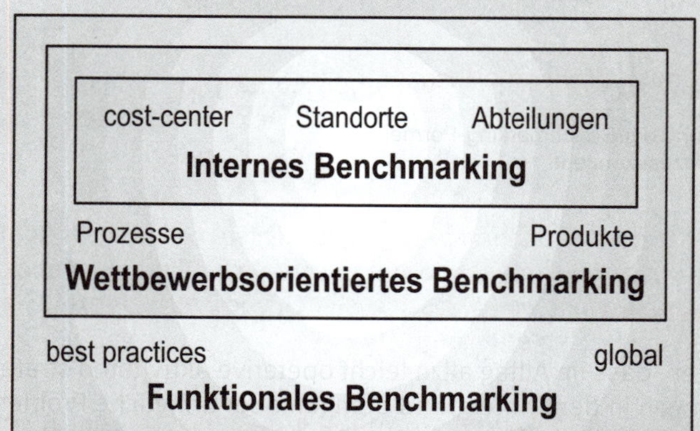

Abb. 1.49: Formen des Benchmarking

Prozessbenchmarking kann immer dann zum Einsatz kommen, wenn die Zielerreichung von Ist-Prozessen auf dem Prüfstand steht. Sei es, wie hier, beim Prozesscheck im Rahmen der Strategischen Prozessorganisation, bei der

Prozesswürdigung innerhalb der Prozessgestaltung oder bei der Prozessleistungsdiagnose als Schritt der Kontinuierlichen Prozessoptimierung. Je nach Konzept des ibo-Prozessfensters sind die verschiedenen Formen des Prozessbenchmarking unterschiedlich gut geeignet (siehe Abbildung 1.50).

Wann eignet sich welche Form des Benchmarking?

Beim Prozesscheck ist das funktionale Benchmarking vorzuziehen, da es bei der Strategischen Prozessorganisation darum geht, Prozesse fundamental und radikal zu hinterfragen. Bei der Prozesswürdigung steht das wettbewerbsorientierte Benchmarking im Vordergrund. Hier gilt es, im Vergleich mit den Konkurrenten die beste Prozessleistung zu erzielen. Bei der fortlaufenden Optimierung von Prozessen ist eine ständige Aktualisierung von externen Benchmarks sehr aufwendig und schwierig. Deshalb empfiehlt es sich, einen kontinuierlichen Vergleich der Prozesskennzahlen mit Hilfe des internen Benchmarking aufzubauen.

Abb. 1.50: Eignung der Benchmarking-Formen je Prozesskonzept

1.4 Prozessvision

Das Operative verdrängt das Strategische

Erfahrungen zeigen, dass im Alltag allzu leicht operative Aktivitäten strategische Entscheidungen in den Hintergrund drängen oder dringliche Probleme vor wichtigen Überlegungen gelöst werden. Auch wenn es uns die Theorie immer wieder anders herum lehrt, so scheinen doch die menschlichen Gewohnheiten dahin zu tendieren, den Blick eher auf das Detail als auf die große Linie zu werfen. Umso bedeutender ist es, sich bei der strategischen Prozessorganisation bewusst darauf zu beschränken, Prozesse aus der Distanz flüchtig zu betrachten. Eine eingehende Analyse von Abläufen verstellt den Blick für das Wesentliche, weil man im Detail versinkt und „vor lauter Bäumen den Wald nicht mehr sieht". Der Prozess wird also bei der Strategischen Prozessorganisation durch das Makroskop statt durch das Mikroskop betrachtet.

Definition

Eine Prozessvision ist ein Lösungsansatz, der mittel- bis langfristig gültige, grundsätzliche und unternehmensweite sowie -übergreifende Prozessgestaltungen beinhaltet.

Die grundsätzliche Ablaufgestaltung steht immer im konkreten Zusammenhang mit personellen, technischen, räumlichen und anderen ressourcenorientierten Weichenstellungen. Mit der Prozessvision wird deshalb die Ressourcenstrategie als Teil der Unternehmensstrategie in weiten Teilen konkretisiert (siehe Kapitel 1.1).

Folgende grundsätzliche Denkrichtungen sollten immer geprüft werden:

- Unternehmensübergreifende Prozessvisionen
- Unternehmensinterne Prozessvisionen.

1.4.1 Unternehmensübergreifende Prozessvisionen

Ausschnitte aus Gesamtprozessen

Heute ist es selbstverständlich, dass wir in einer hocharbeitsteiligen globalen Welt leben. Die meisten Firmen sind soweit spezialisiert, dass sie mit ihren Geschäftsfeldern nur einzelne Arbeitsschritte aus der gesamten Wertschöpfungskette abdecken. Versteht man ein Unternehmen als eine rechtlich selbständige Einheit, bedeutet eine unternehmensübergreifende Prozessvision, dass mehrere Unternehmen an einem Prozess mitwirken, bzw. ganze Prozesse von einem Unternehmen auf das andere übertragen werden.

Die Thematik ist grundsätzlich nicht neu. Schon lange beschäftigen sich Unternehmen mit der Make-or-buy Frage. In jüngster Zeit sind viele Konzepte wie Outsourcing, Shared Service Center, Infraservice, Business Process Outsourcing, Insourcing etc. entstanden, die die unternehmensübergreifende Zusammenarbeit zum Gegenstand haben. Wie immer bei solchen Konzepten, sind die Unterschiede teilweise nur marginal oder beschränken sich auf Begrifflichkeiten. Grundsätzlich sollen im Folgenden drei Formen unterschieden werden (siehe Abbildung 1.51):

- Inhouse Partnerschaft/Shared Service Center
- Kooperationspartnerschaft/Supply Chain Management
- Externes Outsourcing/Business Process Outsourcing.

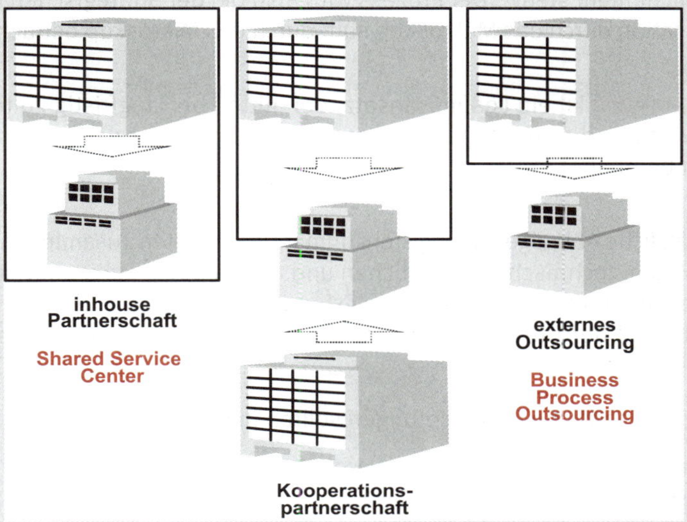

Abb. 1.51: Formen unternehmensübergreifender Prozessvisionen

Inhouse Partnerschaft/Shared Service Center

Größere Konzerne sind heute häufig so aufgestellt, dass sie ihre Hauptprozesse in mehreren rechtlich zwar selbständigen, wirtschaftlich aber abhängigen Töchtern konzentriert haben.

So findet man beispielsweise Vertriebs-GmbHs, Produktionsgesellschaften, firmeneigene IT-Dienstleister oder rechtlich verselbständigte Corporate Universities.

Das, was man sonst als Abteilungen in den Unternehmen organisiert hatte, sind nun eigene Firmen. Alle diese Töchter haben naturgemäß Schnittstellen an den Prozessen. Diese Form der Zusammenarbeit an einem Prozess kann man als inhouse Partnerschaft bezeichnen.

Definition

Die inhouse Partnerschaft ist eine Form der Zusammenarbeit, bei der die Leistungserbringung in ein konzern-/verbundeigenes, aber rechtlich selbständiges Dienstleistungsunternehmen (Tochter-/Schwesterunternehmen) ausgegliedert wird.

Vielfach wird in diesem Zusammenhang auch von internem Outsourcing oder Insourcing gesprochen.

Component GmbH

Beispielsweise hat die Component GmbH eine 100%ige Tochter Component Logistic GmbH gegründet, die für sämtliche Warenlagerungs- und Transportprozesse verantwortlich ist. Diese Leistungen werden aber nicht an externe Kunden, sondern ausschließlich an Unternehmen der Component-Gruppe weitergegeben.

Als eine Form der Inhouse Partnerschaft ist das Shared Services Konzept zu sehen.

Definition

Das Shared Services Konzept ist ein Organisationsansatz zur Bereitstellung von internen Dienstleistungen für mehrere Organisationseinheiten mittels gemeinsamer Nutzung von Ressourcen innerhalb einer Organisationseinheit.

Die Besonderheit dieses Konzeptes liegt also darin, dass das Dienstleistungszentrum mehrere Abnehmer innerhalb des Unternehmensverbundes bedient (siehe Abbildung 1.52).

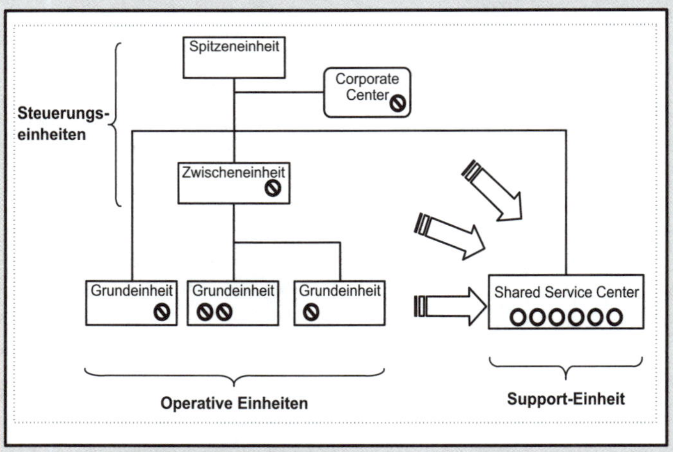

Abb. 1.52: Shared Services Konzept

Besonders geeignete Prozesse für das Shared Services Konzept

Welche Prozesse eignen sich typischerweise für ein Shared Service Center? Ausgehend von der Dreiteilung des FAU-Prozessmodells in Führungs-, Ausführungs- und Unterstützungsprozesse kann eindeutig festgestellt werden, dass nur Supportprozesse für das Shared Service Konzept in Frage kommen. Kennzeichnend für Shared Service Prozesse ist ebenfalls, dass sie auf den internen Kunden ausgerichtet sind. Damit unterscheiden sie sich von den in Customer Support Centern angesiedelten Prozessen, die primär externe Kunden bedienen. Ebenfalls charakteristisch für Shared Service Prozesse ist es, dass sie nur wenige Schnittstellen zu Ausführungsprozessen haben. Ein weiteres typisches Merkmal von für Shared Service Center geeigneten Prozessen ist , dass ihre bereitgestellte Leistung durch mehr als eine Konzerneinheit nachgefragt wird. Nimmt man diese bisherigen vier Kriterien zusammen, eignen sich besonders folgende Prozesse :

- Finanzprozesse
- Personalprozesse
- IT-Prozesse
- Rechtsprozesse
- Gebäudemanagementprozesse.

Der weltweit agierende Component-Konzern hat in den jeweils drei Großregionen Amerika, Asien und Europa ein Shared Service Center für Personalservice gegründet. Die Mitarbeiter der deutschen Component GmbH wenden sich bei Personalfragen genauso wie die Töchter aus Frankreich, England, Spanien und Tschechien an dieses Dienstleistungszentrum.

Component GmbH

Allerdings eignen sich nicht grundsätzlich alle Prozesse aus diesen identifizierten Clustern für ein Shared Service Center. Typischerweise sind solche Prozesse unpassend, die konzernweite Richtlinien oder strategisch relevante Entscheidungen zur Folge haben.

Der Component-Konzern hat nur Teile der Personalprozesse in einem SSC organisiert. Konzernstrategische Prozesse wie „Grundsätze für die Qualifikation oder Rekrutierung“ oder „Entwicklungsprogramme für Top-Führungskräfte“ sind in der zentralen Personalabteilung verblieben.

Component GmbH

Neben diesen allgemeinen Merkmalen gibt es noch zwei Spezialfälle für SSC-geeignete Prozesse. Zum einen sind besonders hoch standardisierbare Prozesse mit permanent großen Mengenvolumen prädestiniert, in einem Shared Service Center angesiedelt zu werden (Center-of-Scale-Prozesse).

Standardisierte und wissensorientierte Prozesse eignen sich für Shared Service Center

Sämtliche Reisekostenabrechnungen sowie Lohn- und Gehaltsabwicklungen der europäischen Tochtergesellschaften werden in dem SSC Europa abgewickelt.

Zum anderen bieten sich stark wissensorientierte Prozesse für einen SSC an, bei denen die kritische Masse für ein verteiltes Dienstleistungsangebot nicht vorhanden ist (Center-of-Expertice-Prozesse).

In allen Unternehmen des Component-Konzerns fallen Fragen der Mitarbeiter zu Arbeitsverträgen an. Hier ist ein enormes Spezialwissen erforderlich. Andererseits fehlt in den einzelnen Konzerneinheiten die nötige Menge, um hierfür eine Spezialistenstelle einzurichten.

Zusammengefasst ergeben sich die in Abbildung 1.53 dargestellten typischen Merkmale von Shared Service Prozessen:

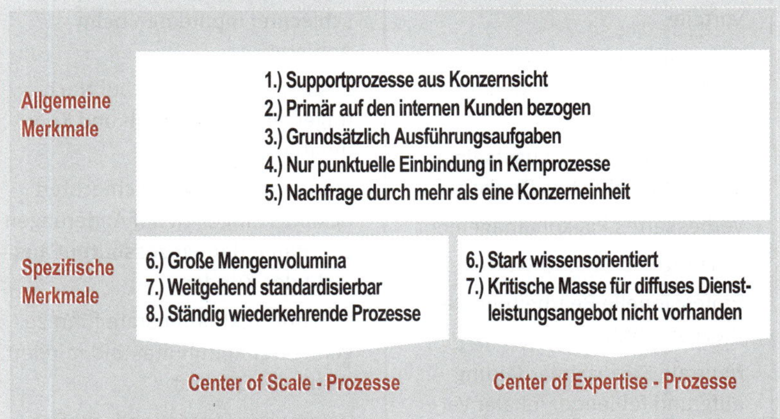

Abb. 1.53: Typische Merkmale von Shared Service Prozessen (nach KAGELMANN)

Welche Gründe sprechen dafür, Unterstützungsprozesse nicht mehr wie bisher zentral in Spitzeneinheiten oder dezentral in Fachbereichen anzusiedeln, sondern hierfür nun Shared Service Center einzurichten?

Ineffiziente Zentraleinheiten

Zentralen Stäben für Supportprozesse wird häufig nachgesagt, sie seien „Kostenmolochs", „Elfenbeintürme" oder „Servicewüsten". Auch wenn diese Vorwürfe sicherlich zu pauschal sind, ein Körnchen Wahrheit steckt wohl hinter diesen kritischen Begriffen. Vielfach findet man in Zentralbereichen in der Spitzeneinheit eines Konzerns ein geringes Kostenbewusstsein, die Mitarbeiter sind ja eh da. Auch sind die angebotenen Dienstleistungen oft praxisfern und inflexibel gegenüber Marktveränderungen. Schließlich wird zentralen Stabsbereichen vorgehalten, dass sie eine geringe Kunden- und Dienstleistungsorientierung an den Tag legen.

Dezentrale Probleme

Zwar ist vor allem die Praxisnähe und Serviceorientierung aufgrund der häufig räumlichen Nähe von dezentralen Serviceeinheiten tendenziell besser als bei Zentraleinheiten. Dafür gibt es aber die typischen Nachteile organisatorisch verteilter Prozesse wie mangelnde Realisierung von Größendegressionsvorteilen, fehlende Standardisierungsmöglichkeiten sowie fehlendes Spezialwissen.

Abbildung 1.54 fasst die Vor- und Nachteile von Shared Service Centern zusammen.

Vorteile SSC	Nachteile SSC
+ Niedrigere Kosten durch Größenvorteile + Personal- und Sachkosteneinsparungen durch Bündelung von Ressourcen + Erhöhtes Kostenbewusstsein und wirtschaftliches Denken + Verbessertes Risikomanagement + Nutzung von Standortvorteilen + Professionelle Bearbeitung der Prozessschritte + Neutrale Prozessbearbeitung aufgrund fehlender lokaler Verbindungen + Konzentration der Geschäftseinheiten auf Kerngeschäft + Verkürzung der Durchlaufzeiten bei Standardprozessen + Erhöhte Mitarbeitermotivation durch individuelle Leistungsvereinbarungen + Optimiertes Wissensmanagement durch Bündelung und Erweiterung des bisher verteilten Know-hows + Erhöhte Dienstleistungsorientierung durch SLAs und internes Kunden-Lieferanten-Verhältnis + Unterstützung der Globalisierungsstrategie + Basis für späteres externes Outsourcing	– Erhöhter Aufwand für Nachpflege schlechter Inputdaten beim Anbieter – Zusätzlicher Aufwand auf Nachfragerseite für Kontroll- und Koordinationstätigkeiten – Standardisierung verschlechtert flexibles Eingehen auf Änderungen und damit den Prozessoutput aus Sicht des Kunden – Erhöhte Fluktuationsrate führt zu geringerer Kontinuität und mindert damit die Qualität – Heterogene Systemlandschaften führen zu Medienbrüchen und Ineffizienzen – Höherer Abstimmungsbedarf zwischen Schnittstellen der Prozesse – Akzeptanzprobleme bei Mitarbeitern wegen Ortswechsels, Unterforderung oder Gehaltseinbußen – Widerstände bei Führungskräften der abgebenden Einheiten wegen Kompetenz-, Macht- und Statusverlustes – Standardisierung und Distanz vom Geschäft führt zu mangelnder Berücksichtigung lokaler Besonderheiten – Erhöhte Abhängigkeit und mangelnde Einflussmöglichkeit der nachfragenden Einheiten – Angst vor zunehmender Überwachung und Preisgabe von indiskreten Informationen bei den Abnehmern

Abb. 1.54: Vor- und Nachteile des Shared Service Center

Das spricht gegen Shared Service Center

Die Erfolgschancen von Shared Service Centern sind derzeit schwer einschätzbar. Kritiker werfen dem Konzept vor, dass man im Prinzip ähnliche Probleme vorfindet, wie man sie über Jahrzehnte hinweg immer wieder mit Zentraleinheiten erlebt hat. Die Serviceeinheiten sind räumlich und emotional weit weg von der Basis, es dauert mitunter lange, bis Ergebnisse vorliegen und die Kosten laufen aus dem Ruder.

Component GmbH

Während früher die Component-Mitarbeiter den Personalreferenten vor Ort direkt ansprechen konnten, rufen sie nun eine anonyme Person im SSC an. Die reinen Abwicklungsfälle ohne Interaktion zwischen den Mitarbeitern laufen problemlos. Dagegen gibt es vor allem bei komplexeren Fällen mit mehreren Rückfragen Schwierigkeiten. Die sonst auf dem kurzen Weg klärbaren Fragen verlängern nun die Prozessdauer und führen immer wieder zu Qualitätsproblemen.

Argumente für Shared Service Center

Die Befürworter argumentieren dagegen, dass der Vergleich mit früheren zentralen Lösungen hinkt. Zum einen hat sich die Informations- und Kommunikationstechnik fundamental verändert. Heutige technische Möglichkeiten wie Extra- und Internet, integrierte verteilte Anwendungsarchitekturen oder Call-Center-Anwendungen überbrücken frühere Hindernisse, die bei der räumlich verteilten und zeitlich nicht synchronen Bearbeitung von Prozessschritten zu Problemen führten. Zum anderen werden die Nachteile der mangelnden Serviceorientierung und möglichen Kostenexplosion eines SSC durch flankierende Maßnahmen wie Service Level Agreements (SLAs) und wirtschaftliche Verantwortung aufgefangen.

Definition

In einem Service Level Agreement (SLA) fixieren Unternehmen ihre garantierten Leistungen (Service Levels).

SLAs sorgen für Transparenz und Konfliktvermeidung

SLAs machen damit einerseits ein Preis-/Leistungs-Verhältnis zwischen den Partnern transparent. Andererseits unterstützen sie bei der Streitschlichtung oder besser noch vermeiden gleich die Entstehung von Konflikten. Da viele der SLAs Prozesszielen entsprechen, sollten sie analog hierzu auch dem SMART-Prinzip (siehe Kapitel 1.3.1) folgend formuliert werden.

Die Component GmbH erhält eine in den SLAs fixierte Leistung (z.B. Durchlaufzeiten, Prozesskosten oder Fehlerquote von Bescheinigungen, Reisekosten oder Verträge) zu einem vereinbarten Preis und der SSC für Personalservice garantiert, dass er sich an diese Vereinbarung hält.

SSC werden in der Regel in der juristischen Form einer rechtlich selbständigen Gesellschaft organisiert, bei der die Muttergesellschaft eine hundertprozentige Mehrheitsbeteiligung hat. Aufgrund der Rechnungslegungspflichten einer rechtlich eigenständigen Einheit wird der Druck auf die Gesellschaft erhöht, Kosten und Erlöse transparent zu machen. Damit wird im Unterschied zu einer bloßen Abteilung unternehmerisches Denken gefördert. Dieser Steuerungseffekt ist aber auch ohne eine rechtliche Verselbständigung erzielbar, wenn mit Hilfe von responsibility Centern wie Cost-, Profit-, Revenue-, Expense- oder Investment-Centern eine wirtschaftliche Verantwortung geregelt wird. Beim SSC werden die beiden Ansätze der juristischen Verselbständigung und der wirtschaftlichen Verantwortung mittels responsibility Center verbunden.

Unternehmertum durch wirtschaftliche Verantwortung

Die wirtschaftliche Verantwortung in SSC verteilt sich entsprechend einer Befragung von Kagelmann 2001 auf die verschiedenen Centerformen wie folgt:

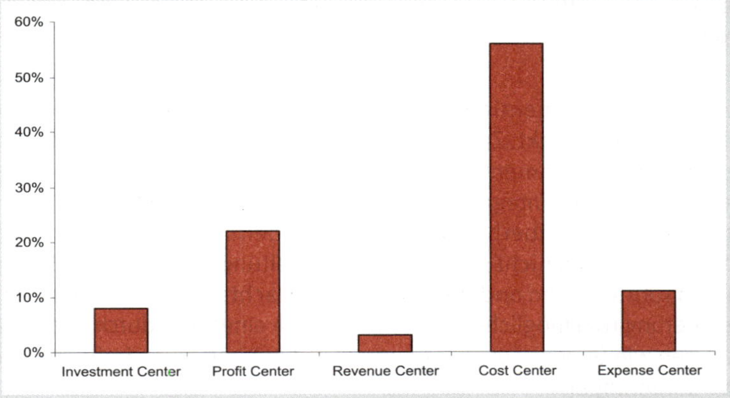

Abb. 1.55: Steuerung der SSC (nach KAGELMANN)

Internes Outsourcing und SSC werden häufig zu Beginn mit dem Gedanken gebildet, zu einem späteren Zeitpunkt als eigenständiges Geschäftsfeld an den Drittmarkt zu gehen. Nachdem Prozesse, Strukturen und Steuerungsmechanismen wie SLA eingespielt sind, werden die Dienstleistungen dann auch Unternehmen außerhalb des Konzernverbundes angeboten. Zum einen will man mit diesem neuen Geschäftsfeld Umsätze generieren, zum anderen die selbst benötigten Leistungen zu einem guten Preis-/Leistungsverhältnis beziehen.

Basis für neue Geschäftsfelder

Mitunter wird die Mischform zwischen In- und Outsourcing auch als „Druckmittel" eingesetzt, um die mit der inhouse Partnerschaft verbundenen Vorteile tatsächlich zu generieren. Solange zwischen der neugegründeten Tochter und den Geschäftseinheiten eine hundertprozentige Abnahmegarantie besteht, greifen vielfach nicht die marktwirtschaftlichen Prinzipien. Das wird anders, wenn die ausgegliederte Einheit nun ihre Leistung im Wettbewerb mit anderen Anbietern konzernfremden Unternehmen anbieten muss und gleichzeitig die abnehmenden Einheiten die Wahlfreiheit haben, bei anderen

Marktwirtschaft regelt den Erfolg

Anbietern ihre Dienstleistung zu beziehen.

Fehlende Erfolgsstories ausgegliederter Abteilungen

Langjährige Erfahrungen mit internem Outsourcing liegen in Deutschland vor allem mit ausgegliederten IT-Abteilungen vor. Den Schritt, diese Töchter auch erfolgreich am Markt zu etablieren, haben nur wenige Firmen geschafft. Lediglich IT-Systems und die Siemens-Tochter SBS machen mehr als zwei Drittel ihres Umsatzes mit Kunden außerhalb des Konzernverbundes. Die anderen IT-Dienstleister hängen nach wie vor „am Tropf" der Konzernmutter. Die geringe Umsetzungsquote liegt zum einen sicher daran, dass viele IT-Prozesse eng mit kernkompetenzrelevanten oder erfolgskritischen Prozessen verzahnt sind, beziehungsweise manchmal sogar selbst ein Alleinstellungsmerkmal darstellen. Diesen Vorteil preiszugeben, indem solche Leistungen auch Wettbewerbern zugänglich gemacht werden, ist sicherlich nicht sinnvoll. Zum anderen ist jedoch auch zu beobachten, dass die Verselbständigung vieler IT-Dienstleister nicht mit ganzem Herzen und vollem Engagement durchgeführt wird. Für den Eigentümer dieser ausgegliederten Firma ist das Geschäftsfeld nicht Kernkompetenz und wird deshalb bewusst oder unbewusst vernachlässigt.

Kooperationen

Bei Kooperationen arbeiten Unternehmen, die rechtlich selbstständig bleiben wollen, freiwillig zusammen. Die beteiligten Unternehmen geben somit aber einen Teil ihrer wirtschaftlichen Souveränität ab. Es gibt je nach Vertragsgestaltung unterschiedliche Kooperationspartnerschaften wie

- Interessen-/Arbeitsgemeinschaften
- Lizenz- oder Franchisingnehmer
- Genossenschaften
- Dynamische Netzwerke (virtuelle Organisation)
- Allianzen
- Konsortien
- joint venture.

Ausführungs- und Unterstützungsprozesse eignen sich für Kooperationen

Für welche Prozesse bieten sich Kooperationen besonders an? Im Grunde genommen kann bei allen Ausführungs- und Unterstützungsprozessen unternehmensübergreifend zusammen gearbeitet werden. Lediglich Führungsprozesse eignen sich nicht für Kooperationen.

Component GmbH

So hat die Component GmbH beispielsweise eine Einkaufskooperation mit anderen Distributoren, um kostengünstig Verpackungsmaterial zu beschaffen. Ebenfalls ist die Component GmbH eine strategische Allianz mit einem Systemintegrator eingegangen, um gemeinsam neue Produkte zu entwickeln und zu vertreiben.

Folgende Vorteile verspricht man sich durch Kooperationen:

Wirtschaftliche und wettbewerbswirksame Vorteile durch Kooperationen

- Kostensenkung, z.B. durch Vermeidung von Doppelarbeiten
- Erfolgspotenziale neu aufbauen, z.B. durch gemeinsame Forschung und Entwicklung
- Risiken minimieren, z.B. beim Eintritt in neue Märkte (ggf. sogar im Ausland)
- Rentabilität steigern, z.B. durch gemeinsame Anschaffung von neuen Maschinen
- Wettbewerbsfähig bleiben, z.B. durch gemeinsame Durchführung neuer Produktentwicklungen
- Gemeinsame Interessen vertreten, z.B. gegenüber anderen Mitbewerbern
- Informationen erhalten, z.B. in einem Bereich, in dem wenig oder kein Know-how vorhanden ist
- Mitbewerber zu Verbündeten machen, z.B. gegenseitig Vertriebskanäle zur Verfügung stellen.

Ein Konzept, das den Kooperationsansatz für unternehmensübergreifende Prozesse in idealer Weise anwendet, ist das Supply Chain Management.

Definition

Supply Chain Management (SCM) ist die Bewirtschaftung der Logistikketten. Mit einer Logistikkette wird der Weg eines Produktes sowie der zugehörigen Informations- und Geldströme vom Zulieferer über den Hersteller, den Groß- und Einzelhandel bis hin zum Kunden bezeichnet.

Die Gestaltung der Kette geht in der Regel über Unternehmensgrenzen hinaus (siehe Abbildung 1.56).

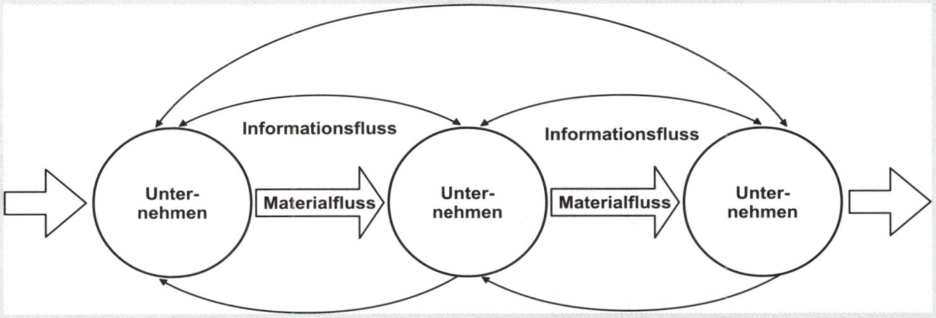

Abb. 1.56: Konzept des Supply Chain Management

Man erwartet entlang der gesamten Logistikkette durch SCM

Zeit- und Kundenvorteile von SCM

- erhebliche Reduzierungen der Material- und Lagerbestände
- Verkürzungen der Durchlaufzeiten
- Verbesserungen der Termintreue
- Verbesserungen des Liefer- und Kundenservice
- Senkungen der Kosten durch vereinfachte Wege des Informationsaustausches und der Zahlungsströme
- Steigerung der Kundenzufriedenheit
- eine erhöhte Kundenbindung
- schnellere Reaktionen auf unerwartete Marktentwicklungen
- auftretende Engpässe und Veränderungen.

Auf die Ausschöpfung dieses Potenzials sind einige Initiativen ausgerichtet, die im SCM die Chance zum Gewinn von Marktvorteilen (und von Märkten für Applikationen) sehen. Zwei Ansätze gibt es dazu:

Standardisierungsbemühungen

- Die Supply Chain Operation Reference (SCOR)-Initiative des Supply Chain Council (SCC) setzt auf Standardisierung unternehmensübergreifender Prozessketten, um ein gemeinsames Verständnis der Abläufe aller beteiligten Unternehmen zu erleichtern. Das SCOR-Modell unterscheidet als grundlegende Kernprozesse Planen, Beschaffen, Produzieren und Liefern. Auf der zweiten Gliederungsebene werden 19 Teilprozesse als Referenzmodelle zur Verfügung gestellt (näheres www.supply-chain.org).
- Der zweite Ansatz ist die Entwicklung von SCM-Planungssystemen. Dabei geht es um die Überschreitung der Unternehmensgrenze (heutige ERP-Systeme beschäftigen sich überwiegend mit internen Prozessen) bis hin zu einer „End-to-End" Planung und Koordination der Logistikkette. So wie die Tools für Modellierung und Betrieb von Geschäftsprozessen (z. B. ARIS und SAP) zusammenwachsen, wird auch davon auszugehen sein, dass die SCM-Planungstools mit den ERP-Systemen integriert werden.

Eine Studie des Managements von 250 Logistikketten europäischer Unternehmen kommt zu dem Ergebnis, dass der Entwicklungsstand von SCM in den einzelnen Branchen noch sehr unterschiedlich ist. In der Automobil-, Chemie- und Konsumgüterbranche ist er am weitesten fortgeschritten, während er in der Pharmabranche noch Nachholbedarf hat.

Dass sich der Ansatz immer noch nicht, wie erhofft, in allen Branchen durchgesetzt hat, liegt vor allem an folgenden Schwierigkeiten:

Komplexität und Aufwand erschwert SCM-Erfolg

- Hohe Komplexität der Planung und Koordination
- Bestehende Softwareprodukte vorwiegend auf innerbetriebliche Planungs- und Optimierungsprobleme ausgelegt
- Unterschiedliche Zielsetzungen der Partner und damit Zielkonflikte
- Erheblicher Aufwand, damit Abhängigkeit vom einmal gewählten Softwarepartner
- Unternehmenskritische Daten werden nur zentraler Planung zur Verfügung gestellt, wenn SCM-Partner hohes Vertrauen oder ein Abhängigkeitsverhältnis haben.

Business Process Outsourcing

Weitreichende Auslagerung ganzer Prozessketten

Eine weitreichende Möglichkeit der strategischen Prozessorganisation ist es, einen bisher selbst durchgeführten Geschäftsprozess komplett auf einen externen Anbieter zu übertragen. Business Process Outsourcing (BPO) geht über das schon seit längerem diskutierte Outsourcing hinaus. Wenn in der Vergangenheit bereits Bereiche wie Catering oder Fuhrpark an einen Dienstleister vergeben wurden, so geschah dies vor allem in der Form, dass auf diese Funktionen spezialisierte Anbieter ein standardisiertes Dienstleistungspaket angeboten haben, das in der Regel nicht wettbewerbskritisch war.

Beim BPO ist die Geschäftsbeziehung zwischen Dienstleister und Abnehmer sehr individuell. Das Servicepaket wird sehr genau auf das spezifische Umfeld und die Anforderungen des Leistungsnehmers abgestellt. Auch die Preisgestaltung variiert von Fall zu Fall. Da das notwendige Know-how für die unternehmensspezifischen Leistungen häufig in den Köpfen der bisherigen internen Mitarbeiter ist, wechseln diese häufig zum BPO-Anbieter.

> Beispielsweise hat die Deutsche Bank Teile der IT-Infrastruktur an IBM übertragen. 900 Mitarbeiter haben in diesem Zusammenhang den Arbeitgeber gewechselt.

BPO geht ans Eingemachte

Die momentan meist diskutierten BPO-Kandidaten sind Personal-, Finanz- und Beschaffungsmanagement. Damit wird deutlich, dass man beim BPO näher als beim klassischen Outsourcing an die kernkompetenzrelevanten Prozesse rückt. Deswegen ist es absolut notwendig, dass Dienstleister und Abnehmer partnerschaftlich zusammenarbeiten.

Definition

Unter Business Process Outsourcing versteht man die gemeinsame Auslagerung eng verzahnter Prozesse. Das Serviceangebot des BPO-Dienstleisters ist auf die spezifischen Anforderungen des Leistungsempfängers individualisiert. Aufgrund der Schnittstellen zu Kernprozessen ist eine enge partnerschaftliche Zusammenarbeit zwischen Leistungsgeber und -nehmer unerlässlich.

Die Entscheidung für ein BPO folgt letztlich den klassischen Kosten-Nutzen-Überlegungen. Entweder bekommt das Unternehmen eine fixierte Leistung extern zu günstigeren Kosten oder die Leistungen des Dienstleisters liegen bei vergleichbaren Kosten höher. Im Idealfall fallen niedrigere Kosten bei höherer Leistung an.

Die in Abbildung 1.57 aufgeführten Argumente können dafür sprechen, dass Dienstleister kostengünstiger und leistungsfähiger sein können.

Gründe für Business Process Outsourcing	
Kosten	▪ Nutzen von Kostensenkungspotenzialen (economies of scale) ▪ Verbundeffekte zwischen eng verzahnten Prozessen ▪ Erhöhung der Kostentransparenz ▪ Geringeres Haftungsrisiko
Flexibilität	▪ Leichtere Reaktionsmöglichkeit auf Veränderungen ▪ Leichtere Personalbeschaffung ▪ Ausgleich von Kapazitätsschwankungen ▪ Unterstützung/Erleichterung bei der Umsetzung der Unternehmensstrategie ▪ Verbesserung der Steuerung und Kontrolle der Leistung
Qualität	▪ Erhöhung der Qualität der Leistung durch Know-how Nutzung von Spezialisten ▪ Schnellere Nutzung von state-of-the-art Leistungen durch höhere Innovationsrate bei Dienstleistern ▪ Übertragung der „C“-Aufgaben als „A“-Aufgaben des Dienstleisters ▪ Verbesserung des Images des Unternehmens

Abb. 1.57: Gründe für Business Process Reengineering

Ähnlich wie bei Inhouse Partnerschaften und Kooperationen stellt sich die Frage, für welche Prozesse sich ein BPO besonders anbietet. Anhand von fünf für die Entscheidung wesentlichen Kriterien aus dem Prozessprofil werden die drei übergreifenden Prozessvisionen in Abbildung 1.58 verglichen.

Abb. 1.58: Eignungskriterien Outsourcing

Es zeigt sich, dass vor allem Prozesse, die die Kernkompetenz eines Unternehmens berühren, nicht outgesourct werden sollten.

Component GmbH

Eine radikale Überlegung der Component GmbH könnte sein, den gesamten Beschaffungsprozess auszugliedern. Da es hierbei jedoch um einen Kernprozess der Handelsfirma geht, macht ein BPO des Beschaffungsprozesses keinen Sinn. Es wäre sogar eine existenzielle Gefahr für die Firma, denn schließlich beruht das Geschäftsmodell der Component GmbH darauf, selbst ein BPO-Dienstleister zu sein. Für einen Einzelhändler ist die Beschaffung der Computerteile bei vielen verschiedenen Lieferanten zu aufwendig und kostspielig. Als Großhändler ist die Component GmbH in der Lage, entsprechende Mengeneffekte zu erzielen und die Prozesse effizient zu gestalten. Zudem verfügt sie über die Finanzstärke, die kapitalintensive Einlagerung großer Mengen zu bewerkstelligen.

Keine zu enge Verzahnung mit anderen Prozessen

Tendenziell eignen sich eher Prozesse für ein BPO, die wenige Schnittstellen mit anderen Prozessen aufweisen und wenig unternehmensspezifische Besonderheiten beinhalten. In dem Fall sind die Transaktionskosten zwischen Unternehmen und BPO-Anbieter vertretbar. Bei stark vernetzten und hochspezifischen Prozessen dagegen übersteigen die Kosten für den Informationsaustausch, Know-how-Transfer und Koordinationsaufwand die gegebenenfalls durch BPO erreichten Einsparungen.

Component GmbH

Beispielsweise denkt die Component GmbH darüber nach, den Personalservice, die Lohnbuchhaltung oder Kundenrechnungen einem BPO-Anbieter zu übertragen.

Abbildung 1.59 zeigt auf, welche Prozesse sich tendenziel für ein Outsourcing beziehungsweise Insourcing eignen.

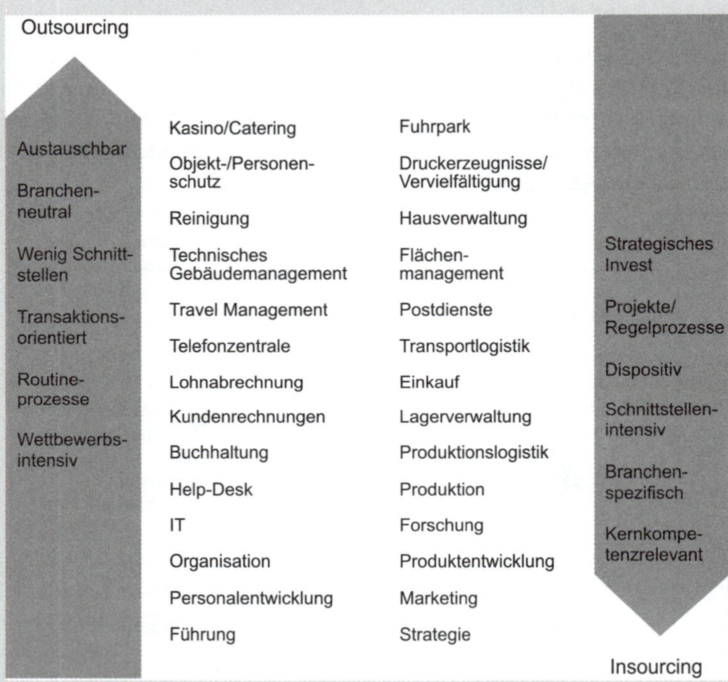

Abb. 1.59: Eignungsgrad von Prozessen für In- und Outsourcing

1.4.2 Unternehmensinterne Prozessvisionen

Die prozessorganisatorischen Grundsatzentscheidungen, die für die unternehmensinterne Organisation von Abläufen relevant sind, sind eigentlich immer ähnlich. Stets geht es um folgende drei Prozessvisionen:

1. Horizontale Aufgabenverteilung im Prozess
2. Prozessorientierte Aufbauorganisation
3. System-Befähiger.

Damit wird wiederum deutlich, wie eng Prozessorganisation mit aufbauorganisatorischen Fragen sowie IT-System-Entscheidungen verzahnt ist.

Aufgabenverteilung im Prozess

Veraltete Frage: Spezialisten oder Generalisten?

Es ist ein organisatorischer Evergreen, die Frage nämlich, auf wie viele Stellen bzw. Organisationseinheiten im Unternehmen Schritte eines Prozesses verteilt werden. In Extremen gedacht, gibt es zwei grundsätzliche Prozessvisionen:

- Weitreichende Aufgabenverteilung
- Ganzheitliche Prozessbearbeitung.

Die neun Prozessschritte des Beschaffungsprozesses bei der Component GmbH sind derzeit auf vier interne Organisationseinheiten verteilt. Denkbar wäre eine noch weitreichendere Aufgabenverteilung auf 6 oder mehr Stellen. Das andere Extrem wäre, sämtliche Aufgaben des Prozesses an einer Stelle anzusiedeln (siehe Abbildung 1.60).

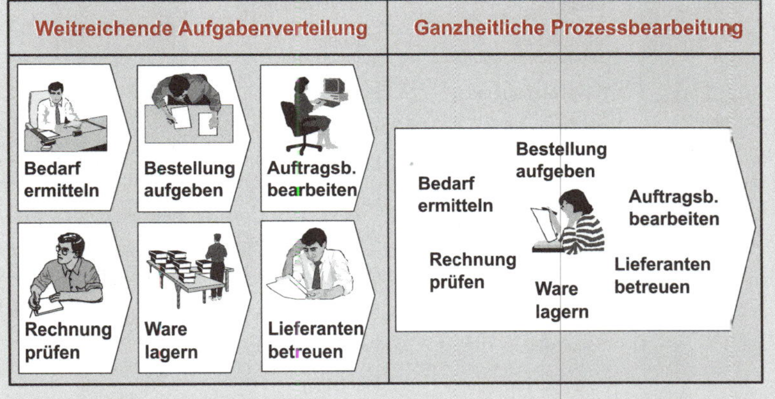

Abb. 1.60: Weitreichende Arbeitsteilung und ganzheitliche Vorgangsbearbeitung

Zentral oder dezentral

Aus aufbauorganisatorischer Sicht geht es um die Frage Zentralisation und Dezentralisation bei der Stellenbildung (siehe Kapitel G.4.1.1) bzw. funktionale oder divisionale Organisation beim Leitungssystem (siehe Kapitel G.4.1.2). Die weitreichende Aufgabenverteilung führt tendenziell zu einer Zentralisation (funktionale Organisation), die ganzheitliche Prozessbearbeitung zur Dezentralisation von Verrichtungen (divisionale Organisation).

An Hand der sechs Kernziele der Prozessorganisation (siehe Kapitel 1.3.1) werden im Folgenden die beiden Prozessvisionen bewertet.

Kurze Durchlaufzeiten

Bei der Frage nach der schnelleren Abwicklung eines Vorganges hat die ganzheitliche Prozessbearbeitung die Nase eindeutig vorn. Zwar sind die Bearbeitungszeiten bei der Spezialisierung kürzer. Die wiederholte Bearbeitung der gleichen Aufgabe führt zu Lerneffekten und Routinevorteilen. Durch den häu-

Liegezeiten sind bei ganzheitlicher Bearbeitung eindeutig kürzer

figen Stellenwechsel sind jedoch die Rüst-, Transport- und Liegezeiten bei der weitreichenden Aufgabenverteilung deutlich länger.

Hingegen ist der Mitarbeiter bei der Komplettbearbeitung einmal in dem Vorgang drin, braucht Unterlagen nicht groß weiterzureichen und lässt den Vorgang nicht unnötig lange liegen, weil der Kunde ihm im Nacken sitzt. Die Transport-, Rüst- und Liegezeiten entfallen aber nicht komplett.

Beispielsweise kann auch mal ein Botengang zum Archiv oder eine Unterbrechung des Vorganges durch einen neuen Kunden notwendig sein.

Da insgesamt aber die Liegezeit in der Regel 90% der Durchlaufzeit ausmacht, geht die ganzheitliche Prozessbearbeitung bei diesem Kernziel als Gewinner hervor.

Niedrige Prozesskosten

Personal- und Sachkosten bei Spezialisierung niedriger

Kostenmäßig ist die weitreichende Aufgabenverteilung eindeutig vorzuziehen. Zum einen kann man die Personalkosten niedrig halten, weil die unterschiedlichen Stellen je nach Anforderungsprofil unterschiedlich entlohnt werden können. Bei der ganzheitlichen Prozessbearbeitung orientiert sich das Gehalt an der hochwertigsten Aufgabe und alle Stellen müssen dementsprechend vergütet werden. Zum anderen sind die Sachkosten tendenziell niedriger bei der Arbeitsteilung. Hier reicht es aus, die jeweils für den Arbeitsplatz notwendigen Sachmittel für die Aufgabenerfüllung bereit zu stellen. Beim ganzheitlichen Ansatz braucht jede Stelle die gesamte Ausstattung.

Dieses Kostenargument ist der Hauptgrund für die fortschreitende Zentralisation von Verrichtungen in vielen Branchen. Banken zentralisieren ihren Zahlungsverkehr, Autohersteller ihre Produktionsstätten und Frachtunternehmen ihre Logistikzentren, um die Größenvorteile (economies of scale) ihrer Maschinen und Anlagen zu nutzen. So auch die Component GmbH, die in den letzten Jahren ihre gesamten dezentralen Lager auf ein zentrales modernes Hochregallager umgestellt hat.

Hohe Prozessqualität

Fehlerquellen sprechen gegen, Kontrollmöglichkeiten für Spezialisierung

Hinsichtlich Prozessqualität haben beide Visionen Vor- und Nachteile. Bei einer hohen Arbeitsteilung fallen tendenziell mehr Fehler an. Sei es, weil die Mitarbeiter weitergegebene Informationen falsch übertragen oder anders interpretieren. Manipulationen werden bei der Spezialisierung geringer eingeschätzt als bei der ganzheitlichen Prozessbearbeitung. Wenn Mitarbeiter einen Vorgang von Anfang bis Ende betreuen, besteht die Gefahr, dass sie zu ihren eigenen Gunsten entscheiden. Deswegen gibt es in den meisten Prozessen mindestens ein „4-Augen-Prinzip“, bei dem Führungsteilprozesse wie Kontroll- und Unterstützungsaufgaben an andere Stellen als die Ausführungsaktivitäten gegeben werden.

Gesetzliche Anforderungen wie beispielsweise MAK oder Basel II setzen mit ihren „Mehrheitsvoten“ bei der Kreditvergabe dieses Prinzip um. Andererseits zeigen viele Praxisfälle wie „Schneider“ oder „Flowtex“, dass auch eine Vielzahl von Kontrollen nicht vor krimineller Energie schützen. Eine hohe Regelungsdichte kann auch kontraproduktiv sein. Eine Vielzahl von Unterschriften unter einem Kreditvertrag kann dazu führen, dass sich jeder Unterzeichner auf den anderen verlässt und letztlich niemand mehr so genau hinschaut.

Neutralität und Standardisierungsmöglichkeiten leichter bei Arbeitsteilung

Bei der Arbeitsteilung kann man davon ausgehen, dass der so genannte „Nasenfaktor“ eher ausgeschlossen werden kann. Dieser besagt, dass im persönlichen Kundenkontakt die Gefahr besteht, dass ein Vertriebsmitarbeiter eher aus Sympathieaspekten als unter sachlichen Kriterien entscheidet. Ein Backoffice, das alle Vertragsentwürfe unter standardisierten Kriterien prüft und entscheidet, ist diesbezüglich sicherlich neutraler. Schließlich sind Prozessstandards bei der Aufgabenverteilung tendenziell leichter durchzusetzen, weil Aufgabenerledigung spezialisierter Stellen durch IT-Systeme, Formulare oder Arbeitsgeräte klarer vorgegeben werden kann. Ein weitreichendes Tätigkeitsfeld setzt auf Autonomie des Stelleninhabers. Die damit einhergehende Kreativität und Innovationsfähigkeit erschwert unternehmensweite Standards.

Hohe Produktqualität

Identifikation und Integrität bei ganzheitlicher Bearbeitung von Vorteil

Bezogen auf das Ergebnis eines Herstellungs- oder Dienstleistungsprozesses sind die vorherigen Argumente der Prozessqualität zu berücksichtigen. Ergänzend kann man davon ausgehen, dass ein Mitarbeiter bei der ganzheitlichen Prozessabwicklung eine hohe Identifikation mit dem Produkt hat. Bei einem spezialisierten Stelleninhaber besteht eher die Tendenz, dass er sich als einer von Vielen nicht so sehr persönlich für die Qualität des Ergebnisses verantwortlich fühlt.

Schließlich ist die Leistung mehr aus einem Guss. Ist ein Prozess auf mehrere spezialisierte Arbeitsbereiche verteilt, führen Bereichsegoismen häufig zu suboptimalen Lösungen für den Kunden.

Abb. 1.61: Partielle Sicht bei Aufgabenverteilung

Hohe Kundenzufriedenheit

Der Kunde ist dann zufrieden, wenn seine Bedürfnisse befriedigt werden. Sind dies Wünsche wie ein hochwertiges Produkt, schnelle Lieferung oder angemessenes Preis-/Leistungsverhältnis, gelten die Aspekte, wie sie bei der Durchlaufzeit, den Prozesskosten und den Qualitätszielen analysiert wurden. Anforderungen, die auch häufig eine wesentliche Rolle beim Kaufentscheid darstellen, sind Punkte wie kompetente, bekannte, freundliche und konstante Ansprechpartner, hohe Verfügbarkeit und hohe Flexibilität. Wie schneiden hierbei die beiden Prozessvisionen ab?

Kompetente Ansprechpartner für Verfügbarkeit, gegen Generalisten

Das Prozessziel „one-face-to-the customer" wird vielfach als ausschlaggebendes Argument für eine ganzheitliche Vorgangsbearbeitung herangezogen. Der Kunde möchte nicht zu verschiedenen Stellen gehen, um zu wissen, wie es gerade um seinen Wunsch bestellt ist. Ein Mitarbeiter, der den kompletten Vorgang abwickelt, kennt den jeweiligen Arbeitsstatus. Auch hat er die entsprechende Basisnähe, weil er in allen Belangen mit dem Kunden Kontakt hat. Das ist die positive Kehrseite des „Nasenfaktors".

Eine höhere Verfügbarkeit ist jedoch leichter mit einer Spezialisierung zu erreichen.

Component GmbH

Die Component GmbH hat ein Costumer-Care-Center eingerichtet, bei dem die Kunden jeden Tag rund um die Uhr anrufen können. Eine solch hohe Verfügbarkeit ist bei „Caseworkern" schwerlich zu realisieren. Nachteilig an der Call-Center-Lösung ist es in der Regel, dass die Qualität der Auskunft nicht immer den Anforderungen der Kunden entspricht. Fragen, die im ersten Schritt (first-level-support) nicht beantwortet werden können, werden dann an qualifiziertere Stellen weitergeleitet.

Schließlich ermöglicht die ganzheitliche Vorgangsbearbeitung tendenziell ein flexibleres Eingehen auf die Kundeninteressen. Aus Sicht der Unternehmen erschwert die Flexibilität Standardisierungsbemühungen, die zu Kostenvorteilen führen. Dies ist ein klassischer Zielkonflikt zwischen Stabilität und Flexibilität.

Hohe Mitarbeitermotivation

Demotiviert Spezialisierung wirklich?

Erste Vermutungen gehen meist dahin, dass die weitreichende Aufgabenverteilung Mitarbeiter eher demotiviert. Analogien zur Fließbandfertigung in der Produktion führen dazu, dass man sich Stellen mit monotonen Tätigkeiten vorstellt, die zur hohen Arbeitsunzufriedenheit führen. In der Tat gibt es auch in Dienstleistungsprozessen in zentralisierten Bereichen wie Call-Center, Zahlungsverkehrsabteilungen oder zentrale Poststellen höhere Fluktuation und Krankheitsquoten. Andererseits sind die jeweiligen Prozessschritte heute teilweise so komplex und anspruchsvoll, dass man auch innerhalb eines solchen Teilausschnittes des Gesamtprozesses ausreichend gefordert wird.

Component GmbH

Ein Mitarbeiter in der Buchhaltung der Component GmbH wird sicherlich nicht damit mehr motiviert, dass er neben der Rechnungsprüfung auch noch Bestellungen aufgeben kann oder Lieferanten betreut. Sein Arbeitsgebiet bietet genug Abwechslung und geistige Herausforderungen.

Das Beispiel zeigt auch, dass man mit der Spezialisierung den Neigungen der Mitarbeiter entgegenkommt. Die ganzheitliche Vorgangsbearbeitung scheint zwar vordergründig attraktiv für den Aufgabenträger zu sein, weil er ein umfangreiches Aktivitätenspektrum abdecken kann und viel Verantwortung erhält. Praktizierte Lösungen aus den letzten Jahren haben aber gezeigt, dass die Stelleninhaber eher unzufriedener werden.

Component GmbH

In der Component GmbH wurde in den 90er Jahren im Vertriebsbereich eine ganzheitliche Vorgangsbearbeitung pilotiert. Die vormalig reinen Vertriebsmitarbeiter, die nun auch noch die administrativen Folgearbeiten machen mussten, beklagten sich, weil sie für ihre eigentliche Stärke im Kundenkontakt durch die Back-office-Tätigkeiten nun zu wenig Zeit hatten. Die ehemaligen Sachbearbeiter, die nun auch Kundengespräche führen sollten, fühlten sich in dieser Rolle nicht wohl und drückten sich vor Kundenkontakten.

Abbildung 1.62 stellt die tendenzielle Zielerreichung der beiden Prozessvisionen dar.

	Beurteilungskriterien / Prozessvision	Weitreichende Aufgabenverteilung	Ganzheitliche Prozessbearbeitung
Durchlaufzeit	Durchlaufzeit insgesamt	länger	kürzer
	Bearbeitungszeit	kürzer	länger
	Transportzeit	länger	kürzer
	Rüstzeit	länger	kürzer
	Liegezeit	länger	kürzer
Prozesskosten	Prozesskosten insgesamt	niedriger	höher
	Personalkosten	niedriger	höher
	Kosten der Personalrekrutierung	niedriger	höher
	Kosten für Qualifikation	niedriger	höher
	Differenzierte Entlohnung	leichter	schwerer
	Sachmittelkosten	niedriger	höher
	Transportkosten	höher	niedriger
Prozesskosten	Fehlerquellen	höher	niedriger
	Manipulationsgefahr	niedriger	höher
	Neutralität	höher	niedriger
	Standardisierungsmöglichkeiten	höher	niedriger
	Innovationsfähigkeit	niedriger	höher
Prozess-qualität	Identifikation mit Produkt	niedriger	höher
	Abgestimmte Lösung	niedriger	höher
Kundenzufriedenheit	Konstante Ansprechpartner	niedriger	höher
	Kompetente Ansprechpartner	niedriger	höher
	Basisnähe bei Entscheidungen	niedriger	höher
	Verfügbarkeit	höher	niedriger
	Flexibilität	niedriger	höher
Mitarbeiter-zufriedenheit	Attraktive Aufgaben	niedriger	höher
	Verantwortung	niedriger	höher
	Einsatz nach Neigung	höher	niedriger
	Abwechslung	niedriger	höher

Abb. 1.62: Vor- und Nachteile weitreichender Aufgabenverteilung und ganzheitlicher Prozessbearbeitung

Ziel-gewichtung entscheidet über bessere Prozessvision

Die wechselseitigen Stärken der beiden Prozessvisionen verdeutlichen, dass es die eine ideale Lösung nicht gibt. Welche Variante zu bevorzugen ist, hängt von der Zielpräferenz ab.

Lange Zeit war die weitreichende Aufgabenteilung die scheinbare beste Lösung, um Produkte kostengünstig zu produzieren und zu vertreiben. Tayloristische Prinzipien aus der Produktion wurden auf Dienstleistungsabläufe übertragen. Da in dieser Zeit Ziele wie Sicherheit, Stabilität und Kosten am höchsten gewichtet wurden, verwundert es nicht, dass die Arbeitsteilung die bevorzugte Prozessvision war. In den 90er Jahren wurde die ganzheitliche Prozessbearbeitung sehr stark vorangetrieben. Der Leitsatz „Nicht die Großen fressen die Kleinen, sondern die Schnellen die Langsamen" betonte Prozessziele wie Durchlaufzeit, Flexibilität und konstante Ansprechpartner. Heute scheint eine Renaissance der Spezialisierung im Gang zu sein. Unter dem Label „Fabrikorganisation" wird derzeit beispielsweise in Banken und Versicherungen die weitreichende Aufgabenverteilung umgesetzt. Auch hier kommt es zu wirtschaftlichen Verselbständigungen wie etwa die Kreditfabriken bei den Sparkassen, die als eigene GmbH ihre Dienstleistungen den Sparkassen anbieten.

Prozessorientierte Aufbauorganisation

Während im vorigen Abschnitt die stellenbezogenen Aspekte von Prozessvisionen beleuchtet wurden, soll nun die Abteilungsbildung und das Leitungssystem im Mittelpunkt stehen. Drei Prozessvisionen werden grundsätzlich unterschieden (siehe Abbildung 1.63):

- Funktionale Organisation
- Matrix-Prozessorganisation
- Reine Prozessorganisation.

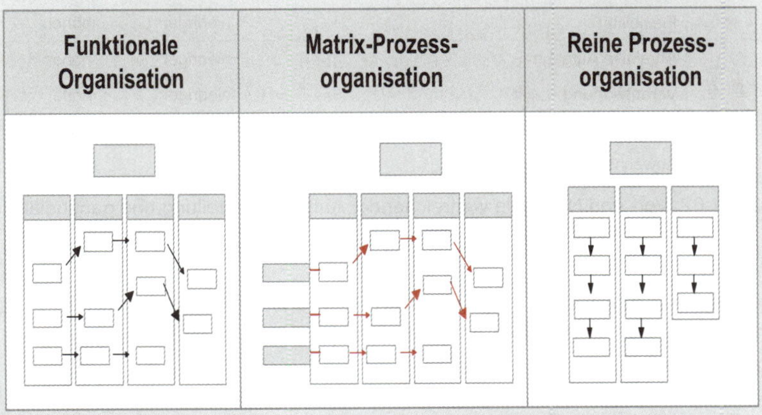

Abb. 1.63: Formen der prozessorientierten Aufbauorganisation

Funktionale Organisation

Die Funktionale Organisation wurde bereits in Kapitel G.4.1.2 erläutert. Leitungsstellen koordinieren durch fachliche und disziplinarische Befugnisse spezialisierte Aufgabengebiete wie Einkauf, Produktion oder Vertrieb. Eine abteilungsübergreifende Prozessverantwortung ist nicht vorgesehen. Schwierigkeiten, die im Rahmen der Prozessbearbeitung erfolgen, werden entweder zwischen den Abteilungsleitern oder von oberster Geschäftsleitung gelöst.

Lange Durchlaufzeiten sind Hauptnachteil der Funktionalen Organisation

Ähnlich den Argumenten für eine weitreichende Aufgabenteilung sprechen vor allem Kosten-, Sicherheits- und Qualifikationsargumente für die Funktionale Organisation. Gerade aber bei Ausführungsprozessen, die dem Kunden schnelle, abgestimmte und flexible Produkte und Leistungen bieten müssen, schneidet die Funktionale Organisation schlecht ab. Die Erfahrung der letzten Jahrzehnte, dass zentralisierte Abteilungsbildung immer wieder zu langen Durchlaufzeiten und unabgestimmten Angeboten führt, ist der Hauptgrund dafür, dass das Thema Prozessorganisation in den Fokus der Manager geraten ist.

Matrix-Prozessorganisation

Bei der Matrix-Prozessorganisation werden zusätzlich zur funktionalen Hierarchie Prozessverantwortliche (siehe auch Kapitel 3.4) eingerichtet. Sie werden mit fachlichen Befugnissen ausgestattet, um die ablauforganisatorischen Gesamtinteressen bei den Prozessbeteiligten durchzusetzen. Die Matrixorganisation ist keineswegs neu. Bereits in den 70er Jahren wurden Querschnittsverantwortlichkeiten eingeführt, um neben der Verrichtungsspezialisierung Kunden-, Produkt- oder Regionsbelange zu berücksichtigen. Auch bei der Projektorganisation ist die Matrixform stark verbreitet.

Funktionale Bereichsegoismen bleiben

Mit der Mehrlinienorganisation können die Spezialisierungsvorteile weiterhin genutzt werden. Die damit einhergehenden Mängel unabgestimmter Prozessschritte mit langen Durchlaufzeiten können zwar durch Prozessverantwortliche etwas abgefedert werden, die funktionalen Abteilungsgräben werden aber in der Regel nicht zugeschüttet. Da die Gleichverteilung von Kompetenzen zwischen Abteilungsleitern und Prozessverantwortlichen nur zu endlosen Machtkämpfen führt, werden meist einem der Beiden Vorfahrtsregeln eingeräumt.

Die Praxis zeigt, dass in 95% der Fälle die funktionalen Hierarchen am längeren Hebel sitzen. Traditionell ist ihre Rolle mit mehr Macht, Ansehen, Status und Wertigkeit versehen als die der Prozessverantwortlichen. Ausschlaggebend ist hierfür meist, dass den Abteilungsleitern die Mitarbeiter disziplinarisch unterstellt sind. Die Hoheit über „Köpfe" ist der informelle Indikator dafür, wer letztlich das Sagen hat. Ein Prozessverantwortlicher ohne eigene Ressourcen hat hier einen sehr schweren Stand.

Reine Prozessorganisation

Mit der Reinen Prozessorganisation wird die ursprünglich Funktionale Organisation um 90 Grad gekippt. Zum obersten Gliederungsprinzip bei der Abteilungsbildung wird nun der Prozess gemacht. Alle Teilschritte eines Unternehmensprozesses laufen in einer Organisationseinheit unter einheitlicher Führung ab. Im Ergebnis führt eine Reine Prozessorganisation häufig zu einer divisionalen Aufbauorganisation.

Banken haben mit ihrer Gliederung in Privatkunden, vermögende Privatkunden und Firmenkunden den Kunden zum Gliederungsprinzip auf oberster Ebene gemacht. Alle Prozesse, die auf die Bedürfnisse einer bestimmten Kundengruppe ausgerichtet sind, sind unter einer Führung gebündelt. In einigen Fällen wurde die Kundenausrichtung soweit voran getrieben, dass die Firmen rechtlich verselbständigt wurden. Beispielsweise gründete die Deutsche Bank für ihre Privatkunden die Bank 24. Eine ähnliche Entwicklung, nur bezogen auf Produkte, hat die Deutsche Telekom AG genommen. Mit ihren vier Säulen T-Com, T-Mobile, T-Online und T-Systems hat sie die produktorientierte Divisionalisierung umgesetzt.

Spezialisierungsvorteile gehen verloren

Beide Großkonzerne haben mittlerweile ihre Struktur wieder verändert. Die Bank 24 wurde in die Deutsche Bank integriert, T-Online soll zur T-Com zurückgeführt werden, warum? Richtet man die Unternehmensstruktur auf Kunden, Produkte oder Regionen aus, gehen die Spezialisierungsvorteile verloren. Die Verselbständigung führt dazu, dass an mehreren Organisationseinheiten redundante Tätigkeiten ausgeübt werden.

So wurden beispielsweise bei der Telekom in allen vier Säulen Hot-Spot-Angebote entwickelt, umgesetzt und vertrieben. Ein konzerninterner Konkurrenzkampf um denselben Kunden entbrannte.

Welche von diesen drei Prozessvisionen ist nun die Beste? Nun, das kann man wie bei der Frage nach der idealen Aufgabenteilung nicht pauschal beantworten. Es hängt wie immer von der Zielgewichtung ab. Abbildung 1.64 zeigt die tendenzielle Zielerreichung der Prozessvisionen auf.

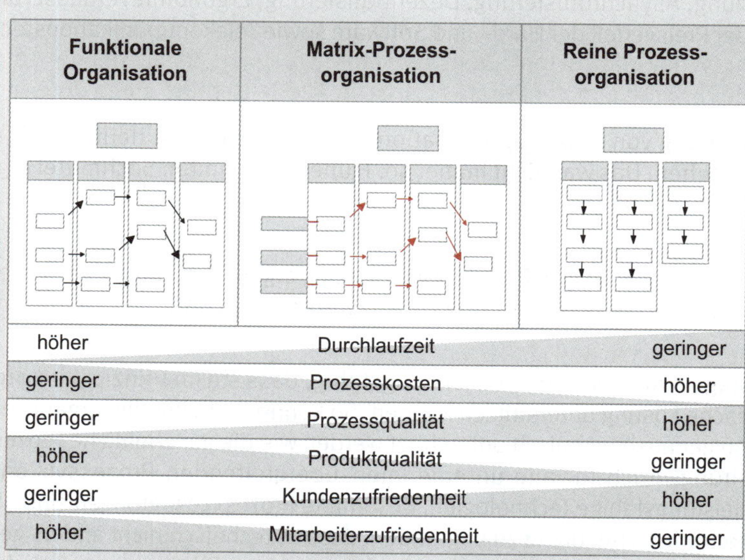

Abb. 1.64: Tendenzielle Zielerreichung der drei Prozessvisionen

System-Befähiger

IT-Systeme nicht mehr wegzudenken

Durch eine Verlagerung des Schwerpunktes von handwerklichen Aufgaben im Fertigungsbereich zu informationsverarbeitenden Aufgaben im Dienstleistungs- und Verwaltungsbereich haben IT-Systeme in den vergangenen drei Jahrzehnten ganz wesentlich an Bedeutung gewonnen. Ermöglicht und beschleunigt wurde diese Entwicklung durch den rasanten Fortschritt auf dem Gebiet der Soft- und Hardware. Mittlerweile liegt ein breites Angebot ausgereifter Standardsoftware sowie Software für betriebliche Anwendungsbereiche oder Branchen vor. Auch neue leistungsfähige Programme im Bereich der Netzwerk- und Internetsoftware oder Mobile Computing wurden entwickelt.

Die Auswirkungen von IT-Systemen auf die Prozessorganisation einer Unternehmung sind erheblich. So kann es zeitliche, räumliche und technische Restriktionen geben, was die Abrufbarkeit oder Verfügbarkeit von Informationen angeht, die zur Aufgabenerfüllung benötigt werden.

Vor allem die bahnbrechenden Fortschritte der Basistechnologie Mikroelektronik haben bereits zu tiefgreifenden Veränderungen der Abläufe in weiten Teilen der Unternehmen geführt. Die Entwicklungen auf dem Markt der Informations- und Kommunikationstechnik werden auch in Zukunft eine wichtige Rahmenbedingung für die Gestaltung der Prozessorganisation sein. Beispiele für auf diesem Gebiet ausschlaggebende Trends sind die Web-Technologie, Miniaturisierung, Leistungssteigerung, Integration, Standardisierung,

Vernetzung, Asynchronisierung, Dezentralisierung, Ergonomieverbesserung sowie der Preisverfall der Hard- und Software sowie Telekommunikationstechnik.

Die Beziehung von Prozessorganisation und IT-Systemen ist heute wechselseitig zu sehen. Das war nicht immer so. Früher bestimmten Sachmittel organisatorische Lösungen.

So wurden beispielsweise Prozesse arbeitsteilig organisiert, um ortsfeste, zentrale Datenerfassungsstellen und Datenverarbeitungsstationen zu nutzen.

Ende des technologischen Determinismus

Heutzutage sind IT-Systeme so leistungsfähig, dass sie im Prinzip jede organisatorische Lösung unterstützen können. So können arbeitsteilig organisierte Prozesse genauso technisch unterstützt werden wie die ganzheitliche Prozessbearbeitung. Auch für alle unternehmensübergreifenden Prozessvisionen gibt es leistungsfähige Technologien. Bestimmte Prozessgestaltungen sind also nicht mehr wie früher damit zu begründen, dass es technisch nicht anders geht. Allenfalls wirtschaftliche Überlegungen können dazu führen, von möglichen IT-Systemen Abstand zu nehmen.

Die Entwicklung leistungsfähiger Sachmittelstrukturen, mit deren Hilfe heute an jeder Stelle innerhalb und außerhalb des Unternehmens alle notwendigen Informationen und Informationsverarbeitungskapazitäten bereitgestellt werden können, hat ungeheure, früher kaum für möglich gehaltene Spielräume bei der Prozessstrukturierung geschaffen.

Der Generalist kann durch die verfügbaren Informationen und durch „künstliche Intelligenz" ganzheitlich Kunden bearbeiten. Für seine Aufgaben waren zuvor etliche Spezialisten notwendig. Offenkundig beeinflussen also die eingesetzten Sachmittel und hier insbesondere die Informationstechnik prozessorganisatorische Lösungen.

Neue Sachmittel können neue Prozesse auslösen oder ermöglichen. Abbildung 1.65 listet einige Beispiele für aktuelle Sachmittelinnovationen auf, die unmittelbar die prozessorganisatorischen Gestaltungsmöglichkeiten verändern.

IT-Innovation	Prozessinnovation
Workflow-Systeme	Der Bearbeitungsstatus jedes Prozessschrittes wird für jeden Prozessbeteiligten transparent
Datenbankgestützte Webtechnologie	Weltweit verteilte Mitarbeiter können Informationen gleichzeitig verwenden
RFID-Technologie	Aufwendige Inventurprozesse entfallen
Computer based Training	Die Kundenkommunikation kann losgelöst von Mitarbeitern erfolgen
Leistungsfähige Hard- und Software	Große Datenmengen können schnell und gut verarbeitet werden
Mobile Computing	Außendienstmitarbeiter können in die Prozesskette integriert werden
Computer Telephone Integration (CTI)	Telefongespräche im Kunden-Service, Kontakt- und Verkaufs-Management oder in der Marktforschung werden komplett unterstützt
Customer Relationship-Management-Systeme (CRM)	Totaler Überblick bei jedem Kunden über alle Vorgänge, Gespräche, Termine, Briefe im Kundenkontakt
Supply Chain Management-Systeme (SCM)	Ganzheitliche Bearbeitung aller Beschaffungsprozesse
Automatisierte Softwareverteilung	Installations-, Update- und Inventarisierungsprozesse können vom Arbeitsplatz des Benutzerservice abgewickelt werden
Dokumenten-Management-System (DMS)	Digitale Archive ermöglichen die Suche und den Zugriff sämtlicher prozessrelevanter Informationen vom Arbeitsplatz
Content-Management-System (CMS)	Informationsangebote im Internet oder Intranet werden durch verschiedene Redakteure erstellt
Enterprise Resource Planing-Systeme (ERP)	Ein einheitliches integriertes Datenmodell für das gesamte Unternehmen gewährleistet allen Prozessbeteiligten aktuelle Daten zu Bestellungen, Beständen, Projekten und Ausstattung.

Abb. 1.65: Zusammenhang von IT-Innovation und Prozessinnovationen

1.5 Prozesse priorisieren

Sind dem Unternehmen alle Prozesse auf oberster Gliederungsebene mit ihren Stärken und Schwächen sowie möglichen Optimierungsansätzen bekannt, stellt sich als letztes die Frage, welche dieser Prozesse in welcher Reihenfolge zu gestalten sind. Gesucht werden die sogenannten Kernprozesse.

Definition

Kernprozesse sind Unternehmensprozesse, die durch ihre erzeugte Leistung entscheidend zur Erhaltung/Verbesserung der Lebensfähigkeit eines Unternehmens beitragen.

Es gilt also, die Kernprozesse herauszufiltern, die erfolgsentscheidend für ein Unternehmen sind. Hierzu stehen folgende Priorisierungstechniken zur Verfügung:

- Quantitative ABC-Analyse
- Qualitative ABC-Analyse
- Portfolio-Analyse.

1.5.1 Quantitative ABC-Analyse

Die ABC-Analyse ist in ihrer ursprünglichen Form eine Technik, die im Fertigungs- bzw. Produktionsbereich eingesetzt wurde, um Produkte oder Materialien herauszufinden, die den höchsten Anteil am Umsatz, an den Kosten, am Gewinn oder am Deckungsbeitrag aufweisen.

Mengen/Kosten bestimmen Priorität

Die klassische ABC- Analyse operiert ausschließlich mit absoluten und relativen Häufigkeiten. Gesucht werden ganz allgemein die wenigen Elemente einer betrachteten Menge, die den größten Anteil an einer relevanten Kennzahl aufweisen.

Dabei sind in unterschiedlichen Branchen immer wieder ähnliche Verteilungen festzustellen. Zum Beispiel machen nur einige wenige Passagiere (A-Passagiere) von Fluggesellschaften sehr viel des Gesamtumsatzes aus. Demgegenüber gibt es sehr viele Passagiere (C-Passagiere), die nur sehr wenig zum Umsatz der Fluggesellschaften beitragen. Das ist der Grund, warum die Airlines vor allem die Vielflieger mit allen möglichen Services (VIP-Lounges etc.) verwöhnen. Ein verlorener A-Passagier wirkt sich vielfach so schlimm auf den Umsatz aus, wie viele verlorene C-Passagiere.

Übertragen auf organisatorische Fragestellungen kann das Verfahren auf Aufgaben bzw. Aufgabenerfüllungs-/Unternehmensprozesse angewendet werden. Monetäre Kennzahlen spielen neben Zeitaufwänden, die oft die Basis für Kostenbetrachtungen darstellen, in der Regel auch bei der Priorisierung von Prozessen die größte Rolle.

Die ABC-Analyse lässt erkennen, in welche Unternehmensprozesse es sich lohnt, Untersuchungs- und Gestaltungsaufwand zu investieren. Die Häufigkeit, mit der Prozesse pro Jahr ablaufen, kann in der Regel leicht ermittelt werden. An die Stelle einer exakten Zeit- und Kostenanalyse kann auch eine Gewichtung aufgrund einer Skala (z.B. 0 5) oder eine Schätzung von Zeiten oder Kosten treten.

Am Ende der ABC-Analyse trifft man häufig eine ähnliche Verteilung der Prozesse wieder, wie sie bereits für andere Bereiche als typisch bezeichnet wurde. Einige wenige Prozesse machen das Gros des Aufwandes , Kosten etc. aus. Sehr viele Prozesse bedingen nur noch wenig Aufwand etc. (siehe Abbildung 1.66).

Die typischen Häufigkeitsverteilungen sehen wie folgt aus:

	A-Prozesse	B-Prozesse	C-Prozesse
Anteil der Prozesse	Klein (10 - 20 %)	Mittel (20 - 40 %)	Groß (40 - 70 %)
Anteil der Kennzahl	ca. 60 - 80 %	ca. 15 - 30 %	ca. 5 %

Abb. 1.66: Typische Häufigkeitsverteilung bei ABC-Prozessen

Component GmbH

Component GmbH hat im Rahmen des Projektes zur Strategischen Prozessorganisation das Projektteam beauftragt, die Unternehmensprozesse zu priorisieren. Zunächst wurde eine quantitative ABC-Analyse durchgeführt. Als Bezugsgröße wurde die eingesetzte Mitarbeiterkapazität je Unternehmensprozess gewählt. Hierzu wurde im ersten Schritt geschätzt, wie sich die vorhandenen Mitarbeiter prozentual auf die einzelnen Prozesse verteilen (siehe Abbildung 1.67).

Im nächsten Schritt werden die Mitarbeiterkapazitäten je Prozess aufaddiert. Entsprechend ihrer Summe werden die Prozesse absteigend sortiert. Abschließend werden die jeweiligen Mitarbeiterkapazitäten kumuliert (siehe Abbildung 1.68).

MAK	Material Management		Lager		Finanzen		IT		HR		Sales Central		Sales Osten		Sales Süden	
Prozesse	100%	24	100%	78	100%	12	100%	17	100%	5	100%	28	100%	22	100%	25
Rahmenaufträge bearbeiten	4%	1	0%	0	11%	1	0%	0	0%	0	20%	6	17%	4	14%	4
Angebots-/Auftragsbearbeitung	5%	1	0%	0	26%	3	0%	0	0%	0	32%	9	29%	6	30%	8
Preislistenupdate	7%	2	0%	0	2%	0	2%	0	0%	0	5%	1	7%	2	9%	2
Leihgeräteabwicklung	2%	0	2%	2	2%	0	0%	0	0%	0	3%	1	4%	1	2%	1
Lieferantenmanagement	7%	2	0%	0	5%	1	0%	0	0%	0	5%	1	7%	2	7%	2
Warendisposition	5%	1	0%	0	0%	0	0%	0	0%	0	8%	2	6%	1	6%	2
Beschaffung Handelsware	50%	12	32%	25	17%	2	0%	0	0%	0	7%	2	8%	2	8%	2
Beschaffung EIZO	4%	1	5%	4	0%	0	0%	0	0%	0	0%	0	0%	0	0%	0
Warenannahme	0%	0	11%	9	0%	0	0%	0	0%	0	0%	0	0%	0	0%	0
Wareneingang	0%	0	13%	10	0%	0	0%	0	0%	0	0%	0	0%	0	0%	0
Kommissionierung	0%	0	22%	17	0%	0	0%	0	0%	0	0%	0	0%	0	0%	0
Value Added Services	0%	0	2%	2	0%	0	0%	0	0%	0	2%	1	2%	0	2%	1
Versand	0%	0	5%	4	0%	0	0%	0	0%	0	0%	0	0%	0	0%	0
Import	2%	0	2%	2	0%	0	0%	0	0%	0	0%	0	0%	0	0%	0
Disposition & Export	2%	0	2%	2	0%	0	0%	0	0%	0	0%	0	0%	0	0%	0
Exportkontrolle	1%	0	0%	0	0%	0	0%	0	0%	0	0%	0	0%	0	0%	0
Customer Service	0%	0	0%	0	2%	0	0%	0	0%	0	10%	3	9%	2	13%	3
Finanzen	0%	0	0%	0	19%	2	0%	0	0%	0	0%	0	4%	1	0%	0
Human Resources	3%	1	2%	2	5%	1	5%	1	82%	4	3%	1	2%	0	3%	1
IT	0%	0	0%	0	0%	0	73%	12	6%	0	0%	0	0%	0	0%	0
Performance Management	0%	0	0%	0	0%	0	5%	1	0%	0	0%	0	0%	0	0%	0
Produktmanagement	4%	1	0%	0	4%	0	5%	1	5%	0	2%	1	2%	0	3%	1
Qualitätsmanagement	1%	0	2%	2	2%	0	5%	1	2%	0	2%	1	2%	0	2%	1
Strategische Planung	3%	1	0%	0	5%	1	5%	1	5%	0	1%	0	1%	0	1%	0

Abb. 1.67: Verteilung der Mitarbeiterkapazitäten je Prozess

Prozesse / MAK	Mitarbeiter-kapazitäten		kumuliert	
Prozesse	100,00%	211,00	proz.	abs.
Beschaffung Handelsware	17,44%	36,80	17,44%	36,80
Angebots-/ Auftragsbearbeitung	11,31%	23,87	28,75%	60,67
Kommissionierung	8,13%	17,16	36,89%	77,83
IT	6,02%	12,71	42,91%	90,54
Rahmenaufträge bearbeiten	5,79%	12,22	48,70%	102,76
Wareneingang	4,81%	10,14	53,51%	112,90
Human Resources	4,67%	9,86	58,18%	122,76
Customer Service	4,39%	9,27	62,57%	132,03
Preislistenupdate	4,24%	8,95	66,82%	140,98
Warenannahme	4,07%	8,58	70,88%	149,56
Lieferantenmanagement	3,87%	8,17	74,75%	157,73
Warendisposition	3,65%	7,71	78,41%	165,44
Versand	2,59%	5,46	81,00%	170,90
Produktmanagement	2,47%	5,21	83,46%	176,11
Beschaffung EIZO	2,42%	5,10	85,88%	181,21
Leihgeräteabwicklung	2,25%	4,75	88,13%	185,96
Qualitätsmanagement	2,25%	4,74	90,38%	190,70
Strategische Planung	2,11%	4,46	92,49%	195,16
Value Added Services	1,97%	4,15	94,46%	199,31
Disposition & Export	1,93%	4,08	96,39%	203,39
Finanzen	1,67%	3,52	98,06%	206,91
Import	1,19%	2,52	99,26%	209,43
Performance Management	0,40%	0,85	99,66%	210,28
Exportkontrolle	0,34%	0,72	100,00%	211,00

Abb. 1.68: Addition der Mitarbeiterkapazitäten je Prozess

Aus der Tabelle ergibt sich, dass 25 % aller untersuchten Prozesse (6 von 24 Prozessen) 59,89 % der Mitarbeiterkapazitäten binden. Die ersten 6 Geschäftsprozesse können als A-Prozesse der Component GmbH angesehen werden. Sie verursachen den höchsten Prozentsatz an Arbeitsaufwand bzw. Personalkosten. Weitere 25% machen nur noch 22,96% der Mitarbeiterkapazitäten aus (B-Prozesse). 50% der Prozesse schließlich verursachen nur noch 17,15% des Arbeitsvolumens (C-Prozesse).

Die Klassifizierung der ABC-Analyse ist in Abbildung 1.69 als Lorenzkurve dargestellt.

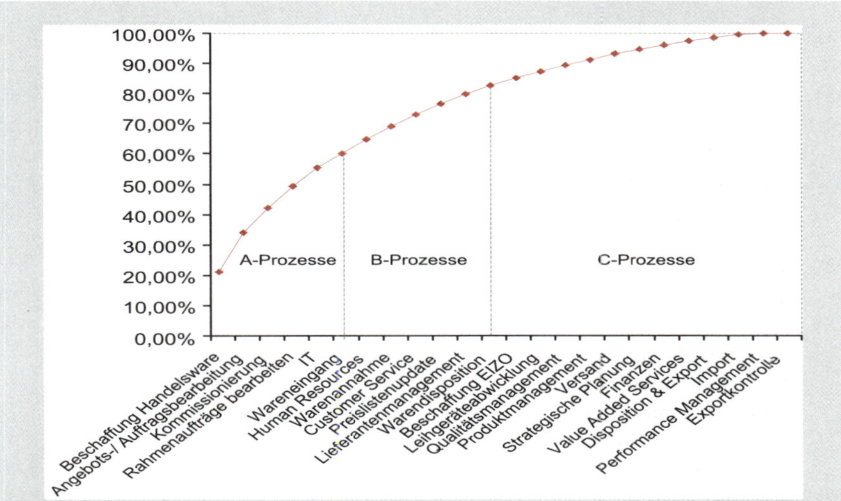

Abb. 1.69: Lorenzkurve

1.5.2 Qualitative-ABC Analyse

Auch weiche Faktoren fließen in die Priorisierung ein

Die klassische ABC-Analyse berücksichtigt für die Auswahl von Kernprozessen nur quantitative Kriterien. Qualitative Aspekte bleiben unberücksichtigt. Dieser Nachteil wird durch die qualitative ABC-Analyse in Form eines Multifaktoren-Verfahrens aufgehoben.

In einem ersten Schritt sind Auswahlkriterien zu formulieren, die in besonderen Fällen zusätzlich gewichtet werden können. Die Unternehmensprozesse werden dann anhand der Kriterien einer Punkteskala (z.B. 0 - 10 Punkte je nach Erfüllungsgrad der Kriterien) bewertet. Um eine ABC-Klassifikation der Prozesse zu erhalten, werden die gleichen Schritte wie bei der quantitativen ABC-Analyse durchlaufen (siehe Kapitel 1.5.1). Anstelle der Bezugsgröße „Mitarbeiterkapazität" wird dann der Punktewert je Prozess aus der qualitativen Bewertung der Prozesse genommen. Die wenigen Prozesse, die die höchsten Gesamtpunktzahlen aufweisen, stellen die A- bzw. Kernprozesse dar.

Folgende Kriterien können für die Identifizierung von Kernprozessen herangezogen werden,

- Wichtigkeit von Leistungen und der sie erzeugenden Unternehmensprozesse (Grad des Strategiebezuges, Tragweite von Störungen der Prozesse)
- Risikograd (Wahrscheinlichkeit von Störungen der Unternehmensprozesse)
- Dringlichkeit der Um-/Neugestaltung von Unternehmensprozessen

Mögliche Priorisierungskriterien

(Dynamik von Veränderungen im Umfeld der Prozesse; zeitliche Distanz zu festgesetzten Terminen)

- Standardisierungsgrad bzw. -potenzial (Häufigkeit der Prozesswiederholung in gleicher/ähnlicher Form pro Jahr)
- Rationalisierungspotenzial (Zeitaufwand/Kosten und/oder Durchlaufzeit für die Abwicklung von Unternehmensprozessen)
- Arbeitsteiligkeit in Unternehmensprozessen (Anzahl der in die Prozesse eingebundenen spezialisierten Organisationseinheiten)
- Komplexität von Unternehmensprozessen (Grad der Vernetztheit und Intensität der notwendigen Kommunikation spezialisierter Organisationseinheiten zur Abwicklung von Prozessen)
- Varietät der Unternehmensprozesse (Variantenvielfalt innerhalb der Prozesse).

Im Einzelfall können Kriterien situationsbezogen angepasst, weggelassen oder ergänzt sowie zusätzlich gewichtet werden.

1.5.3 Portfolio-Analyse

Der Begriff „Portfolio“ stammt aus der Bankbranche. Dort wird im Zusammenhang mit der Kapitalanlage von einem Wertschriften-Portefeuille gesprochen. Der Portfolio-Ansatz hilft einem Unternehmen, sein Portefeuille von Unternehmensaktivitäten so zu gestalten, dass es auch mittel- und langfristig in der Lage ist, diese Aktivitäten finanziell und personell durchzuhalten.

Die Portfolio-Analyse wird damit ein Instrument des strategischen Managements, dessen Ziel es ist, strategische Erfolgspotenziale sichtbar zu machen. Bei der Portfolio-Analyse des strategischen Managements werden hierzu die Kriterien Marktattraktivität (Ergebnis einer Umweltanalyse, einschließlich der Konkurrenz) und relative Wettbewerbsposition (Ergebnis einer Unternehmensanalyse) verwendet.

Im Folgenden wird ein Verfahren vorgestellt, dass die Idee der klassischen Portfolio-Analyse auf die Priorisierung von Prozessen überträgt. Dazu sind die in Abbildung 1.70 dargestellten Schritte zu durchlaufen.

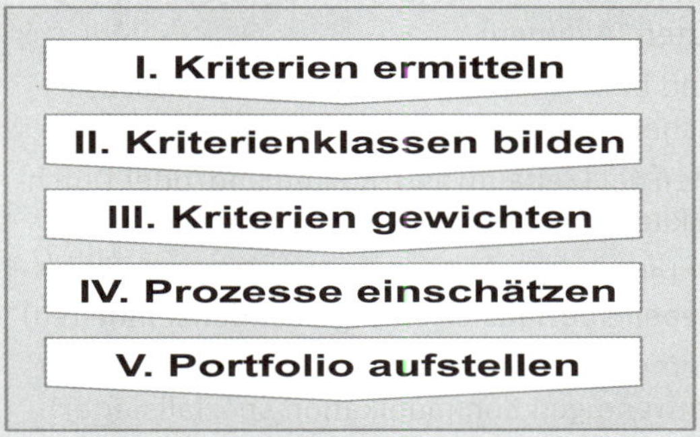

Abb. 1.70: Schritte der Portfolio-Analyse

I. Kriterien ermitteln

Einen ersten Anhaltspunkt für Kriterien, anhand derer verschiedene Prozesse beurteilt werden, bieten die in Kapitel 1.3.1 dargestellten Kernziele der Prozessorganisation. Beispielsweise können Prozesse danach beurteilt werden, inwieweit sie Prozessqualität, Durchlaufzeit oder Prozesskosten beeinflussen.

Ziele, Erfolgsfaktoren und Kernkompetenzen sind mögliche Priorisierungsfaktoren

Die in Kapitel 1.1.2 vorgestellten kritischen Erfolgsfaktoren geben ebenfalls Ideen für mögliche Priorisierungsfaktoren. Auch hilft der in Kapitel 1.1.4 vorgestellte Kernkompetenzen Ansatz, Kriterien für die Portfolio-Analyse zu finden.

Component GmbH

So könnte z.B. die geschilderte Kernkompetenz der Component GmbH ein Kriterium für die Prozessbeurteilung sein. Prozesse, die das Produkt-Know-how der Mitarbeiter oder die leistungsfähige Infrastruktur der Component GmbH beeinflussen, sind besonders bedeutsam.

Weitere Kriterien finden sich, wenn man die unternehmensinternen und -externen Rahmenbedingungen untersucht.

Beispielsweise kann die Qualität und Quantität der Personalstruktur genutzt werden, um einzuschätzen, ob die Restrukturierung von Prozessen machbar ist.

II. Kriterienklassen bilden

Der grundsätzliche Ansatz der Portfolio-Analyse sieht vor, Beurteilungskriterien in einer Matrixdarstellung gegenüberzustellen. Es gibt zunächst die Möglichkeit, zwei einzelne Faktoren herauszugreifen.

Alle Aspekte berücksichtigen

So ist es beispielsweise denkbar, die Wichtigkeit und Dringlichkeit in einem Portfolio als alleinige Kriterien zu benutzen, um Prozesse zu priorisieren.

Um zu einem ausgewogenen Urteil zu gelangen, das auf einer breiten Basis aufbaut, sind Portfolio-Analysen entstanden, bei denen eine Reihe von Kriterien zu einem Maßstab gebündelt werden (sogenannte mehrfaktorielle Portfolio-Analysen). Die Kriterien sollten so ausgewählt werden, dass ein Zusammenhang erkennbar ist.

So können beispielweise Know-how, Kapazität und Sachmittelausstattung unter den Oberbegriff Durchführbarkeit zusammengefasst werden.

Es bieten sich folgende Beurteilungsklassen an:

1. Prozessattraktivität
2. Verbesserungspotenzial
3. Durchführbarkeit.

Zu 1: Prozessattraktivität

Strategische Bedeutung von Prozessen

Eine erste Kriteriumsklasse, die dabei helfen kann, Prozesse zu priorisieren, ist die strategische Bedeutung des Prozesses. Je mehr ein Prozess dazu beiträgt, Unternehmensziele, Kritische Erfolgsfaktoren und Kernkompetenzen zu beeinflussen, desto wichtiger ist es, dass dieser Prozess optimal strukturiert ist. Entsprechend sind die Prozesse danach zu beurteilen, inwieweit sie beispielsweise auf Faktoren wie Flexibilität, Innovationsfähigkeit oder Reaktionsfähigkeit Einfluss nehmen.

Zu 2: Verbesserungspotenzial

Wo ist es besonders notwendig?

Das Verbesserungspotenzial drückt aus, inwieweit Optimierungen bei den betrachteten Prozessen zu erwarten sind. Hierzu sind die Erkenntnisse aus dem Prozesscheck heranzuziehen (siehe Kapitel 1.3). Prozesse mit vielen Schwächen/Risiken und wenigen Stärken/Chancen sind grundsätzlich bereits weitgehend optimierten Abläufen vorzuziehen.

Component GmbH

Für die Component GmbH bieten sich beispielsweise die Prozesse an, deren lange Durchlaufzeiten und hohe Kosten auf besonders umständlich geregelte Aufgabenfolgen zurückgehen. Auch Prozesse, für die neue technologische Möglichkeiten nicht genutzt werden, sind besonders zu bewerten.

Zu 3: Durchführbarkeit

Schließlich sind Faktoren bei der Projektpriorisierung zu berücksichtigen, die über die Durchführbarkeit der Reorganisation Auskunft geben. Eine dabei relevante Faktorengruppe sind Fähigkeitskriterien wie personelle, finanzielle und technische Ressourcen sowie projektbezogenes Know-how. Je umfangreicher Prozesse sind, desto mehr Bereiche sind betroffen. Damit steigt häufig auch das Konflikt- und Widerstandspotenzial. Deshalb sollte auch der Wille, einen Prozess zu verändern, bei der Prioritätenermittlung eine Rolle spielen.

Was ist leistbar?

Im Hinblick auf die grafische Darstellung des Portfolios sollten möglichst zwei aussagekräftige Kriterienklassen gefunden werden. Für den Fall, dass mehr als zwei Kriterienklassen berücksichtigt werden sollen, ist zu entscheiden, wie diese Kriterienklassen im Portfolio dargestellt werden können. Eine Möglichkeit besteht darin, zwei Klassen nochmals zu einer Oberklasse zusammenzufassen.

Beispielsweise könnte das Problemlösungspotenzial und das Prozessgestaltungspotenzial zu einem Prozesspotenzial zusammengefasst werden.

Es liegt auf der Hand, dass je mehr die Kriterien verdichtet werden, die Transparenz und Zuordnungslogik der Kriterien verloren gehen. Eine andere Möglichkeit besteht darin, eine dritte Dimension einzuführen.

Beispielsweise kann wie in Abbildung 1.70 neben der Prozessattraktivität auf der Y-Achse und dem Problemlösungspotenzial auf der X-Achse das Prozessgestaltungspotenzial durch den Durchmesser der Kreise im Portfolio dargestellt werden.

III. Kriterien gewichten

Für den Fall, dass die Kriterien nicht von gleicher Bedeutung für das Unternehmen sind, sollten sie gewichtet werden. Das setzt unbedingt voraus, dass die Kriterien vorher „sauber“ definiert worden sind, d.h. redundanzfrei und unabhängig.

Bei der Gewichtung kann man von einem begrenzten Punktwert, zum Beispiel 100 Punkte, ausgehen.

Top-down- oder bottom-up-Gewichtung

Die Punkte werden, ihrer Bedeutung entsprechend, auf die Kriterien verteilt. Dabei kann sowohl von „oben nach unten“ als auch von „unten nach oben“ vorgegangen werden. „Von oben nach unten“ bedeutet, dass zunächst die zu vergebenden Punkte auf die Kriterienklassen verteilt werden. Danach werden die zugewiesenen Punkte auf die Einzelkriterien der Klasse verteilt. Bei umgekehrtem Vorgehen werden zunächst die Punkte auf alle Einzelkriterien verteilt und dann je Klasse aufaddiert.

IV. Prozesse einschätzen

Stehen die Kriterien und Kriterienklassen fest, sind die Prozesse einzuschätzen. Normalerweise erhält ein Prozess, der das Kriterium sehr stark beeinflusst 3 Punkte, der Prozess, der nur mittelmäßigen Einfluss ausübt, 2 Punkte und ein Prozess mit geringen Auswirkungen auf das Kriterium 1 Punkt. Die Skala kann jedoch auch auf 1-5 erweitert werden, um einen größeren Spielraum bei der Beurteilung zu haben. Anschließend werden die Bewertungspunkte mit den Gewichten je Kriterium multipliziert. Danach wird die Summe der jeweiligen Kriterienklasse errechnet und durch die Anzahl der in der Klasse enthaltenen Einzelkriterien geteilt. Der so ermittelte Durchschnittswert dient dazu, den Prozess im Portfolio darzustellen.

Um die Prozesse nach diesem Rechenverfahren zu beurteilen, setzt man sinnvollerweise die in Abbildung 1.71 dargestellte Priorisierungstabelle ein. Sie baut auf den Prinzipien der Nutzwertanalyse auf (siehe Band 1 dieser Schriftenreihe). Im vorliegenden Fall wurde von einer Gewichtung der Kriterien abgesehen.

Kriterien	Verbesserungspotenzial							Attraktivität							Durchführbarkeit						
Prozesse	Summe Verbesserungspotenzial	Schnittstellenverringerung	Komplexitätsreduktion	Einsatzmöglichkeiten Technik	Räumliche Optimierungsmöglichkeiten	Personelle Verbesserungsmöglichkeiten	Verbesserte Infoversorgung	Summe Prozessattraktivität	Preis/Kosten	Verfügbarkeit	Lieferzeit	Service	Technisches Know-how	Qualität	Summe Durchführbarkeit	Know-how/Erfahrung	Personalkapazität	Sach- und Finanzmittelausstattung	Akzeptanz der Betroffenen	Unterstützung des Managements	Summe
Rahmenaufträge bearbeiten	3,2	3	2	4	2	3	5	3,3	5	3	3	3	2	4	2,6	2	2	4	2	3	52
Angebots-/ Auftragsbearbeitung	3,5	2	4	4	3	4	4	3,2	4	2	4	4	3	2	2,0	2	1	4	1	2	50
Preislistenupdate	3,0	3	4	4	1	2	4	2,5	4	3	3	2	2	1	2,2	3	1	4	1	2	44
Leihgeräteabwicklung	1,2	2	1	1	1	1	1	1,3	1	1	1	3	1	1	2,6	4	1	4	3	1	28
Lieferantenmanagement	2,7	3	2	3	1	3	4	3,0	4	4	3	2	2	3	3,0	4	1	4	2	4	49
Warendisposition	1,0	1	1	1	1	1	1	2,5	2	3	4	3	1	2	3,4	4	2	4	4	3	38
Beschaffung Handelsware	4,3	4	4	5	4	4	5	4,2	5	5	5	3	3	4	3,8	4	3	4	4	4	70
Beschaffung EIZO	2,0	2	2	1	3	3	1	3,2	4	5	4	1	2	3	3,8	5	3	4	3	4	50
Warenannahme	3,0	3	3	4	2	3	3	2,2	3	3	3	2	1	1	2,8	3	2	4	2	3	45
Wareneingang	3,0	2	5	4	2	2	3	2,3	3	4	3	1	1	2	3,0	4	2	4	2	3	47
Kommissionierung	1,8	2	1	3	1	3	1	2,3	2	3	3	2	1	3	3,0	3	3	4	2	3	40
Value Added Services	3,5	3	3	4	2	4	5	2,5	2	1	1	5	3	3	2,4	2	2	4	2	2	48
Versand	2,2	2	3	3	2	2	1	2,7	3	3	4	3	1	2	2,6	2	2	4	4	1	42
Import	1,3	1	2	1	2	1	1	2,2	3	4	2	1	1	2	2,6	2	1	4	3	3	34
Disposition & Export	2,2	2	1	2	4	2	2	1,8	2	1	3	2	1	2	2,0	1	1	4	2	2	34
Exportkontrolle	1,7	2	1	2	2	2	1	1,8	2	3	3	1	1	1	2,8	3	3	4	1	3	35
Strategische Planung	1,2	1	1	2	1	1	1	2,0	2	2	2	2	3	1	2,4	2	2	4	1	3	31
Finanzen	1,0	1	1	1	1	1	1	2,7	3	5	3	1	2	2	2,6	2	1	4	2	4	35
Human Resources	1,8	2	1	2	1	1	4	3,3	2	2	2	5	5	4	2,4	3	2	4	1	2	43
Produktmanagement	3,7	3	3	4	5	2	5	3,7	4	4	3	3	4	4	2,6	2	3	4	2	2	57
IT	2,2	3	2	2	1	2	3	2,5	3	3	2	1	3	3	2,8	2	2	4	3	3	42
Qualitätsmanagement	1,7	2	1	2	1	3	1	1,3	1	1	1	2	1	2	3,2	3	4	4	1	4	34
Customer Service	3,3	2	4	5	3	3	3	2,5	3	3	2	5	1	1	3,2	3	1	4	4	4	51
Performance Management	1,5	3	1	1	2	1	1	1,5	2	1	2	1	1	2	3,6	4	3	4	3	4	36

Abb. 1.71: Priorisierungstabelle

V. Portfolio darstellen

Die Durchschnittswerte der Kriterienklassen sind maßgeblich dafür, wo die Prozesse im Portfolio einzuordnen sind.

Beispielsweise findet sich bei der Component GmbH der Beschaffungsprozess mit einer Prozessattraktivität von 4,2 und einem Verbesserungspotenzial von 4,3 in der rechten oberen Ecke. Die Durchführbarkeit (Kreisdurchmesser) liegt bei 3,8.

Mit Hilfe des Portfolios lassen sich folgende Aussagen ableiten: Kernprozesse im Sinne „strategisch bedeutsam“ sind die Prozesse mit der höchsten Prozessattraktivität.

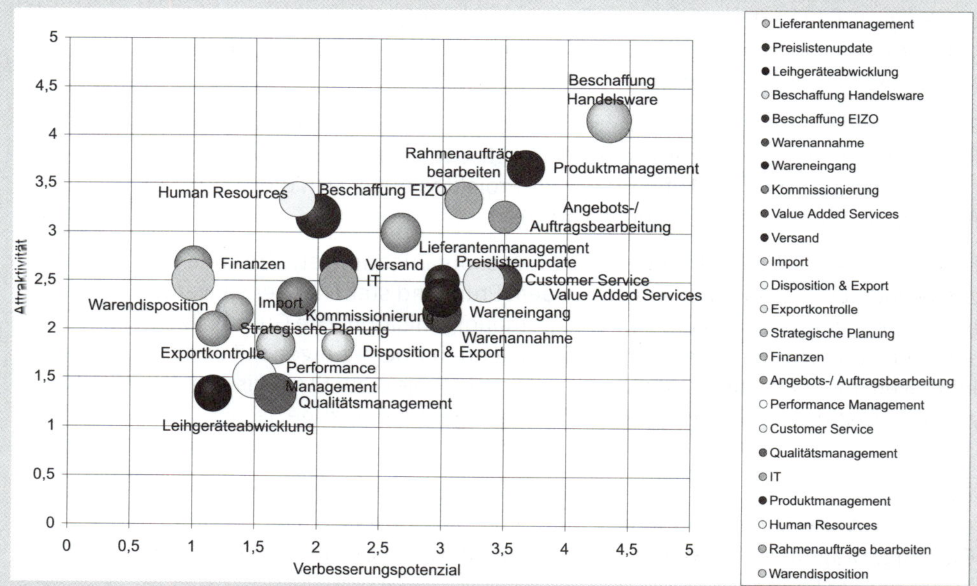

Abb. 1.72: Prozessportfolio

Da man mit der Prozesspriorisierung am Ende des Projektes „Strategische Prozessorganisation“ angelangt ist, bietet die Analyse auch ein gutes Instrument für die weitere Vorgehensweise an.

Es stellt sich die Frage, wie die Erkenntnisse aus der strategischen Betrachtung in der Folge umgesetzt werden. Die Kriterien „Verbesserungspotenzial“ und „Durchführbarkeit“ geben Anhaltspunkte hierfür.

Component GmbH

So leitet die Component GmbH einen Multi-Projektplan aus dem Portfolio für die nächsten zwei Jahre ab. Zunächst soll der hochattraktive und verbesserungswürdige Beschaffungsprozess in einem Prozessgestaltungsprojekt optimiert werden. In der Folge sollen weitere Prozesse wie „Produktmanagement" oder „Rahmenaufträge" projektmäßig angegangen werden.

Die Optimierungsideen für die weniger attraktiven und verbesserungswürdigen Abläufe werden im Rahmen der Kontinuierlichen Prozessoptimierung aufgegriffen.

1.6 Multi-Projektmanagement

Im linken oberen Themenfeld jedes Konzeptes des ibo-Prozessfensters wird die Frage beantwortet, welche aufbauorganisatorischen Voraussetzungen gegeben sein sollten, damit die Aufgaben, Methoden und Techniken des Konzeptes umgesetzt werden können.

Für ein Projekt „Strategische Prozessorganisation" bedarf es der typischen Rollen wie Projektleiter, Lenkungsausschuss etc., wie für jedes andere Projekt (siehe Kapitel 2.10.1). Als Aufbauform des Projektes bietet sich die Matrix-Projektorganisation an (siehe Kapitel 2.10.2).

Das Besondere bei der Strategischen Prozessorganisation ist, dass alle Prozesse und deren Zusammenwirken auf dem Prüfstand stehen. Ebenso werden technische, personelle, räumliche und aufbauorganisatorische Grundsatzentscheidungen getroffen. Um solche weitreichenden Überlegungen mit anderen Initiativen im Unternehmen abzustimmen, ist ein Projekt zur Strategischen Prozessorganistion eng in das Multi-Projektmanagement einzubeziehen.

Definition

Unter Multi-Projektmanagement versteht man das Einrichten, Betreiben und ständige Weiterentwickeln von Strukturen und Prozessen zur Initiierung, Planung, Diagnose und Steuerung des Projektportfolios auf operativer und strategischer Ebene.

Entstehen und Prüfen von Projektideen

Die im Folgenden genannten und charakterisierten Rollen haben ihre Bedeutung im Initiativprozess des Multi-Projektmanagements, der mit der Entstehung von Projektideen beginnt und mit dem Erteilen vorläufiger Aufträge im Kick-off-Meeting endet, das wiederum die Phase der Einzelprojekt-Planung einläutet. Zwischen Anfang und Ende des Initiativprozesses liegen das Formulieren und Prüfen von Projektanträgen.

Trotz des Schwergewichtes, das auf die Aufnahme neuer Projekte gelegt wird, sollte nicht übersehen werden, dass es in den periodischen Initiativ-Sitzungen auch darum geht, inzwischen abgeschlossene Projekte aus dem

Daueraufgabe Multiprojektmanagement

Portfolio zu entfernen und die so veränderte Ressourcensituation in die Überlegungen zur Bewilligung neuer Vorhaben einzubeziehen. Im Initiativprozess beginnt der Lebenszyklus von Einzelprojekten und hier schliesst er sich offiziell.

Da es sich um eine unternehmensweite Betrachtung handelt, werden im Initiativprozess Projektanträge jeglichen Couleurs behandelt, unter anderem eben auch Projekte, die die Einführung eines Prozessmanagement-Systems, die Gestaltung von neuen Unternehmensprozessen und die Neugestaltung bestehender Unternehmensprozesse zum Gegenstand haben.

Generell sind im Initiativprozess folgende Rollen „im Spiel":

Rollen im Initiativprozess

- Ideenlieferant
- Antragsteller
- Promotor
- Sponsor
- Auftraggeber
- Bewilligungsgremium.

Lieferant von Projektideen kann grundsätzlich jeder Mitarbeiter eines Unternehmens sein, gleichgültig welcher hierarchischen Stufe zugehörig. Der Weg der formellen Antragstellung hängt jedoch einerseits von dieser ab, aber auch von eventuell vorhandenen Regelungen eines Vorschlagswesens oder Wissensmanagements. Ob von den ausführenden, „unteren" Ebenen überhaupt Anregungen kommen, ist eine Kulturfrage. Hier ist die Nähe zur Total-Quality-Philosophie besonders deutlich. Es muss bereits eine geförderte Entwicklung des Qualitätsbewusstseins stattgefunden haben, soll eine solche „awareness" (ein kaum angemessen ins Deutsche zu übersetzender Begriff) zum allgemeinen Kulturgut eines Unternehmens gehören und nicht nur der individuellen Disposition einzelner Personen zu verdanken sein.

Hat das Unternehmen bereits Schritte in Richtung Prozessmanagement getan und diese auch institutionell verankert, so sind offizielle Träger der Prozessorientierung wie Prozesseigentümer, Chief Process Officers und Prozessverantwortliche natürlich aufgrund ihrer formalen Funktion als Ideenlieferanten in besonderem Maße prädestiniert und gefordert.

Die Rolle des Antragstellers wird - unabhängig davon, ob es sich um ein „normales" oder prozessorientiertes Unternehmen handelt - im Rahmen des Multi-Projektmanagements vom Inhaber einer Leitungsstelle wahrzunehmen sein. Geht man davon aus, dass die Leitungsstellen der zweiten Hierarchiestufe im Geschäftsleitungsgremium vertreten sind, so fällt dem Leiter des betreffenden Bereiches diese Rolle zu. Dies gilt umso mehr, als in einem prozessorientierten Unternehmen die Rolle der Bereichsleitung mit der des Prozesseigentümers zusammenfällt. Auf die Rolle des Prozesseigentümers wird ausführlicher im entsprechenden Feld des Abschnittes 3.5 eingegangen.

In der soeben geschilderten Konstellation ist es wahrscheinlich, aber natürlich kein „Muss", dass die Rollen des Promotors, Sponsors und Auftraggebers mit der Rolle des Antragstellers zusammenfallen.

Rücken-deckung für Projekte

Sollen diese drei Rollen kurz charakterisiert werden, so sollte der Promotor eine ranghohe Person - oder besser Persönlichkeit - sein, die ein bestimmtes Projekt ideell fördert und unterstützt. Ein Sponsor ermöglicht und unterstützt ein Projekt in materieller Hinsicht, also vor allem mit finanziellen und personellen Ressourcen. Der Auftraggeber ist in der Regel die für die betroffene Organisationseinheit, respektive betroffenen Prozess(e) verantwortliche Leitungsstelle und der direkte „Kunde" eines Projektes.

In der amerikanischen Projektmanagement-Welt und entsprechenden global akzeptierten PM-Standards wird stets vom Sponsor gesprochen und damit immer auch der Auftraggeber gemeint. Die beiden hier getrennt vorgestellten Rollen sind dort also absolut identisch.

Die Schlüsselrolle im Initiativprozess fällt dem Bewilligungsgremium (auch: Decision Committee) zu, das die oberste Entscheidungsinstanz für die Initialisierung von Projekten in einem Unternehmen darstellt. Je nach Größe eines Unternehmens kann es Bewilligungsgremien für einzelne Bereiche sowie unterschiedliche Hierarchiestufen, Projektklassen und/oder Projektarten mit speziellen fachlichen Inhalten geben.

Im Rahmen des Multi-Projektmanagements ist das Bewilligungsgremium oft identisch mit der Unternehmensleitung und stellt sicher, dass die ins Leben gerufenen Projekte den geforderten Beitrag zur Erfüllung der Geschäftspolitik und Strategie leisten. Das Gremium tagt in der hier betrachteten Rolle typischerweise 2-4mal im Jahr, prüft die eingegangenen Projektanträge, entscheidet darüber, vergibt Prioritäten bzw. verändert vorhandene aufgrund der aktuellen Situation, entscheidet in bereichsübergreifenden Fragen über die Ressourcenallokation sowie die Zusammensetzung des Lenkungsausschusses.

Letzte Entscheidungs-instanz bei großen Ab-weichungen

Während der laufenden Projektabwicklung kann das Bewilligungsgremium bei größeren Planabweichungen eingreifen, und es kann sinnvoll sein, dass das Bewilligungsgremium auf der Multi-Projektebene des Konfigurations- (Änderungs-) Managements als oberstes Change Control Board fungiert, um die Relevanz einzelprojektübergreifender Änderungen zu beurteilen und zu entscheiden.

1.7 Change Management

Mit einem Projekt zur Strategischen Prozessorganisation werden eine Menge neuer Regeln eingeführt bzw. bisherige verändert. Prozessvisionen wie Business Process Outsourcing oder eine prozessorientierte Aufbauorganisation greifen massiv in das System von Werten, Normen und Einstellungen ein.

Definition

Change Management ist die bewusste professionelle Gestaltung eines Veränderungsprozesses, die mit einem hohen Grad an Zielorientierung, Effizienz, Umsetzungsstärke und Akzeptanz durch die Betroffenen einhergeht.

Funktionen der Unternehmenskultur

Mit dem Change Management ist immer auch eine Kulturveränderung verbunden. Unternehmenskultur hat zunächst die allgemeine Funktion, eine Unterscheidung zu treffen bzw. zu ermöglichen. Dies gilt sowohl zwischen verschiedenen Organisationen, als auch innerhalb eines Systems, nämlich zwischen z.B. verschiedenen Abteilungen oder Divisionen. Die Unterschiede bestehen in den wahrgenommenen Regeln, Normen und Verhaltensweisen, die innerhalb des jeweiligen Teilsystems gelten. Damit wird eine weitere Funktion von Unternehmenskultur deutlich: die Voraussetzung zur Identifikation mit der Organisation(seinheit) bzw. deren Mitgliedern. Unternehmenskultur soll ebenfalls die Aufgabe erfüllen, die individuelle Verhaltensvielfalt zu verringern, damit die Organisation ziel- und zweckorientiert funktioniert. Unternehmenskultur hat somit auch die Funktion, die Organisation zu stabilisieren und produktiv zu machen.

Erfolgreiche Veränderungsprozesse

Will man Handlungsweisen und Abläufe verändern, erfordert es das Um- oder Neulernen von Regeln. Es muss also gegen die bisher gültigen Regeln gehandelt werden. Die Grunddynamik erfolgreicher Veränderungsprozesse sieht zunächst vor, solch einschneidende Maßnahmen vorzubereiten (Unfreezing). Die Veränderungsphase selbst („Moving") ist durch Instabilität gekennzeichnet, was vor allem durch schwankende Leistungen (output) bzw. Leistungsabfall deutlich wird. Am Ende des Prozesses kommt es zur Stabilisierung („Refreezing") des angestrebten Zielzustandes, so dass die Arbeitsabläufe stabil und funktional werden (siehe Abbildung 1.73).

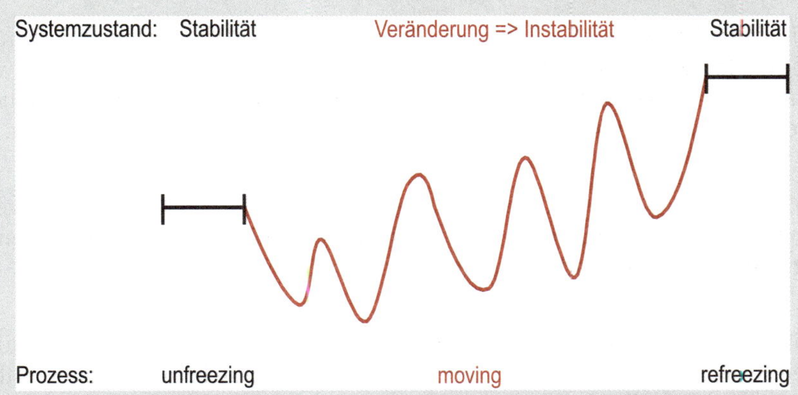

Abb. 1.73: Grunddynamik erfolgreicher Veränderungsprozesse nach LEWIN

Damit wird bereits an dieser Stelle das Stabilitäts-/Veränderungs-Dilemma deutlich: Organisationen in ständiger Veränderung wären chaotische Systeme, deren Funktionsfähigkeit massiv beeinträchtigt, wenn nicht gar aufgehoben würde. Darüber hinaus trägt jedes Veränderungsvorhaben in sich das Paradox, etwas Neues anzustreben - d.h. bisher Gültiges als ungültig zu erklären - und gleichzeitig die Akzeptanz veränderter Ziele und die Identifikation mit neuen Strukturen als notwendige Voraussetzung zu sehen (und als gegeben anzunehmen, sobald diese erklärt worden ist). Falls dieser Widerspruch nicht berücksichtigt wird, handelt es sich um den Versuch einer Realitätsabsicherung der Entscheider, die sich im weiteren Vorgehen in aller Regel als unvereinbar mit der Wahrnehmung der Betroffenen darstellt. Der Versuch, allein auf der Ebene logisch-rationaler Erklärungen und Konzepte Veränderungen konstruktiv zu gestalten, ist in den seltensten Fällen von Erfolg gekrönt.

Gegensätzlichkeit jeder Veränderung erkennen

Ob Veränderungen durchführbar sind, wird nicht zuletzt dadurch bestimmt, wie die Betroffenen die Ausgangslage und Rahmenbedingungen bewerten. Wenn keine Notwendigkeit des Wandels erkennbar ist, liegt die Veränderungsbereitschaft bei den Betroffenen sehr niedrig. Schon in der Vergangenheit haben Feldherren Brücken und Schiffe hinter sich verbrannt, um den Weg nach vorn als einzige Alternative deutlich zu machen. Allerdings gehört mehr dazu, damit die Unterstellten zu Gefolgsleuten werden. „England expects that every man will do his duty" war Lord Nelson´s Flaggenkommando am Vorabend der Schlacht von Trafalgar. Auf die Gegenwart übertragen heißt das nach NEUBERGER:

„Drei schöne Träume des Managements:

„Manager-träume"

- Alle tun, was ihre Pflicht ist
- Alle tun, was man ihnen sagt
- Alle tun von sich aus, was für die Organisation das Beste ist."

Damit wird deutlich, dass Unternehmenskultur - und besonders die Führungskultur - ganz wesentlich handlungsleitend für Mitarbeiter ist. Mit der folgenden Gliederung können die Faktoren von Unternehmenskultur leichter operationalisiert werden:

Woran erkennt man die Unternehmenskultur?

- Äußere Faktoren: Lage, Zufahrt, Architektur, Raumaufteilung etc.
- „Harte“ Faktoren (physisch vorhanden): Verträge, Handbücher, Reglements, Anweisungen etc.
- „Weiche“ Faktoren: Umgangsformen (z.B. Anrede), Kleidung, Sitzungsabläufe, Kommunikationsverhalten etc.

Überschneidungen an Kreuzungspunkten

Beim oben genannten Beispiel Nelson´s fielen offensichtlich die harten und die weichen Faktoren zusammen (die äußeren definierten die Situation: Zwei feindliche Flotten standen sich im Ärmelkanal gegenüber), d.h. formale und informelle Regeln sowie die entsprechenden Verhaltensweisen waren synchron. Damit war eine wesentliche Voraussetzung für den Erfolg gegeben. Bei einer Änderung von einer funktionalen vertikalen Ausrichtung einer Organisation (z.B. Einkauf, Produktion, Vertrieb) hin zu einer prozessorientierten horizontalen Gliederung ergeben sich zwangsläufig Überschneidungen an den jeweiligen Kreuzungspunkten.

Umdenken an vielen Stellen

Bei dieser Matrix-Struktur treffen Regeln und Verhaltensweisen in mehrfacher Hinsicht aufeinander. Zunächst hierarchisch gesehen: Die funktionale Sicht hatte bisher Vorfahrt, weil die Fachbereiche innerhalb ihres Teilsystems nach den eigenen Regeln und Prioritäten entscheiden. Auch die Erfahrungen bezüglich der Gültigkeit von Regeln und Prioritäten bekommen eine andere Bedeutung. Bisher war es gut so und richtig, Bereichsinteressen zu verfolgen und zu vertreten, jetzt wird man dafür bestraft, wenn man weiterhin danach handelt! Auch inhaltlich gesehen bedeutet Prozessorientierung ein Umdenken. Bisher war man für seine fachliche Leistung im Rahmen seiner Tätigkeitsbeschreibung verantwortlich und wurde danach gemessen und gegebenenfalls entlohnt. Zukünftig soll der Mitarbeiter an die Arbeitsschritte und Kollegen denken, die vor und nach ihm kommen, ganz zu schweigen vom weit entfernten Kunden, den er im Zweifel gar nicht kennt. Schließlich wird Qualität und Leistung zukünftig nicht mehr allein an der Fachkompetenz festgemacht, sondern an dem reibungslosen Ablauf des gesamten Arbeitsprozesses: „Was hab ich damit zu tun?“ mag da so mancher denken! Genau damit wird das Problem deutlich, um das es hier geht:

Tipp

Nicht allein die strukturelle Gliederung und das schriftliche Fixieren von entsprechenden Prozessvisionen garantieren den Prozessablauf, sondern auch und gerade die „weichen“ Faktoren bestimmen über Erfolg oder Misserfolg.

Das Dilemma besteht allerdings in einem doppelten Sinne und erfordert daher doppelte Bearbeitung. Zum einen müssen neue Regeln eingeführt und glaubwürdig durch die Führungskräfte vertreten werden - was für sich genommen häufig ein enormes Problem darstellt. Zum anderen muss sichergestellt werden, dass formale und informelle Regeln übereinstimmen, was bedeutet, dass versteckte Belohnungen für das Bewahren alter Handlungsweisen aufgehoben und beseitigt werden müssen. Dies stellt sogar die schwierigere Veränderung dar, wenngleich viele Organisationen bereits an der ersten scheitern.

Keine versteckten Belohnungen für Veränderungsmuffel

Solange noch keine Prozessorientierung existiert, d.h. der Übergang von einer funktionalen zu einer prozessorientierten Organisationsstruktur noch nicht eingeleitet wurde, kann es hilfreich sein, die notwendigen Voraussetzungen zur Veränderung von Handlungsregeln und Verhaltensweisen zu identifizieren. In einer entsprechenden Vorbereitungsphase („Unfreezing") ist es sinnvoll und notwendig, die Veränderungsbereitschaft einzuschätzen und zu fördern. In einem partizipativen Vorgehen können die unten genannten 10 veränderungsrelevanten Fragen Informationen liefern bezüglich der vier Veränderungsdimensionen:

- Inhalte
- Verhaltensweisen
- Beziehungen
- Prozesse.

Die Fragen werden innerhalb eines spezifischen Change Management-Projektes gestellt, beantwortet und veröffentlicht. Dieses Vorgehen stellt meist eine massive Intervention in der bestehenden Organisation dar. Die Antworten geben ebenfalls Hinweise auf kritische Faktoren und notwendige Maßnahmen für beziehungsweise während einer erfolgreichen Veränderung:

Fragen in der Vorbereitung

1. Was ist so gut, dass es so bleiben soll, wie es ist?
2. Was muss kurz-, mittel- und langfristig verbessert werden?
3. Welche Fragen sollten „tabu" sein?
4. Welche Fragen bergen Streitrisiken in sich?
5. Welche Fragestellungen sind „unlösbare" Dauerbrenner?
6. Zu welchen anderen Bereichen gibt es welche Naht- und Schnittstellenprobleme?
7. Was würde ich ändern, wenn ich könnte, wie ich wollte?
8. Welche anderen, bereits in Gang gesetzten Optimierungsprozesse gibt es, mit denen man sich abstimmen sollte?
9. Was wollen wir messbar bis wann verbessern?
10. In welche kurz-, mittel- und langfristigen strategischen Kontexte ist das alles einzubetten?

Um den Status der Prozessorientierung einzuschätzen, ist es hilfreich, geeignete Kriterien – idealerweise gemeinsam mit den Betroffenen – zu definieren. Als Beispiel für eine solche Kriteriensammlung kann die in Abbildung 1.74a/b dargestellte Checkliste dienen.

Kriterium	Ausprägung
Prozessorientierung allgemein	Ganzheitlich im Sinne des Prozesses denken
	Schnittstellen/Grauzonen besonders beachten und bei Abweichungen/Unklarheiten sofort reagieren
	Fehler mit dem direkten Partner (Lieferant/Kunde) sofort ansprechen
	Fehler an den Prozessverantwortlichen melden
	Mit Fehlern aller Art und jeglicher Quelle konstruktiv umgehen
	Kaizen denken: Fehler sind u.a. Auslöser von (ständigen) Verbesserungen
	Kaizen handeln: Verbesserungen erkennen und umsetzen ist neben der produktiven Tätigkeit die Hauptaufgabe aller Mitarbeiter
	Kaizen vorleben: Hauptbestandteil einer Führungsfunktion, d.h. Mitarbeiter dazu ermutigen und dafür belohnen, Fehler aufzuzeigen und abzustellen, kreativ zu sein und (ständig) Ideen zu generieren
Kundenorientierung	Den Kunden wertschätzend behandeln
	Probleme des Kunden kennen
	Kundenkontakte pflegen
	Auf Kundenwünsche eingehen
	Liefertermine einhalten
	Produkte quantitativ und qualitativ wie vereinbart bereitstellen
	Serviceorientiert sich verhalten
	Reklamationen als Anlass für Verbesserungen verstehen
	Dem Kunden gegenüber positiv auf Reklamationen reagieren

Abb. 1.74a: Checkliste zur Prozess- und Kundenorientierung

Kriterium	Ausprägung
Lieferantenorientierung	Kontakte pflegen
	Konstruktive Rückmeldung bzgl. Lieferfehler geben
	Eigene Anforderungen konkret nennen
	Bereitschaft zur Kooperation signali-sieren
Produktorientierung	Sich mit dem Produkt identifizieren
	Produkte quantitativ und qualitativ wie vereinbart herstellen/erzeugen
	Erhaltene Produkte auf quantitative und qualitative Vollständigkeit prüfen

Abb. 1.74b: Checkliste zur Lieferanten- und Produktorientierung

Literatur des Kapitels „Strategische Prozessorganisation“

Bach, N.; T. Biemann: Geschäftsprozessmanagement in Deutschland. Ergebnisse einer Befragung im April 2004

Best, E.; M. Weth: Geschäftsprozesse optimieren. Wiesbaden 2003

Bokranz, R.; L. Kasten: Organisations-Management in Dienstleistung und Verwaltung. 4. Aufl., Wiesbaden 2003

Dittrich, J.; M. Braun: Business Process Outsourcing. Stuttgart 2004

Gadatsch, A.: Grundkurs Geschäftsprozess-Management. 3. Aufl., Wiesbaden 2003

Gadatsch, A.; Th. Knupperts; Sv. Schnägelberger: Geschäftsprozessmanagement - Eine Umfrage zur aktuellen Situation in Deutschland. Sankt Augustin 2004

Hammer, C.; J.Champy: Business Reengineering: die Radikalkur für das Unternehmen. 5. Aufl., Frankfurt a. M./New York 1995

IDS Scheer AG (Hrsg.): Business Process Report 2004. Tübingen 2004

Kagelmann, U.: Shared Services als alternative Organisationsform. Wiesbaden 2001

Krüger, W.: Organisation der Unternehmung. 3. Auflage, Stuttgart 1999

Müller-Stewens, G; Ch. Lechner: Strategisches Management. Stuttgart 2001

Osterloh, M.; J. Frost: Prozessmanagement als Kernkompetenz. Wiesbaden 1996

Rüegg-Stürm, J.: Das neue St. Galler Management-Modell. 2. Aufl., Berlin 2003

Scheer, A.-W.: ARIS - Vom Geschäftsprozeß zum Anwendungssystem. 3. Aufl., Berlin 1998

Schmelzer, H. J.; W. Sesselmann: Geschäftsprozessmanagement in der Praxis. 4. Aufl., München 2004

Werder, A. v.; H. Stöber: Center-Organisation. Stuttgart 2004

2 Prozessgestaltung

Reaktive und aktive Anlässe für Prozessgestaltungen

Die Aufgabe, einen einzelnen Prozess zu gestalten, tritt in Unternehmen in unregelmäßigen Abständen in unterschiedlichsten Bereichen immer wieder auf.

Meist ist der Anlass problembezogen, sei es beispielsweise weil die Unzufriedenheit mit den Prozessergebnissen steigt oder eine gesetzliche Anforderung dazu zwingt. Aber auch aktive Anlässe, wie z. B. die Entwicklung neuer Produkte oder die Implementierung einer neuen Software, führen dazu, Prozesse grundsätzlich neu zu gestalten oder zu überarbeiten.

Wie bereits in Kapitel 1.6 bei der Strategischen Prozessorganisation ausgeführt, kann die Prozessgestaltung auch Teil der Strategieumsetzung sein. Dann ist es typisch, dass gleich mehrere Prozessgestaltungen zum Teil parallel und teilweise nacheinander im Unternehmen durchgeführt werden.

Prozessgestaltungen sind komplex, übergreifend, riskant und aufwendig

Typischerweise sind von der Prozessgestaltung mehrere Bereiche betroffen, da Abläufe in der horizontalen Kunde-Kunde-Sicht nicht an Abteilungsgrenzen halt machen. Auch ist die Prozessgestaltung meist komplex, da neben der eigentlichen Organisation des Prozesses personelle, technische oder informatorische Themen eine Rolle spielen. Vor allem bei Innovationen, aber auch beim grundsätzlichen Redesign eines Prozesses ist mit vielen Risiken zu rechnen.

So ist beispielsweise fraglich, ob das neue Produkt seinen Markt findet, die einzuführende Software reibungslos funktioniert oder die Betroffenen die Lösung akzeptieren.

Werden alle diese Aspekte bei der Aufgabenplanung der Prozessgestaltung berücksichtigt, ergeben sich schnell relativ hohe Aufwände für die eigentliche Gestaltung und mitunter größere Investitionen für die Lösung.

Projekte notwendig

Je einmaliger, komplexer, bereichsübergreifender, riskanter, neuartiger, aufwändiger und teuerer eine Problemstellung ist, desto ratsamer ist es, die Aufgabenstellung in einer Projektorganisation und nicht in der Linienorganisation zu lösen.

Definition

Ein Projekt ist ein Vorhaben, das im Wesentlichen durch die Einmaligkeit der Bedingungen in seiner Gesamtheit gekennzeichnet ist, z.B. Zielvorgabe, zeitliche, finanzielle, personelle und andere Begrenzungen, Abgrenzung gegenüber anderen Vorhaben und projektspezifische Organisation (DIN 69 901).

Nimmt man die Charakteristika der Prozessgestaltung zusammen, so liegt es nahe, in vielen Fällen die grundlegende Veränderung von Prozessen als Projekt zu organisieren.

Definition

Die Prozessgestaltung ist ein projektorientiertes Konzept, das den Projektablauf, das Projektmanagement sowie die technische und kulturelle Unterstützung bei der grundsätzlichen Neuentwicklung oder Überarbeitung eines einzelnen Prozesses regelt.

Techniken, nicht nur bei der Prozessgestaltung

Abbildung 2.01 stellt die einzelnen Themen der Prozessgestaltung dar. Selbstverständlich sind viele der bei der Methode der Prozessgestaltung vorgesehenen Techniken nicht auf die Projektarbeit beschränkt. So helfen beispielsweise die Vorgehensschritte und dazugehörigen Werkzeuge der Prozessgestaltung auch bei unregelmäßig wiederkehrenden Prozessverbesserungen, die nicht immer gleich in der Projektorganisation gelöst werden. Auch im Rahmen der kontinuierlichen Prozessoptimierung wird auf eine Reihe der hier vorgestellten Verfahren zurückgegriffen.

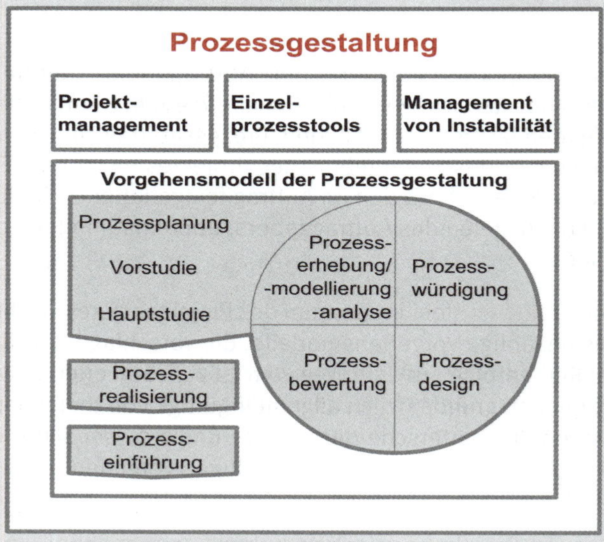

Abb. 2.01: Themen der Prozessgestaltung

Der Schwerpunkt der Prozessgestaltung wird hier auf die Methode und Techniken gelegt.

Definition

Mit dem Vorgehensmodell der Prozessgestaltung wird eine Methode vorgestellt, die die logische Folge der im Projekt zu erledigenden Aufgaben und die dazu gehörigen Techniken regelt.

Ein Projekt wird als Prozess bearbeitet. Folglich bieten sich einige analoge Betrachtungen bei der Prozess- und Projektorganisation an (siehe Abbildung 2.02).

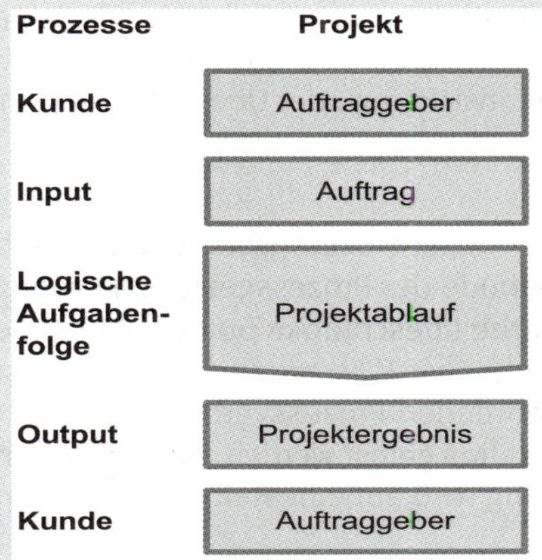

Abb. 2.02: Projektablauf in Analogie zur Prozessdefinition

Anfang und Ende von Projekten

Der Auslöser eines Projektes ist der vom Auftraggeber definierte Prozessauftrag. In ihm sind alle wichtigen Projektinhalte wie zum Beispiel Ziele, Ergebnisse oder Aufgaben festgehalten. Mit dem Prozessauftrag sind gleichzeitig die Anforderungen an das Endergebnis des Projektes festgelegt. Erst wenn das Ergebnis des Projektes mit den im Auftrag festgehaltenen Bedürfnissen des Kunden, sprich Zielen des Auftraggebers, übereinstimmt, ist das Projekt abgeschlossen.

Auf dem Weg vom Ist zum Soll

Die logische Folge von Aufgaben steht im Zentrum des Projektablaufes. In Theorie und Praxis gibt es unzählige Vorgehensmodelle, die vorschlagen, welche Aufgaben in welcher Reihenfolge auf dem Weg vom Ist zum Soll erledigt werden sollen. Dabei kann man grundsätzlich allgemeingültige von themenspezifischen Vorgehensmodellen unterscheiden. Band 1 und 2 dieser Schriftenreihe befassen sich ausführlich mit der allgemeingültigen Vorgehensweise in Projekten.

Prozessorganisation und Projektorganisation haben - wie erwähnt - zwei Berührungspunkte. Sie folgen gemeinsamen Definitionskriterien, außerdem werden Prozesse in der Regel in Projekten entwickelt und eingeführt.

Welche Besonderheiten gelten bei Projekten, in denen Prozesse reorganisiert werden?

Zum Vorgehen bei Prozessgestaltungsprojekten sind - über die allgemeingültigen Vorgehensmodelle hinaus - in den letzten Jahren spezifische Vorschläge

Inflation von Vorgehensmodellen zur Prozessgestaltung

entwickelt worden. Es gibt kaum eine Veröffentlichung, die nicht ein eigenes Vorgehensmodell zur Prozessgestaltung beinhaltet. Nahezu alle Beratungsgesellschaften haben eine eigene Methode zum Business Process Management entwickelt. Viele Unternehmen haben zwischenzeitlich firmeninterne Vorgehensmodelle für die Prozessgestaltung eingeführt.

Die Unterschiede liegen in Begrifflichkeiten und in der Grafik

Ein erster grober Blick auf die Vorgehensvorschläge erweckt den Eindruck, als seien die Modelle grundverschieden. Eine nähere Analyse der existierenden Vorgehensmodelle zeigt jedoch, dass die meisten Unterschiede lediglich auf abweichende Begrifflichkeiten und auf unterschiedliche grafische Aufbereitung zurückzuführen sind. Es ist jedoch zweitrangig, wie einzelne Phasen und Schritte bezeichnet werden. Die Namen spielen nur insofern eine Rolle, als dass sie, einmal festgelegt, einheitlich in einem Unternehmen verwandt und verstanden werden. Auch die Grafik folgt häufig eher Marketinggesichtspunkten als inhaltlichen.

Viel wichtiger als die Begriffe und die Optik eines Vorgehensmodells ist es, dass eine Methode folgende Prinzipien zur Prozessgestaltung beinhaltet, um den Erfolg des Projektes sicherzustellen:

- Phasenweises Vorgehen
- Rationales Entscheiden
- Vom Groben zum Detail.

Zu 1: Phasenweises Vorgehen

Von der Idee einer Prozessgestaltung bis zu ihrer Umsetzung in einen verändert gelebten Prozess kann es mitunter 3 – 12 Monate dauern. Über einen solch langen Zeitraum ist es wichtig, Zwischenetappen zu definieren, an denen festgelegte Ergebnisse vorliegen.

Definition

> Eine Projektphase ist ein zeitlicher Abschnitt des Projektlebenszyklus, der sachlich gegenüber anderen Abschnitten getrennt ist.

So unterschiedlich die verschiedenen Vorgehensmodelle aufbereitet und mit Begriffen belegt sind, so folgen sie letztlich einem einheitlichen Phasendreiklang von Planung, Realisierung und Einführung. Abbildung 2.03 zeigt die groben drei Phasen der Prozessgestaltung.

Dieser Phaseneinteilung folgt auch der bekannte PDCA-Cycle, der in Kapitel 3.3.2 vorgestellt wird.

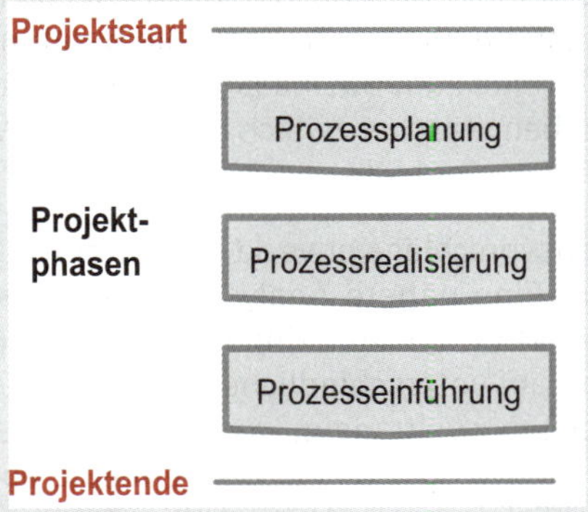

Abb. 2.03: Phasen der Prozessgestaltung

Prozessplanung ist Kopfarbeit, Prozessrealisierung ist Handarbeit - auf diese einfache Faustformel könnte man die ersten beiden Phasen der Prozessgestaltung reduzieren. In der Prozessplanung ist ein geistiges Durchdringen der gesamten Problematik mit ihren Wechselwirkungen erfolgskritisch. So ist beispielsweise zu prüfen, ob die ablauforganisatorischen Maßnahmen mit den angedachten IT-Lösungen und den personellen Veränderungen harmonieren. Erst wenn am Ende der Prozessplanung ein in sich geschlossenes Konzept für den zukünftigen Prozess steht, kann in der Prozessrealisierung „Hand angelegt werden", indem z. B. Arbeitsanweisungen verfasst werden, Software implementiert wird oder Mitarbeiter qualifiziert werden.

Erst denken, dann handeln

In der Praxis werden Aufgaben der Planung und Realisierung nicht immer sauber getrennt. Dies ist dann kritisch, wenn durch eine vorgezogene Realisierung einzelner Teilaspekte Fakten geschaffen werden, die einer optimalen Prozesslösung aus einem Guss im Wege stehen. Beispielsweise könnten verfrühte Betriebsvereinbarungen oder vorschnell gekaufte Software technische und personelle Prozessoptimierungen verhindern.

Tipp

In der Prozesseinführung werden die realisierten Lösungen in den operativen Betrieb übernommen. Hier ist es besonders wichtig, die Betroffenen aktiv zu betreuen.

Zu 2: Rationales Entscheiden

Ein weiteres Prinzip von Vorgehensmodellen ist es, anstehende Entscheidungen rational zu treffen. Wann ist eine Entscheidung rational oder irrational?

Beispiel für irrationales und rationales Verhalten

Jeder kennt sicher die Situation, bei der man sich adhoc von dem Angebot eines Geschäftes animieren lässt, etwas zu kaufen - zum Beispiel einen DVD-Player - über das man vorher nicht nachgedacht hat. Niemandem soll die Freude eines solchen Spontankaufes genommen werden, aber das ist ein Beispiel für irrationales Handeln. Rational wäre, wenn man sich zunächst im Klaren wird, was man mit dem DVD-Player alles machen will. Soll er z. B. auch aufnehmen können, welche Formate soll er unterstützen usw. Ebenfalls sollte der finanzielle Rahmen sowie andere Restriktionen wie beispielsweise die Kompatibilität zu anderen Geräten festgelegt werden. Nach einer Sichtung mehrerer Modelle würde man dann das Gerät wählen, das die Vorgaben und die Ziele am besten erfüllt.

Wichtiges Prinzip bei Zielkonflikten

Der eine oder andere wird nun sicher denken, dass dies wohl des Guten ein wenig zu viel ist. Im Privaten mag das sein, wobei interessanterweise auch hier mitunter die Entscheidungen für einen Urlaub oder ein Auto erst nach intensivsten Recherchen und Abwägungen getroffen werden. Im Berufsleben gewinnt das Prinzip der rationalen Entscheidung vor allem dann an Bedeutung, wenn mehrere Betroffene mit unterschiedlichen Zielen eine gemeinsame Entscheidung suchen.

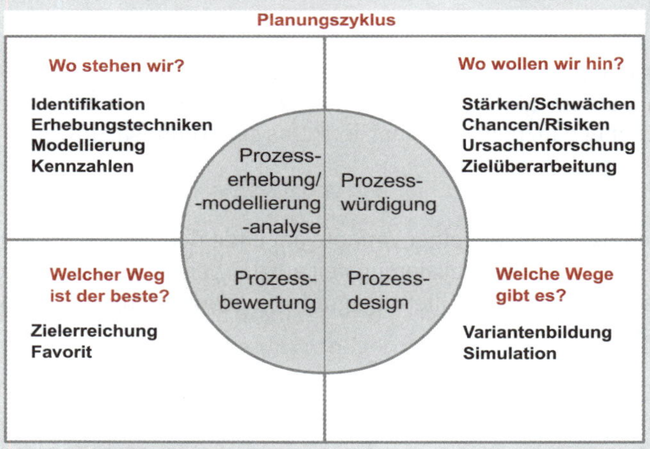

Abb. 2.04: Der Planungszyklus

Übertragen auf die Prozessgestaltung bedeutet das Prinzip der rationalen Entscheidung, dass im Rahmen der Prozessplanung die Schritte Prozesserhebung, -modellierung, -analyse, -würdigung, -design und -bewertung durchlaufen werden. Da diese Pakete immer wieder in Entscheidungssituationen bearbeitet werden, spricht man auch von Planungszyklus (siehe Abbildung 2.04).

Zu 3: Vom Groben zum Detail

Der dritte und letzte wesentliche Grundsatz aller Vorgehensmodelle beinhaltet die Empfehlung, zunächst grob und dann detailliert Prozesse zu gestalten. Für die Planungsphase hat das zur Konsequenz, dass die Prozessplanung in eine Vor- und Hauptstudie unterteilt wird.

Immer wieder scheitern Projekte

Auch diese Herangehensweise hat einen praktischen Hintergrund. 60% aller Prozessgestaltungen scheitern. Bei der Frage nach den Ursachen stößt man auf bekannte Gründe wie veränderte Rahmenbedingungen, neue Strategien oder ein Führungswechsel. Bei diesen externen Einflüssen sind einem oft die Hände gebunden. Es gibt jedoch auch hausgemachte Projektmanagementfehler, wie z. B. das „frühzeitige Versinken im Detail".

Detailverliebtheit gefährdet Projekterfolg

Komplexe Prozesse verführen geradezu dazu, sich im Detail zu verlieren und vor lauter Bäumen den Wald nicht mehr zu sehen. Um jedoch zu entscheiden, ob und wie sich ein Prozess grundsätzlich verändern soll, braucht man keine detailgetreuen Aktivitätenfolgen oder sekundengenaue Durchlaufzeitanalysen aller Nebenäste. Hier reichen grob skizzierte Prozessketten und geschätzte Prozesskennzahlen für den Hauptast, um in grundsätzlichen Gestaltungsalternativen zu denken.

Beispiele für Grundsatzfragen

Soll der Prozess komplett outgesourct werden oder nicht? Wird der Prozess durchgängig mit einem ERP-System unterstützt? Wird der Prozess hoch arbeitsteilig oder eher ganzheitlich organisiert? Das sind Grundsatzfragen, die in einer Vorstudie geklärt werden.

Ist eine Entscheidung zugunsten einer Variante am Ende der Vorstudie gefällt, gilt es in der Hauptstudie diese realisierungsreif aufzuarbeiten. Abbildung 2.05 zeigt den unterschiedlichen Detaillierungsgrad von Lösungsvarianten in der Vor- und Hauptstudie.

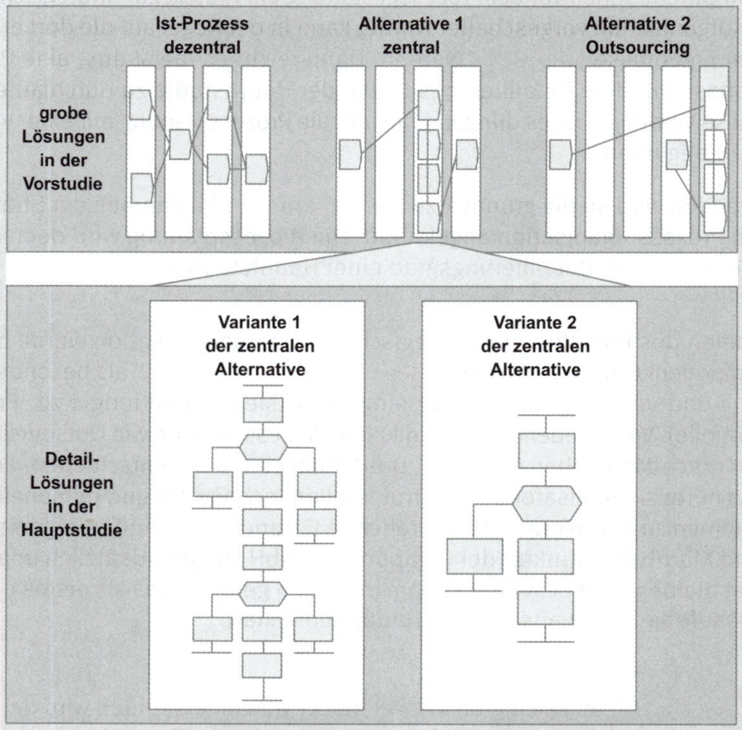

Abb. 2.05: Detaillierung der Lösungsvarianten in der Vor- und Hauptstudie

2.1 Prozessplanung

Die Techniken und Lösungsansätze in der Vorstudie einer Prozessgestaltung entsprechen den empfohlenen Werkzeugen des Prozesschecks (siehe Kapitel 1.3) und den Prozessvisionen (siehe Kapitel 1.4)in der Strategischen Prozessorganisation.

Techniken in der Vorstudie

So bieten sich beispielsweise die Swimlane-Darstellung oder das Prozessdiagramm an, Prozesse in der Erhebung zu modellieren. SWOT-Analyse und Benchmarking sind geeignete Techniken bei der Würdigung in der Vorstudie. Die unternehmensübergreifenden und -internen Visionen sind auch grundsätzliche Lösungsalternativen beim Prozessdesign in der Vorstudie.

Wenn im Unternehmen vor der Prozessgestaltung ein Projekt zur Strategischen Prozessorganisation vorgeschaltet wurde, kann in der Regel auf die dort erarbeiteten Ergebnisse aufgesetzt werden. Dann reicht es meist aus, eine Planungsphase auf dem Detaillierungsniveau der Hauptstudie zu durchlaufen. Fehlt diese Vorarbeit, ist es dringend ratsam, die Prozessplanung mit einer Vorstudie zu beginnen.

Im Folgenden wird an die grundsätzlichen Vorarbeiten im Rahmen der Strategischen Prozessorganisation angeknüpft. Die Prozessplanung wird dementsprechend auf dem Detaillierungsgrad einer Hauptstudie erläutert.

Einstieg mit Hauptstudie

Im Rahmen des Projektes zur Strategischen Prozessorganisation wurde bei der Component GmbH der Prozess „Beschaffung Handelsware“ als besonders attraktiv und verbesserungswürdig eingestuft (siehe Abbildung 1.72, Prozessportfolio). Verschiedene, auch radikalere Prozessvisionen wie Outsourcing wurden durchdacht, aber verworfen. Das Management hat entschieden, den Prozess mittels organisatorischer, struktureller, technischer und personeller Maßnahmen zu optimieren. Die bestehende IT-Landschaft, Aufbauorganisation und Mitarbeiterstruktur der Component GmbH soll grundsätzlich unangetastet bleiben. Es ist ein Projektteam ins Leben gerufen, das als erstes den Prozessauftrag für die anstehende Hauptstudie klärt.

Component GmbH

Der Prozessauftrag teilt sich grob in zwei Blöcke auf. Im ersten Teil wird der zu gestaltende Prozess genau beschrieben und abgegrenzt. Dazu sind folgende Punkte zu konkretisieren,

Prozessabgrenzung im Auftrag

- Prozessname
  Aussagekräftige Prozessbezeichnung mit Objekt und Verrichtung
- Prozesszweck
  Erklärung, was die Hauptaufgabe des Prozesses ist und warum er für das Unternehmen wichtig ist
- Prozessziele
  Auflistung der erwünschten Wirkungen und Soll-Zustände des Prozesses
- Kunde
  Nennung des auslösenden internen oder externen Kunden sowie des Kunden, der das Endergebnis in Empfang nimmt
- Input
  Auslösende Ereignisse wie Dokumente, Informationen, Zwischenprodukte, Initialprozesse
- Output
  Endergebnis des Prozesses, z. B. Produkt, Dienstleistung, Zwischenerzeugnis

- Gestaltungsbereich
  Auflistung der betroffenen und zu gestaltenden Organisationseinheiten
- Prozessskizze
  Grobe Aufzählung der wesentlichen Prozessschritte
- Schnittstellen
  Nennung der mit anderen Prozessen oder Organisationseinheiten ausgetauschten Informationen, Zwischenergebnissen oder Daten
- Restriktionen
  Bei der Prozessgestaltung nicht veränderbare Gegebenheiten wie z. B. technische, personelle, räumliche, finanzielle, zeitliche oder inhaltliche K.o.-Kriterien
- Rahmenbedingungen
  Einflussfaktoren bei der Prozessgestaltung, die nicht verändert werden können.

Neben diesen, den zu gestaltenden Prozess näher spezifizierenden Bestandteilen, beinhaltet der Prozessauftrag die vorgehensbezogenen Eckpfeiler wie

Projektabstimmung im Auftrag

- Gestaltungsaufgaben
  Auflistung der wesentlichen Arbeitspakete des Projektteams, orientiert am zugrunde liegenden Vorgehensmodell
- Projektorganisation
  Aufführen des Projektleiters, der Mitarbeiter, des Lenkungsausschusses und des Beratungsgremiums
- Projektaufwand
  Kalkulation der Personentage für die aufgeführten Gestaltungsaufgaben
- Projektzeiten
  Festlegung von Start und Ende sowie Meilensteinen.

Abbildung 2.06 zeigt die Ergebnisse der Auftragsklärung des Projektes „Prozessoptimierung Beschaffung Handelsware“.

<table>
<tr><th colspan="6">Prozessauftrag</th></tr>
<tr><td colspan="6">Prozessname: Beschaffung von Handelsware</td></tr>
<tr><td colspan="6">Zweck des Prozesses: Der Prozess stellt einen reibungslosen Verlauf der Beschaffung von Handelsware sicher</td></tr>
<tr><td colspan="6">Ziele des Prozesses: Prozesskosten senken, Durchlaufzeit reduzieren, Fehlerrate senken; Mitarbeiterzufriedenheit erhöhen</td></tr>
<tr><td colspan="2">Kunde: Lieferanten</td><td colspan="2" rowspan="2">Prozessskizze: Bestellabwicklung, Warenannahme, Rechnungsprüfung</td><td colspan="2">Kunde: Lager</td></tr>
<tr><td colspan="2">Input: Bedarfsermittlung</td><td colspan="2">Output: Handelsware zum richtigen Zeitpunkt und Preis angeliefert</td></tr>
<tr><td colspan="6">Gestaltungsbereich: Material Management, Lager, Buchhaltung</td></tr>
<tr><td colspan="6">Schnittstellen: Bedarfsermittlungsprozess, Abteilung Produktmanagement, Lieferanten</td></tr>
<tr><td colspan="6">Restriktionen: SAP, WAWIS-System, Aufbauorganisation, Mitarbeiterstruktur</td></tr>
<tr><td colspan="6">Rahmenbedingungen: preissensible Kunden, hohe Verfügbarkeit erfolgskritisch, Value-Added-Reseller-Strategie</td></tr>
<tr><td colspan="6">Gestaltungsaufgaben: Erhebung, Analyse, Würdigung, Design, Bewertung, Realisierung, Einführung</td></tr>
<tr><td colspan="3">Projektleiter: Organisator</td><td colspan="3">Lenkungsausschuss: Vorstand</td></tr>
<tr><td colspan="3">Projektteam: Mitarbeiter aus Material Management, Lager, Buchhaltung und Org/IT</td><td colspan="3">Beratungsgremium: Leiter der Bereiche Material Management, Wareneingang, Lager, Buchhaltung</td></tr>
<tr><td colspan="3">Projektaufwand: 45 Personentage</td><td colspan="3"></td></tr>
<tr><td colspan="2">Projektanfang: 01.01.20XX</td><td colspan="2">Meilensteine: Ende Hauptstudie; Ende Realisierung</td><td colspan="2">Projektende: 01.07.20XX</td></tr>
</table>

Abb. 2.06: Prozessauftrag der Component GmbH

2.2 Prozesserhebung

Die empirische Vorgehensweise erfordert es, bei der Prozessgestaltung den zu optimierenden Prozess im Ist-Zustand zu kennen. Dies kann und sollte in der Vorstudie zunächst grob, spätestens aber in der Hauptstudie sehr detailliert erfolgen.

Tipp

Die genauere Identifikation eines Prozesses erfolgt idealerweise in einem Workshop, in dem alle Prozessbeteiligten anwesend sind und gemeinsam den exakten Ablauf beschreiben. Die Moderation des Workshops übernimmt ein Projektmitglied, das nicht Betroffener des Prozesses ist, um die notwendige Neutralität bei der Erhebung zu gewährleisten.

Prozessbeteiligte beschreiben offen den Prozess gemeinsam

Als Dokumentationsform wird die im Unternehmen standardmäßig eingesetzte Modellierungstechnik im Workshop verwandt (siehe zu den unterschiedlichen Modellierungstechniken Kapitel 2.3). Sollten die Prozessbeteiligten noch nicht mit dieser Technik vertraut sein, führt der Moderator vorher in die Notation und die Grundregeln ein. Im Sinne einer offenen Ergebnisprotokollierung visualisiert der Moderator vor den Augen aller Beteiligten den Prozess. Dies kann mit konventionellen Techniken wie Pinnwand, Flipchart oder Folien erfolgen. Mittlerweile sind die Projektionsmöglichkeiten mit Beamer so ausgereift, dass bei Vorhandensein eines entsprechenden Prozesstools die Modellierung gleich mit Hilfe der Software erfolgen kann (siehe Abbildung 2.07).

Abb. 2.07: Prozesserhebung im Team mit Beamer und Folgeplan

Im Workshop können auch im Anschluss an die Ablaufbeschreibung Zeiten und Mengen geschätzt werden. Die Beteiligten einigen sich dann je Teilschritt auf durchschnittliche Bearbeitungs-, Liege- und Transportzeiten und schätzen die Häufigkeiten je Aufgaben beziehungsweise je Entscheidungsraute.

Schätzung von Zeiten und Mengen

Die auf diese Weise ermittelten Daten sind naturgemäß recht ungenau. Von den sonst zur Verfügung stehenden Erhebungstechniken (siehe Band 1 der ibo-Schriftenreihe) eignet sich vor allem das Laufzettelverfahren, exakte Prozessdaten zu ermitteln.

Das Laufzettelverfahren ist eine prozessorientierte Erhebungstechnik. Jedem relevanten Vorgang wird im festgelegten Untersuchungszeitraum ein Laufzettel beigefügt, der nun zusammen mit dem Vorgang die aufeinanderfolgenden Bearbeitungsstationen durchläuft.

Definition

Die betreffenden Aufgabenträger tragen im linken Teil des Laufzettelformulars (siehe Abbildung 2.08) die jeweiligen Daten/Uhrzeiten ein. Im rechten Teil werden die ausgefüllten Laufzettel ausgewertet, indem die Differenzen zwischen den Zeiten gebildet und in die entsprechende Rubrik des rechten Teiles eingetragen werden. Das Laufzettelverfahren ist bei komplett automatisierten Prozessen anstelle eines Formulars auch elektronisch durchführbar (siehe Kapitel 3.2.2). Die Summen aller Ergebnisse dividiert durch die Anzahl der Laufzettel ergibt die durchschnittliche Transport-, Liege- und Bearbeitungszeit sowie die durchschnittliche Durchlaufzeit jeder am Prozess beteiligten Stelle und letztlich des Gesamtprozesses (siehe zu den Zeiten auch Kapitel 2.4.2).

Exaktere Zeiten mit Laufzettel

Die Konzeption eines Laufzettelverfahrens sowie des Laufzettels selbst setzt voraus, dass die Prozessstruktur bekannt ist. Nur so können ODER-Verzweigungen und -Rückkopplungen durch Leerzeilen und UND-Verzweigungen mit Kopien Rechnung getragen werden. Die Stellen- bzw. Aufgabenfolge kann vorgegeben werden und führt zur Standardisierung der Aufschreibung.

Sorgfältige Planung des Laufzetteleinsatzes notwendig

Die Abbildung 2.08 zeigt einen Laufzettel in „Maximalausstattung“. Das Muster ist den jeweiligen Situationen und Bedürfnissen anzupassen. Handelt es sich beispielsweise um Einzelfolgen von Objekten mit sofortiger Weiterleitung, dann entstehen keine Liegezeiten nach Bearbeitung und die Rubrik „Ausgang“ kann entfallen.

Laufzettel		Prozess							
Stelle/ Aufgabe	Eingang (Datum/Uhrzeit)	Beginn Bearbeitung (Datum/Uhrzeit)	Ende Bearbeitung (Datum/Uhrzeit)	Ausgang (Datum/Uhrzeit)	Liegezeit vor Bearbeitung (Stunden/Minuten)	Bearbeitungszeit (Stunden/Minuten)	Liegezeit nach Bearbeitung (Stunden/Minuten)	Transportzeit (Stunden/Minuten)	Durchlaufzeit (Stunden/Minuten)
Hilfskraft	08.00	08.05	08.07	08.12	5	2	5	5	17
Sachbearb.	08.17	08.17	08.27	08.27	0	10	0	2	12
Hilfskraft	08.29	08.49	09.39	09.39	20	50	0	55	105
Sachbearb.	10.34	10.34	10.37	10.37	0	3	0	0	3
Summen					25	65	5	62	137

Abb. 2.08: Ausgefülltes und ausgewertetes Musterformular für einen Laufzettel

Geeigneten Zeitraum wählen

Vom Ziel der Erhebung hängt die Bemessung des Erhebungszeitraumes ab. Sollen saisonale Schwankungen erfasst werden, ist der Zeitraum zu wählen, in dem die relevanten Veränderungen auftreten. Dies kann innerhalb einer Woche, eines Monates oder eines noch längeren Zeitraumes sein. Besteht die Absicht darin, Engpässe aufzuspüren, genügt es in der Regel, ein Laufzettelverfahren an wenigen Tagen durchzuführen. Es sollten dann Tage mit hoher Belastung sein, da sich die Engpässe in Form hoher Liegezeiten sehr deutlich abzeichnen.

2.3 Prozessmodellierung

Zahlreiche Modellierungstechniken

Es gibt vielfältige Möglichkeiten einzelne Prozesse zu modellieren. Zunächst wird die Symbolik und Notation des Folgeplanes eingeführt, um daran die grundlegenden Prinzipien der Prozessmodellierung zu erläutern. Im Anschluss werden weitere gängige Dokumentationsmöglichkeiten systematisiert und gegenübergestellt. Selbstverständlich sind die Methoden und Techniken der Prozessgestaltung auch mit anderen Modellierungswerkzeugen möglich.

Wenn man Prozesse visualisiert, ist es sinnvoll, je nach Zweck der Modellierung Prozesselemente hervorzuheben oder sie aus Übersichtlichkeitsgründen wegzulassen.

Sichten hervorheben

Dient beispielsweise die Prozessdokumentation dazu, eine IT-Einführung vorzubereiten, ist es unerlässlich, die Applikationen und Daten zu modellieren. Wird die Prozessbeschreibung zum Anlass genommen, aufbauorganisatorische Veränderungen vorzunehmen, sollten die Aufgabenträger modelliert werden, technische Aspekte können ausgeblendet werden.

Beispiele für zweckmäßige Sichten

Folgende vier Sichten werden grundsätzlich unterschieden,

- Prozesssicht
- Organisationssicht
- IT-Systemsicht
- Datensicht.

2.3.1. Prozesssicht

Die Prozesssicht beschränkt sich darauf, die zeitlich-logische Folge von Aufgaben bzw. Teilprozessen zu modellieren. Zunächst soll auf die Darstellung von Aufgaben, dann auf die Modellierung der zeitlichen Folge und schließlich auf die Visualisierungsformen der logischen Folge eingegangen werden.

Aufgaben wurden bereits als dauerhaft wirksame Aufforderungen definiert, Verrichtungen an Objekten auszuüben (siehe Kapitel G.2). Objekte, die in einem betrachteten Prozess oder Teilprozess bearbeitet werden, entsprechen dem Input. Objekte, die einen Prozess oder Teilprozess verlassen, stellen den Output eines Prozesses dar. Grundsätzlich unterscheidet man zwischen materiellen und immateriellen Objekten. Der Auftragsbeleg ist, was das Papier, den Druck und die Beschriftung angeht, ein materielles Objekt. Er dient aber auch als Informationsträger. Die Informationen, die er enthält (Artikelname, Menge, Preis, Rabatt etc.) stellen immaterielle Objekte dar.

Modellierung von Aufgabenfolgen

Im Zusammenhang mit der Auftragsabwicklung bei der Component GmbH fallen eine ganze Reihe von Verrichtungen an, die sich auf die Objekte Auftragsbeleg, Ware, Rechnungen etc. beziehen. Für jedes Objekt wurden zunächst alle Verrichtungen gesammelt, die bei der Bearbeitung anfallen. Abbildung 2.09 zeigt am Beispiel des Auftragsbeleges wie das aussehen kann:

Component GmbH

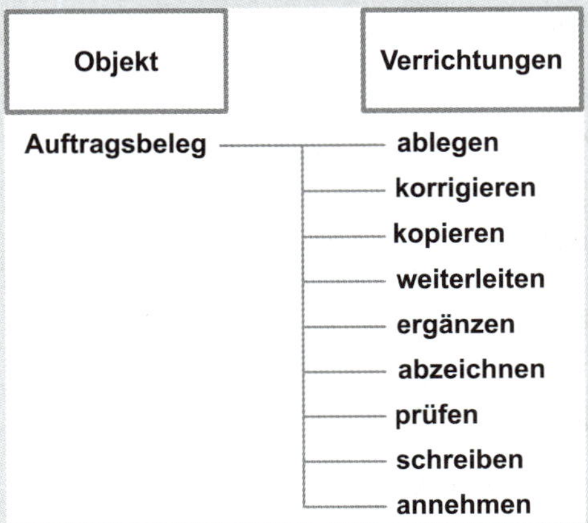

Abb. 2.09: Sammlung von Verrichtungen am Objekt Auftragsbeleg

Aufgaben oder Teilprozesse?

Bereits im Kapitel 1.2.1 haben wir gezeigt, dass Prozesse auf unterschiedlichen Ebenen modelliert werden können. Von Aufgaben spricht man immer nur dann, wenn keine weiteren zeitlich-logischen Folgen von untergliederten Objekten und Verrichtungen modelliert werden. Geschieht dies jedoch, spricht man von Teilprozessen.

Tipp

Aufgaben werden mit einem Rechteck modelliert, Teilprozesse mit einem Rechteck mit jeweils seitlichen Doppelstrichen (siehe Abbildung 2.10). Da außer der Symbolik alle weiteren Modellierungen (zeitlich-logische Folgen, Organisationssicht etc.) für Aufgaben und Teilprozesse identisch sind, wird im Folgenden aus Vereinfachungsgründen nur noch von Aufgaben gesprochen.

Prozesse beginnen mit Quellen und enden mit Senken

Die zeitliche Folge von Aufgaben wird in den meisten Modellierungstechniken durch die vertikale Verbindung zweier Prozesssymbole modelliert, so auch im Folgeplan. Das untere Symbol folgt zeitlich dem oberen Symbol. Der Prozess beginnt (Quelle) und endet mit einem horizontalen Strich (Senke). An Quelle und Senke wird das Startereignis beziehungsweise Endergebnis notiert. Wird der zeitliche Fluss standardmäßig unterbrochen, wird dies durch zwei gegenüberliegende horizontale Striche kenntlich gemacht.

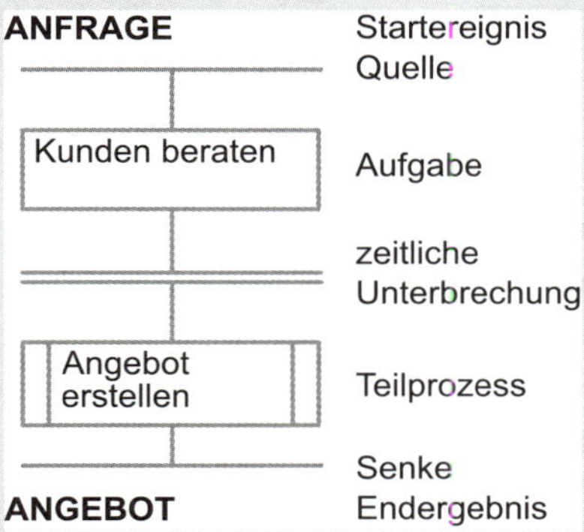

Abb. 2.10: Zeitliche Folge von Aufgaben/Teilprozessen

Schließlich müssen die Aufgaben in eine sachlich sinnvolle logische Reihenfolge gebracht werden. „Logisch“ soll aussagen, dass die Erfüllung von Aufgaben oder Aufgabenfolgen abhängig von Bedingungen gemacht werden kann. Sie stehen dann in einer ODER-Beziehung zueinander. Neben diesem „Entweder/Oder“ ist auch eine UND-Beziehung im Sinne eines „Sowohl/Als auch“ möglich. Das ist bei Parallelläufen der Fall.

Exkurs

Die Begriffe UND und ODER sind der Schaltalgebra entliehen. Der englische Mathematiker George BOOLE (1815-1864) entwickelte als erster eine Algebra der Logik, mit der er philosophische Probleme mit einer nur zwei Werte umfassenden mathematischen Formulierung darstellte. Das Gedankengut der Booleschen Algebra ging später in die von C. E. SHANNON in den dreißiger Jahren entwickelte Schaltalgebra ein. Diese ist ein wichtiges mathematisches Hilfsmittel zur Berechnung automatischer Steuerungs-, Regelungs- und Rechenanlagen. Mit der Schaltalgebra können binäre Schaltungen beschrieben, vereinfacht oder neue Schaltungen entworfen werden. Binäre Schaltungen werden aus Grundschaltungen (Logische Schaltungen, logical circuit) aufgebaut. Man unterscheidet NEGATIONS-, UND- und ODER-Schaltungen in Form von Serien- und Parallelschaltungen bzw. UND- und ODER-Verknüpfungen sowie Komplementen.

Entweder/
Oder

ODER-Beziehungen zwischen Elementen bzw. Elementfolgen werden durch Bedingungen hergestellt, die zwei oder mehr Ausprägungen besitzen. Sie sind vergleichbar mit den Weichen der Eisenbahn, die einen Zug jeweils nur in eine Richtung fahren lassen. Es handelt sich somit um eine Exklusiv-ODER-Beziehung.

Abbildung 2.11 veranschaulicht eine ODER-Beziehung am Beispiel der Auftragsabwicklung.

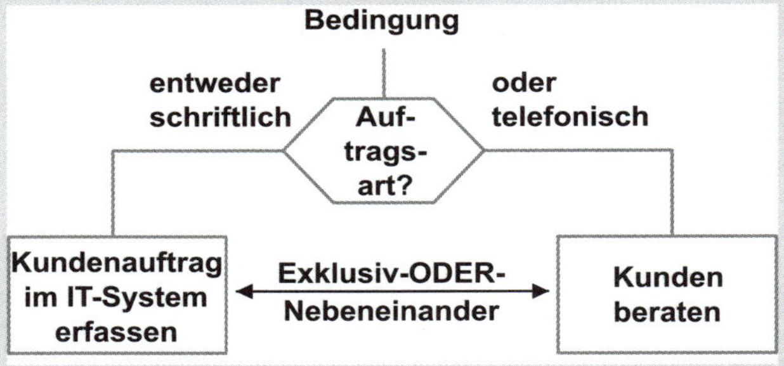

Abb. 2.11: ODER-Beziehung zwischen Aufgaben

Diese Beziehungsart wirkt sich in einem alternativen Nebeneinander der zu erfüllenden Aufgaben aus.

Scwohl/Als auch

Wird zwischen Elementen bzw. Elementfolgen eine UND-Beziehung hergestellt, kann dies in der Form eines Nebeneinanders oder eines Nacheinanders erfolgen. Bei UND-Nacheinander muss eine Aufgabe abgeschlossen sein, bevor die nachfolgende Aufgabe begonnen werden kann. Die Folgebeziehung UND-Nebeneinander ist ein Parallellauf zweier Aufgaben. In Abbildung 2.12 werden UND-Beziehungen zwischen Aufgaben am Beispiel der Auftragsabwicklung dargestellt.

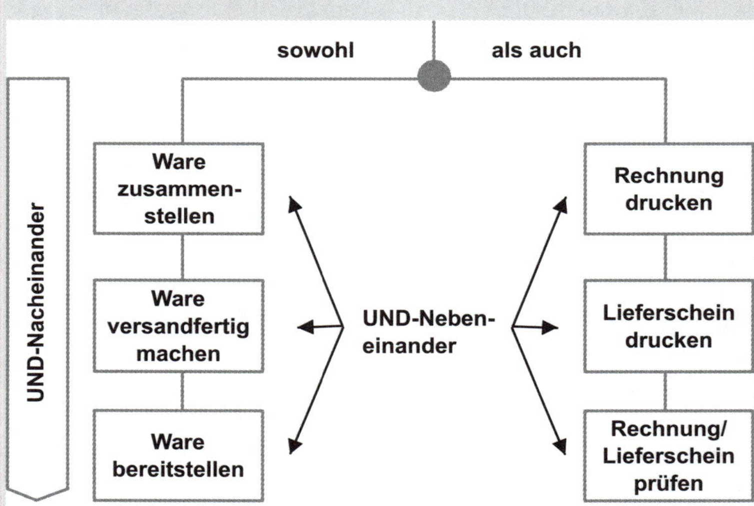

Abb. 2.12: UND-Beziehung zwischen Aufgaben

Durch die Verknüpfung der logischen Folgebeziehungen ergeben sich sechs unterscheidbare Grundformen von Prozessstrukturen bzw. Folgebeziehungen:

- Kette
- UND-Verzweigung
- UND-Verknüpfung
- ODER-Verzweigung
- ODER-Verknüpfung
- ODER-Rückkopplung.

Tipp

Selbst die kompliziertesten Aufgabenerfüllungsprozesse bestehen immer nur aus Kombinationen dieser 6 Grundformen. Diese Tatsache erleichtert es, die zu Beginn einer Untersuchung oftmals unbekannten prozessorganisatorischen Zusammenhänge zu verstehen und zu gestalten.

Kette

Eins nach dem Anderen

Bei der Kette handelt es sich um eine unverzweigte Folge von Elementen, die also nur durch ein UND-Nacheinander verbunden sind. In der Informatik kennt man diese Grundform unter der Bezeichnung Sequenz. Meistens sind es nur Abschnitte eines größeren Prozesses, die ohne Verzweigung auskommen. Bei diesen handelt es sich dann auch um einfache Stückprozesse wie z.B. den Versand von Waren (siehe Abbildung 2.13).

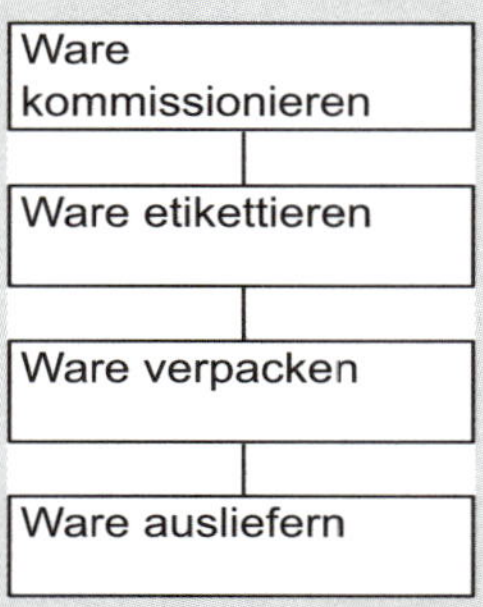

Abb. 2.13: Kette

UND-Verzweigung

Parallelbearbeitung

Eine UND-Verzweigung steht am Beginn von zwei oder mehr Elementen oder Elementfolgen, die parallel angeordnet wurden. Damit steht die UND-Verzweigung für ein „Nebeneinander“, für ein „Sowohl/Als auch“. Als Beispiel dient wieder eine Aufgabenfolge bei der Auftragsabwicklung (siehe Abbildung 2.14).

Component GmbH

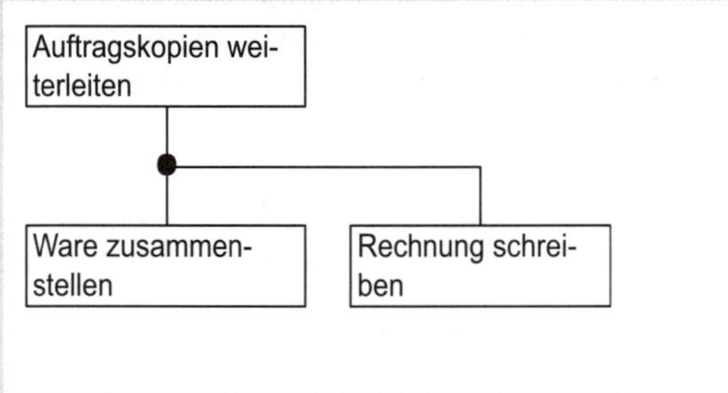

Abb. 2.14: UND-Verzweigung

Aufgaben können nur dann parallel bearbeitet werden, wenn eine entsprechende Anzahl von Stellen gebildet sind, die in der Lage sind, unterschiedliche Objekte zu bearbeiten und/oder Verrichtungen auszuführen. Man spricht dabei auch von Spezialisierung.

Paralleläste nur bei Arbeitsteilung möglich

UND-Verknüpfung

Die nach einer UND-Verzweigung parallel verlaufenden Äste können, wie in Abbildung 2.12 gezeigt, getrennt ihren Abschluss finden. Es besteht aber auch die Möglichkeit, dass sie sich wieder vereinigen und gemeinsam fortgesetzt werden (siehe Abbildung 2.15). Wenn arbeitsteilig parallel Teilergebnisse produziert werden, die erst vereinigt werden müssen, um etwas Ganzes als Endresultat zu erhalten, ergeben sich solche Verknüpfungen.

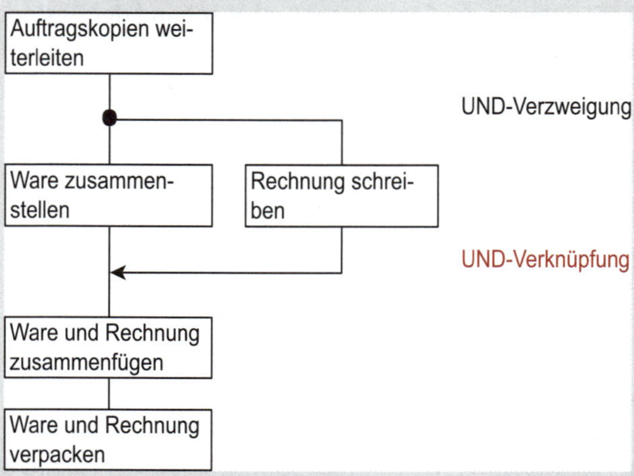

Abb. 2.15: UND-Verknüpfung nach einer UND-Verzweigung

Component GmbH

Im Beispiel der Component GmbH ist das Endresultat die versandfertige Warenlieferung. Diese besteht aus den Teilergebnissen Ware und Rechnung. Das Zusammenstellen der Waren und das Schreiben der Rechnung erfolgt parallel.

Eine UND-Verknüpfung kann es nur nach einer UND-Verzweigung geben, es sei denn, der Ablauf wird bereits arbeitsteilig begonnen. UND-Verknüpfungen spielen bei späteren Zeitoptimierungen eine wichtige Rolle.

UND-Verknüpfung kann zu Liege- und Wartezeiten führen

Ware und Rechnung können erst zusammengefügt werden, wenn beide Teilergebnisse angekommen sind, Ware und Rechnung. Für das Objekt, das schneller eintrifft, entstehen Liegezeiten und für den Aufgabenträger möglicherweise Wartezeiten, wenn er zwischenzeitlich nicht andere Aufgaben erfüllen kann (siehe Abbildung 2.15).

Parallelläufe sollten also so gestaltet werden, dass sie zeitlich gleich lang sind bzw. eine möglichst kleine Zeitdifferenz aufweisen. Man spricht in diesem Fall auch von „Taktabstimmung".

ODER-Verzweigung

Bedingungen mit zwei und mehr Ausprägungen stellen die Weichen bei ODER-Verzweigungen. Wichtig bei dieser Verzweigungsart ist, dass die Elemente oder Elementfolgen alternativ nebeneinander angeordnet sind und somit in einer Exklusiv-ODER-Beziehung stehen.

Component GmbH

So wird in der Auftragsannahme der Component GmbH anhand der Bestandsdatei im Warenwirtschaftssystem geprüft, ob sich eine bestellte Ware auf Lager befindet. Entweder ist die Ware sofort lieferbar oder sie muss erst bestellt werden (siehe Abbildung 2.16).

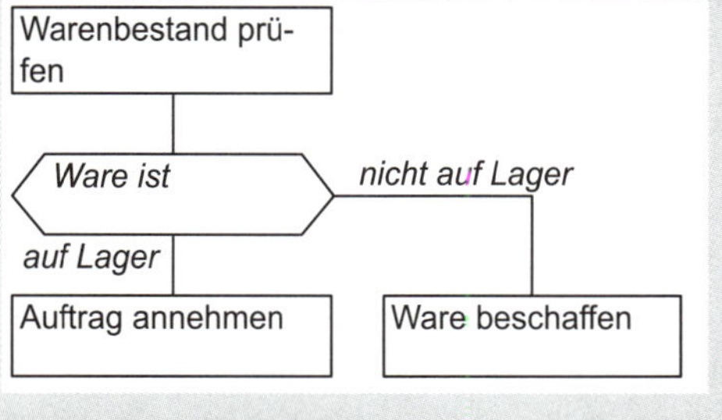

Abb. 2.16: ODER-Verzweigung

ODER-Verknüpfung

Wie bei der UND-Verknüpfung ist es auch nach einer ODER-Verzweigung möglich, dass die alternativen Äste eine gemeinsame Fortsetzung haben und deshalb wieder zusammengeführt werden. Werden durch eine ODER-Verzweigung unterschiedliche Ablaufabschnitte angezeigt, so macht eine ODER-Verknüpfung deutlich, dass nun ein gemeinsamer Ablaufabschnitt für die alternativen Äste folgt.

Component GmbH

Aufträge an die Component GmbH werden entweder online, schriftlich oder telefonisch erteilt. Im ersten Fall liegen die Auftragsdaten bereits elektronisch vor, im zweiten und dritten Fall müssen sie erst im System erfasst werden (siehe Abbildung 2.17).

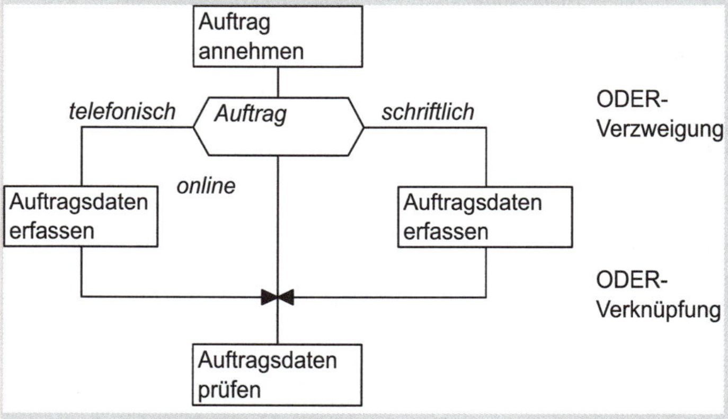

Abb. 2.17: ODER-Verknüpfung

ODER-Rückkopplung

Bei der Grundform der ODER-Rückkopplung handelt es sich grundsätzlich um eine ODER-Verknüpfung nach ODER-Verzweigung. Die Besonderheit liegt darin, dass die Verknüpfung nicht unterhalb, sondern oberhalb der Verzweigung erfolgt. Damit wird ausgedrückt, dass die zwischen Verknüpfung und Verzweigung liegenden Aufgaben oder anderen Elementfolgen wiederholt zu durchlaufen sind, bis die Bedingung, die ja auch wiederholt abgefragt wird, erfüllt ist (siehe Abbildung 2.18).

Kann bei der Component GmbH eine Ware nicht sofort ausgeliefert werden, weil sie nicht auf Lager ist, schreibt der Sachbearbeiter eine Auftragsbestätigung mit dem voraussichtlichen Liefertermin. Bevor die Auftragsbestätigung an den Kunden versendet wird, prüft sie ein Kollege. Liegen Fehler vor oder sind die Angaben nicht vollständig, korrigiert der Sachbearbeiter die Auftrags-

Component GmbH

bestätigung. Dies kann mitunter mehrmals erfolgen, so lange bis die Auftragsbestätigung in Ordnung ist.

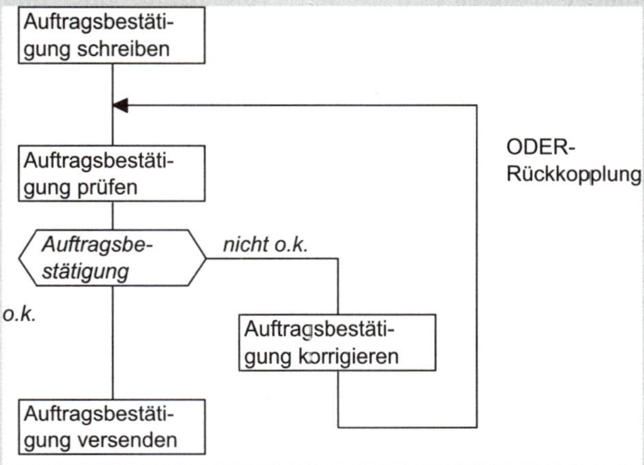

Abb. 2.18: ODER-Rückkopplung

Die Abbildung 2.19 zeigt noch einmal die Arten von Folgebeziehungen im Überblick.

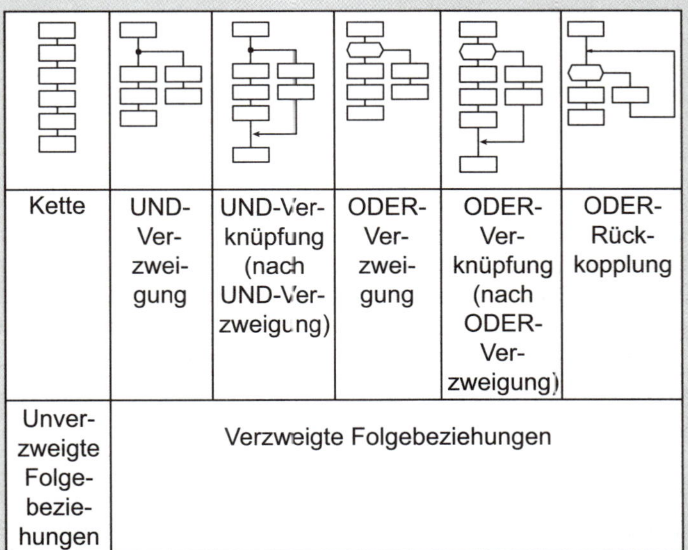

Abb. 2.19: Übersicht über die Grundformen von Folgebeziehungen

Folgeplan mit Prozesssicht

Component GmbH

Zusammenfassend wird nun die Prozesssicht als zeitlich-logische Folge von Aufgaben mit Hilfe des Folgeplanes modelliert.

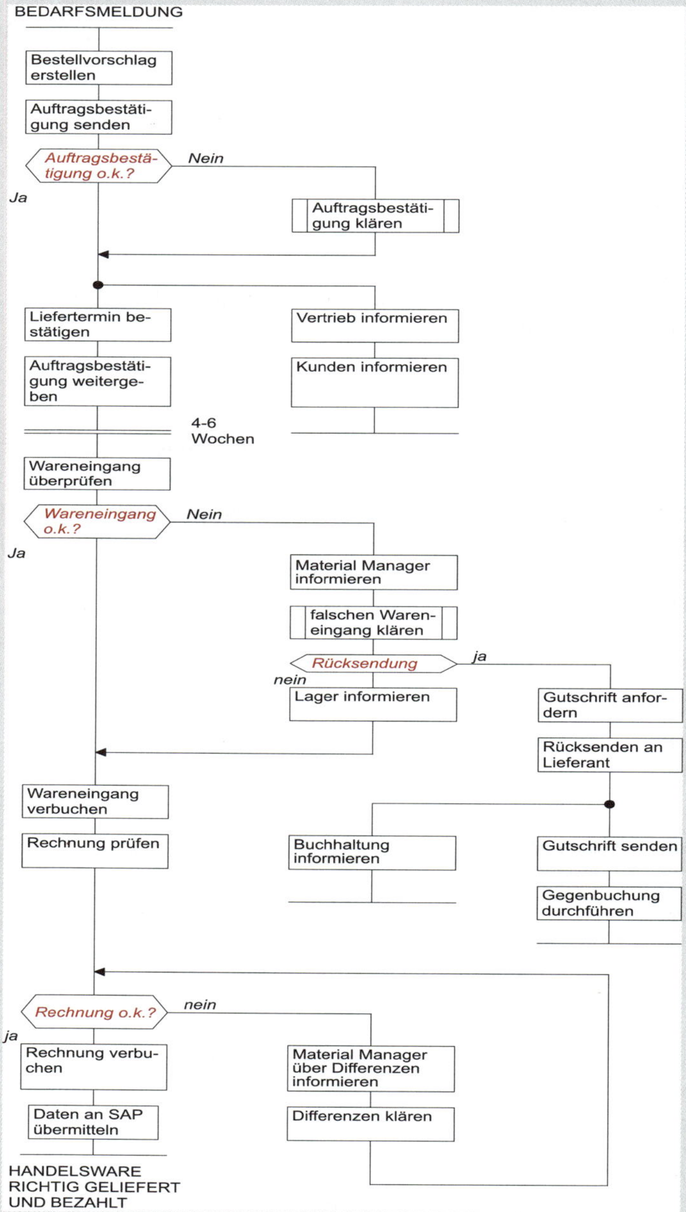

Abb. 2.20: Prozess "Beschaffung von Handelsware" der Component GmbH als Folgeplan

2.3.2 Organisationssicht

Mit der Organisationssicht wird die Aufbauorganisation eines Unternehmens modelliert. Die hierarchischen Beziehungen zwischen Organisationseinheiten und Stellen werden in Organigrammen dargestellt.

Wer macht was?

Im Rahmen der Prozessmodellierung ermöglicht es die Organisationssicht, Aufgaben den Aufgabenträgern zuzuweisen. Dabei bieten sich für die verschiedenen Prozessebenen folgende Aufgabenträger an:

- Organisationseinheiten
- Stellen
- Funktionen.

Definition

Eine Organisationseinheit ist die Zusammenfassung von mehreren Stellen zu einer Abteilung oder zu einem Bereich.

Unter der Geschäftsführung der Component GmbH sind sieben Organisationseinheiten angeordnet, die als Abteilungen bezeichnet werden. Jede Abteilung ist wiederum in 3-5 Organisationseinheiten mit der Bezeichnung Team untergliedert. Hinter den Organisationseinheiten Administration und Human Resources (HR) verbergen sich zwei Stabsabteilungen der Geschäftsführung (siehe Abbildung 2.21).

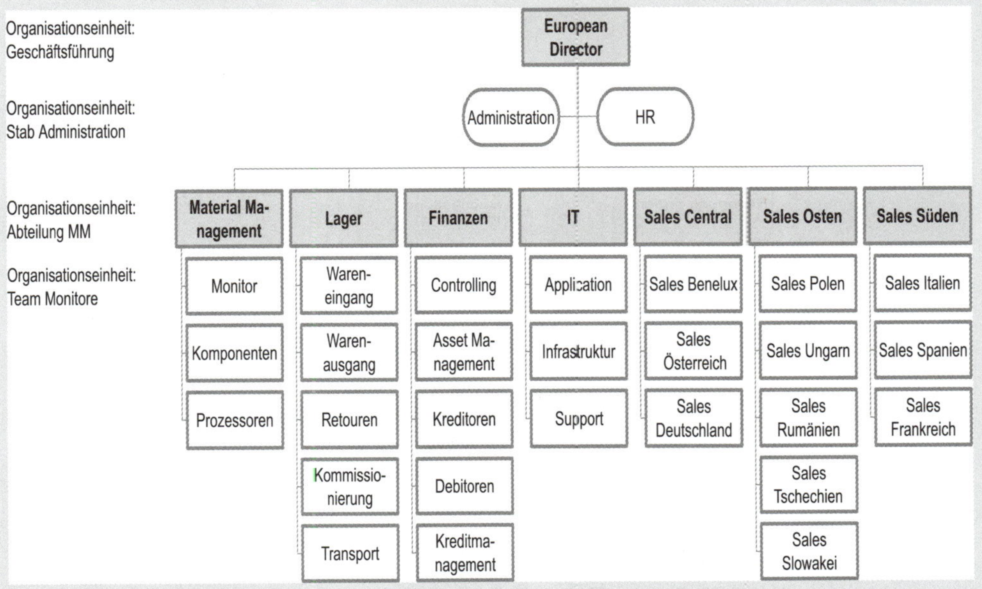

Abb. 2.21: Organigramm der Component GmbH

Typischerweise wird die Organisationssicht bei der groben Prozessmodellierung mit Organisationseinheiten umgesetzt (siehe horizontales Prozessdiagramm in Abbildung 1.46).

Für die detaillierte Prozessmodellierung ist die Zuweisung von Abteilungen oder Gruppen auf Prozessschritte in der Regel zu ungenau. Hier empfiehlt es sich, auf die Stelle als hierarchisch kleinste Organisationseinheit zurück zu greifen.

Definition

Eine Stelle ist ein nach Art und Menge abgegrenzter Aufgabenkomplex für einen Aufgabenträger, dem zur Aufgabenerfüllung Informationen und Sachmittel zur Verfügung gestellt werden. Personen sind konkrete Mitarbeiter, die die Stellen besetzen.

Entsprechend der Über- und Unterordnung von Organisationseinheiten gibt es die Stellenhierarchie, in der die fachlichen und disziplinarischen Weisungsbefugnisse der Stellen untereinander dargestellt werden. In Abbildung 2.22 wird die Stellenhierarchie der Abteilung Material Management der Component GmbH dargestellt.

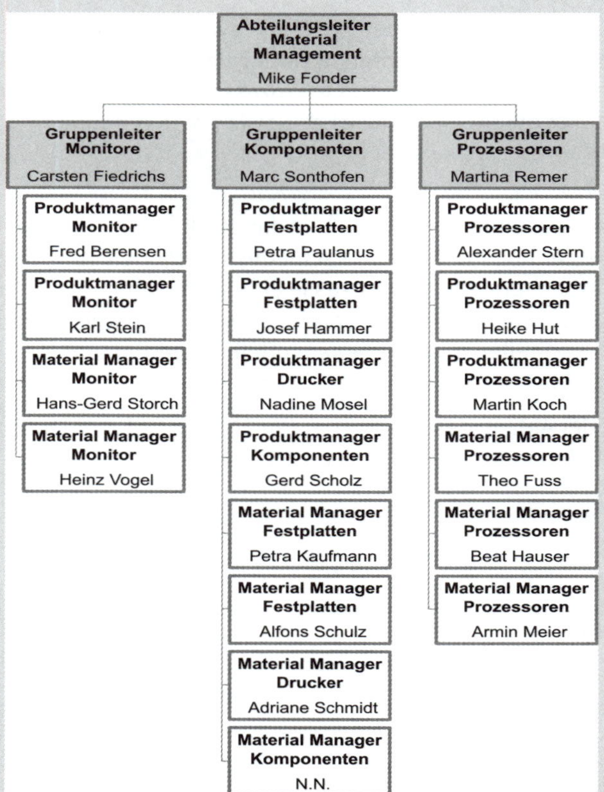

Abb. 2.22: Organigramm der Abteilung Material Management der Component GmbH

Will man die Organisationssicht auf den Prozess detailliert modellieren, wird jeder Aufgabe oder jedem Teilprozess konkret eine ausführende Stelle zugewiesen. Hier gibt es für interne und externe Stellen unterschiedliche Symbole (siehe Abbildung 2.23).

Interne und externe Stellen

Interne Stellen werden mit einem Rechteck gekennzeichnet, externe Stellen erhalten eine Arena (abgerundetes Rechteck).

Die Unterscheidung interner von externer Stelle hängt vom Gestaltungsbereich ab (siehe Abbildung 2.06).

Beispiel

Das heißt also, dass nicht nur unternehmensfremde Organisationseinheiten wie z.B. Lieferanten externe Symbole erhalten, sondern auch unternehmensinterne Stellen, die bei diesem Projekt konkret nicht gestaltet werden dürfen. Würde beispielsweise ein Produktmanager beim Prozess „Beschaffung Handelsware“ eine Aufgabe ausführen, müsste eine Arena modelliert werden, weil Produktmanagement im Prozessauftrag nicht zu den betroffenen Organisationseinheiten zählt.

Diese gestaltungsbereichsabhängige Unterscheidung von internen und externen Stellen ist nur sinnvoll, wenn man einzelne Prozesse gestaltet. Dann kann man gleich am Folgeplan erkennen, an welchen Stellen man optimieren darf und an welchen nicht.

Tipp

Werden viele Prozesse auf einmal betrachtet, ist davon abzuraten, Stellen in Abhängigkeit vom Gestaltungsbereich unterschiedlich zu modellieren. Auch in Organisationshandbüchern, die alle Prozesse eines Unternehmens dokumentieren, ist von der Differenzierung abzuraten. Hier sollten jeweils nur die unternehmensexternen Stellen mit der Arena modelliert werden.

In Abbildung 2.23 ist der Anfang des Beschaffungsprozesses Monitor der Component GmbH mit Stellen modelliert.

Component GmbH

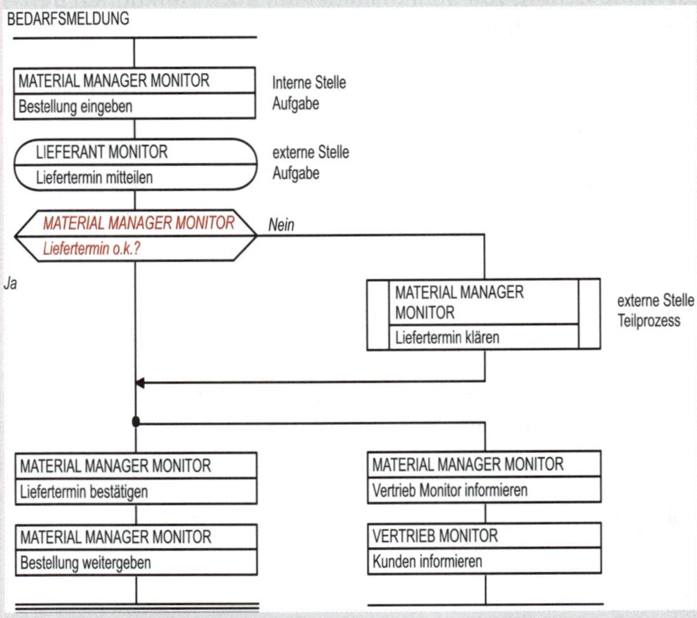

Abb. 2.23: Modellierung der Stellen im Folgeplan

Damit ist eindeutig festgelegt, dass nur die Stelle „Material Manager Monitor" für die hier skizzierten Aufgaben zuständig ist. Eine konkrete Person wird bei der Prozessmodellierung in der Regel nicht im Prozess vermerkt.

Tipp

Bei der Beschaffung von Monitoren ist es offen, ob Herr Storch oder Herr Vogel die Aufgaben wahrnimmt. Da sie die gleiche Stellenbeschreibung mit gleicher Kostenstruktur haben, wird in der Prozessbeschreibung nicht mehr zwischen beiden Stellen differenziert. Würden die Stellen voneinander abweichen, könnte das durch eine Nummerierung der Stellen kenntlich gemacht werden, z. B. Material Manager Monitor 1 und Material Manager Monitor 2.

Organisationssicht mit Stellen sehr aufwändig

Vor einer so genauen Modellierung der Organisationssicht schrecken viele Prozessorganisatoren zurück, da sie die Anzahl der zu dokumentierenden Prozesse enorm vervielfacht und auch in der Folge einen hohen Pflegeaufwand verursacht. Letztlich ist auch hier wieder die Zwecksetzung der Modellierung entscheidend.

Beispiel

Will man beispielsweise eine exakte Prozesskostenrechnung mit der Prozessmodellierung ermöglichen, empfiehlt sich die Zuweisung von Stellen zu Aufgaben. Damit können die konkreten Personalkosten einer Stelle auf die jeweilige Aufgabenerfüllung bezogen werden.

Alternativ zur Modellierung von Stellen kann man auch Funktionen den Aufgaben und Teilprozessen zuordnen.

Definition

In einer Funktion können mehrere (ähnliche) Stellen zusammengefasst werden.

Eine Funktionsbeschreibung kann als eine Generalisierung, die Angaben zu einer Stelle können als Konkretisierung betrachtet werden. Eine Stelle ist zusätzlich immer mit einer Person verbunden, während eine Funktion Personen unabhängig ist.

Funktionen werden im Folgeplan kursiv geschrieben (siehe Abbildung 2.24).

Die Component GmbH hat die Stellen Drucker, Festplatten, Komponenten und Prozessoren Material Manager zu einer Funktion Material Manager zusammengefasst.

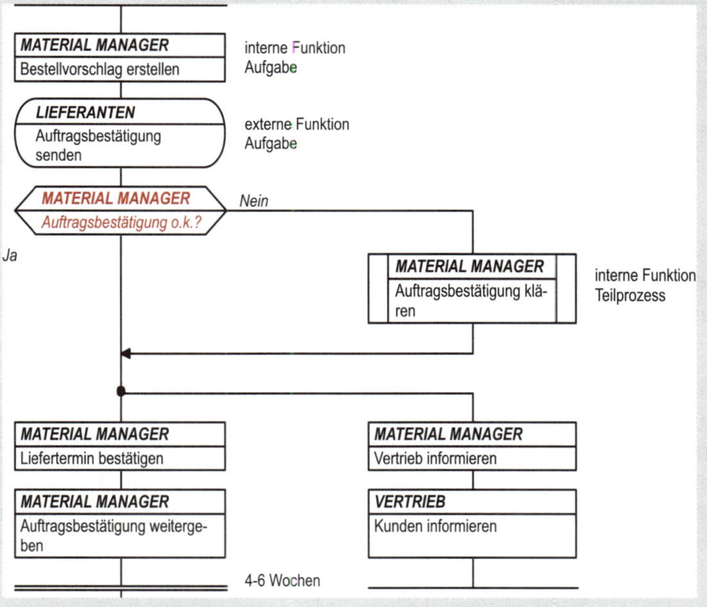

Abb. 2.24: Modellierung von Funktionen im Folgeplan

Funktionen sind leichter zu dokumentieren

Die Prozessmodellierung mit Funktionen reduziert den Dokumentationsaufwand enorm. Da Funktionen auch durchschnittliche Personalkosten zugewiesen werden können, ist auch eine Prozesskostenrechnung mit Funktionen möglich. Die fehlende Genauigkeit bei den konkreten Stellenkosten - vielleicht hat der Material Manager Prozessor andere Gehaltskosten als der Material Manager Drucker - fällt hierbei normalerweise nicht so ins Gewicht. Im Gegenteil, sie fördert die Praktikabilität und Akzeptanz der Prozesskostenrechnung.

Abbildung 2.25 zeigt am Gesamtprozess „Beschaffung von Handelsware“ wie man die Prozess- und Organisationssicht im Folgeplan modelliert.

Component GmbH

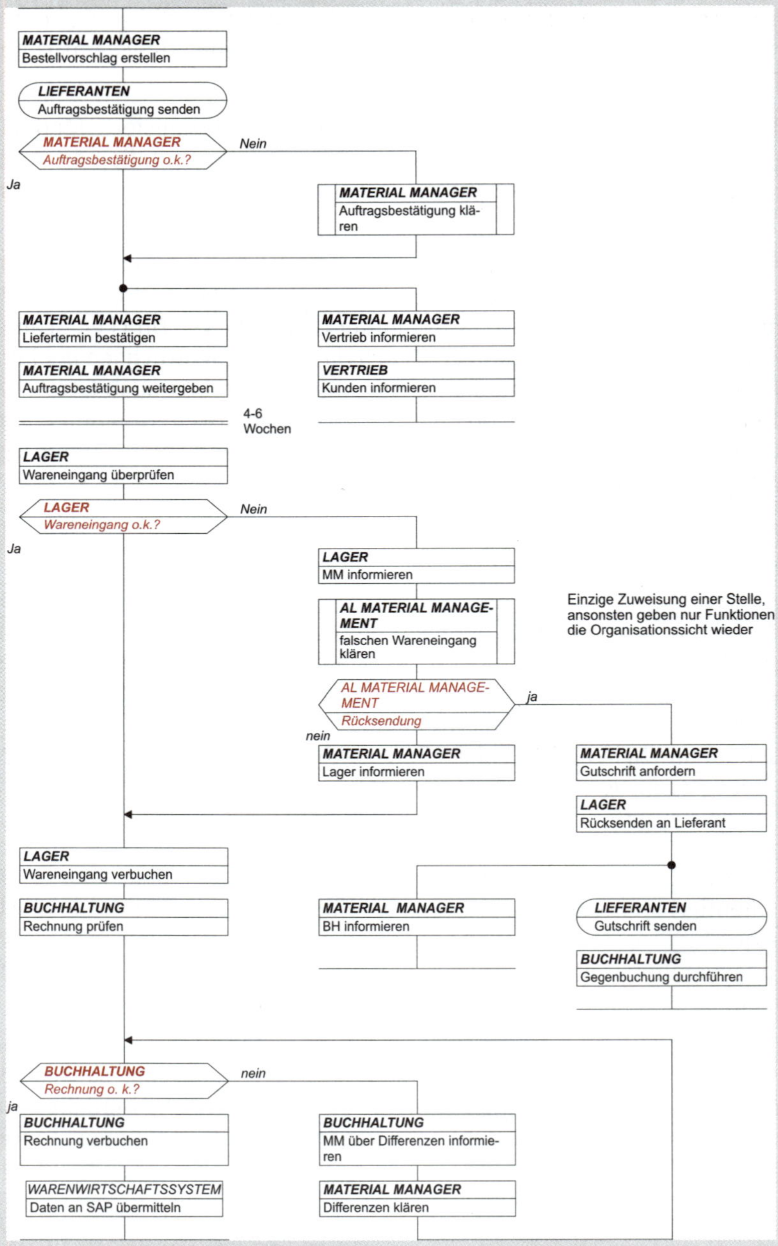

Abb. 2.25: Folgeplan mit Prozess- und Organisationssicht für den Prozess „Beschaffung von Handelsware“

2.3.3 IT-Systemsicht

Kein Prozess mehr ohne IT

Der Einsatz von Informationstechnik (IT) bietet in den Routine- und Regelprozessen vielfältige Optimierungsansätze. Viele Aufgaben werden heute bereits teilweise von Anwendungssystemen unterstützt oder vollautomatisiert durchgeführt. Der besonderen Rolle der IT wird mit einer eigenen IT-Systemsicht bei der Prozessmodellierung Rechnung getragen.

Da das Feld der IT sehr weit ist und über zahlreiche spezialisierte Modellierungswerkzeuge verfügt, stellt sich bei der Prozessdokumentation die Frage, welche der technischen Informationen in welcher Tiefe sinnvollerweise visualisiert werden sollen.

Hardware zum Anfassen

Da ist zunächst die grobe Unterscheidung der IT in Hard- und Software. Bei der Hardware reicht die Palette von eingesetzten Rechnertypen (Notebook, PC, Client-Server, Host) über einzelne Computer-Bausteine wie Drucker, Scanner oder Beamer bis hin zu Netzwerken. Durch das Zusammenwachsen der Informations- und der Telekommunikationstechnik werden hier auch Geräte wie Telefonanlagen, Fax, Handys oder Organizer und im erweiterten Sinne auch konventionelle Bürosachmittel wie Poststraßen oder Kopierer unter dem Begriff Hardware in der IT-Systemsicht subsumiert.

Bei der Prozessgestaltung ist es nicht so relevant, die eingesetzte Hardware je Aufgabe detailliert aufzuführen.

Component GmbH

Die betriebswirtschaftlichen Bereiche der Component GmbH arbeiten mit einem ERP-System, das auf einer AS 400 läuft. Es wird bewusst darauf verzichtet, bei jedem kaufmännischen Prozessschritt den Großrechner explizit als eingesetztes Sachmittel zu erwähnen. Zum einen sind die Informationen redundant und helfen nicht bei der Prozessgestaltung. Zum anderen werden die Prozesse viel verständlicher, wenn man unnötigen Ballast weglässt.

Tipp

Die Nutzung von Hardware sollte bei der Prozessgestaltung immer dann dokumentiert werden, wenn in dem bereitgestellten Sachmittel mögliche Ursachen für Prozessschwächen oder -stärken liegen. Vor allem Medienbrüche oder veraltete Geräte verdienen hier immer wieder besondere Aufmerksamkeit.

Für die Prozessgestaltung ist es von größerer Bedeutung, die eingesetzten Softwaresysteme zu modellieren. Programme übernehmen Aufgaben, die sonst vom Menschen ausgeführt werden. Sie tragen also aktiv zum Aufgabenerfüllungsprozess bei.

Standardsoftware

Die Software unterteilt sich grob in Standard- und Individualsoftware. Bei der Standardsoftware haben sich je nach primärem Einsatzgebiet verschiedene Pakete mit einem ähnlichen Leistungsumfang heraus kristallisiert:

- Enterprise Resource Planning (ERP) für alle betriebswirtschaftlichen Anwendungsgebiete
- Supply Chain Management (SCM) für den Logistikbereich
- Customer Relationship Management (CRM) für den Vertrieb
- Enterprise Application Integration (EAI).

Selbstverständlich gibt es für diese Anwendungsgebiete auch individuell erstellte Programme.

Web-Lösungen ermöglichen Prozess-innovationen

Auch die internetbasierten Anwendungen sind von enormem Optimierungspotenzial für die Prozessorganisation. Die zweite Welle des E-Business verspricht hier jenseits des Hypes der ersten Generation die Aufgabenerfüllung signifikant zu verbessern. Auch Ansätze wie Prozess Management Portale, Web Services oder Radio Frequency Identification (RFID) ermöglichen innovative Gestaltungsansätze in der Prozessorganisation.

Die verschiedenen Softwaresysteme am Markt unterteilen sich in der Regel auf nächster Ebene in Module. Ein Modul setzt sich wiederum aus einer Vielzahl von Transaktionen eines Einsatzgebietes zusammen (siehe Abbildung 2.26).

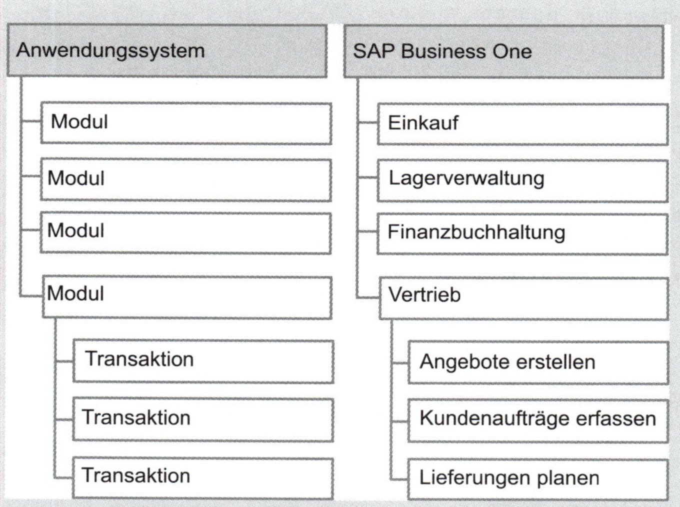

Abb. 2.26: Aufbau von Anwendungssystemen am Beispiel SAP

Tipp

Es empfiehlt sich, den Einsatz von Softwaresystemen, -modulen und -transaktionen der entsprechenden Prozessebene angepasst zu modellieren. Bei der groben Ablaufdokumentation werden vorwiegend Systeme und Module den Prozessen zugewiesen, bei der detaillierten Prozessgestaltung interessieren vor allem Transaktionen.

Die Component GmbH unterstützt ihre betriebswirtschaftlichen Kernprozesse mit den Modulen FI Finanzen, CO Controlling und HR Personal der Standardsoftware SAP R/3. Die Beschaffungs-, Lager-, Transport- und Vertriebsmodule der Individualsoftware WAWIS unterstützen die warenwirtschaftlichen Prozesse der Firma.

Component GmbH

Je nach Automatisierungsgrad der Aufgabenerfüllung wird die IT-Systemsicht in der Prozessorganisation unterschiedlich modelliert. Werden Prozessschritte teilweise dv-technisch unterstützt, wird das Aufgabensymbol um die Zeilen Modul und Anwendungssystem ergänzt. Die Aufgabenbeschreibung wird entsprechend der jeweilig eingesetzten Transaktion gewählt (siehe Abbildung 2.27 in der Mitte). Bei vollautomatisierten Aufgaben wird das Anwendungssystem zum Aufgabenträger (siehe Abbildung 2.27 rechts).

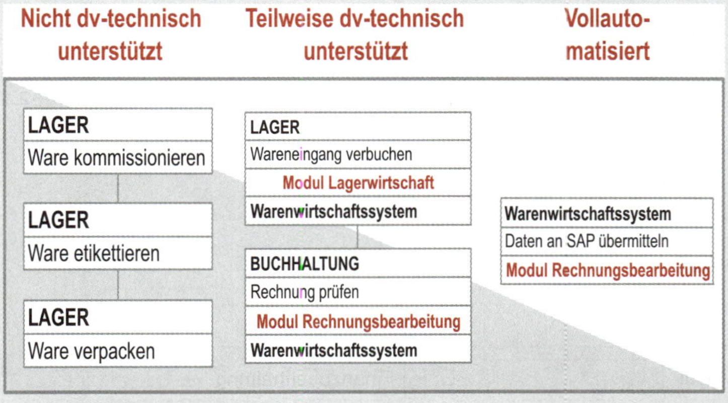

Abb. 2.27: Modellierung der IT-Sicht

In Abbildung 2.28 wird am Beispiel des vollständigen Prozesses „Beschaffung Handelsware" gezeigt, wie die IT-Systemsicht modelliert wird.

Component GmbH

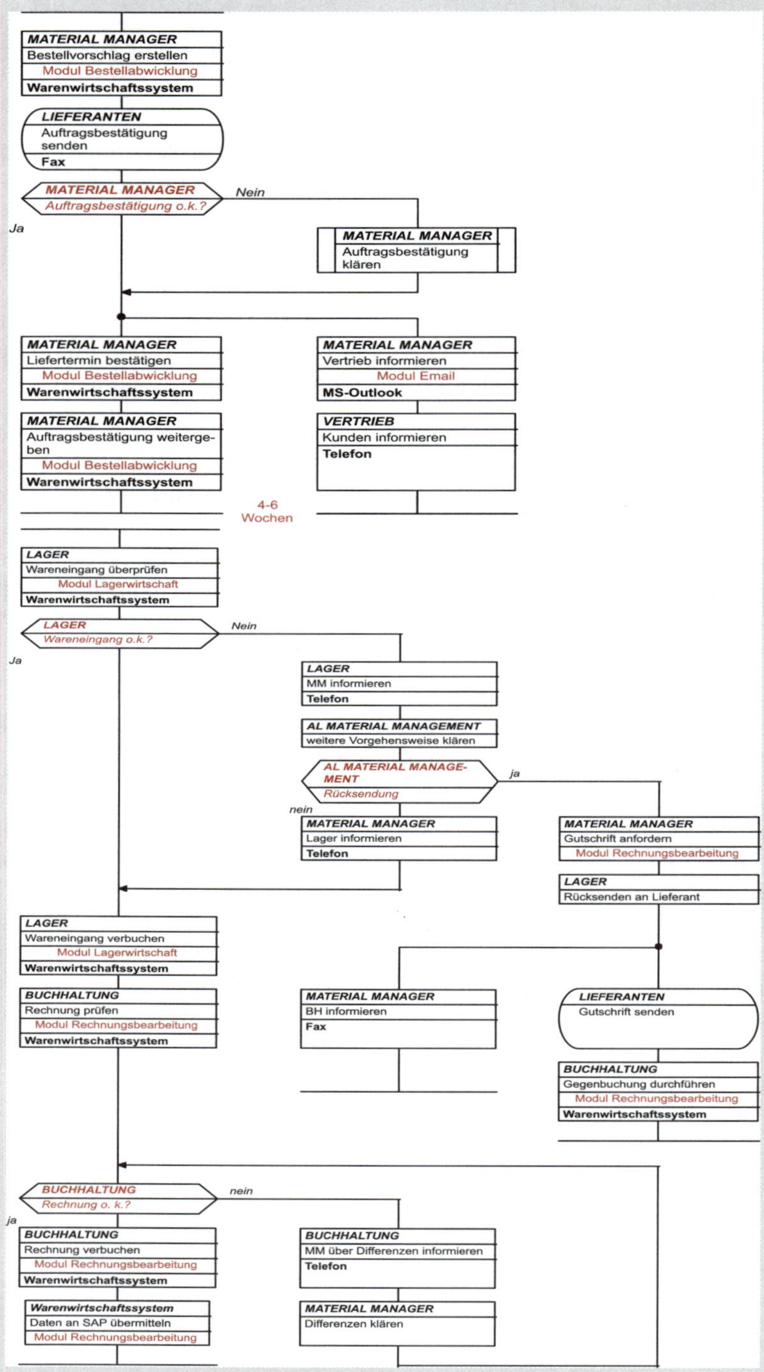

Abb. 2.28: Folgeplan „Beschaffung Handelsware" mit IT-Systemsicht

2.3.4 Datensicht

Schließlich können noch die in Aufgaben eingehenden und ausgehenden Daten mit der Datensicht visualisiert werden.

Definition

Informationen, die maschinell verarbeitet werden und in elektronischer Form in Datenbanken gespeichert werden, werden als Daten bezeichnet.

Spezialisierte Datenmodellierungstechniken

Für die detaillierte Datenmodellierung gibt es spezialisierte Techniken. Das bereits Mitte der 70er Jahre von P. CHEN entwickelte Entity-Relationship-Modell (ERM) wurde in der Folge mehrfach weiterentwickelt. Mit ERM-Diagrammen werden die Beziehungen (Relationen) zwischen den Daten (Entitäten) sowie die fachlichen Eigenschaften (Attribute) der Daten festgehalten.

So viel Datenmodellierung wie nötig beim Folgeplan

Daten vollständig und genau zu modellieren, sprengt den Rahmen der Prozessdokumentation. Für die meisten Zwecke der Prozessmodellierung ist es nicht notwendig, alle Daten und ihre Beziehungen exakt abzubilden. Für die Vorbereitung einer Softwareentwicklung oder beim Customizing von Standardsoftware sind Datenmodelle unerlässlich. Fraglich ist nur, ob dies mit der Prozesssicht in einer Darstellung kombiniert wird. Je mehr Daten in dem Prozess abgebildet werden, desto unübersichtlicher wird die eigentliche Prozessbeschreibung.

Tipp

Es empfiehlt sich deshalb nur selektiert und dort, wo besondere Daten im Prozess erforderlich sind, diese zu modellieren.

Elektronisch vorliegende Daten werden mit dem Symbol der Datentrommel links oder rechts an das Aufgabensymbol angebunden. Dabei kann die Logik eingehalten werden, dass links eingehende Daten und rechts ausgehende Daten modelliert werden. Konventionelle Daten werden mit dem Listensymbol visualisiert. In Abbildung 2.29 wird für den Beginn des Prozesses „Beschaffung von Handelsware“ die Datensicht veranschaulicht.

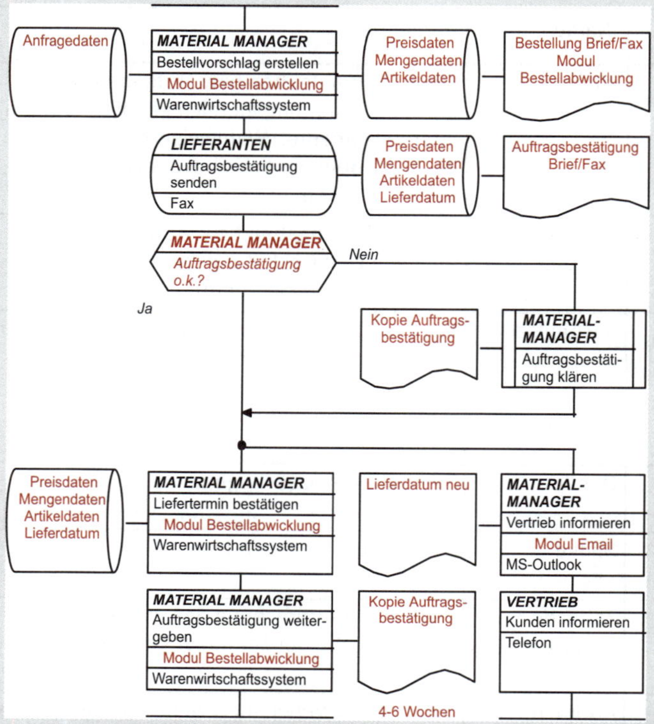

Abb. 2.29: Beginn des Folgeplanes „Beschaffung Handelsware" mit Prozess-, Organisations-, IT-System- und Datensicht

2.3.5 Folgeplan und Erweiterter Folgeplan

Symbole des Folgeplanes

Mit der Folgeplantechnik ist es möglich, eine oder mehrere Sichten in einer Darstellung zu integrieren. In Abbildung 2.30 werden die auf den vorherigen Seiten erläuterten Symbole der unterschiedlichen Sichten zusammengefasst.

Symbol	Name	Bedeutung
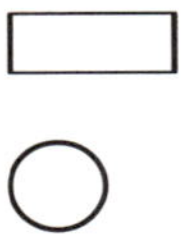	Internes Element	Symbol für Aufgaben bzw. Aufgabenträger, die zum Gestaltungsbereich gehören (systeminterne Elemente). Wahlweise kann hier ein Rechteck oder ein Kreis bei der Folgestruktur benutzt werden.
	Externes Element	Symbol für Aufgaben bzw. Aufgabenträger, die nicht zum Gestaltungsbereich gehören (systemexterne Elemente).
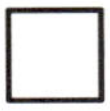	Sachmittel	Symbol für aktiv verarbeitende Sachmittel zur Speicherung, Verarbeitung oder zum Transport von Informationen, Informationsträgern und sonstigen materiellen Objekten.
	Quelle	Symbol für Prozessbeginn.
	Senke	Symbol für Prozessende.
	Zeitliche Unterbrechung	Zeitliche Unterbrechung des Prozesses. Kann durch Angabe der Zeitdauer genauer definiert werden.
	Abbruch Senke	Symbol wird verwendet, wenn die Fortsetzung des Prozesses für das Projekt nicht relevant ist oder es sich um einen Ausnahmefall handelt.
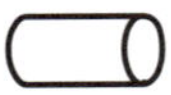	Elektronische Dateien	Symbol für Zusatzinformationen, die in elektronischer Form vorliegen.
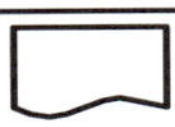	Konventionelle Dateien	Symbol für Zusatzinformationen, die in physischer Form vorliegen (Dokumente).
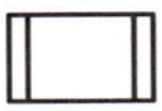	Unterprozess/Teilprozess	Mit Hilfe dieses Symbols ist es möglich, Teile eines Prozesses in einen eigenständigen Prozess auszugliedern.
	Konnektor	Der Konnektor kann zur Überbrückung von Verkettungslinien genutzt werden.
	Objekt/ Information	Symbol für Informationen, Informationsträger und sonstige materielle Objekte (nicht aktiv verarbeitende Sachmittel).

Abb. 2.30: Symbole des Folgeplanes

Zu viele Sichten schaden der Transparenz

Je mehr Sichten in einer Modellierung kombiniert werden, desto unübersichtlicher wird die Darstellung. Ebenfalls stößt die Folgeplantechnik an ihre Grenzen, wenn sich bei parallellaufenden Ästen die an die Aufgaben angebundenen Symbole in die Quere kommen.

Im Erweiterten Folgeplan (EFP) werden die Sichten spaltenweise aufgeführt. Die Grafik beinhaltet in der Regel nur die Prozesssicht. Die übrigen Spalten sind wahlweise zu belegen. Es können Input- und Outputdaten, Sachmittel, Stellen, Funktionen und andere sinnvolle Zusatzinformationen in die Spalten eingeführt werden. Auch sind die Spalten links und rechts von der Prozesssicht modellierbar. Abbildung 2.31 zeigt ein Beispiel für einen Erweiterten Folgeplan mit Funktionen und Bemerkungen.

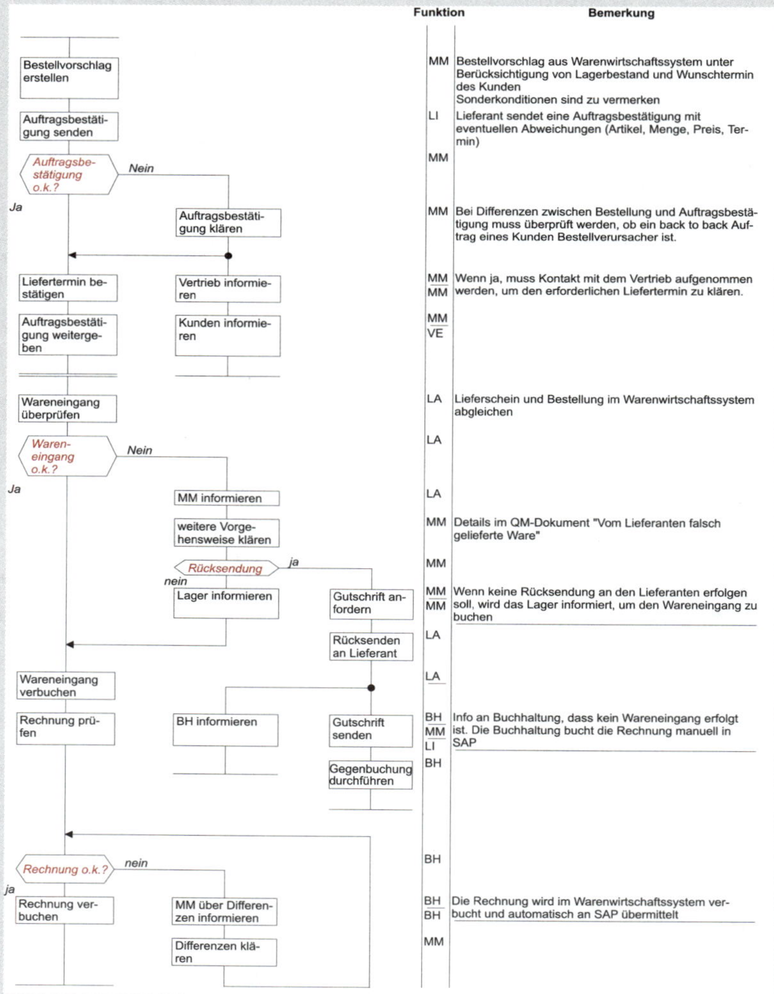

Abb. 2.31: Erweiterter Folgeplan des Prozesses „Beschaffung Handelsware“

2.3.6 Folgestruktur

Auch die Modellierungstechnik der Folgestruktur gehört zu den grafisch strukturellen Techniken der Prozessdarstellung. Im Unterschied zum Folgeplan werden Struktur und Text getrennt. Analog einer Legende werden rechts neben der grafischen Darstellung die Symbole (siehe Abbildung 2.32) tabellarisch beschrieben.

Legende schafft Platz

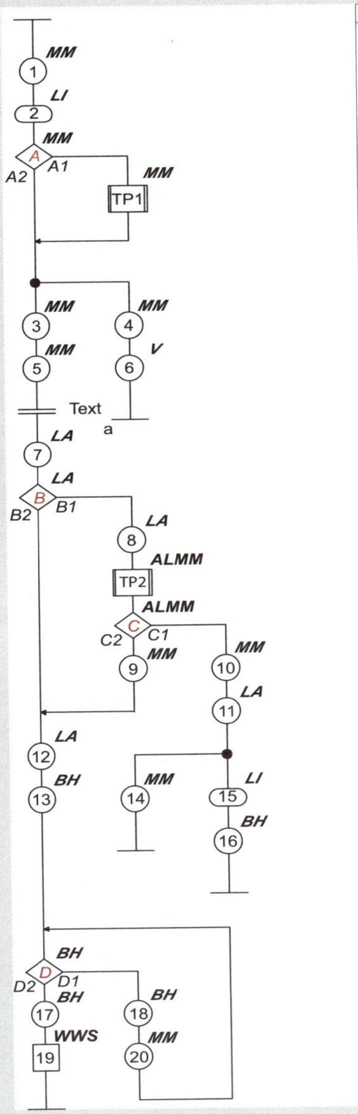

FRM	AT	SM	BD	AG	Beschreibender Text
	MM				***MATERIAL MANAGER***
				1	Bestellvorschlag erstellen
	LI				***LIEFERANTEN***
				2	Auftragsbestätigung senden
			A		*Auftragsbestätigung o.k.?*
			A1		*Nein*
			A2		*Ja*
				TP1	Auftragsbestätigung klären
				3	Liefertermin bestätigen
				4	Vertrieb informieren
				5	Auftragsbestätigung weitergeben
	V				***VERTRIEB***
				6	Kunden informieren
a					4-6 Wochen
	LA				***LAGER***
				7	Wareneingang überprüfen
			B		*Wareneingang o.k.?*
			B1		*Nein*
			B2		*Ja*
				8	MM informieren
	ALM				***AL MATERIAL MANAGEMENT***
				TP2	falschen Wareneingang klären
			C		*Rücksendung*
			C1		*ja*
			C2		*nein*
				9	Lager informieren
				10	Gutschrift anfordern
				11	Rücksenden an Lieferant
				12	Wareneingang verbuchen
	BH				***BUCHHALTUNG***
				13	Rechnung prüfen
				14	BH informieren
				15	Gutschrift senden
				16	Gegenbuchung durchführen
			D		*Rechnung o. k.?*
			D1		*nein*
			D2		*ja*
				17	Rechnung verbuchen
				18	MM über Differenzen informieren
		WW			***WARENWIRTSCHAFTSSYSTEM***
				19	Daten an SAP übermitteln
				20	Differenzen klären

Abb. 2.32: Folgestruktur des Prozesses „Beschaffung Handelsware“

Gleiche Symbole bei Folgestruktur und Folgeplan

Die Symbole der Folgestruktur entsprechen den Symbolen des Folgeplanes (siehe Abbildung 2.30). Lediglich das interne Symbol kann wahlweise als Rechteck oder Kreis und Oder-Verzweigungen können wahlweise mit einem Sechseck oder vereinfacht mit einer Raute modelliert werden (siehe Abbildung 2.33).

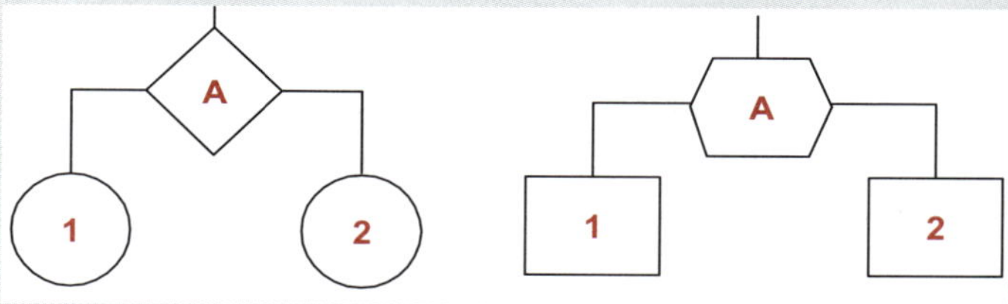

Abb. 2.33: Alternative Modellierung der ODER-Verzweigung in der Folgestrukturtechnik

Die übrigen logischen Folgebeziehungen werden analog den in Abbildung 2.19 dargestellten Notationen visualisiert. Für die Folgestruktur empfehlen sich folgende Modellierungsregeln.

Tipp

- Flusslinien kreuzen sich nicht
- Deutliche Kennzeichnung von Quellen und Senken
- Interne Aufgabensymbole müssen mit Aufgaben versehen werden
- Dokumentation von der Grafik zum Text
- Identische Elemente werden im Textteil nur einmal erläutert
- Wenn möglich, Unterprozesse nutzen
- Flusslinien verlaufen waagerecht oder senkrecht, nicht diagonal
- Verknüpfungen erfolgen auf Flusslinien
- Symbole werden ihrer Reihenfolge entsprechend immer von oben nach unten dargestellt
- Datei: wird i.d.R. rechts/links von einer Aufgabe „angebunden" und nicht mit Flusslinien in die Struktur eingebunden
- Kennzeichnung von
  - Aufgaben: arabische Ziffern
  - Aufgabenträgern und Sachmitteln: sinnvolle Großbuchstaben (ggf. auch Ziffern)
  - Informationen: Kleinbuchstaben
  - Bedingungen: Großbuchstaben
  - Ausprägungen der Bedingungen: Hinzufügen von Ziffern (A1, A2, B1 etc.) oder durch „sprechende" Abkürzungen
  - Ausprägungen der Bedingungen immer dem Uhrzeigersinn nach, d.h. z.B. A1 nach rechts, A2 nach unten, A3 nach links.

Komprimierte Darstellung

Durch die Trennung von grafischer Darstellung und erläuterndem Text wird bei den Folgestrukturen eine bedeutende Platzersparnis erzielt. Die Darstellung auch weitverzweigter Strukturen auf kleinstem Raum bietet eine gute Übersicht über große Prozessabschnitte. Dies stellt eine wichtige Voraussetzung für die Diagnose des IST-Zustandes dar. Derselbe Vorteil wird wirksam, wenn es darum geht, Lösungsentwürfe zunächst zu gestalten, um sie anschließend zu bewerten.

Die gute Übersicht ist auch eine große Hilfe in der Erhebung. Es ist stets ersichtlich, welche Prozessäste (z.B. bei ODER-Verzweigungen) noch nicht weiterverfolgt wurden. Auch Plausibilitäts- und Vollständigkeitsprüfungen werden erheblich erleichtert.

Tipp

Es erfordert Übung, mit dem Folgestruktur-Formular bzw. mit dem PC sicher umgehen zu können. Schon nach kurzer Zeit wird sich aber zeigen, dass die Folgestrukturen eine sehr schnelle Dokumentation selbst sehr komplexer Prozessstrukturen ermöglichen. Es gibt sicher keine Technik, mit der man schneller und vollständiger Prozesse erheben, dokumentieren und analysieren kann.

Folgestrukturen sind nicht für Betroffene geeignet

Die Folgestruktur besitzt sehr viele Stärken, die sie in besonderem Maße als Handwerkszeug für Profis qualifizieren. Anders sieht es aus für Mitarbeiter aus den untersuchten Fachbereichen, Auftraggeber und Entscheider sowie für die Anwender der neuen Konzepte. Bei allen genannten Personengruppen handelt es sich in der Regel um Laien, denen organisatorische Techniken eher fremd sind. Aufgrund des hohen Abstraktionsgrades der Folgestruktur und der Trennung von Text und Grafik werden es die genannten Personengruppen schwer haben, die Prozessdarstellungen zu lesen und zu verstehen.

Tipp

Besonders nachteilig kann es sein, wenn beispielsweise Entscheider sich ein Urteil bilden müssen oder Anwender ein neues Konzept richtig einsetzen sollen. Schwierigkeiten beim Verstehen erzeugen oft Akzeptanzprobleme und Widerstände. Das kann bewirken, dass der Entscheider eine Lösung verwirft oder der Anwender offen oder verdeckt das neue Verfahren ablehnt und es deswegen (oder auch aufgrund falschen oder lückenhaften Verstehens) zu Fehlern kommt. Die Schuld wird dann auf das „Neue“ geschoben.

Alles das sind Wirkungen, die im Interesse des Projektes vermieden werden sollten. Wenn es also um Dokumentationen und Präsentationen für Anwender und Entscheider geht, sind die Folgestrukturen nicht geeignet.

2.3.7 Geblockter Text

Bei Geblockten Texten werden Aufgaben und andere Texte in Felder geschrieben, die durch Seiten- und Trennlinien gebildet werden. Diese Felder werden „Blöcke" genannt und haben der Technik ihren Namen gegeben. Aufgaben werden durch Aufgabenpunkte hervorgehoben. Folgende Blockarten zur Darstellung von Elementen und Grundformen werden unterschieden:

Externer Block: Block für Aufgaben bzw. Aufgabenträger/Organisationseinheiten, die nicht zum Gestaltungsbereich gehören, auch wenn diese im unternehmensinternen Prozess erfüllt bzw. tätig werden.

Interner Block: Block für Aufgaben bzw. Aufgabenträger/Organisationseinheiten, die zum Gestaltungsbereich gehören. Trennlinien sind immer dann zu ziehen, wenn Aufgabenträger wechseln. Werden mehrere Aufgaben von einem Aufgabenträger in Folge erfüllt, sind diese untereinander zu schreiben und mit einem Aufgabenpunkt zu versehen.

Teilprozesse: Block für Teilprozesse, deren detaillierte Darstellung ausgegliedert wurde, um den Prozess insgesamt weniger komplex darstellen zu können.

Zeitliche Unterbrechung des Prozesses

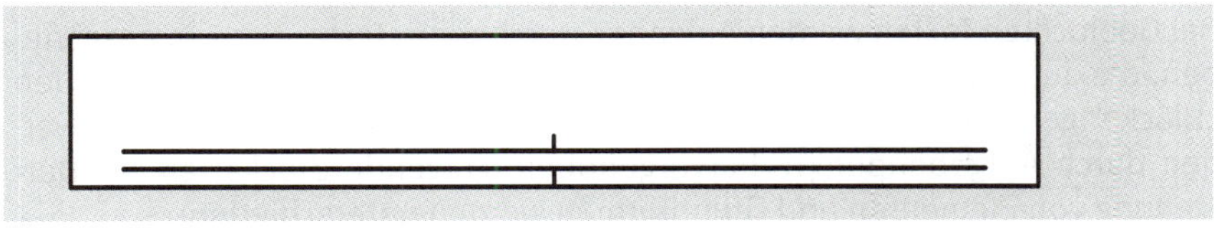

Quelle: Block für Prozessbeginn

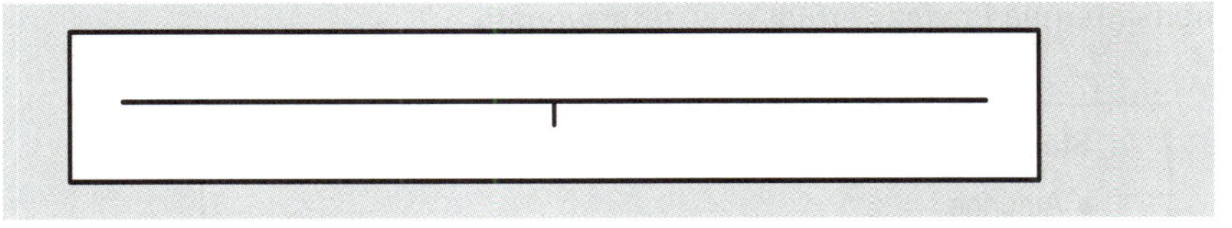

Senke: Block für Prozessende

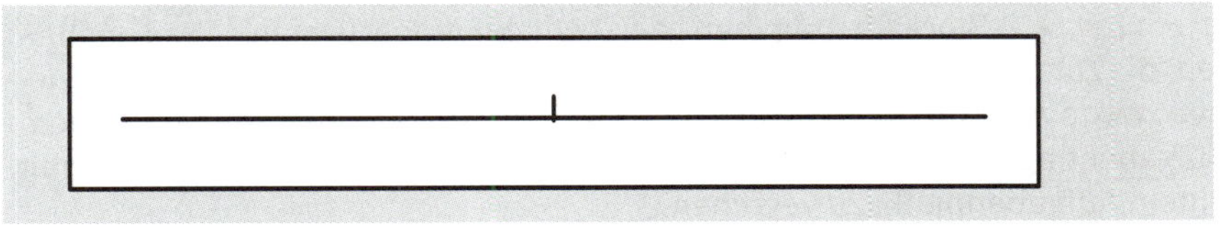

Abbruch Senke: Wird verwendet, wenn die Fortsetzung des Prozesses für den Anwender nicht relevant ist.

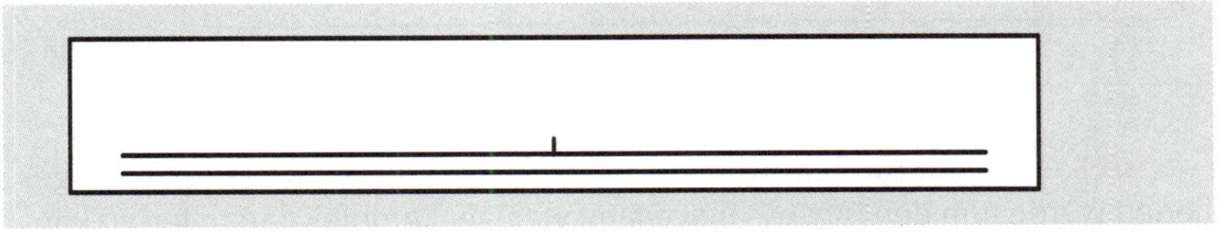

In Abbildung 2.34 werden die logischen Folgebeziehungen bei den Geblockten Texten dargestellt.

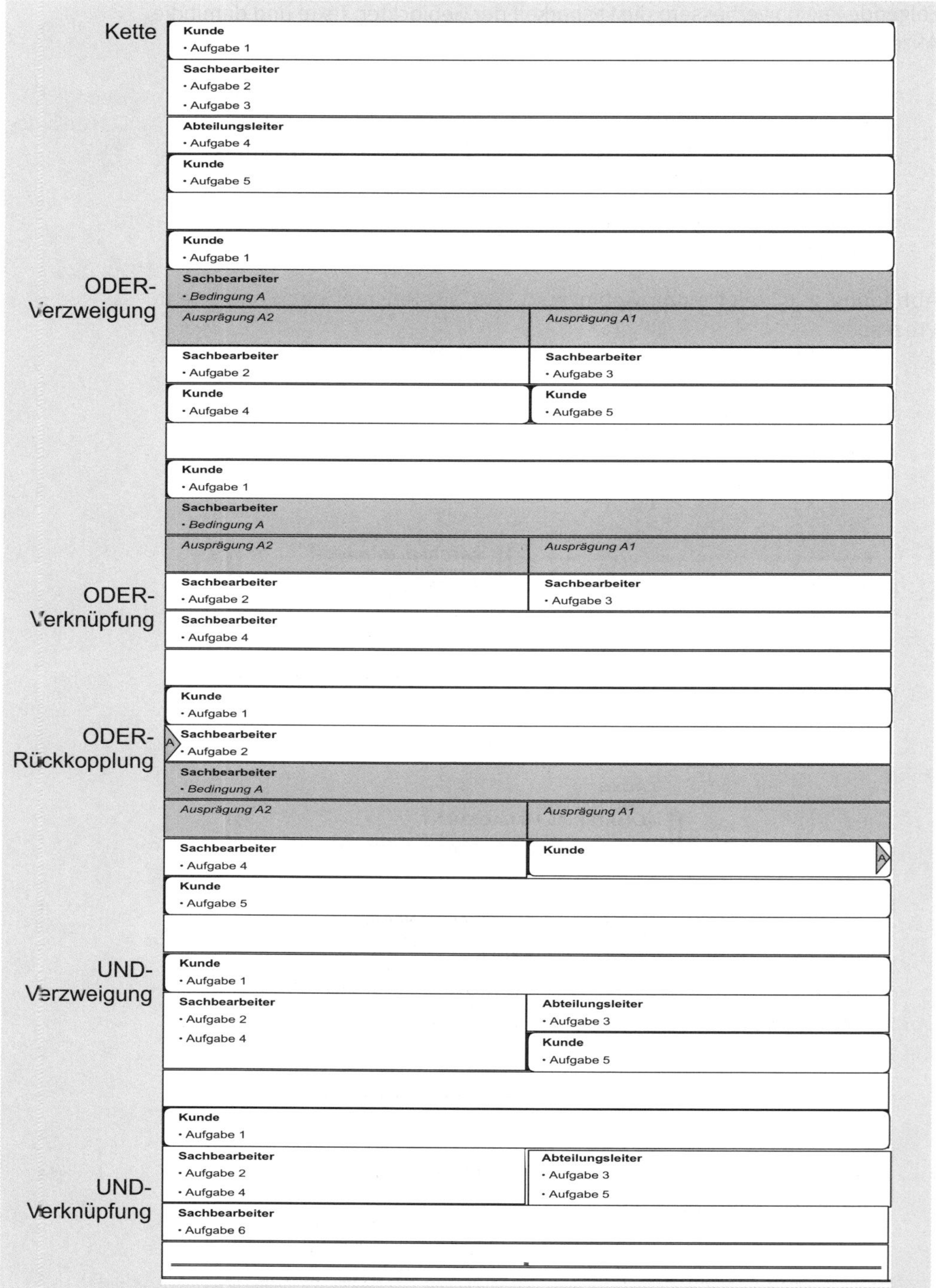

Abb. 2.34: Grundformen der Prozessstrukturen

Folgende Regeln verbessern die Lesbarkeit der Geblockten Texte und damit die Akzeptanz der Anwender:

Regeln zur Darstellung

- Senken und Rückkopplungsausgänge rechts im Block bzw. am rechten Rand anordnen
- den Normal- bzw. Routinefall (Hauptast) wegen der Leserichtung möglichst links darstellen
- auf die Einhaltung von vertikalen Fluchtlinien wegen der optischen Leitung achten.

Abbildung 2.35 zeigt einen Geblockten Text am Beispiel des Component-Prozesses.

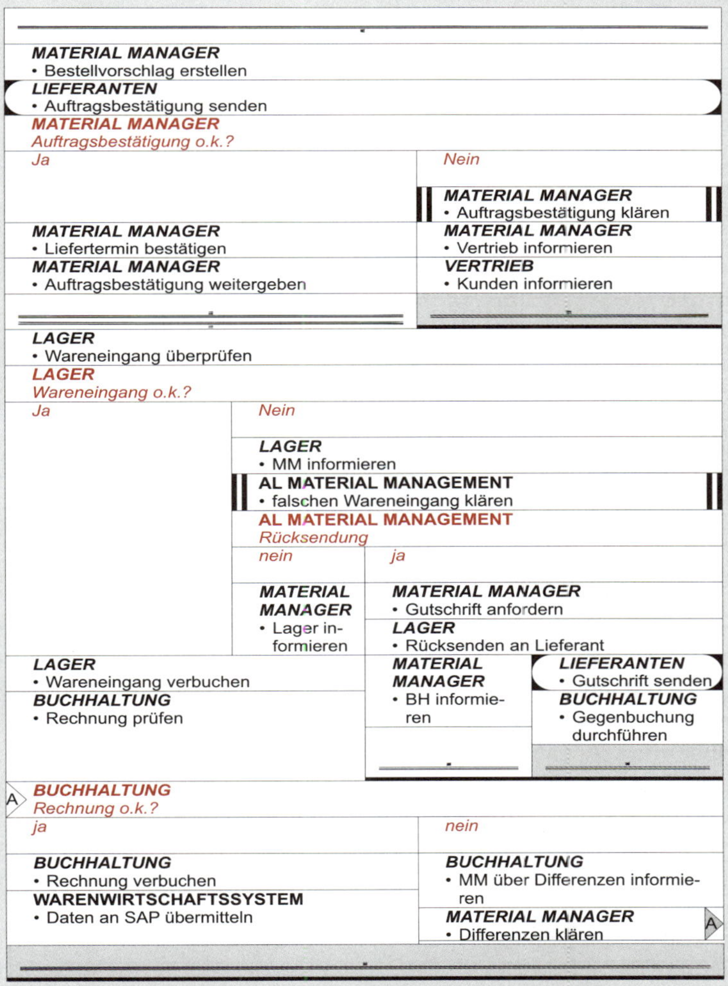

Abb. 2.35: Geblockter Text des Prozesses „Beschaffung Handelsware“

Abschließend fasst Abbildung 2.36 die Vor- und Nachteile des Geblockten Textes als Modellierungstechnik zusammen.

Vorteile	Nachteile
■ Wesentlich transparenter als eine rein verbale Beschreibung ■ Überblick über Gesamtprozess ■ Leicht erlern- und erstellbar ■ Leicht lesbar, auch von Laien ■ Alle Elemente und Grundformen von Prozessstrukturen darstellbar.	■ Nur als Arbeitsanweisungstechnik geeignet ■ Mehrere ODER-Verzweigungen nacheinander kaum darstellbar, da die Felder durch die Teilungen immer schmaler werden.

Abb. 2.36: Beurteilung des Geblockten Textes.

2.4 Prozessanalyse

Der dritte und letzte Schritt im Rahmen der Ist-Situationsbeschreibung ist die Prozessanalyse.

Definition

Unter „Analyse" wird eine noch wertneutrale Untersuchung des IST-Zustandes verstanden. Der Begriff wird auch im Sinn von ordnen, sortieren oder aufbereiten verwendet, wobei es auch hierbei um eine reine Bestandsaufnahme geht. Die Analyse ist somit klar von der Würdigung zu trennen, in der wertend zu den erhobenen und analysierten Sachverhalten Stellung genommen wird.

Ziele bestimmen Analyseumfang

Grundsätzlich kann alles das analysiert werden, was man bei Prozessen „zählen, messen, wiegen" kann. Selbstverständlich ist auch die Analyse kein Selbstzweck. Ausschlaggebend sind die Zielsetzungen bei der Prozessgestaltung. Fasst man die vielen Ziele zusammen, die Praktiker bei der optimalen Organisation ihrer Prozesse verfolgen, so lassen sich sechs Hauptziele der Prozessorganisation ableiten, die immer wieder von wesentlichem Interesse sind (siehe auch Kapitel 1.3):

- Kurze Durchlaufzeiten
- Niedrige Prozesskosten
- Hohe Prozessqualität

- Hohe Produktqualität
- Hohe Kundenzufriedenheit
- Hohe Mitarbeitermotivation.

Analyse anhand modellierter Prozesse

Inwieweit lassen sich nun Analysewerte unmittelbar aus der Prozessbeschreibung ermitteln?

Für die ersten drei Hauptziele gibt es zahlreiche Daten, die mit Hilfe der modellierten Prozesse analysiert werden können (siehe Abbildung 2.37). Für die anderen eher qualitativ einzuordnenden Prozessziele bedarf es separater Erhebungs- und Analyseverfahren.

Hauptziele	Analysemöglichkeiten
Kurze Durchlaufzeiten	■ Bearbeitungszeit ■ Transportzeit ■ Liegezeit ■ Wartezeit ■ Rüstzeit
Niedrige Prozesskosten	■ Prozesskosten ■ Wertschöpfungsanteil ■ Anzahl dv-technisch unterstützter oder vollautomatisierter Aufgaben ■ Personalbedarf ■ Anlagenauslastung
Hohe Prozessqualität	■ Variantenzahl ■ Anzahl Schnittstellen ■ Anzahl Symbole ■ Anzahl Prozesse ■ Anzahl Teilprozesse ■ First Pass Yield ■ Fehlerrate/Ausfallzeit/Ausschuss/ Fehlerkosten

Abb. 2.37: Analysemöglichkeiten anhand von drei Hauptprozesszielen

Component GmbH

Um die Kundenzufriedenheit zu analysieren, befragt die Component GmbH einmal jährlich ihre Kunden (siehe Kapitel 1.1.2). Ähnlich, nur in unregelmäßigen Abständen führt das Handelsunternehmen eine Mitarbeiterbefragung durch. Zur Analyse der Mitarbeiterzufriedenheit werden auch Krankheitsquoten und Abwesenheitszeiten ausgewertet.

Selbstverständlich kann man auch aus den direkt aus Prozessbeschreibungen analysierten Daten Rückschlüsse auf Produktqualität sowie Kunden- und Mitarbeiterzufriedenheit ziehen.

Beispiel

Beispielsweise kann man vom Auslastungsgrad kundennaher Stellen auf die Zufriedenheit der Kunden mit der Verfügbarkeit der Ansprechpartner schließen. Auch wirken sich Prozesskosten auf die Preisgestaltung von Produkten aus. Ebenfalls haben hohe Fehlerquoten in kundennahen Prozessschritten Konsequenzen auf die Kundenzufriedenheit.

Da diese Zusammenhänge aber immer nur mittelbar sind, werden im Folgenden nur die direkt analysierbaren Prozessziele vertieft.

2.4.1 Prozessqualität

Normen zur Begriffsklärung

Der Begriff Qualität wird sowohl im alltäglichen Sprachgebrauch als auch in der Fachliteratur unterschiedlich verstanden und ausgelegt. Qualität wird u.a. verstanden als:

- Fitness for Use (J.M. Juran)
- Qualität ist gleich Zweckeignung
- Qualität ist, wenn der Kunde zurückkommt.

Die international einheitliche Definition des Qualitätsbegriffes, wie auch alle anderen Begriffe des Qualitätsmanagements, sind den ISO-Normen entnommen (früher: ISO 9000:2000)

Definition

Qualität ist der Grad, in dem ein Satz inhärenter Merkmale Anforderungen erfüllt. Eine Anforderung ist die Erfordernis oder Erwartung, die festgelegt, üblicherweise vorausgesetzt oder verpflichtend ist. Ein Merkmal ist eine kennzeichnende Eigenschaft.

Nach diesem Verständnis ist Qualität nichts anderes als Zielerfüllung. Je mehr die sechs Hauptziele (sprich „Anforderungen“) eines Prozesses (sprich „Satz inhärenter Merkmale“) erfüllt werden, desto höher ist die Qualität des Prozesses. Dieser weitgehenden Qualitätsdefinition wird hier nicht gefolgt.

Unter Prozessqualität werden oft nur die Anforderungen an den eigentlichen Ablauf, nicht aber die Kriterien für ein „gutes Produkt" verstanden. Die Unterscheidung in Prozess- und Produktqualität ist bei Produktionsprozessen eindeutig.

Prozess- und Produktqualität

So gibt es beispielsweise bei einem PC-Produktionsprozess Anforderungen an die eigentliche Herstellung sowie an das Ergebnis der Fertigung (siehe Abbildung 2.38).

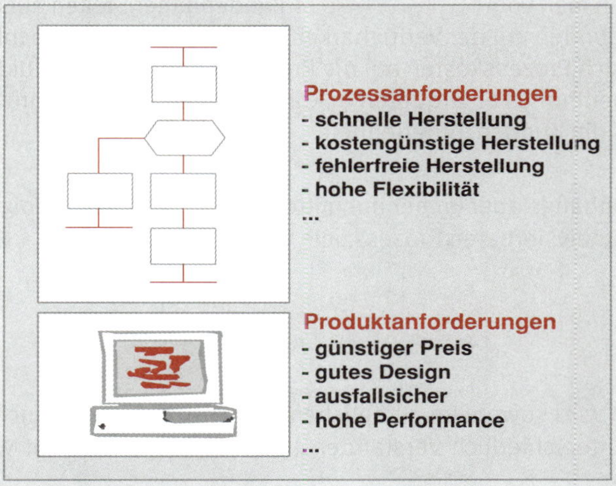

Abb. 2.38: Prozess- und Produktqualität beim Produktionsprozess

Schwieriger wird die Abgrenzung bei Dienstleistungsprozessen, da das Ergebnis des Prozesses, die Dienstleistung, die Summe aller vorherigen Prozessschritte ausmacht.

Beim Beratungsprozess der Component GmbH sind die kompetente Beratung und die freundliche Betreuung wesentliche Erwartungen der Kunden an den Beratungsprozess. Alle Kontakte, die der Kunde während der Beratung mit dem Unternehmen hat, beeinflussen die Zielerreichung.

Component GmbH

Um Begriffsredundanzen zu vermeiden, werden im Folgenden nur Beispiele aus dem engeren Verständnis der Prozessqualität aufgeführt.

Die Prozessqualität ist ein Ziel, das die Fähigkeit von Aufgabenfolgen bewertet, beherrschbar und fehlerfrei abzulaufen.

Definition

Es stehen nun die Möglichkeiten im Fokus, unmittelbar aus Prozessbeschreibungen die Kriterien „beherrschbar" und „fehlerfrei" zu analysieren.

2.4.1.1 Beherrschbare Prozesse

Prozesse sind umso besser beherrschbar, wenn sie transparent und nicht zu komplex sind.

Zunächst ist es erforderlich, dass alle Beteiligten die Prozesse nachvollziehen können. Hier helfen bis zu einem gewissen Grad verständliche Dokumentationen.

Das Prozessstatusblatt in Abbildung 2.39 gibt einen komprimierten Eindruck darüber, wie Prozesse hinsichtlich Varianten, Schnittstellen etc. gestaltet sind. Je höher die Anzahl der Kennzahlen, desto schwieriger ist der Prozess nachvollziehbar.

Prozess	Parameter	Wert
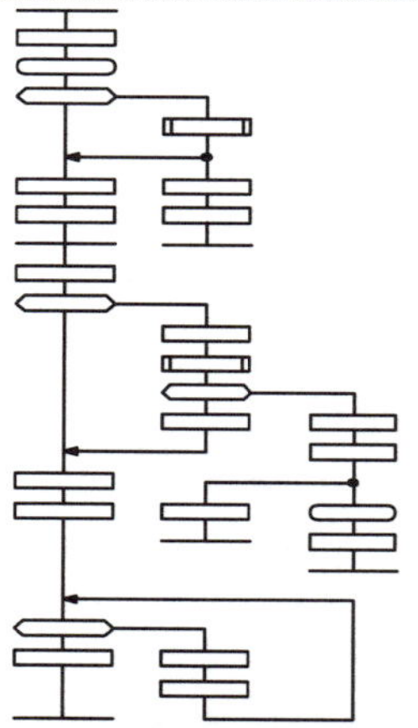	Anzahl am Tag	40
	Anzahl ODER-Verzweigungen	4
	Anzahl UND-Verzweigungen	1
	Anzahl ODER-Rückkopplungen	1
	Schnittstellen (Anzahl Initial- und Folgeprozesse)	5
	Anzahl Unterprozesse	3
	Anzahl Stellen/Funktionen	5
	Änderungen/Jahr	2

Abb. 2.39: Prozessstatusblatt des Beschaffungsprozesses

Aufgaben- und Symbolhäufigkeit

Häufigkeit als Indikator für beherrschbare Prozesse

Je häufiger ein Prozess stattfindet, desto sinnvoller ist es, den Prozess zu standardisieren. Bei zunehmender Standardisierung kann man davon ausgehen, dass ein Ablauf mehr technisch unterstützt bzw. automatisiert wird und dann besser beherrschbar ist. Dabei ist es wichtig zu wissen, wie häufig die einzelnen Aufgaben eines Prozesses vorkommen.

Was für den Gesamtprozess gilt, ist auch für einzelne Aufgaben relevant. Eine hohe Anzahl durchgeführter gleichartiger Aufgaben erleichtert die Routinierung und Beherrschbarkeit. Wie aber berechnet man die Häufigkeit von bestimmten Aufgaben, Prozessvarianten.

Exkurs

Um nicht mit der in der Mathematik und Statistik gebräuchlichen Begriffswelt zu kollidieren, wird im Folgenden von Häufigkeiten gesprochen. Der Begriff „Häufigkeit" wird damit vom Inhalt her gleichgesetzt mit der Menge als organisatorischer Dimension.

Voraussetzung für die Analysen von Aufgaben- und Symbolhäufigkeiten ist die Aufnahme von Prozentsätzen für die Ausprägungen der Bedingungen eines Prozesses. Die Prozentsätze werden an den Ästen der Oder-Verzweigungen notiert, wobei die Summe der Prozentsätze pro Verzweigungsebene immer 100 ergeben muss.

Component GmbH

In Abbildung 2.40 sind 20 % der Wareneingänge bei der Beschaffung von Handelsware bei der Component GmbH nicht in Ordnung.

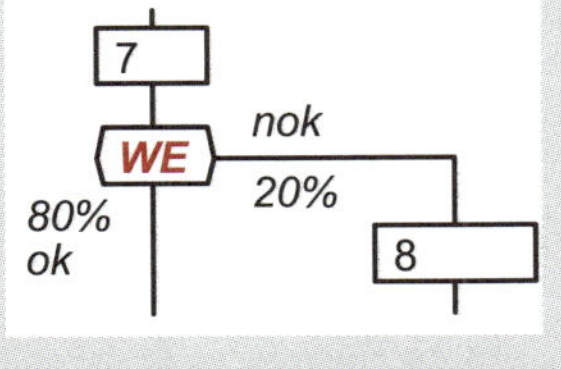

Abb. 2.40: Prozentsätze an Bedingungen

Quellen für Häufigkeiten

Die Zahlen können mit verschiedenen Erhebungstechniken wie Dokumentenstudium, Selbstaufschreibung, Multimomentstudien oder Schätzungen im Rahmen von Interviews erhoben werden. Viele der Prozentsätze sind unmittelbar aus IT-Systemen zu ermitteln. Auch wenn bei den Werten Unschärfen nicht zu vermeiden sind, liefern sie doch deutliche Hinweise, wo Prioritäten zu setzen sind. Die Aufnahme der Häufigkeitsverteilungen stellt außerdem eine wichtige Vorarbeit für die noch zu behandelnden Zeitanalysen dar.

Wenn für alle ODER-Verzweigungen und ODER-Rückkopplungen die Bedingungsausprägungen vorliegen, lassen sich rechnerisch die Aufgabenhäufigkeiten ermitteln (siehe Abbildung 2.41: Beispielsweise wird Aufgabe 7 zu 100% ausgeführt, Aufgabe 8 zu 20% und Aufgabe 14 zu 2% (10% von 20%).

Auch Häufigkeiten von anderen Symbolen wie Sachmittel oder Informationen können so analysiert werden.

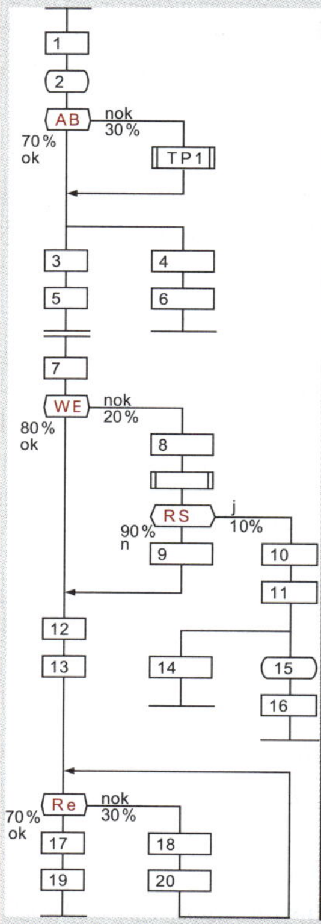

Krz.	Aufgabe	Hfg. (%)
1	Bestellvorschlag erstellen	100,00
2	Auftragsbestätigung senden	100,00
TP1	AB klären	30,00
3	Liefertermin bestätigen	100,00
4	Vertrieb informieren	100,00
5	Auftragsbestätigung weitergeben	100,00
6	Kunden informieren	100,00
7	Wareneingang überprüfen	100,00
8	MM informieren	20,00
TP2	WE klären	20,00
9	Lager informieren	18,00
10	Gutschrift anfordern	2,00
11	Rücksenden an Lieferant	2,00
12	Wareneingang verbuchen	98,00
13	Rechnung prüfen	98,00
14	BH informieren	2,00
15	Gutschrift senden	2,00
16	Gegenbuchung durchführen	2,00
17	Rechnung verbuchen	98,00
18	MM über Differenzen informieren	29,40/42,00
19	Daten an SAP übermitteln	98,00
20	Differenzen klären	29,40/42,00

Abb. 2.41: Aufgabenhäufigkeiten im Prozess „Beschaffung Handelsware“

Bei der Berechnung der Aufgabenhäufigkeit stellt die Rückkopplung einen Sonderfall dar.

Component GmbH

Das Verfahren soll anhand der Rückkopplung am Ende des Beschaffungsprozesses erläutert werden. Bei der Rechnungsprüfung kommen noch 98% der Fälle an. 30% der Rechnungen sind nicht o.k.

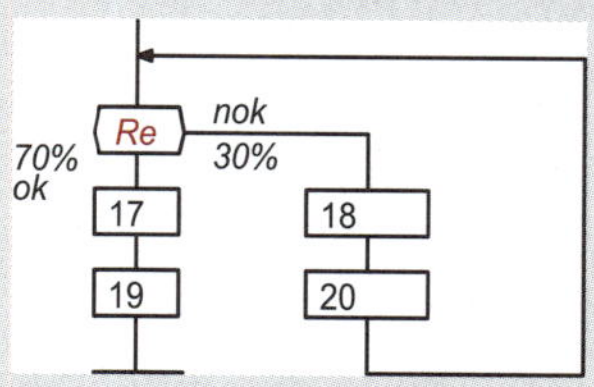

Die Aufgabe 18 wird beim ersten Durchlauf in 29,4% (30% von 98%), beim zweiten Durchlauf 8,82% (30% von 29,4%), beim dritten Durchlauf 2,65% (30% von 8,82%) usw. durchgeführt. Wenn man diese Schleife lange genug durchläuft, addieren sich die Werte auf ca. 42% auf. Diese Berechnung nennt man iteratives Verfahren. Alternativ dazu gibt es auch die Konvention, Rückkopplungen nur einmal zu berücksichtigen. Bei diesem nicht iterativen Verfahren bliebe der Wert bei 29,4%.

Rückkopplung nur einmal berücksichtigen

Abgesehen davon, dass das iterative Verfahren mathematisch korrekter ist, stellt sich die Frage der praktischen Relevanz. Sicherlich kann eine Schleife 2-bis 3-mal in realen Prozessen durchlaufen werden.

Iterative Berechnung eher nicht praxisrelevant

Dass die Rechnung des Lieferarten auch nach erstmaliger Korrektur falsch sein kann, ist zwar selten, aber sicher nicht auszuschließen.

Ob Schleifen allerdings 5- oder gar 10-mal mehr durchlaufen werden, ist anzuzweifeln. Eine solche Genauigkeit schießt meist über das Ziel der Prozessanalyse hinaus.

Variantenzahl

Komplexe Prozesse sind schwieriger zu beherrschen. Die Variantenzahl ist ein guter Indikator für die Vielschichtigkeit von Prozessen.

Eine Prozessvariante ist eine Folge von Prozesssegmenten, die mit einer Quelle beginnt und mit einer Senke oder bei parallelen Ausgängen mit mehreren Senken endet.

Definition

Zwei Varianten heißen unterschiedlich, wenn sie sich in mindestens einem Prozesssegment unterscheiden. Ein Segment kann dabei aus nur einem Element (Aufgabe oder Aufgabenträger/Organisationseinheit) oder aus Folgen von mehreren Aufgaben oder Aufgabenträgern/Organisationseinheiten bestehen oder auch „leer" sein (siehe Abbildung 2.42).

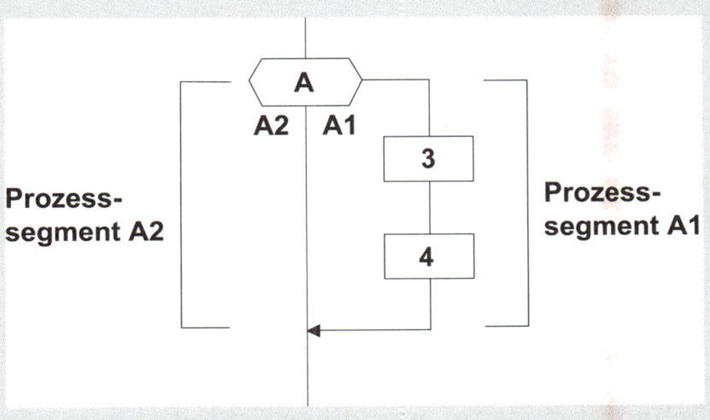

Abb. 2.42: Unterschiedliche Varianten

Die Prozessvariante A1 in Abbildung 2.42 enthält keine unterschiedlichen, sondern zusätzliche Elemente. Dennoch gelten die Segmente als unterschiedlich, da ihre Mengen unterschiedlich (disjunkt) sind, {} ungleich {3,4}.

Definition

Die Variantenzahl (auch Varietät) ist die Summe aller möglichen unterschiedlichen Segmentfolgen eines Prozesses, durch die die Quelle des Prozesses mit jeder seiner Senken verbunden wird.

Je mehr Varianten desto komplexer

Sie ist damit eine Messgröße für die Komplexität bzw. die Verzweigtheit eines Prozesses. Je mehr Varianten eine Struktur enthält, desto komplexer ist sie. Varianten entstehen durch ODER-Verzweigungen und ODER-Rückkopplungen.

Tipp

Eine sehr große Variantenzahl signalisiert auch, dass die beteiligten Aufgabenträger mit zahlreichen Entscheidungssituationen konfrontiert werden, was zu einer entsprechenden quantitativen und qualitativen Belastung führen kann. Werden unnötige Kontrollen beseitigt und/oder Kontrollen auf Sachmittel (z.B. Plausibilitätskontrollen) verlagert, kann die Variantenzahl für den Aufgabenträger gesenkt werden. Ist beides nicht möglich bzw. ist die Variantenzahl auch nach erfolgten Maßnahmen immer noch hoch, muss der Aufgabenträger bei seiner Arbeit durch entsprechend gestaltete Arbeitsanweisungen unterstützt werden.

Wird ein Prozess hinsichtlich seiner Variantenzahl analysiert, gleicht das den Überlegungen des Wanderers in Abbildung 2.43, auf wie vielen verschiedenen Wegen er sein Ziel, die Ceburg, erreichen kann.

Der Wanderer hat von seinem Standort aus nur 1 Möglichkeit loszugehen, aber 4 Möglichkeiten, um zur Ceburg zu gelangen,

1. Aheim - Beheim
2. Aheim - Bedorf
3. Adorf - Beheim
4. Adorf - Bedorf

Er muss sich zweimal zwischen 2 Alternativen entscheiden. Dies kann analog auf eine Prozessstruktur übertragen werden.

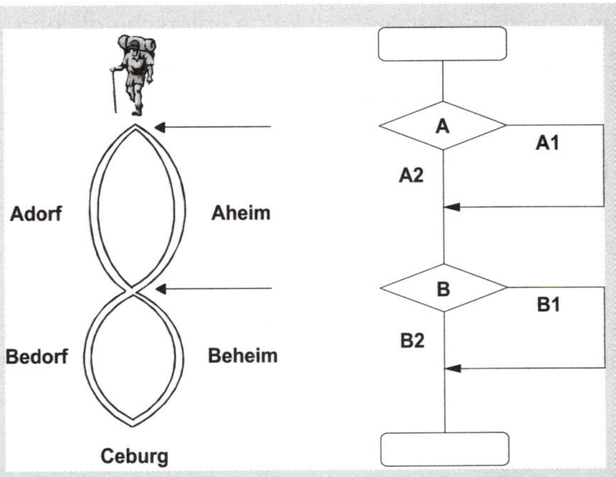

Abb. 2.43: Analogie von Weggabelungen und ODER-Verzweigungen

Die Summe der möglichen Wege unseres Wanderers entspricht der Variantenzahl des Prozesses, also 4.

Die Prozessstruktur ist noch so einfach und übersichtlich, dass die möglichen Wege mit unterschiedlichen Farben markiert werden können, um sie dann zu zählen. Bei komplexeren Strukturen kommt dieses Verfahren allerdings nicht mehr in Frage.

Exkurs

Die gestellte Aufgabe, die Variantenzahl zu bestimmen, stammt aus der Kombinatorik. Es wird gefragt, wieviele verschiedene Möglichkeiten es insgesamt gibt, bestimmte Dinge nach gegebenen Regeln zu kombinieren. Dort wird dieses "Abzählproblem", wie es auch genannt wird, mit Hilfe kombinatorischer Formeln gelöst.

Einfache Berechnung der Variantenzahl

Statt die Wege abzuzählen, lässt sich das Ziel auch mit einem relativ einfachen Verfahren erreichen, bei dem die Variantenzahl direkt in der Prozessstruktur ermittelt wird. Das soll Schritt für Schritt gezeigt werden.

Abbildung 2.44 zeigt einen Prozess, dessen Variantenzahl bestimmt werden soll.

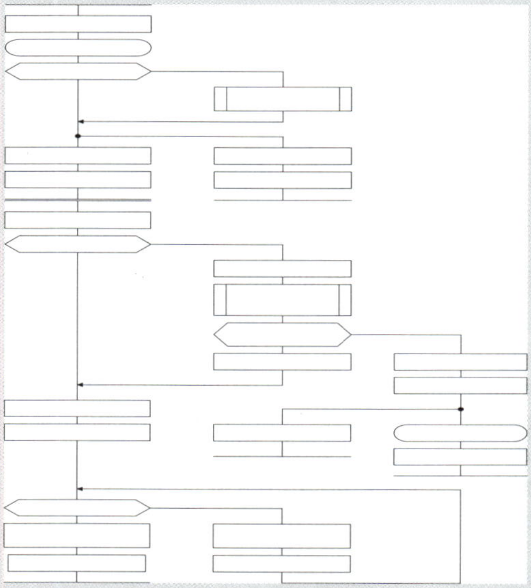

Abb. 2.44: Beispiel für die Berechnung der Variantenzahl

An jeden Ast der ODER-Verzweigung die bis dahin gültige Wegzahl

1. Bei ODER-Verzweigungen werden die Äste mit der bis dahin berechneten Variantenzahl bewertet. Bei der ersten ODER-Verzweigung ist dies grundsätzlich die „1". Im vorliegenden Beispiel wird also die „1" an den Ästen A1 und A2 notiert (siehe Abbildung 2.45).

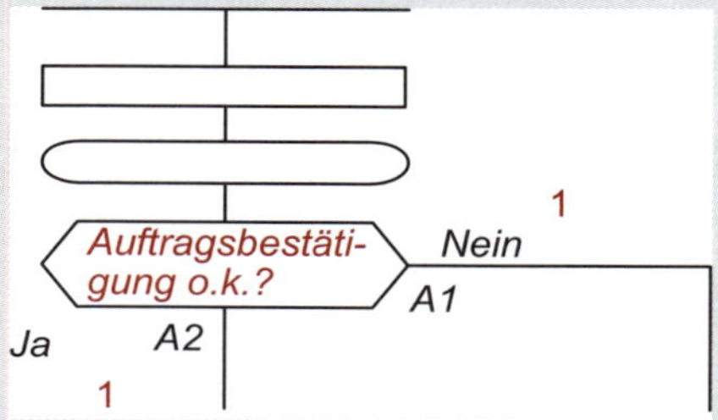

Abb. 2.45: Fortgeschriebene Berechnung der Variantenzahl

Addition der Wegzahlen bei ODER-Verknüpfungen

2. Bei ODER-Verknüpfungen werden die bis dahin berechneten Variantenzahlen der verknüpften Äste addiert. Die Summenzahl, die sich durch Addition bei den ODER-Verknüpfungen ergibt, wird zur besseren Unterscheidung unterstrichen (siehe Abbildung 2.46).

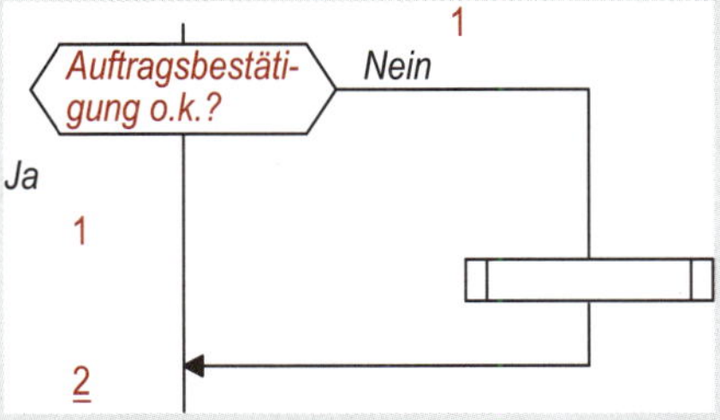

Abb. 2.46: Fortgeschriebene Berechnung der Variantenzahl

3. Rückkopplungen sind eine spezielle Form der ODER-Verknüpfung nach der ODER-Verzweigung und werden wie diese behandelt. Am Ende des Prozesses kommen vor der Rechnungsprüfung vier Varianten an. Durch die Verknüpfung per Rückkopplung nach den fehlerhaften Rechnungen steigt die Variantenzahl auf acht (siehe Abbildung 2.47).

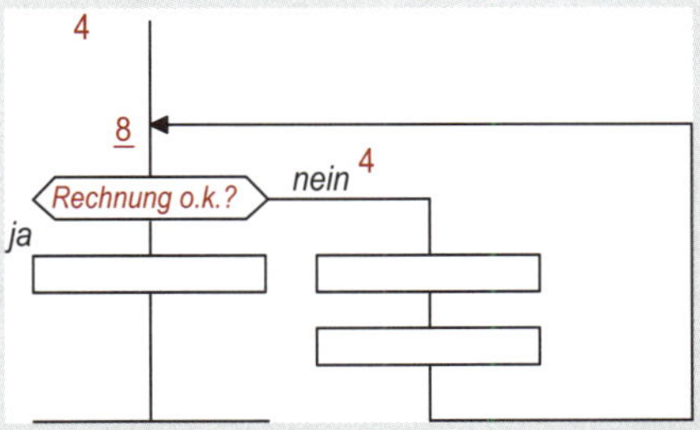

Abb. 2.47: Fortgeschriebene Berechnung der Variantenzahl

4. Führt ein Ast einer ODER-Verzweigung zu einer Senke, wird dort die bis dahin berechnete Variantenzahl des Astes notiert und zur Verdeutlichung mit einem Kästchen eingerahmt. Die Zahl im Kästchen wird „ausgehende Wegezahl" genannt (siehe Abbildung 2.48).

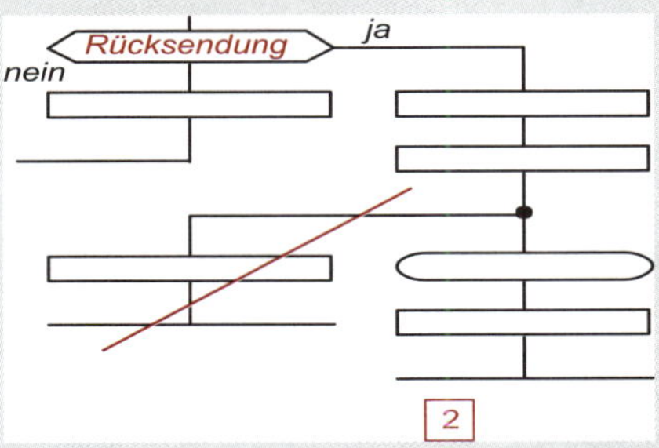

Abb. 2.48: Fortgeschriebene Berechnung der Variantenzahl

UND-Verzweigungen nicht berücksichtigen

5. Die Äste von UND-Verzweigungen stellen keine Varianten dar, weil sämtliche Paralleläste immer durchlaufen werden. Sofern sich auf dem Ast einer UND-Verzweigung keine ODER-Verzweigung befindet, wird er in Bezug auf die Berechnung der Variantenzahl ignoriert. Diese pragmatische „Faustregel" wird am Ende dieses Abschnittes für weitergehend Interessierte detaillierter beschrieben und begründet. Die Summenzahl 2 in Abbildung 2.49 wird also nur einmal als ausgehende Wegezahl berücksichtigt, am Ende der Prozessstruktur notiert und mit einem Kästchen eingerahmt.

6. Die Variantenzahl einer Prozessstruktur wird ermittelt, indem man alle ausgehenden Wegezahlen addiert.

Die Variantenzahl beträgt 2 + 8 = 10.

Component GmbH

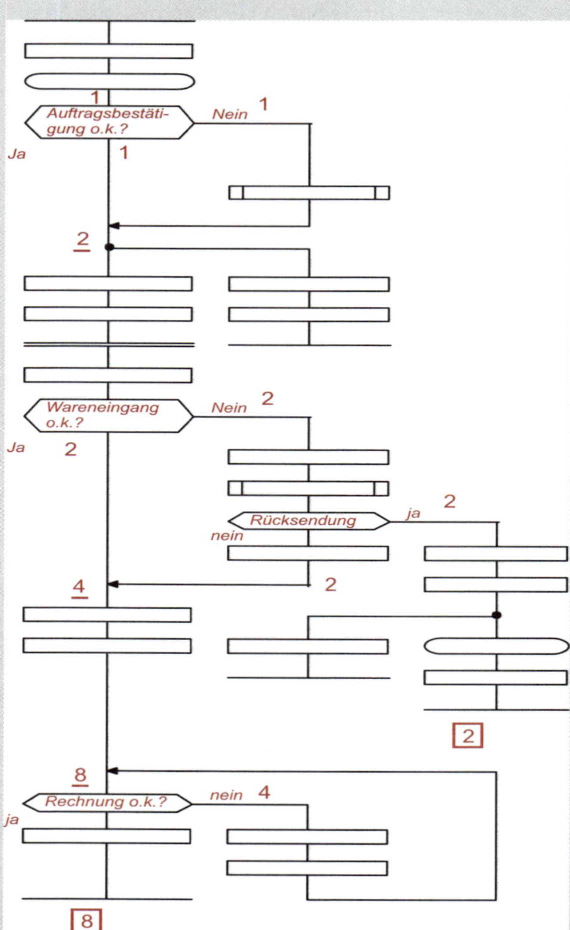

Abb. 2.49: Prozessstruktur, ergänzt um Wegezahlen

Tipp

10 Varianten, das scheinen viele zu sein, sind aber im Vergleich zu vielen anderen Prozessen in der Praxis überschaubar. Varianten im höheren zweistelligen, gar dreistelligen Bereich sind durchaus üblich.

Üblicherweise werden die Varianten nach den Ausprägungen der verfolgten Bedingungen benannt. Dabei werden die Bedingungen dem Alphabet nach abgekürzt, also die erste Bedingung A, die zweite B usw. Bei den Bedingungsausprägungen wird wie bei der Folgestruktur (siehe Kapitel 2.3.6) der Ausgang A1 nach rechts, A2 nach unten und A3 nach links benannt.

Die Variante A2-B2-D2 steht beispielsweise für den Weg „Auftragsbestätigung okay - Wareneingang okay - Rechnung okay". Insgesamt gibt es beim vorliegenden Handelsprozess folgende 10 Varianten:

1) A2 - B2 - D2
2) A2 - B2 - D1 - D2
3) A1 - B2 - D2
4) A2 - B1 - C2 - D2
5) A1 - B2 - D1 - D2
6) A2 - B1 - C2 - D1 - D2
7) A1 - B1 - C2 - D2
8) A1 - B1 - C2 - D1 - D2
9) A2 - B1 - C1
10) A1 - B1 - C1

Es folgen einige Sonderregeln. Leser, die sich mehr im Groben über diese Analysetechnik informieren möchten, können mit Abschnitt 2.4.1.2 fortfahren.

Exkurs: Sonderregeln für die Berechnung der Variantenzahl

Im Folgenden werden UND-Verzweigungen und UND-Verknüpfungen vertieft behandelt, vor allem solche, auf deren Ästen ODER-Verzweigungen vorhanden sind.

- Bei UND-Verzweigungen wird die bis zur UND-Verzweigung berechnete Variantenzahl in Klammern notiert (siehe Abbildung 2.50).
- Jeder Ast einer UND-Verzweigung wird als Quelle einer Prozessstruktur betrachtet und hat somit die Variantenzahl 1 (siehe Abbildung 2.50).

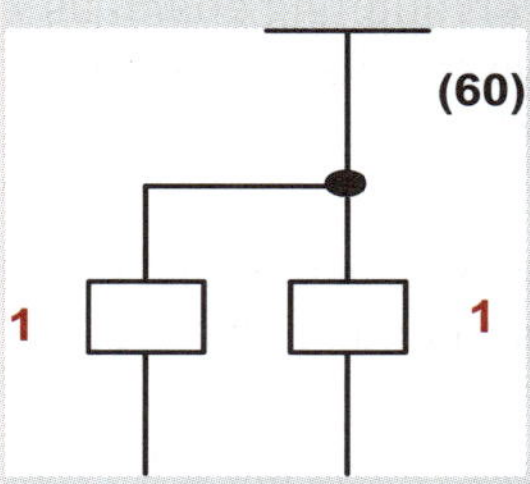

Abb. 2.50: Zwischenvariantenzahl bei UND-Verzweigung

- Bei UND-Verknüpfungen werden die zwischen UND-Verzweigung und UND-Verknüpfung nach den Regeln 1-6 berechneten Variantenzahlen aus kombinatorischen Gründen miteinander multipliziert. Es entsteht das UND-Produkt, das ebenfalls in Klammern bei der UND-Verknüpfung notiert wird (siehe Abbildung 2.51 a).

  Diese Regel gilt auch bei parallelen Eingängen (siehe Abbildung 2.51 b und c).

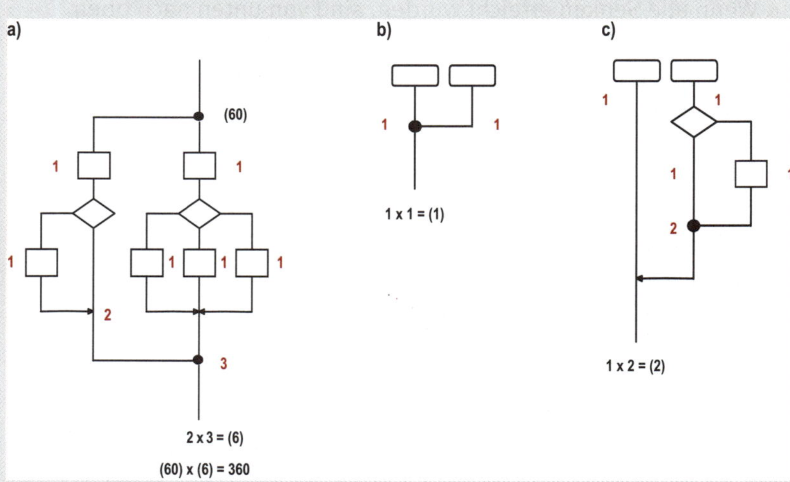

Abb. 2.51 a, b, c: Berechnung der Variantenzahl bei UND-Verzweigungen und UND-Verknüpfungen

- Handelt es sich um eine UND-Verknüpfung nach UND-Verzweigung, sind UND-Produkte und Zwischenvariantenzahl miteinander zu multiplizieren. Mit dem Ergebnis ist weiterzurechnen.

- Bei parallelen Eingängen wird bei der UND-Verknüpfung ebenfalls ein UND-Produkt gebildet und, weil keine Zwischenvariantenzahl vorhanden ist, sofort mit diesem weitergerechnet (siehe Abbildung 2.51 b/c).
- Führt der Ast einer UND-Verzweigung zu einer Senke, dann ist die bis dahin berechnete Variantenzahl zu notieren und mit einem „X" kenntlich zu machen (siehe Abbildung 2.52).

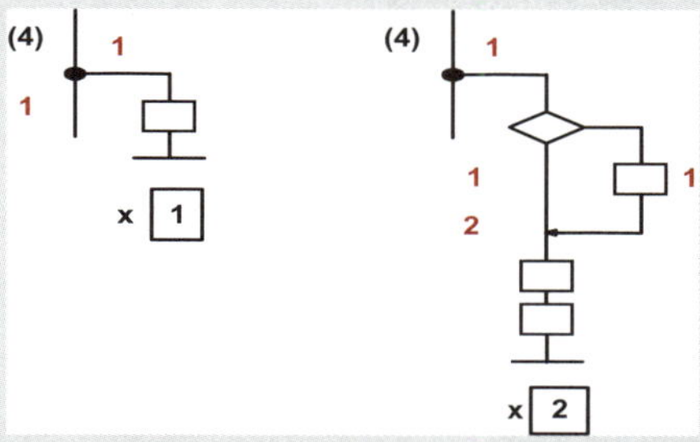

Abb. 2.52: Senken nach UND-Verzweigungen

- Wenn alle Senken erreicht wurden, sind von unten nach oben folgende Rechenoperationen durchzuführen:
  - Die ausgehenden Wegezahlen nach ODER-Verzweigungen sind zu addieren.

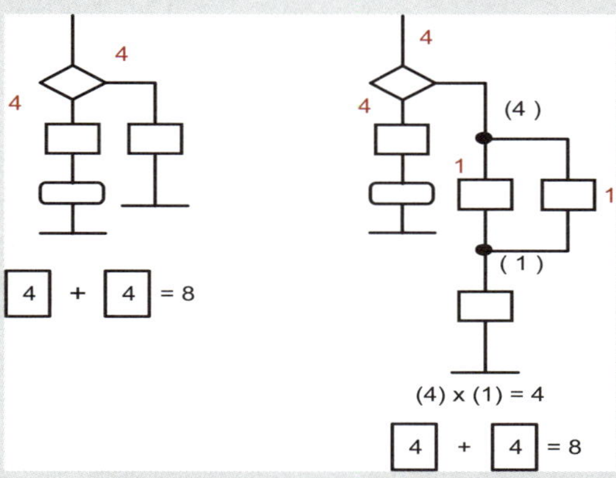

Abb. 2.53: Addition ausgehender Wegezahlen nach ODER-Verzweigungen

  - Die ausgehenden Wegezahlen nach UND-Verzweigungen sind miteinander zu multiplizieren. Dieses UND-Produkt wird wiederum mit der betreffenden UND-Zwischenvariantenzahl multipliziert.

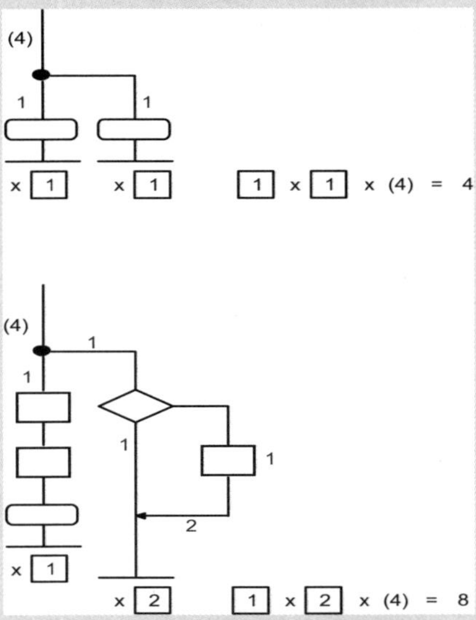

Abb. 2.54: Multiplikation ausgehender Wegezahlen nach UND-Verzweigungen

Die letzten beiden Regeln müssen normalerweise kombiniert angewendet werden. Das soll am folgenden Beispiel demonstriert werden.

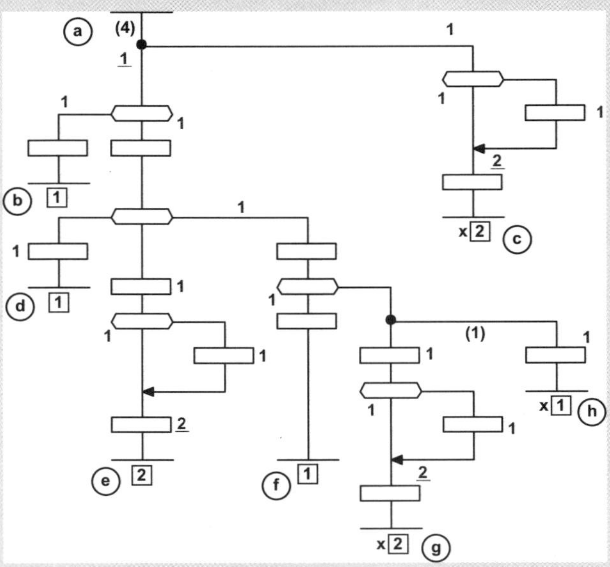

Abb. 2.55: Beispiel für die Berechnung der Variantenzahl mit ausgehenden Wegezahlen nach ODER- und UND-Verzweigungen

Die Variantenzahl dieser Struktur berechnet sich wie folgt (wegen der Eindeutigkeit wurden alle ausgehenden Wegezahlen und Zwischenvariantenzahlen mit kleinen Buchstaben in Kreisen gekennzeichnet),

$$((b + d + e + f + (g \times h)) \times c) \times a = ((1 + 1 + 2 + 1 + (2 \times 1)) \times 2) \times (4) = \mathbf{56}$$

2.4.1.2 Fehlerfreie Prozesse

Fehler treten in Prozessen meist in Verbindung mit ODER-Verzweigungen oder ODER-Rückkopplungen nach einer Prüfungsaufgabe auf.

Component GmbH

Solche Aufgaben kommen in Prozessen vor, wenn das Ergebnis eines vorherigen Arbeitsschrittes auf Richtigkeit überprüft wird. Beim Handelsprozess der Component GmbH wird beispielsweise geprüft, ob die Auftragsbestätigungen, Wareneingänge und Rechnungen in Ordnung sind. Auch bewusst in Prozesse eingebaute Qualitätssicherungsmaßnahmen wie Tests, Stichproben oder Reviews sind Prüfungsaufgaben, die Fehler aufdecken.

Nicht alle Bedingungen haben jedoch mit Fehlern zu tun.

Component GmbH

Beispielsweise gibt es im Warendispositionsprozess der Component GmbH ODER-Verzweigungen, die abfragen, ob eine bestimmte Mindestlagermenge unterschritten ist und ob der Aufgabenträger die nötige Kompetenz hat, einen Bestellvorgang auszulösen.

Mit der Analyse der

- Ausgangshäufigkeiten,
- Variantenhäufigkeiten und des
- First Pass Yield

werden im Folgenden drei Berechnungen dargestellt, die auf die Fehlerfreiheit von Prozessen schließen lassen.

Ausgangshäufigkeiten

Wieviele Objekte kommen nicht am Prozessende an?

Als Ausgänge gelten Senken und Abbruch-Senken. Es kann von Interesse sein zu wissen, wieviele Objekte relativ oder absolut das System über einen bestimmten Ausgang verlassen.

Diese Frage kann sich z.B. im Zusammenhang mit Ausschussquoten, sei es im Fertigungs- oder Verwaltungsbereich, stellen.

Die relativen Ausgangshäufigkeiten werden von oben nach unten in der Reihenfolge der Ausgänge ermittelt. Die den aktiven Prozess verlassende Prozentzahl ist jeweils von der bis dahin festgestellten Resthäufigkeit abzuziehen. Unter Resthäufigkeit soll die Prozentzahl der im System weiterbearbeiteten Objekte verstanden werden.

UND-Verzweigungen nicht berücksichtigen

Die Addition aller Ausgangshäufigkeiten eines Prozesses muss stets die Summe 100 % ergeben. Ausgänge nach UND-Verzweigungen werden wie ein einziger Ausgang behandelt.

Im vorliegenden Beschaffungsprozess der Component GmbH gibt es einen Ausgang mit 2% nach der Bedingung „Rücksendung (RS) Ja“. 98% kommen am Ende des Prozesses an (siehe Abbildung 2.56).

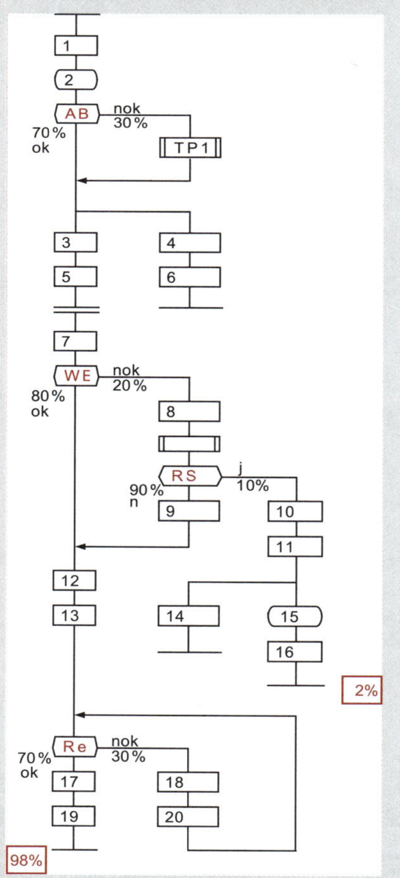

Abb. 2.56: Ausgangs- und Resthäufigkeiten

Variantenhäufigkeiten

Konzentration auf das Wesentliche

Mit Hilfe der an den ODER-Ästen notierten relativen Häufigkeiten kann ermittelt werden, welche der Varianten eines Prozesses am häufigsten durchlaufen wird. Diese Variante nennt man Hauptast, die anderen, weniger häufig durchlaufenen Varianten, Nebenäste. Der Hauptast stellt somit den Normal- bzw. Routinefall dar. Grundsätzlich beginnt bei diesem die organisatorische Gestaltung, weil dort mit wirtschaftlichem Aufwand das größte Erfolgspotenzial zu erschließen ist.

Den höchsten Prozentsätzen pro Verzweigung folgend, kann der Hauptast (A2-B2-C2)in der Prozessdarstellung rot gekennzeichnet werden (siehe Abbildung 2.57).

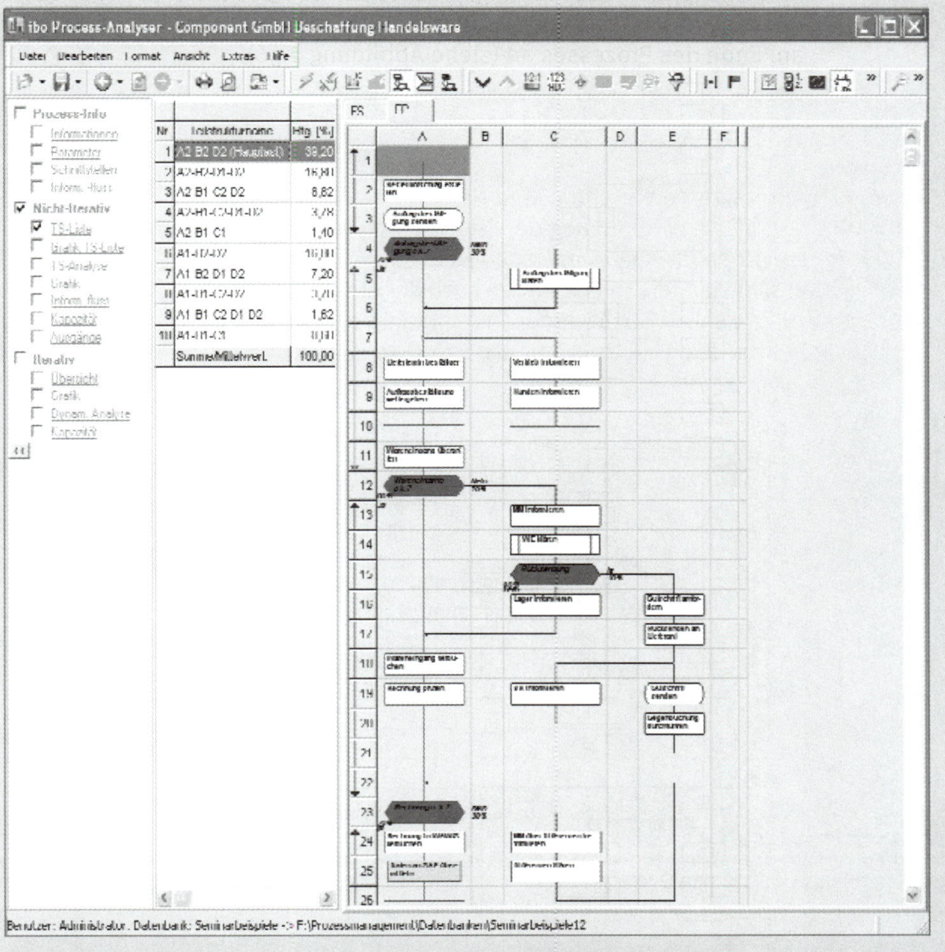

Abb. 2.57: Markierung des Hauptastes mit Hilfe des ibo Process-Analysers

Wieviel Prozent aller Objekte auf dem Hauptast bearbeitet wird, ergibt sich durch Multiplikation der markierten, also jeweils höchsten Prozentsätze pro Verzweigung.

Für den Hauptast lautet die Analyse wie folgt: 70% x 80% x 70% = 39,2%.

Parallelläufe gehören mit allen Ästen zum Hauptast. Liegt auf dem UND-Ast eine ODER-Verzweigung, dann gehört nur der ODER-Ast mit dem höchsten Prozentwert zum Hauptast.

Hauptast möglichst auf der Falllinie

Zu beachten ist, dass die obige Regel zur Ermittlung des Hauptastes nicht greift, wenn sich ein zunächst starker %-Strom immer weiter verästelt, so dass das Produkt immer kleiner wird, kleiner als ein schwächerer Ast, der sich aber nicht weiter teilt. Wenn man beim Modellieren schon die ungefähre Mengenverteilung kennt, sollte man den jeweilig stärksten Ast im 2er-Ausgang dokumentieren. So ist sichergestellt, dass der Hauptast, wie in Abbildung 2.57, auf der Falllinie A2-B2-D2 liegt.

ABC-Analyse für Haupt- und Nebenäste

Alle weiteren Varianten sind Nebenäste, deren Häufigkeit in Abbildung 2.58 aufgeführt wird. Analog der Priorisierung von Prozessen im Rahmen der Strategischen Prozessorganisation kann es mitunter auch beim Einzelprozess interessant sein, die Teilstrukturen nach der ABC-Klassifizierung (siehe Kapitel 1.5.1) zu gewichten. Dazu werden in Abbildung 2.58 die Teilstrukturen kumuliert und in Abbildung 2.59 als Lorentz-Kurve dargestellt.

Varianten	Varianten-häufigkeit	kumuliert
Summe	100,00%	
A2-B2-D2 (Hauptast)	39,20%	39,20%
A2-B2-D1-D2	16,80%	56,00%
A1-B2-D2	16,80%	72,80%
A2-B1-C2-D2	8,82%	81,62%
A1-B2-D1-D2	7,20%	88,82%
A2-B1-C2-D1-D2	3,78%	92,60%
A1-B1-C2-D2	3,78%	96,38%
A1-B1-C2-D1-D2	1,62%	98,00%
A2-B1-C1	1,40%	99,40%
A1-B1-C1	0,60%	100,00%

Abb. 2.58: Häufigkeiten der Varianten

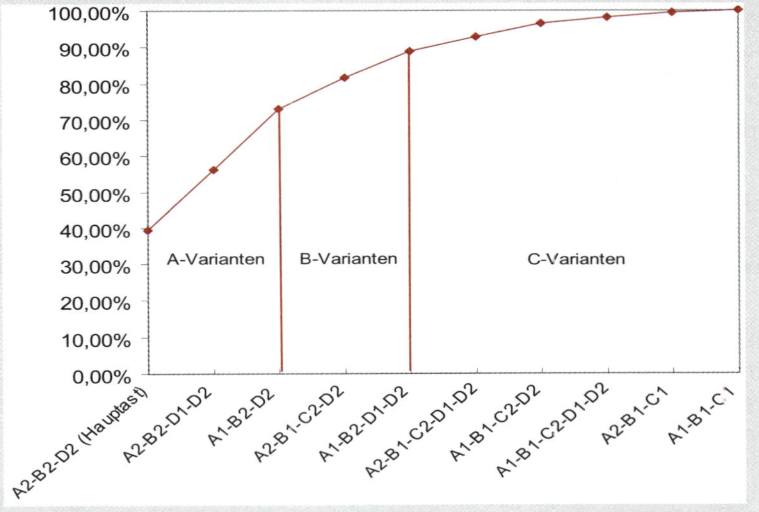

Abb. 2.59: ABC-Priorisierung der Prozessvarianten

Demnach durchlaufen 72,8% der Objekte 30% der Varianten (drei von zehn). Diese drei Teilstrukturen kann man der ABC-Logik entsprechend als A-Varianten ansehen.

Inwieweit man sich in der Praxis immer von dieser Priorisierung leiten lassen kann, ist fraglich.

Tipp

So kann man nicht einfach sagen, man verbessert nicht die Variante A1-B1-C1, weil sie so selten vorkommt. Vielmehr sollte das Bestreben sein, die Zahl der Varianten zu minimieren, also den Hauptast bzw. die A-Varianten so oft wie möglich zu durchlaufen.

Dies führt uns zur nächsten Analyse von Fehlern, dem so genannten First Pass Yield.

First Pass Yield

Definition

Unter First Pass Yield (FPY) wird der Prozentsatz an Ergebnissen verstanden, die bereits im ersten Prozessdurchlauf korrekt sind und keine Nacharbeit erfordern.

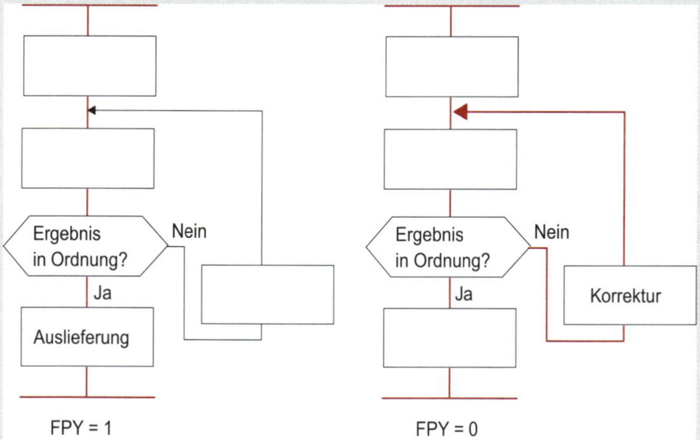

Abb. 2.60: First Pass Yield

Damit der FPY zu korrekten Aussagen kommt, werden einige Anforderungen an die Modellierung gestellt.

Tipp

So dürfen ODER-Verzweigungen nur dazu benutzt werden, um die Ergebnisse der Qualitätssicherung abzufragen, also zum Beispiel Ergebnis in Ordnung oder nicht (siehe Abbildung 2.60). Bedingungen, die beispielsweise dazu da sind, die unterschiedlichen Aufgaben nach verschiedenen Vertriebswegen (telefonisch, schriftlich, online) zu modellieren, müssen bei der Berechnung des FPY außer acht gelassen werden.

Component GmbH

Im Beschaffungsprozess der Component GmbH werden drei Abfragen durchgeführt (siehe Abbildung 2.61).

Der First Pass Yield des Beschaffungsprozesses entspricht dem Hauptprozess und beträgt momentan 39,2%. Er ergibt sich aus der Multiplikation der Häufigkeiten an den drei Bedingungen Auftragsbestätigung o.k. (A2 = 70%), Wareneingang o.k. (B2=80%) und Rechnung o.k. (C2=70%).

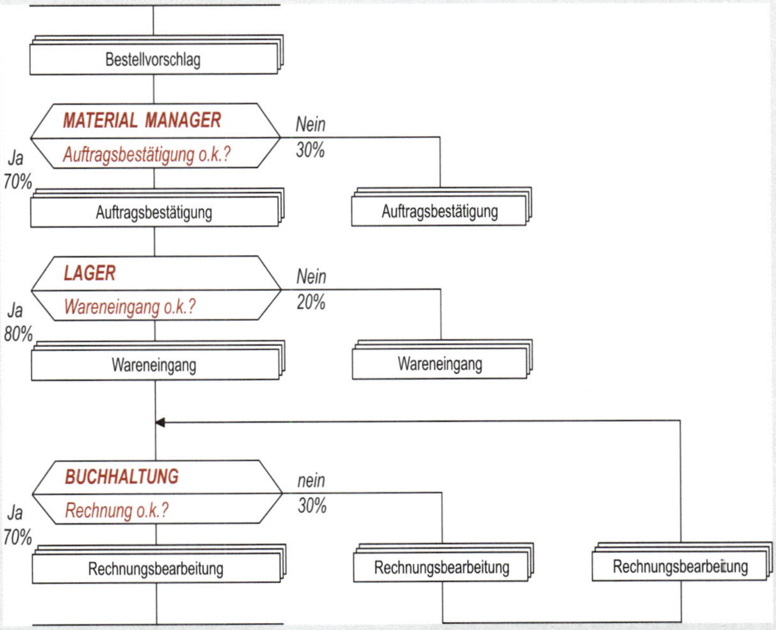

Abb. 2.61: First Pass Yield des Beschaffungsprozesses

FPY=39,2%

2.4.2 Prozesszeit

Die Schnellen fressen die Langsamen

Schnelligkeit ist Trumpf. Die Minimierung der Durchlaufzeit hat grundsätzlich einen hohen Stellenwert in den meisten Unternehmen (siehe Studienergebnisse in Abbildungen G.26). Es gilt, mit neuen Produkten schnell am Markt zu sein, möglichst als Erster ein Angebot abzugeben, kurze Lieferzeiten einzuhalten oder Reklamation schnell zu bearbeiten. Aber Schnelligkeit hat auch ihren Preis. Auch wenn es Fälle gibt, in denen Prozesse gleichzeitig schneller, günstiger und besser nach einer Neugestaltung wurden, so werden Zeitvorteile häufig durch höhere Kosten oder Qualitätseinbußen eingekauft.

Abbildung 2.62 zeigt eine Reihe von positiven und negativen Auswirkungen von kurzen Durchlaufzeiten auf andere Prozessziele wie Kunden- und Mitarbeiterzufriedenheit.

Kurze Durchlaufzeit	
Vorteile	**Nachteile**
■ Gutes Image (bei Liefer- bzw. Termintreue) ■ Wettbewerbsvorteile (z.B. durch kürzere Lieferfristen als die Konkurrenz und hohe Lieferbereitschaft) ■ Senkung von Lagerkosten (Rohstoffe, Materialien etc. werden schneller verbraucht) ■ Verbesserung der Liquidität (höhere Umschlagsgeschwindigkeit der Ware und damit geringere Kapitalbindung) ■ Konzentration der Führungskräfte auf die eigentlichen Fach- und Führungsaufgaben (durch weniger „Terminhetze") ■ Geringeres Risiko, veraltete Produkte („Ladenhüter") zu lagern ■ Kurzfristige und flexible Reaktion auf Marktveränderungen.	■ Erhöhte Verschleißerscheinungen bei Mensch und Maschine auf Grund der Beschleunigung ■ Ggf. Zunahme von Krankheitsfällen beim Menschen ■ Höhere Energie-, Reparatur- und Wartungskosten bei der Maschine ■ Höhere Personal- und Sachkosten aufgrund bereitgestellter Kapazitäten, um Liegezeiten zu vermeiden ■ Qualitätsmängel aufgrund eingesparter Prüfungsaktivitäten.

Abb. 2.62: Positive und negative Auswirkungen von Durchlaufzeiten

Beim Aspekt „Zeit" sind Zeitpunkt, Zeitdauer und Zeitraum Gegenstand der Überlegungen.

Zeitpunkte

Jeder Aufgabenerfüllungsprozess hat einen Start- und einen Endzeitpunkt. Zeitpunkte sind nicht nur für den Gesamtprozess relevant. Sie beziehen sich auch auf den Beginn und das Ende der Bearbeitung jeder einzelnen Aufgabe des Prozesses sowie auf den Eingang von Inputs und Ausgang von Outputs. Zeitpunkte werden durch Termine angegeben.

Zeitdauer

Die Zeitdauer ergibt sich aus der Differenz von Anfangszeitpunkt und Endzeitpunkt. Sind beide Zeitpunkte nicht bekannt, ist die Dauer anzugeben. Aus Zeitdauer und einem Zeitpunkt (z.B. Anfang) kann der fehlende Zeitpunkt (z.B. Ende) errechnet werden. Die Angabe der Zeitdauer erfolgt in Minuten, Stunden etc.

Aus prozessorganisatorischer Sicht sind unterschiedliche Zeitdauern von Interesse. Dazu gehört zunächst die Durchlaufzeit als Zeitdauer vom Zeitpunkt des Inputs bis zum Output. Darüber hinaus möchte man beispielsweise auch wissen, wie lange die Zeitdauer der eigentlichen Aufgabenerfüllung ist oder wieviel Zeit für nicht wertschöpfendes Transportieren verloren geht.

Beispiel

Es gibt eine Reihe unterschiedlicher Begriffe für Zeitdauern, die sich darin unterscheiden, dass sie aus verschiedenen Perspektiven betrachtet werden. Hier sind vor allem objekt-, aufgabenträger- und/oder sachmittelbezogene Zeitarten relevant (siehe Abbildung 2.63, Zeitdauern für...).

Die Bearbeitungszeit ist die Zeitdauer aller Tätigkeiten, die dazu dienen, den Zustand des Objektes in Richtung „fertiges Ergebnis der Aufgabenerfüllung" weiterzuentwickeln. „Fertig" soll den Zustand des Outputs bezeichnen, den er am Ende des Prozesses erreicht haben soll, um den Wert für den Kunden darzustellen.

Definition

Aus aufgabenträgerbezogener Sicht spricht man von Tätigkeitszeit. Werden Sachmittel zur Aufgabenerfüllung eingesetzt, ist von Nutzungszeit die Rede.

Unter Transportzeit soll die Zeitdauer verstanden werden, die für die räumliche Veränderung des Objektes von Bearbeitungsort zu Bearbeitungsort bzw. von Bearbeitungsort zu Liegeort und umgekehrt anfällt.

Definition

Das Pendent aus aufgabenträgerbezogener Perspektive ist die Wegzeit.

Mit der Liegezeit wird die Zeitdauer erfasst, in der das betreffende Objekt weder bearbeitet noch transportiert wird. Die Liegezeit ist die Zeitdauer vom Eingang des Inputs bis zum Beginn der Bearbeitung und/oder die Zeitdauer vom Ende der Bearbeitung bis zum Ausgang des Outputs.

Definition

Die der Bearbeitung vorgelagerte Zeit wird als Wartezeit des Aufgabenträgers bezeichnet. Bei Sachmitteln spricht man von Brachzeit. Die Ursachen für Liegezeiten sind vielfältig.

Sie können beispielsweise aus der logischen Folge der Aufgabenerfüllung resultieren. So entstehen für den Aufgabenträger nach einer UND-Verknüpfung Wartezeiten für den Fall, dass die vorherige Parallelbearbeitung unterschiedlich lange dauert. Auch können Liegezeiten dadurch entstehen, dass der Aufgabenträger sich erst für die Aufgabenerfüllung vorbereiten muss (Rüstzeit).

Gründe für Liegezeiten

Abbildung 2.63 zeigt die verschiedenen Zeitdauern der jeweiligen Kategorie.

Zeitdauern		
Aufgabenträger	**Sachmittel**	**Objekt**
■ Tätigkeitszeit (Aufgabenerfüllungszeit) ■ Wegzeit ■ Rüstzeit ■ Wartezeit ■ Ruhezeit und andere Verteilzeiten	■ Nutzungszeit ■ Brachzeit - prozessbedingt - störungsbedingt - wegen Rüstens - wegen Ruhe- und anderen Verteilzeiten	■ Bearbeitungszeit ■ Transportzeit ■ Liegezeit - prozessbedingt - störungsbedingt - wegen Rüstens - wegen Ruhe- und anderen Verteilzeiten

Abb. 2.63: Zeitdauern für Aufgabenträger, Sachmittel und Objekte

Zeitraum

Zeiträume werden von Start- und Endzeitpunkten begrenzt und haben eine bestimmte Dauer. Sie stellen Intervalle dar, innerhalb derer die Prozesse erfüllt werden.

In Abbildung 2.64 wird der Zusammenhang von Zeitpunkten, Zeitdauern und Zeitraum sowie den Zeitarten dargestellt.

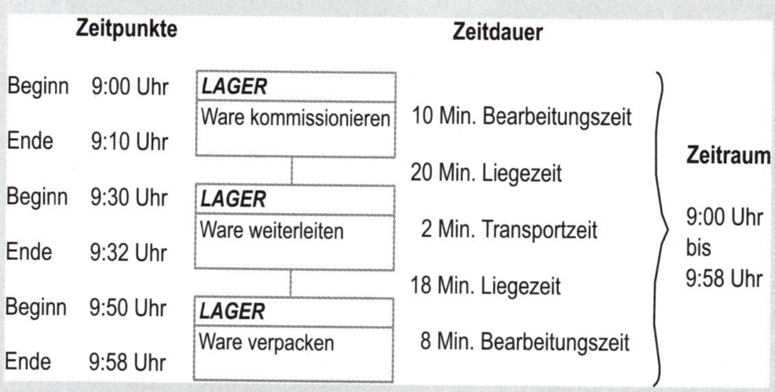

Abb. 2.64: Zeitpunkte, Zeitdauer und Zeitraum

Im Folgenden werden die Analyse der Durchlaufzeit als zeitdauerbezogene und die Analyse der Termintreue als zeitpunktbezogene Berechnung vertieft.

2.4.2.1 Durchlaufzeit

„Die eine" Durchlaufzeit gibt es nicht

Wenn man von Durchlaufzeit spricht, ist die Frage zu beantworten, wie lange es vom Startereignis bis zum Endergebnis dauert. Da es aber - wie die Variantenberechnung gezeigt hat - meist mehrere Wege durch einen Prozess gibt, gibt es auch unterschiedliche Zeitdauern je Variante. Bei Prozesszeiten muss man deshalb genauer zwischen der Durchlaufzeit eines Astes oder der durchschnittlichen Durchlaufzeit aller Wege sprechen.

Die Durchlaufzeit eines Prozessastes ergibt sich aus der Summe von Bearbeitungs-, Transport- und Liegezeit je Aufgabe des Prozessastes.

Die ermittelten Werte für Bearbeitungs-, Liege- und Transportzeiten werden neben dem betreffenden Aufgaben- bzw. Aufgabenträgersymbol in dem Folgeplan notiert.

Warenbestand prüfen	10:00 Bearbeitungszeit 240:00 Liegezeit 30:00 Transportzeit

Tipp

Um sich die Reihenfolge der Zeitdauern besser merken zu können, hilft das Alphabet: B(earbeitung) kommt vor L(iege) und T(ransport).

Bei der Bearbeitungszeit ist es eindeutig, dass sie direkt der zu erfüllenden Aufgabe zugewiesen wird. Wie ist es aber mit Liege- und Transportzeiten, die zwischen zwei Aufgabenträgern anfallen?

Zuweisung von Liegezeiten

Wechseln Aufgabenträger, sind die Liegezeiten pro Organisationseinheit mittels Laufzettel exakt erfassbar.

Bei dem Prozess in Abbildung 2.65 ergeben sich die Liegezeiten bei der Aufgabe „Auftragsbestätigung schreiben" aus 30 Minuten Liegezeit vor der Bearbeitung des Einkaufssachbearbeiters und 30 Minuten Liegezeit danach. Somit werden dieser Aufgabe 60 Minuten Liegezeit zugewiesen.

Bei fehlenden exakten Erhebungen Liegezeit an erster Aufgabe

Liegezeiten zwischen zwei Aufgaben desselben Aufgabenträgers entstehen eher selten. Fallen Liegezeiten an, bei denen Beginn und Ende der Bearbeitung nicht exakt mit Laufzettel gemessen werden, gibt es die Konvention, dass diese Zeiten der ersten Aufgabe zugewiesen werden.

Zuweisung von Transportzeiten

Component GmbH

Im vorliegenden Beispiel (Abbildung 2.65) fallen nach der Bedingung unterschiedliche Transportzeiten an. Zur Aufgabe „Auftragsbestätigung korrigieren" des Sachbearbeiters sind es vom Material Manager nur 5 Minuten Transportzeit. Die Transportzeit nach der Auftragsprüfung zur Poststelle beträgt 240 Minuten.

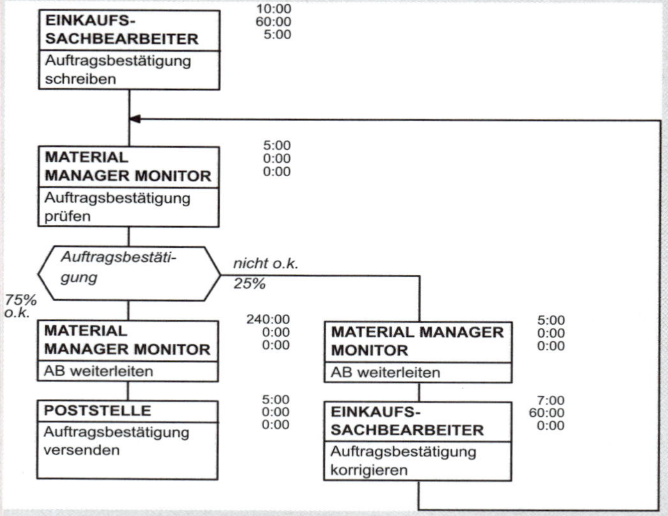

Abb. 2.65: Erfassung unterschiedlicher Transportzeiten nach ODER-Verzweigungen

Zeitlängerer Ast entscheidet

Folgen einer UND-Verzweigung unterschiedliche Transportzeiten, so ist die Transportzeit des zeitlängeren Astes des nachfolgenden Parallellaufes der dem Parallellauf vorangehenden Aufgabe zuzuweisen.

Component GmbH

Die Transportzeit in Abbildung 2.66 beträgt vom Lager zur Buchhaltung 240 Minuten. Innerhalb des Lagers sind die Transportzeiten vernachlässigenswert. Um festzustellen, welches der zeitlängste Parallelast ist, müssen pro Parallelast alle Zeiten addiert werden. Für die Aufgaben „Ware holen" und „Waren zusammenstellen" im Lager werden 25 Minuten benötigt. Die Dateneingabe und der Rechnungsausdruck in der Buchhaltung dauern 1447 Minuten aufgrund der hohen Liegezeit von einem Tag. Folglich wird die Transportzeit zur Buchhaltung mit 240 Minuten der Aufgabe „Auftragskopien erstellen" zugewiesen.

Sind die Paralleläste gleich lang, ist es unerheblich, welche Transportzeit der vorangegangenen Aufgabe zugeordnet wird. Es müssen dann aber die Zeiten desjenigen Parallelastes für die Berechnung der Durchlaufzeit verwendet werden, von dem die Transportzeit stammt.

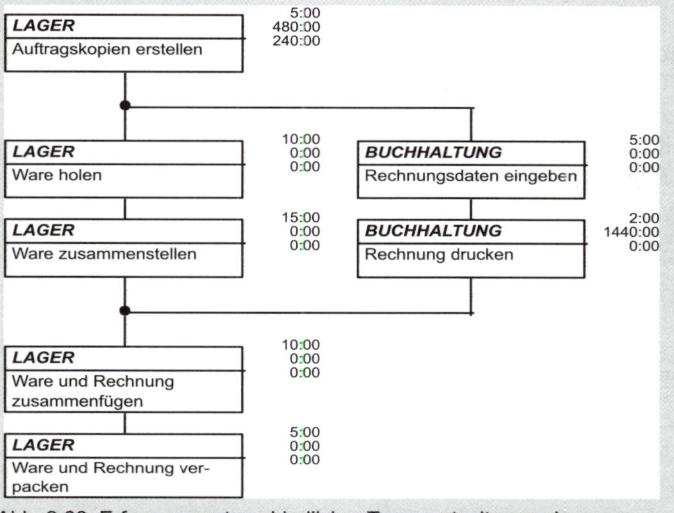

Abb. 2.66: Erfassung unterschiedlicher Transportzeiten nach UND-Verzweigung

Eigene Aufgaben für den Transport

Transportzeiten fallen vor allem dann an, wenn Waren, Halbfabrikate oder notwendige Unterlagen von einem Standort zum anderen gebracht werden müssen, damit der Prozess fortgeführt werden kann. Um diese Transportaktivitäten zu modellieren, kann man selbstverständlich eigene Aufgaben wie „Ware transportieren“ oder „Unterlagen weiterleiten“ in den Ablauf integrieren. Dann ist die Zeit, um diese Aufgabe zu erledigen, identisch mit der Transportzeit und wird konsequenterweise als Bearbeitungszeit im Folgeplan eingetragen.

Component GmbH

Diese 10 Minuten Bearbeitungszeit sind wie Transportzeiten zu verstehen, weil die Aufgabe „Ware weiterleiten“ eine Transportaufgabe ist (siehe Abbildung 2.67).

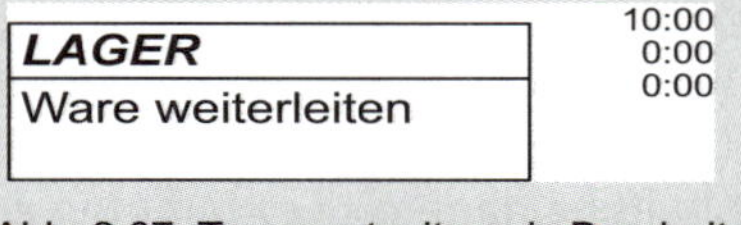

Abb. 2.67: Transportzeiten als Bearbeitungszeit

Transportzeiten zur ersten Aufgabe

Um die Modellierung von Prozessen nicht unnötig mit Transportaufgaben aufzublähen, gibt es die Konvention, die Aufgaben wegzulassen und die Transportzeiten zwischen zwei Arbeitsschritten der erstgenannten Aufgabe zuzuweisen.

Component GmbH

Im vorliegenden Beispiel benötigt der Mitarbeiter des Lagers 240 Minuten, um das Ergebnis seiner Arbeit zur Buchhaltung zu transportieren. Diese 240 Minuten werden der Aufgabe „Wareneingang verbuchen" als Transportzeit zugewiesen. Das bedeutet jedoch nicht, dass der Lagermitarbeiter 4 Stunden benötigt, um die Lieferpapiere zur Buchhaltung zu bringen. Vielmehr kommen die 240 Minuten zustande, weil die Unterlagen durchschnittlich 4 Stunden auf dem internen Postweg unterwegs sind (siehe Abbildung 2.68).

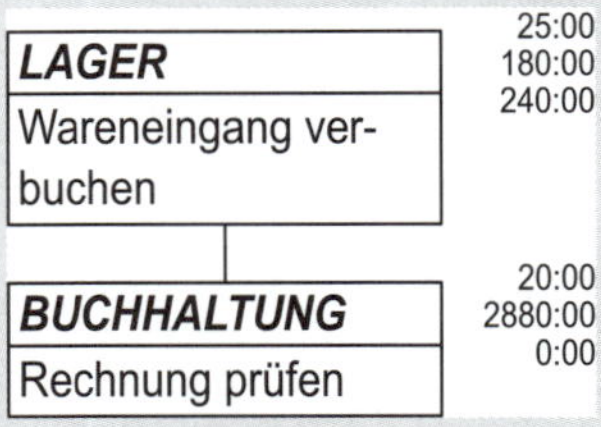

Abb. 2.68: Zuweisung der Transportzeiten

Eigene Transportaufgaben nach Bedingungen

Für den Fall, dass nach einer ODER-Verzweigung unterschiedliche Aufgabenträger den Vorgang weiterbearbeiten und unterschiedliche Transportzeiten anfallen, kann dies wie folgt berücksichtigt werden. Die Transportzeit wird nicht der ersten Aufgabe direkt zugewiesen. Nach der Bedingung werden Aufgaben eingeführt, deren Tätigkeiten sich auf das Transportieren beschränken. Die Transportzeiten werden den Transportaufgaben zugewiesen.

Berechnung der Durchlaufzeit eines Astes

Zunächst wird nun die Durchlaufzeit des Hauptastes berechnet.

Tabellarische Durchlaufzeitberechnung

Das Rechenverfahren wird mit einer sogenannten Zeitberechnungstabelle unterstützt, die Rubriken für Aufgaben-Nummern, die objektbezogenen Zeitarten sowie deren Summe, die Durchlaufzeit, enthält. Abbildung 2.69 veranschaulicht den Aufbau einer Zeitberechnungsmatrix am Beispiel des Hauptastes Auftragsbestätigung (AB) o.k., Wareneingang (WE) o.k. und Rechnung (Re) o.k. des Beschaffungsprozesses der Component GmbH.

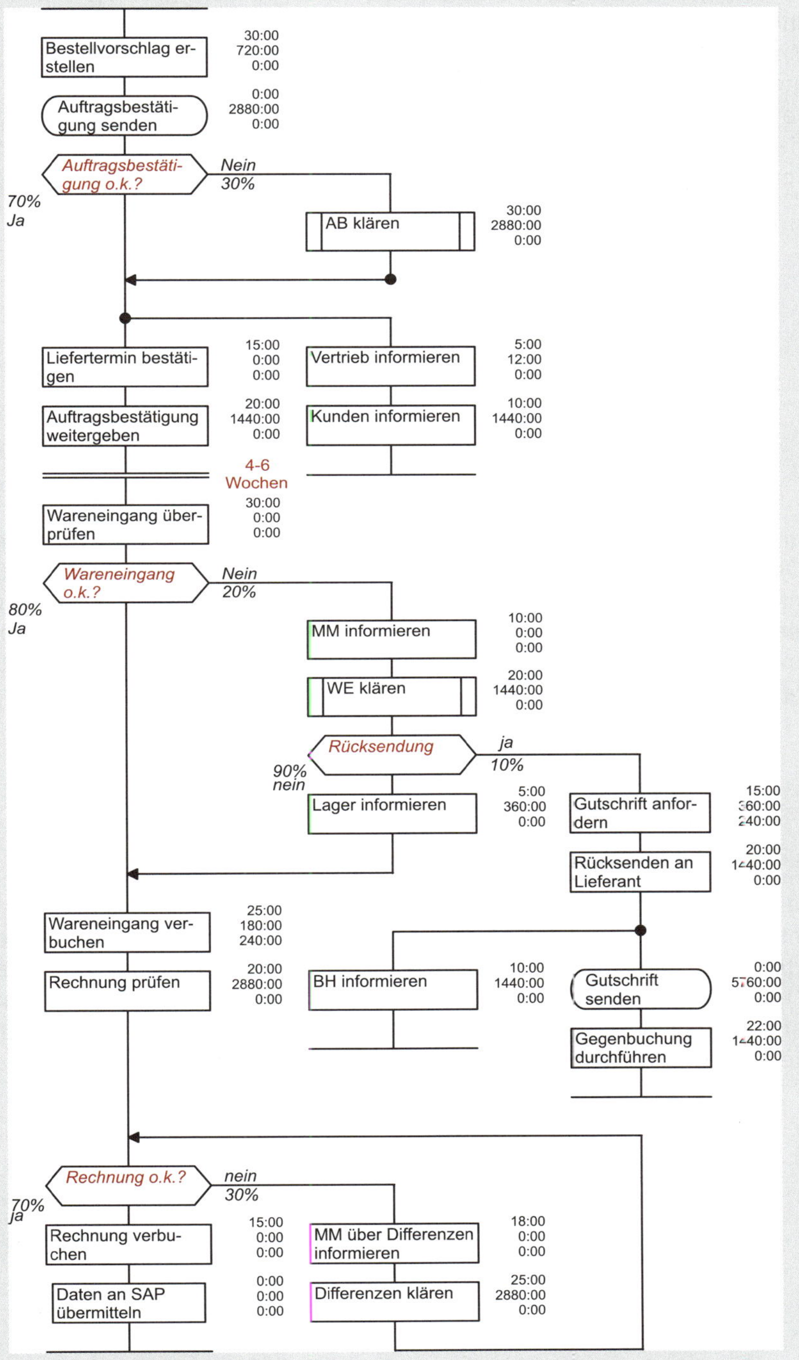

Abb. 2.69: Folgeplan mit Zeitdauern

Bei parallelen Ästen ist zu berücksichtigen, dass nur der zeitlängere Ast in die Durchlaufzeit eingeht.

Im vorliegenden Prozess gehen die Zeiten der Aufgaben „Vertrieb informieren“ und „Kunden informieren“ nicht in die Durchlaufzeit des Hauptastes ein, da die parallel zu erledigenden Aufgaben „Liefertermin bestätigen“ und „Auftragsbestätigung weitergeben“ in der Summe um 8 Minuten länger sind und deshalb berücksichtigt werden (siehe Abbildung 2.70).

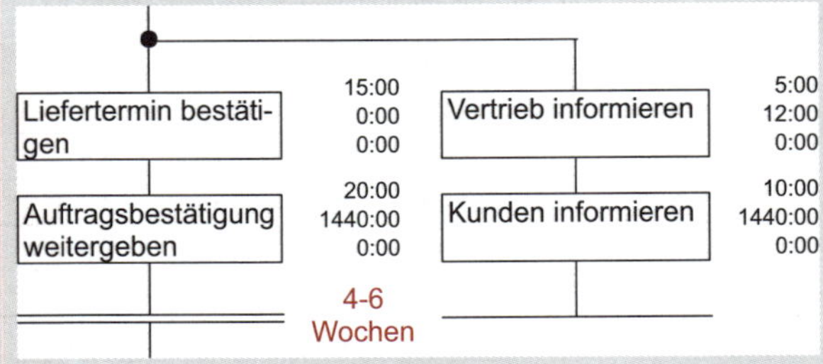

Abb. 2.70: Durchlaufzeit bei parallelen Ästen

Krz.	Aufgabe	BZ	LZ	TZ	DZ
1	Bestellvorschlag erstellen	30,00	720,00	0,00	750,00
2	Auftragsbestätigung senden	0,00	2880,00	0,00	2880,00
3	Liefertermin bestätigen	15,00	0,00	0,00	15,00
4	Vertrieb informieren	5,00	12,00	0,00	17,00
5	Auftragsbestätigung weitergeben	20,00	1440,00	0,00	1460,00
6	Kunden informieren	10,00	1440,00	0,00	1450,00
7	Wareneingang überprüfen	30,00	0,00	0,00	30,00
12	Wareneingang verbuchen	25,00	180,00	240,00	445,00
13	Rechnung prüfen	20,00	2880,00	0,00	2900,00
17	Rechnung verbuchen	15,00	0,00	0,00	15,00
19	Daten an SAP übermitteln	0,00	0,00	0,00	0,00
	Summe	**155,00**	**8100,00**	**240,00**	**8495,00**

Abb. 2.71: Zeitberechnungstabelle des Hauptastes

Knapp 6 Tage interne Durchlaufzeit

Die 8495 Minuten entsprechen einer Durchlaufzeit des Hauptastes von 141 Stunden und 35 Minuten bzw. 5 Tagen, 21 Stunden und 35 Minuten. Dabei sind noch nicht die 4-6 Wochen zeitliche Unterbrechung der Lieferzeit des Lieferanten berücksichtigt.

Abbildung 2.72 zeigt in Spalte 7 (DZ) die jeweilige Durchlaufzeit in Stunden für alle 10 Varianten.

			Zeitlängste Und-Struktur [h]					
Nr.	Teilstrukturname	Hfg. [%]	BZ	LZ	TZ	DZ	Ant. [%]	BZ:LZ:TZ
1	A2-B2-D2	39,20	2:35	135:00	4:00	141:35	31,11	
2	A2-B2-D1-D2	16,80	3:18	183:00	4:00	190:18	17,92	
3	A2-B1-C2-D2	8,82	3:10	165:00	4:00	172:10	8,51	
4	A2-B1-C2-D1-D2	3,78	3:53	213:00	4:00	220:53	4,68	
5	A2-B1-C1	1,40	3:02	258:00	4:00	265:02	2,08	
6	A1-B2-D2	16,80	3:05	183:00	4:00	190:05	17,90	
7	A1-B2-D1-D2	7,20	3:48	231:00	4:00	238:48	9,64	
8	A1-B1-C2-D2	3,78	3:40	213:00	4:00	220:40	4,67	
9	A1-B1-C2-D1-D2	1,62	4:23	261:00	4:00	269:23	2,45	
10	A1-B1-C1	0,60	3:32	306:00	4:00	313:32	1,05	
	Summe/Mittelwert:	100,00	3:03	171:22	4:00	178:25	100,00	

Abb. 2.72: Durchlaufzeit der Varianten

Berechnung der durchschnittlichen Durchlaufzeit

Die durchschnittliche Durchlaufzeit gibt es, um eine komprimierte Zeitdauer für einen Prozess zu haben.

Definition

Die durchschnittliche Durchlaufzeit eines Prozesses ist die Zeitdauer, die sich aus der Summe der jeweils mit ihrer Häufigkeit gewichteten Durchlaufzeiten der Aufgaben bzw. Teiläste ergibt.

Die Berechnung der durchschnittlichen Durchlaufzeit soll an einem einfachen Beispiel erläutert werden.

Beispiel

Aufträge kommen schriftlich, online oder telefonisch an. Liege- und Transportzeiten fallen nicht an (siehe Abbildung 2.73). Die Durchlaufzeit des online-Auftrages beträgt somit die 15 Minuten Bearbeitungszeit für die Aufgabe „Auftragsdaten erfassen“. Da bei der schriftlichen und telefonischen Beauftragung jeweils 10 Minuten Bearbeitungszeit für die Aufgabe „Auftragsdaten erfassen“ hinzukommen, haben diese beiden Äste jeweils eine Durchlaufzeit von 25 Minuten.

Beispiel

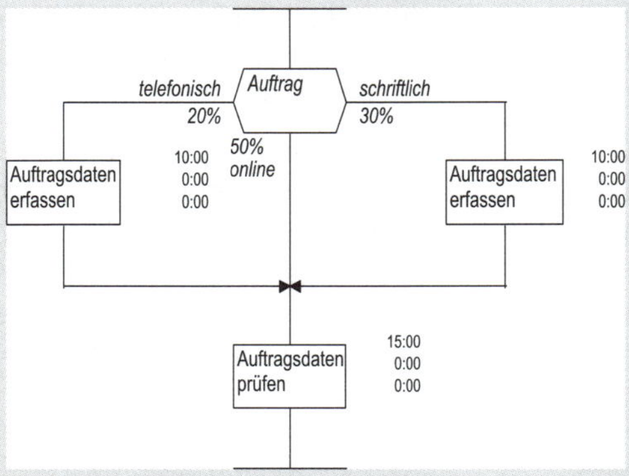

Abb. 2.73: Beispiel zur Berechnung der durchschnittlichen Durchlaufzeit

Die durchschnittliche Durchlaufzeit ergibt sich nun, indem die Zeiten mit dem Prozentanteil der Bedingung gewichtet werden, auf deren Ast sie sich befinden. Der Gewichtungsfaktor wird über das Verfahren zur Ermittlung der Aufgabenhäufigkeit bestimmt. Die gewichteten Zeiten der einzelnen Aufgaben werden addiert. Das Ergebnis stellt die durchschnittliche Durchlaufzeit des betreffenden Prozesses dar, im vorliegenden Fall 20 Minuten (siehe Abbildung 2.74).

Krz.	Aufgabe	Hfg.	BZ	gew. BZ	DZ
online	Auftragsdaten erfassen	20%	10,00	2,00	2,00
schriftlich	Auftragsdaten erfassen	30%	10,00	3,00	3,00
telefonisch	Auftragsdaten prüfen	100%	15,00	15,00	15,00
	Summe/Mittelwert	**100,00**		**20,00**	**20,00**

Abb. 2.74: Berechnung der durchschnittlichen Durchlaufzeit

Die Berechnung der durchschnittlichen Durchlaufzeit kann auf zwei Weisen erfolgen:

- Variantenweise
- Aufgabenweise.

Rechnung mit gewichteten Teilästen

Bei der variantenweisen Berechnung der durchschnittlichen Durchlaufzeit werden die Zeitkomponenten mit der Häufigkeit der jeweiligen Variante gewichtet. Aus Vereinfachungsgründen wird hier das nicht-iterative Verfahren (siehe Kapitel 2.4.2) bevorzugt, das heißt Rückkopplungen werden nur einmal durchlaufen.

Component GmbH

Der Beschaffungsprozess der Component GmbH hat 10 Varianten. Die Durchlaufzeit des Hauptastes 141,35 wird mit der Häufigkeit 39,2 % gewichtet. Die sich so ergebenden 55,30 Stunden gehen in die durchschnittliche Durchlaufzeit ein. Analog berechnen sich die 9 weiteren Teiläste (siehe Abbildung 2.72).

Die durchschnittliche Durchlaufzeit über alle 10 Varianten beträgt 178 Stunden und 25 Minuten bzw. 7 Tage, 10 Stunden und 25 Minuten. In der letzten Spalte der Tabelle sind die relativen Häufigkeitsanteile der Einzelzeiten an der Durchlaufzeit ermittelt, um weitere Aufschlüsse für die spätere Würdigung zu bekommen. Hier zeigt sich deutlich, dass die Liegezeit mit 96% den Löwenanteil der Durchlaufzeit ausmacht. Bearbeitungs- und Transportzeit machen nur jeweils 2 % der Durchlaufzeit aus.

Rechnung mit gewichteten Aufgaben

Bei der aufgabenweisen Berechnung der durchschnittlichen Durchlaufzeit werden die Zeiten aller Aufgaben des Prozesses mit ihrer Häufigkeit gewichtet. Die gewichteten Zeiten der einzelnen Aufgaben werden addiert. Das Ergebnis stellt ebenfalls die durchschnittliche Durchlaufzeit des betreffenden Prozesses dar. In Abbildung 2.75 wurde nun das iterative Verfahren angewandt, das heißt Rückkopplungen wurden so lange errechnet, bis der zu addierende Wert kleiner gleich 0,01 ist. So erklären sich die leicht höheren Summenwerte als bei der variantenweisen Berechnung der durchschnittlichen Durchlaufzeit.

		Stelle/Funktion/Sachmittel			Zeiten [min]			
Krz.	Aufgabe	Bezeichnung	[€]/min	BZ	BZ	LZ	TZ	DZ
1	Bestellvorschlag erstellen	Material Manager	2,50	30:00	30:00	720:00	0:00	750:00
2	Auftragsbestätigung senden	Lieferant	0,00	0:00	0:00	2880:00	0:00	2880:00
A	Auftragsbestätigung o.k.?	Material Manager	0,00	0:00	0:00	0:00	0:00	0:00
TP1	Auftragsbestätigung klären	Material Manager	2,50	30:00	9:00	864:00	0:00	873:00
3	Liefertermin bestätigen	Material Manager	2,50	15:00	15:00	0:00	0:00	15:00
4	Vertrieb informieren	Material Manager	2,50	5:00	5:00	12:00	0:00	17:00
5	Auftragsbestätigung weitergeben	Material Manager	2,50	20:00	20:00	1440:00	0:00	1460:00
6	Kunden informieren	Vertrieb	3,00	10:00	10:00	1440:00	0:00	1450:00
ZU	Zeitliche Unterbrechung		0,00	0:00	0:00	0:00	0:00	0:00
7	Wareneingang überprüfen	Lager	1,00	30:00	30:00	0:00	0:00	30:00
B	Wareneingang o.k.?	Lager	0,00	0:00	0:00	0:00	0:00	0:00
8	MM informieren	Lager	1,00	10:00	2:00	0:00	0:00	2:00
TP2	WE klären	Material Manager	2,50	20:00	4:00	288:00	0:00	292:00
C	Rücksendung	Material Manager	0,00	0:00	0:00	0:00	0:00	0:00
9	Lager informieren	Material Manager	2,50	5:00	0:54	64:48	0:00	65:42
10	Gutschrift anfordern	Material Manager	2,50	15:00	0:18	7:12	4:48	12:18
11	Rücksenden an Lieferant	Lager	1,00	20:00	0:24	28:48	0:00	29:12
12	Wareneingang verbuchen	Lager	1,00	25:00	24:30	176:24	235:12	436:06
13	Rechnung prüfen	Buchhaltung	1,50	20:00	19:36	2822:24	0:00	2842:00
14	BH informieren	Material Manager	2,50	10:00	0:12	28:48	0:00	29:00
15	Gutschrift senden	Lieferant	0,00	0:00	0:00	115:12	0:00	115:12
16	Gegenbuchung durchführen	Buchhaltung	1,50	22:00	0:26	28:48	0:00	29:14
D	Rechnung o.k.?	Buchhaltung	0,00	0:00	0:00	0:00	0:00	0:00
17	Rechnung in WAWIS verbuchen	Buchhaltung	1,50	15:00	14:42	0:00	0:00	14:42
18	MM über Differenzen informieren	Buchhaltung	1,50	18:00	7:34	0:00	0:00	7:34
19	Daten an SAP übermitteln		0,00	0:00	0:00	0:00	0:00	0:00
20	Differenzen klären	Material Manager	2,50	25:00	10:30	1209:35	0:00	1220:05
	Summe/Mittelwert:		387,60	204:06	204:06	12125:59	240:00	11074:05

Abb. 2.75: Aufgabenweise Berechnung der durchschnittlichen Durchlaufzeit

Vorsicht bei Durchschnittswerten

Die durchschnittliche Durchlaufzeit hat nur eine begrenzte Aussagekraft. Wie in vielen anderen Lebensbereichen kann auch hier der Wert eine trügerische Sicherheit vortäuschen.

Wenn man eine Hand auf die Herdplatte legt und die andere Hand ins Tiefkühlfach steckt, ist die Durchschnittstemperatur angenehm. Sicherlich fühlen das die beiden Hände anders.

Deshalb ist es empfehlenswert, neben der durchschnittlichen Durchlaufzeit mindestens auch die Extremwerte zu analysieren.

Werte beim best case und worst case

Beim Beschaffungsprozess der Component GmbH ist zum einen im Sinne „best case" die Durchlaufzeit des First Pass Yield (= Hauptast) interessant. Zum anderen wäre es wichtig zu wissen, wie lange im schlimmsten Fall („worst case") die Durchlaufzeit dauert. Beim vorliegenden Prozess wäre das der Fall, wenn Auftragsbestätigung, Wareneingang und Rechnung nicht in Ordnung sind. In Abbildung 2.76 wird die durchschnittliche Durchlaufzeit den Extremwerten gegenüber gestellt.

	Wert
Durchschnittliche Durchlaufzeit	7 Tage, 10 Stunden, 25 Minuten
Durchlaufzeit First Pass Yield	5 Tage, 21 Stunden, 35 Minuten
Durchlaufzeit worst case	13 Tage, 1 Stunde, 31 Minuten

Abb. 2.76: Durchschnittliche Durchlaufzeit im Vergleich zur „besten" und „schlechtesten" Durchlaufzeit

2.4.2.2 Termintreue

Neben der Betrachtung der Dauer von Prozessen ist es sinnvoll, auch zeitpunktbezogene Kennzahlen zu definieren.

Definition

Die Termintreue misst den Anteil der Prozesse, die in einer Messperiode ohne Terminverzug fertiggestellt werden.

Die Termintreue berechnet sich, indem man die innerhalb der Betrachtungsperiode pünktlich gelieferten Produkte oder Dienstleistungen ins Verhältnis zur Gesamtzahl der erbrachten Leistungen während dieses Zeitraumes setzt.

Berechnung Termintreue

$$\text{Termintreue} = \frac{\text{Anzahl pünktlicher Lieferungen}}{\text{Anzahl Gesamtlieferungen}} \times 100$$

Component GmbH

Der Vertrieb der Component GmbH sagt mit der Auftragsbestätigung dem Kunden einen Liefertermin zu. Entweder ist die Ware auf Lager und kann direkt kommissioniert werden oder es wird ein Beschaffungsvorgang ausgelöst und der Auftrag wird nach Wareneingang kommissioniert. In dem Fall ist vorher vom Material Manager mit den Lieferanten ein Liefertermin vereinbart worden (siehe Abbildung 2.77).

Bei Lagerbestand sagt der Vertrieb bei Auftragseingang bis 18 Uhr eine Lieferung innerhalb 48 Stunden zu. Bei vorheriger Beschaffung kommt die mit dem Lieferanten vereinbarte Lieferzeit hinzu, in der Regel 4 – 6 Wochen. Im Beispielmonat betrug die Termintreue 81%.

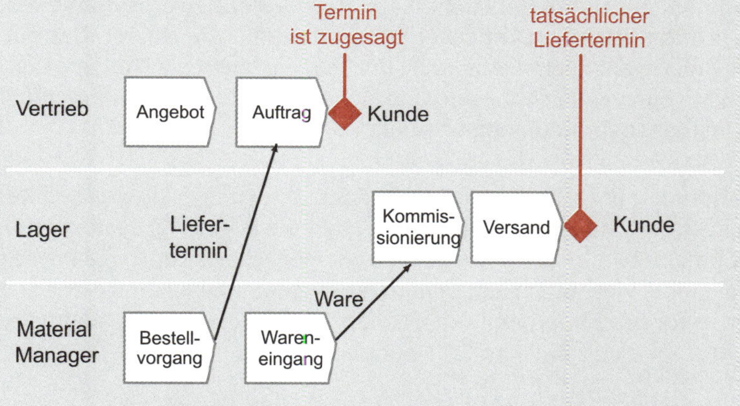

Aufträge/Monat	Termintreu (absolut)	Termintreu (prozentual)
12200	9875	81%

Abb. 2.77: Anteil termintreuer Lieferungen

Berücksichtigung von Wunschterminen

Bei Auftragsabwicklungsprozessen kann die Termintreue noch weitergehend analysiert werden. Vor allem bei nicht vom Lager lieferbaren Artikeln ist es für Kunden von kaufentscheidender Bedeutung, ob ein gewünschter Termin vom Unternehmen realisiert werden kann. Die in Abbildung 2.78 dargestellten Fälle können dabei unterschieden werden.

Perfekte Aufträge	Wunschliefertermin = bestätigtes Lieferdatum = Liefertermin
Termintreue Lieferung	Bestätigtes Lieferdatum = Liefertermin
Hohe Berücksichtigung von Wunschterminen	Bestätigtes Lieferdatum = Wunschlieferdatum

Abb. 2.78: Formen der Termintreue

2.4.3 Prozesskosten

Erfolgsfaktor Preis

Schaffen es Unternehmen nicht, durch eine Differenzierungsstrategie Kunden zu gewinnen und zu binden (siehe Kapitel 1.1.6 Wettbewerbsstrategien), ist der Preis in der Regel ein kritischer Erfolgsfaktor für die Firmen. Das gilt vor allem in den sogenannten Commodity-Märkten, in denen die Produkte und Leistungen absolut vergleichbar sind und sich der Kunde letztlich immer für den preisgünstigsten Anbieter entscheidet.

Component GmbH

Die Component GmbH hat es durch ihre Strategie des „Value Added Resellers" erreicht, Kunden mit Mehrwerten wie gute Beratung, Testcenter oder Showrooms zu binden. Dennoch ist dies nur möglich, weil auch die Preise des Händlers nicht wesentlich von den marktüblichen Preisen abweichen. Deshalb ist es für die Component GmbH unabdingbar, die den Preis beeinflussbaren Kostenbestandteile im Griff zu haben.

Wie stehen nun Preise im Zusammenhang mit Prozesskosten? In Dienstleistungsprozessen ist der Bezug offensichtlich. Hier fließen in die vom Markt bezogene Leistung vor allem Personalkosten für die Bearbeitung ein. Damit Unternehmen im Dienstleistungssektor mittelfristig überleben können, müssen sie am Markt mindestens die Preise realisieren können, die ihre Prozesskosten decken, möglichst dabei natürlich noch einen Gewinn abwerfen. Umgekehrt heißt das auch: Ist der Preis vom Markt vorgegeben, müssen die Prozesskosten entsprechend angepasst werden.

Bei industriellen Prozessen oder auch Handelsprozessen fließen neben Personalkosten sehr hohe Sachkosten ein.

Component GmbH

Die Component GmbH kalkuliert ihre Preise vor allem auf Basis der Wareneinstandspreise. Je niedriger die Handelsfirma Festplatten, Drucker etc. selbst einkauft, desto günstiger kann sie die Waren weiterverkaufen. Aber auch die Prozesskosten spielen selbstverständlich eine Rolle. Wenn beispielsweise der

Beschaffungsprozess dauerhaft ineffizient ist, verschlechtert das die Kostenstruktur der Component GmbH und letztlich gefährdet dies die erfolgskritischen Preise.

In den letzten Jahren ist festzustellen, dass der Anteil der Gemeinkosten in den Unternehmen in Relation zu den Einzelkosten steigt. Vor allem in den leistungsunterstützenden direkten und sonstigen Bereichen verursachen Automatisierung, Leistungsvielfalt, höhere Qualitäten, unternehmerische Flexibilitäten usw. ein Vielfaches an verwaltenden Tätigkeiten.

Anteil Gemeinkosten steigt

Bisher war die Kostenzurechnung auf die klassischen Sachgebiete Kostenarten-, Kostenstellen- und Kostenträgerrechnung ausgerichtet. Dies führt zu schwerwiegenden Nachteilen. Bei diesem Verfahren werden die Gemeinkosten über Schlüssel indirekt auf die Leistungen verrechnet. Da meistens mehrere Gemeinkostenschlüssel alternativ zur Verfügung stehen, ist die Gefahr groß, dass die Schlüssel willkürlich angewendet werden. Auch kommt es häufig zu Ungenauigkeiten, da die Verrechnung nicht verursachungsgemäß erfolgt, und nur eine rechnerische Abhängigkeit von Kosten und Bezugsgröße besteht.

Verrechnung der Gemeinkosten schwierig

Außerdem fehlen dadurch im operativen Bereich Informationen über die Kostenzuweisung auf einzelne standardisierte Vorgänge, die im Rahmen der Qualitätssicherung beschrieben und überprüft werden, wie z.B. der Auftragsabwicklung, der Beschaffung von Waren, einschließlich der jeweiligen Kosteneinflussgrößen. Es ergeben sich auch weitere Fragen:

- Wie hoch ist der Ergebnisbeitrag einer Leistung, eines Kunden oder einer Leistungsart nach dem Abzug der Faktor-Verbrauche in den indirekten Bereichen bzw. den leistungsunterstützenden Bereichen?
- Wie müssen Mitarbeiterkapazitäten angepasst werden?
- Welche Verbesserungs- und Umstrukturierungsmöglichkeiten ergeben sich in den Abläufen dieser Bereiche ?

Bevor die Component GmbH die Prozesskostenrechnung eingeführt hat, waren die Kosten für einen Beschaffungsprozess oder Auftragsabwicklungsprozess nicht transparent. Zwar waren die Wareneinstandskosten und die Gemeinkosten aus den Bereichen Material Management, Lager, Finanzen und Vertrieb bekannt, welche Kosten jedoch die Beschaffung einer einzelnen Ware verursachte, war nicht exakt zu ermitteln.

Component GmbH

Mit Hilfe der Prozesskostenrechnung können nun die Kosten im direkt die Leistungserstellung unterstützenden Bereich, aber auch gerade die Kosten der indirekten Bereiche, besser geplant und gesteuert werden. Man geht davon aus, dass viele Gemeinkosten nicht von Material- oder Einzelkosten abhängen, sondern eher von betrieblichen Aktivitäten, die letztlich dazu dienen, Leistungserbringung und Leistungsverwertung der Kostenträger zu fördern.

Prozesskostenrechnung setzt bei Aufgaben an

Merkmale einer solchen Prozesskostenrechnung sind die in Kostenstellen ausgeführten Aufgaben, die sachlich über die Kostenstellen hinweg zu sich wiederholenden Prozessen zusammengefasst werden können, und deren Kosten dann ermittelt werden. Wesentliches Element der Prozesskostenrechnung ist die Ausrichtung auf betriebliche Prozesse.

Die Prozesskostenrechnung ist dem – vorwiegend in den USA eingesetzten – Activity Based Costing ähnlich. Beide Systeme werden sehr oft als gleiche Systeme beschrieben. Letzteres unterscheidet aber nicht nach fixen und proportionalen Kosten, auch nicht nach Teil- und Hauptprozessen usw. Weiterhin fehlt der Kostenstellenbezug.

Wann eignet sich Prozesskostenrechnung?

Anders als bei der traditionellen Zuschlagsrechnung werden die Gemeinkosten bei der Prozesskostenrechnung abhängig von der tatsächlichen Inanspruchnahme der Prozessressourcen zugeteilt. Damit ist die Prozesskostenrechnung vor allem bei Prozessen mit hohem Gemeinkostenanteil sinnvoll, beispielsweise Produktplanungs-, Entwicklungs-, Vertriebs- und Serviceprozessen. Da Vertriebs- und Verwaltungskosten im Verhältnis zu Produktionskosten zunehmend an Bedeutung gewinnen (teilweise 30 % und mehr), steigt auch die Notwendigkeit für eine prozessorientierte Kostenrechnung. Ebenfalls eignet sich die Prozesskostenrechnung bei Prozessen mit wenig Varianten und hoher Wiederholungshäufigkeit.

Grundsätzlich handelt es sich bei der Prozesskostenrechnung um eine Kostenträgerrechnung. Primäre Produkte und/oder primäre Kunden von Prozessen können - je nach Zielsetzung der Analyse - als Kostenträger angesehen werden. Auf sie sind die durch Prozesse verursachten Kosten zu verrechnen. Dabei gelten die Regeln der betriebswirtschaftlichen Kostenrechnung, denn bei der Prozesskostenrechnung handelt es sich nur um eine besondere Anwendungsform bekannter Inhalte und Praktiken. In diesem Zusammenhang sind im Vorfeld der eigentlichen Rechnung einige grundsätzliche Dinge zu klären.

Teilkostenrechnung bevorzugt

Eine erste Entscheidung betrifft die Wahl zwischen der Vollkosten- und der Teilkostenrechnung. In der Vollkostenrechnung werden alle entstehenden Kosten auf die Kostenstellen und in Folge auf die Kostenträger umgelegt bzw. verrechnet. Das hierfür üblicherweise eingesetzte Instrument ist der Betriebsabrechnungsbogen (BAB), über den die erforderliche Schlüsselung der Gemeinkosten erfolgt. Die Schlüsselung ist oft willkürlich und daher problematisch. In der Wirtschaft geht man auch wegen anderer kalkulatorischer Nachteile der Vollkostenrechnung auf die Teilkostenrechnung über, die die eigentlichen Kosten der Kostenträger, also die direkt zurechenbaren Einzelkosten, transparent macht. Auf eine (willkürliche) Schlüsselung wird bewusst verzichtet, und die Gemeinkosten werden separat betrachtet. Aufgrund der Vorteile fällt die Entscheidung in diesem Buch zugunsten der Teilkostenrechnung.

Es haben sich nun verschiedene Verfahren entwickelt, mit deren Hilfe man Prozesskosten ermitteln kann. Zum einen gibt es die Bottom-up-Ansätze, die bei den Prozessaufgaben mit ihren Bearbeitungszeiten ansetzen. Zum anderen gibt es die Top-down-Verfahren, bei denen die angefallenen Kosten entsprechend den in Anspruch genommenen Mitarbeiterkapazitäten auf die Teilprozesse verteilt werden. Folgende drei Methoden werden konkreter dargestellt:

Bottom-up und Top-down-Methoden

- Häufigkeitsbasierte Prozesskostenrechnung
- Mengenbasierte Prozesskostenrechnung
- Top-down Prozesskostenrechnung.

2.4.3.1 Häufigkeitsbasierte Prozesskostenrechnung

Die häufigkeitsbasierte Prozesskostenrechnung setzt unmittelbar an den modellierten Einzelprozess an. Da bei dieser Berechnungsmethode bei den zeitlich-logischen Folgen von Aufgaben auf tiefster Prozessebene angesetzt wird, kann sie als Bottom-up-Ansatz charakterisiert werden. Um Prozesskosten errechnen zu können, benötigt man die Bearbeitungszeiten je Aufgabe bzw. Teilprozess sowie die Anzahl der Fälle, in denen die Aufgabe je Betrachtungsperiode durchgeführt wird. Kennzeichnend für dieses Verfahren ist, dass die Mengenaufgaben auf Basis der Häufigkeiten der Bedingungsausprägungen rechnerisch ermittelt werden.

Ansatz auf tiefster Prozessebene

Als Beispiel dient hier wiederum der Beschaffungsprozess der Component GmbH in Abbildung 2.79. Es werden durchschnittlich 40 Beschaffungen pro Tag abgewickelt. In 20% der Fälle ist der Wareneingang nicht in Ordnung. Das heißt für die Aufgabe „MM informieren", dass sie im Schnitt achtmal am Tag (20 % von 40) vorkommt. Die Bearbeitungskosten dieser Aufgabe fallen entsprechend auch achtmal täglich an.

Component GmbH

Um auf Basis eines Folgeplanes Prozesskosten zu berechnen, müssen also zunächst die Bearbeitungszeiten je Aufgabe sowie die Häufigkeiten der Bedingungen durch Selbstaufschreibungen, Beobachtungen, Zeitmessungen oder Schätzungen ermittelt sein. Zu entscheiden ist dann, welche Kosten als Einzelkosten anzusehen sind und in die Prozesskostenrechnung eingehen sollen. Direkt zurechenbar sind in erster Linie die

Relevante Einzelkosten

- Personalkosten
- Sachmittelkosten
- Objektkosten.

Um die prozessrelevanten Personalkosten zu ermitteln, werden die von Aufgabenträgern für die Aufgabenerfüllung anfallenden Bearbeitungszeiten kostenmäßig bewertet.

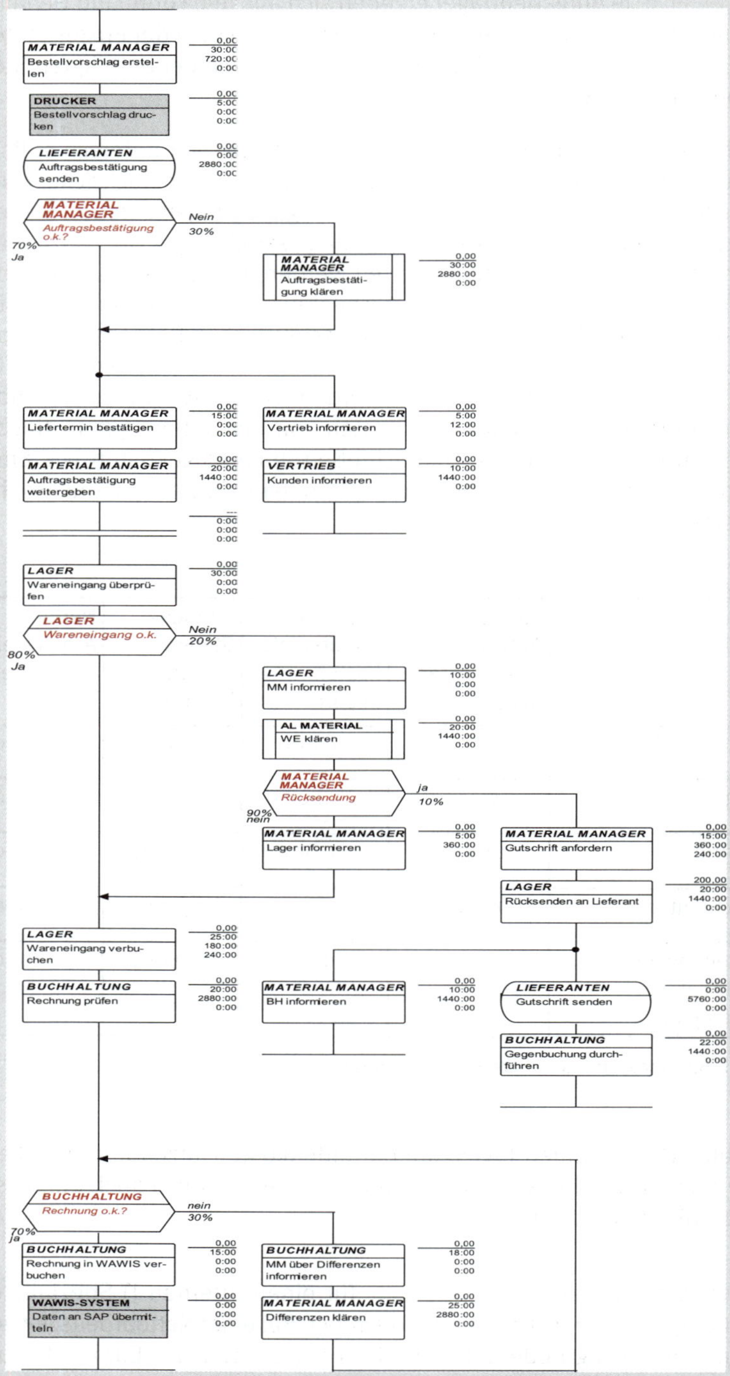

Abb. 2.79: Prozess Beschaffung Handelsware mit Zeiten und Kosten

Die Kostensätze je Aufgabenträger ergeben sich aus den Lohn- und Gehalts- sowie entsprechenden Nebenkosten (Sozialabgaben etc.) der Prozessbeteiligten. Es sind die unterschiedlichen Vergütungsstufen der beteiligten Stellen zu berücksichtigen.

Jährliche Stellenkosten

Kosten für im Prozess eingesetzte Sachmittel können auf unterschiedliche Weise bei der häufigkeitsbasierten Prozesskostenrechnung berücksichtigt werden. Eine Variante ist, sie mit den jährlichen Aufgabenträgerkosten zu Stellenkosten zusammen zu fassen (siehe 4. Spalte in Abbildung 2.80). Dazu müssen jährliche Arbeitsplatzkosten ermittelt werden, bestehend aus den über Abschreibungs- oder Nutzungsdauer errechneten Investitionskosten inklusive der (kalkulatorischen) Zinsen und der durchschnittlichen Betriebskosten pro Periode. In diesem Zusammenhang können auch die Überlegungen des TCO (Total cost of ownership) einbezogen werden. Dieser Ansatz schätzt über die Anschaffungskosten hinaus die Kosten von Investitionsgütern (insbesondere Hard- und Software). Damit fließen auch Folgekosten wie Energie-, Reparatur-, Wartung- oder Supportkosten der IT-Systeme in die Arbeitsplatzkosten ein.

Stelle/Funktion	Jährliche Aufgaben-trägerkosten in Euro	Jährliche Arbeitsplatz-kosten in Euro	Jährliche Stellen-kosten in Euro	Netto-Arbeitszeit in Minuten	Stellen-kosten pro Minute
Material Manager	80.000	10.000	90.000	90.000	1,0 Euro
Lager	40.000	5.000	45.000	90.000	0,5 Euro
Vertrieb	120.000	15.000	135.000	90.000	1,5 Euro
Buchhaltung	65.000	10.000	75.000	90.000	0,75 Euro
Abteilungsleiter Material Management	160.000	20.000	180.000	90.000	2,0 Euro

Abb. 2.80: Berechnung der Stellenkosten pro Minute

Minutensätze aus interner Leistungsverrechnung

Da in vielen Unternehmen Tages- oder Stundenkostensätze für interne Leistungsverrechnungen bekannt sind, kann selbstverständlich auch auf dieser Basis der Minutensatz ermittelt werden.

Beispielsweise ist der Tageskostensatz für einen internen IT-Spezialisten bei der Component GmbH 720,00 Euro am Tag. Bei einer Nettoarbeitszeit von 360 Minuten am Tag bedeutet dies, dass der Spezialist 2 Euro je Minute kostet.

Bei verbrauchsabhängigen Sachkosten zeitabhängige Kostenermittlung sinnvoll

Als Sachmittel werden vor allem in Dienstleistungsprozessen Hard- und Software eingesetzt (siehe IT-Systemsicht in Kapitel 2.3.3). Für Soft- und Hardwarekosten ist eine zeitabhängige Kostenermittlung in der Regel nicht sinnvoll. Es sei denn, es handelt sich um fremdgenutzte DV-Leistungen, die nach Rechnerzeiten bezahlt werden. Vor allem bei Sachkosten, die abhängig vom Verbrauch steigen und hoch sind, kann es sich lohnen, diese einzeln in der Prozesskostenrechnung zu berücksichtigen.

Die in Prozessen als Einzelkosten zu berücksichtigenden Sachmittelkosten ergeben sich, indem die Nutzungszeit von Sachmitteln während der Aufgabenerfüllung kostenmäßig bewertet wird.

Diese einzeln kalkulierten Sachmittelkosten werden analog den Personalkosten in Abhängigkeit der tatsächlichen Inanspruchnahme des Sachmittels berechnet.

Component GmbH

Im vorliegenden Beispielprozess wird für die Aufgabe „Bestellvorschlag erstellen" ein Drucker eingesetzt. Die Druckerkosten pro Minute liegen bei 10 Cent. Würde man die Druckerkosten auf Basis der Bearbeitungszeit der Aufgabe berechnen, würden bei der Aufgabe 3,00 Euro Sachmittelkosten anfallen. Diese Zuweisung trifft die tatsächlichen Verbrauchskosten nicht genau, da nicht davon auszugehen ist, dass der Drucker 30 Minuten ununterbrochen in Betrieb ist. Um diesen Sachverhalt exakt zu erfassen, wurde eine eigene Aufgabe „Bestellvorschlag drucken" modelliert, die vom Drucker ausgeführt wird. Die Druckzeit von 5 Minuten wird in der Bearbeitungszeit erfasst. Die Sachmittelkosten sind also 50 Cent je Aufgabenanfall (siehe 2. Symbol in Abbildung 2.79).

An diesem Beispiel sieht man jedoch, dass die weitere Genauigkeit der Prozesskostenzuweisung meist zu Lasten der Lesbarkeit der Prozessdokumentation geht. Fraglich ist auch, ob der Aufwand für diese Genauigkeit in einem wirtschaftlichen Verhältnis zum Nutzen dieser Aussage steht.

Tipp

Für die hier meist im Vordergrund stehenden Dienstleistungsprozesse raten wir von einer einzelnen Erfassung der verbrauchsabhängigen Sachmittelkosten ab. Diese Empfehlung gilt nicht für Fertigungsprozesse, in denen beispielsweise der Verschleiß einzelner Maschinen einen großen Kostenanteil ausmachen kann.

Schließlich können noch Objektkosten einzeln den Aufgaben im Prozess zugewiesen werden.

Definition

Unter Objektkosten werden die jeweils bei der Aufgabenerfüllung einzeln anfallenden Kosten für Verbrauchsmaterial wie Broschüren, Formulare, Papier zum Drucken, Werbematerial für Kunden, Faxe, Internetzugriffe, Telefonauskünfte etc. verstanden. In der Fertigung fallen unter Objektkosten die Materialkosten sowie Kosten für Roh-, Hilfs- und Betriebsstoffe.

Für die exakte Erfassung von Objektkosten gelten ähnliche Überlegungen wie bei den Sachmittelkosten. Lediglich maßgeblich die Prozesskosten beeinflussende Verbrauchsmaterialen sollten abhängig vom Anfall kalkuliert werden.

Component GmbH

Bei der Beschaffung von Handelsware in der Component GmbH wird lediglich bei der Aufgabe „Rücksenden an Lieferant" kalkuliert, dass hier Objektkosten in Höhe von 200 Euro für den Transport der Rücksendungen anfallen. Diese Objektkosten werden rechts an der Aufgabe oberhalb des Trennstriches notiert (siehe Abbildung 2.79).

Pauschale Zuweisung der Sachkosten

Alternativ können die Sachkosten auch komplett dem Prozess zugewiesen werden.

So werden beispielsweise je Beschaffungsprozess der Component GmbH 33,50 Euro Sachkosten ermittelt (siehe Abbildung 2.81).

Sachkostenart	Kosten pro Prozessdurchführung
Formulare	5,00 Euro
Kopien	2,00 Euro
Papier für Ausdrucke	4,00 Euro
Telefongebühren	13,00 Euro
Produktkatalog	9,50 Euro
Summe	**33,50 Euro**

Abb. 2.81: Sachkostenermittlung pro Prozessdurchlauf

Will man die Prozesskosten ganz genau berechnen, gibt es noch eine Reihe anderer Kosten, die durch Prozessdurchläufe verursacht werden.

Component GmbH

Unter Umständen werden durch lange Durchlaufzeiten bei der Beschaffung Warenauslieferungen verzögert, so dass die Component GmbH die Aufträge erst entsprechend spät fakturieren kann. Das führt zu Kapitalbindungskosten. Lange Durchlaufzeiten im Akquisitions- und Auftragsabwicklungsprozess können dazu führen, dass Kunden verloren gehen oder Kunden gar nicht gewonnen werden. Dem Handelsunternehmen entgehen so Umsätze bzw. Gewinne.

Es handelt sich in diesen Fällen um sogenannte Opportunitätskosten. Diese und ähnliche Kostenarten werden der verursachenden Prozessart gesamthaft zugerechnet. Dem einzelnen Prozess wird der Durchschnitt dieser Kostenarten angelastet.

Analog den Überlegungen zur Durchlaufzeitberechnung auf Basis des Folgeplanes kann man auch bei der häufigkeitsbasierten Prozesskostenrechnung die

- Prozesskosten einzelner Äste oder die
- Durchschnittlichen Prozesskosten für den Gesamtablauf

berechnen.

Berechnungsverfahren für einzelne Äste

Im Rahmen der eigentlichen Prozesskostenrechnung sind folgende Schritte durchzuführen:

- Durch Selbstaufschreibungen, Beobachtungen oder Zeitmessungen sind auf der Basis der jeweiligen Prozessstruktur alle bei der Durchführung des Prozesses anfallenden Tätigkeits- (TäZ), Rüst- (RüZ), Weg- (WeZ) und Wartezeiten (WaZ) zu erheben (bei den Wegzeiten ist zu berücksichtigen, dass sie bei persönlichem Transport für den Hin- und Rückweg anfallen)
- Die festgestellten Bearbeitungszeiten sind hinsichtlich ihrer Kosten pro Minute zu bewerten (Spalte Personen in Abbildung 2.82)
- Die Summe der Personen-, Sachmittel- und Objektkosten ist je Aufgabe zu bilden
- Zu der gebildeten Summe sind die Sachkosten und gegebenenfalls weitere Kostenarten hinzu zu rechnen.

Die Gesamtsumme aller Aufgabenkosten sagt aus, welche Kosten der betrachtete Prozess verursacht.

Component GmbH

In Abbildung 2.82 werden die Prozesskosten des Hauptastes des Beschaffungsprozesses berechnet. Sie belaufen sich auf 139,25 Euro je Durchlauf.

		Stelle/Funktion/Sachmittel			Kosten [€]				
Krz.	Aufgabe	Bezeichnung	[€]/min	BZ	Personen	Sachmittel	Objekt	Summe	Su. * Mng.
1	Bestellvorschlag erstellen	Material Manager	1,00	0:30	30,00	0,00	0,00	30,00	176,40
2	Bestellvorschlag drucken	Drucker	0,10	0:05	0,00	0,50	0,00	0,50	2,94
3	Auftragsbestätigung senden	Lieferanten	0,00	0:00	0,00	0,00	0,00	0,00	0,00
A	Auftragsbestätigung o.k.?	Material Manager	0,00	0:00	0,00	0,00	0,00	0,00	0,00
4	Liefertermin bestätigen	Material Manager	1,00	0:15	15,00	0,00	0,00	15,00	88,20
6	Auftragsbestätigung weitergeben	Material Manager	1,00	0:20	20,00	0,00	0,00	20,00	117,60
ZU	Zeitliche Unterbrechung		0,00	0:00	0,00	0,00	0,00	0,00	0,00
8	Wareneingang überprüfen	Lager	0,50	0:30	15,00	0,00	0,00	15,00	88,20
B	Wareneingang o.k.?	Lager	0,00	0:00	0,00	0,00	0,00	0,00	0,00
13	Wareneingang verbuchen	Lager	0,50	0:25	12,50	0,00	0,00	12,50	73,50
14	Rechnung prüfen	Buchhaltung	0,75	0:20	15,00	0,00	0,00	15,00	88,20
D	Rechnung o.k.?	Buchhaltung	0,00	0:00	0,00	0,00	0,00	0,00	0,00
18	Rechnung in WAWIS verbuchen	Buchhaltung	0,75	0:15	11,25	0,00	0,00	11,25	66,15
20	Daten an SAP übermitteln	WAWIS-System	0,00	0:00	0,00	0,00	0,00	0,00	0,00
5	Vertrieb informieren	Material Manager	1,00	0:05	5,00	0,00	0,00	5,00	29,40
7	Kunden informieren	Vertrieb	1,50	0:10	15,00	0,00	0,00	15,00	88,20
	Summe/Mittelwert:		0,80	2:55	138,75	0,50	0,00	139,25	818,79

Abb. 2.82: Prozesskosten des Hauptastes des Beschaffungsprozesses

Die Prozesskosten für die übrigen Varianten werden in Abbildung 2.83 analysiert.

			Kosten (Euro)				
Nr.	Teilstrukturname	Hfg. (%)	Personen	Sachmittel	Objekt	Summe	Ant. (%)
1	A2-B2-D2	39,20	138,75	0,50	0,00	139,25	31,42
2	A2-B2-D1-D2	16,80	177,25	0,50	0,00	177,75	17,19
3	A2-B1-C2-D2	8,82	188,75	0,50	0,00	189,25	9,61
4	A2-B1-C2-D1-D2	3,78	227,25	0,50	0,00	227,75	4,69
5	A2-B1-C1	1,40	196,50	0,50	200,00	397,00	3,20
6	A1-B2-D2	16,80	168,75	0,50	0,00	169,25	16,37
7	A1-B2-D1-D2	7,20	207,25	0,50	0,00	207,75	8,61
8	A1-B1-C21-D2	3,78	218,75	0,50	0,00	219,25	4,77
9	A1-B1-C2-D1-D2	1,62	257,25	0,50	0,00	257,75	2,40
10	A1-B1-C1	0,60	226,50	0,50	200,00	427,00	1,47
	Summe/Mittelwert	100,00	169,22	0,50	4,00	173,72	100,00

Abb. 2.83: Prozesskosten der Haupt- und Nebenäste

Die durchschnittlichen Prozesskosten betragen bei der nicht-iterativen variantenweisen Prozesskostenrechnung 173,72 Euro je Durchlauf (siehe Abbildung 2.84). Bei 40 Beschaffungen am Tag addieren sich die Prozesskosten auf Euro 7.143 auf.

		Stelle/Funktion/Sachmittel			Kosten [€]				
Krz.	Aufgabe	Bezeichnung	[€]/min	BZ	Personen	Sachmittel	Objekt	Summe	Su. * Mng.
1	Bestellvorschlag erstellen	Material Manager	1,00	0:30	30,00	0,00	0,00	30,00	1200,00
2	Bestellvorschlag drucken	Drucker	0,10	0:05	0,00	0,50	0,00	0,50	20,00
3	Auftragsbestätigung senden	Lieferanten	0,00	0:00	0,00	0,00	0,00	0,00	0,00
A	Auftragsbestätigung o.k.?	Material Manger	0,00	0:00	0,00	0,00	0,00	0,00	0,00
TP1	Auftragsbestätigung klären	Material Manager	1,00	0:30	9,00	0,00	0,00	9,00	360,00
4	Liefertermin bestätigen	Material Manager	1,00	0:15	15,00	0,00	0,00	15,00	600,00
5	Vertrieb informieren	Material Manager	1,00	0:05	5,00	0,00	0,00	5,00	200,00
6	Auftragsbestätigung weitergeben	Material Manager	1,00	0:20	20,00	0,00	0,00	20,00	800,00
7	Kunden informieren	Vertrieb	1,50	0:10	15,00	0,00	0,00	15,00	600,00
ZU	Zeitliche Unterbrechung		0,00	0:00	0,00	0,00	0,00	0,00	0,00
8	Wareneingang überprüfen	Lager	0,50	0:30	15,00	0,00	0,00	15,00	600,00
B	Wareneingang o.k.?	Lager	0,00	0:00	0,00	0,00	0,00	0,00	0,00
9	MM informieren	Lager	0,50	0:10	1,00	0,00	0,00	1,00	40,00
TP2	WE klären	AI Material Man.	2,00	0:20	8,00	0,00	0,00	8,00	320,00
C	Rücksendung	Material Manager	0,00	0:00	0,00	0,00	0,00	0,00	0,00
10	Lager informieren	Material Manager	1,00	0:05	0,90	0,00	0,00	0,90	36,00
11	Gutschrift anfordern	Material Manager	1,00	0:15	0,30	0,00	0,00	0,30	12,00
12	Rücksenden an Lieferant	Lager	0,50	0:20	0,20	0,00	4,00	4,20	168,00
13	Wareneingang verbuchen	Lager	0,50	0:25	12,25	0,00	0,00	12,25	490,00
14	Rechnung prüfen	Buchhaltung	0,75	0:20	14,70	0,00	0,00	14,70	588,00
15	BH informieren	Material Manager	1,00	0:10	0,20	0,00	0,00	0,20	8,00
16	Gutschrift senden	Lieferanten	0,00	0:00	0,00	0,00	0,00	0,00	0,00
17	Gegenbuchung durchführen	Buchhaltung	0,75	0:22	0,33	0,00	0,00	0,33	13,20
D	Rechnung o.k.?	Buchhaltung	0,00	0:00	0,00	0,00	0,00	0,00	0,00
18	Rechnung in WAWIS verbuchen	Buchhaltung	0,75	0:15	11,02	0,00	0,00	11,02	441,00
19	MM über Differenzen informieren	Buchhaltung	0,75	0:18	5,67	0,00	0,00	5,67	226,80
20	Daten an SAP übermitteln	WAWIS-System	0,00	0:00	0,00	0,00	0,00	0,00	0,00
21	Differenzen klären	Material Manager	1,00	0:25	10,50	0,00	0,00	10,50	420,00
	Summe/Mittelwert:		174,57	3:29	174,07	0,50	4,00	178,57	7142,99

Abb. 2.84: Durchschnittliche Prozesskosten des Beschaffungsprozesses

Addiert man nun die prozessabhängigen Sachkosten von Euro 33,50 (siehe Abbildung 2.81) zu den durchschnittlichen Prozesskosten hinzu, erhält man Euro 212,07 je Durchlauf. Für die jährlichen 10.400 Bestellungen bedeutet das schließlich Prozesskosten in Höhe von Euro 2.205.528,00.

2.4.3.2 Mengenbasierte Prozesskostenrechnung

Soll-Prozesse bilden Ist-Kosten nicht genau ab

Die häufigkeitsbasierte Prozesskostenrechnung berechnet die Prozesskosten anhand eines Modells, das die Praxis abbilden soll. Vielfach sieht aber die Wirklichkeit anders aus.

Beispielsweise werden nicht vorhersehbare Zusatzaufgaben notwendig, Extraschleifen gedreht, Aufgaben von anderen Aufgabenträgern erledigt oder spontane Kontrollen eingeführt. Gerade in einem dynamischen Umfeld sind Soll-Prozesse nur mit hohem Aufwand aktuell zu halten. Große Schwankungen schwächen die Aussagekraft von Häufigkeitsverteilungen an Bedingungen oder durchschnittlichen Bearbeitungszeiten.

Mitarbeiterkapazitäten auf Aufgaben verteilen

Eine gute Möglichkeit genauere Aussagen über die Ist-Prozesskosten zu bekommen, ist die mengenbasierte Prozesskostenrechnung. Hierbei verteilen die Mitarbeiter-ihre Kapazität auf die Teilprozesse und Aufgaben, an denen sie arbeiten. Wie oft die Aufgaben anfallen, wird über Mengentreiber festgehalten. Prozesse brauchen also nicht mit Bedingungen und deren Häufigkeitsausprägungen vorliegen, es reichen reine Aufgabenauflistungen der jeweiligen Aufgabenträger. Die Angaben der Zeitwerte können auf unterschiedliche Weise erfolgen. Bewährt haben sich die MAK-Verteilung das Zeitklassenverfahren.

Bei der MAK-Verteilung werden die MAK (Mitarbeiterkapazitäten), die die jeweiligen Aufgabenträger für Aufgaben oder Teilprozesse tatsächlich einsetzen, ermittelt. Entweder können sie direkt prozentual ihre eingebrachte Kapazität einschlüsseln (siehe Spalte „Kapazität" in Abbildung 2.85) oder Werte wie Minuten oder Stunden je Zeitraum (siehe Spalten „Wert", „Zeiteinheit" und „Zeitraum" in Abbildung 2.85). Zusätzlich werden die Mengen je Zeitraum ermittelt.

Die Component GmbH führt regelmäßig eine mengenbasierte Prozesskostenrechnung durch, die komplett elektronisch unterstützt wird. Für die Material Manager bedeutet das, dass sie per E-Mail ein auf ihren Aufgabenbereich zugeschnittenes Eingabeformular bekommen, in das sie ihre MAK einschlüsseln. Diese individualisierte Erhebung sowie die Vorzüge der einfachen elektronischen Handhabung erhöhen eindeutig die Akzeptanz des Verfahrens im Unterschied zu früheren manuellen Selbstaufschreibungen. Abbildung 2.85 zeigt das ausgefüllte Eingabeformular einer Material Managerin.

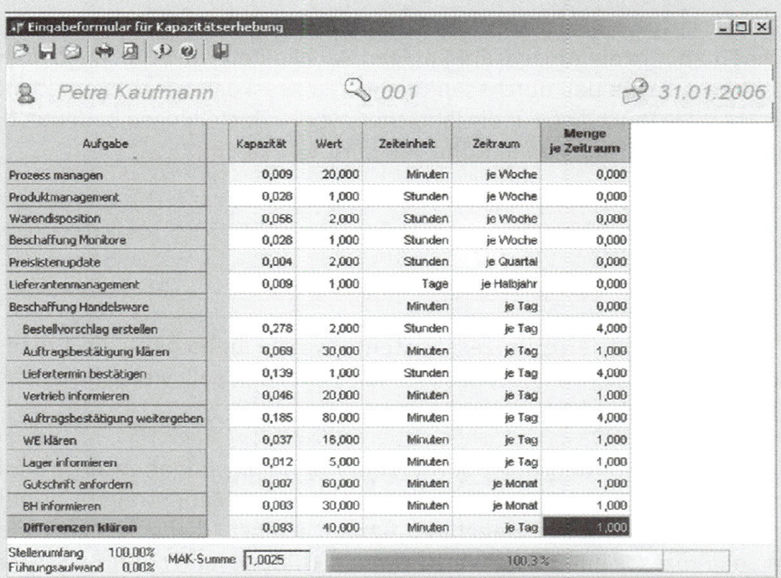
Eingabeformular für Kapazitätserhebung

Petra Kaufmann 001 31.01.2006

Aufgabe	Kapazität	Wert	Zeiteinheit	Zeitraum	Menge je Zeitraum
Prozess managen	0,009	20,000	Minuten	je Woche	0,000
Produktmanagement	0,028	1,000	Stunden	je Woche	0,000
Warendisposition	0,056	2,000	Stunden	je Woche	0,000
Beschaffung Monitore	0,028	1,000	Stunden	je Woche	0,000
Preislistenupdate	0,004	2,000	Stunden	je Quartal	0,000
Lieferantenmanagement	0,009	1,000	Tage	je Halbjahr	0,000
Beschaffung Handelsware			Minuten	je Tag	0,000
Bestellvorschlag erstellen	0,278	2,000	Stunden	je Tag	4,000
Auftragsbestätigung klären	0,069	30,000	Minuten	je Tag	1,000
Liefertermin bestätigen	0,139	1,000	Stunden	je Tag	4,000
Vertrieb informieren	0,046	20,000	Minuten	je Tag	1,000
Auftragsbestätigung weitergeben	0,185	80,000	Minuten	je Tag	4,000
WE klären	0,037	16,000	Minuten	je Tag	1,000
Lager informieren	0,012	5,000	Minuten	je Tag	1,000
Gutschrift anfordern	0,007	60,000	Minuten	je Monat	1,000
BH informieren	0,003	30,000	Minuten	je Monat	1,000
Differenzen klären	0,093	40,000	Minuten	je Tag	1,000

Stellenumfang 100,00%
Führungsaufwand 0,00%
MAK-Summe 1,0025
100,3 %

Abb. 2.85: Eingabeformular für Kapazitätserhebung

Das Zeitklassenverfahren ermittelt die Daten auf gleiche Weise, lediglich die Werte werden nicht absolut, sondern in Zeitklassen wie 1-2 Minuten oder 2-4 Minuten etc. eingeschlüsselt.

Die erhobenen Daten werden auf Teil- und Hauptprozessebene verdichtet, so dass Aussagen über die Mitarbeiterkapazität in den Prozessen möglich sind.

Component GmbH

Nachdem alle Mitarbeiter der Component GmbH ihre Erhebung dem zentralen Auswertungsteam per E-Mail zur Verfügung gestellt haben, werden diese in einer Datenbank automatisch eingelesen und verdichtet (siehe Abbildung 2.86).

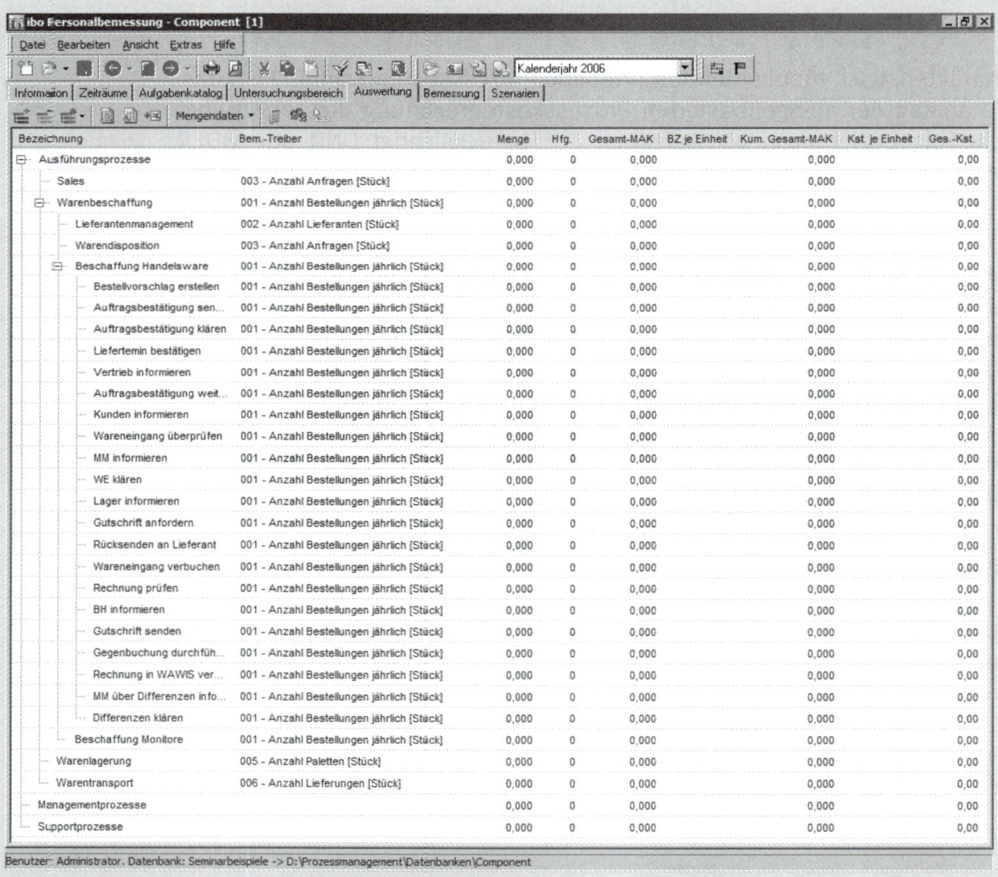

Bezeichnung	Bem.-Treiber	Menge	Hfg.	Gesamt-MAK	BZ je Einheit	Kum. Gesamt-MAK	Kst. je Einheit	Ges.-Kst.
Ausführungsprozesse		0,000	0	0,000		0,000		0,00
Sales	003 - Anzahl Anfragen [Stück]	0,000	0	0,000		0,000		0,00
Warenbeschaffung	001 - Anzahl Bestellungen jährlich [Stück]	0,000	0	0,000		0,000		0,00
Lieferantenmanagement	002 - Anzahl Lieferanten [Stück]	0,000	0	0,000		0,000		0,00
Warendisposition	003 - Anzahl Anfragen [Stück]	0,000	0	0,000		0,000		0,00
Beschaffung Handelsware	001 - Anzahl Bestellungen jährlich [Stück]	0,000	0	0,000		0,000		0,00
Bestellvorschlag erstellen	001 - Anzahl Bestellungen jährlich [Stück]	0,000	0	0,000		0,000		0,00
Auftragsbestätigung sen...	001 - Anzahl Bestellungen jährlich [Stück]	0,000	0	0,000		0,000		0,00
Auftragsbestätigung klären	001 - Anzahl Bestellungen jährlich [Stück]	0,000	0	0,000		0,000		0,00
Liefertermin bestätigen	001 - Anzahl Bestellungen jährlich [Stück]	0,000	0	0,000		0,000		0,00
Vertrieb informieren	001 - Anzahl Bestellungen jährlich [Stück]	0,000	0	0,000		0,000		0,00
Auftragsbestätigung weit...	001 - Anzahl Bestellungen jährlich [Stück]	0,000	0	0,000		0,000		0,00
Kunden informieren	001 - Anzahl Bestellungen jährlich [Stück]	0,000	0	0,000		0,000		0,00
Wareneingang überprüfen	001 - Anzahl Bestellungen jährlich [Stück]	0,000	0	0,000		0,000		0,00
MM informieren	001 - Anzahl Bestellungen jährlich [Stück]	0,000	0	0,000		0,000		0,00
WE klären	001 - Anzahl Bestellungen jährlich [Stück]	0,000	0	0,000		0,000		0,00
Lager informieren	001 - Anzahl Bestellungen jährlich [Stück]	0,000	0	0,000		0,000		0,00
Gutschrift anfordern	001 - Anzahl Bestellungen jährlich [Stück]	0,000	0	0,000		0,000		0,00
Rücksenden an Lieferant	001 - Anzahl Bestellungen jährlich [Stück]	0,000	0	0,000		0,000		0,00
Wareneingang verbuchen	001 - Anzahl Bestellungen jährlich [Stück]	0,000	0	0,000		0,000		0,00
Rechnung prüfen	001 - Anzahl Bestellungen jährlich [Stück]	0,000	0	0,000		0,000		0,00
BH informieren	001 - Anzahl Bestellungen jährlich [Stück]	0,000	0	0,000		0,000		0,00
Gutschrift senden	001 - Anzahl Bestellungen jährlich [Stück]	0,000	0	0,000		0,000		0,00
Gegenbuchung durchfüh...	001 - Anzahl Bestellungen jährlich [Stück]	0,000	0	0,000		0,000		0,00
Rechnung in WAWIS ver...	001 - Anzahl Bestellungen jährlich [Stück]	0,000	0	0,000		0,000		0,00
MM über Differenzen info...	001 - Anzahl Bestellungen jährlich [Stück]	0,000	0	0,000		0,000		0,00
Differenzen klären	001 - Anzahl Bestellungen jährlich [Stück]	0,000	0	0,000		0,000		0,00
Beschaffung Monitore	001 - Anzahl Bestellungen jährlich [Stück]	0,000	0	0,000		0,000		0,00
Warenlagerung	005 - Anzahl Paletten [Stück]	0,000	0	0,000		0,000		0,00
Warentransport	006 - Anzahl Lieferungen [Stück]	0,000	0	0,000		0,000		0,00
Managementprozesse		0,000	0	0,000		0,000		0,00
Supportprozesse		0,000	0	0,000		0,000		0,00

Abb. 2.86: Mengenbasierte Prozesskostenrechnung mit ibo-Personalbemessung

Jetzt sind die kumulierten Mitarbeiter-Kapazitäten je Prozessaufgabe mit den Kosten je Einheit zu multiplizieren und aufzuaddieren.

Die Berechnung der Prozesskosten des Beschaffungsprozesses ergibt nach diesem Verfahren 209,34 Euro je Durchlauf (siehe Abbildung 2.86).

Mengenbasierte Prozesskosten

Erfolgt eine Erhebung der Mitarbeiterkapazitäten für das Gesamtunternehmen oder für einen mehrere Prozesse und Organisationseinheiten umfassenden Untersuchungsbereich, können die Gesamtprozesskosten je Prozesscluster bis hin zu Gesamtprozesskosten aller Unternehmensprozesse ermittelt werden.

2.4.3.3 Top-down-Prozesskostenrechnung

Mengenbasierte Rechnung

Charakteristisch für die hier beschriebene Prozesskostenrechnung ist, dass sie analog der mengenbasierten Prozesskostenrechnung die zeitlich-logische Folgebeziehungen von Aufgaben nicht berücksichtigt. UND- oder ODER-Verzweigungen werden nicht einkalkuliert. Der Prozess wird als eine Summe von Aufgaben verstanden.

Alle Ist-Kosten werden geschlüsselt

Anders als bei den beiden vorher geschilderten Methoden setzt dieses Verfahren jedoch bei den Kosten der Kostenstellen an und verteilt diese auf die Teilprozesse. Mit diesem Top-down-Vorgehen ist sichergestellt, dass alle Kosten auf die Prozesse geschlüsselt werden. Das ist bei den Bottom-up-Verfahren nicht gewährleistet, da hier mit Kostensätzen je Aufgabenträger gearbeitet wird. Sind diese Sätze nicht mit den tatsächlichen Kosten hundertprozentig abgestimmt, weichen die errechneten Prozesskosten von den mit dem Top-down-Verfahren verteilten Prozesskosten ab.

Drei feste Ebenen

Basis der Top-down-Prozesskostenrechnung ist ein hierarchisches Prozessmodell, wie es bereits in Kapitel 1.2 erläutert wurde. Allerdings werden in der Top-down-Prozesskostenrechnung die Prozessebenen anders ermittelt und bezeichnet. So sehen die meisten Verfahren zur Prozesskostenrechnung ein Prozessmodell mit drei festen Ebenen vor. Auf der untersten Ebene werden Tätigkeiten bzw. Aktivitäten aufgeführt. Sie entsprechen den hier vorgestellten Aufgaben. Von Teilprozessen wird auf der mittleren und von Hauptprozessen auf der obersten Ebene gesprochen (siehe Abbildung 2.87).

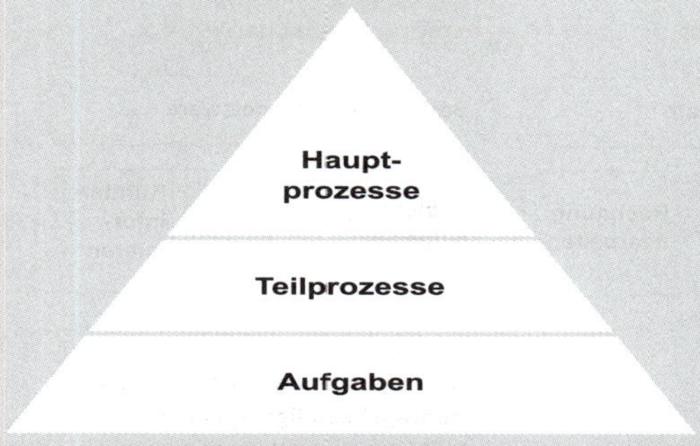

Abb. 2.87: Prozesshierarchie in der aufgabenbasierten Prozesskostenrechnung

Teilprozessverständnis in Organisation anders

Der Unterschied zwischen Prozesshierarchien in der Top-down-Prozesskostenrechnung und in der Prozessorganisation besteht in der Art, wie Teil- und Hauptprozesse gebildet werden. In der Top-down-Prozesskostenrechnung werden kostenstelleninterne Prozesse als Teilprozesse, kostenstellenübergreifende Prozesse als Hauptprozesse bezeichnet. Diese kostenrechnerisch begründete Definition von Teilprozessen gibt es in der Prozessorganisation nicht. Hier werden Teilprozesse aus zeitlich-logischen Folgebeziehungen hergeleitet. Dabei ist es durchaus möglich, dass ein Teilprozess aus Aufgaben mehrerer Kostenstellen besteht.

Component GmbH

Im dem bisher aus organisatorischen Gesichtspunkten aufgebauten Prozessmodell ist der Beschaffungsprozess der Component GmbH in die Teilprozesse Bestellung aufgeben, Wareneingang bearbeiten und Rechnung bearbeiten untergliedert. Im Teilprozess der Bestellung ist beispielsweise auch die Kostenstelle Vertrieb mit der Aufgabe „Kunde informieren“ eingebunden (siehe Abbildung 2.88). Dies ist beim Aufbau des für die Top-down-Prozesskostenrechnung notwendigen Prozessmodells nicht möglich.

Component GmbH

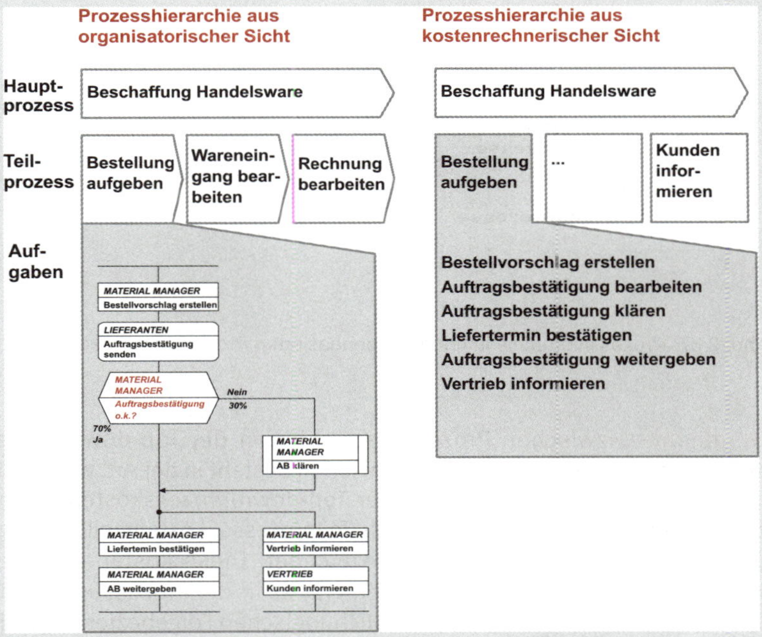

Abb. 2.88: Unterschiedlicher Aufbau von Prozessmodellen in der Organisation und in der Top-down-Prozesskostenrechnung

Im Folgenden wird von Teilprozessen ausgegangen, die ausschließlich vor dem Hintergrund gebildet werden, innerhalb einer Kostenstelle abgewickelt zu werden.

Teilprozess innerhalb Kostenstelle

Die Component GmbH hat zum Aufbau einer Top-down-Prozesskostenrechnung folgende Teilprozesse identifiziert (siehe Abbildung 2.89).

Component GmbH

Kostenstellen

	Material Manager	Lager	Finanzen	Sales
Teilprozesse	Lieferanten auswählen Rahmenverträge Lieferanten betreuen Bestellung Monitore Bestellung Handelsware falschen Wareneingang klären falsche Rechnung klären	Waren annehmen Wareneingang prüfen Waren einlagern Kommissionieren Umpacken Umetikettieren Bestandsprüfung Wartung und Pflege	Rechnung prüfen Rechnungen bezahlen Rechnungen verbuchen Kostenrechnung erstellen Kostenrechnung pflegen Berichte erstellen Jahresabschluss erstellen	Rahmenaufträge bearbeiten Kundenanfragen bearbeiten Vertrieb Handelsware Vertrieb Monitore Aufträge Handelsware abwickeln Aufträge Monitore abwickeln Leihgeräte abwickeln

Abb. 2.89: Teilprozessbildung aus Kostenstellensicht

Im nächsten Schritt werden die bestehenden Mitarbeiterkapazitäten top-down auf die Teilprozesse verteilt.

Component GmbH

Die Abteilungsleiter der Bereiche Material Management, Lager, Finanzen und Vertrieb haben die Personalkapazitäten ihres Bereiches auf die Teilprozesse geschlüsselt. In Abbildung 2.90 sind die MAK-Verteilungen der Kostenstelle Material Management dargestellt.

Teilprozesse in Kostenstellen	MAK	% MAK-Verteilung
Material Management	**24**	**100,00%**
Rahmenverträge	0,8	3,33%
Lieferanten betreuen	5,5	22,92%
Lieferanten auswählen	3,5	14,58%
Bestellung Monitore	1,7	7,08%
Warendisposition	2,5	10,42%
Bestellung Handelsware	8,2	34,17%
falschen Wareneingang klären	0,8	3,33%
falsche Rechnung klären	1	4,17%

Abb. 2.90: Verteilung der MAK am Beispiel der Kostenstelle Material Management

Variable Kosten identifizieren

Auch bei der Top-down-Prozesskostenrechnung wird berücksichtigt, ob sich die Prozesse im Hinblick auf das Leistungs- und damit auf das Kostenvolumen der Kostenstelle veränderlich verhalten oder nicht.

Bei leistungsmengeninduzierten Prozessen (lmi) besteht ein (annähernd) proportionaler Zusammenhang zwischen Leistungsmenge und Kosten der Kostenstelle. Leistungsmengenneutrale (lmn) Prozesse verhalten sich unabhängig von der Leistungsmenge, sie werden zur Unterstützung der leistungsmengeninduzierten Prozesse benötigt.

Leistungsmengeninduzierte Prozesse werden auch als mengenvariable, leistungsmengenneutrale als mengenfixe Kosten bezeichnet.

Component GmbH

Aufgaben wie „Bestellung aufgeben", „Wareneingang prüfen" oder „Rechnung verbuchen" sind leistungsmengeninduzierte Aufgaben bei der Component GmbH. Die anfallenden Kosten verhalten sich proportional zu der Anzahl der Bestellungen. Leistungsmengenneutral sind dagegen Aufgaben wie „Kostenstelle leiten" oder „Administration in der Kostenstelle".

Nun werden die leistungsmengeninduzierten und -neutralen Kosten je Kostenstelle ermittelt.

Component GmbH

Abbildung 2.91 zeigt die jährlichen Kosten der bei der Component GmbH betrachteten Kostenstellen.

Kostenstelle	lmi-Kosten	lmn-Kosten
Material Management	2.687.500	368.000
Lager	1.284.200	98.785
Finanzen	1.287.250	139.452
Vertrieb	10.437.000	752.450

Abb. 2.91: Kosten der Kostenstelle der Component GmbH

Kostenverteilung entsprechend Inanspruchnahme der Kapazitäten

Verteilt man nun die Kostenstellenkosten entsprechend der in Anspruch genommenen Mitarbeiterkapazitäten auf die Teilprozesse, erhält man die Kosten je Teilprozess (siehe Spalte 4 und 5 in Abbildung 2.94).

Bildung von Hauptprozessen

Um nun die Prozesskosten der Hauptprozesse zu berechnen, ist zu klären, wie die Teilprozesskosten in die Hauptprozesse eingehen. Um den Erfassungs- und Verrechnungsaufwand zu verringern, werden sachlich zusammengehörende Teilprozesse, die demselben Kosteneinflussfaktor unterliegen, wiederum in der Regel zu durchaus auch kostenstellenübergreifenden Hauptprozessen verdichtet. Sachlich zusammen gehörend sind Teilprozesse dann, wenn sie sich in Art, Ablauf, Arbeitsaufwand und notwendigem Ressourcenverbrauch nicht zu stark unterscheiden. Dabei ist es auch möglich, dass Teilprozesse nur anteilig in einen Hauptprozess eingehen.

Folgende Varianten sind möglich:

1. Mehrere Teilprozesse einer Kostenstelle werden zu einem Hauptprozess zusammengefügt.

Bei der Component GmbH werden die Teilprozesse Lieferanten auswählen, Rahmenverträge abschließen und Lieferanten betreuen zu einem Hauptprozess Lieferantenmanagement zusammengefasst (siehe Abbildung 2.92).

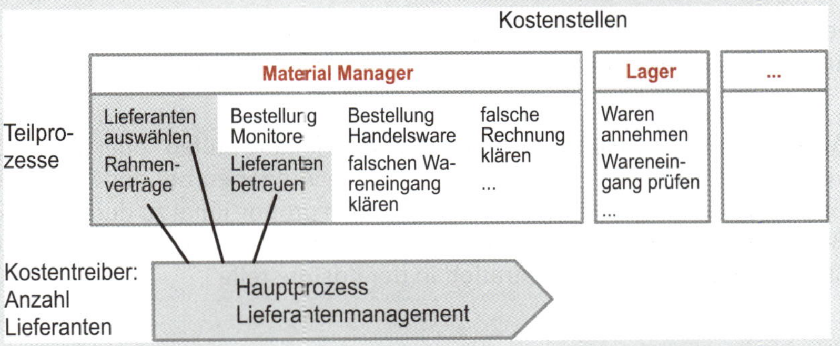

Abb. 2.92: Zusammenfassung von Teilprozessen zu einem Hauptprozess innerhalb einer Kostenstelle

Kostenstellenübergreifender Hauptprozess

2. Mehrere Teilprozesse verschiedener Kostenstellen werden zu einem Hauptprozess zusammengefügt.

Der Hauptprozess Beschaffung Handelsware setzt sich aus Teilprozessen verschiedener Kostenstellen zusammen (siehe Abbildung 2.93):

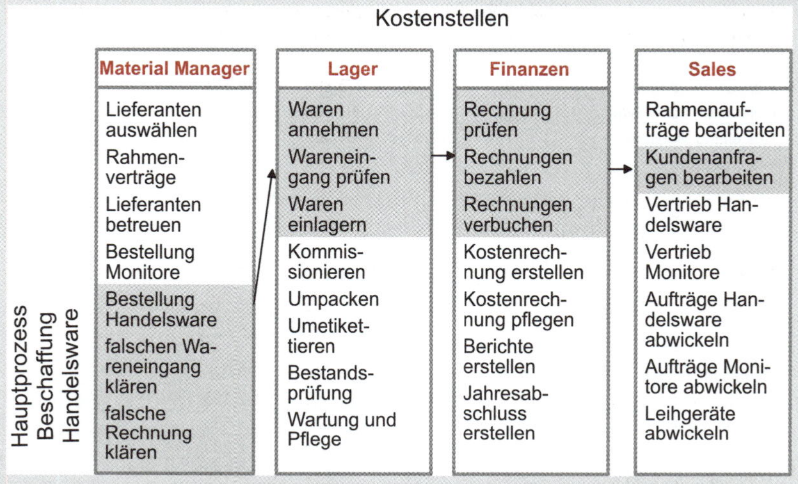

Abb. 2.93: Kostenstellenübergreifende Zusammenfassung von Teilprozessen zu einem Hauptprozess

3. Teilprozesse werden Anteile mehrerer Hauptprozesse

Prozentualer Eingang im Hauptprozess

Der Teilprozess „Kundenanfrage beantworten" aus der Kostenstelle Vertrieb geht nur mit 5% in den Hauptprozess „Beschaffung Handelsware" ein, da hier nur die Aufgabe „Kunde über das Lieferdatum informieren" relevant ist (siehe Spalte 6 in Abbildung 2.94).

4. Teilprozesse und Hauptprozesse sind identisch.

Haupt- und Teilprozess identisch

Der Teilprozess „Rahmenaufträge bearbeiten" ist identisch mit dem Hauptprozess „Rahmenaufträge bearbeiten".

Im letzten Schritt werden die leistungsmengeninduzierten Kosten je Teilprozess und die anteiligen leistungsmengenneutralen Kosten addiert und mit ihrem anteiligen Wert multipliziert (letzte Spalte in Abbildung 2.94). Die Summe der Teilprozesskosten ergibt die Gesamtprozesskosten eines Hauptprozesses. Dividiert man diese durch die Anzahl der Objekte, ergibt sich der Prozesskostensatz je Durchführung.

Component GmbH

Mit Hilfe der Top-down-Prozesskostenrechnung fallen bei der Component GmbH je Beschaffungsprozess Euro 217,12 an. Für die insgesamt 10.400 Beschaffungsvorgänge im Jahr bedeutet dies Gesamtprozesskosten von Euro 2.258.013.

Teilprozesse in Kostenstellen	MAK	% MAK-Verteilung	Imi-Kosten	Imn-Kosten	anteilig	Beschaffung Handelsware
Material Management	**24**	**100,00%**	**2687500**	**368000**		
Rahmenverträge	0,8	3,33%	89.583	12.267		
Lieferanten betreuen	5,5	22,92%	615.885	84.333		
Lieferanten auswählen	3,5	14,58%	391.927	53.667		
Bestellung Monitore	1,7	7,08%	190.365	26.067		
Warendisposition	2,5	10,42%	279.948	38.333		
Bestellung Handelsware	8,2	34,17%	918.229	125.733	100%	1.043.963
falschen Wareneingang klären	0,8	3,33%	89.583	12.267	100%	101.850
falsche Rechnung klären	1	4,17%	111.979	15.333	100%	127.313
Lager	**78**	**100,00%**	**1.284.200**	**98.785**		
Waren annehmen	2,2	2,82%	36.221	2.786	100%	39.007
Wareneingang prüfen	1,7	2,18%	27.989	2.153	100%	30.142
Waren einlagern	4,1	5,26%	67.503	5.193	100%	72.695
Kommissionieren	62,4	80,00%	1.027.360	79.028		
Umpacken	1,7	2,18%	27.989	2.153		
Umetikettieren	2	2,56%	32.928	2.533		
Bestandsprüfung	1,8	2,31%	29.635	2.280		
Wartung und Pflege	2,1	2,69%	34.575	2.660		
Finanzen	**12**	**100,00%**	**1.287.250**	**139.452**		
Rechnung prüfen	2	16,67%	214.542	23.242	80%	194.875
Rechnungen bezahlen	1,4	11,67%	150.179	16.269	80%	136.413
Rechnungen verbuchen	2	16,67%	214.542	23.242	80%	194.875
Kostenrechnung erstellen	2,4	20,00%	257.450	27.890		
Kostenrechnung pflegen	1,5	12,50%	160.906	17.432		
Berichte erstellen	1,9	15,83%	203.815	22.080		
Jahresabschluss erstellen	0,8	6,67%	85.817	9.297		
Vertrieb	**75,2**	**100,00%**	**10.437.000**	**752.450**		
Rahmenaufträge bearbeiten	7	9,31%	971.529	70.042		
Kundenanfragen bearbeiten	18,7	24,87%	2.595.371	187.112	5%	316.880
Vertrieb Handelsware	14,5	19,28%	2.012.453	145.087		
Vertrieb Monitore	6,7	8,91%	929.892	67.040		
Aufträge Handelsware abwickeln	18,3	24,34%	2.539.855	183.110		
Aufträge Monitore abwickeln	4,8	6,38%	666.191	48.029		
Leihgeräte abwickeln	5,2	6,91%	721.707	52.031		
					Summe:	**2.258.013**
					je Objekt:	**217,12**

Abb. 2.94: Berechnung der Prozesskosten nach der Top-down-Methode

Gesamt-prozess-kosten

Sind für alle Hauptprozesse die Prozesskosten ermittelt, können die Gesamtprozesskosten auf verschiedenen Verdichtungsstufen ermittelt werden. Dies kann analog den Ausführungen bei der mengenbasierten Prozesskostenrechnung je Prozessebene erfolgen.

Bei der vorher geschilderten Vorgehensweise wurde die Mengenfrage über die pauschale MAK-Verteilung zu Beginn der Rechnung geklärt.

Mit der Bildung der Teilprozesse „Falschen Wareneingang klären" und „Falsche Rechnung klären" wurde über die jeweilige Kapazitätsverteilung deutlich, dass diese Teilprozesse nicht bei allen Beschaffungen durchgeführt werden.

Berechnung mit Mengen

Alternativ kann man auch die genauen Mengen der Teilprozesse ermitteln und diese mit den jeweiligen Prozesskostensätzen multiplizieren (siehe Abbildung 2.95. Schlägt man dann noch die leistungsmengenneutralen Kosten dazu, erhält man die Teilprozesskosten je Kostenstelle. Der Rest der Rechnung erfolgt wie vorher.

	Menge	Kostensatz	lmn	
Bestellung Handelsware	10.400	728.000 Euro		
Falschen Wareneingang klären	2.080	145.600 Euro		
Falsche Rechnung klären	2.080	145.600 Euro		
			153.333 Euro	
				1.172.533Euro

Abb. 2.95: Mengenbasierte Teilprozesskostenrechnung für Kostenstelle Material Management

2.4.3.4 Auslastungsgrad in Prozessen

Leerkosten vermeiden

Ein weiterer Ansatz, Rückschlüsse auf die Kostenstruktur eines Unternehmens zu ziehen, besteht darin, zu ermitteln inwieweit die im Prozess involvierten Stellen oder auch Sachmittel ausgelastet sind. Stellen verursachen Fixkosten, die sich aus Leer- und Nutzkosten zusammensetzen. Vorausgesetzt die Mitarbeiter arbeiten an sinnvollen Aufgaben, wird die Kostenstruktur eines Unternehmens insgesamt umso besser, je weniger Leerkosten anfallen.

Definition

Der Auslastungsgrad einer Stelle sagt aus, wie viel Prozent der Arbeitszeit direkt oder indirekt produktiv für die Erfüllung der Stellenaufgaben genutzt werden oder - betriebswirtschaftlich ausgedrückt - wie hoch die Nutzkosten sind.

Während Durchlaufzeiten objekt- bzw. prozessbezogen sind, beziehen sich die Auslastungsgrade auf Aufgabenträger und Sachmittel.

Auslastungsgrad von Aufgabenträger

In einem ersten Schritt ist die Nettoarbeitszeit zu ermitteln.

Die Nettoarbeitszeit ist die Zeit, die einem Mitarbeiter tatsächlich für die Aufgabenerfüllung zur Verfügung steht.

Grundsätzlich wird von 365 Tagen pro Jahr ausgegangen, die sukzessive bis auf die Nettoarbeitszeit zu reduzieren sind. Da sind zunächst die Wochenenden und Feiertage. Nach deren Abzug bleiben ca. 250 Tage übrig, die sogenannte Bruttoarbeitszeit. Berechnung der Nettoarbeitszeit

Von der Bruttoarbeitszeit sind Urlaubs- und Krankheitstage zu subtrahieren. Des weiteren ist individuell zu prüfen, welche anderen Zeiten nicht für die Erfüllung der Aufgaben zur Verfügung stehen. Dazu gehören für jedes Jahr regelmäßige und fest einplanbare Ausfälle wegen Weiterbildung, Teilnahme an Fachtagungen oder Fachmessen, Aktivitäten für Gremien oder Vereine, Betriebsversammlungen und ähnliches.

Von der so gebildeten Zwischensumme sind letztlich noch die sachlichen und persönlichen Verteilzeiten abzuziehen, die erfahrungsgemäß ca. 10-15 % der Zwischensumme betragen, um die Nettoarbeitszeit zu erhalten (siehe Abbildung 2.96). Zu den persönlichen Verteilzeiten zählen unter anderem die notwendigen Ruhepausen.

	Tage	Minuten	Minuten/Tag
Bruttoarbeitszeit	250	120000	480
- Urlaubstage	30	14400	–
- Krankheitstage	5	2400	
- Schulungstage	7	3360	
- Verteilzeiten	10	9840	
Nettoarbeitszeit	182,7	90000	360

Abb. 2.96: Beispiel für die Ermittlung der Nettoarbeitszeit

Es ist klar, dass die Nettoarbeitszeit von Unternehmen zu Unternehmen verschieden ist, jedoch liegt der Wert in der Regel bei 190 ± 10 Tagen, an denen ein Aufgabenträger mit der jeweils tariflich vereinbarten Stundenzahl zur Verfügung steht.

Die so ermittelte Nettoarbeitszeit ist der Nenner der Auslastungsberechnung. Im Zähler werden folgende aufgabenträgerbezogenen Zeitarten berücksichtigt (siehe auch Abbildung 2.63):

Zeiten der Aufgabenträger

- Tätigkeitszeit: Zeit für die Erfüllung der eigentlichen Aufgaben
- Wegzeit: Zeit für persönliche Transporte des Aufgabenträgers
- Rüstzeit: Zeit, die der Aufgabenträger benötigt, um sich oder ein Sachmittel auf die Bearbeitung eines bestimmten Objektes vorzubereiten
- Wartezeit: Zeit, in der ein Aufgabenträger weder direkt noch indirekt seine Aufgaben erfüllt.

Dabei handelt es sich bei den Tätigkeitszeiten um die direkt produktiven und bei den Weg- und Rüstzeiten um die indirekt produktiven Komponenten der Nettoarbeitszeit. Die Wartezeiten stellen den unproduktiven Teil der Nettoarbeitszeit dar.

Die durch geeignete Erhebungstechniken (z.B. Zeitmessungen, Selbstaufschreibung) ermittelten Zeitwerte für Tätigkeits-, Rüst- und Wegzeiten sind mit den entsprechenden Fallzahlen des betrachteten Zeitraumes zu multiplizieren. Im Folgenden wird der Einfachheit halber die Bearbeitungszeit (BZ) als Summe der Tätigkeits-, Rüst- und Wegzeiten des Aufgabenträgers betrachtet. Die Werte stellen nun den produktiv genutzten Anteil der Nettoarbeitszeit dar. Sie werden ins Verhältnis zur Nettoarbeitszeit gesetzt. Der Quotient entspricht dem Auslastungsgrad des Aufgabenträgers bzw. dem der untersuchten Organisationseinheit.

Zeitraum auswählen

Der Auslastungsgrad kann im Durchschnitt pro Jahr erhoben und analysiert werden. Typisch für die Prozessorganisation ist jedoch, bestimmte Zeiträume zu betrachten, wenn saisonale Schwankungen in der Verteilung der Objektankünfte festgestellt worden sind. Da vom Auslastungsgrad der Aufgabenträger abhängt, wie sich die Liegezeiten der Objekte entwickeln, kann es unter Umständen sogar sinnvoll sein, für die Berechnung den Zeitraum z.B. einer Stunde zugrunde zu legen.

$$\textbf{Auslastungsgrad} = \frac{(\text{Tätigkeitszeiten} + \text{Wegzeiten} + \text{Rüstzeiten}) \times 100}{\text{Nettoarbeitszeit}} \%$$

Component GmbH

Für den Durchlauf eines Beschaffungsprozesses bedarf es 85,24 Minuten der Personalkapazität des Material Managers (siehe Abbildung 2.97). Dies entspricht 25 % seiner Kapazität von 350 Minuten.

Krz.	Aufgabe	BZ	Hfg.(%)	BZ	
1	Bestellvorschlag erstellen	30:00	100,00	30:00	0,09
3	Liefertermin bestätigen	15:00	100,00	15:00	0,04
4	Vertrieb informieren	5:00	100,00	5:00	0,01
5	Auftragsbestätigung weitergeben	20:00	100,00	20:00	0,06
TP2	WE klären	20:00	20,00	4:00	0,01
9	Lager informieren	5:00	18,00	0:54	0,00
10	Gutschrift anfordern	15:00	2,00	0:18	0,00
14	BH informieren	10,00	2,00	0:12	0,02
20	Differenzen klären	25:00	42,00	10:00	0,03
	Summe/Mittelwert		100,00	85,24	0,25

Abb. 2.97: Kapazitätsberechnung für Material Manager beim Beschaffungsprozess

Component GmbH

Geht man nun beispielsweise davon aus, dass im Schnitt 40 Beschaffungsvorgänge pro Tag stattfinden, beträgt die benötigte Bearbeitungszeit 3409,6 Minuten. Die Component GmbH beschäftigt zwölf Material Manager, die mit der Beschaffung von Handelswaren beauftragt sind. Das entspricht einer Nettoarbeitskapazität von 4200 Minuten (12 x 350 Minuten).

$$\textbf{Auslastungsgrad} = \frac{3409{,}6}{4200{,}0} = 81{,}2\ \%$$

Der Auslastungsgrad der Material Manager bezogen auf die Beschaffung von Handelswaren beträgt folglich 81,2%.

Man kann nur dann sinnvoll vom Auslastungsgrad von Mitarbeitern in einem Prozess auf Prozesskosten schließen, wenn die Aufgabenträger nahezu ausschließlich in dem Prozess beteiligt sind. Das ist jedoch selten der Fall, da die meisten Mitarbeiter in mehreren Prozessen mitwirken.

Component GmbH

Die Material Manager der Component GmbH sind neben der Warenbeschaffung auch in die Prozesse des Lieferantenmanagements, Warendisposition, Produktmanagements und Preislistenupdate eingebunden. Mit der mengenbasierten Personalbedarfsrechnung (siehe Abbildung 2.85) können die Mitarbeiterkapazitäten über alle Prozesse hinweg ermittelt werden. Für den Fall, dass die Mitarbeiter den realistischen Zeitwert angeben, können dann Aussagen über den Auslastungsgrad getroffen werden. Es besteht jedoch die Gefahr, dass die Mitarbeiter dazu neigen, stets mindestens 100 % zu schlüsseln. In solchen Fällen sind die Auslastungsgrade nur bedingt brauchbar.

Auslastungsgrad von Sachmitteln

Auch für Sachmittel kann eine „Nettoarbeitszeit" errechnet werden, die Verfügbarkeitszeit genannt wird. Sie kann von Sachmittel zu Sachmittel aufgrund seiner Beschaffenheit und Arbeitsumgebung sehr unterschiedlich sein.

Berechnung analog Aufgabenträgerauslastung

Das Berechnungsprinzip für den Aufgabenträger kann grundsätzlich auf Sachmittel übertragen werden. Es ist von einem theoretischen Maximum auszugehen. Von diesem sind alle nicht beeinflussbaren Ausfallzeiten abzuziehen. In Analogie zu den aufgabenträgerbezogenen Ausfallzeiten sind Wartungszeiten sowie Zeiten, die der „Modernisierung" dienen zu nennen, übrig bleibt die Verfügbarkeitszeit als Summe aus Nutzungs- und Brachzeiten. Brachzeiten können störungs- oder prozessbedingt auftreten. Außerdem ist zu beachten, dass vor allem passive Sachmittel (z.B. Ordner, Rechenmaschine) von der Bedienung durch einen Aufgabenträger abhängig sind und damit von dessen Anwesenheit bzw. Verfügbarkeit.

Es ist sodann festzustellen, wie hoch die Nutzungszeiten für den betrachteten Zeitraum sind. Diese sind ins Verhältnis zur errechneten Verfügbarkeitszeit zu setzen. Der Quotient entspricht dem Auslastungsgrad des Sachmittels.

$$\textbf{Auslastungsgrad von Sachmitteln} = \frac{\text{(Nutzungszeiten) x 100}}{\text{Verfügbarkeitszeit}} \%$$

Netto-Nutzungsfläche

Beim Sachmittel „Raum" wird von der zur Verfügung stehenden Gesamtfläche des untersuchten Bereiches ausgegangen. Sie ist auf die „Netto-Nutzungsfläche" zu reduzieren, zu der die Summe der durch Aufgabenträger und Sachmittel tatsächlich genutzten Flächen ins Verhältnis zu setzen sind. Der Quotient entspricht dem Auslastungsgrad des betrachteten räumlichen Bereiches.

$$\textbf{Auslastungsgrad Gebäude/Raum} = \frac{\text{(tatsächlich genutzte Flächen) x 100}}{\text{Netto-Nutzungsfläche}} \%$$

2.5 Prozesswürdigung

Nachdem der IST-Zustand des Gestaltungsbereiches hinsichtlich der relevanten Inhalte im erforderlichen Umfang und in zweckmäßiger Detaillierung erhoben, modelliert und analysiert wurde, ist zu prüfen, wie der Prozess die an ihn gestellten Anforderungen erfüllt.

Definition

Die Prozesswürdigung ist ein Schritt der Prozessgestaltung, bei dem der Ist-Prozess hinsichtlich seiner Stärken/Schwächen und Chancen/Risiken untersucht wird. Ebenfalls erfolgt eine systematische Suche nach den Ursachen der Probleme.

Zunächst stellt sich die Frage , was denn eigentlich ein „Problem“ ist.

Soll-Ist-Abweichung

Umgangssprachlich wird unter einem Problem eine schwierige Lage oder ein unbefriedigender Zustand verstanden. Das setzt voraus, dass der vorhandene Zustand mit einer besseren Lage oder einem besseren Zustand verglichen wird, gleichgültig ob dieser objektiv und real existiert, subjektiv angenommen wird oder auf reinem Wunschdenken basiert.

Daraus leitet sich zunächst ab, dass ein Problem eine Abweichung zwischen einem vorhandenen IST und einem gewünschten SOLL darstellt. Entspricht also ein Zielerfüllungsgrad nicht den selbst aufgestellten oder von außen vorgeschriebenen Anforderungen, stellt dies ein Problem dar, dessen Ursachen zu ermitteln sind.

Um zu einer systematischen und vollständigen Problembearbeitung zu gelangen, müssen zu den Schwächen folgende Aspekte hinzukommen, die in der Praxis noch zu wenig bewusst beachtet werden:

- Stärken
- Chancen
- Risiken.

Definition

Werden in der Gegenwart Ziele in nicht ausreichendem Maße erfüllt, so weist der Ist-Zustand Schwächen auf. Werden Ziele dagegen zur Zufriedenheit erfüllt bzw. sogar besser erfüllt als gedacht oder gefordert, handelt es sich um Stärken.

Zwar verursacht es Mehraufwand, über die Schwächen hinaus zusätzlich die Stärken zu betrachten; dies ist jedoch ein gut investierter Aufwand:

Stärken stärken, Schwächen schwächen

- Stärken zu kennen verhindert, dass sie durch Maßnahmen zur Beseitigung von Schwächen verringert oder sogar ganz vernichtet werden.
- Sind Stärken bekannt, lässt sich abwägen, ob es nicht erfolgswirk-

samer ist, das positive Potenzial auszubauen, anstatt Schwächen zu beseitigen bzw. inwieweit ein entsprechender Mix zwischen Stärken-Ausbau und Schwächen-Abbau sinnvoll ist.

- Das Abwägen von Stärken und Schwächen lässt erkennen, welche Lösungsstrategie zu wählen ist: Überwiegen die Stärken, sollte es sich um eine evolutionäre Verbesserung des IST-Zustandes handeln, überwiegen die Schwächen ist eine revolutionäre, also eher radikale Veränderung angezeigt.
- Die für die Stärken verantwortlichen Ursachen können unter Umständen als Lösungsmöglichkeiten auf die schwachen Bereiche übertragen werden.
- Werden sowohl Schwächen als auch Stärken betrachtet, handelt es sich um gutes Feedback-Verhalten, das Lob und Tadel gleichermaßen umfasst und für die Betroffenen im Gestaltungsbereich von der psychologischen Seite her wichtig ist. Kooperative Zusammenarbeit und Akzeptanz der Lösung werden gefördert.

Rückschau

Bei Stärken und Schwächen der Gegenwart liegt die Ursache für ihr Entstehen immer in der Vergangenheit. Von der planerischen Haltung her wird immer gewartet, bis -bildlich gesprochen- das Kind in den Brunnen gefallen ist, um dann hinzulaufen, es zu retten.

Im Gegensatz zu dieser rein reaktiven Verhaltensweise steht die proaktive Sicht, die versucht, mögliche zukünftige Ist/Wird-Entwicklungen vorauszusehen. Die Szenarien, die so entstehen, können positive oder negative Soll/Wird-Abweichungen im Sinne von Chancen oder Risiken aufweisen.

Setzt man sich bewusst mit zukünftigen Abweichungen auseinander, kann das folgende Vorteile mit sich bringen:

Vorausschauend handeln

- Werden Chancen und Risiken betrachtet, können zukunftsorientierte(re) Lösungen entwickelt werden.
- Mit Präventivmaßnahmen kann dafür gesorgt werden, dass Chancen ergriffen und Risiken vermieden werden.
- Im Voraus ist planbar, was zu tun ist, wenn Präventivmaßnahmen nicht greifen. Diese festgelegten Eventualmaßnahmen lassen in diesen Fällen ein verzögerungsfreies Agieren zu, was in Krisensituationen besonders wichtig ist, unter Umständen sogar lebenswichtig für ein Unternehmen sein kann.
- Generell ist proaktives Verhalten ein Mittel, um mit der zunehmenden Dynamik des Wandels erfolgreich umzugehen, und damit auch ein entscheidender Erfolgsfaktor im Wettbewerb.

In Abbildung 2.98 werden die verschiedenen Soll-/Ist- bzw. Soll-/Wird-Abweichungen zusammengefasst.

	Gegenwart	Zukunft
+	Stärken	Chancen
–	Schwächen	Risiken

Abb. 2.98: Matrix der Abweichungsarten

In Verbindung mit der Würdigung des Ist-Zustandes fallen neben dem Begriff Problem fast immer die Begriffe Ursache und Wirkung. Bevor die Würdigung im Sinne einer Technik praktisch angewandt wird, ist noch zu klären, wie sich die drei Begriffe zueinander verhalten.

Zusammenhang von Ursache/Wirkung

Eine zu hohe Liegezeit stellt eine Soll-/Ist-Abweichung, ein Problem, dar; eine zu hohe Durchlaufzeit ebenfalls. Da die zu hohe Liegezeit eine insgesamt zu hohe Durchlaufzeit zur Folge hat, wird dieses Problem zur Ursache für das Folgeproblem, also die Wirkung. Ist die zu hohe Durchlaufzeit wiederum schuld daran, dass Kundenverluste eintreten, wird die Durchlaufzeit zur Ursache für das Folgeproblem der Kundenverluste, die somit deren Wirkung darstellen.

Es wird sicher deutlich, dass Probleme den Dachbegriff für Ursachen und Wirkungen bilden. Wann ein Problem als Ursache oder Wirkung anzusehen ist, hängt von der Position innerhalb einer Kausalkette und der Richtung der Betrachtung ab. So sind die Probleme am Beginn der Kette stets Ursachen, die Probleme am Ende der Kette stets Wirkungen und die Probleme dazwischen sowohl Ursachen als auch Wirkungen, je nachdem, ob sie in Vorwärts- oder Rückwärtsrichtung betrachtet werden.

Methode zur systematischen Problemanalyse

Im Folgenden wird die Methode der Systematischen Problemanalyse vorgestellt. Sie setzt sich aus den aufgeführten vier Schritten zusammen:

1. Problemsuche
2. Ursache-/Wirkungsanalyse
3. Problemdarstellung
4. Problembewertung.

2.5.1 Problemsuche

Je früher, desto besser

Bereits die Bezeichnung des Schrittes macht deutlich, dass Probleme aktiv zu suchen sind und nicht darauf zu warten ist, bis die Probleme sich von selbst bemerkbar machen. Dann sind sie nämlich oft bereits derart angewachsen, dass es sehr schwer wird, sie zu lösen. Im anderen Fall hat man die Chance, die Probleme zu bearbeiten, solange sie noch überschaubar sind oder, besser noch, wenn sie noch gar nicht eingetreten sind.

Wer sagt, was gut ist?

In beiden Fällen werden auch Soll-Vorstellungen benötigt, die dem Ist bzw. dem Wird gegenüberzustellen sind, um entsprechende Abweichungen erkennen zu können. Die Soll-Größe und die Soll-/Ist-/Wird-Abweichungen können auf unterschiedlichen, einzeln anwendbaren, aber auch miteinander kombinierbaren Wegen gewonnen werden. So gibt es extern angestoßene Hinweise für Soll-Vorgaben wie Beschwerden, Ergebnisse von Kundenbefragungen, Normen oder Benchmarks. Interne Anstöße für Prozessanforderungen können sich aus dem Qualitätsmanagement, dem Betrieblichen Vorschlagswesen, Mitarbeiterbefragungen oder systematischen Organisationsuntersuchungen mittels Checklisten ergeben. Abbildung 2.99 zeigt einige der Möglichkeiten auf, die die Problemsuche unterstützen.

Abb. 2.99: Quellen für Problemsuche

Wann ist ein Ist-Zustand unbefriedigend, wann ist er gut? Wer legt den Maßstab fest, ab wann akuter Handlungsbedarf besteht?

In der Component GmbH hat die Analyse für die Beschaffung von Handelsware folgende Ist-Werte gebracht:

Component GmbH

Prozessstatus		Zielerreichung	
Anzahl am Tag	40	DLZ Hauptast	141 h, 35 min
Varianten	10	DLZ Worst Case	313 h, 37 min
Schnittstellen	13	Durchschnittliche DLZ	178 h, 30 min
Anzahl Unterprozesse	2	Prozesskosten Hauptast	139,25 Euro
Anzahl Stellen/Funktionen	6	Durchschnittliche Prozesskosten häufigkeitsbasiert	212,07 Euro (nicht iterativ)
Änderungen/Jahr	2	First Pass Yield	39,2 %

Abb. 2.100: Ist-Werte des Beschaffungsprozesses

Kunden und Wettbewerber geben Kennzahlen vor

Ob es sich bei Kennzahlen um Stärken oder Schwächen handelt, hängt sehr davon ab, welche Anforderungen die Kunden an den jeweiligen Prozess stellen. Die Kundenerwartungen werden wiederum wesentlich vom Wettbewerbsumfeld geprägt. Mit zunehmender Markttransparenz ist es für jeden Käufer ein Leichtes, die Leistungen, Preise und Verfügbarkeiten der Mitbewerber herauszufinden. Schwieriger wird es schon bei Kriterien wie Qualität, Serviceorientierung oder Zuverlässigkeit. Zwar können Anbieter eine Menge versprechen, entscheidend sind aber die gemachten Erfahrungen mit den tatsächlichen Leistungen. Mit dem Konzept des wettbewerbsorientierten Benchmarking (siehe Kapitel 1.3.3) gibt es einen Ansatz, die Güte eigener Kennzahlen im Vergleich zu Wettbewerbern zu sehen.

Component GmbH

Die Component GmbH hat aufgrund der Wettbewerbsanalyse ermittelt, dass die Hauptkonkurrenten im Schnitt um bis zu 10 % günstigere Preise bei gleichen Produkten anbieten. Die Verfügbarkeit der Mitbewerber ist um 12 % und die Termintreue um 8 % höher.

Ziele sind die Messlatte

Während es für solche direkt am Markt erforschbaren Kennzahlen Vergleichsmöglichkeiten mit Mitbewerbern gibt, ist es häufig schwierig bis unmöglich, spezielle prozessbezogene Kennzahlen wie First Pass Yield, Durchlaufzeiten oder Prozesskosten von Wettbewerbern zu erfahren. Vor allem bei den Wertschöpfungsprozessen lassen sich Unternehmen ungern in die Karten schauen. Wenn Produkte und Preise zunehmend vergleichbarer werden, liegt vor allem in der optimalen Prozessorganisation die Chance, sich vom Mitbewerber abzuheben. Chancen auf Prozessbenchmarks von anderen Firmen hat man dann schon eher bei nicht wettbewerbskritischen Prozessen wie Unterstützungs- und Führungsprozessen.

Da dem externen Benchmarking vielfach Grenzen gesetzt sind, bleibt den Unternehmen häufig nichts anderes übrig, als durch eigene Zielsetzung die Maßstäbe für Stärken und Schwächen zu setzen. Diese Vorgaben sollten selbstverständlich die Wirkungszusammenhänge zwischen Prozesszielen und kritischen Erfolgsfaktoren berücksichtigen.

Component GmbH

Preis und Verfügbarkeit wurden als kritische Erfolgsfaktoren der Component GmbH identifiziert. Der Beschaffungsprozess hat eine Zubringerfunktion für den eigentlichen Auftragsabwicklungsprozess. In den Preis der Produkte gehen neben den ausgehandelten Wareneinstandspreisen auch die Prozesskosten ein. Aus Produktkalkulationen weiß man, dass etwa 20 % der Endpreise aus Prozesskosten für die Beschaffung, Lagerung, Transport und Vertrieb bestehen. Da der Preis im Vergleich zu den Wettbewerbern höher liegt, sind sämtliche Ansätze zu nutzen, bei denen Kosten gespart werden können. Als Ziel des Projektes „Optimierung des Beschaffungsprozesses" wurde deshalb eine Reduzierung der Prozesskosten um 30 % angestrebt.

Prozesschecklisten

Schnelles und wirksames Instrument

Prozesschecklisten enthalten in der Regel im Sinne „gewonnener Erfahrung" typische Mängel (oft auch Ursachen) eines bestimmten Bereiches. Sie können daher auch nur sinnvoll erstellt werden, wenn gleiche Probleme immer wieder auftreten. Ausgereifte Prüffragenkataloge sind ein schnelles und wirksames Hilfsmittel für die Würdigung. Sie bergen aber die Gefahr, dass Probleme, die nicht enthalten sind, übersehen werden, ebenso wie Zusammenhänge zwischen Problemen. Alle folgenden Fragen beziehen sich auf die drei analysierten Hauptziele der Prozessorganisation, die minimalen Durchlaufzeiten und deren Komponenten, die Bearbeitungs-, Transport- und Liegezeiten, die Prozesskosten und die Prozessqualität (siehe Abbildungen 2.101 a-h). Weitere Fragenkomplexe könnten die Kundenzufriedenheit, Mitarbeiterzufriedenheit und Produktqualität betreffen.

Anzumerken ist noch, dass einige der Fragen miteinander konkurrieren, weil die entsprechende organisatorische Regelung sowohl Vorteile als auch Nachteile aufweist.

Beispiel

Das Beispiel „Spezialisierung" mag das verdeutlichen: Sie führt zu kürzeren Bearbeitungszeiten und zur Motivation wegen des Expertentums, aber auch zur Frustration wegen Monotonie aufgrund der engen Aufgabenstellung.

Die Zielgewichtung gibt an, in welcher Richtung das Problem zu suchen und zu lösen ist.

Ist der Prozess insgesamt zu teuer, zu lang und zu fehlerhaft?	Geprüft ?	Bemerkung
■ Ist die Variantenzahl der Struktur sehr groß (zu viele ODER-Verzweigungen mit oder ohne -Verknüpfung)?		
• Qualitative Belastung und damit hohe Bearbeitungszeiten wegen der Komplexität der Struktur?	☐	
• Quantitative Belastung und damit hohe Bearbeitungszeiten wegen der Häufigkeit der Kontrollen und Entscheidungen?	☐	
• Hohe Liege- und Transportzeiten, wenn die Zuständigkeiten für Kontrolle/Entscheidung und Ausführung unterschiedlichen Stellen übertragen wurden?	☐	
■ Werden Aufgaben zu häufig wiederholt und fallen daher zu oft Bearbeitungs-, Transport- und Liegezeiten an?		
• Es gibt insgesamt zu viele Rückkopplungen in der Prozessstruktur?	☐	
• Die einzelnen Rückkopplungen weisen zu hohe Prozentsätze auf?	☐	
■ Gibt es zu viele UND-Verzweigungen mit oder ohne -Verknüpfungen?		
• Es entsteht ein hoher Aufwand für die Arbeitsaufteilung, -anweisungen?	☐	
• Es entsteht ein hoher Aufwand für die Koordination der Arbeitsteilung sowie die Zusammenführung und Synchronisation der Teilergebnisse zu einem Ganzen?	☐	
• Es entstehen Transport- und Liegezeiten bei der Arbeitsverteilung und -zusammenführung?	☐	
■ Gibt es zu wenige UND-Verzweigungen mit oder ohne -Verknüpfung?		
• Bearbeitungs-, Transport- und Liegezeiten, die auf einem zeitlich gleich langen oder einem zeitkürzeren Parallelast liegen, sind für die Durchlaufzeit nicht relevant?	☐	
■ Gibt es im UND-Nacheinander unzureichende Taktabstimmungen und daher zu hohe Liegezeiten?	☐	

Abb. 2.101a: Prozesscheckliste

Sind die Bearbeitungszeiten/Prozesskosten zu hoch?	Geprüft ?	Bemerkung
Element: Aufgabe (Objekt und Verrichtung)		
■ Ist die Objektgestaltung für die Bearbeitung ungünstig?	□	
■ Wurde die Objektfolge so gestaltet, dass		
• möglichst große Gruppierungen möglichst gleichartiger Objekte bearbeitet werden?	□	
• bei Einzelfolgen ein möglichst geringer Wechsel in der Objektart erfolgt?	□	
• routinemäßige, mittelschwere und seltene/besondere Fälle von unterschiedlichen Organisationseinheiten bearbeitet werden (Triage-Konzept)?	□	
■ Gibt es unnötigerweise bearbeitete Objekte, die eliminiert werden können (und damit auch die entsprechenden Verrichtungen)?	□	
■ Gibt es Objekte, die intern bearbeitet werden, aber wirtschaftlicher von externen Lieferanten hergestellt werden könnten (Outsourcing)?	□	
■ Gibt es an notwendigen Objekten unnötige Verrichtungen, die eliminiert werden können?	□	
■ Gibt es Verrichtungen an Objekten, die wirtschaftlich sinnvoll auf externe Lieferanten verlagert werden können (Outsourcing)?	□	
■ Gibt es unzweckmäßige Verrichtungsfolgen?	□	
■ Gibt es zu wenige UND-Verzweigungen mit oder ohne -Verknüpfung?	□	
■ Gibt es eine zu stark spezialisierte Arbeitsteilung und daher zu hohe Einarbeitungszeiten für Folgestellen?	□	

Abb. 2.101b: Prozesscheckliste

Sind die Bearbeitungszeiten/Prozesskosten zu hoch?	Geprüft ?	Bemerkung
Element: Aufgabenträger		
■ Ist die Motivation bzw. Arbeitszufriedenheit zu niedrig?	☐	
■ Fehlt es an geeigneten Anreizsystemen?	☐	
■ Fehlt es an einem attraktiven Arbeitsumfeld?	☐	
■ Fehlt es an ergonomischen Arbeitsplätzen?	☐	
■ Fehlt es an formalen/informalen Kontakt-/ Kommunikationsmöglichkeiten?	☐	
■ Fehlt es an Zusammenarbeitsmöglichkeiten im Team?	☐	
■ Fehlt es an Teamfähigkeit, sozialer Kompetenz, sozialem Verhalten?	☐	
■ Fehlt es an Spezialisierung im Sinne eines Expertentums?	☐	
■ Fehlt es an motivierenden Arbeitsinhalten, wie		
• zu monotone Aufgaben/nur kleine Prozessabschnitte (Taylorismus)?	☐	
• nur Ausführungsaufgaben, keine oder zu geringe Anteile von Planungs-, Entscheidungs- und Kontrollaufgaben?	☐	
■ Ist der Ausbildungsstand/die Qualifikation zu niedrig?	☐	
■ Ist die Leistungsfähigkeit zu niedrig?	☐	

Abb. 2.101c: Prozesscheckliste

Sind die Bearbeitungszeiten/Prozesskosten zu hoch?	Geprüft ?	Bemerkung
Element: Sachmittel/IT-Systeme		
■ Sind die eingesetzten Sachmittel auf dem neuesten Stand der Technik?	☐	
■ Können sie verbessert werden?	☐	
■ Sind neue Sachmittel erforderlich?	☐	
■ Entsprechen die eingesetzten Sachmittel den ergonomischen Standards?	☐	
■ Fehlt es an notwendigen Sachmitteln, besonders der Informationstechnologie und des Workflows?	☐	
Element: Informationen		
■ Kommen falsche Informationen vor?	☐	
■ Kommen unvollständige Informationen vor?	☐	
■ Kommen unverständliche Informationen vor?	☐	
■ Kommen veraltete Informationen vor?	☐	
■ Kommen mehrdeutige, falsch interpretierbare Informationen vor?	☐	
■ Kommen unangemessen detaillierte Informationen vor?	☐	
■ Sind benötigte Informationen verfügbar		
• jederzeit?	☐	
• direkt?	☐	
• schnell/verzögerungsfrei?	☐	

Abb. 2.101d: Prozesscheckliste

Sind die Transportzeiten zu hoch?	Geprüft ?	Bemerkung
Element: Aufgabe		
■ Sind die Objekte transportgerecht gestaltet?	☐	
■ Fallen unnötige Transporte an		
• wegen unnötig bearbeiteter Objekte?	☐	
• wegen zu vieler Schnittstellen aufgrund der Aufgabenbündelung zu Stellen - in Bezug auf Ausführungsstellen? - in Bezug auf Leitungs- und Ausführungsstellen?	☐	
Element: Aufgabenträger/Sachmittel/Räumliche Folgebeziehungen		
■ Werden zu langsame/ungeeignete Transportmittel (Aufgabenträger/Sachmittel) eingesetzt?	☐	
■ Fehlt es insbesondere an Informationstechnologie/ Workflowinstrumenten?	☐	
■ Könnten interne Transportmittel durch schnellere eigene ersetzt werden?	☐	
■ Könnten interne Transportmittel durch schnellere von externen Anbietern ersetzt werden?	☐	
■ Entstehen unnötige Transportwege, weil		
• die Raumform nicht prozessgerecht ist?	☐	
• die Standorte von Arbeitsplätzen und sonstigen Sachmitteln zu weit voneinander entfernt sind?	☐	
• die Streckenführung der Transportwege umständlich/ungünstig ist?	☐	

Abb. 2.101e: Prozesscheckliste

Sind die Liegezeiten zu hoch?	Geprüft ?	Bemerkung
Element: Aufgabe		
■ Fallen unnötige Liegezeiten an		
• wegen unnötig bearbeiteter Objekte?	☐	
• wegen zu vieler Schnittstellen aufgrund der Aufgabenbündelung zu Stellen - in Bezug auf Ausführungsstellen? - in Bezug auf Leitungs- und Ausführungsstellen? • wegen zu stark gruppierter Objekte?	☐	
■ Ist die Ankunftsrate der Objekte in Relation zur (unveränderlichen) Bearbeitungsrate der Objekte zu hoch?	☐	
■ Ist die Bearbeitungsrate der Objekte in Relation zur (unveränderlichen) Ankunftsrate der Objekte zu klein?	☐	
Element: Sachmittel		
■ Sind die Kapazitäten zu klein (zu kleine Gruppierung mehrerer Sachmittel)?	☐	
■ Sind die benötigten Sachmittel zu oft nicht verfügbar		
• wegen zu häufigen störungsbedingten Ausfalles?	☐	
• wegen zu häufiger Wartungen?	☐	
• wegen zu häufiger Modernisierungen/ Aufrüstungen?	☐	
• wegen zu hoher Nutzungszeiten insgesamt (zu hoher Auslastungsgrad)?	☐	
• wegen zu hoher „Booting“ Zeiten?	☐	
• wegen ungünstiger, dem Objektanfall nicht angepasster Verfügbarkeitszeiten - Zeitdauer? - Zeitpunkte? - Zeiträume?	☐	

Abb. 2.101f: Prozesscheckliste

Sind die Liegezeiten zu hoch?	Geprüft ?	Bemerkung
Element: Aufgabenträger		
■ Sind die Kapazitäten der Aufgabenträger zu klein (zu kleine Gruppierung mehrerer Stellen)?	☐	
■ Sind die benötigten Aufgabenträger zu oft nicht im Unternehmen anwesend		
• wegen häufiger Krankheit?	☐	
• wegen häufiger Aus-/Weiterbildung?	☐	
• wegen häufiger Auswärtstätigkeit?	☐	
• wegen häufiger Dienstreisen?	☐	
• wegen häufiger Kundenbesuche?	☐	
• wegen häufiger Lieferantenbesuche?	☐	
■ Sind die benötigten Aufgabenträger anwesend, aber zu oft für zur Bearbeitung eintreffende Objekte nicht verfügbar		
• wegen zu hohen Auslastungsgrades einzelner Stellen?	☐	
• zu hoher Tätigkeitszeiten insgesamt?	☐	
• zu hoher Rüstzeiten insgesamt?	☐	
• zu hoher Wegezeiten insgesamt?	☐	
• wegen Untätigkeit - verschuldet (Frustration/Widerstand)? - unverschuldet (Krankheit/Unfähigkeit)?	☐	
• wegen zu hoher Verteilzeiten?	☐	
• wegen ungünstiger, dem Objektanfall nicht angepasster Arbeitszeiten - Zeitdauer - Zeitpunkte - Zeitraum?	☐	
• wegen zu vieler Besprechungen - bilateral - im Team?	☐	

Abb. 2.101g: Prozesscheckliste

Sind die Liegezeiten zu hoch?	Geprüft ?	Bemerkung
Element: Information		
■ Sind die benötigten Informationen zu oft nicht verfügbar		
• wegen Nichtvorhandenseins entsprechender Sachmittel/Aufgabenträger ?	☐	
• wegen Nichtverfügbarkeit der entsprechenden, vorhandenen Sachmittel?	☐	
• wegen Nichtverfügbarkeit der entsprechenden Aufgabenträger (siehe oben)?	☐	
• wegen ungünstiger, dem Objektanfall nicht angepasster Verfügbarkeitszeiten - Zeitdauer? - Zeitpunkte? - Zeitraum?	☐	

Abb. 2.101h: Prozesscheckliste

2.5.2 Ursachen-/Wirkungsanalyse

Beziehungen von Ursachen und Wirkungen

Ergebnis des Schrittes Problemsuche ist ein Katalog von Problemen. Es ist nun festzustellen, in welchem Ursache-/Wirkungsverhältnis die Probleme zueinander stehen. Es gibt vier grundsätzliche Arten von Problembeziehungen:

- Isolierte Probleme/Problemfelder
- Linear/kausale Problemketten
- Linear/kausale Problemwurzeln
- Vernetzte Probleme, Problemketten und -wurzeln.

Die genannten Beziehungsarten werden im Folgenden näher charakterisiert. Zusätzlich werden Techniken vorgestellt, mit deren Hilfe die jeweilige Problemsituation angemessen dargestellt werden kann.

Isolierte Problemfelder

Diese Art von Problembeziehung kann wie folgt charakterisiert werden:

- Wirkungen und Ursachen sind klar unterscheidbar (entweder Wirkung oder Ursache)

- Den Wirkungen können entsprechende Ursachen zugeordnet werden.

Die angemessene Darstellungsform ist eine Ursachen-/Wirkungs-Tabelle:

Wirkungen	Ursachen
Wirkung I: Zu wenige Abschlüsse in der Akquisition	Ursache 1: Zu wenig bedürfnisgerechte Produkte Ursache 2: Zu schlechtes Verkaufsverhalten
Wirkung II: Zu hohe Krankheitsquote im Lager (Erkältungen)	Ursache 1: Zu viel Zugluft Ursache 2: Zu schwache Heizung

Abb. 2.102: Ursachen-/Wirkungs-Tabelle

Linear/kausale Problemketten

Charakteristisch für diese Problemsituation ist:

- Den Wirkungen können entsprechende Ursachen zugeordnet werden
- Es gibt eine Kette, in der sich Ursachen und Wirkungen abwechseln.

Die Tabelle ist hier nur bedingt einsetzbar. Es können zwar weitere Spalten für vorgelagerte Ursachen eingefügt werden (siehe Abbildung 2.103); wenn es sich jedoch um eine entsprechend lange Kette handelt, sprengt dies den Rahmen der Tabellen-Technik.

Tabellen ungeeignet

Wirkungen	Ursachen	Vorgelagerte Ursachen	Vorgelagerte Ursachen
Niedrige Gewinne	Hohe Kosten	Hohe Sachmittelkosten Hohe Personalkosten	Lange Durchlaufzeiten
	Niedrige Umsätze	Veraltete Produkte	Lange Durchlaufzeiten Keine Produktzuständigkeit
		Verstärkte Konkurrenz	

Abb. 2.103: Ursachen-/Wirkungs-Tabelle mit vorgelagerten Ursachen

Besser ist hier, wie in Abbildung 2.104 eine grafische Darstellung der Ursachen-/Wirkungskette:

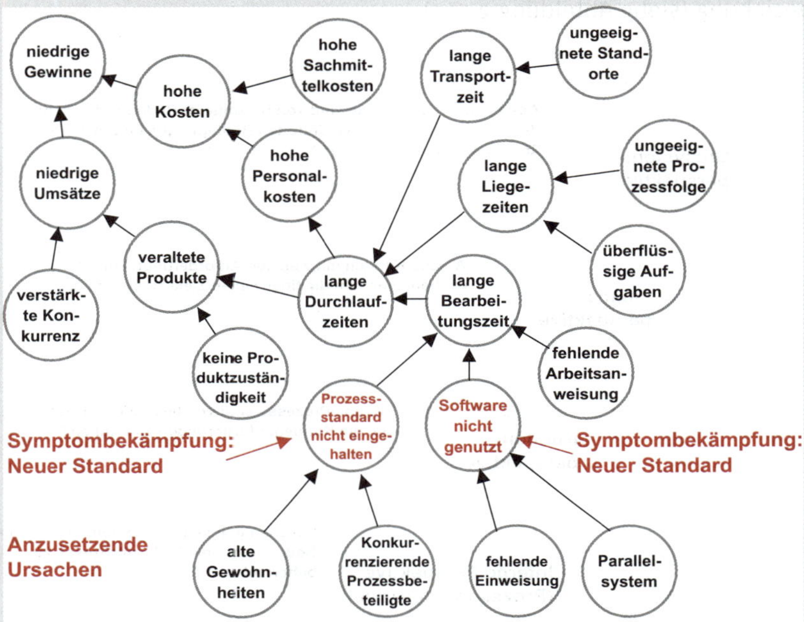

Abb. 2.104: Grafische Darstellung einer Ursachen-/Wirkungskette

Lösungen an der Oberfläche

Man ist gut beraten, sich bei den Problemen die Zusammenhänge von Ursache und Wirkung genau anzuschauen, denn immer wieder ist in der Praxis das Phänomen der Schnellschüsse und Symptombekämpfung bei der Prozessoptimierung zu beobachten. Die häufig kurze Planungszeit führt dazu, dass das Forschen nach Ursachen für Prozessschwächen nicht oder nur unzureichend stattfindet. Schlimmer noch, meist hat man die Lösung bereits im Kopf, die aber auf bekannte Lösungsmuster zurückgreift.

So findet man nicht selten die „4. Softwareeinführung zur Optimierung des Prozesses" oder die „5. Dokumentation von Standards für die Prozessdurchführung", muss aber dann feststellen, dass die Prozesse immer noch nicht so laufen wie gewollt.

Probleme an den Wurzeln packen

Eine systematische Ursachenforschung der kausalen Ursachen-Wirkungskette hätte hier vielleicht hervorgebracht, dass alte Gewohnheiten, Konflikte zwischen Prozessbeteiligten oder fehlende Informationen der eigentliche Grund für das Nichtleben bestehender Standards oder existierender Software sind. Diese Ursachen werden auch durch jede weitere Softwareeinführung oder Standarddokumentation nicht abgestellt werden.

Die Idee der linearen/kausalen Ursachenkette findet sich auch in dem Managementkonzept der Balanced Scorecard (BSC) von KAPLAN/NORTON wieder. Die BSC bringt die verschiedenen Zielperspektiven in eine Ursache-Wirkungsbeziehung (siehe Abbildung 2.105).

Ursache-Wirkungsbeziehungen auch bei BSC wichtig

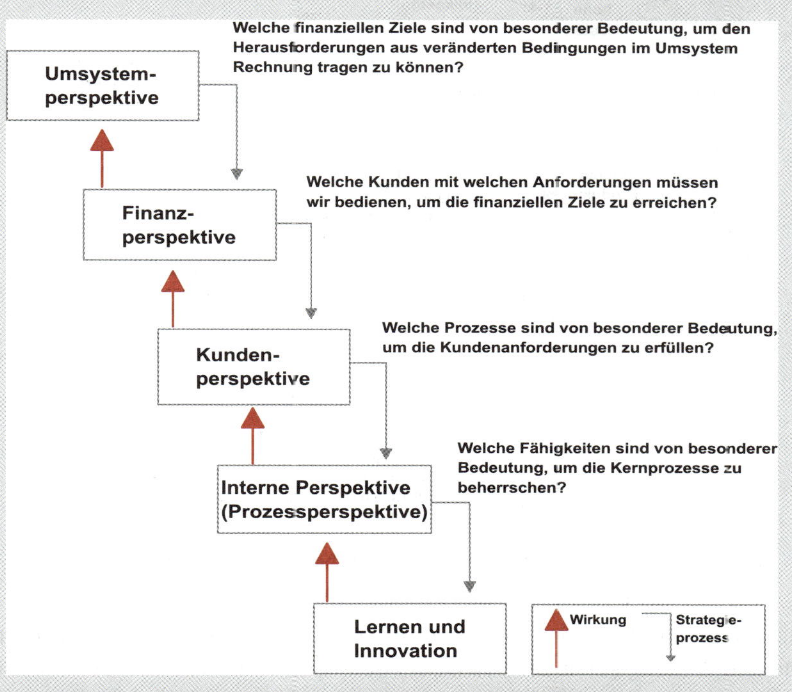

Abb. 2.105: Zusammenhänge der Zielperspektiven der BSC

Auch wenn im Detail eine solch durchgängige Zielhierarchie in der Praxis eher schwierig nachzuweisen ist, so ist die tendenzielle Ursache-Wirkungsbeziehung der Ziele schon realistisch. Die tiefste Ursache vieler Zielabweichungen liegt in menschlichen Unzulänglichkeiten. Stellt man diese Probleme ab, wirkt sich das positiv auf die Prozesse aus, die wiederum die Kundenbedürfnisse besser befriedigen und schließlich stimmt auch wieder die Finanzperspektive und das Umfeld ist zufrieden.

Menschliche Ursachen

In der Component GmbH wurde für den Beschaffungsprozess eine Ursachenforschung mit Hilfe der linear/kausalen Problemkette durchgeführt. Die ermittelten Ursachen wurden dabei den vier Zielperspektiven der BSC zugeordnet.

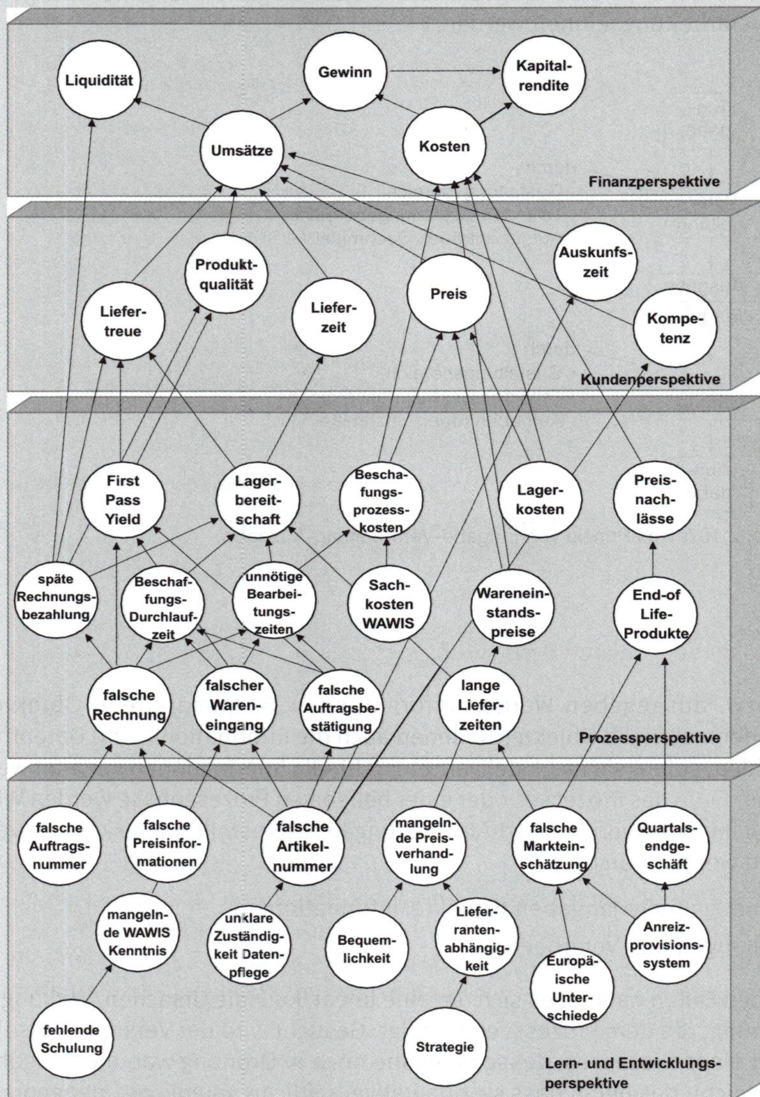

Abb. 2.106: Ursache-Wirkungskette des Beschaffungsprozesses der Component GmbH

Würdigung mit Folgeplan

Einen Sonderfall der linear/kausalen Problemketten stellt die Prozessorientierte Ursachen/Wirkungsanalyse dar. Als Darstellungstechnik ist hier der Folgeplan geeignet (siehe Abbildung 2.107). Er wird um Übertragungsfelder erweitert, die die Zwischenergebnisse bzw. -produkte enthalten. Diese sind Ausgaben einer Verarbeitungseinheit, die zu Eingaben für eine nachgelagerte Verarbeitungseinheit werden.

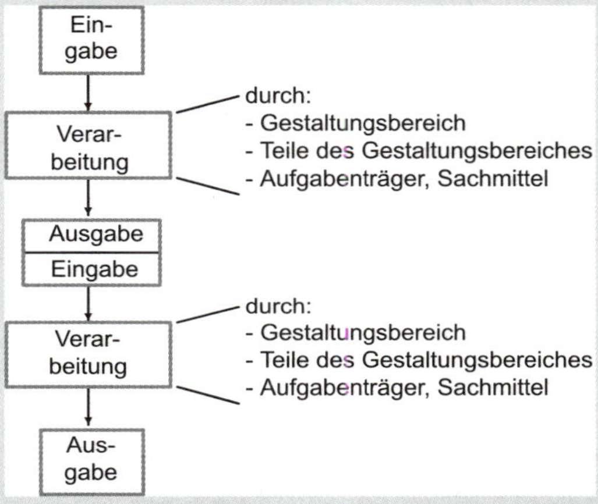

Abb. 2.107: Das Prinzip von Eingabe-Verarbeitung-Ausgabe

Ein-/Ausgabebezogene Betrachtung

Ein- bzw. ausgegeben werden Informationen (= immaterielle Objekte) und/oder materielle Objekte, zu denen auch die Informations- und Datenträger zählen, sofern sie nicht stellvertretend für die Informationen genannt werden. Am Ende des Prozesses oder einer beliebigen Prozessphase werden Wirkungen im Sinne von Soll-/Ist Abweichungen festgestellt. Diese können verursacht werden durch

- mangelhafte Eingaben (Objekte/Informationen)
- mangelhafte Verarbeitung.

Systematische Suche der Fehlerquellen

In beiden Fällen handelt es sich um eine linear/kausale Ursachen/Wirkungsbeziehung, die dem Prozessverlauf folgt. Gesucht wird der Verarbeitungsabschnitt eines Prozesses, dessen Eingabe noch in Ordnung war, die Ausgabe jedoch nicht; das heißt, dass sie qualitative, zeitliche, räumliche, mengenmäßige und/oder kostenmäßige Soll-/Ist-Abweichungen aufweist.

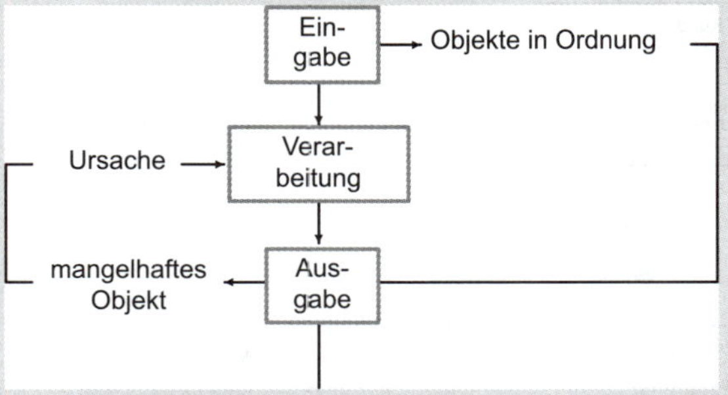

Abb. 2.108: Suche nach dem mangelverursachenden Prozessabschnitt

Von außen nach innen

Die Abweichung muss also durch die betreffende Verarbeitung entstanden sein. Indem das Black box-Prinzip „von außen nach innen" angewendet wird, wird im nächsten Schritt geklärt, um welche Ursache(n) es sich im Einzelnen handelt (=verarbeitungsbezogene Betrachtung) (siehe Abbildung 2.108).

Die erste mangelhafte Ausgabe wird in der Regel wieder zur Eingabe einer Folgeverarbeitung. Es ist daher besonders wichtig festzustellen, ob die Soll-/Ist-Abweichung bis zur Prozesssenke „erhalten" bleibt, vergrößert wird oder zusätzliche Mängel hinzugefügt werden. In Abbildung 2.109 wurde ein Auftragsabwicklungsprozess mit Hilfe der ein-/ausgabenbezogenen Betrachtung gewürdigt.

Aufwand für Fehlerbehebung

Für den Fall, dass zwar die Eingabe nicht in Ordnung, die Ausgabe aber mangelfrei war, ist anzunehmen, dass die Soll-/Ist-Abweichung im betreffenden Prozessabschnitt mit zusätzlichem Aufwand beseitigt wurde. Das ausgegebene Objekt wird damit zum Träger von Fehlerbehebungskosten und ist daher mit einem kostenmäßigen Mangel behaftet.

Verarbeitungsbezogene Betrachtung

In diesem Schritt gilt es herauszufinden, welche Ursachen die festgestellten Wirkungen hervorgerufen haben. Die Black box ist zu öffnen und genauer zu untersuchen, wie die Eingabe zur Ausgabe verarbeitet wird.

Öffnen der Black box

Grundsätzlich kommen die organisatorischen Elemente Aufgaben, Aufgabenträger, Sachmittel und Informationen sowie aufbau- und prozessorganisatorische Beziehungen als Ursachen in Frage. Allgemeine Prüflisten (siehe Kapitel 2.5.1) für jedes Element und für Prozessbeziehungen können dabei helfen, die tatsächlichen Ursachen einzukreisen und letztlich zu finden.

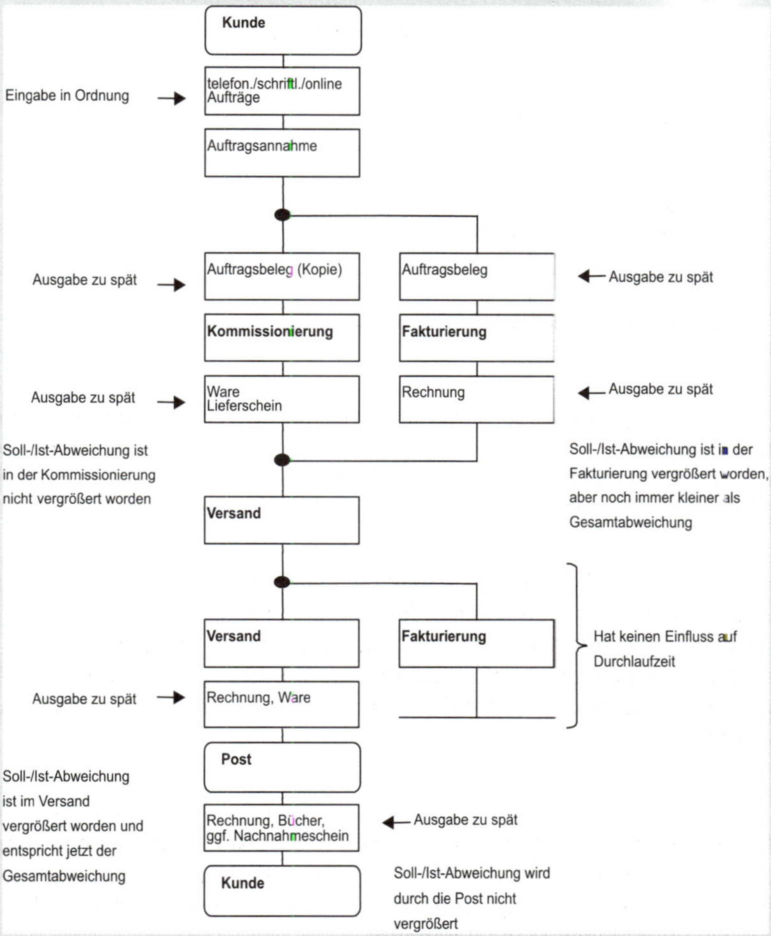

Abb. 2.109: Folgeplan mit Angaben zur Soll-/Ist-Abweichung

Linear/kausale Problemwurzel

Dieser Fall stellt eine Variante der linear/kausalen Problemketten dar. Charakteristika sind:

- Es gibt eine letzte Wirkung (sie entspricht dem sichtbaren Baum)
- Zwei und mehr unterschiedliche Problemketten erzeugen gemeinsam diese Wirkung
- In den Problemketten wechseln sich Ursachen und Wirkungen ab
- Jeder Wirkung können mehrere Ursachen zugeordnet werden (sie entsprechen den Wurzeln).

Tabellen haben zu wenig Platz

Wie bei den Problemketten stößt die tabellarische Darstellungstechnik sehr schnell an Grenzen (siehe Abbildung 2.110). Grundsätzlich ist ihr Einsatz möglich.

Wirkung	Ursachen/Wirkungen	Ursachen
Zu lange Durchlaufzeiten	Hohe Bearbeitungszeiten	Unnötige Verrichtungen
		Unqualifizierte Aufgabenträger
		Ungeeignete Sachmittel
		Falsche Informationen
	Hohe Transportzeiten	Ungeeignetes Transportmittel
		Lange Transportwege
	Hohe Liegezeiten	Schlechte Taktabstimmung
		Kapazitätsengpässe
		Gruppierung zu vieler Objekte

Abb. 2.110: Tabellarische Darstellung linear/kausaler Problemwurzeln

Fischgräten-Diagramm

Für die Situation der linear/kausalen Problemwurzeln wurde eine spezielle grafische Darstellung entwickelt, das Ishikawa Diagramm. Es ist nach seinem geistigen Vater, Professor Ishikawa, benannt, der es im Rahmen seiner Forschungen zum Thema Qualitätsmanagement an der Universität Tokio für die Arbeit von Qualitätszirkeln kreierte. Aufgrund seines Aussehens (siehe Abbildung 2.111) wird das Ishikawa-Diagramm auch Fischgräten- Diagramm genannt.

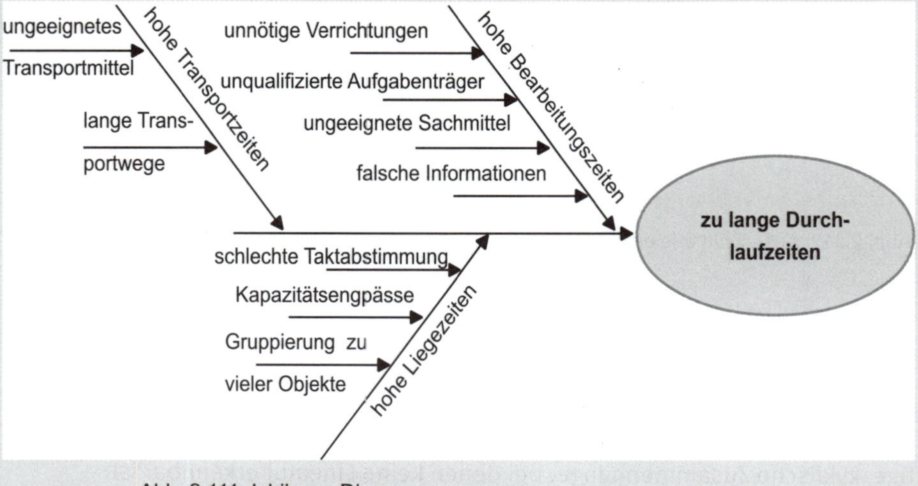

Abb. 2.111: Ishikawa Diagramm

Wenn die Ursachen/Wirkungen stark verwurzelt sind, entsteht beim Ishikawa-Diagramm Platznot. Eine Alternative bieten die Mind-Maps (Gehirnkarten), die von einem zentralen Gedanken ausgehend über Haupt- und Nebenassoziationen immer weiter in die Peripherie der Darstellung verzweigen (siehe Abbildung 2.112). Ishikawa Diagramme und Mind-Maps beinhalten den gleichen Ansatz. Allerdings weisen letztere weniger Platzprobleme auf, unterstützen das assoziative Vorgehen besser und bieten darüber hinaus Ansätze für die Vernetzung der Probleme untereinander.

Mind-Maps sind vielseitiger

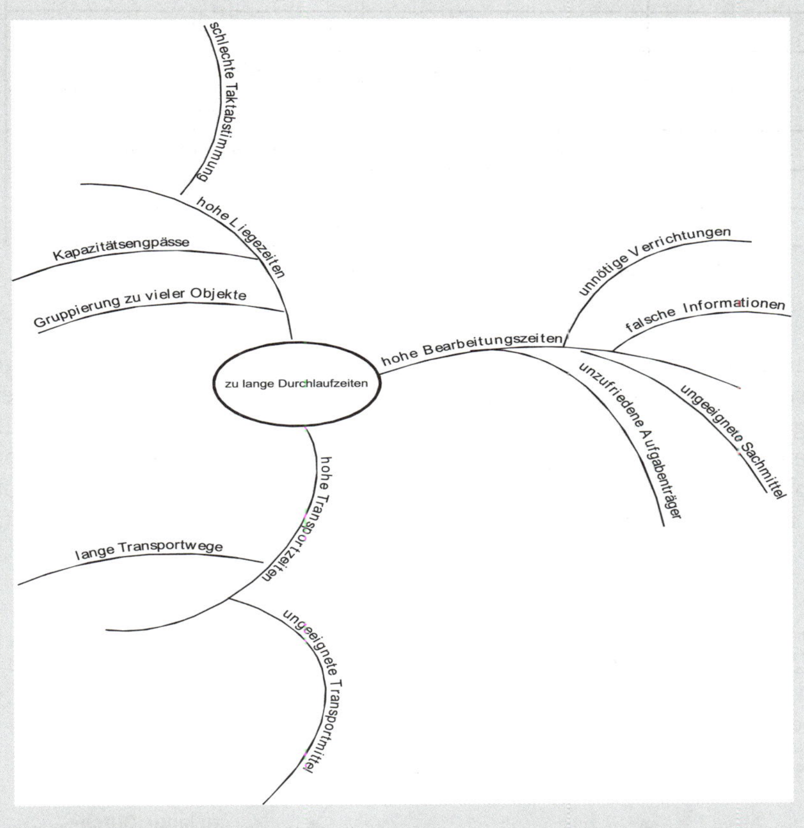

Abb. 2.112: Ausschnitt aus einem Mind-Map

Problemnetze

Problemnetze können alle Stilmerkmale der obigen Problemsituationen aufweisen. Hinzu kommen allerdings Rückkopplungsbeziehungen, also wechselseitige, zyklische Zusammenhänge, bei denen keine Lineatur erkennbar ist.

Neben diesem Hauptkennzeichen ist für Problemnetze typisch:

- Es können mehrere letzte Wirkungen vorhanden sein
- Es kann mehrere erste Ursachen geben
- Zwischen ersten Ursachen und letzten Wirkungen gibt es in der Regel Kombinationen aller bisher erläuterten Problemsituationen.

Optimale Visualisierung mit Grafik

Diese Problemsituation kann nur noch durch grafische Netzwerke wirklich veranschaulicht und damit bearbeitbar gemacht werden (siehe Abbildung 2.113). Tabellen versagen gänzlich. Lediglich eine spezielle Ursachen/Wirkungs-Matrix kann dieser Situation noch gerecht werden. Allerdings ist diese Darstellung sehr abstrakt und lässt die Zusammenhänge nur schwer erkennen. Diese Matrix wird in der einschlägigen Fachliteratur „Papiercomputer" genannt und kann sehr wirkungsvoll für die Problembewertung eingesetzt werden (siehe Abbildung 2.117).

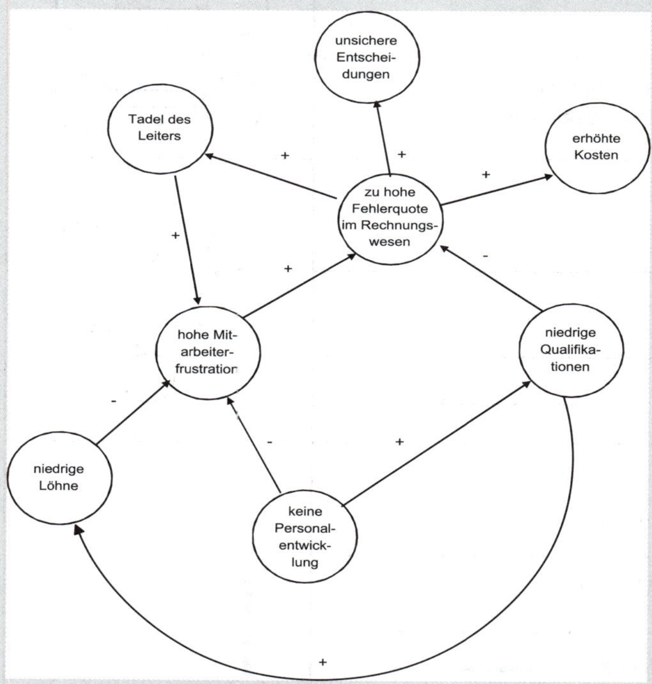

Abb. 2.113: Problemnetzwerk

Die Darstellung kann aussagekräftiger gemacht werden, indem die Art, die Intensität und das Zeitverhalten der Beziehungen sowie die Art der Rückkopplung gekennzeichnet werden (siehe Abbildung 2.114).

Beziehungsrichtung Gleichgerichtete Beziehung (je kleiner...desto kleiner je größer...desto größer)	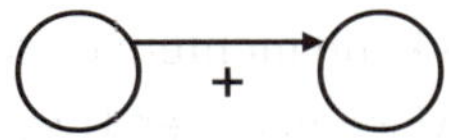
Beziehungsrichtung Entgegengerichtete Beziehung (je kleiner...desto größer je größer...desto kleiner)	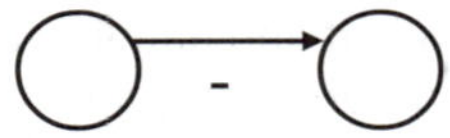
Rückkopplung positive Rückkopplung (aufschaukelnd)	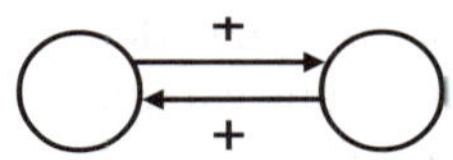
positive Rückkopplung (einfrierend)	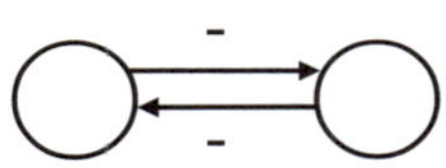
negative Rückkopplung (stabilisierend, ausgleichend)	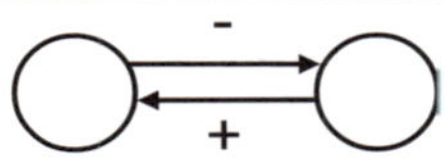
Zeitverhalten kurzfristig k	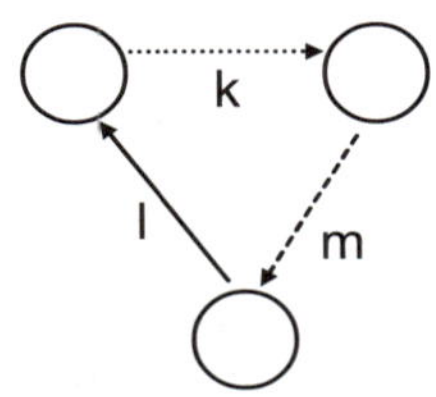
mittelfristig m	
langfristig l	
Intensität neutrale Wirkung	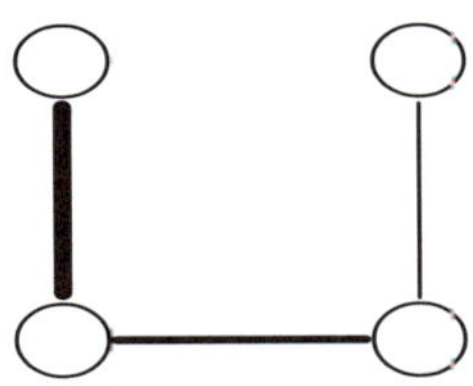
schwache Wirkung	
mittlere Wirkung	
starke Wirkung	

Abb. 2.114: Beziehungsarten in Netzwerken

2.5.3 Problemdarstellung

Wirkung formulieren

Probleme sind wirkungsbezogen zu formulieren, so dass die Soll-/Ist-Abweichung klar und eindeutig zum Ausdruck kommt. Das reicht aber in der Regel nicht aus. Um die Probleme besser kennen zu lernen, die Ursachenfelder abzugrenzen und damit die Probleme letztlich einer Lösung zuzuführen, sind folgende Fragen zu beantworten:

Wo am Objekt treten die Probleme auf (werden sie auftreten) bzw. wo finden sich die Probleme (werden sie sich finden)?

Die Frage kann durchaus örtlich/geographisch aufgefasst werden (eine Eingabe in einem Pull-down-Menue, ein bestimmtes Büro, eine Landesregion, ein Markt in einem anderen Land). In der überwiegenden Anzahl der Fälle werden Prozesse und Organisationseinheiten genannt werden.

Wann treten die Probleme auf (werden sie auftreten)?

Zeitpunkte eingrenzen

Typische Antworten sind, dass Probleme immer vorhanden sind oder nur in Verbindung mit bestimmten Ereignissen (immer, wenn ...) eintreten. Des weiteren kann es sein, dass es die Probleme früher nicht gegeben hat. Es gibt sie erst seit einem bestimmten Zeitraum. Schließlich ist oft zu beobachten, dass Probleme zyklisch in bestimmten Zeiträumen auftreten und dann wieder nicht mehr vorhanden sind. Es gibt sie immer von ... bis ... . Bezieht sich die Frage auf Chancen und Risiken, ist die Zeitdauer anzugeben, bis wann diese eintreten werden.

Wieviele Objekte von insgesamt wieviel sind betroffen (werden betroffen sein) bzw. wie groß ist die Abweichung (wird sie sein)?

Aus vergleichbaren Situationen lernen

Es ist hilfreich, das Zuviel/Zuwenig zu quantifizieren, da dies einen Anhaltspunkt gibt, wie wirkungsvoll eine Lösung sein muss. Diese Fragen werden gestellt, um Klarheit zu erhalten, was von Problemen betroffen IST oder sein WIRD. Sie werden auch gestellt bezüglich des IST- oder WIRD-NICHT von Objekten, Prozessen oder Organisationseinheiten, die keine Probleme aufweisen, obwohl dies aufgrund einer (scheinbaren) Gleichheit oder Ähnlichkeit bzw. aufgrund von Gemeinsamkeiten durchaus möglich wäre. So kann der Gestaltungsbereich besser abgegrenzt werden. Außerdem ergibt sich ein Zusatznutzen für die Ursachenforschung: Treffen denkbare Ursachen für das IST auch für das IST-NICHT zu, dann scheiden sie aus; denn Ursachen, die im IST für die Wirkungen verantwortlich sind, müssen im IST-NICHT logischerweise fehlen.

Component GmbH

Als Ursachen für die lange Durchlaufzeit bei der Beschaffung von Handelsware bei der Component GmbH wurden drei Hauptursachen identifiziert: falsche Auftragsbestätigung, falscher Wareneingang und falsche Rechnungen. Um die vorgelagerten Ursachen zu erforschen, hat das Projektteam bei der Prozessgestaltung einen Vergleich des Beschaffungsprozesses von Handelsware mit dem Beschaffungsprozess von Monitoren aufgestellt.

- WO: Handelsware wird durch die Abteilungen Material Management, Lager, Finanzen beschafft.
- WANN: Die langen Durchlaufzeiten treten unregelmäßig auf, also in keinen bestimmten Zeiträumen bzw. zu keinen bestimmten Zeitpunkten.
- WIEVIEL: Die Abweichung beträgt durchschnittlich 3 Tage; d.h. dass die Ware 3 Tage früher im Lager hätte eintreffen müssen.

Wie sieht es mit dem IST-NICHT aus? Nicht betroffen ist die Beschaffung von Monitoren.

- WO: Alle Aufträge werden in der Auftragsabwicklung bearbeitet. Hier gibt es keine Abgrenzungsmöglichkeit.
- WANN: Vor dem letzten halben Jahr hielt sich die Anzahl der Reklamationen in akzeptablen Grenzen.
- WIEVIEL: Es gibt bei 80 % der Aufträge keine Verzögerungen und somit keine Reklamationen. Die Aufträge werden noch am Tag der Bestellung ausgeführt.

Die Antworten auf die drei W-Fragen sind in einer Tabelle zusammenzufassen (siehe Abbildung 2.115). Dabei sind grundsätzlich alle vier Abweichungsarten darzustellen, es sei denn, dass es aufgrund des Projektinhaltes und der Projektziele sinnvoll ist, sich nur mit ausgewählten Abweichungsarten zu befassen (z.B. mit Risiken). Wichtig ist, dass nicht nur die Wirkungen beschrieben werden, sondern auch die vorgelagerten Ursachen.

Abweichungen	WO?		WANN?		WIEVIEL?	
Wirkungen /Ursachen	IST	IST-NICHT	IST	IST-NICHT	IST	IST-NICHT
Stärken	örtlich/ geographisch		immer		zuviel/ zuwenig	
Schwächen	Prozesse		immer, wenn		zu klein/ zu groß	
Chancen	Organisationseinheiten		seit		zu lang/ zu kurz	
Risiken			von...bis		etc.	
			wird in/bis			

Abb. 2.115: Tabelle zur Darstellung des IST und IST-NICHT der Abweichungen

2.5.4 Problembewertung

Kriterien zur Priorisierung

Es sollten diejenigen Probleme herausgefiltert werden, die das größte Erfolgspotenzial bieten. Um sich hierüber klar zu werden, sind die Probleme zu bewerten und zu priorisieren. Folgende Kriterien können verwendet werden:

- Wichtigkeit
- Dringlichkeit.

> Die Wichtigkeit eines Problems nimmt zu, je höher betroffene Ziele angesiedelt sind. Sind es die Unternehmensziele (Image, Marktanteile/Gewinn, Lebensfähigkeit etc.), kann es letztlich um die Existenz des Unternehmens gehen.

Welche Kreise zieht das Problem?

Es kann auch die Frage nach der Größe des betroffenen Bereiches gestellt werden: Handelt es sich um einen einzelnen Arbeitsplatz, eine Gruppe, eine Abteilung oder das Unternehmen als Ganzes? Je größer der betroffene Bereich, desto wichtiger ist das Problem. Ergänzend aber auch isoliert kann die Wirksamkeit der betroffenen Organisationseinheit für das Unternehmen betrachtet und bewertet werden.

> Wenn feste Termine vorgegeben oder bekannt sind, bis zu denen das Problem zu lösen ist, ist das Problem dringlicher, das seinem Termin am nächsten ist. Eine andere Interpretation ist möglich, wenn zwar kein Termin gegeben ist, die Problemsituation sich aber mehr oder weniger dynamisch entwickelt: Je dynamischer, desto schneller muss das Problem gelöst werden.

In der Regel bezieht sich die Dringlichkeit der Problemlösung auf gegenwärtig bestehende Probleme. Das Kriterium kann aber durchaus auch auf Chancen und Risiken angewendet werden. Je früher deren Eintreffen erwartet wird, desto schneller müssen Präventivmaßnahmen eingeleitet und für den Fall, dass die Vorbeugung versagt, Eventualmaßnahmen geplant werden.

Priorisierte Problembehandlung

Für die Problembewertung eignet sich wiederum eine Tabelle (siehe Abbildung 2.116). Im Vorfeld ist festzulegen, ob die Kriterien zu gewichten sind und welche Punkteskala der Bewertung zugrunde gelegt wird. Bewährt hat sich eine Skala von 1 bis 5 (1= niedrige und 5= hohe Dringlichkeit/Wichtigkeit/ Wahrscheinlichkeit). Aus den Summen lässt sich die Priorisierung ablesen. Die Probleme werden als A-, B- und C-Probleme klassifiziert. Es empfiehlt sich eine getrennte Bewertung der vier Problemarten, da sie vom Charakter her sehr unterschiedlich und damit schwer vergleichbar sind.

Abweichungen	Wichtigkeit	Dringlichkeit	Summe	Priorisierung (A,B,C)
Stärken	1 - 5 Punkte	1 - 5 Punkte		A-/B-/C-Stärken
Schwächen	1 - 5 Punkte	1 - 5 Punkte		A-/B-/C-Schwächen
Chancen	1 - 5 Punkte	1 - 5 Punkte		A-/B-/C-Chancen
Risiken	1 - 5 Punkte	1 - 5 Punkte		A-/B-/C-Risiken

Abb. 2.116: Tabelle zur Bewertung und Priorisierung der Abweichungen

Priorisierung für alle Problemsituationen

Die obigen Kriterien können für alle Problemsituationen von isolierten Problemfeldern bis zu vernetzten Problemen angewendet werden.

Für die vernetzten Problemsituationen ist jedoch oft erforderlich, die Probleme hinsichtlich ihrer Stellung im Netzwerk zu beurteilen. Diese Betrachtung empfiehlt sich in vernetzten Situationen vor der tabellarischen Bewertung durchzuführen, da aus ihr Erkenntnisse gewonnen werden können, die den Einsatz der Tabelle nicht selten ganz oder teilweise überflüssig machen. Der oben im Zusammenhang mit der Intensität der Problembeziehungen bereits erwähnte „Papiercomputer" wird hier angewendet.

Definition

Der Papiercomputer ist eine Matrix, in der für alle Probleme (Ursachen/Wirkungen) untersucht wird, ob bzw. wie stark ihre Wirkung auf die anderen Probleme ist. Die Stärke der Wirkung wird mit Punkten ausgedrückt: 0 = keine Wirkung, 1 = geringe Wirkung, 2 = mittlere Wirkung und 3 = starke Wirkung. Wie stark ein Problem beeinflusst wird, ergibt sich aus der zu bildenden Passivsumme. Wie stark ein Problem auf die anderen Probleme einwirkt, drückt sich in der Aktivsumme aus (siehe Abbildung 2.117).

Die Auswertung des Papiercomputers erfolgt über eine Portfolio-Analyse. Dabei ergeben sich die folgenden in Abbildung 2.118 dargestellten vier Problemtypen bzw. Beziehungsmuster mit ihrer Wertigkeit.

Wirkung..auf ..von	Problem 1	Problem 2	Problem 3	Problem 4	Problem 5	Problem 6	Problem 7	Problem 8	Aktiv-Summe
Problem 1: Zu hohe Fehlerquote		3	2	3	0	0	0	0	8
Problem 2: Erhöhte Kosten	0		0	0	0	0	0	0	0
Problem 3: Unsichere Entscheidungen	0	0		0	0	0	0	0	0
Problem 4: Führungsstil	0	0	0		3	0	0	0	3
Problem 5: Hohe Mitarbeiter-frustration	3	0	0	0		0	0	0	3
Problem 6: Niedrige Löhne	0	0	0	0	3		0	0	3
Problem 7: Keine Personalent-wicklung	0	0	0	0	2	0		3	5
Problem 8: Niedrige Qualifikation	3	0	0	0	0	3	0		6
Passiv-Summe	6	3	2	3	8	3	0	3	

Abb. 2.117: Papiercomputer zur Bestimmung der Intensität der Beziehungen

Problemtyp		Charakterisierung	Ermittlung	Interpretation
Aktive Probleme		Wirken stark auf andere Probleme ein, werden aber selbst wenig beeinflusst	Niedrige Passiv-Summe/ hohe Aktiv-Summe	Ursachen: Ideale Ansatzpunkte für Änderungen
Kritische Probleme		Wirken stark auf andere Probleme ein und werden selbst stark beeinflusst	Hohe Passiv-Summe/ hohe Aktiv-Summe	Ursache/Wirkung: Guter Ansatz Achtung Kettenreaktion
Passive Probleme		Wirken schwach auf andere Probleme, werden aber selbst stark beeinflusst	Hohe Passiv-Summe/niedrige Aktiv-Summe	Wirkungen: Achtung: Nicht an Symptomen kurieren!
Träge Probleme		Wirken schwach auf andere Probleme und werden selbst wenig beeinflusst	Niedrige Passiv-Summe/niedrige Aktiv-Summe	Ursache/Wirkung: Schlecht geeignet als Ansatzpunkt

Abb. 2.118: Beziehungsmuster im Problemnetzwerk und ihre Wertigkeit in Bezug auf Erfolgspotenzial

Die Passiv-/Aktiv-Summen-Relation kann grafisch in einem Portfolio (siehe Abbildung 2.119) dargestellt werden.

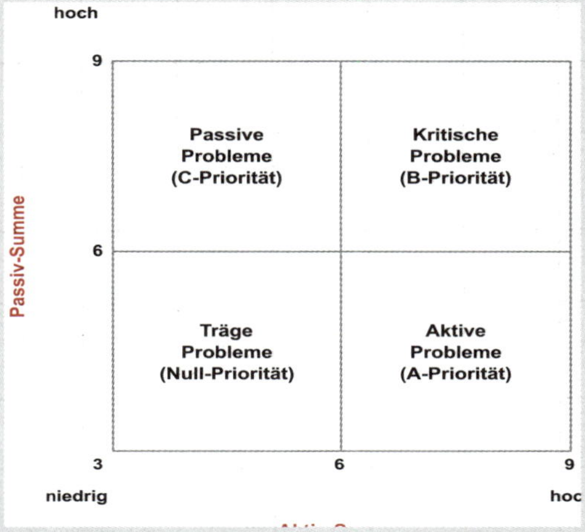

Abb. 2.119: Portfolio-Analyse zur Ermittlung der Problempriorität aufgrund der Stellung im Netzwerk

2.5.5 Fazit der Würdigung

Die einzelnen Schritte der Systematischen Problemanalyse lassen sich in einer Tabelle zusammenfassen (siehe Abbildung 2.120).

Problemsuche	Problemdarstellung			Problembewertung				Ursachenforschung
				Priorisierung			Machbarkeit	
Ergebnis Aufgabenerfüllung sonstige Wirkungen (Gegenwart / Zukunft) + Stärken / Chancen - Schwächen / Risiken	Wo?	Wann?	Wie-viel?	Dringlichkeit	Wichtigkeit	Priorität	Ressourcen Finanzen Know-How Umfeld	Checkliste
Lange Durchlaufzeit	Gesamt-prozess	immer	7 Tage	H	H	1		Falsche Auftrags-bestätigung Falscher Wareneingang Falsche Rechnungen
Falsche Rechnungen	Bedin-gung D	immer	30%	M	M	2		Falsche Auftragsnummer Falsche Preisinfos Falsche Artikelnummer

Abb. 2.120: Schritte der Systematischen Problemanalyse

In Abbildung 2.121 werden die Ergebnisse der Würdigung des Beschaffungsprozesses der Component GmbH zusammengefasst.

Wer	Wo	Schwäche	Wieviel	Ursachen
Teilprozess Bestellvorschlag				
Material Manager	Bestellvorschlag erstellen	Lange Bearbeitungszeit Hohe Kosten Lange Liegezeit	30 Min 720 Min	Fehlende Produktinfos Mühevolles Übertragen von Auftragsdaten Veralterter Brief-/Fax-Versand
Lieferant	Auftragsbestätigung (AB) senden	Lange Liegezeit	880 Min	Veralterter Brief-/Fax-Versand
Material Manager	Auftragsbestätigung prüfen	Fehlerhafte AB Niedrige Qualität	30%	Falsche Artikelnummer wegen unklarer Zuständigkeit Datenpflege Übertragungsfehler Fax/Brief
Material Manager	Auftragsbestätigung klären	Lange Liegezeit	2880 Min	Unmotivierter Material Manager wegen unangenehmer Gespräche mit Lieferanten
Material Manager	Auftragsbestätigung weitergeben	Lange Liegezeit Lange Bearbeitungszeit Hohe Kosten	1440 Min 20 Min	Lager nicht ausreichend technisch vernetzt AB ausdrucken Umständliches Pflegen einer Liste
Teilprozess Wareneingang				
Lager	Wareneingang prüfen	Lange Bearbeitungszeit Hohe Kosten Falscher Wareneingang	30 Min 20%	Knappe Flächen am Wareneingang Falsche Artikelnummer Übertragungsfehler
Abteilungsleiter Material Management	Wareneingang klären	Lange Bearbeitungszeit Hohe Kosten Lange Liegezeit	20 Min 40 Euro 1440 Min	Fehlende Kenntnis über Vorgang Wenig Zeit wegen Überlastung
Lager	Wareneingang verbuchen	Lange Bearbeitungszeit Hohe Kosten Hohe Transportzeit	25 Min 240 MIn	Mangelnde Warenwirtschaftssystem-Kenntnisse Lange Transportwege Lager-Buchhaltung

Abb. 2.121a: Würdigung des Beschaffungsprozesses der Component GmbH

Wer	Wo	Schwäche	Wieviel	Ursachen
Teilprozess Rechnungsprüfung				
Buchhaltung	Rechnung prüfen	Lange Bearbeitungszeit Hohe Kosten Lange Liegezeit Falsche Rechnung Niedrige Qualität	20 Min 2880 Min 30%	Fehlende aktuelle Preisinfos Nachfragen bei Teillieferungen Umständlicher Abgleich Lieferschein-veraltete PC's Überlastung Ungeeignete Anwesenheitszeiten Falsche Prioritäten Falsche Preisinfo Späte Info über Rückmeldung
Material Manager	Differenzen klären	Lange Liegezeit	2880 Min	lästige Aufgabe, unmotivierte Mitarbeiter

Abb. 2.121b: Würdigung des Beschaffungsprozesses der Component GmbH

Lohnt sich der Aufwand?

Aus der Würdigung des Ist-Zustandes und seiner Zukunft lassen sich verschiedene Erkenntnisse gewinnen. Zunächst ist zu prüfen, ob die Probleme so bedeutend sind, dass der Aufwand für ihre Lösung gerechtfertigt ist. Der Lösungsaufwand kann aus dem Problemumfang (Größe, Komplexität etc.) abgeleitet werden. Unter Umständen fällt schon am Ende der Würdigung die Entscheidung für einen Projektabbruch, ohne dass erst nach Lösungen gesucht wird.

Wenn das Aufwand-/Nutzen-Verhältnis in Ordnung ist, ist zu beurteilen, ob die folgenden K.O-Kriterien erfüllt sind:

- Sind genügend freie Kapazitäten bei Aufgabenträgern und Sachmitteln vorhanden, um das Problem zu lösen?
- Ist das erforderliche Know-how zur Lösung des Problems verfügbar?
- Sind die finanziellen Mittel für die Lösung und den Problemlösungsprozess vorhanden?
- Sind die denkbaren Lösungen technisch/juristisch/personell realisierbar?
- Sind die denkbaren Lösungen beim Management/bei den Betroffenen/beim Betriebsrat durchsetzbar?

Umgang mit Restriktionen

Wird nur eine dieser Restriktionen verneint, kann es zum Projektabbruch kommen. Es sei denn, die Konsequenz ist eine Einschränkung der Lösung in quantitativer und/oder qualitativer Hinsicht. Weitere Erkenntnisse können den Gestaltungsbereich (größer/kleiner), die Ziele (neu, gestrichen, modifiziert, präzisiert) oder die Wahl der Vorgehensweise (empirisch/konzeptionell) betreffen.

So stellt sich der Schritt der Würdigung als die erfolgsentscheidende Drehscheibe vom IST zum SOLL dar.

2.6 Prozessdesign

Nun, wo der Ist-Zustand des Prozesses mit seinen Stärken und Schwächen bekannt ist, steht der Schritt an, Lösungsvorschläge zu entwickeln, wie der Prozess neu gestaltet werden kann.

Definition

Unter Prozessdesign versteht man eine Phase, in der neue Prozessalternativen gestaltet werden.

Radikale Lösungen

Gerade im Rahmen der Prozessgestaltung, wo sehr viel Detailinformationen über den Prozess bereits vorliegen, besteht die Gefahr, dass der Blick für neue kreative Lösungen versperrt ist. Aus diesem Grund haben HAMMER/CHAMPY in ihrem Konzept zum Business Process Reengineering radikal gefordert, den Ist-Zustand erst gar nicht anzuschauen. Sobald man in bestehenden Strukturen denkt, fällt es sehr schwer, grundsätzlich andere Prozesslösungen zu gestalten. Meist kommt man dann nur auf leichte Modifikationen der existierenden Abfolge und Gestaltung von Aufgaben oder greift auf bekannte Lösungsmuster zurück (siehe hierzu Kapitel 2.5.2).

Grüne Wiese ist selten

So sympathisch diese Vorgehensweise auf Anhieb auch klingen mag, es gibt doch immer wieder praktische Gründe gegen das konzeptionelle Vorgehen. Da ist zum einen die fehlende „grüne Wiese", wie sie in dem „white-sheet-of-paper-Ansatz" von HAMMER/CHAMPY gefordert wird. Vielfach muss man der Tatsache ins Auge sehen, dass es beispielsweise technische, aufbauorganisatorische oder personelle Restriktionen gibt.

Component GmbH

Bei der Component GmbH ist das Warenwirtschaftssystem ein seit Jahren weiterentwickeltes Softwareprogramm und darf bei der Gestaltung des Prozesses „Beschaffung Handelsware" nicht in Frage gestellt werden. Ebenso ist der Standort der Zentrale gesetzt. Personalpolitische Entscheidungen müssen im Rahmen der Mitbestimmung gefällt werden.

Man sollte aber auch bestehende K.O.-Kriterien nicht nur im negativen Licht sehen. Auch wenn es zunächst verlockend klingt, völlig ohne Beschränkungen innovative Prozesse zu entwerfen, so tut es doch meist gut, bestimmte Vorgaben zu haben. Ansonsten würde jede Prozessgestaltung zur Lebensaufgabe werden.

Schließen sich nun konzeptionelle Lösungen aus, wenn man empirisch vorgeht? Keineswegs. Sicherlich kommen beim Prozessdesign keine ganz radikalen Lösungen in Betracht. Diese sind eher bei der Prozessvision (siehe Kapitel 1.4) zu erwarten, weil hier alle Prozesse inklusive ihrer Abhängigkeiten auf dem Prüfstand stehen. Hier bei der Prozessgestaltung ist der Kontext des einzelnen Prozesses durch den Gestaltungsbereich und Schnittstellen zu anderen Prozessen fixiert. Nur innerhalb dieses Rahmens sind Lösungsansätze möglich, die jedoch durchaus kreativ und innovativ sein können. Damit dies so ist, wird zunächst ein Denkansatz aufgezeigt, der es ermöglicht, auch im Rahmen der empirischen Vorgehensweise neue Wege zu beschreiten. Danach werden konkrete Lösungsansätze aufgezeigt.

Auch beim empirischen Vorgehen kann man kreativ sein

2.6.1 Prozessbefreiung

Um nicht von vornherein beim Prozessdesign in bekannten Bahnen zu denken, sollte man in einem ersten Schritt die essenziellen Aufgaben der Prozesse bestimmen.

Mit „essenziell" ist der eigentliche, wesentliche Zweck einer Aufgabe gemeint, losgelöst von jeglicher informationeller, technischer, aufbauorganisatorischer oder personeller Regelung. Essenziell bedeutet in diesem Zusammenhang also soviel wie „lösungsfrei" bzw. „lösungsneutral".

Definition

Aufgaben können weiterhin dann als essenziell im Sinne von „grundlegend" bezeichnet werden, wenn ihr Beitrag absolut notwendig ist, damit ein Prozess in der Lage ist, seinen eigentlichen Zweck zu erfüllen und die gesetzten Ziele zu erreichen. Essenzielle Aufgaben sind somit immer auch wertschöpfende Aufgaben. Im Rahmen der Lösungsbindung wird zu prüfen sein, welche Führungs- und Unterstützungsaufgaben erforderlich sind, um die Ausführung der essenziellen Aufgaben zu gewährleisten. Führungs- und Unterstützungsaufgaben leiten ihre Daseinsberechtigung also von den essenziellen Aufgaben ab.

Prozesse auf die wesentlichen Dinge reduzieren

Beim empirischen Vorgehen sind die essenziellen Aufgaben aus den lösungsgebundenen Aufgaben des IST-Zustandes abzuleiten. Dabei handelt es sich um einen Akt der Abstraktion, der zu essenziellen Aufgaben führt. Der Grad und die Art der Abstraktion kann unterschiedlich sein, je nach Zielsetzung. Allgemein gilt: je abstrakter (= je lösungsfreier) die Formulierung, desto größer ist die Chance, eine neuartige, konzeptionelle Lösung für einen Prozess zu finden.

So kann die Abstraktion von „Schreiben mit Bleistift auf Papier" entweder „Grafit auf Papier auftragen" oder „Zeichen auf physischer Grundlage anbringen" oder „Informationen erfassen und speichern" lauten.

Abstraktion vom Ist

Es folgt ein Beispiel für essenzielle Aufgaben, das sich auf die IST-Aufgabenstruktur für „Aufträge annehmen" (siehe Abbildung 2.122) bezieht. Konzeptionell ist direkt zu fragen, welche essenziellen Aufgaben notwendig sind, um die gewünschten Produkte zu erzeugen. Bei beiden Vorgehensweisen geht es letztlich darum, sich durch die Abstraktion vom IST-Zustand bzw. von konventionellen Denkmustern zu lösen und den Blick frei zu bekommen für neue, unkonventionelle, also kreative Lösungen.

Aufträge	erfassen	Kundeninformationen
		Auftragsinformationen
	speichern	Kundeninformationen
		Auftragsinformationen
	prüfen	Vollständigkeit
		Bonität
		Lieferfähigkeit
		Neukunde
	ergänzen	Kundeninformationen
		Auftragsinformationen
		Zahlungsweise
	akzeptieren	
	ablehnen	

Abb. 2.122: Essenzielle Aufgaben: Aufträge annehmen

Denkblockaden aufspüren

Die in der vorherigen Abbildung enthaltenen Aufgaben sind unabhängig von der Art der Auftragserteilung, -erfassung und -speicherung sowie von irgendwelchen Stellenbildungen („weiterleiten" impliziert eine durch Stellenbildung entstandene Schnittstelle und fehlt deswegen).

Würde eine Vereinheitlichung der Zahlungsweise auf Rechnungen oder Abbuchungsverfahren entsprechendes Rationalisierungspotenzial versprechen, könnte die IST-Regelung aufgehoben werden und die Aufgaben noch lösungsfreier formuliert werden: das Prüfen der Bonität und des Neukunden könnte entfallen, ebenso das Ergänzen der Zahlungsweise. Das Beispiel macht deutlich, wie wichtig es ist, auf vermeintliche oder verborgene Restriktionen zu achten. Solche impliziten Prämissen schränken den Lösungsraum unter Umständen sehr stark ein.

Zwingende Vorgänger-Nachfolger-Beziehungen analysieren

Zum Schritt der Lösungsbefreiung gehört noch, logische Folgebeziehungen zwischen den essenziellen Aufgaben herzustellen, so dass ein essenzieller SOLL- Prozess entsteht. Es gilt also das UND-Nacheinander sowie das UND- bzw. ODER-Nebeneinander der essenziellen Aufgaben festzulegen. Hierzu ist jede Aufgabe mit jeder anderen zu vergleichen, um die Reihenfolge zu bestimmen. Bei jedem Paarvergleich ist die Frage zu stellen, welche Aufgaben direkt vorher abgeschlossen sein müssen, damit andere beginnen können. Es ist darauf zu achten, dass keine Reihenfolge impliziert wird, die gar nicht notwendig ist. Hat eine Aufgabe zwei oder mehr Nachfolger, handelt es sich um die Situation einer ODER- oder UND-Verzweigung. Haben zwei oder mehr Aufgaben einen gemeinsamen Nachfolger, liegt der Fall einer ODER- oder UND-Verknüpfung vor. Aufgaben, die keine Nachfolger sind, stehen am Beginn eines Prozesses. Ein vollständiger, systematischer Paarvergleich kann mit Hilfe einer Matrix durchgeführt werden (siehe Abbildung 2.123).

Ist direkter Nachfolger von		1.1	1.2	2.1	2.2	3.1	3.2	4.1	4.2	5.	6.
1.erfassen	1.1 Kundeninformationen		-	-	-	-	-	-	-	-	-
	1.2 Auftragsinformationen	x		-	-	-	-	-	-	-	-
2. speichern	2.1 Kundeninformationen	-	-		-	-	-	-	-	x	-
	2.2 Auftragsinformationen	-	-	-		-	-	-	-	x	-
3. prüfen	3.1 Vollständigkeit	-	x	-	-		-	-	-	-	-
	3.2 Lieferfähigkeit	-	-	-	-	-		-	x	-	-
4. ergänzen	4.1 Kundeninformationen	-	-	-	-	x	-		-	-	-
	4.2 Auftragsinformationen	-	-	-	-	-	-	x		-	-
5. akzeptieren		-	-	-	-	-	x	-	-		-
6. ablehnen		-	-	-	-	-	x	-	-	-	

Abb. 2.123: Matrix zur Gestaltung der logischen Folgebeziehungen

So einfach das Beispiel ist, so können doch schon hier verschiedene Varianten einer Prozessstruktur gebildet werden.

Vielfältige Kombinationen möglich

Zum Beispiel: Erst alles erfassen, dann prüfen, dann ergänzen; oder: Erst nur Kundeninformationen erfassen, dann diese prüfen und gegebenenfalls ergänzen, dann das gleiche für die Auftragsinformationen; oder: Erfassen der Kundeninformationen auch bei Ablehnung des Auftrages etc.

Die Varianten der Prozessgestaltung sind anhand der gesetzten Ziele oder über die Betrachtung von Vor- und Nachteilen zu bewerten. Die optimale Lösungsalternative ist auszuwählen.

Im Folgenden werden nun verschiedene Designansätze hinsichtlich der Elemente, Dimensionen und Logik von Prozessen sowie der Aufbauorganisation vertieft.

2.6.2 Prozesselemente eliminieren/hinzufügen

Überflüssige Elemente streichen

Im Großen wie im Kleinen gilt „Doing right things". Bevor man sich damit auseinandersetzt, ob einzelne Aufgaben, Aufgabenträger, IT-Systeme oder Daten besser gestaltet werden, ist zu fragen, ob die Prozesselemente überhaupt noch erforderlich sind. Besitzstandsdenken, Neuerungsfeindlichkeit und simple Trägheit führen häufig dazu, am Bekannten festzuhalten. Nach dem Motto „das war schon immer so" werden z. B. unnötige Aufgaben im Prozess noch nach Jahren fortgeführt, schlimmstenfalls sogar noch technisch unterstützt. Entscheidend dafür, ob an Aufgaben etc. berechtigt festgehalten wird, ist ihr Wertschöpfungsbeitrag.

Component GmbH

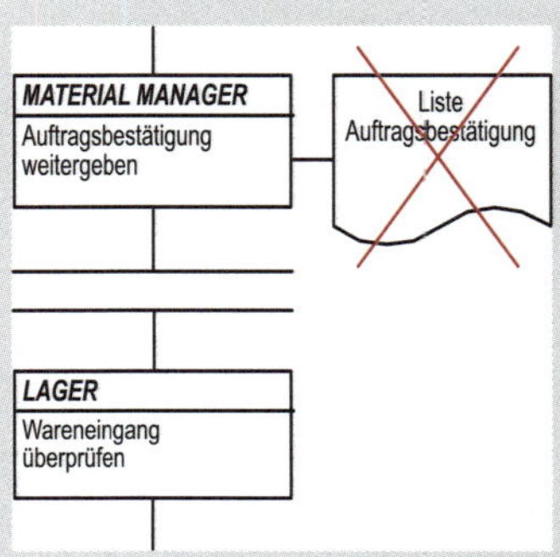

Beim Beschaffungsprozess der Component GmbH verbringen die Material Manager 20 Minuten Bearbeitungszeit bei der Weitergabe der Auftragsbestätigung an das Lager. Die genauere Analyse hat ergeben, dass die meiste Zeit damit vertan wird, eine Liste der Auftragsbestätigungen zu pflegen, die es bereits seit Jahren gibt. Die Liste kann ersatzlos gestrichen werden (siehe Abbildung), da das Cop die Information auch aus dem Warenwirtschaftssystem bekommt.

Bei der konzeptionellen Definition essenzieller Aufgaben wird das sowieso geprüft. Beim empirischen Vorgehen geht es um Aufgaben, die vielleicht nur aufgrund einer existierenden Lösung durchzuführen sind. Durch Abstraktion und Prüfen ihrer Essenzialität kann sich herausstellen, dass sie unnötig sind. Unnötige Objekte sind zu eliminieren und mit ihnen die sie betreffenden Verrichtungen. Eine andere Erkenntnis kann sein, dass zwar Objekte notwendig sind, aber nicht alle Verrichtungen zu ihrer Bearbeitung. Dann sind die entsprechenden Verrichtungen zu eliminieren. Beide Fälle führen zu Veränderungen von Stelleninhalten.

Zusatzleistungen

Elemente hinzuzufügen klingt zunächst vor dem Hintergrund wachsender Rationalisierungsbemühungen überraschend. Will man doch meist als Unternehmen möglichst wenig eigenen Aufwand in die Prozessabwicklung stecken. Dieser Designvorschlag ist vor dem Hintergrund zu sehen, dass es sich häufig lohnt, durch zusätzliche Aktivitäten einen Mehrwert für den Kunden zu schaffen.

Component GmbH

So sind beispielsweise bei der Component GmbH die zusätzlichen Leistungen wie Testcenter oder Showrooms als neue zusätzliche Aufgaben in den Verkaufsprozess aufgenommen worden.

Bekommt der Kunde dieses Bedürfnis bei anderen Anbietern nicht befriedigt, kann dies ein entscheidendes Kaufargument sein. Häufig kann man mit diesen vermeintlichen Zusatzleistungen eine langfristige Kundenbindung erreichen. Der Kunde lernt die zusätzlichen Serviceleistungen schätzen und ist zu bequem, jedes Mal neu den Anbieter auszuwählen. Nimmt der Kunde dann für die Leistung gar einen höheren Preis als bei Mitbewerbern in Kauf, lohnen sich die höheren Prozessaufwendungen sogar unmittelbar.

Differenzierung durch Mehrwert

Bereits bei der Prozessvision wurde das Thema Outsourcing ausführlich behandelt (siehe Kapitel 1.4.1). Werden solche Prozessvisionen im Rahmen der Prozessgestaltung weiter verfolgt, bedeutet das für den einzelnen Prozess, das Aufgaben beziehungsweise ganze Prozessabschnitte auf den Outsourcingnehmer übertragen werden. Ähnlich den Überlegungen zum Hinzufügen von Aufgaben können aber auch ehemals abgegebene Prozessaktivitäten wieder in den Prozessverlauf eingezogen werden. Insourcing kommt auch dann vor, wenn bisherige Zulieferer übernommen werden.

2.6.3 Prozesselemente optimieren

Alle Prozesselemente, die nach der Prüfung ihrer Berechtigung übrig bleiben, sollten dann optimal gestaltet werden. Aufgaben sind klar und vollständig zu dokumentieren und ihre Prioritäten sind festzulegen. Die Aufgabenträger müssen richtig ausgewählt, platziert und ausgebildet werden. Die Motivation und Arbeitszufriedenheit der Mitarbeiter ist sicher zu stellen. Funktionsfähige, stabile und ausreichend dimensionierte IT-Systeme gewährleisten ebenso wie die richtigen Daten zur richtigen Zeit am richtigen Platz reibungslose Abläufe.

Im Folgenden werden die in Prozessen zu gestaltenden Elemente auf ihre Optimierungspotenziale durchleuchtet:

- Aufgabenträger
- Sachmittel
- IT-Systeme
- Informationen.

Aufgabenträger

Grundsätzlich entsteht Motivation, wenn Bedürfnisse von Menschen in zufriedenstellendem Maße befriedigt werden. Dies kann durch folgende Maßnahmen erreicht werden:

- Geeignete Anreizsysteme schaffen (Bonus, Prämien, Akkordlohn, Beförderung, Beteiligungen, immaterielle Anreize wie (öffentliche) Belobigung etc.)

Ansätze für ein motivierendes Arbeitsumfeld

- Attraktives Arbeitsumfeld gestalten (Art der Möblierung, Farbgebung, Bepflanzung, architektonische Gestaltung der Räume etc.)
- Ergonomische Arbeitsplätze einrichten (Standards für Licht, Luft, Lärm, Mobiliar etc.)
- Gelegenheit für formale/informale Kontakte und Kommunikation schaffen (regelmäßige Meetings, Pausen und Pausenräume etc.)
- Je nach Neigung Einzel- oder Teamarbeit ermöglichen
- Kulturelle Interventionen um Teamfähigkeit zu entwickeln und soziale Kompetenz zu erhöhen
- Förderung von Expertentum (im Sinne von Stolz auf besondere Fähigkeiten oder Fertigkeiten)
- Interessante Aufgabeninhalte bieten (Job Enlargement, Job Enrichment).

Component GmbH

Die Ursachenforschung bei der Würdigung des Beschaffungsprozesses hat ergeben, dass die langen Liegezeiten bei den Teilprozessen „Auftragsbestätigung klären“ und „Wareneingang klären“ vor allem dadurch zustande kommen, dass die jeweiligen Aufgabenträger den unangenehmen Gesprächen mit den Lieferanten aus dem Weg gehen wollen. Hier bieten sich Lösungsansätze an, mit Telefontrainings oder Seminaren zu Themen wie „Beschwerdemanagement“ oder „Konflikt und Kommunikation“ die soziale Kompetenz der Material Manager zu erhöhen und die Angst vor solchen Gesprächen zu nehmen.

Eine höhere Qualifikation kann gundsätzlich durch Aus- und Weiterbildungsmaßnahmen oder durch Einstellung von neuem, entsprechend hoch qualifiziertem Personal erreicht werden. Letzteres ist durch ein geeignetes Personalauswahlverfahren sicherzustellen.

Bedürfnisse angemessen berücksichtigen

Widerstände gegen neue Lösungen haben verschiedene Ursachen. Letztlich handelt es sich um verletzte oder nicht erfüllte Bedürfnisse von Menschen wie z.B. Sicherheit, soziale Kontakte, Anerkennung oder Selbstverwirklichung. Um Akzeptanz zu schaffen und Widerstände abzubauen, ist Rücksicht auf diese Bedürfnisse zu nehmen. Während des Veränderungsprozesses sind im Sinne flankierender Maßnahmen die Betroffenen zu Beteiligten zu machen. Das kann in verschiedenen Intensitätsstufen geschehen: Information, Mitsprache, Mitarbeit, Mitentscheidung, Entscheidung.

Vom Grad der Motivation, der Qualifikation und der Akzeptanz hängt ab, ob Aufgabenträger ihr „Bestes“ geben und damit wie hoch Bearbeitungs-, Transport- und Liegezeiten sind.

IT-Systeme

Die Bedeutung der Informations-Technologie (IT) in Bezug auf die Prozessorganisation ist enorm. In Dienstleistungs- und Verwaltungsprozessen spielt die Bereitstellung und der Fluss von Informationen eine gleich große Rolle wie die Bereitstellung und der Fluss des Materials im Fertigungs- und Produktionsbereich. Der Akzent liegt auf den Möglichkeiten, die die neuere technologische Entwicklung im Hinblick auf Informationsfluss und -verfügbarkeit eröffnet. Dafür hat sich das geflügelte Wort des „IT-enabled Business Process Management" eingebürgert, wobei neben diesem konzeptionell radikalen Ansatz auch empirisches Vorgehen noch sinnvoll eingesetzt werden kann.

Technische Möglichkeiten, so weit es geht, ausnutzen

Empirisch soll natürlich nicht heißen, dass Prozesse lediglich „elektronifiziert" werden. Gedacht ist an eine schrittweise Verbesserung bestehender Prozesse durch die Nutzung der IT. Sicherlich liegt es nahe, Prozesse durch den Einsatz von IT grundlegend neu zu gestalten (siehe Kapitel 1.4.2), beseitigt IT doch Beschränkungen und Hindernisse, die markanten Nutzensprüngen bisher im Wege standen. Die Technologie hierfür ist verfügbar. Das größere Problem besteht nun darin, die Denkblockaden in den Köpfen der „Prozessdesigner" in gleichem Maße zu überwinden, so dass wirklich „pfiffige" Lösungen entstehen. Pointiert heißt das, den IST-Zustand zu ignorieren, um soll-orientiert zu fragen, in welcher Weise die neue Technologie genutzt werden kann.

Ohne im Einzelnen auf alle technischen Möglichkeiten einzugehen, dafür sind sie zum Teil viel zu schnelllebig, zum Teil viel zu umfangreich, um sie hier zu erläutern, sollen zwei grundsätzliche IT-Einsatzfelder gezeigt werden. Wie weitgehend der IT-Einsatz möglich und sinnvoll ist, hängt von der Art der Prozesse ab. Entsprechend ihrer Wiederholbarkeit, Komplexität, Konstanz etc. wurden in Kapitel 1.2.5 Routine-, Regel- und Einzelprozesse unterschieden. Ausgehend von dieser Prozesssystematisierung sollen hier zwei Klassen von Technologien etwas näher dargestellt werden:

- Workflow-Management-System für Routineprozesse
- Groupware-Systeme für Regelprozesse und Einzelprozesse.

Workflow-Management-Systeme

Definition

Unter Workflow-Management versteht man flexibel gestaltbare, nach einem organisatorischen Regelwerk arbeitende, aktiv einwirkende Software, die einen über mehrere Arbeitsplätze gehenden Vorgang steuert und bestehende technische Basiskomponenten einbindet.

Mit diesen Programmen erschließen sich neue Möglichkeiten der Prozessorganisation, Arbeitsteilung, Informationsflussgestaltung und Mitarbeiterqualifikation. Erfahrungen mit früheren ähnlichen Programmen zeigen, dass die

Organisation vor Technik

Tools häufig nur dazu benutzt wurden, bestehende (verkorkste) Abläufe eins zu eins maschinell zu zementieren. Wesentliche Ziele wie Kosteneinsparung oder Zeitgewinn wurden dadurch nicht erreicht. Um Workflow-Management-Systeme wirkungsvoll einzusetzen, ist dem Technikkonzept ein organisatorisches Konzept unbedingt vorzuschalten.

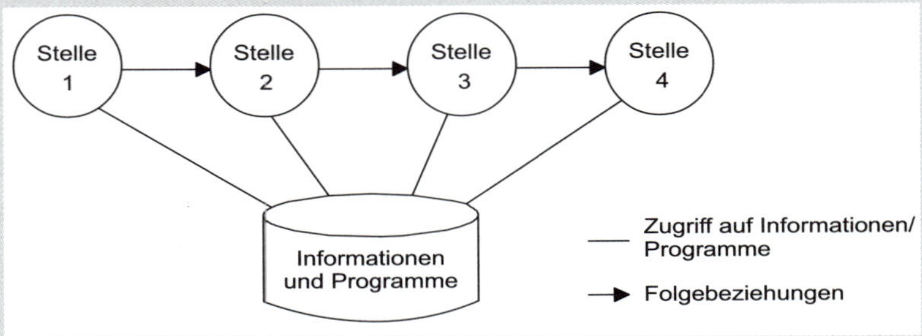

Abb. 2.124: Workflow

Workflow-Management-Systeme (WMS) sind dann sinnvoll einzusetzen, wenn es sich um Prozesse handelt, die folgende Merkmale aufweisen:

Geeignete Prozesse

- Klare Struktur
- Klare, eindeutige Verarbeitungsregeln
- Festgelegte Reihenfolge der Bearbeitungsstationen
- Klar geregelte Ausnahmebedingungen und zugehörige Aktionen
- Relativ geringe Variantenzahl.

Mit anderen Worten: Workflow-Management-Systeme werden vorwiegend für Routineprozesse eingesetzt. Für sie gelten also die organisatorischen Bedingungen des Fließprinzips sowie dessen Vorteile. Im übertragenen Sinn handelt es sich bei WMS um die Fließbänder des Dienstleistungs- und Verwaltungsbereiches.

Es folgt noch eine Auflistung dessen, was ein WMS über das weiter oben allgemein Gesagte hinaus leisten kann:

- Das WMS versorgt den „Eingangskorb" jeder Stelle mit den aktuellen Aufgaben, so dass alle Stellen (Rollen) eine einheitliche und übersichtliche Darstellung der von ihnen zu erfüllenden Aufgaben besitzen.
- Werkzeuge zur Erledigung von Aufgaben schauen erst einmal in Datenbanken nach, was automatisch ausgefüllt oder ausgewählt werden kann, damit Bearbeitungszeiten für mehrfaches Schreiben und Erfassen gleicher Daten entfallen. Notwendige Unterschriften

werden vom WMS automatisch eingesammelt.

- Das WMS gibt Auskunft, wo etwas liegt oder bearbeitet wird, so dass Rückfragen und Suchzeiten vermieden werden.
- Das WMS übernimmt aufgrund korrekt festgelegter Zuständigkeiten die Zustellung und Weiterleitung von Vorgängen mit allem, was dazugehört, an die richtigen, zuständigen Stellen (Rollen). Es gibt keine „Irrläufer" mehr.
- Das WMS deckt mit „sanftem Zwang" Engpässe auf, Stellvertreter werden bei Bedarf benachrichtigt, Prioritäten sind einstellbar. Zeitkritische Aufgaben bleiben nicht mehr liegen, weil sich Aufgabenträger der Dringlichkeit eines Kundenwunsches nicht bewusst sind.
- Das WMS vermeidet weitgehend Medienbrüche und erspart so zusätzliche, unnötige Erfassungszeit und -fehler. Die Informationen sind dort verfügbar, wo sie benötigt werden, ohne dass eine räumliche Abhängigkeit zwischen Speicher- und Bearbeitungsort besteht.
- Für den Fall, dass Vorgänge zwar die richtige Stelle erreichen, diese jedoch für die Bearbeitung nicht verfügbar ist, leitet das WMS die Vorgänge unter Beachtung von Wartefristen um oder delegiert sie, so dass keine unnötigen Liegezeiten entstehen.
- Auf einen Impuls hin stellt das WMS die für die Bearbeitung einer Aufgabe benötigten Werkzeuge und Informationen zur Verfügung. Das umständliche Zusammenstellen und -suchen durch die Aufgabenträger entfällt.

Leistungsmerkmale von Workflow-Management-Systemen

Groupware-Systeme

Der Begriff „Groupware" steht für Software Produkte, die mit Unterstützung von Netzwerk-, Kommunikations-, Webtechnologien auf PC´s laufen. Groupware-Systeme unterstützen mehr oder weniger formal die Arbeit von Gruppen sowie die Koordination von Dienstleistungs- und Verwaltungsaktivitäten. Sie können mit anderen Typen von Software zusammenarbeiten (z.B. Textverarbeitungs- , Grafik-, Tabellenkalkulationsprogrammen). Es gibt jedoch keine programmtechnische Steuerung der Reihenfolge der Arbeitsschritte. Vielmehr handelt es sich dabei um ein räumlich und zeitlich verteiltes, aber gleichzeitiges Arbeiten an Dokumenten. Da diese Art von kollaborativem Arbeiten typisch für Regel- und Einzelprozesse ist, kommen hier die Groupware-Technologien bevorzugt zum Einsatz.

Räumlich und zeitlich verteiltes Arbeiten an gleichen Dokumenten

War das Groupware-Konzept ursprünglich als technische Basis für Diskussionsforen in Hochschulen gedacht, ist heute der Anwendungsbereich wesentlich breiter:

- Über leistungsfähige, relationale Datenbanken können vom System verwaltete Bild-, Text-, Sprach- und Grafik-Informationen jederzeit abgerufen und in ein zu bearbeitendes bzw. zu erstellendes Dokument eingebunden werden
- Weltweite Bereitstellung von Informationen mit komfortablen Suchfunktionen (z.B. Volltextsuche)
- Aktenlose just-in-time-Kommunikation zwischen Aufgabenträgern aller Hierarchieebenen
- Orts- und zeitungebundenes, gemeinsames Erarbeiten von Dokumenten (Texte, Grafiken, Lexika etc.).

Flexibles Arbeiten

Organisatorisch gesehen stellt das Groupware-Konzept eine Version des Werkstatt-Prinzips dar, wenn es sich um eine verrichtungsspezialisierte Gruppe handelt, und eine Realisierung des Case-Team-Ansatzes, wenn unterschiedliche Spezialisten zu einer Arbeitsgruppe formiert werden. Der Zwang zur räumlichen Zusammenfassung entfällt allerdings aufgrund der technologischen Möglichkeiten. Groupware ist aufgrund seiner Flexibilität besonders gut geeignet für das Bearbeiten von Sonderfällen sowie für Planungs-, Diagnose- und Steuerungsaufgaben in der Projektarbeit, die ja vorwiegend auch Gruppenarbeit ist.

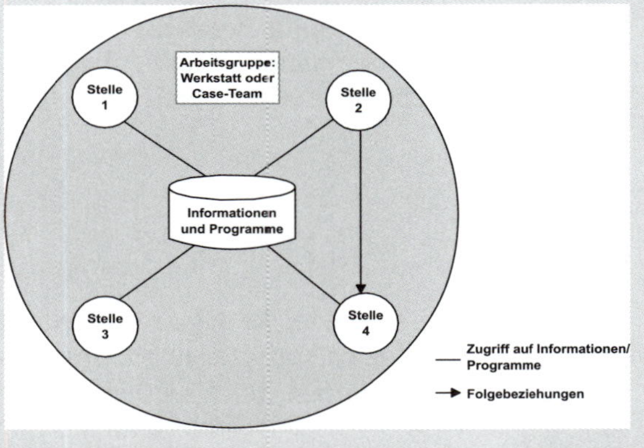

Abb. 2.125: Groupware

Die Voraussetzungen sowohl für Groupware, als auch WMS werden im Folgenden aufgelistet. Es handelt sich dabei um

- Vernetzung aller beteiligten Arbeitsplätze
- Leistungsfähige Netzprotokolle
- Standardisierte Werkzeuge für die Bürokommunikation
- Homogene grafische Oberfläche

- Anbindung aller Hintergrundsysteme bzw. Server (z.B. Zugriff auf Daten und Programme im Großrechner)
- Client/Server-Datenbankverwaltungssysteme
- Aufbau und Bereitstellung einer unternehmensweiten und unternehmensübergreifenden Datenbank mit grundlegenden Informationen des Unternehmens, die von Organisationseinheiten übergreifenden Anwendungen benötigt werden wie z.B. Aufgabenträger, Organisationseinheiten, Produkte, Standards, Kunden, Lieferanten etc.

Voraussetzung für Groupware und WMS

Vor der Programmierung und technischen Implementierung müssen die Prozesse in jedem relevanten Detail „vorgedacht“ worden sein, so dass für das Funktionieren eines WMS primär die Qualität der organisatorischen Vorarbeit ausschlaggebend ist.

Es ist sicher deutlich geworden, dass der organisatorisch richtige Einsatz von IT sich auf alle drei Komponenten der Durchlaufzeit positiv auswirkt: sowohl Bearbeitungs-, als auch Transport- und Liegezeiten können reduziert werden. Zusätzlich kann die Erfüllung des Zieles, die Wirtschaftlichkeit der Produkte durch bessere Qualität und niedrigere Kosten zu erhöhen, gefördert werden.

IT-Systeme wirken sich auf Qualität, Kosten und Zeit aus

Es folgen einige Beispiele aus dem Handelsumfeld der Component GmbH:

Component GmbH

- Nach der Auftragserfassung kann automatisch die Bonitätsprüfung durchgeführt und die Rechnung aufbereitet werden, während im Lager bereits die Waren zusammengestellt werden. IT löst Sequenzen auf, wo sie sachlich nicht notwendig sind, und ermöglicht eine Parallelisierung, die dadurch zu kürzeren Durchlaufzeiten führt, dass einmal erfasste Informationen über Datenbanken gleichzeitig an beliebig vielen Orten genutzt werden können.
- Mitarbeiter in der Auftragsannahme können den anrufenden Kunden weitere IT-Produkte im „cross selling“ anbieten, weil sie durch ein entsprechendes Customer Relationshipsystem unterstützt werden. So können Generalisten auch in anderen Fällen (nahezu) die Arbeit von Spezialisten erledigen. Dieses Job Enlargement hat positive Auswirkungen auf die Motivation und reduziert Schnittstellen und damit entsprechende Transport- und Liegezeiten und Übergabe/Übernahmefehler. IT-Systeme sind oft die notwendige Voraussetzung, um das case-worker-Prinzip zu realisieren.
- In der Auftragsannahme kann der Sachbearbeiter dem anfragenden Kunden Sonderkonditionen sofort zusagen und damit den Auftrag „an Land ziehen“. Dem Kunden wird der Eindruck von selbständigen, kompetenten Mitarbeitern eines entschlussfreudi-

Component GmbH

gen Unternehmens vermittelt. Dieses Job Enrichment wird ermöglicht bzw. verstärkt durch Werkzeuge zur Entscheidungsunterstützung, also eine Art „Entscheidungs-IT-System". Informationen, die sonst nur dem Management zur Verfügung standen, können jetzt von jedem Mitarbeiter genutzt werden, was sicherlich auch einen Motivationsfaktor darstellt. Wiederum werden Einarbeitungs-, Transport- und Liegezeiten eingespart, was zu schnelleren Entscheidungen führt, die in den heutigen Märkten erfolgsentscheidend sein können.

- Die Außendienstmitarbeiter der Component GmbH können mittels Notebook, Handheld oder Mobiltelefon Informationen an jeden beliebigen Ort absenden, empfangen, aufbewahren, bearbeiten und abrufen. So können sie ihren Kunden vor Ort sofort mitteilen, welche Waren im Programm sind und welche sofort oder später geliefert werden können. Wie man sieht, können die Vorteile der Zentralisation (wirtschaftliche Auslastung der Kapazitäten, leichtere Koordination/Kontrolle, größere Standardisierung/Einheitlichkeit) kombiniert werden mit den Vorteilen der Dezentralisation (Flexibilität, Kundennähe), weil stets aktuelle Informationen durch Telekommunikationsnetze jederzeit über beliebig große Entfernungen verfügbar sind. Die Außendienstmitarbeiter geben Aufträge direkt vor Ort in ihr tragbares Terminal ein, die Daten werden online übertragen und, während der Außendienstmitarbeiter zum nächsten Kunden fährt, in der Component GmbH bereits bearbeitet. Neben der Beschleunigung können Raumkosten eingespart werden, weil Büros mit entsprechender Einrichtung und schlecht ausgelasteten Flächen weitgehend überflüssig werden.
- Mit Hilfe eines Workflow-Systems ist es jederzeit ersichtlich, bei welcher Bearbeitungsstation sich ein gesuchter Vorgang befindet und ob er gerade bearbeitet wird oder nicht. Der Mitarbeiter kann dem anfragenden Kunden sofort eine entsprechende Auskunft erteilen, ohne eine große Rückfrageaktion starten zu müssen. Außerdem weiß die Component GmbH jederzeit, wo sich ihre Lieferwagen befinden. Kurzfristige Änderungen der Fahrtroute sind mittels Satellitenüberwachung jederzeit möglich. In beiden Fällen sind die Standorte von gesuchten Objekten durch automatische Identifizierungs- und Nachforschungstechnik jederzeit bekannt. Entsprechende Suchzeiten werden vermieden, flexible Veränderungen der Bearbeitungs-/Fahrtrouten ermöglicht.

Bei diesen Beispielen sind die technischen Neuerungen komplexe IT-Lösungen, die sich aus verschiedenen Hard- und Software-Systemen zusammensetzen. Dabei soll nicht vergessen werden, dass Prozessoptimierung immer auch dadurch ermöglicht wird, einzelne konventionelle Sachmittel oder auch Transportmittel zu verbessern.

Die lange Bearbeitungszeit bei der Rechnungsprüfung in der Buchhaltung geht zum Teil auch auf veraltete Hardware zurück. Durch einen leistungsfähigen Prozessor, eine bessere Grafikkarte und einen größeren Bildschirm mit höherer Auflösung können die Bearbeitungszeiten um drei Minuten je Rechnungsprüfung gekürzt werden.

Component GmbH

Häufig entstehen Verzögerungen, weil die Sachmittel- und IT-Systeme nicht ausreichend groß dimensioniert sind.

Verfügbarkeit vergrößern

Die Verfügbarkeit kann durch Kapazitätserweiterung vergrößert werden: es werden mehr Sachmittel bereitgestellt oder der Auslastungsgrad vorhandener Sachmittel wird durch geeignete Maßnahmen gesenkt (Verarbeitung beschleunigen, Verarbeitungsschritte eliminieren). Auch durch die Anschaffung störungsfreier, wartungsarmer und reparaturfreundlicher Sachmittel oder solcher mit kurzen Rüstzeiten kann die Verfügbarkeit vergrößert und Liegezeit von Objekten verringert werden.

Ergonomische Sachmittel einsetzen

Werden ergonomische Standards eingehalten, wird die Leistungsfähigkeit von Aufgabenträgern durch Ermüdung, Verkrampfung oder Schmerzen weniger beeinträchtigt.

Medienbrüche vermeiden

Medienbrüche in einem Sachmittelsystem können Transporte zwischen den Medien erforderlich machen. Auch aus diesem Grund sollten Medienbrüche vermieden werden. Liegezeiten und Probleme der Taktabstimmung können durch Reduzieren von Medienbrüchen vermieden werden.

Component GmbH

Die langen Liegezeiten beim „Bestellvorschlag erstellen" und „Auftragsbestätigung senden" sind in erster Linie auf Medienbrüche zurückzuführen. Die Bestellungen werden im Warenwirtschaftssystem erstellt, ausgedruckt und per Fax oder Brief an den Lieferanten geschickt. Dieser wiederum erstellt eine Auftragsbestätigung, die per Fax oder Brief an die Component GmbH gelangt.

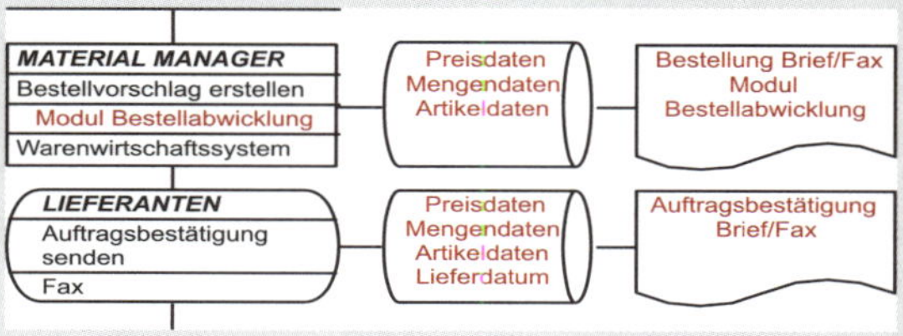

Transportmittel optimieren

Das Spektrum der Transportsachmittel ist recht umfangreich. Es beginnt bei Transportbändern, Rohrpostanlagen, Schienenförderanlagen, geht über Fahrzeuge wie Personen- und Lastwagen sowie Züge, Schiffe und Flugzeuge bis hin zum Postversand und zum digitalen Transport von Daten über Netze.

Anstelle ausschließlich über Fax/Brief die Bestellungen und Auftragsbestätigungen auszutauschen, ist ein Lösungsansatz, mit den wichtigsten Lieferanten die Daten elektronisch über EDI auszutauschen oder zumindest online per Mail zu versenden. Damit werden die Transport- und Liegezeiten deutlich reduziert.

Prozessgerechte Raumform

Die räumliche Gestaltung ist trotz aller technischen Möglichkeiten ein wichtiger Ansatz, um Prozesse zu optimieren. Die Standorte von Sachmitteln (Arbeitsplätze von Aufgabenträgern und andere Sachmittel, die nicht in Arbeitsplätze integriert sind) sind so zu bestimmen, dass die Transportwege zwischen den im Prozess hintereinander geschalteten Sachmitteln möglichst klein sind. Dabei sollte die Sachmittelfolge der Aufgabenfolge entsprechen, um durch ein Hin und Her verursachte Transporte zu vermeiden. Auch die Grundrisse von Einzel-, Mehrpersonen- und Großraumbüros oder Lagern und Produktionsstätten sollten so organisiert werden, dass optimale Voraussetzungen für kurze Transportwege und ausreichende Arbeitsflächen bestehen.

Im Lager der Component GmbH entstehen beispielsweise hohe Bearbeitungszeiten bei der Aufgabe „Wareneingang prüfen“, weil die Arbeitsflächen am Wareneingang zu oft zugestellt und die Wege zwischen PC und der eigentlichen Prüfstelle zu lang sind.

Informationen bedarfsgerecht bereitstellen

Informationen können als bedarfsgerecht bezeichnet werden, wenn sie folgende Eigenschaften aufweisen:

Bedarfsgerechte Informationen

- Richtigkeit
- Vollständigkeit
- Verständlichkeit
- Eindeutigkeit
- Angemessener Detaillierungsgrad
- Verfügbarkeit
- Aktualität.

Wenn eine, mehrere oder alle diese Anforderungen nicht erfüllt werden, führt dies zu Rückfragen, Korrekturen, erneutem Suchen oder (bei „Verfügbarkeit“) zu zusätzlichen Aktivitäten, um an die benötigten Informationen zu gelangen. Es entstehen also zusätzliche Bearbeitungszeiten.

Component GmbH

Bei dem Prozess „Beschaffung Handelsware“ der Component GmbH sind 30% der Auftragsbestätigungen falsch (siehe Abb. 2.69). Dies liegt vor allem an falschen Artikelnummern, die bei der Bestellung von den Material Managern angegeben werden. Die weitere Ursachenforschung ergab, dass eine unklare Zuständigkeit für die Datenpflege zwischen Produkt- und Material Manager für den falschen Datenbestand verantwortlich ist. Eine eindeutige Zuständigkeit verbessert den Datenbestand und senkt die falschen Auftragsbestätigungen auf 5%.

Werden die Informationen an einem anderen als dem Bearbeitungsort aufbewahrt und werden die Informationen physisch transportiert, fallen außerdem Transportzeiten an. Beide Zeitarten können durch eine entsprechende Ausgestaltung der Informationsstruktur vermieden, mindestens aber reduziert werden.

Verfügbarkeit und Objektanfall einander anpassen

Optimale Informationsbereitstellung

Sind für die Bearbeitung benötigte Informationen jederzeit, direkt und schnell verfügbar, fallen niedrige Liegezeiten an. Wiederum sind entweder die Objekte so zu steuern, dass sie dann eintreffen, wenn die Informationen verfügbar sind, oder die Informationen sind so bereitzustellen, dass sie verfügbar sind, wenn die Objekte bearbeitet werden sollen. Die Verfügbarkeit von Informationen kann durch geeignete Sachmittel und/oder Aufgabenträger vergrößert werden. Durch Outsourcing können wichtige zusätzliche Informationsquellen erschlossen werden.

Objektgestaltung verbessern

Anordnung und Aufbereitung der Informationen optimieren

Sowohl bei materiellem als auch immateriellem Input bzw. Output kann durch geeignete Gestaltung der Objekte Bearbeitungszeit reduziert werden. Im Produktionsbereich ist das unmittelbar einleuchtend. Im Verwaltungsbereich sei beispielhaft die Optimierung von Formularen und Bildschirmmasken genannt, wobei es darum geht, die zu be- bzw. verarbeitenden Informationen (= immaterielle Objekte) arbeitsgerecht aufzubereiten, aber auch ergonomische Standards zu berücksichtigen, um die Aufgabenträger zu entlasten. Allgemein geht es um die Qualität von Material/Beschaffenheit, Gestaltung/Form/Design, Inhalt/Gehalt, Verarbeitung und Konformität hinsichtlich Normen, Gesetzen und Vorschriften. Alle diese Aspekte haben einen mehr oder weniger großen Einfluss auf Bearbeitungszeiten.

Objekte transportgerecht gestalten

Handelt es sich um materielle Objekte, so können durch eine Verringerung des Gewichtes oder der Größe sowie durch eine Veränderung der Form Transport-

Online-Weg nutzen

zeiten reduziert werden - sei es unter Beibehaltung der bisher eingesetzten Transportmittel (Aufgabenträger/Sachmittel), sei es, dass durch die neuen Eigenschaften der Objekte andere schnellere Transportmedien eingesetzt werden können. Das gilt auch für die Digitalisierung von sprachlichen, textlichen, bildlichen oder nummerisch mathematischen Informationen. So werden beliebige Transporte der Daten via Netze mit kürzesten Transportzeiten möglich.

2.6.4 Prozesslogik optimieren

Die folgenden Designvorschläge setzen bei den logischen Folgebeziehungen von Aufgaben, Aufgabenträgern, Sachmitteln und Informationen an.

Reihenfolge optimieren

Werden die für die Bearbeitung eines Objektes notwendigen Verrichtungen in eine geschickte/zweckmäßige Reihenfolge gebracht, kann das Objekt schneller bearbeitet werden.

Wichtige Entscheidungen so früh wie möglich

Einen Spezialfall bilden die Verrichtungen „Prüfen/Entscheiden“ verbunden mit entsprechenden Bedingungen. Unnötige Bearbeitungszeiten können vermieden werden, wenn die Prüfungen/Entscheidungen möglichst früh in den Prozess eingebaut werden.

Component GmbH

So sollte beim Auftragsabwicklungsprozess in der Component GmbH nicht erst nach Auftragserfassung und Erstellen des Lieferscheines im Lager festgestellt werden, dass eine bestimmte Ware gar nicht im Sortiment ist.

Routinisierungseffekte nutzen

Die optimal gestalteten Verrichtungsfolgen sind bei entsprechender Wiederholungshäufigkeit zu standardisieren, so dass wiederum ein Routinisierungseffekt eintritt. Auch der Zeitaufwand für die Arbeitsvorbereitung wird verkürzt. Die Programmierung von IT-Systemen stellt ein besonders deutliches Beispiel für die Standardisierung von Verrichtungsfolgen und deren Vorteilen dar. Durch Programmierung können einerseits die Verrichtungen des Computers selbst standardisiert werden, andererseits aber auch ganze Prozesse, indem Vorgangssteuerungssysteme im Rahmen eines Workflow-Managements eingesetzt werden. Durch Arbeitsanweisungen und mehr noch durch Vorgangssteuerungssysteme können zusätzlich Arbeitsvorbereitungs- und Einarbeitungszeiten deutlich reduziert werden.

Einen klassischen Fall stellt das sogenannte „Fließprinzip“ dar, das dann angewendet werden kann, wenn gleichartige Objekte mit gleichen vorhersagbaren Verrichtungsfolgen in ausreichender Häufigkeit vorkommen. Sind diese Voraussetzungen erfüllt, lohnt es sich bei arbeitsteiligem Verfahren, Bearbeitungsstationen (Aufgabenträger und Sachmittel) auch räumlich in der Reihenfolge anzuordnen, in der die Verrichtungsfolgen am Objekt durchgeführt werden. Vorherrschend ist somit das logische Und-Nacheinander. Der so standardisierte Prozess ist allerdings unflexibel hinsichtlich anderer Objektarten mit anderen oder teilweise anderen Verrichtungsfolgen. Sonder- und Einzelfertigungen sind zwar theoretisch möglich, aber im Normalfall unwirtschaftlich.

Bearbeitung gleichartiger Objekte

Das Fließprinzip kann auch zur Reduzierung von Transportzeiten eingesetzt werden, wenn die Folge der Bearbeitungsstationen (Aufgabenträger/Sachmittel) räumlich nahe beieinander angeordnet der standardisierten Aufgabenfolge angepasst wird, so dass die Transportwege minimiert werden. Das gilt natürlich nur für Fälle, in denen noch physisch transportiert werden muss.

Wenn ein Objekt stationär bearbeitet wird, erübrigt sich sein Transport ganz. Sofern die bearbeitenden Stellen aber nicht auch vor Ort sind, müssen diese zum Objekt hin transportiert werden. Sind mehrere stationäre Objekte in Folge zu bearbeiten, geht es um die Wahl der günstigsten Route, so dass die Strecke und damit die Transportzeit möglichst kurz ist.

Günstigste Route wählen

Das wohl bekannteste und am anschaulichsten formulierbare Reihenfolgeproblem dieser Art ist das sogenannte Rundreiseproblem oder auch Problem des Handlungsreisenden (Travelling Salesman). Angenommen der Außendienstmitarbeiter der Component GmbH soll vom Firmenstandort aus seine Kundenbesuche starten und hier auch wieder ankommen. Mit Ausnahme seines Start- und Zielortes ist eine bestimmte Anzahl von Orten jeweils genau einmal zu besuchen. Gesucht wird die kürzeste Strecke für die Reiseroute (siehe Abbildung 2.126).

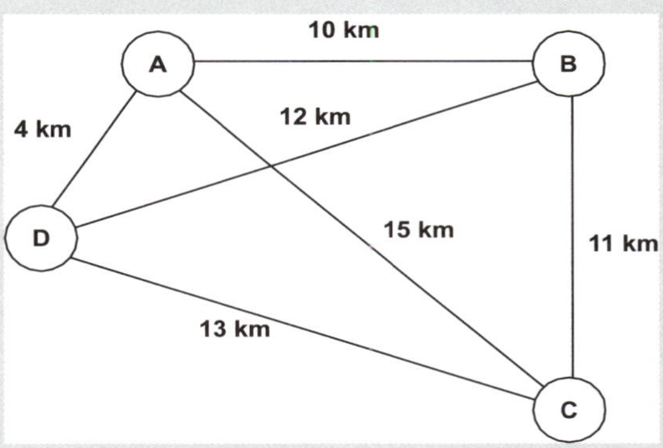

Abb. 2.126: Orte und Verbindungsstrecken

Die Anzahl der denkbaren Rundreisen lässt sich mit Hilfe kombinatorischer Überlegungen berechnen. In der Kombinatorik wird jede Anordnung von Ele-

Sechs Rundreisemöglichkeiten

menten (hier: Orte) einer Menge mit n Elementen in einer bestimmten Reihenfolge eine Permutation dieser n Elemente genannt. Die Anzahl der Permutationen ergibt sich aus dem mathematischen Ausdruck n!. Da Start- und Zielort festgelegt sind, lassen sich nur noch Rundreisevarianten aus den drei Elementen B, C und D bilden.

Die Anzahl der Permutationen beträgt also p=(n 1)! = (4 1)! = 3! = 3x2x1 = 6. Der Außendienstmitarbeiter der Handelsfirma kann also zwischen den folgenden sechs Rundreisevarianten wählen:

1) ABCDA (38 km)	3) ACBDA (42 km)	5) ADBCA (42 km)
2) ABDCA (50 km)	4) ACDBA (50 km)	6) ADCBA (38 km)

Die Varianten 1 und 6 weisen die kürzeste Strecke und damit die kürzeste Transportzeit auf.

Anzahl, Wiederholungshäufigkeit und Prozentsätze von Rückkopplungen reduzieren

Schleifen immer prüfen

Rückkopplungen haben zur Folge, dass Aufgaben mindestens einmal, wenn nicht sogar mehrmals wiederholt werden, bis die entsprechende Bedingung erfüllt ist. Jede Rückkopplung verursacht zusätzliche Bearbeitungszeiten. Dies gilt auch für Transportzeiten, die durch Rücktransporte entstehen, weil die Zuständigkeiten für Kontrolle/Entscheidung und Ausführung unterschiedlichen Stellen übertragen wurden (Vier-Augen-Prinzip). Durch Rückkopplungen erhöht sich die Anzahl der Objekte, die bei der jeweils betroffenen Stelle eintreffen, was tendenziell zu höheren Liegezeiten führt.

Component GmbH

Der First Pass Yield beim Beschaffungsprozess liegt bei nur 39,2%. Das liegt mit an den hohen Häufigkeiten bei der Rückkopplung zur Bearbeitung von „falschen Rechnungen". Bei der Fehlerbehebung entstehen hohe zusätzliche Bearbeitungszeiten/Prozesskosten, Transport- und Liegezeiten.

Fehlerbewusstsein schärfen

Im Idealfall können Rückkopplungen durch eine „Null-Fehler-Strategie" eines TQM-Konzeptes oder Sig Sigma-Ansatzes vermieden werden. Die damit verbundene Qualifikation und Einstellungsänderung der Aufgabenträger führt zumindest zu einer Reduzierung der Rückkopplungshäufigkeit. Sind die Rückkopplungen durch andere Ursachen bedingt wie ungeeignete IT-Systeme oder Mängel in Bezug auf die für den Prozess benötigten Informationen, ist dort anzusetzen. Die durch nicht vermeidbare Rückkopplungen verursachten Transport- und Liegezeiten können durch Zusammenfassen der Kontroll- und Ausführungsaufgaben vermieden werden.

Beispielsweise liegt die hohe Anzahl von falschen Rechnungen (30%) an falschen Preisinformationen. Durch einen online-Zugriff der Component GmbH auf die Preislisten der Hauptlieferanten sowie einem monatlichen statt quartalsmäßigen Update der Listen der Lieferanten kann die Datenqualität gesteigert und die Anzahl der falschen Rechnungen reduziert werden.

Parallelisierung optimieren

Parallelläufe werden gestaltet, um Durchlaufzeiten zu verkürzen. Allerdings wird zusätzlicher Zeitaufwand erforderlich für die Aufteilung der Arbeit (verbunden mit entsprechenden Bearbeitungshinweisen für die Folgestelle(n)) sowie für die Koordination der Arbeitsteilung und die Zusammenführung/Synchronisation der Teilergebnisse zu einem Ganzen. Hinzu kommen unter Umständen Transport- und Liegezeiten bei der Arbeitsverteilung.

Reibungsverluste durch Parallelarbeit

Wenn 1 Prozessbeteiligter 5 Stunden für einen Prozess benötigt, kann man nicht davon ausgehen, dass 5 Prozessbeteiligte in einer Stunde den Prozess parallel bearbeiten können.

Sind die zusätzlichen Bearbeitungs-, Transport- und Liegezeiten unverhältnismäßig hoch, ist der Grundform der Kette, also einer sequenziellen Prozessstruktur der Vorzug zu geben.

Durch eine erhöhte Anzahl von Und-Verzweigungen bzw. Parallelläufen kann zwar an den Bearbeitungs-, Transport- und Liegezeiten selbst nichts verändert werden, jedoch kommen die Zeiten eines zeitkürzeren oder gleich langen Parallelastes für die Durchlaufzeit als Ganzes nicht zum Tragen und verkürzen diese somit. Bei gleich langen Ästen ist der Effekt am größten, die Durchlaufzeiten zu reduzieren.

Kürzere Durchlaufzeiten bei Parallelisierung

Treten die eingangs geschilderten negativen Begleiterscheinungen von UND-Verzweigungen/-Verknüpfungen nicht auf, sind sequenzielle Bearbeitungsfolgen durch Parallelläufe zu ersetzen.

Bei Und-Verzweigungen findet außerdem eine Arbeitsteilung statt, so dass ein ähnlicher Effekt entsteht wie bei der Gruppierung von Stellen: aufgrund der größeren Bearbeitungskapazität sinken die Liegezeiten. Sind Paralleläste nicht gleich lang, so muss das zuerst eingetroffene Objekt auf das später eintreffende warten, da die Bearbeitung erst nach dessen Eintreffen fortgesetzt werden kann. Die Zeitdifferenz zwischen den Parallelästen ist so zu gestalten, dass sie möglichst klein, im Idealfall gleich Null ist.

Möglichst gleich lange Äste

Anzahl ODER-Verzweigungen reduzieren

Prüfschritte prüfen

Bearbeitungszeiten in Bezug auf ODER-Verzweigungen können reduziert werden, wenn es gelingt, unnötige Kontrollen zu finden oder solche, deren Aufwand in einem schlechten Verhältnis zum Nutzen steht. Dann kann die Anzahl der Prüfungen verringert werden.

Aufgrund eines übertriebenen Sicherheitsbedürfnisses werden häufig Prozesse mit Kontrollschritten überhäuft. Diese hohe Regelungsdichte muss jedoch nicht automatisch mit einer erhöhten Sicherheit einhergehen. Es kann sogar passieren, dass sich die verschiedenen Aufgabenträger mit Kontrollaufgaben aufeinander verlassen und im Endeffekt keiner richtig prüft.

IT-Systeme übernehmen Kontrollen

Sind die Kontrollen notwendig, können Bearbeitungszeiten durch eine andere Art der Kontrolle oder durch Übertragung auf ein IT-System (z.B. Plausibilitätskontrollen durch den Computer) eingespart werden. Eliminierte ODER-Verzweigungen entlasten die Aufgabenträger zusätzlich wegen der verringerten Strukturkomplexität.

Component GmbH

Die Aufgabe „Auftragsbestätigung prüfen" beim Beschaffungsprozess der Component GmbH kann zwar nicht entfallen, dadurch aber, dass eine Vielzahl der Bestellungen/Auftragsbestätigungen elektronisch übertragen wird, wird eine Reihe der Kontrollen von Preis-/Mengen- und Artikeldaten automatisch vom System übernommen und die Bearbeitungszeiten werden deutlich reduziert.

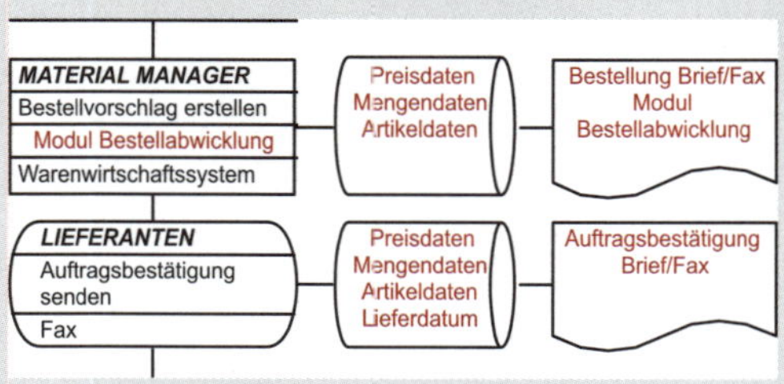

2.6.5 Prozessdimensionen optimieren

Raum, Zeit und Menge sind die den Prozess begleitenden Dimensionen. Im Folgenden werden Gestaltungsmaßnahmen vorgestellt, die vor allem daran ansetzen, diese Dimensionen zu verändern.

Gruppieren optimieren

Wenn Objekte mit gleichen Verrichtungen bzw. Verrichtungsfolgen zu möglichst großen Gruppen zusammengefasst werden, entsteht durch diese Maßnahme ein Routinisierungseffekt auf Zeit, der zu reduzierten Bearbeitungszeiten führt.

Component GmbH

So können zum Beispiel alle Aufträge von Systemhäusern zur gemeinsamen Bearbeitung zusammengefasst werden, weil sie nach dem gleichen Modus behandelt werden. Ein weiteres Beispiel für die Gruppierung von Objekten, um Bearbeitungszeiten zu verringern: Im Rechnungswesen der Component GmbH wartet man bis zum Abend, um alle Rechnungskopien des Tages gemeinsam abzulegen. So muss der entsprechende Ordner nur einmal gezogen, geöffnet, geschlossen und wieder abgestellt werden. Die eingesparte Bearbeitungszeit entspricht also der Differenz zwischen der Summe der Ablagezeit aller einzeln abgelegten Rechnungskopien und der Zeit für die Sammelablage. Dieses Beispiel kann auf alle Fälle übertragen werden, in denen durch eine Gruppierung von Objekten eine für jedes Objekt erforderliche Verrichtung nur einmal für alle Objekte gemeinsam (oder zumindest weniger häufig für Teilgruppen) durchgeführt werden muss. Es spielt in diesem Fall grundsätzlich keine Rolle, ob es sich um gleiche oder ungleiche Objekte handelt.

Gruppierung führt zu Liegezeiten

Durch Bildung von Objektgruppen entstehen Liegezeiten im Stapel. Je kleiner die Anzahl gruppierter Objekte, desto kleiner sind die Liegezeiten. Am günstigsten ist natürlich eine Einzelfolge von Objekten, da diese dann zu den jeweils frühest möglichen Zeitpunkten bearbeitet und fertiggestellt werden können. Diese Aussage ist aber nur gültig, wenn zwei Voraussetzungen erfüllt sind: 1. der Stapel muss nach Bearbeitung des letzten Objektes unverzüglich an die Folgestelle weitergegeben werden und 2. muss diese bereit sein, sich der eintreffenden Objekte anzunehmen. Welche Maßnahmen zu treffen sind, um letzteres sicherzustellen, wird im nächsten Abschnitt „Objektfolge synchronisieren“ behandelt.

Einzelfolgen verursachen Transportzeiten

Eine Einzelfolge von Objekten verursacht bei Transporten durch Aufgabenträger den negativen Effekt erhöhter Wegzeiten, was bei der Bestimmung der Gruppengröße bis hin zur Einzelfolge zu berücksichtigen ist. Denn durch die Transporte ist der Aufgabenträger nicht verfügbar, um inzwischen eingetroffene Objekte zu bearbeiten, so dass für diese Liegezeiten entstehen, bis der Aufgabenträger wieder zurück ist und die Bearbeitung aufnehmen kann.

Besteht eine Objektgruppe aus Objekten mit ungleicher Bearbeitungsdauer, sind bei Einzelweitergabe die Objekte mit der kürzeren Bearbeitungsdauer zuerst zu bearbeiten und weiterzuleiten.

Objektfolge synchronisieren

Das Lösungsprinzip „Objektfolge synchronisieren“ steht für mehrere Aspekte, die Ansatzpunkte für eine Reduzierung von Liegezeiten bieten. Besonders wichtig ist es, die richtige Relation zwischen Ankunftsrate der Objekte und Bearbeitungsrate der Stellen zu finden.

Definition

Unter Ankunftsrate wird die Anzahl der Objekte verstanden, die pro festgelegter Zeiteinheit (z.B. eine Stunde) zur Bearbeitung eintrifft. Die Bearbeitungsrate sagt aus, wieviele Objekte eine Stelle oder entsprechende Stellengruppe in der gleichen Zeiteinheit bewältigen kann.

Bei gegebener Bearbeitungsrate (sie zu verändern, stellt eine aufbauorganisatorische Maßnahme dar) ist die Objektfolge z.B. durch Setzen von Terminen so zu „takten“, dass die Objekte im Idealfall immer genau dann eintreffen, wenn die betreffende(n) Stelle(n) (gerade wieder) bearbeitungsbereit sind.

Tipp

Die Ankunftsrate sollte also immer kleiner sein als die Bearbeitungsrate.

Vorangehende Prozessschritte

Schon wenn die beiden Raten gleich sind, entstehen Liegezeiten. In die gleiche Richtung geht die Gestaltungsempfehlung, Prozessabschnitte so zu bilden, dass der jeweils vorangehende immer eine etwas kürzere Durchlaufzeit aufweist. Das Verhältnis von Ankunfts- und Bearbeitungsrate ist für jedes in den Prozess eingebundene, aufeinanderfolgende Paar von Bearbeitungsstationen bilateral zu betrachten.

Werden im Wechsel ungleiche Objekte weitergeleitet, die eine spezielle Bearbeitung erfordern, steigen die Rüstzeiten bei der Folgestelle, weil im Extremfall für jedes Objekt umgerüstet werden muss. Dabei spielt es keine Rolle, ob es sich um „geistige“ Rüstzeiten eines Aufgabenträgers oder um Rüstzeiten für ein Sachmittel handelt, die Objekte müssen warten, bis die Bearbeitungsstation „gerüstet“ und damit bearbeitungsbereit ist. Dadurch entstehen Liegezeiten.

Arbeitszeiten und Objektanfall einander anpassen

Sind Bearbeitungsstationen (Aufgabenträger und/oder Sachmittel) nicht verfügbar, wenn Objekte eintreffen, entstehen zwangsläufig Liegezeiten. Ist das Eintreffen der Objekte durch äußere, nicht beeinflussbare Umstände gegeben, sind die Arbeits- bzw. Verfügbarkeitszeiten der Bearbeitungsstationen dem Arbeitsanfall anzupassen, um Liegezeiten zu reduzieren.

Der umgekehrte Fall liegt vor, wenn Verfügbarkeitszeiten von Bearbeitungsstationen nicht veränderbar sind. Dann ist der Objektfluss so zu steuern, dass die eintreffenden Objekte verfügbare Bearbeitungsstationen vorfinden.

Tipp

Triage-Ansatz

Verschiedene Objekte können unterschiedliche Arbeitsfolgen bedingen und müssen technisch sowie personell differenziert unterstützt werden. Es wäre dann nicht sinnvoll, die Objekte in gleichen Prozessen zu bearbeiten. Vielmehr sollte eine Differenzierung („Triage") vorgenommen werden, bei der die Besonderheiten der Objektbearbeitung berücksichtigt werden.

Der Triage-Ansatz ist bei der Component GmbH bereits bei dem Aufbau des Unternehmensprozessmodells erfolgt. Die Beschaffung von Monitoren wird anders vorgenommen als die Beschaffung von den übrigen Handelswaren (siehe Abbildung 1.31), so dass zwei separate Prozesse gebildet wurden.

Component GmbH

2.6.6 Aufbauorganisation optimieren

Ein klassisches Mittel um Bearbeitungszeiten zu reduzieren und damit Prozesskosten zu senken, ist die Spezialisierung auf Objekte mit bestimmten Verrichtungsfolgen bzw. auf gleichartige Verrichtungen für verschiedene Objekte. Der zweite Fall wird als Werkstattprinzip bezeichnet.

In einer Werkstatt sind für bestimmte Verrichtungen spezialisierte Aufgabenträger und Sachmittel zusammengefasst. Prozessorganisatorisch handelt es sich also um eine Gruppierung von Stellen. Beispiele für diese vorindustrielle Art der Arbeitsteilung, bei der man bereits die Vorteile spezialisierter Kenntnisse und Fertigkeiten nutzte, sind traditionelle Werkstätten wie Schreinereien, Schlossereien, Schustereien, Schneidereien etc.

Mobile Werkstatt

Bisher wurde unterstellt, die Aufgabenträger transportieren selbst das Ergebnis ihrer Arbeit zur nächsten Station. Dies ist in der Praxis selten der Fall. Fasst man „Transportieren" als eine spezielle Verrichtung auf, kann auch hier das klassische Mittel der Spezialisierung angewendet werden, indem ein interner Boten- bzw. Kurierdienst als neue Organisationseinheit geschaffen wird. Dabei würde es sich um eine besondere „mobile" Werkstatt handeln. Ein solcher Kurierdienst entlastet die anderen Stellen von Transportaufgaben, sodass mehr Zeit vorhanden ist, die eigentlichen Aufgaben zu erfüllen. Damit die Vorteile eines Kurierdienstes wirksam werden, ist sicherzustellen, dass er bedarfsgerecht zur Verfügung steht. Weitere Werkstätten sind heute in vielen Unternehmen zu finden.

Component GmbH

Da gibt es in der Component GmbH „Werkstätten" wie Material Management, Lager, Vertrieb oder Buchhaltung. Die Objekte des Beschaffungsprozesses durchlaufen die vier internen Bereiche mit insgesamt 13 Schnittstellen.

Beurteilung von Werkstätten

Das Werkstattprinzip wird vor allem dann gewählt, wenn es sich um verschiedene Objektarten handelt, die jeweils eine (teilweise) andere Verrichtungs-(Stellen-)folge für ihre Bearbeitung benötigen. Die Reihenfolge, in der die Werkstätten durchlaufen werden, kann somit für jede Objektart unterschiedlich sein. Als Nachteil des Werkstattprinzips können verflochtene Transportbeziehungen und lange Transportwege entstehen. Dieser Nachteil ist gegen die gewonnene Flexibilität und die eingesparten Bearbeitungszeiten abzuwägen.

Schnittstellen durch horizontale Arbeitsteilung

Den grundsätzlich niedrigen Personal- und Sachkosten bei spezialisierten Stellen stehen längere Durchlaufzeiten aufgrund der entstehenden Schnittstellen entgegen.

Component GmbH

Die langen Liegezeiten beim Beschaffungsprozess der Component GmbH beruhen meist auf den Schnittstellen zwischen spezialisierten Bereichen.

Alternativ zur Spezialisierung können Prozesse auch ganzheitlich von einer Stelle bearbeitet werden, um die Durchlaufzeiten zu verkürzen. Die Vor- und Nachteile der Spezialisierung und ganzheitlichen Vorgangsbearbeitung wurden bereits ausführlich im Kapitel 1.4.2 diskutiert.

Component GmbH

Für die Component GmbH ist es wenig sinnvoll, die Arbeitsteilung weiter zurück zufahren. Die Vorteile der spezialisierten Einheiten überwiegen. Es gilt vielmehr die aufbauorganisatorisch notwendigen Schnittstellen zwischen Lieferanten, Material Manager, Lager, Vertrieb und Buchhaltung technisch, personell und räumlich optimal zu gestalten.

Schnittstellen durch vertikale Arbeitsteilung

Weitere Schnittstellen entstehen, wenn Planungs-, Kontroll- und Entscheidungsaufgaben von den Ausführungsaufgaben getrennt sind. Die Abstimmung mit dem direkten Vorgesetzten ist empirischen Studien nach die zweitgrößte Ursachenquelle für Liegezeiten. Diese Schnittstellen können durch eine vertikale Aufgabenzusammenfassung eliminiert werden, indem ein Aufgabenträger entsprechende Befugnisse übertragen bekommt (= Job Enrichment) und so zum case-worker wird.

Bisher klärt der Abteilungsleiter Material Management, wie mit den falschen Wareneingängen umzugehen ist. Alternativ kann diese Aufgabe auch vom Material Manager übernommen werden, indem er mit den entsprechenden Kompetenzen ausgestattet wird. Damit reduziert sich die Liegezeit deutlich von 1440 Minuten auf 240 Minuten.

Component GmbH

Die dritte Art typischer Schnittstellen besteht zu Unterstützungsprozessen bzw. -einheiten. Auch hier kann eine vertikale Aufgabenzusammenfassung zur Beseitigung von Liegezeiten eingesetzt werden.

In der Component GmbH würde also der Sachbearbeiter in der Auftragsannahme Auftragsbestätigungen oder sonstige Korrespondenz selbst schreiben, anstatt sie dem Sekretariat zu übergeben.

Component GmbH

Eine weitere aufbauorganisatorische Maßnahme, um Liegezeiten zu reduzieren, ist die Vergrößerung von Kapazitäten. Dadurch wird die Verfügbarkeit verbessert oder unter einem anderen Aspekt betrachtet, die Bearbeitungsrate erhöht. Dies kann auf folgende Arten und Weisen geschehen:

Kapazitäten aufstocken

Ein bestimmter Auslastungsgrad ist festgeschrieben und kann oder darf nicht variiert werden. Dann können die Kapazitäten nur durch eine größere Anzahl von Stellen vermehrt werden. Entweder werden diese bei konstantem Arbeitsanfall dauerhaft eingerichtet oder temporär, was bei saisonalen Schwankungen in Form von Springern, Teilzeitkräften oder Kapazitätsausgleich innerhalb eines Bereiches möglich ist.

Optimierung der Kapazitäten

Eine andere Variante besteht darin, bei gegebener Anzahl von Stellen den Auslastungsgrad zu verändern, genauer gesagt, zu verringern. Je kürzer Bearbeitungszeiten sind, desto schneller werden außerdem Objektstapel abgearbeitet bzw. desto geringer ist die Gefahr, dass überhaupt (große) Stapel entstehen. Zusätzlich ist zu überlegen, wie über die Bearbeitungszeiten hinaus auch die Rüst- und Wegezeiten zu reduzieren sind, da diese für ankommende Objekte Liegezeiten verursachen. Eine wichtige, diesbezügliche Maßnahme, die Bildung möglichst großer Gruppierungen gleichartiger Objekte, wurde oben bereits beschrieben.

2.6.7 Gesamtprozessdesign

In den Abbildungen 2.127a,b werden alle vorgestellten Designansätze noch einmal zusammengefasst.

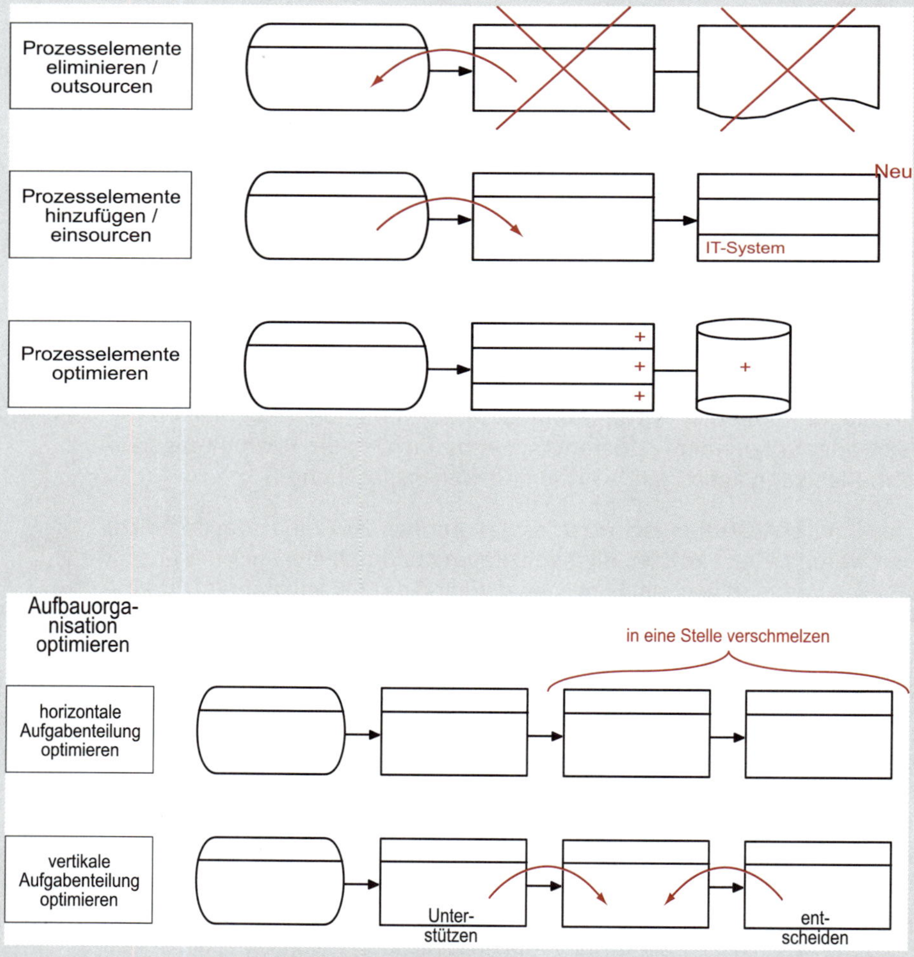

Abb. 2.127a: Gestaltungsfelder des Prozessdesigns

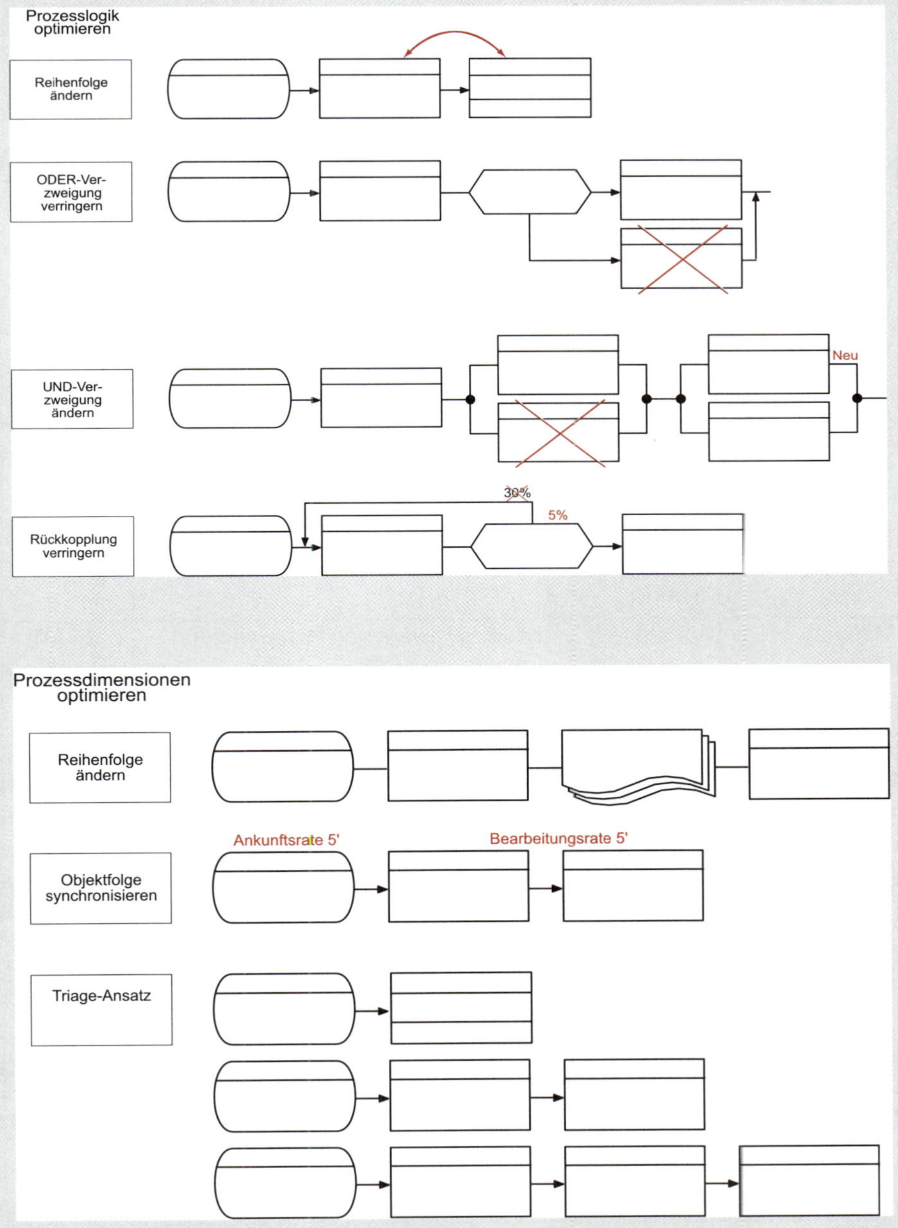

Abb. 2.127b: Gestaltungsfelder des Prozessdesigns

Aus den vielen möglichen Lösungsprinzipien bzw. -maßnahmen sind nun in sich stimmige Gesamtentwürfe von Prozessen zu entwickeln. So ein Entwurf kann aus einem grafisch skizzierten Prozess (siehe Abbildung 2.129), sowie aus einer Liste von technischen, personellen und organisatorischen Maßnahmen bestehen (siehe Abbildung 2.128).

Wer	Wo	Maßnahme	Wirkung
Teilprozess Bestellvorschlag			
Material Manager	Bestellvorschlag erstellen	online-Zugang Lieferanten Schnittstelle zu Dispositionsdaten online-Versand/Schnittstelle Lieferant	15 Min 5 Min
Lieferant	Auftragsbestätigung senden	online-Versand/Schnittstelle Lieferant	480 Min
Material Manager	Auftragsbestätigung prüfen	Verantwortlichkeit eindeutig Produktmanagement zugewiesen online-Versand/Schnittstelle Lieferant	10 %
Material Manager	Auftragsbestätigung klären	persönliches Kennenlernen der wichtigsten Ansprechpartner	1440 Min
Material Manager	Auftragsbestätigung weitergeben	neue Hardware und Netzwerke für Lagerarbeitsplätze Liste entfällt	24 Min 5 Min
Teilprozess Wareneingang			
Lager	Wareneingang prüfen	Steuerung der Anlieferung Zuständigkeit neu regeln	20 Min 5 %
Abteilungsleiter Material Management	Wareneingang klären	Kompetenz auf Material Manager übertragen	5 % 5 Euro 240 Min
Lager	Wareneingang verbuchen	Schulung Lagermitarbeiter Lieferschein per pdf an Buchhaltung	15 Min 5 Min
Teilprozess Rechnungsprüfung			
Buchhaltung	Rechnung prüfen	online-Zugriff auf Bestelllisten Hauptlieferanten rechtzeitige Information über Umgang mit falschem Wareneingang	10 Min 1440 Min 12 %
Material Manager	Differenzen klären	Schulung/Anreizsystem	1440 Min

Abb. 2.128: Maßnahmen zur Optimierung des Beschaffungsprozesses der Component GmbH

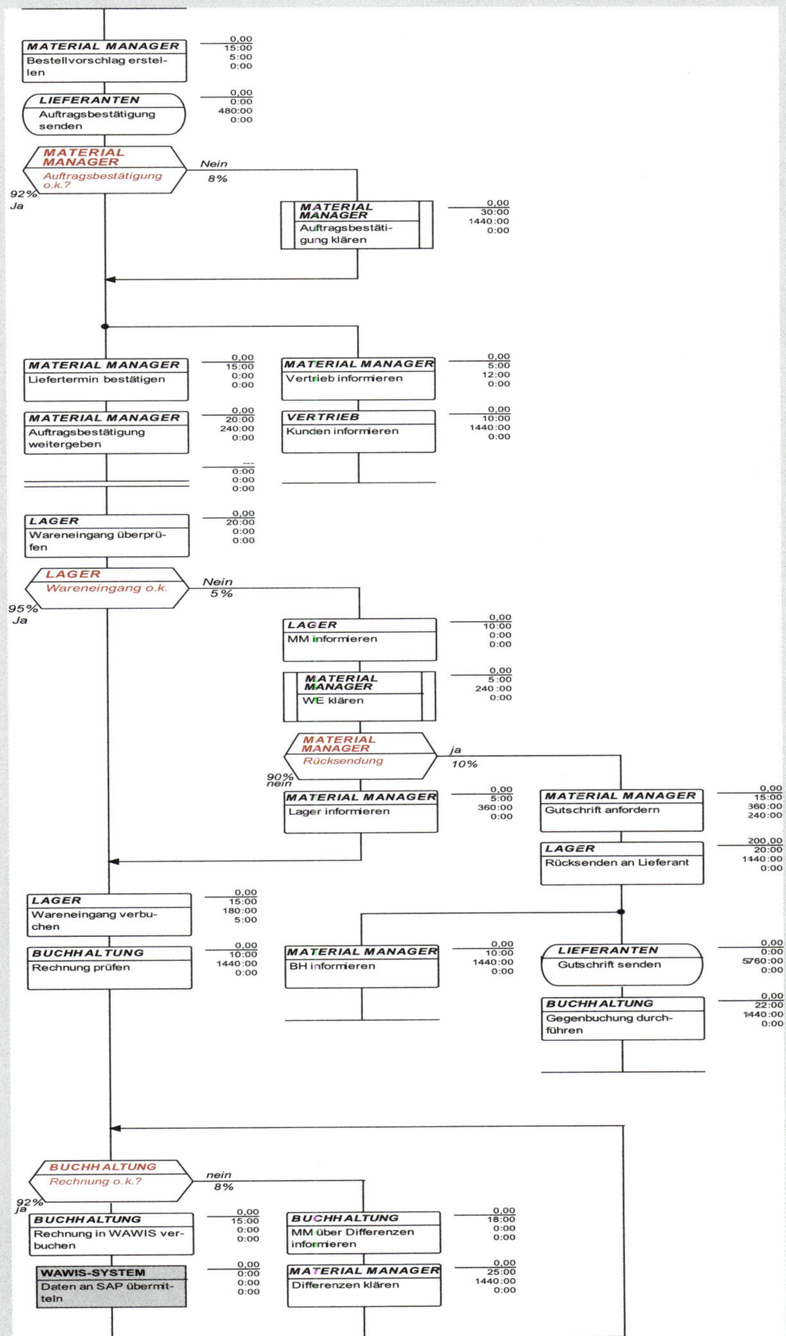

Abb. 2.129: Soll-Beschaffungsprozess der Component GmbH

Viele Kombinationen möglich

In der Regel kommen verschiedene Lösungskombinationen in Frage, die anhand der vom Unternehmen gesetzten Ziele und im Hinblick auf die definierten Kundenbedürfnisse zu bewerten sind. Die besten Lösungsprinzipien sind auszuwählen. Aufgrund dieser Regelungen ist der Prozess von Anfang bis Ende zu durchdenken, so dass eine optimale Prozessstruktur entsteht.

Eine Technik, die das Bilden und Auswählen von Lösungsvarianten unterstützt, ist die Morphologische Analyse (Abb 2.130). Dabei handelt es sich um eine Denkmethode, die das Erfinden in strukturierter Form unterstützt. Kern der Morphologischen Analyse ist eine besondere Anwendungsform der Matrixdarstellung. Sie verbindet analytisches Denken (Zeilenfeld) und kreative Ideensammlung (Spaltenfeld).

Im Zeilenfeld der Matrix werden die Gestaltungsfelder des Prozessdesigns eingetragen, für die Lösungen zu finden sind. Die denkbaren Lösungen können der obigen Maßnahmen-Matrix entnommen und/oder im Rahmen eines Brainstorming gesammelt werden. Sie werden in den jeweils rechts an die betrachteten Prozesse/Aufgaben anschließenden Schnittfeldern der Matrix notiert. Dabei ist zu beachten, dass es sich um alternative Varianten handeln muss. Kombinationsvarianten erhalten ein eigenes Schnittfeld.

Gestaltungsfelder des Prozessdesigns	Mögliche Varianten				
A	Variante A1	Variante A2	Variante A3	Variante A4	
B	Variante B1	Variante B2			
C	Variante C1	Variante C2	Variante C3	Variante C4	Variante C5
D	Variante D1	Variante D2	Variante D3		

Lösungsvariante 1   Lösungsvariante 2

Abb. 2.130: Morphologische Matrix

In sich stimmige Lösungsvorschläge

Anschließend werden die Varianten pro Zeile bewertet und die jeweils beste Variante ausgewählt. Es ist zu prüfen, ob die ausgewählten Maßnahmen miteinander verträglich sind. Falls zwei Maßnahmen nicht zueinander passen, ist die wichtigere beizubehalten und die nächstbeste passende zu finden. Ergebnis ist letztlich eine aus der Summe der ausgewählten Varianten bestehende optimale und realisierbare Gesamtlösung. Sie enthält die Prämissen, unter denen der essenzielle Prozess von Anfang bis Ende zu durchdenken und in eine lösungsgebundene Prozessstruktur zu transformieren ist.

Bei der Gestaltung des Zeilenfeldes bietet sich folgende Möglichkeit an: Der Prozess/die Aufgabe wird zuerst genannt und dann in die Designansätze gegliedert (siehe Abbildung 2.131).

Zeilenweise Alternativen

Prozess/Gestaltungsfeld		Mögliche Varianten		
Auftrags-bestätigung senden	Prozesselemente optimieren	Fax/Brief	EDI	online pdf
Warenein-gang klären	Aufbauorganisa-tion optimieren	Aufgabe Kompetenz im Lager	Aufgabe Kompetenz Abteilungs-leiter	Aufgabe Material Manager

Abb. 2.131: Beispiel aus dem Morphologischen Kasten der Component GmbH

2.7 Prozessbewertung

Am Ende des Prozessdesigns stehen gegebenenfalls mehrere Lösungsentwürfe. Es sollte nun die Variante ausgewählt werden, die den höchsten Zielerreichungsgrad hat.

Definition

Die Prozessbewertung ist ein Planungsschritt, bei der die Soll-Prozesse den Prozesszielen gegenübergestellt werden. Die Variante mit dem höchsten Zielerreichungsgrad ist der favorisierte Vorschlag für die Realisierung.

Um eine Entscheidung bei mehreren Alternativen herbeizuführen, gibt es eine Reihe Bewertungstechniken wie die Nutzwertanalyse oder die Kosten-Wirksamkeitsanalyse . Ausführliche Erläuterungen zu diesen Techniken beinhaltet Band 1 dieser Schriftenreihe. An dieser Stelle soll lediglich die Zielerreichung anhand der Sollbasierten Prozessanalyse gezeigt werden.

Component GmbH

Das Gestaltungsteam der Component GmbH hat die Zeiten, Kosten und Häufigkeiten für den optimierten Beschaffungsprozess neu geschätzt (siehe Abbildung 2.129 Soll-Beschaffungsprozess der Component GmbH). Diese Prognosen beruhen auf Erfahrungswerten der Experten sowie auf Angaben der IT-Systeme-Anbieter.

In Abbildung 2.132 werden die Ist-Werte des Beschaffungsprozesses den Soll-Werten des optimierten Ablaufes gegenüber gestellt. Dabei zeigt sich, dass mit den Gestaltungsmaßnahmen zum Beispiel der FPY um 105% gesteigert, die durchschnittliche Durchlaufzeit um 74% sowie die durchschnittlichen Prozesskosten um 39% gesenkt werden können.

Prozesswerte	Ist	Soll	Verbesserung %
Anzahl am Tag	40	40	0%
Varianten	10	10	0%
Schnittstellen	15	13	13,33%
Anzahl Unterprozesse	2	2	0%
Anzahl Stellen/Funktionen	6	5	16,67%
First Pass Yield	39,2%	80,41%	105,13%
Durchlaufzeit, durchschnittlich	178:25 Stunden	46:02 Stunden	74,21%
Durchlaufzeit FPY	141:35 Stunden	41:00 Stunden	71,06%
Durchlaufzeit Worst Case	313,32 Stunden	196:57 Stunden	37,20%
Prozesskosten durchschnittlich häufigkeitsbasiert	173,72 € (+ 33,50)	113,57 € (+12,00)	39,4%
Prozesskosten FPY	139,28 € (+33,50)	106,25 € (+12,00)	31,55%
Prozesskosten Worst Case	427,00 € (+33,50)	221,50 € (+12,00)	49,29%
Kapazitätsbedarf je Beschaffung			
- Abteilungsleiter Material Management	0,1	0	100,00%
- Material Manager	0,25	0,17	32,00%
- Lager	0,16	0,1	37,50%
- Buchhaltung	0,12	0,07	41,67%
- Vertrieb	0,03	0,03	0,60%

Abb. 2.132: Gegenüberstellung der Ist- und Soll-Analysewerte des Beschaffungsprozesses

Für den Fall, dass mehrere Prozessvarianten erarbeitet werden, gewinnt der Vorschlag, der entsprechend der Zielgewichtung den höchsten Zielerreichungsgrad aufweist.

Dabei spielt das Trilemma der Prozessorganisation eine bedeutende Rolle. Dieses beschreibt den klassischen Zielkonflikt zwischen den drei Hauptprozesszielen

- hohe Prozessqualität
- kurze Durchlaufzeit
- niedrige Prozesskosten.

Je nachdem, welches der drei Ziele hoch gewichtet wird, entscheidet sich der Sieger.

Bei der Component GmbH wurden drei Alternativen für den neuen Beschaffungsprozess gestaltet, die folgende Soll-Werte erreichen:

Ziele	Werte Variante 1	Werte Variante 2	Werte Variante 3
First Pass Yield	105 %	38 %	42 %
Durchlaufzeit	74 Min	40 Min	74 Min
Prozesskosten	39 €	76 €	38 €

Liegt beispielsweise die Priorität auf der Erhöhung der Qualität, schneidet Variante 1 besonders gut ab, steht die Durchlaufzeitoptimierung im Vordergrund, liegt Variante 2 vorne. Wird das Kostenziel hoch gewichtet, bekommt Variante 3 die beste Bewertung.

2.8 Prozessrealisierung

Innerhalb der Prozessrealisierung findet nun die hemdsärmliche Umsetzung der Prozessplanung statt.

Ziele von Tests

Dabei wird stufenweise beziehungsweise der Planung entsprechend der modellierte Neuprozess in die Realität überführt. Doch bevor man sein „Kind" auf die Menschheit loslässt, sollten noch eine Reihe von Tests durchlaufen werden, die prüfen, ob die Lieferung der Bestellung entspricht. Testen ist dabei kein Selbstzweck, sondern verfolgt folgende Ziele:

- Sicherheit für die weitere Prozesseinführung geben
- Prozessabnahmen an einen Prozessverantwortlichen vorbereiten
- Fehler im Prozessdesign schon in frühen Projektphasen entdecken helfen
- Dadurch Fehlerkosten senken.

Verschiedene Tests

Die Qualitätsbewertung kann dabei von einem „Schau mal drüber" über das Abklopfen der Ergebnisse anhand des Pflichtenheftes bis zu einem formalisierten, strukturierten Abarbeiten eines Testkonzeptes von vielen unterschiedlichen Testpersonen reichen. Die entdeckten Mängel werden lokalisiert, beschrieben und nach ihrer Bedeutung gewichtet.

Bei einem Prozesstest werden die Testobjekte anhand von Testfällen/-daten (Prozessinputs/Prozessdummies) auf ihre korrekte Funktionsweise überprüft. Was korrekt heißt, wird durch Testkriterien festgelegt. Da ein Test nie vollständig die Realität abbilden kann, wird der Testumfang aufgrund von Zuverlässigkeitsanforderungen (Testgenauigkeit) bestimmt.

Tipp

Zur besseren Nachvollziehbarkeit werden Testergebnisse in einem Testprotokoll dokumentiert. In diesem sollten die Input- und die beobachtete Outputsituation derart beschrieben sein, dass ein Fehler reproduzierbar wird.

Nun unterscheidet man jeweils aufeinander aufbauende und nacheinander durchzuführende Testarten, die anzuwenden sind.

Aufbauende Testarten

- Spezifikationstests prüfen gemeinsam mit dem Endnutzer eine Systemspezifikation auf Vollständigkeit, Klarheit, Konsistenz und Realisierbarkeit. Wurden alle Anforderungen an den Prozess gedanklich in die Gestaltung einbezogen? Ergebnis ist eine Spezifikation in Form von Anforderungskatalogen/Pflichtenheften an den Prozess.
- Modultests sollen alle Abweichungen der neu gestalteten Teilprozesse von der Spezifikation (einzeln und im Zusammenspiel) aufdecken. Werden bei den Teilprozessen die gestellten Anforderungen erfüllt?

- Integrationstests sollen die Verbindungen zwischen Teilprozessen eines Prozesses und ihre Integration in die Prozessarchitektur prüfen. Wie verträgt sich die Neuerung mit anderen Neuerungen und den unveränderten Prozessen?
- Produktionstests prüfen den Prozess mit realen Inputs (Kundenanfragen) unter realen Einsatzbedingungen in Zusammenarbeit mit den Prozessbeteiligten. Verhält sich der Prozess wirklich wie gewünscht? Ist er beherrschbar?
- Usability Tests testen den Prozess nach Erlernbarkeit, Effizienz der Abwicklung und Zufriedenheit der Prozessbeteiligten. Sind die anvisierten Verbesserungen spürbar? Kann der Prozess die Prozessziele hinsichtlich der erstellten Kriterien wirklich erreichen? Wie interagieren Prozess und Mensch? Wird der Prozess akzeptiert und gelebt?

Zunehmende Bedeutung von Simulationen

Für den Entwurf leistungsstarker Prozesse ist die Simulation in möglichst allen Schritten äußerst hilfreich. Dies gilt insbesondere, wenn mehrere teils konkurrierende Prozessziele zugleich erreicht werden sollen. Die Prozesssimulation kann hier wesentlich zur Kostensenkung beitragen, indem sie das Ergebnis bei verschiedenen Alternativgestaltungen des Prozesses auch auf andere Prozessebenen veranschaulicht. Teure reale Experimente am lebenden Objekt sollen sinnvoll ergänzt, vorbereitet, optimiert oder möglicherweise sogar ganz ersetzt werden. Solche in technischen Abläufen, wie etwa Maschinenparks, sehr erfolgreich eingesetzten Methoden finden auch in menschlichen Arbeitsprozessen immer mehr Einzug.

Die Entwicklung in diesem Bereich ist mit Spannung zu verfolgen. Denn noch scheitern verlässliche und realistische Simulationsmodelle an der aufwändigen Parametrisierung der Variablen Mensch. Sein Handeln ist bis dato nur innerhalb schwer bestimmbarer Grenzen vorhersagbar und als nichttriviale Maschine bleibt er die große Unberechenbare in der Prozesssimulation.

2.9 Prozesseinführung

Einführung entscheidet über Erfolg

Die Einführung neuer Prozesse ist die letzte Phase im Projekt. Sie steht oft unter extremem Zeitdruck. Aus diesem Grund wird sie vielfach

- nicht ausreichend vorbereitet
- personell nicht ausreichend ausgestattet
- in ungeeigneter Form durchgeführt.

Einsparungen bei der Einführung rächen sich normalerweise. Fehler und Rückfragen kosten Zeit, Geld und oft auch Nerven. Akzeptanzprobleme machen oft den „Zeitgewinn" einer schnellen Einführung zunichte.

Fragen bei Prozesseinführung

Die Planung der Prozesseinführung beginnt normalerweise bereits in der Hauptstudie. Ein Teilprojekt setzt sich speziell mit der Planung der Einführung auseinander. Bei der Planung der Einführung sind folgende Fragen zu beantworten:

- Adressaten?
- Informationen?
- Form?
- Träger?
- Zeit?

Wer muss oder sollte alles über die Prozessgestaltung informiert werden, wer ist somit Adressat der Einführung?

Offensichtlich zählen die direkt betroffenen Aufgabenträger in Prozessen zu den wichtigsten Adressaten bei der Einführung des reorganisierten Prozesses. Nicht vergessen darf man die „Entlasteten“, d.h. diejenigen Stellen und Organisationseinheiten, die nicht mehr, wie vorher, für bestimmte Prozessaufgaben zuständig sind.

Component GmbH

Beispielsweise muss der Abteilungsleiter Material Management informiert werden, dass er sich zukünftig nicht mehr darum kümmern muss, was mit den falschen Wareneingängen passiert.

Darüberhinaus kann es auch notwendig sein, nicht direkt betroffene Mitarbeiter oder Führungskräfte sowie generell für Prozessmanagement Verantwortliche bei der Einführung zu informieren.

Über die Unternehmensgrenzen hinweg sind Lieferanten und Kunden potenzielle Adressaten der Einführung.

Component GmbH

Bei der Einführung des neuen Beschaffungsprozesses der Component GmbH ist es erfolgskritisch, die Lieferanten ins Boot zu holen. Schließlich hängt eine Reihe der Verbesserungen maßgeblich davon ab, ob die Zulieferer die technischen und personellen Maßnahmen konsequent umsetzen.

Unterschiedliches Informationsbedürfnis

Nicht alle Adressaten haben ein gleiches Informationsbedürfnis. Für einige ist es nur wichtig zu wissen, was sich beim neuen Prozess ändert. Andere Adressaten sollten auch die Hintergründe und Ziele der Prozessgestaltung (warum) kennen, damit sie die Lösung akzeptieren. Schließlich gibt es einige Informationsempfänger, die genau erfahren müssen, wie im Prozess gearbeitet wird. Abbildung 2.133 zeigt die Hauptadressaten und deren Informationsbedürfnisse auf.

Adressaten	Benötigen Informationen über		
	Was	Warum	Wie
Öffentlichkeit	•		
Lieferanten/Kunden	•		
„Entlastete“	•	•	
Nicht direkt betroffene Mitarbeiter	•	•	
Management/Prozesseigentümer allgemein	•	•	
Management/Prozesseigentümer betroffener Bereiche	•	•	•
Prozessverantwortlicher/Prozessbeteiligte	•	•	•
Wartungskräfte/Supportkräfte	•	•	•

Abb. 2.133: Adressaten und deren Informationsbedürfnisse

Man kann grundsätzlich Prozesse auf folgende Arten einführen:

Wie kann eingeführt werden?

- Mündliche Einführung (Präsentation, Vortrag, Schulung)
- Schriftliche Einführung (Arbeitsanweisung)
- Mischformen (Dokumentation und persönliche Maßnahmen).

Als Träger kommen zunächst die Mitarbeiter des Projektes in Frage. Für sie spricht ihre Sachkompetenz und ihre Motivation. Oft sind sie aber schwer verfügbar. Sehr geeignet ist auch der Prozessverantwortliche als Multiplikator des neuen Prozesses. Er hat ein hohes eigenes Interesse , dass alle Prozessbeteiligten die Maßnahmen umsetzen. Denkbar sind auch Mitarbeiter aus der Aus- und Weiterbildung oder Vorgesetzte der Betroffenen als Träger der Einführung. Beiden fehlen jedoch meist detaillierte Projektkenntnisse. Für erstere spricht die Schulungskompetenz, für zweitere die Autorität.

Idealerweise führt Prozessverantwortlicher ein

Prozesse sollten immer schriftlich eingeführt werden. Zusätzlich empfiehlt sich für die wichtigsten Adressaten eine mündliche Implementierung.

Tipp

Zeitlich werden die folgenden Vorgehensvarianten unterschieden:

- Schlagartige Einführung
- Stufenweise Einführung
- Parallel laufende Einführung.

Die wichtigsten Merkmale dieser Varianten werden in der Abbildung 2.134 genannt. Die Entscheidung für eine dieser Varianten hängt hauptsächlich von den Kriterien Aufwand, Sicherheit und personelle Ressourcen ab.

Zeitliches Vorgehen	Beschreibung
Schlagartig	▪ Die komplette Anwendung wird bei allen Betroffenen gleichzeitig eingeführt
Stufenweise	▪ Teile der Anwendung werden nacheinander eingeführt ▪ Es wird in verschiedenen Organisationseinheiten nacheinander eingeführt, dazu zählt auch die Pilotierung ▪ Mischform aus beidem
Parallel laufend	▪ Die neue Anwendung wird eingeführt und die bisherige wird als Backup vorgehalten oder -seltener- es werden beide Lösungen nebeneinander genutzt (Doppelarbeit).

Abb. 2.134: Zeitliches Vorgehen bei der Einführung

2.10 Projektmanagement

Im Band 2 der Schriftenreihe, „Ganzheitliches Projektmanagement" wird sehr ausführlich auf alle Aspekte des Projektmanagements eingegangen. Im vorliegenden Band liegt der Schwerpunkt auf dem Prozessmanagement. Allerdings ist dieses Thema aus zwei bereits genannten Gründen nicht vom Projektmanagement zu trennen:

Prozesse und Projekte haben viel gemeinsam

- Prozesse werden oft in Projektform oder doch zumindest nach Spielregeln des Projektmanagements gestaltet bzw. optimiert
- Projekte selbst stellen Prozesse dar, auch wenn sie sich durch ihren einmaligen Charakter von den sich mehr oder weniger häufig wiederholenden Führungs-, Ausführungs- und Unterstützungsprozessen unterscheiden.

Die allgemeinen Aspekte des Projektmanagements hinsichtlich der relevanten Rollen und Projekt-Aufbauformen werden in diesem Kapitel kurz beschrieben, um die Verbindung zum Band 2 herzustellen. Darüber hinaus wird auf die Besonderheiten eingegangen, wenn es sich um Projekte handelt, die Themen der Prozessorganisation zum Gegenstand haben.

Tipp

Wenn in diesem Kapitel von „Projektmanagement" die Rede ist, soll darunter stets das Management von Einzelprojekten verstanden werden.

2.10.1 Rollen des Projektmanagements

Die relevanten Rollen sind zum größten Teil mit denen des Multi-Projektmanagements identisch, allerdings mit teilweise anderen Funktionen. Andere Rollen entfallen (Ideenlieferant, Antragsteller) bzw. kommen hinzu:

- Promotor
- Sponsor
- Auftraggeber
- Lenkungsausschuss
- Projektleiter
- Ggf. Teilprojektleiter
- Arbeitspaketverantwortliche
- Projekt-/Arbeitspaketmitarbeitende
- Fachbereichsmitarbeitende
- Project-Office.

Zu den Rollen der Promotoren und Sponsoren ist grundsätzlich nichts Neues hinzuzufügen. Sie sind aufgrund ihrer ideellen und materiellen Unterstützung für den Erfolg von prozessorientierten Projekten unerlässlich.

Letztentscheid beim Auftraggeber

Die Rolle des Auftraggebers bleibt zwar nach der Projektinitialisierung weiterhin bestehen, bekommt allerdings eine andere Färbung. Da der Auftraggeber der eigentliche Kunde des Projektes ist und sehr oft mit der Rolle des Sponsors gekoppelt ist, also demjenigen, der das Budget für das Projekt bereitstellt, stellt er den wichtigsten Stakeholder für die Projektgruppe dar. Ihm obliegt es, letzte Entscheidungen über Vorgehen und Lösungswege zu treffen, besonders wenn es sich um Änderungen gegenüber dem ursprünglichen Plan handelt und ggf. ein Veto einzulegen ist, wenn er seine Interessen und Bedürfnisse durch entsprechende Entwicklungen gefährdet sieht.

In der amerikanischen PM-Welt sind - wie bereits weiter oben erwähnt - die Rollen des Sponsors und des Auftraggebers von Hause aus identisch. Weiterhin wird er dort außerhalb der Projektorganisation gesehen und ist, abgesehen von sogenannten „Change Control Boards“, der alleinige Ansprechpartner des Projektleiters und damit die entscheidende Instanz.

Möglichst einstimmige Entscheidungen

Die europäische Sicht sieht den Auftraggeber eher als Mitglied von Lenkungsausschüssen, mehr noch, als deren Vorsitzenden, dem oft das Recht des Stichentscheides und/oder ein Vetorecht zugestanden wird. Anzustreben ist natürlich Einstimmigkeit, weil später alle Mitglieder des Lenkungsausschusses die Lösung mittragen müssen, soll sie eine echte Chance zur Umsetzung haben. In manchen Situationen ist jedoch aus psychologischen Gründen einer zügigen Entscheidungsfindung der Vorzug zu geben vor einem, wenn auch demokratischen, so doch auf die Unternehmensumwelt zögerlich wirkenden, den Projektablauf hemmenden Entscheidungsprozess.

Ein Lenkungsausschuss (oft auch Steering Committee genannt) ist ein für ein bestimmtes Projekt gebildetes Entscheidungsgremium. In kleineren und mittleren Unternehmen ist der Lenkungsausschuss, nicht selten in seiner personellen Besetzung mit dem Bewilligungsgremium, Change Control Board, und letztlich mit der Geschäftsleitung identisch.

Generell setzt sich der Lenkungsausschuss aus leitenden Mitarbeitern der wesentlich betroffenen Bereiche zusammen und entscheidet an wichtigen Meilensteinen oder bei außerordentlichen Anlässen.

Abnahme an Phasenenden

Wichtige, reguläre Meilensteine sind vor allem die Abschlüsse von Projektphasen, bei denen es darum geht, die auftragsgemäß vereinbarten Lieferobjekte abzunehmen und die nächste Phase freizugeben (Phaseninitialisierung) bzw. das Endergebnis von Projekten als Ganzes abzunehmen und Projektleitung und Projektgruppe von der Projektverantwortung zu entlasten. Bei den phasenbezogenen Entscheidungen handelt es sich um die Bestimmung von weiter zu verfolgenden Lösungsvarianten und damit verbundener finanzieller und personeller Ressourcen.

Außerordentliche Anlässe liegen vor, wenn durch interne oder externe Einflüsse bedingt, der Projekterfolg gefährdet wird. Für diese Fälle sollte es einen Eskalationsplan geben (bevor eine Krise eintritt!), der definiert, in welchen Situationen das Eingreifen des Lenkungsausschusses erforderlich ist. Im Extremfall kann der Lenkungsausschuss über einen Projektstopp bzw. -abbruch entscheiden.

Erfolgsfaktor Projektleiter

Der Projektleiter ist die zentrale Figur im Rahmen des Projektmanagements, von dessen fachlichen, methodischen und sozialen Kompetenzen der Projekterfolg im Wesentlichen abhängt. Der Projektleiter ist grundsätzlich für die Erfüllung des Projektauftrages verantwortlich. Das bedeutet, dass es vom Kick-off-Meeting bis zur offiziellen Entlastung von der Projektverantwortung seine Aufgabe ist, das Projekt zu planen, zu diagnostizieren und zu steuern, Projektphasen mit entsprechenden Berichten und Anträgen abzuschließen, so dass die nächst anstehenden Projektphasen initialisiert werden können, und kurz gefasst, während der gesamten Laufzeit seines Projektes das sogenannte „Teufelsquadrat" zu managen: Also 1. Aufwand/Kosten, 2. Termine/Dauer, 3. Qualität und 4. Leistungsumfang/Quantität „unter einen Hut zu bringen".

Diese Ausführungen treffen prinzipiell auch auf die Teilprojektleiter und Arbeitspaketverantwortlichen zu, nur dass sie hierarchisch tiefer angesiedelt und die einen dem Projektleiter, die anderen den Teilprojektleitern unterstellt sind.

Wenn von Projekt- und Arbeitspaketmitarbeitern die Rede ist, sollen darunter die Beteiligten im Projekt- oder Kernteam verstanden werden, die die Hauptlast der eigentlichen Projektarbeit tragen. In der Regel handelt es sich um Personen, die aus den betroffenen Fachbereichen stammen und im besten Fall sowohl qualifizierte Know-how-Träger, als auch projekt- und teamtaugliche Mitarbeiter sind.

Die Rolle der Fachbereichsmitarbeiter wurde erwähnt, weil es aus Koordinations- und Aufwandsgründen oft sinnvoll ist, das Kernteam auf das Notwendige zu beschränken. Fachbereichsmitarbeiter nehmen an Sitzungen teil bzw. werden situativ in Anspruch genommen, wenn spezifisches Know-how für das Vorankommen des Projektes erforderlich ist.

Tipp

In diesen Fällen werden entsprechend geeignete Mitarbeitende hinzugezogen. Hier ist es wichtig, die Spezialisten „ins Boot zu holen", sie also mit einem entsprechenden Briefing mit der Historie und der augenblicklichen Situation des Projektes vertraut zu machen, sowie klar zu definieren, was von ihnen verlangt wird. Es darf nicht unterschätzt werden, dass es gerade diese Personen sind, die sehr viel zur Akzeptanz eines Projektes beitragen können. Es sind Multiplikatoren, die ihre mit dem Projekt gemachten Erfahrungen (informell) in die Fachbereiche weiter tragen - zum Wohl oder Wehe des Vorhabens! Mit „Wohl" ist Akzeptanz, mit „Wehe" Widerstand gemeint.

Rechte Hand für Projektbeteiligte

Bleibt die in der obigen Aufzählung zuletzt genannte Rolle, das „Project-Office". Es handelt sich um eine Rolle, die qualitative und quantitative Unterstützungsfunktionen vor allem für die Projektleitung, aber auch für den Lenkungsausschuss und das Kernteam wahrnimmt. Diese Rolle kann einzelprojektbezogen ausgelegt, aber auch als dauerhafte Einrichtung im Sinne einer Projektservice- oder Projektfachstelle angesehen werden. An dieser Stelle soll die Erwähnung genügen. Analoge, ausführlichere Überlegungen zum Project-Office werden im Zusammenhang mit einem „Prozess-Office" folgen (siehe Kapitel 4.5).

2.10.2 Aufbauformen des Projektmanagements

Der Vollständigkeit halber sollen noch die möglichen Aufbauformen charakterisiert werden, die natürlich auch für die Abwicklung von Prozessgestaltungs- oder Prozessoptimierungsprojekten in Frage kommen.

Werden systematische Überlegungen zur Wahl der Projektaufbauform angestellt, kann die Entscheidung unter anderem auf der Basis folgender Kriterien getroffen werden:

Hiervon hängt die Aufbauform ab

- Art des Problems (Anzahl erforderlicher unterschiedlicher Spezialisten)
- Größe des Problems (Anzahl betroffener Prozesse/Organisationseinheiten)
- Bedeutung des Problems (Grad des Strategiebezuges, Chancen/Risiken für das Unternehmen)
- Neuartigkeit des Problems (Maß vorhandener Erfahrungen)
- Komplexität des Problems (Grad der Vernetztheit).

Grundsätzlich findet man in der Praxis folgende drei Aufbauformen des Projektmanagements, sei es in Reinkultur oder auch in Mischformen:

- Stabs-Projektorganisation
- Reine Projektorganisation
- Matrix-Projektorganisation.

Sie unterscheiden sich hinsichtlich der Weisungsbefugnisse des Projektleiters und des Einbindungsgrades der Projektmitarbeiter.

Schwache Koordination

In der Stabs-Projektorganisation gibt es keinen Projektleiter im eigentlichen Sinn, denn es sind keinerlei Weisungsrechte vorgesehen. Die Bezeichnung Projektkoordinator trifft diese Funktion besser. Der Projektkoordinator handelt in der Regel als Stabsstelle im Auftrag eines Linienvorgesetzten. Sein Einfluss auf die Einhaltung von Terminen und Budgets sowie die Qualität der Ergebnisse erfolgt durch Empfehlungen oder durch von ihm überbrachte Weisungen des Linienvorgesetzten. Weitere Funktionen sind das Sammeln, Aufbereiten und Verteilen von Informationen sowie das Vorbereiten von Entscheidungen. Der Einbindungsgrad der für das betreffende Vorhaben eingesetzten Fachbereichsmitarbeiter ist in dieser Form der Projektorganisation typischerweise gering.

Rücken-deckung durch starke Hierarchien

In der Realität wird ihre Wirksamkeit von der Persönlichkeit des Projektkoordinators, der Motivation der Fachbereichsmitarbeiter, aber auch von der hierarchischen Stellung des Linienvorgesetzten und seinem Engagement abhängen. Je höher der Auftraggeber angesiedelt ist, desto mehr werden Empfehlungen des Projektkoordinators den Charakter von Quasi-Weisungsbefugnissen bekommen. Ein Unternehmen, das seine Projekte vorwiegend in der Stabs-Projektorganisation abwickelt, dürfte nur eine schwach ausgeprägte Projektmanagement-Kultur aufweisen. Es ist außerdem ein Indiz dafür, dass wenig Bereitschaft seitens des Linienmanagements besteht, Macht abzugeben.

Anders scheint dies bei der Form der Reinen Projektorganisation zu sein. Hier wird für die Laufzeit des Projektes eine eigenständige Organisationseinheit gebildet, in die die Projektmitarbeiter zu 100 % eingebunden sind. Je nach Größe des Projektes gilt dies auch für den Projektleiter, jedoch kann es sein, dass ein mehr oder weniger großes Teilzeitengagement genügt. Wichtig ist, dass der Projektleiter in einer Reinen Projektorganisation projektbezogene fachliche und disziplinarische Weisungsbefugnisse erhält und damit größtmöglichen Einfluss auf die Leistungen und Ergebnisse des Projektes ausüben kann. Die langfristigen disziplinarischen Weisungsbefugnisse und Zuständigkeiten wie Personalentwicklung und Gehaltsfindung verbleiben beim Stammvorgesetzten in der Linie, der sich sinnvollerweise mit dem Projektleiter abstimmen wird, der ihm über das Verhalten und die Leistungen des ins Projekt delegierten Mitarbeitenden berichten sollte.

Starke Koordination

Oberflächlich betrachtet besitzt ein Unternehmen, das seine Projekte - wann immer sinnvoll - in der Form der Reinen Projektorganisation abwickelt, eine reife, weit entwickelte Projektmanagement-Kultur, denn es wird ein größtmögliches Maß an Macht von der Linie an die Sekundärorganisation abgegeben. Soziologische Studien haben jedoch gezeigt, dass dieser Eindruck unter Umständen täuschen kann. In diesem Zusammenhang spricht man auch von der „abgeschiedenen Projektorganisation“ und meint damit, dass es einen Trend zur Isolation der Projektgruppe gibt; sei es dass diese Entwicklung von der Projektgruppe selbst ausgeht oder von der Primärorganisation in Kauf genommen oder sogar gefördert wird, um den „machtpolitischen Fremdkörper“ auf ein Nebengleis zu schieben, wo er das Liniengefüge nicht weiter stört.

Gefahr von Elfenbeintürmen

Die Matrix-Projektorganisation lässt so etwas nicht zu, denn in dieser Form der Projektorganisation ist die Auseinandersetzung von Linienmanagern und Projektleitern strukturell angelegt. Die Projektmitarbeiter sind teilzeitlich ins Projekt eingebunden, in der Regel mit einem höheren Kapazitätsanteil als in der Stabs-Projektorganisation. Dies führt zu einer Doppelunterstellung: bezüglich der Fachbereichsaufgaben sind sie weiterhin ihrem Linienvorgesetzten fachlich und disziplinarisch und bezüglich der Projektaufgaben dem Projektleiter fachlich unterstellt. Werden Kompetenzen, Kapazitätsanteile und Einsatzzeiträume nicht klar definiert, sind bei den Mitarbeitern Überlastungen und bei den Linienmanagern und Projektleitern Konflikte programmiert. Allerdings ist es die Projektorganisationsform, die am meisten zur Entwicklung einer Projektmanagement-Kultur beiträgt - gerade weil sich Primär- und Sekundärorganisation miteinander auseinandersetzen müssen.

Diener zweier Herren

In der Praxis werden die meisten Projekte in der Form der Matrix-Projektorganisation durchgeführt. Hierfür spricht vor allem die angemessene Einflussmöglichkeit des Projektleiters, die gute Kapazitätsauslastung der Projektmitarbeiter, die Praxisnähe sowie die leichte Reintegration der Projektmitarbeiter in den Stammbereich nach Beendigung des Projektes.

Matrix in der Praxis bevorzugt

Interessant ist vielleicht, dass im amerikanisch-globalen Projektmanagement-Standard die Matrix-Organisation noch einmal in eine schwache, starke und ausgewogene Matrix-Organisation unterteilt wird. Ausschlaggebend für die Zuordnung sind auch hier der Einbindungsgrad der Projektmitarbeiter sowie der Einbindungsgrad und der Kompetenzumfang des Projektleiters im Verhältnis zu den betreffenden Linienvorgesetzten. Bei der starken Matrix geht man von einer eigenen Projektmanagement-Abteilung mit einem Pool von Projektleitern aus. Der Leiter dieser Abteilung ist den anderen Linienmanagern hierarchisch gleichgestellt, wodurch sich ein entsprechendes machtpolitisches Gewicht ergibt.

Machtpolitisches Gleichgewicht

Um das Zusammenspiel von Projekt und Linie günstig zu beeinflussen und zu fördern, sollten folgende flankierenden Maßnahmen vorgesehen werden:

So funktionieren Linie und Projekt gleichzeitig

- Eine klare Auftragsvereinbarung, indem die Kompetenzverteilung zwischen Linie und Projekt sowie der Einbindungsgrad der Mitarbeiter schriftlich geregelt werden.
- Eine Integration betroffener Linienvorgesetzter in den Lenkungsausschuss, um sie mit in die Verantwortung zu nehmen; mindestens sind sie eng in das Berichtswesen einzubinden.
- Eine Aufwertung der Projektarbeit, indem diese als alternativer und als der Linienkarriere gleichwertiger Karriereweg angeboten wird. In manchen Unternehmen wird eine erfolgreiche Tätigkeit als Projektleiter sogar als Voraussetzung für die Übernahme von Linienverantwortung angesehen.

2.11 Einzelprozesstools

Die Prozessgestaltung ist seit nun mehr fast 20 Jahren Tummelplatz für Spezialtools. Zahllose Softwareprogramme unterstützen die Modellierung, Analyse und Optimierung von einzelnen Prozessen. Ähnlich wie bei den technischen Anforderungen aus der Strategischen Prozessorganisation heraus sollen auch hier folgend die fünf wesentlichen Funktionalitäten kurz erläutert werden.

Datenbankfunktionalität

Mehrmalige Nutzung zentral gepflegter Daten

Abgesehen von reinen Visualisierungstools wie zum Beispiel Microsoft Visio unterstützen die meisten Prozesstools die Prozessgestaltung mittels einer Datenbank. In ihr sind Daten wie Aufgaben, Aufgabenträger, Organisationseinheiten, Personen, IT-Systeme, Sachmittel etc. abgelegt. Zusätzlich können hier auch projektspezifische Daten wie Ziele, Zeiten, Aufwände oder Beteiligte hinterlegt werden. Die Datenbankfunktionalität ermöglicht es, die immer wieder in verschiedenen Prozessen vorkommenden Elemente effizient zu verwalten. Die Stammdaten können an einer Stelle zentral erfasst werden, so dass ein Wildwuchs an Daten vermieden werden kann.

Modellierungsfunktion

Sobald mehrere Prozesse in eine grafische Form gebracht werden sollen, lohnt es sich in jedem Fall, dies mit Spezialtools zu tun. Vermeintlich billigere Lösungen, wie man sie oft in der Praxis sieht, haben in der Regel wesentlich höhere Folgekosten.

Component GmbH

Bei der ersten Annäherung der Component GmbH an die Prozessmodellierung wurden die Abläufe mit Hilfe einer Tabellenkalkulation erstellt. Der damalige Verantwortliche kannte die Software besonders gut und nutzte sie für alle möglichen Darstellungen. Spätestens als auch andere Kollegen die Prozesse erfassten, wurde deutlich, dass das Handling extrem schwierig und aufwendig war.

Wichtig bei der Modellierungsfunktion ist, dass das Prozesstool mehrere Sichten (Prozesssicht, Organisationssicht, IT-Systemsicht, Datensicht) unterstützt und verschiedene Darstellungstechniken wie Folgeplan, Geblockter Text oder ereignisorientierte Prozessketten anbietet.

Analysefunktion

Auswertungen harter und weicher Daten

Ebenfalls sollten Prozesstools die Funktionalität gewährleisten, mit den Elementen Zeiten-, Mengen-, Kosten- und andere Daten zu verbinden und auszuwerten. Zum besseren Verständnis sollten mehrere Ansichten angeboten werden, die Analyseergebnisse grafisch oder tabellarisch aufzubereiten. Neben der Analyse harter Zahlen sollten Prozesstools auch Methoden zur systematischen Problemanalyse wie beispielsweise Mind-Map oder Ishikawa-Diagramm unterstützen.

Optimierungsfunktion

Grenzen für Prozesstools

Das Design neuer Prozesse beruht vielfach auf gesundem Menschenverstand und ist deshalb nur bedingt technisch zu flankieren. Selbstverständlich können die Soll-Prozesse analog den Ist-Prozessen modelliert und analysiert werden, so dass die Wirkungen der Veränderungen auf Zeiten, Qualität und Kosten ausgewertet werden. Mit Hilfe der Simulationsfunktion können Prozesse hinsichtlich ihrer Belastungsgrenze in der Praxis getestet werden. Schließlich können Tools zu Kreativitäts- und Bewertungstechniken den Weg zur Lösungsentwicklung und -bewertung unterstützen.

Workflowfunktion

Automatisierte Freigabe von Prozessen

Aufgrund des einmaligen Charakters von Prozessgestaltungen sind automatisierte Verfahren bei der Modellierung, Analyse oder Optimierung einzelner Prozesse nicht anzustreben. Allenfalls bei der Einführung der reorganisierten Prozesse bietet es sich an, ein automatisiertes Freigabeverfahren einzusetzen. Ebenfalls könnten wiederkehrende Projektabläufe wie beispielsweise Zeiterfassung oder Protokollierung im Sinne eines Vorgangsverfolgungssystems per Email unterstützt werden.

2.12 Management von Instabilität

„Stets gilt es zu bedenken, dass nichts schwieriger zu bewerkstelligen, nichts von zweifelhafteren Erfolgsaussichten begleitet und nichts gefährlicher zu handhaben ist als eine Neuordnung der Dinge."

N. Macchiavelli

Neuerungsfeindlichkeit ist verständlich

Menschen möchten ihre (Arbeits-)Situation beherrschen, zumindest kontrollieren. Berechenbarkeit von Ereignissen und Personen entlastet uns maßgeblich. Kontrollverlust oder die Angst davor schränkt unsere Handlungsfähigkeit ein bzw. kann uns regelrecht lähmen. Das Streben nach Ordnung ist immanenter Bestandteil aller dynamischen Systeme. Dies gilt auch für deren Elemente, in unserem Falle die Mitarbeiter und Führungskräfte.

Organisationen - als lebende und dynamische Systeme - „haben eine starke Neigung, bestehende Stabilitäten zu erhalten". Das Stören dieser stabilen Zustände oder Gleichgewichte führt somit - zwangsläufig - zu einer Gegenreaktion der Systemmitglieder, die meist als sogenannter „Widerstand" bezeichnet wird.

Tipp

Aus Sicht der Betroffenen handelt es sich jedoch um eine konsequente (und logische) Reaktion auf - i.d.R. von „außen" angestoßene - Veränderungen der bestehenden Gleichgewichte. Wer sich also über „Widerstände" wundert, versteht die Dynamik lebender Systeme nicht. Dass sich Führungskräfte und Entscheider darüber ärgern, ist zwar aus deren Perspektive nachvollziehbar, zeigt allerdings gleichzeitig deren mangelnde Distanz in der Betrachtung ihres Systems.

An dieser Stelle sei kurz auf das Allheilmittel „Partizipation" verwiesen, das in aller Munde ist, aber kaum funktional praktiziert wird: Mitarbeiter wehren sich nicht gegen Veränderungen per se, sondern in erster Linie gegen die Art der Veränderung. Wenn ich selbst Veränderungen initiieren und umsetzen kann, identifiziere ich mich mit ihnen, weil diese ja „meine“ Ideen sind.

Das ist auch der Grund, warum in das Prozessgestaltungsteam der Component GmbH Mitarbeiter aus dem Material Management, Lager und Buchhaltung als Hauptbetroffene integriert werden (siehe Prozessauftrag in Abbildung 2.06). Für sie wird es zum Teil erhebliche Veränderungen in ihrer bisherigen Arbeitsweise geben. Beispielsweise schicken sie ihre Bestellungen nicht mehr per Brief/Fax oder greifen online auf Preislisten der Lieferanten zurück. Da sie diese Vorschläge aber selbst im Team erarbeitet haben, sehen sie die Vorteile dieser Veränderung für sich selber ein.

Component GmbH

Immer dort, wo „Widerstand“ auftritt, empfinden Mitarbeiter die Veränderungen entweder nicht als „ihre“, oder sie lehnen diese aus anderen (inhaltlichen oder beziehungstechnischen) Gründen ab. In beiden Fällen fehlt in aller Regel die notwendige bzw. ausreichende Auseinandersetzung mit der Veränderung, ihrem Anlass, ihrer Notwendigkeit und ihrem Sinn. Selbstverständlich ist nach aktiver Auseinandersetzung mit dem Thema durch die Betroffenen auch eine Entscheidung zu treffen.

Beteiligung ist das A und O

Dabei ist relevant, wie welche Entscheidungen von wem getroffen werden. Und: Sind die Regeln klar, nach denen entschieden wird, wie der Entscheidungsprozess stattfindet („war bei uns immer schon so; der Alte entscheidet immer hinter verschlossenen Türen; scheinbar dürfen wir alle mitreden - tatsächlich steht die Entscheidung schon fest; wenn du deine Meinung laut sagst, hast du später schlechte Karten“etc. pp.).

Damit ist auch hier wieder zu beachten, inwieweit formale und informelle Regeln übereinstimmen oder nicht. Die inhaltliche Akzeptanz nicht nur von Veränderungen, sondern auch der Regeln zur Erreichung der Veränderung steht und fällt mit der Klarheit, Eindeutigkeit und Glaubwürdigkeit der Vorgehensweise und damit der Verantwortlichen für den Veränderungsprozess.

Gelebte Entscheidungsprozesse

Ein Projektleiter als einsamer Kämpfer für die „neue Lösung“, die „richtige Alternative“, oder den „entscheidenden Neubeginn“ erinnert mehr an Don Quichote von der Mancha als an eine erfolgreiche Führungskraft: Ohne klaren Promotor, ohne tatsächliche Rückendeckung durch Geschäftsleitung bzw. Vorstand können (und sollten) keine grundlegenden Veränderungen und damit instabile Systemzustände ausgelöst werden.

Die Konsequenzen liegen auf der Hand: „Widerstände“ treten nicht nur bei Mitarbeitern und Kollegen auf, sondern auch bei Führungskräften in anderen, von der Veränderung betroffenen Bereichen, die „auf die Barrikaden gehen“.

(Wobei offener Widerstand noch zu Dank verpflichtet, im Gegensatz zu den möglichen Intrigen, Fallen und Verleumdungen, die aus solchen Konstellationen erwachsen können.)

Tipp

Daher gilt besonders in diesem Falle: „Am Anfang war der Auftrag."

Aktive und passive Widerstände

Im Rahmen der Auftragsklärung muss der Projektleiter herausfinden, welche Veränderungen von wem, mit welchen möglichen Auswirkungen auf wen, verlangt werden, von wem umgesetzt werden soll, wer die Gesamtverantwortung dafür trägt, welche Rollen (z.B. Auftraggeber, Projektleiter, Veränderungsmanager) die relevanten Personen dabei spielen sollen, und wer ggf. an der Verhinderung der Umsetzung interessiert ist (siehe dazu auch Kapitel 4.7).

Jenseits bekannter Muster

Werden grundsätzlich neue Prozesse initiiert (zum Beispiel BPR, Reorganisation durch Fusion, Divisionalisierung, Ausgründung etc.) findet ein Prozessmusterwechsel statt, der gleichsam einen instabilen Zustand der Organisation darstellt. Oder umgekehrt. Prozessmusterwechsel lösen nicht nur instabile Zustände aus, sondern benötigen diese vielmehr, um grundlegende Veränderungen zu ermöglichen oder Neues auszuprobieren.

Erzeugen instabiler Situationen

In Unternehmen werden daher kritische (= instabile) Situationen erzeugt, um Veränderungen durchzuführen. Dies kann bis zur extremen Variante geführt werden, bei der jeder einzelne Mitarbeiter sich persönlich in einer Alles-oder-Nichts-Situation befindet.

Dabei werden nicht nur bisher gültige Regeln (zum Beispiel „wer seinen Job macht, dem passiert nichts") geändert, sondern das Übernehmen neuer Normen wird von allen Betroffenen verlangt. Der daraus resultierende Konflikt („war das alles schlecht, was wir bisher gemacht haben?") erfordert eine Anpassungsleistung der Beteiligten und kann als Chance genutzt werden.

Das heißt: Instabilität

- fördert erhöhte Sensibilität und Kreativität
- ist notwendige Voraussetzung für Neuordnung
- ist nur in der Übergangsphase sinnvoll - ansonsten schädlich, weil Arbeitsergebnisse und -zufriedenheit sinken
- setzt (vorübergehend) die Handlungsfähigkeit herab, erhöht allerdings die Anpassungsfähigkeit.

Entsprechende destabilisierende Interventionen zur Erzeugung eines solchen Zustandes sind z.B.:

Intervention zur Destabilisierung

- Durchbrechen von bestehenden Regeln
- Verändern von etablierten Symbolen
- Erfüllen von systemeigenen Instabilitätskriterien (z.B. offenes Infragestellen formeller Regeln)
- Übermitteln widersprüchlicher Informationen
- Informationsstopp
- Informationsflut
- Schnelle Verhaltenswechsel
- Hohes Erregungsniveau.

Wie gewinnt man welche Mitarbeiter für Instabilität

Allerdings stellen sich die Betroffenen zu allererst die Frage: „Warum sollen wir uns auf eine Änderung einlassen, wenn sowohl Weg als auch Ziel unklar sind und das Risiko entweder nicht abgeschätzt werden kann oder sogar außergewöhnlich hoch ist?"

KRUSE gibt drei Antworten darauf:

1. „Risikofreudige Mitarbeiter suchen: Manche Menschen sind besonders risikofreudig und eignen sich besonders für den Aufbruch zu unbekannten Kontinenten (Kolumbus-Metapher)
2. Gezielt Angst machen - aber: Veränderungsbereitschaft über Angst zu erzeugen, verlangt große psychologische Kompetenz zur Vermeidung von Panik
3. Faszination und Neugier wecken: Dies sind wohl die unerschöpflichsten und positivsten Quellen menschlicher Kreativität und Veränderungsbereitschaft. Sie bestehen im Kern aus einer Mischung von Irritation und Neugier."

Mit unscharfen Zielen leben

Im Gegensatz zu Funktionsoptimierungen in stabilen Systemzuständen (siehe Kapitel 3.6) handelt es sich in komplex-instabilen Situationen häufig um unscharfe Ziele, die sich erst in der Zielannäherung konkretisieren.

Component GmbH

Als die Projektmitarbeiter der Component GmbH damit begannen, den Beschaffungsprozess neu zu gestalten, gab es zunächst nur die groben Ziele „Durchlaufzeiten verkürzen", „Prozesskosten senken" und „Qualität erhöhen". Erst mit den detaillierten Analysen und Würdigungen wurden die Optimierungsziele klarer.

Unter der Prämisse einer - notwendigen - Selbstorganisation der betroffenen Bereiche wird folgende Vorgehensweise beschrieben (siehe Abbildung 2.135).

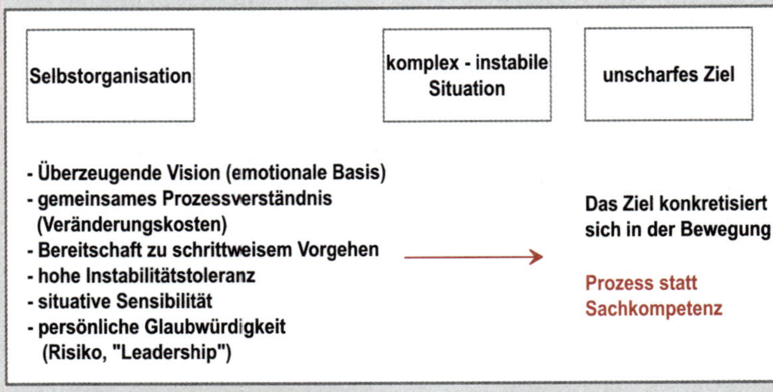

Abb. 2.135: Management von Instabilität

Dementsprechend lauten die Verhaltensregeln zur Förderung von Veränderung:

So wird Veränderung unterstützt

- Nimm Dein Schicksal in die Hand, bevor es ein anderer tut.
- Orientiere Dich an den Gegebenheiten, wie sie sind, nicht wie sie waren oder in Zukunft sein sollen.
- Sei rückhaltlos offen und aufrichtig mit Informationen.
- Versuche nicht zu steuern, sondern entwickle gezielt Deine eigenen Kernkompetenzen.
- Verändere, wenn es Dir gut geht, nicht wenn die Umstände Dich dazu zwingen.
- Gehe nur dann in eine Wettbewerbshaltung, wenn es für die gesamte Institution förderlich ist.

Hilfreich ist dazu eine Kultur der Veränderung (siehe Abbildung 2. 136), die in acht Schritten die notwendigen Voraussetzungen erzeugen soll.

Kultur der Veränderung		
8. Intuitives Wissen gezielt fördern und einsetzen	1. Vision erarbeiten und überzeugend vermitteln	2. Veränderungen und Leistungen offen sichtbar machen
7. Stabilität und Instabilität balancieren	**Prozesskompetenz:** **Veränderung verstehen und gestalten**	3. Operative Optimierer und innovative Impulsgeber gezielt einbeziehen
6. Regeln offen legen und Leitsätze verwirklichen	5. Veränderungsbereitschaft persönlich vorleben	4. Klare Rahmenbedingungen vereinbaren und kontrollieren

Abb. 2.136: Kultur der Veränderung

Ziel ist es, eine (verhaltensbezogene) Prozesskompetenz zu erlangen, um Veränderungen verstehen und gestalten zu können. Um diese Kompetenz zu erlangen, ist ein Lernprozess erforderlich, der aus drei Schritten besteht:

Lernen, Veränderung zu verstehen und zu gestalten

1. Handeln (zum Beispiel: Fußball spielen)
   Voraussetzung für sinnvolles Handeln: Ziel
   Ziel ist hier: Tore schießen

2. Beobachten (beim Handeln) = Lernen
   Ziel: Optimierung des Handelns

3. Beobachten der Beobachtung (Erkennen der Beobachtungsbedingungen) = Lernen zu Lernen
   Ziel: Reflexion als Voraussetzung der Optimierung.

Voraussetzung für eine erfolgreiche Gestaltung der Veränderung ist die Reflexion des Handelns und der Ziele. Die Abbildung 2.137a,b beinhaltet die Erfolgsfaktoren zur Förderung von Veränderung:

Do	Don't
Ist Prozessoptimierung oder Prozessmusterwechsel gefordert? (Management von Stabilität oder von Instabilität)	Bei Prozessmuster-Wechsel kann das Neue nicht aus einer Analyse des Bestehenden abgeleitet werden.
Ist eine emotional resonanzfähige Vision vorhanden? (Überzeugende Antwort auf die Frage „Wozu?“)	Versuchen Sie nicht, die Bereitschaft zur Veränderung primär über Angst vor negativen Konsequenzen zu erhöhen.
Ist das Commitment der Leitungsebene hinreichend überzeugend? (Demonstrative Risikoübernahme und Glaubwürdigkeit)	Starten Sie keine Veränderungsprozesse, wenn berechtigte Zweifel an der Identifikation der Leitungsebene bestehen.
Ist die Sichtbarkeit von Veränderungsschritten gewährleistet? (Aufzeigen von Veränderungen auf Soft- und Hard-Fact-Ebene)	Unterstützen Sie das „already-invented-here“-Syndrom nicht durch mangelhaftes Prozess-Controlling.
Ist ein ausreichender Erlaubnis-Raum für Innovation garantiert? (Fehlertoleranz und situativ minimierter Effizienzdruck)	Machen Sie die notwendige Leistungsorientierung nicht zum Killerargument für Kreativität und Querdenken.

Abb. 2.137a: Checkliste zur Förderung von Veränderungen (KRUSE)

Do	Don't
Ist die Definition von Rahmenbedingungen hinreichend eindeutig? (Auftragsklarheit und Eindeutigkeit von Erfolgskriterien)	Vermeiden Sie Bypass-Management, Gedankenlesen und unzureichend präzisierte Erfolgskriterien.
Ist eine Destabilisierung bei den Stabilitätsträgern möglich? (Erzeugen von Veränderungsbereitschaft bei Entscheidern bzw. der „Rhythmusgruppe")	Werden Sie nicht zu charismatischen Vordenkern, die dem System die richtige Lösung verkaufen (wollen).
Ist den Entscheidern und Beteiligten der Preis der Instabilität hinreichend bewusst? (Leistungseinbruch und Unvorhersagbarkeit der Entwicklung)	Die Leitungsebene sollte während eines Überganges möglichst nicht aus Irritation steuernd eingreifen.
Ist den Beteiligten der Hintergrund der Veränderung verständlich? (Typische Übergangssituationen im Unternehmen)	Es darf nicht der Eindruck entstehen, die Veränderung sei Selbstzweck oder ausschließlich Machtinteresse.
Sind die Regeln im Team und im Unternehmen transparent? (Leitbild/Handlungsgrundsätze und implizite Regeln/Alltagsrituale)	Tolerieren Sie in der Veränderung keine Stabilisierung über informelle Absprachen oder versteckte Traditionsbildung.
Ist den Entscheidern die Tragweite der Entscheidungen bewusst? (Offenlegen der Konsequenzen jeder Veränderung)	Führen Sie möglichst keine allzu schnellen Commitments in den Entscheidungsgremien herbei.
Ist das Verfolgen der Umsetzung von Entscheidungen garantiert? (Prozess-Controlling in den Führungsebenen)	Lassen Sie keine Verschiebung, Veränderung oder Nicht-Einhaltung getroffener Entscheidungen unkommentiert.
Ist die kommunikative Kompetenz der Beteiligten gut genug entwickelt? (Gesprächsführung und Konfliktverhalten)	Vermeiden Sie „problem talk" und unbedacht abwertende Kommunikationsmuster in sensiblen Übergangsphasen.
Ist ein positives internes Marketing der Veränderung gesichert? (Offensive Kommunikation von Erfolgen und Initiativen).	Überlassen Sie die interne und externe Berichterstattung nicht dem Zufall oder anderen Interessengruppen.

Abb. 2.137b: Checkliste zur Förderung von Veränderung (KRUSE)

Zusammenfassend sollen die drei Prinzipien (nach GESTER) beschrieben werden, die notwendig sind, um Prozessmusterwechsel zu ermöglichen:

- Selbstorganisation
- Transparenz von Machtstrukturen und Kommunikationsmustern (mittels)
- Meta - Kommunikation.

Definition

Unter Selbstorganisation versteht man das spontane Entstehen neuer Strukturen in dynamischen Systemen, das auf das kooperative Wirken von Teilsystemen zurückgeht.

Transparenz von Machtstrukturen und Kommunikationsmustern

Für soziale Systeme (auch Organisationen, die wirtschaftliche Zwecke verfolgen, gehören dazu) ist entscheidend:

- inwieweit
- mit welchen Mitteln
- in welchen Intervallen
- inwieweit organisiert und strukturiert

sich ein soziales System bei seiner Selbstorganisation und Kommunikation beobachtet.

Und inwieweit eine Organisation sich diese Beobachtungen selbst wieder als Meta-Steuerungsalgorithmus zur Verfügung stellt. Das dazu nötige Mittel ist nicht Kommunikation, sondern Meta-Kommunikation.

Definition

Unter Meta-Kommunikation wird die reflektierende Kommunikation der Kommunikation verstanden, wie zum Beispiel:

- Das Reden darüber, wie in einem sozialen System geredet wird
- Welche Regeln es dafür gibt
- Das Reden darüber, wer welche Regeln macht
- Das Reden darüber, wer diese Regeln installiert und durchsetzt
- Die Frage, inwieweit diese Regeln noch funktional sind
- Wem sie welchen Vor-/Nachteil gewähren
- Die Frage, wer welche Regeln in Frage stellen
- Wer welche Regeln ändern darf.

Informelle Rechtsstrukturen transparent machen

Anders ausgedrückt, ist Meta-Kommunikation das entscheidende Werkzeug zur Diskussion der Machtstrukturen in sozialen Systemen oder Organisationen. Ist Meta-Kommunikation nicht erlaubt, können die kommunikativen Machtstrukturen in einer Organisation nicht diskutiert und damit nicht mehr verändert werden. Damit sind die bestehenden Machtstrukturen zementiert und werden ohne Rücksicht auf ihre tatsächliche funktionale Qualität über Jahre fortgeschrieben.

2.13 Exkurs: Six Sigma

Statistische Herkunft

Six Sigma ist eine erprobte, erfolgreiche und systematische Anwendung des Qualitätsgedankens zur Verbesserung der Geschäftsprozesse im gesamten Unternehmen. Im ursprünglichen Ansatz ist Six Sigma nur eine Methode des Qualitätsmanagements, darüber hinaus wird es mittlerweile als eine Management-Philosophie betrachtet, in welcher Entscheidungen des Managements ausschließlich auf Zahlen und Fakten basieren.

Entwickelt wurde Six Sigma Mitte der 80er Jahre in den USA bei Motorola und wird weltweit bereits von zahlreichen Unternehmen implementiert. Nachdem diese Methode anfangs nur in der Produktion eine Anwendung fand, hat sie in den letzten Jahren immer stärkeren Einzug im Service- und Dienstleistungbereich gefunden.

Six Sigma basiert auf einem klar strukturierten Methodeneinsatz, der vor allem durch seine wissenschaftliche Stringenz beeindruckt.

Definition

Six Sigma ist eine Strategie des Qualitätsmanagements um einen möglichst fehlerfreien Prozess zu erreichen, wodurch die Kosten gesenkt und die Produktivität gesteigert wird.

Dafür werden die Geschäftsprozesse im ganzen Unternehmen mit Hilfe statistischer Prozessregelung überwacht und analysiert, um Abweichungen frühzeitig zu erkennen und Fehler zu vermeiden.

In der Statistik entspricht Sigma ó der Standardabweichung von der Gaußschen Normalverteilung. Das ist die Streuung der Merkmalswerte um den definierten Mittelwert μ als Sollwert.

Nur 3,4 Fehler erlaubt

Sigma beschreibt damit die Variation eines Prozesses. Eine Prozessfähigkeit von 6 Sigma bedeutet nur 3,4 Defekte pro Million Fehlermöglichkeiten (DPMO = Defects Per Million Opportunities) in Produkten, Prozessen und Dienstleistungen.

Ziel von Six Sigma ist es, die Variation eines Prozesses zu verringern und dadurch eine Qualitätssteigerung und Erhöhung der Kundenzufriedenheit zu erreichen.

Je höher das Sigma-Niveau und damit das Qualitätsniveau, desto kleiner ist das Toleranzintervall und damit die zulässige Fehlerzahl. Das von Six Sigma angestrebte Qualitätsniveau entspricht einer praktikablen Null-Fehler-Strategie. Die Annahme einer Normalverteilung der Merkmalswerte stellt dabei jedoch eine einschränkende Bedingung dar, die in der Unternehmenspraxis teilweise nicht gegeben ist. Das enorme Verbesserungspotenzial von Six Sigma liegt vor allem in der Reduzierung der Fehlerkosten.

In der Praxis wird Six Sigma in der Regel unternehmensweit implementiert und bedarf daher auch immer einer Top-down-Entscheidung des Managements und eine konsequente Unterstützung vor allem in der Implementierung.

Unterschieden werden zwei Hauptmethoden:

DMAIC steht für Define, Measure, Analyze, Improve und Control, also definieren, messen, analysieren, verbessern und kontrollieren.

DMADV steht für Define, Measure, Analyze, Design und Verify, also definieren, messen, analysieren, konzipieren und verifizieren.

DMAIC wird für bereits bestehende Prozesse verwendet und fokussiert sich auf das „rückwärts gerichtete" Bewerten und Verbessern.

DMADV wird für neue Prozesse verwendet und setzt Six Sigma in der Entwicklung um. Dabei liegt der Schwerpunkt auf der Ermittlung und Erfüllung zukünftig wichtiger Kundenanforderungen.

Statistische Herkunft

Bei der Steuerung von Wertschöpfungsprozessen für Produkte und Dienstleistungen treibt Six Sigma die operative Umsetzung des geforderten Qualitätsniveaus mit bewährten Methoden und Instrumenten aus dem Qualitätsmanagement voran. Alle Six Sigma-Aktivitäten haben eine klare Projektorientierung. Es stellt somit auch eine Projektmanagement-Methode dar, die erprobte Bestandteile des Qualitätsmanagements nutzt und die konkreten Ergebnisse projektbezogen aufzeigt.

Six Sigma ist in der Praxis so etabliert, dass es auch ein klares Qualifikationssystem mit folgenden Abstufungen gibt:

- Executives = Manager, in deren Verantwortungsbereich Six Sigma umgesetzt wird
- Champions = Fachbereichs- und Abteilungsleiter, in deren Bereich Six Sigma-Projekte stattfinden
- Master Black Belt = Promotor und Trainingsverantwortlicher
- Black Belt = Methodenexperte, der Verbesserungsprojekte leitet
- Green Belt = Mitarbeiter in Verbesserungsprojekten.

Die entsprechenden Fähigkeiten und Methodenkenntnisse werden systematisch aufgebaut und für die „Belts" zertifiziert.

Literatur zum Kapitel 2 „Prozessgestaltung“

Bokranz, R.; L. Kasten: Organisations-Management in Dienstleistung und Verwaltung. 4. Aufl., Wiesbaden 2003

Gadatsch, A.: Grundkurs Geschäftsprozess-Management. 3. Aufl., Wiesbaden 2003

Hammer, C.; J.Champy: Business Reengineering: die Radikalkur für das Unternehmen. 5. Aufl., Frankfurt a. M./New York 1995

Kruse, P.: next practice - Erfolgreiches Management von Instabilität. Offenbach 2004

Nadig, L.: Prozesskostenrechnung in Theorie und Praxis. Zürich 2000

Österle, H.: Prozeß- und Systementwicklung. 2. Aufl., Berlin 1995

Schmidt, G.: Methode und Techniken der Organisation. 13. Aufl., Gießen 2003

Töpfer, A. (Hrsg.): Six Sigma. 2. Aufl., Berlin 2003

3 Kontinuierliche Prozessoptimierung

Im Rahmen der Prozessgestaltung steht die einmalige Neukonzeption oder grundlegende Veränderung eines einzelnen Prozesses im Vordergrund. Mit der Einführung des gestalteten Prozesses ist das Projekt beendet. Selbst bei optimaler Einführung des neuen Prozesses lehrt die Erfahrung, dass nicht alles glatt läuft.

Ursachen für Prozessabweichungen im laufenden Betrieb

Beispielsweise kann die implementierte Software noch Kinderkrankheiten aufweisen oder die Prozessbeteiligten handhaben die Arbeitsschritte noch nicht richtig (Umsetzungsschwäche). Vielfach zeigt auch erst der praktische Einsatz, welchen Wert die Konzepte haben. Inwieweit in der Planung eingeschätzte Wirkungen wie Durchlaufzeitverkürzung oder Kostenreduzierung tatsächlich eintreten, ist erst nach zig Prozessausführungen messbar (Planungsschwäche). Neben diesen Umsetzungs- und Planungsproblemen ist es in der heutigen schnelllebigen Zeit fast immer so, dass sich während oder nach dem Projekt Restriktionen und Rahmenbedingungen verändert haben. So kann beispielsweise eine veränderte Unternehmensstrategie dazu führen, dass die Prioritäten der Prozessziele sich verschieben. Immer wieder führen auch neue Technologien zu Ideen für weitere Prozessoptimierungen (Kontextveränderung).

Veränderungen brauchen Zeit

Auf alle diese Abweichungen kann und sollte man nicht jedes Mal wieder mit einem Projekt zur Prozessgestaltung reagieren. Zum einen hat sich gezeigt, wie aufwendig und zeitintensiv ein solches Vorhaben sein kann. Zum anderen zeigt die Erfahrung, dass ein System eine Phase der Konsolidierung benötigt, um Erfolge zu erzielen. Wenn ein halbes Jahr nach der letzten Prozessgestaltung gleich die nächste folgt, und das womöglich mehrmals hintereinander, stellen sich weder beim Mitarbeiter noch bei der Infrastruktur wirkliche Routinierungserfolge ein. Zudem tritt bei den Prozessbeteiligten das psychologische Phänomen auf, dass sie die aktuelle Prozessgestaltung nicht mehr ernst nehmen und nur gebremst unterstützen, weil sie davon ausgehen, dass in einem halben Jahr alles wieder neu wird.

In den letzten Jahren sind deshalb eine Reihe von Konzepten wie

- Kaizen
- Total Quality Management (TQM)
- Kontinuierliche Verbesserungsprojekte (KVP)
- Continuous Improvement
- Process Performance Management

entstanden, deren Hauptansatz es ist, die Prozesse permanent zu optimieren.

Definition

Die Kontinuierliche Prozessoptimierung ist ein linienorientiertes Konzept, das alle Messungs-, Diagnose- und Steuerungsaktivitäten umfasst, die eine beständige und empirische Verbesserung einzelner Prozesse hinsichtlich vordefinierter Prozesskennzahlen herbeiführen.

Methode des Prozessoptimierungsprozesses

Im Kern geht es bei den Aufgaben der Kontinuierlichen Prozessoptimierung um das gleiche Phänomen, das wir schon bei der Prozessgestaltung als das Prinzip des rationalen Entscheidens kennen gelernt haben. Zunächst sind die Maßstäbe aufzustellen, anhand derer die Prozesse beurteilt werden. Dann sind die tatsächlichen Ist-Werte zu ermitteln, um sie anschließend den Soll-Werten gegenüber zu stellen. Entsprechende Abweichungen sind nach ihren Ursachen zu untersuchen und je nach Mangel und Grund sind Gegenmaßnahmen zu ergreifen. So weit so gut. Die Besonderheit der Kontinuierlichen Prozessoptimierung liegt sicherlich in der Schwierigkeit, an Ist-Zahlen zu gelangen.

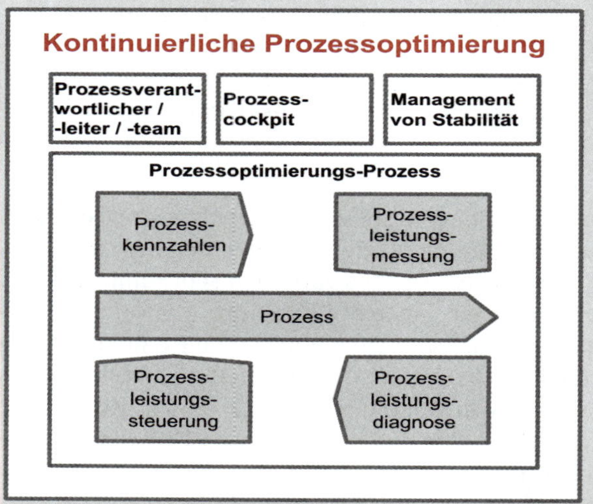

Abb. 3.01: Themen der Kontinuierlichen Prozessoptimierung

Struktur
Technik
Kultur

Neben dem Ablauf der Kontinuierlichen Prozessoptimierung ist die Frage nach den Verantwortlichkeiten wichtig. Mit den Processverantwortlichen wurde von HAMMER/CHAMPY eine neue Rolle eingeführt, deren erfolgreiche Ausgestaltung bis heute in der Praxis schwierig ist. Technisch stellen die Aufgaben der Kontinuierlichen Prozessoptimierung besondere Herausforderungen an die Art und Weise wie die Ist-Daten für ein Cockpit generiert, analysiert und ausgewertet werden. Aus kultureller Sicht ist es besonders entscheidend, dass es den Prozessbeteiligten gelingt, Stabilität der Prozesse als Wert zu verstehen. Abbildung 3.01 fasst die Themen der Kontinuierlichen Prozessoptimierung zusammen.

3.1 Prozesskennzahlen

Unabdingbare Voraussetzung für die Kontinuierliche Prozessoptimierung sind definierte Prozesskennzahlen.

Prozesskennzahlen sind Messgrößen, die den Leistungsstand von Prozesszielen nach Inhalt, Zeit und Ausmaß genau bestimmen.

Definition

Leser, die bis hierhin vorgedrungen sind, werden merken, dass sie eine ähnlich lautende Definition schon an der einen oder anderen Stelle dieses Buches angetroffen haben. Richtig, auch bei den Prozesskennzahlen begegnen uns letztlich inhaltlich die bereits vertrauten Prozessziele (siehe Kapitel 1.3.1):

Prozessziele dienen als Kennzahlen

- Kurze Durchlaufzeiten
- Niedrige Prozesskosten
- Hohe Prozessqualität
- Hohe Produktqualität
- Hohe Mitarbeitermotivation
- Hohe Kundenzufriedenheit.

Bei der genauen Bestimmung der Prozessziele nach ihrem Ausmaß können wir auf die Ausführungen der Prozessanalyse verweisen (siehe Kapitel 2.4). Bei den Prozesskennzahlen im Rahmen der Kontinuierlichen Prozessoptimierung kommen nun vor allem zwei Aspekte neu hinzu:

1. Die Zeitschiene
2. Die Vernetzung mit anderen Unternehmenskennzahlen.

Zu 1: Zeitschiene

Bei den beiden auf einmalige Veränderungen ausgelegten Konzepten „Strategische Prozessorganisation“ und „Prozessgestaltung“ wird die Zielerreichung auf einen Termin festgelegt.

Bei der Component GmbH wurden zunächst Prozessvisionen erarbeitet, die die Durchlaufzeit des Beschaffungsprozesses innerhalb von 3 Jahren halbieren sollten. In dem späteren Prozessgestaltungsprozess wurden konkrete Lösungsalternativen umgesetzt, die die durchschnittliche Durchlaufzeit von 70 auf 35 Stunden am Ende des ersten Jahres verkürzt haben.

Component GmbH

In der Regel stellt sich bei projektmäßigen Prozessoptimierungen der Erfolg nicht direkt nach Projektabschluss ein. Vielmehr dauert es ein halbes oder ganzes Jahr, bis die ursprünglich anvisierten Prozessziele erreicht werden. Definitionsgemäß sind Projekte zeitlich befristet, das heißt mit der Einführung der Lösung ist das Projekt beendet. Der Projektleiter und das -team werden entlastet, die Projektorganisation aufgelöst und die Projektdokumente abgelegt.

Zwar sehen alle Vorgehensmodelle eine Erhaltungsphase nach Projektende vor, in der die Kinderkrankheiten der frisch eingeführten Prozesse ausgebessert und die letztendliche Zielerreichung festgestellt werden soll.

Keiner fühlt sich verantwortlich

Die Praxis zeigt jedoch, dass alle guten Vorsätze für eine am Projekt angehängte Erhaltung schwer einzuhalten sind. Die ehemaligen Projektbeteiligten widmen sich längst einer anderen Aufgabenstellung und niemand fühlt sich so richtig verantwortlich dafür, ob die Planzahlen auch nachhaltig und dauerhaft erreicht werden.

Hier setzt der Gedanke der Kontinuierlichen Prozessoptimierung an. Mit dem Prozessverantwortlichen wird eine Person festgelegt, die für die permanente Zieleinhaltung verantwortlich ist. Dieser lässt sich von einem Prozessleiter mit seinem Team zuarbeiten (siehe Kapitel 3.4). Ähnlich der Zielvereinbarung zwischen Projektleiter und Auftraggeber im Rahmen der Projektauftragsklärung werden nun zwischen Prozessleiter und Prozessverantwortlichem die Prozesskennzahlen abgestimmt. Diese können auf unbefristete Sicht über den ganzen Zeitraum gleich sein. Gerade nach Neueinführungen ist es meist sinnvoll, die endgültige Zielerreichung schrittweise anzustreben. Auch saisonale Besonderheiten können bei den Kennzahlen berücksichtigt werden.

Component GmbH

Mit der Realisierung der Optimierungsmaßnahmen bei der Prozessgestaltung strebt die Component GmbH ehrgeizige Ziele für den Beschaffungsprozess an. So soll etwa der First Pass Yield von 32% auf 80% gesteigert werden. Auch für die durchschnittlichen Durchlaufzeiten und Prozesskosten sowie die Zeiten und Kosten des Hauptastes bzw. der worse-case-Variante wurden Zielwerte nach einem Jahr zwischen den Prozessverantwortlichen und dem Prozessleiter vereinbart. Um zu sehen, ob die Maßnahmen greifen, werden quartalsweise Kennzahlen definiert, die stetig bessere Kennzahlen erwarten lassen (siehe Abbildung 3.02).

Kennzahl	Einheit	Ist 31.12.05	31.03.	30.06.	30.09.	31.12. 06	31.03.	...
Durchlaufzeit Hauptast	Stunden	141	100	80	60	41	41	
Prozesskosten Hauptast	Euro	139	120	115	110	106	106	
First Pass Yield	%	39,2	50	60	70	80	80	
∅ DLZ	Stunden	178	120	90	60	46	46	
∅ Kosten	Euro	173	150	135	125	113	113	
DLZ worse case	Stunden	313	260	230	210	196	196	
Kosten worse case	Euro	427	400	390	380	371	371	

Abb. 3.02: Prozesskennzahlen für den Beschaffungsprozess

Zu 2: Vernetzung mit anderen Kennzahlen

Kennzahlen für einen abgekapselten Bereich, einen separaten Prozess oder ein einzelnes Produkt sind leicht zu definieren. Problematisch wird es immer dann, wenn Kennzahlen in größerem Zusammenhang gesehen werden. Die Kennzahlenthematik ist nicht neu. Bereits seit den 70er Jahren werden immer wieder Anläufe gestartet, durchgängige Kennzahlensysteme für das ganze Unternehmen aufzustellen. Balanced Scorecard und Performance Measurement sind Konzepte in jüngerer Zeit, die sich die Aufgabe gestellt haben, die Wechselwirkungen mehrerer Kennzahlen zu analysieren.

Seit Jahrzehnten eine Herausforderung: durchgängige Kennzahlensysteme

Abbildung 3.03 zeigt, wie ein an die Hierarchie angelegtes Kennzahlensystem idealerweise aufgebaut sein kann.

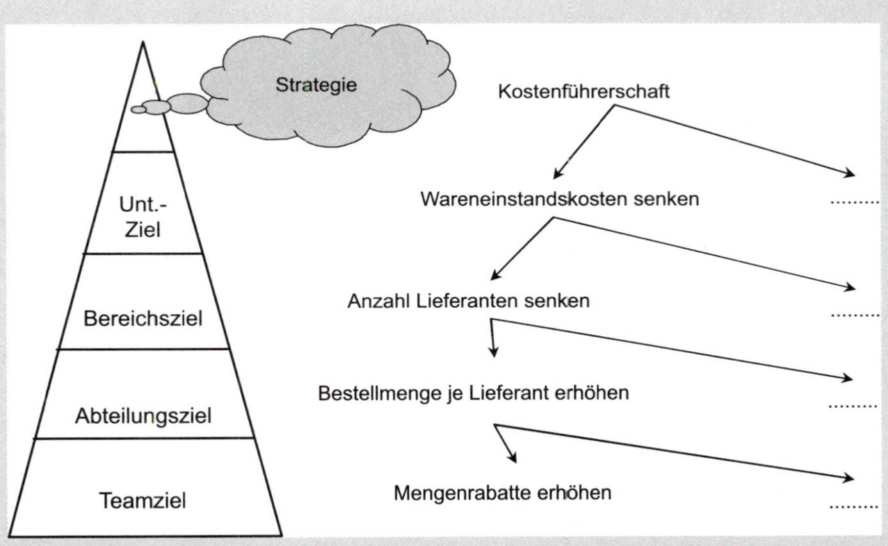

Abb. 3.03: Durchgängige Kennzahlensysteme

Während es für die funktional ausgerichteten Kennzahlen eine Vielzahl durchgängiger Kennzahlensysteme gibt, liegen bisher wenig Erfahrungen vor, wie prozessorientierte Kennzahlen aggregiert werden können.

Wenig Erfahrung mit verdichteten Prozesskennzahlen

Typisch für Prozesskennzahlen ist im Unterschied zu den auf Funktionsbereiche ausgerichteten Unternehmenskennzahlen die horizontale, abteilungsübergreifende Sicht (siehe Abbildung 3.04).

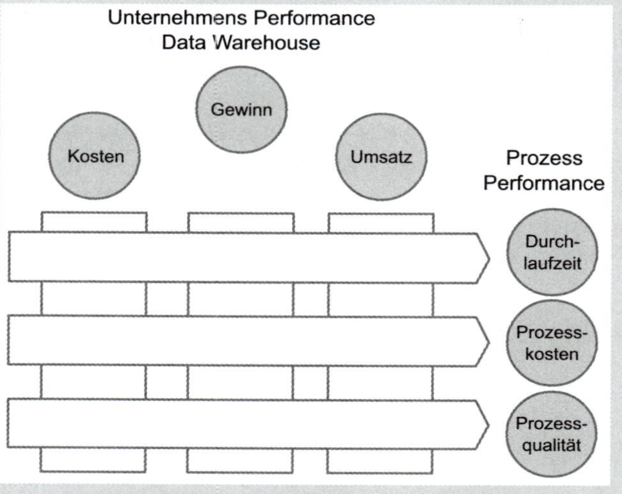

Abb. 3.04: Abteilungsübergreifende Prozesskennzahlen

Auch eine Integration von funktional ausgerichteten Kennzahlen und Prozesskennzahlen ist bisher wenig verbreitet. Ansätze hierfür gibt es jedoch genügend.

Component GmbH

So gehen beispielsweise bei der Component GmbH die Prozesskosten der Beschaffung zusammen mit den Wareneinstandspreisen in die Produktkalkulation ein.

Entsprechend den bereits geschilderten Prozessebenen und Dokumentationsformen können verschiedene Aggregationsstufen für Prozesskennzahlen gebildet werden. Dabei ist zu berücksichtigen, dass die Kennzahlen nicht einfach nach oben aufaddiert werden können.

Vorsicht bei der bottom-up Aggregation von Prozesskennzahlen

Dies sei am Beispiel der Durchlaufzeit verdeutlicht. Während die Zeiten der unteren drei Prozessebenen bottom-up aggregiert werden können, ist dies von Ebene drei auf zwei nicht möglich, da es sich bei der Prozessgruppe um einen Clusterprozess handelt. Hier kann die Durchlaufzeit eines einzelnen Hauptprozesses als Relationsgröße oder Durchschnittswert eingehen (siehe Abbildung 3.05).

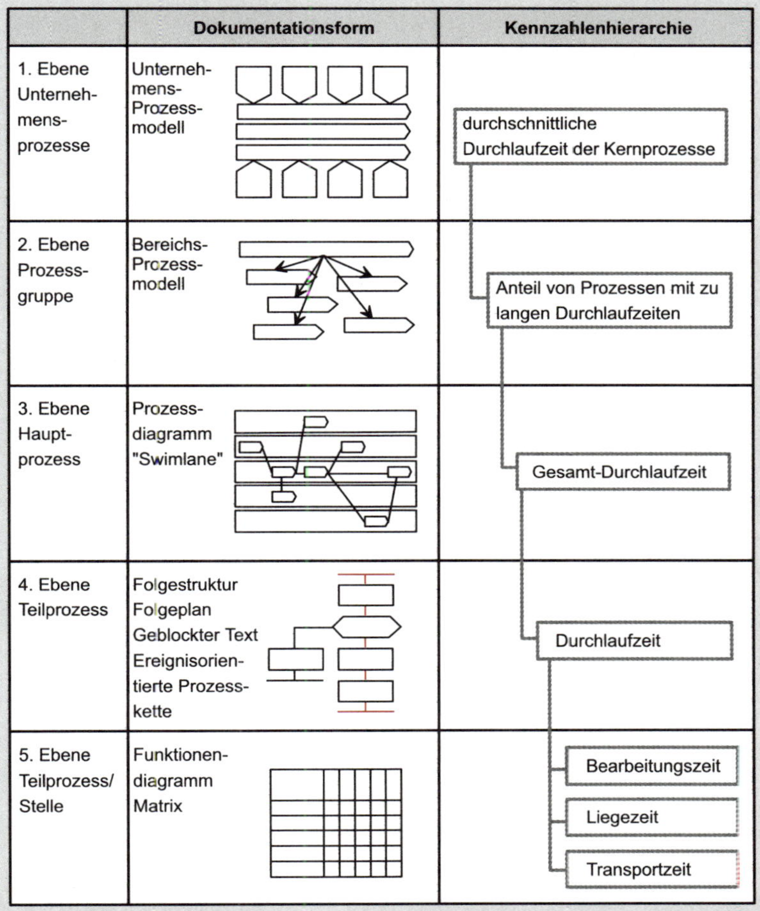

Abb. 3.05: Aggregationsstufen für Prozesskennzahlen

3.2 Prozessleistungsmessung

So aktuell wie wirtschaftlich sinnvoll

Der stets bei der Informationsversorgung gültige Satz „Die richtige Information zum richtigen Zeitpunkt am richtigen Ort" ist bei der Prozessleistungsmessung sinnvollerweise mit dem Zusatz „mit vertretbarem Aufwand" zu ergänzen. Die Herausforderung der permanenten Ist-Daten-Ermittlung besteht darin, die Kosten der Erhebung im Verhältnis zum Nutzen des Informationsgehaltes zu sehen. Die Personal- und Sachkosten hängen entscheidend von der ausgewählten Erhebungsmethodik ab, da damit Vorgehensweise, Frequenz sowie personelle und technische Anforderungen festgelegt werden. Bevor die geeignete Ist-Daten-Ermittlung geklärt wird, sollen zunächst die grundsätzlichen Erhebungsverfahren charakterisiert werden.

Zunächst kann man die Erhebungsmethoden unterscheiden in

- echtzeitbasierte Verfahren und
- zeitversetzte Methoden.

Bei den echtzeitbasierten Verfahren (realtime) werden die Daten unmittelbar zum Zeitpunkt ihres Anfalles ermittelt. Zeitversetzte Methoden ermitteln rückwirkend aus der Erinnerung heraus oder auf Basis von Mitschriften vergangener Ist-Informationen. Ist der Zeitabstand der Erfassung sehr nah beim Zeitpunkt des Anfalles, spricht man auch von neartime Verfahren.

Component GmbH

Beispielsweise werden im Lager der Component GmbH jeden Abend die Anzahl der falschen Wareneingänge gezählt und neartime in einem System erfasst.

Für die Kontinuierliche Prozessoptimierung bieten sich zunächst die echtzeitbasierten Verfahren an, da nur so eine möglichst zeitnahe Prozessleistungssteuerung möglich scheint.

Die echtzeitbasierten Techniken werden je nach Frequenz der Ermittlung in

- permanente
- punktuelle
- einmalige

Techniken differenziert.

Verschiedene Echtzeit-Verfahren

Permanente Echtzeitverfahren greifen immer vollständig alle zu erhebenden Informationen aus den laufenden Prozessen ab. Demgegenüber ziehen punktuelle Methoden dauerhaft nur echtzeitbasierte Stichproben, die dann mit Hilfe mathematischer Verfahren auf die Gesamtmenge hochgerechnet werden können. Bei einmaligen Echtzeitverfahren werden die Daten nur in einem befristeten Erhebungszeitraum ermittelt, zum Beispiel in einem typischen Monat im Jahr. Ist dieser Zeitraum repräsentativ, können Rückschlüsse auf den gesamten Zeitraum gezogen werden.

Formen der Echtzeit-Verfahren

Ein weiterer Unterschied in den Erhebungsverfahren besteht darin, ob die Ist-Daten gemessen, erfragt oder beobachtet werden. Auch können die Verfahren nach ihrem Automatisierungsgrad unterschieden werden. Vollautomatisierte Erhebungstechniken holen sich ihre Daten direkt aus den die Prozesse steuernden EDV-Systemen. Als technisch unterstützte Verfahren zur Ist-Daten-Ermittlung werden die Methoden bezeichnet, bei denen es nach wie vor Menschen benötigt, um die Ist-Daten in ein technisches System einzugeben und auszuwerten. Personenbezogene Erhebungsmethoden wie Interviews, Fragebogen oder Audits setzen keine spezifische Software zur Datenerhebung ein. Selbstverständlich werden allgemeine Programme zur Textverarbeitung,

Tabellenkalkulation oder Visualisierung eingesetzt, die Erhebungen vor und nach zu bereiten oder die Durchführung zu unterstützen.

Träger der Prozessleistungsmessung

Ein letztes Unterscheidungsmerkmal der technisch unterstützten und personenbezogenen Verfahren zur Prozessleistungsmessung besteht in der Frage, wer die Daten erhebt. Erfassen die Prozessbeteiligten eigenständig ihre Prozessdaten, spricht man von Selbstbeobachtung. Führen Dritte die Beobachtung oder Befragung durch, ist das eine Form der Fremdbeobachtung. Die wesentlichen Techniken der Prozessdatenerhebung werden entsprechend ihrer Unterscheidungsmerkmale in Abbildung 3.06 gegenübergestellt.

		Automatisiert		Personenbezogen	
		Messung	**Selbstbeobachtung**	**Fremdbeobachtung**	**Befragung**
Echtzeit	**Permanent**	Prozessmonitoring			
	Punktuell	Multi-Moment-Monitoring	Self-Mumo-Studie		
	Einmalig	elektronischer Laufzettel	Laufzettel	Zeitstudie Multi-Moment-Studie	
Zeitversetzt	**Einmalig**		Selbstaufschreibung		Interview Fragebogen Audit Schätzung

Abb. 3.06: Verfahren zur Prozessleistungsmessung

Wichtige Messtechniken

In Band 1 dieser Schriftenreihe werden die allgemeinen Erhebungstechniken ausführlich beschrieben. Im Folgenden werden drei Verfahren vertieft, die besonders relevant für die Prozessleistungsmessung sind.

3.2.1 Prozessmonitoring

Vorausgesetzt, es ist wirtschaftlich vertretbar und technisch machbar, liefert Prozessmonitoring sicherlich die genauesten und aktuellsten Ist-Informationen über Prozesskennzahlen.

Definition

Unter Prozessmonitoring versteht man die kontinuierliche, vollständige und automatisierte Erhebung von Daten in der Laufzeit des realen Prozesses.

Ursprünglich kommt der Begriff des Monitoring aus der Überwachung von Computersystemen. So protokollieren Monitore Aktivitäten auf der Ebene von Betriebssystemen, Netzwerken, Datenbankmanagementsystemen oder Anwendungssoftware. Technisch wird der sogenannte Transaktionsmonitor an den „Teleprocessing-Monitor" (z. B. CICS = Customer Information Control System) angehängt.

Protokolldateien (z. B. APLZ von SAP) ermöglichen Ist-Funktionendiagramme, aus denen sich die Nutzungsstruktur von Anwendungen ableiten lässt. So lässt sich beispielsweise ermitteln, welche Stelle wie oft bestimmte Aufgaben bzw. Transaktionen ausgeführt hat. Auch Hinweise auf Fehlnutzung bzw. unsichere Nutzung des Systems, Terminüberschreitungen oder zu lange Durchlaufzeiten sind möglich.

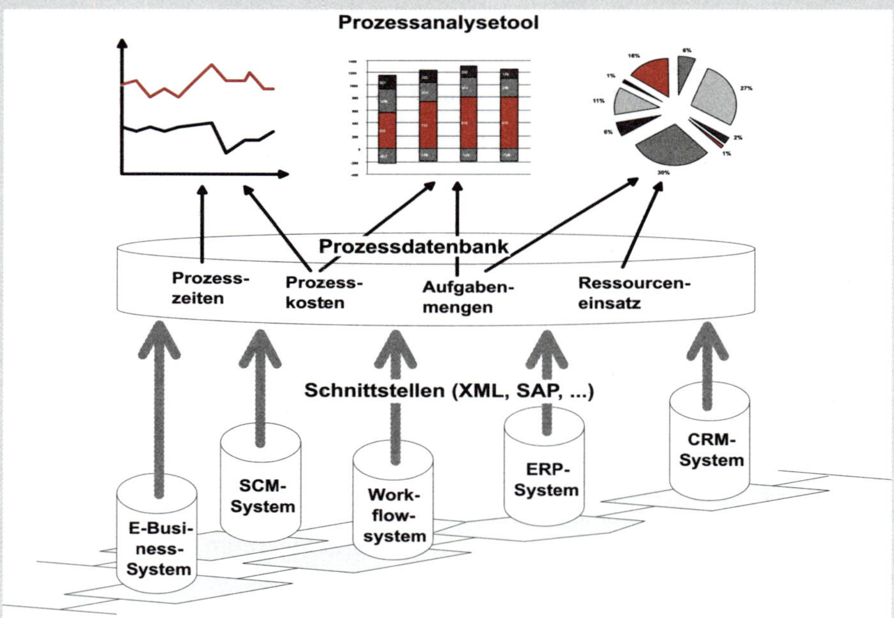

Abb. 3.07: Prozessmonitoring

Technische Schnittstellen zwischen Prozessmodell und echtem Prozessdurchlauf

Getrieben durch den steigenden Anteil automatisierter Prozesse im Dienstleistungsbereich florieren zur Zeit die Ansätze, Ist-Prozesskennzahlen realtimebasiert permanent aus den laufenden Prozessen zu gewinnen. Mit Sonden als technische Schnittstellen an den einzelnen Prozessschritten werden Echtdaten von Mengen und Zeiten aus verschiedenen IT-Systemen wie SCM-, ERP- oder CRM-Systemen abgegriffen und verdichtet (siehe Abbildung 3.07). Da sich diese Ist-Daten aber immer nur auf einzelne Transaktionen beziehen, bedarf es einer Auswertungssoftware, die prozessuale Informationen aus den Einzelinformationen generiert. Hierzu entstehen immer mehr Prozessanalysetools, die eine technische Verbindung zwischen den realen Prozessschritten und dem Prozessmodell herstellen, um dann auch ablauforganisatorische Informationen wie Liegezeiten oder Fehlerhäufigkeiten zu ermitteln.

Tools verbinden reale Prozesse mit Modellen

Dies soll an einem einfachen Beispiel erläutert werden. Ein Teilprozess der Component GmbH besteht aus vier Aufgaben, von denen drei mit dem Warenwirtschaftssystem und eine von SAP technisch unterstützt werden (siehe Abbildung 3.08). Nach der ersten Aufgabe gibt es eine ODER-Verzweigung, die darüber entscheidet, ob der Vorgang in SAP zu Ende gebracht wird oder in WAWIS weiter bearbeitet wird. Eine losgelöste Information, wann und wie lange eine Aufgabe in SAP ausgeführt wird, ergibt noch keine Prozesskennzahl. Erst wenn der Prozess modelliert ist und eine Verbindung zwischen den Systemen und dem Modell hergestellt wird, ist beispielsweise eine Aussage möglich, dass in 25% der Fälle der Prozess in SAP zu Ende gebracht wird.

Component GmbH

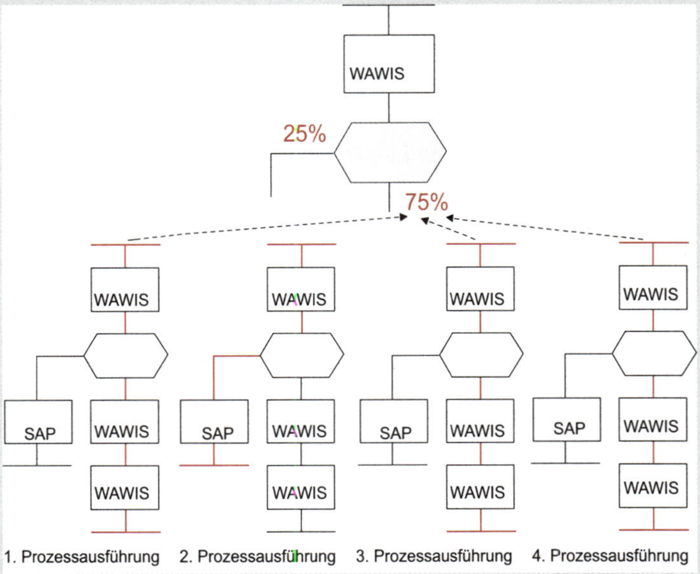

Abb. 3.08: Automatische Ermittlung des FPY mit Prozessmonitoring

Einfacher, wenn auch immer noch aufwendig, ist es, dauerhaft echtzeitbasierte Informationen aus Workflowmanagementsystemen zu ermitteln.

Definition

Workflowmanagementsysteme sind Softwaresysteme, die betriebliche Prozesse durch die Koordination und Organisation von Aufgaben, Anwendungen, Daten und beteiligte Aufgabenträger unterstützen.

Die „Workflow-Engines" protokollieren in sogenannten „Audit-Trails" (Ablaufberichten, Workflowprotokollen) die Prozessinformationen wie

- bearbeitete Workflowtypen und Aufgaben
- benötigte Zeiten
- bearbeitende Aufgabenträger
- eingesetzte Ressourcen.

Workflowprotokolle erleichtern Auswertung

Beim Prozessmonitoring auf Basis von Workflowprotokollen ist es im Unterschied zum Transaktionsmonitoring direkt möglich, Abhängigkeiten zwischen den Transaktionen definieren zu können. Damit werden die Auswertungsmöglichkeiten um die logischen Folgebeziehungen der Gesamtprozesse erweitert, ohne dass zusätzlich eine Verbindung zu einem Prozessmodell hergestellt werden muss.

3.2.2 Multi-Moment-Monitoring

Prozessmonitoring ist prädestiniert für routinisierte und automatisierte Prozesse, die in großen Mengen in Unternehmen auftreten. Diese Voraussetzung erfüllen jedoch nur wenige Abläufe in der Praxis.

Wenn also die permanente echtzeitbasierte Ist-Datenerfassung nicht für alle Prozesse geeignet ist, bleibt die Frage nach Alternativen. Interessant für die Zukunft könnte ein Weg sein, die Prinzipien einer Multimomentstudie beim Prozessmonitoring anzuwenden.

Definition

Die Multimomentstudie ist eine Stichprobenerhebung, die aus punktuellen Beobachtungen Aussagen über Zeitanteile zulässt. Die Aussagen gelten mit einer statistischen Sicherheit von 95%. Die Genauigkeit der Ergebnisse legt der Erheber selber fest.

Stichproben sind effizienter und ausreichend genau

Beim Multi-Moment-Monitoring bedarf es keiner vollständigen realtimebasierten Ist-Datenerfassung, sondern es werden zu zufälligen Zeitpunkten echtzeitbasierte Zahlen ermittelt. Die Anzahl der Stichproben ist abhängig von der gewünschten Genauigkeit. Auf diese Weise wird das Datenvolumen deutlich verringert, ohne nennenswerte Nachteile bei der Datenqualität in Kauf nehmen zu müssen. Allerdings müssen analog dem Prozessmonitoring die technischen Verbindungen von Echtprozessen und Prozessmodellen hergestellt werden.

Der entscheidende Vorteil des Monitoring ist es, dass die Mitarbeiter in ihrer Arbeit nicht gestört werden, da die Systeme die Daten automatisch ermitteln und weiterleiten. Das ist bei der punktuellen Self-Multimomentstudie anders. Hier ist der Mitarbeiter aufgefordert, Informationen zu Prozesskennzahlen zu notieren. Dies ist im einfachsten Fall ein Ankreuzen der aktuell bearbeiteten Aufgabe. Durch die Anzahl der zufälligen Beobachtungen, der Arbeitszeit der Beteiligten sowie der Mengen der Bearbeitungsobjekte können die durchschnittlichen Bearbeitungszeiten errechnet werden.

Bearbeitungszeiten leicht ermittelbar

Komplizierter wird es, wenn mit Hilfe der Self-Multimomentstudie Aussagen zu Durchlaufzeiten getätigt werden sollen. Dann müssen die Beobachtungen vom Prozessbeteiligten über Identifikationsnummern eindeutig zu Prozessen zugeordnet werden. Auch müssen alle Start- und Endzeiten von Beginn der Bearbeitung bis Ende der Bearbeitung gestoppt werden.

Traditionell wurde die Multimomentstudie mit Hilfe von Erfassungsbögen manuell durchgeführt. Heute kann man sich die Tatsache zu Nutze machen, dass nahezu jeder Mitarbeiter entweder am PC sitzt oder über Handheld oder Mobiltelefon an Firmennetze angebunden ist. Über Intra-, Extra- oder Internet können Mitarbeiter zu zufälligen Momenten aufgefordert werden, in einem Fenster Eingaben über ihre jeweilige Arbeit zu machen. Die Erfassung kann durch ein Pull-down-Menue unterstützt werden, das die individuell am erhobenen Arbeitsplatz relevanten Aufgaben zur Auswahl anbietet (siehe Abbildung 3.09).

Webbasierte Erfassung

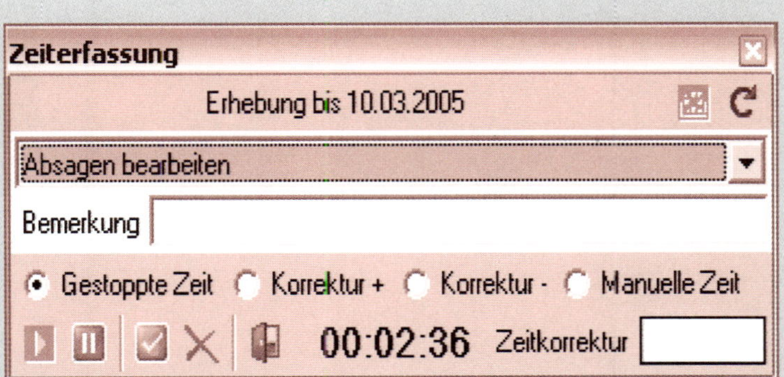

Abb. 3.09: : Erfassungsmaske für Zeiterfassung aus dem ibo-Personalbemessungstool

Die Auswertung der auf diese Weise erhobenen Ist-Prozessdaten erfolgt dann wiederum nach den Prinzipien der konventionellen Multimomentstudie (siehe Band 1 dieser Schriftenreihe).

Online-Erhebung

Das Laufzettelverfahren in Kapitel 2.2 ist bisher eher als einmalige manuelle Erhebungsmethodik bekannt. Ähnlich den Überlegungen beim Multi-Moment-Monitoring ist auch hier denkbar, die Erfassung technisch zu unterstützen. Das elektronische Laufzettelverfahren erfolgt dann über Intra- oder Internet ähnlich einem Vorgangsverfolgungssystem per e-mail. Abbildung 3.10 zeigt ein Beispiel für ein solches online-Erhebungsverfahren aus der Versicherungswirtschaft.

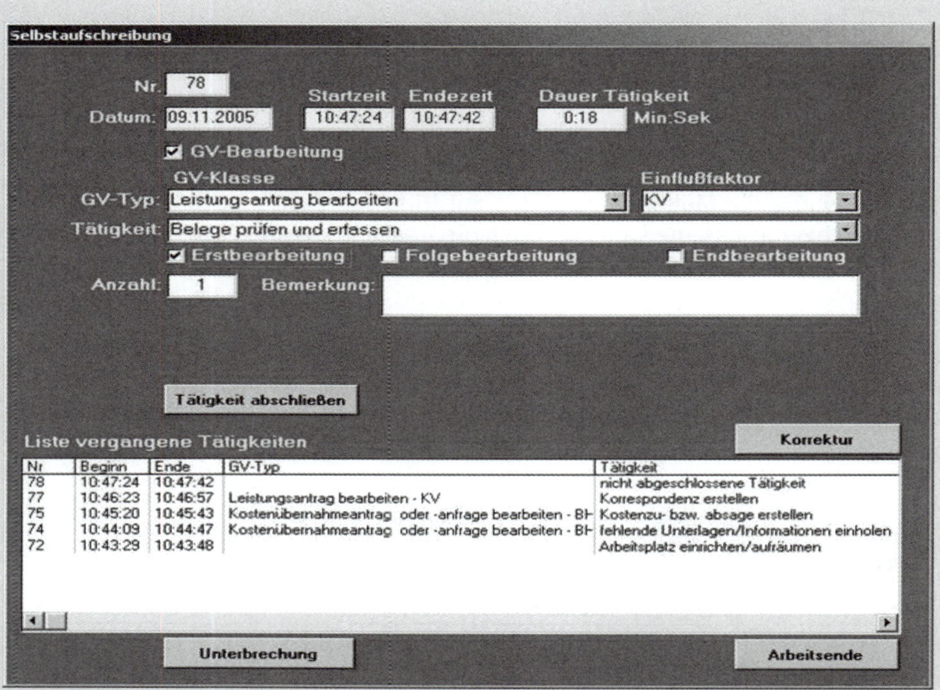

Abb. 3.10: Beispiel eines elektronischen Laufzettels. Quelle: FUCHS, 2005

3.2.3 Eignung der Methoden zur Leistungsmessung

Alles unter Kontrolle!?

Die Möglichkeiten des Prozessmonitoring wecken derzeit bei vielen Managern Phantasien. Wie in einem Cockpit sitzen da die Prozessverantwortlichen vor einer Schalttafel mit Anzeigen über momentane Durchlaufzeiten, Fehlerquoten oder Prozesskosten ihres Prozesses. Schöne neue Welt!

Für komplett softwaretechnisch abgebildete Prozesse mit einer hohen Wiederholungsrate und Konstanz ist das Prozessmonitoring sicherlich ein machbarer und sinnvoller Weg, Ist-Zahlen zu generieren. Hier sind analoge Überlegungen, wie sie bei der Fabrikorganisation seit jeher gemacht werden, angebracht.

Wie bereits in den 50er Jahren, als die Schreibtische in Großraumbüros analog der Fließbandfertigung in die entsprechende Reihenfolge gestellt wurden, werden hier Verfahren und Ideen von industriellen Prozessen auf Verwaltungsprozesse übertragen. Damals wie heute ist dies aber eben nur in Grenzen möglich. Sobald Verwaltungsprozesse die geregelten Bahnen verlassen, wird auch eine realtimebasierte Kennzahlenermittlung unpraktikabel.

Abgesehen davon sind auch hier Wirtschaftlichkeitsüberlegungen angeraten. Welchen Mehrwert bringt die Genauigkeit der Ist-Werte im Verhältnis zum Aufwand, diese Daten zu generieren? Müssen wirklich immer alle Ist-Daten genau bekannt sein? Vielmals reicht es völlig aus, wenn, wie bei der Multimomentstudie, mit einer Sicherheit von 95% und einer Genauigkeit von 1-2% die echten Informationen zeitnah zur Verfügung stehen. Deshalb sind die weitaus kostengünstigeren Verfahren der punktuellen und einmaligen Messverfahren vor allem bei nicht so routinisierten Prozessen häufig die bessere Alternative. Für alle sehr selten auftretenden Prozesse sind automatisierte Messverfahren völlig ungeeignet. Hier ist es sinnvoll, auf traditionelle Erhebungsverfahren wie Interviews oder Workshops zurück zu greifen. Abbildung 3.11 gibt eine Entscheidungshilfe, für welche Prozesse die unterschiedlichen Erfassungsmethoden besonders geeignet sind.

Aufwand/ Nutzen muss stimmen

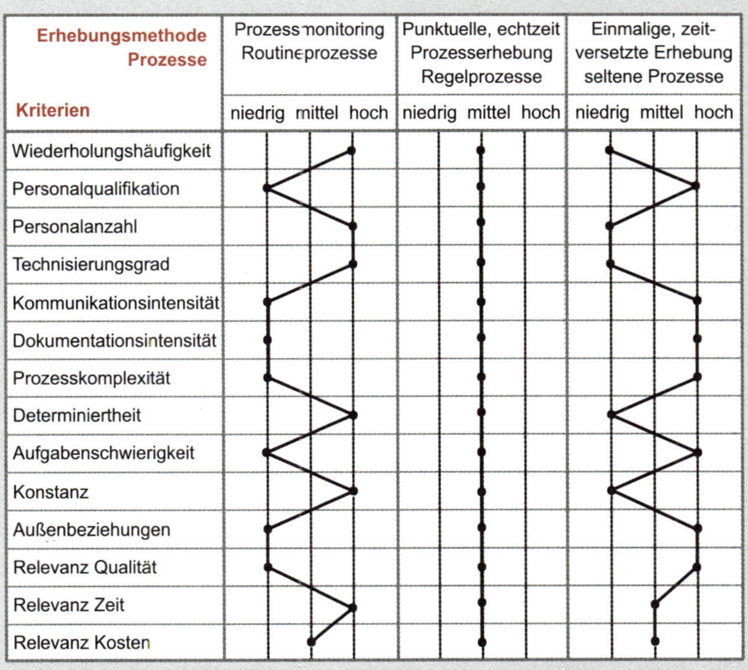

Abb. 3.11: Eignung der Erhebungsverfahren

Gläserner Mitarbeiter

Neben wirtschaftlichen Überlegungen ist auch zu bedenken, dass mit dem Prozessmonitoring die Möglichkeit eröffnet wird, das Leistungsvermögen einzelner Mitarbeiter exakt nachzuvollziehen. Zumindest bei den deutschen Gesetzen zur Mitbestimmung ist ein solcher „gläserner Mitarbeiter" nicht ohne Betriebsvereinbarungen möglich.

Auch manuelle Verfahren eignen sich

Abbildung 3.12 zeigt die Eignung der nicht-automatisierten Techniken zur Ist-Datenerfassung für verschiedene Prozesstypen auf. Die gröberen Instrumente, wie Schätzungen oder Begehungen, spielen bei einmaligen oder seltenen Prozessen eine bedeutendere Rolle. Die arbeitsaufwändigen Techniken (Multimomentstudie, Zeitstudie), die darüber hinaus die Betroffenen stärker „stören", gewinnen erst bei Regel- und Routine-Prozessen an Bedeutung.

Interview, Fragebogen und Selbstaufschreibung sind flexible Techniken und können aufwandsmäßig an die Notwendigkeiten angepasst werden. So sind kleinere Fragebogen und begrenzte Aufgaben-, Mengen- und Zeitaufschreibungen auch bei Regelprozessen oder einmaligen Prozessen möglich.

Prozessart / Erhebungsverfahren	Routineprozesse	Regelprozesse	Seltene Prozesse
Interview	x	xx	xxx
Fragebogen	x	xx	xx
Multimomentstudie	xxx	xx	x
Zeitstudien	xxx	xxx	/
Begehungen	/	/	xx
Selbstaufschreibungen	xxx	xxx	x
Multimoment und Selbstaufschreibung	xxx	xxx	x
Laufzettel	xxx	xxx	x
Dokumentenstudium	xx	xx	xxx
Schätzungen	x	xx	xxx
MTM	xx	xx	/

Abb. 3.12: Eignung der punktuellen und zeitversetzten Erhebungsverfahren zur Ist-Datenerfassung

3.3 Prozessleistungsdiagnose und -steuerung

Obwohl Diagnose und Steuerung formell zwei getrennte Schritte sind, sollen sie an dieser Stelle zusammen betrachtet werden.

Definition

In der Prozessdiagnose wird ermittelt, inwieweit die aus den durchgeführten Prozessen resultierenden Ist-Kennzahlen von den Plangrößen abweichen und welche Gründe es hierfür gibt. In der Prozesssteuerung werden unmittelbar Maßnahmen ergriffen, die Störungen abzustellen.

Bei den einmaligen Konzepten der Strategischen Prozessorganisation und Prozessgestaltung wurde Wert darauf gelegt, dass die Schritte Problemsuche und Ursachenforschung beim Prozesscheck bzw. bei der Prozesswürdigung von den Lösungsentwurfsaufgaben bei der Prozessvision bzw. beim Prozessdesign getrennt vollzogen werden. Warum hier nicht?

Zeitnahe Umsetzung

Nun, bei der Kontinuierlichen Prozessoptimierung kommt es nicht darauf an, ein Problem grundsätzlich zu durchdringen und in mehreren Alternativen zu denken. Im Gegenteil: Hier ist es vielmehr wichtig, dass im Grundsatz angestrebt wird, den Prozess, so wie er geplant ist, umzusetzen. Kleinere Abweichungen sollen sofort erkannt und abgestellt werden. Zeitlich folgen Diagnose und Steuerung meist direkt aufeinander oder sind gar zeitlich verzahnt, so dass eine Trennung dieser Schritte schwer und künstlich ist.

Component GmbH

Der Prozessleiter des Beschaffungsprozesses bei der Component GmbH trifft sich regelmäßig mit seinem Prozessteam, um aufgetauchte Probleme zu beheben. In einem Meeting stellt sich heraus, dass die Anzahl der falschen Auftragsbestätigungen in der letzten Woche deutlich angestiegen ist. Bei der Suche nach Ursachen ergibt sich schnell, dass urlaubszeitbedingt eine Liste mit geänderten Artikelnummern einiger Lieferanten nicht ins System eingepflegt wurde. Da deshalb die Bestellungen mit alten Artikelnummern erfolgten, der Lieferant aber die Bestätigungen mit den neuen Nummern schickte, gab es die Diskrepanzen. Unmittelbar nach der Sitzung wurden die Listen eingepflegt und dieses Problem war erledigt.

Kleine Fehler, große Wirkung

Solche kleinen Fehler sind typisch und treten immer wieder auf. Ihre Folgen können sogar oft gravierend sein.

Component GmbH

Allein dadurch, dass sich die Zahl der falschen Auftragsbestätigungen von 5 auf 20 % erhöht hatte, verlängerte sich die durchschnittliche Durchlaufzeit um einen Tag und senkte sich der FPY von 80% auf 67%.

Treten dann gleich mehrere solche ungeplanten Dinge auf, sinkt die Performance des Prozesses häufig in den Keller. Sehr schnell wird dann der Ruf laut, dass der Prozess grundsätzlich schlecht organisiert ist oder es doch längst bessere technische Möglichkeiten gibt, die nicht genutzt werden.

Component GmbH

So auch bei der Sitzung des Beschaffungsprozessteams. Schnell kam die Idee auf, man könnte doch solche Art von Fehler vermeiden, wenn man online auf die Artikelnummern aller Lieferanten zugreifen könnte.

Zu schnelle Rundumschläge

Sicherlich sind solche Vorschläge grundsätzlich gut, sie führen in der Regel aber von der direkten Problembehebung weg. Um eine solche Lösung zu realisieren, bedarf es meist eines Projektes, da viele andere technische Systeme betroffen sind. Hier ist es dann vor allem der Prozessleiter, der darauf achten muss, dass solche grundsätzlichen Ansätze nicht davon ablenken, dass man auch durch kleinere Maßnahmen, die technisch nicht immer auf dem neusten Stand sind, größere Wirkungen erzielen kann. Die in Kapitel 3.3.3 dargestellte PROSA ist eine gute Technik, kleinere Sofortmaßnahmen von größeren Projektmaßnahmen zu differenzieren.

Im Folgenden werden einige bewährte und neue Methoden und Techniken vorgestellt, die vor allem bei der Prozessleistungsdiagnose und -steuerung eingesetzt werden. Im Einzelnen sind dies:

- Kaizen
- PDCA-Zyklus
- PROSA
- FMEA.

3.3.1 Kaizen

Importierte Methoden aus Fernost

Die Japaner haben schon lange die Bedeutung dieser kleinen Fehler mit teilweise fataler Wirkung erkannt. Deshalb kommen immer wieder Qualitätsmanagementansätze aus diesem Kulturkreis, die dann weltweit Nachahmer gefunden haben. Aber nicht immer mit dem gleichen Erfolg, wie die Praxis in einigen deutschen Firmen zeigt.

Technik oder Philosophie?

Seitens des Unternehmens besteht der nachvollziehbare Wunsch, dass jeder Mitarbeiter sich seiner Mitverantwortung für die Qualität der Prozesse und deren kontinuierlicher Verbesserung bewusst ist. Dieses Bewusstsein kann man durch leicht verständliche und gut handhabbare Anleitungen lenken oder es als grundsätzliche Philosophie verankern. Henne-Ei-Problem: Was war zuerst da, die Technik oder die dahinter liegende Philosophie? Beginnen wir mit der Philosophie.

Kaizen beschreibt eine japanische Management-Philosophie, die sich zusammensetzt aus: kai = ändern, zen = das Gute; kann also wörtlich als Verbesserung übersetzt werden.

Definition

Im engeren Sinne meint Kaizen die kontinuierliche Verbesserung, in die Führungskräfte wie Mitarbeiter einbezogen werden. Gemäß dem philosophischen Verständnis des Zen sucht Kaizen nicht durch sprunghafte Verbesserung mittels Innovation den Erfolg, sondern durch schrittweise Perfektionierung und Optimierung des Bewährten. Die stetige Bemühung, die Qualität der Produkte und Prozesse zu steigern, steht dabei im Vordergrund. Also ein Weg kleinster Verbesserungsschritte, wobei der Weg das Ziel ist.

Politik der kleinen Schritte

Aufgrund der enormen Erfolge japanischer Unternehmen Ende der 80er Jahre wurden Teilaspekte des Kaizen - jedoch ohne die philosophische Tiefe zu berücksichtigen - in westlich geprägten Unternehmen als „Kontinuierlicher Verbesserungsprozess (KVP)“ eingeführt.

Kontinuierlicher Verbesserungsprozess

Der KVP umfasst im Wesentlichen folgende Bestandteile:

- Perfektionierung des betrieblichen Vorschlagswesens
- Systematische Investitionen in das Wissen der Mitarbeiter zum Aufbau von Kompetenzen
- Mitarbeiterorientierte Führung
- Weitgehende Prozessorientierung
- Einführung von Qualitätsmanagementsystemen.

Der Mitarbeiter soll durch solche Maßnahmen umfassend einbezogen werden und identifiziert sich folglich im stärkeren Maße mit den Unternehmenszielen. Er übernimmt Verantwortung für seinen persönlichen Arbeitsbereich.

Kaizen besteht aus 5 grundlegenden Denkmustern:

1. Prozessorientierung

Kaizen ist prozessorientiert. Im Zuge der Abkehr von der eher ergebnisorientierten Unternehmenssicht müssen in einem ersten Schritt alle Prozesse erhoben und analysiert werden. Diese Hinwendung zur Prozessorientierung muss von der Leitung vorgelebt und von den Mitarbeitern nachvollzogen werden. Nur dann ist sichergestellt, dass jeder Mitarbeiter die von ihm durchgeführten Prozesse selbständig auf eventuelle Fehler überwacht und auf der Basis seiner Prozesskenntnis weitere Verbesserungen initiiert. Dieser Prozess muss sich zyklisch wiederholen, um mittels kleinster Schritte dem Ziel immer etwas näher zu kommen (inkrementelle Verbesserungen).

Führung lebt vor

2. Kunden-Lieferantenbeziehungen

Kaizen kennt interne und externe Kunden. Der externe Kunde ist der Endverbraucher, der interne Kunde ist beispielsweise eine Zweigstelle im Betrieb.

Wenn also Stelle A ein Produkt herstellt, das in Stelle B weiterverarbeitet werden muss, so ist Stelle B der interne Kunde. Falls Stelle B (interner Kunde) Mängel am Produkt erkennt, so ist es ihre Pflicht, Stelle A zu benachrichtigen, um Folgefehler zu vermeiden. Dies geht sogar soweit, dass ganze Produktionsstraßen jederzeit solange von jedem Mitarbeiter gestoppt werden können, bis solche Mängel behoben werden.

Stromaufwärts Suche nach Problemquellen

Diese Kundennetzwerke werden kontinuierlich befragt im Sinne einer Analyse bestehender Probleme und Engpässe. Dieses Verfahren bezeichnet man als „upstreaming", da die Suche nach Problemquellen stromaufwärts geschieht. Anhand vertraulicher Umfragen werden insbesondere bei Unternehmen, die in stark verflechteten Zuliefer-Abnehmerbeziehungen stehen (wie etwa der Automobilindustrie), solche Fehlersuchen bis zur Quelle Jahr für Jahr durchgeführt.

3. Rigides und umfassendes Qualitätsmanagement (Total Quality Control)

Lückenlose Kontrolle

Qualität muss und wird in jeder Situation umfassend kontrolliert. Diese kontinuierliche Betrachtung erfordert neben der klaren Qualitätsdefinition der Stakeholder auch geeignete Messverfahren, um auch Kleinstabweichungen frühzeitig zu erkennen. Es ist wenig verwunderlich, dass aus diesem Aspekt des Kaizen uns bekannte TQM-Systeme entstanden sind (EFQM, Deming-Cycle).

4. Kritik ist nicht nur erwünscht, sondern Pflicht!

Vorschläge zahlen sich aus

Verbesserungsvorschlägen, von Mitarbeitern oder dedizierten Arbeitsgruppen, wird im Kaizen immer mit einem positiven Grundgedanken entgegen getreten. Die Vorschläge werden dann auf Nutzbarkeit geprüft und getestet, um sie bei positiver Gesamtbeurteilung in die Unternehmensprozesse zu übernehmen. Qualität und Anzahl der eingebrachten Verbesserungen sind dabei für den Mitarbeiter fester Bestandteil des Gehaltes.

5. Standardisierung

So viel Standards wie möglich

Um Verbesserungen so effizient und effektiv wie möglich zu gestalten, wird weitgehend standardisiert. Das betrifft sowohl das Vorschlagswesen als auch die Einführung der erarbeiteten Verbesserungen. Diese sollen schnellstmöglich zum Standard werden. Kaizen-Philosophen standardisieren, wo und wann auch immer sich ihnen Gelegenheit bietet.

Die „Standard“-Techniken und Denkhaltungen sind:

- Sieben alte und neue Werkzeuge
- 5-S Prinzipien (auch 5-A Vorgehen)
- Mu-s als Quellen von Störungen (oder 8-V Regel)
- PDCA-Cycle (auch Deming- oder Qualitätszirkel).

Sieben „Alte Werkzeuge“

Diese werden immer dann eingesetzt, wenn sich Probleme anhand vorliegender Daten statistisch auswerten lassen:

- Pareto-Diagramm (ABC-Analyse)
- Ursache-Wirkungs-Diagramme (Systemdiagramme, Ishikawa-Diagramm)
- Regelkarten
- Histogramme
- Streudiagramme
- Graphische Vergleichsdiagramme (Balken-, Kreis- und Säulendiagramme)
- Prüf- und Testformulare.

Hat man diese Daten nicht zur Hand, so lassen sich notwendige Informationen zur Entscheidungsfindung anhand folgender Techniken generieren.

Sieben „Neue“ Techniken

- Beziehungsdiagramm
- Affinitätsdiagramm
- Baumdiagramm
- Matrixdiagramm
- Matrixdiagramm zur Datenanalyse
- Entscheidungsdiagramm
- Netzplan- oder Pfeildiagramme.

Die 5-S Bewegungen

Hier handelt es sich um 5 japanische Ausdrücke, die jeder Mitarbeiter zu beherzigen hat, wenn das Kaizen-Konzept funktionieren soll:

- *Seiri* Ordnung schaffen
- *Seiton* jeden Gegenstand am richtigen Ort aufbewahren
- *Seiso* Sauberkeit

- *Seiketsu* persönlicher Ordnungssinn
- *Shitsuke* Disziplin, Selbstdisziplin.

Diese werden oft auch in Form der 5-A-V Regeln dargestellt. Anhand dieser einfachen täglichen Anleitungen werden bereits „Tipps" für kleinste Verbesserungen gegeben, getreu dem Motto „Ordnung ist das halbe Leben".

Prinzip Clean Desk

- Aussortieren unnötiger Dinge
- Aufräumen
- Arbeitsplatz sauber halten
- Anordnung zur Regel machen
- Alle Punkte einhalten und ständig verbessern.

3 Mu-s als Quellen von Störungen (oder 8-V Regel)

- *Muda* Verschwendung
- *Muh* Überlastung
- *Mura* Abweichung.

Diese drei Punkte beziehen sich auf die Mitarbeiter, die Technik, die Methode und die Zeit und gelten als negativ. Die Mudas gelten als Übel, die es zu vermeiden gilt.

Die 8-V Regel weist auf typische Verschwendungen hin:

Typische Verschwendungen

- Bestände
- Transportzeit
- Überproduktion
- Wartezeit
- In der Art und Weise der Tätigkeit
- Unnötige Bewegungen
- Fehler und deren Reparatur
- Nicht genutztes Potenzial der Mitarbeiter.

Spötter machen sich gerne darüber lustig, dass diese akribische Suche und schon fast schizophrene Sucht nach Verschwendungen zuweilen lustige Blüten treibt, wie etwa die umfangreiche Muda-Liste am Kaffeeautomat (Verschütten von Kaffee, Falschwahl, übermäßiges Zuckern etc.).

Erfolg gibt Recht

Es handele sich um unnötig aufgebauschten gesunden Menschenverstand und kann diesen nicht ersetzen. Doch der Erfolg gibt den Mu-disten recht. Das kontinuierliche Hinweisen erzeugt Aufmerksamkeit und diese wiederum Bewusstsein für die Wirkung vermeintlich kleiner Fehlerchen.

3.3.2 PDCA-Cycle (auch Deming- oder Qualitätszirkel)

Der PDCA-Zyklus ist ein Instrument zur gezielten Umsetzung der Kaizen-Ziele. Dazu gehören die Planung betrieblicher Abläufe, die Ausführung dieser Abläufe entsprechend ihrer Planung, die Erfolgskontrolle und - wo notwendig - die Korrektur, falls das gewünschte Ergebnis nicht erreicht wird. Nach dem englischen plan - do - check - act wird dieses Vorgehen auch als PDCA-Zyklus bezeichnet. Das Konzept des PDCA-Zyklus wurde erstmals in den dreißiger Jahren des vergangenen Jahrhunderts von Walter A. Shewhart bei den Bell Laboratories entwickelt. In den 50er Jahren wurde das Konzept von seinem Schüler W. Edwards Deming, einer führenden Autorität auf dem Gebiet des Qualitätsmanagements, weiterentwickelt.

Klassisches Vorgehen

Abbildung 3.13 zeigt den PDCA-Zyklus im Einzelnen.

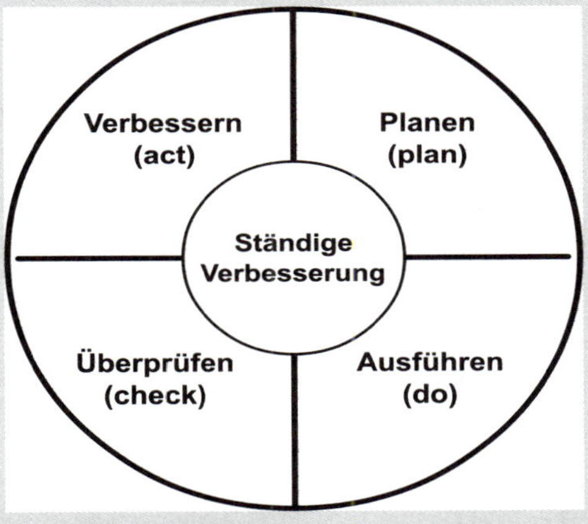

Schritt	Inhalt
Plan	Qualitätsbeobachtung und Problemerkennung, Problemanalyse und Problemlösung
Do	Umsetzung einer Problemlösung in die Routine
Check	Evaluation der Problemlösung
Act	Sicherstellen, dass das Problem nicht mehr auftritt und
----» Beginn eines neuen Zyklus	

Abb. 3.13: PDCA-Zyklus

Die oben beschriebenen Tools und der PDCA-Zyklus ermöglichen sowohl kreatives als auch analytisches Denken. Kreatives oder divergentes Denken ermuntern zu vielen Ideen und neuen Möglichkeiten, um dadurch Paradigmen zu brechen und hinter die bisherige Verfahrensweisen zu blicken. Experten und Unternehmen haben dem PDCA-Zyklus maßgeschneiderte Ansätze zur Problemlösung hinzugefügt. Einige Modelle betonen die Kundenerforschung oder das Suchen nach Chancen oder Überwachungen. Dessen unbeschadet bleibt der PDCA-Zyklus gewöhnlicherweise der Kern dieser Modelle, zumindest dem Geiste nach, wenn nicht dem Namen nach.

PDCA-Zyklus ist der Nukleus vieler Methoden

Insgesamt lässt sich anmerken, dass Kaizen und die damit verbundene Denkhaltung in Deutschland nötiger denn je ist. Aufwendige und peinliche Rückrufaktionen renommierter Autohersteller, unterhöhlen systematisch einen der Eckpfeiler deutscher Unternehmen. Das Qualitätssiegel „Made-in-Germany“ sollte wieder ernst genommen werden.

3.3.3 PROSA

Überblick behalten

Bei der laufenden Prozessdiagnose und -steuerung treten eine Vielzahl von Fehlern auf. Um nicht den Überblick für kurzfristig relevante Optimierungsmaßnahmen zu verlieren, bietet es sich an, die Fehler zu systematisieren.

Die Prozessdiagnose- und steuerungsanalyse (PROSA) ist ein Instrument, mit deren Hilfe Prozessoptimierungsteams die Ursachen auftretender Fehler sowie die vorgesehenen Abstellmaßnahmen klassifizieren.

Die Ursachen werden nach folgenden Kriterien klassifiziert:

Ursachen-Klassen

- D = Durchführungsfehler, eigenverschuldete mangelhafte Aufgabenerfüllung
- P = Planungsfehler, schlecht durchdachter Soll-Prozess
- K = Kontextveränderung, Fehler die aufgrund veränderter Planungsprämissen auftauchen.

Abbildung 3.14 gibt einige Beispiele für typische Gründe aus den drei Ursachenklassen.

Fehlerhafte Planung
- zu viele Aufgabenträgerwechsel
- zu viele Rückkopplungen
- zu viele/wenige UND-Verzweigungen
- zu viele/wenige ODER-Verzweigungen
- ungeeignete logische Reihenfolge
- unzweckmäßige Gruppierung
- ungeeignete räumliche Folge
- mangelnde Kompetenzen
- umständliche Kommunikationswege
- ungleichmäßige Kapazitätsauslastung
- überflüssige Aufgaben
- schlecht dokumentierte Aufgaben
- unklare Aufgabenstellungen
- fehlende Aufgabenprioritäten
- zu wenige/viele Mitarbeiter
- falsch platzierte Mitarbeiter
- ungeeignete Anwesenheitszeiten
- unzweckmäßige Sachmittel
- ungeeigneter Standort/lange Wege
- fehlende, unvollständige Informationen
- schlecht aufbereitete Informationen
- aufwendig zu findende Informationen

Fehlerhafte Durchführung
- unmotivierte Aufgabenträger
- unnötiges Kopieren
- unnötiges Ablegen
- unnötiges Nachforschen
- mangelnde Nutzung der Technik
  - mehrmalige Dateneingabe
  - Außerachtlassen von Funktionen
  - Fehlereingaben
- unnötiges Suchen
- unnötiges Kontrollieren
- unnötiges Abstimmen
- unnötiges Warten
- unnötiges Liegen lassen
- Überforderung der Kundenerwartung
- Überproduktion

Kontextveränderungen
- Krankheit
- Unfall
- technische Störung
- IT-Systemausfall
- Sabotage
- Naturkatastrophe

Abb. 3.14: Ursachenklassen für Fehler bei der Prozessdurchführung

Die Klassen für Maßnahmen sind:

Maßnahmenklassen

- S = Sofortmaßnahmen, einfache Lösungen, die schnell mit wenig Aufwand und ohne Risiko und Schnittstellen zu anderen Prozessen umsetzbar sind
- P = Projektmaßnahmen, Lösungen, die sehr neuartig, komplex, aufwendig, kostspielig, übergreifend und risikoreich sind.

Die Liste wird vom Prozessleiter fortlaufend geführt. Häufen sich die Projektmaßnahmen, beantragt der Prozessverantwortliche ein Prozessgestaltungsprojekt, in dem dann die ganzen Lösungsansätze geprüft und ggf. umgesetzt werden.

Component GmbH

Abbildung 3.15 zeigt eine Liste, die der Material Manager als Prozessleiter für den Beschaffungsprozess der Component GmbH führt.

Prozess-schritt	Aufgetauchter Fehler	Ursache	U-Klassifikation	Maßnahme	M-Klassifikation
AB prüfen	falsche AB	Artikelnummer nicht eingepflegt	D	Artikelnummer pflegen	S
Wareneingang	zu späte Lieferung	Chipfabrik abgebrannt	K		
Rechnungsprüfung	hohe Bearbeitungszeit	manuelle Kontrollen	P	automatische Rechnungsprüfung	P
....					

Abb. 3.15: PROSA-Liste für den Beschaffungsprozess

3.3.4 FMEA

Frühzeitige Fehlerentdeckung

Mit der PROSA-Methode werden bereits aufgetauchte Fehler analysiert. Besser wäre es natürlich, wenn bei der Kontinuierlichen Prozessoptimierung mögliche Fehler rechtzeitig gefunden und vorgebeugt würde. Vor allem bei Dienstleistungsprozessen und relativ seltenen Prozessen hilft es wenig, wenn Fehler erst spät, womöglich erst am Prozessende gefunden werden. Während bei Produktionsprozessen eine nachträgliche Korrektur, wenn auch mit hohen Aufwänden und Kosten, möglich ist, funktioniert dies nicht bei Dienstleistungsprozessen.

Component GmbH

Wurde der Kunde einmal falsch über die Integrationsmöglichkeiten der Festplatten informiert, eine Ware falsch etikettiert und versandt oder eine Rechnung falsch ausgestellt, ist der Fehler an sich nicht mehr rückgängig zu machen.

Definition

Unter FMEA (Failure Mode and Effects Analysis, also Fehlermöglichkeits- und Fehlereinflussanalyse) wird eine Methode zur Fehlerrisikoanalyse verstanden. Mit formalisierten Schritten werden mögliche Schwächen eines Prozesses und deren Ursachen sowie deren Risiken und Auswirkungen für den Kunden ermittelt.

Aus Erfahrung schöpfen

Ähnlich wie bei der Systematischen Problemanalyse (siehe Kapitel 2.5) besteht die FMEA aus analytischen und bewertenden Aktivitäten. Bei der Analyse wird auf Hauptprozess-, Teilprozess- und Aufgabenebene durchleuchtet, welche Vorgehens- und Ergebnisabweichungen vom geplanten Prozess denkbar sind. Dabei hilft es genauso, Fehler aus der Vergangenheit zu berücksichtigen wie sich neue Fehler vorzustellen.

Die Risikoprioritätszahl (RPZ) ist Ergebnis der Bewertung. Sie ergibt sich aus

- der Wahrscheinlichkeit des Auftretens eines Fehlers (Auftreten = A)
- der Tragweite der Auswirkungen des Fehlers auf Kunden (Bedeutung = B)
- der Wahrscheinlichkeit des Entdeckens des Fehlers vor Auslieferung (Entdeckung = E).

Neben der Fehleranalyse und Ursachenforschung werden bei der FMEA auch Maßnahmen entwickelt, wie die Fehler abgestellt werden können. Mit der RPZ ist dann zu bewerten, wie sich die Maßnahmen auswirken werden. In Abbildung 3.16 ist ein Auszug aus der FMEA des Prozesses „Beschaffung Handelsware" aufgeführt. Da es sich bei diesem Prozess um einen Ablauf mit direktem Kundenkontakt handelt, wird die Entdeckungswahrscheinlichkeit (E) nicht bewertet.

Prozessschritt	Potenzielle Fehler	Potenzielle Folgen	Potenzielle Ursachen	A	B	E	RPZ	Abstellmaßnahmen	Maßnahmenwirkung	A	B	E	RPZ
Angebotserstellung	fehlerhafter Antrag	verzögerte Angebotserstellung	falsches Formular	3	3		9	Einweisung	meist richtiges Formular	1	3		3
		unnötige Korrekturkosten	fehlende Daten					auf Vollständigkeit prüfen	meist vollständige Daten	1	3		3

Abb. 3.16: Auszug aus der FMEA für den Beschaffungsprozess der Component GmbH

3.4 Prozessverantwortlicher, -leiter und -teams

Inflation von Funktionen

Mit der Einführung eines Prozessmanagement-Systems in einem Unternehmen entstehen eine Reihe neuer Funktionen und Stellen. HAMMER/CHAMPY gaben 1993 mit ihrem Rollenkonzept den Anstoß für viele dann in den Banken und Unternehmen umgesetzten Funktionsbeschreibungen. Sie führten die Rollen Leader, Processowner (Prozessverantwortlicher), Reengineering-Team und Reengineering-Zar ein. Wie immer bei aufbauorganisatorischen Fragen geht es um Macht, Einfluss und Status. Je nach Delegationsfreudigkeit und Kultur in den Unternehmen wurden die neuen Rollen mit mehr oder weniger Aufgaben, Kompetenzen und Verantwortlichkeiten ausgestattet. Teilweise wurden auch weitere neue Rollenbezeichnungen wie Prozesseigner, Prozesseigentümer, Prozessassistent, Prozesscoach, Prozesspate oder Prozesssponsor eingeführt, um diesen unterschiedlichen Interpretationen der Verantwortlichkeiten Rechnung zu tragen. Stand heute muss man feststellen, dass die Vielfalt der Bezeichnungen und Aufgabenbeschreibungen die Bemühungen erschweren, die Prozessorientierung voran zu treiben.

Rollenklärung notwendig

Ähnlich wie in den 90er Jahren für die verschiedenen Rollen im Projektmanagement ist es an der Zeit, für die Mitwirkenden im Prozessmanagement klare und verbindliche Funktionsbeschreibungen festzulegen. Nur so können Synergien bei der Organisation, technischen Ausstattung, Besetzung und Ausbildung der Stelleninhaber greifen. Nur so können auf Dauer Erfahrung mit diesen Rollen gesammelt und ausgetauscht werden. Dass diese Notwendigkeit für solche Standards bereits seit längerer Zeit erkannt wurde, zeigen die diesbezüglichen Bestrebungen unterschiedlicher Autoren und auf Bundesebene. Im Folgenden werden nun mit dem Prozessverantwortlichen sowie den Prozessleitern mit ihren Teams Prozessrollen vorgestellt, die wesentlich für die Kontinuierliche Prozessoptimierung sind.

Für die Führung von Prozessen ist der Prozessverantwortliche zuständig.

Definition

Der Prozessverantwortliche ist in der obersten Führungsebene eines Unternehmens angesiedelt. Er legt Prozessziele fest und trägt die Verantwortung für die Zielerreichung. Aufgrund quantitativer Überlastung delegiert er in der Regel die Aufgaben der Kontinuierlichen Prozessoptimierung an Prozessleiter und deren Teams.

Verantwortung auf oberster Ebene

Der von HAMMER/CHAMPY im Original benutzte Begriff „processowner“ wurde in der deutschen Ausgabe mit Prozessverantwortlicher übersetzt. Andere in Deutschland anzutreffende Begriffe für die Rollenbeschreibung des Prozessverantwortlichen sind Prozesseigner, Prozesseigentümer, Prozesspate, Prozesspromotor oder Prozesssponsor. Die Rolle des Prozesseigentümers ist an die verantwortliche Leitungsstelle des jeweiligen Bereiches gekoppelt und in der obersten Leitungsebene angesiedelt. Die Prozessverantwortlichen sind verantwortlich für die Formulierung, Abstimmung und Erfüllung ihrer Bereichsziele auf der strategischen Ebene sowie für die Koordination untereinander, sei dies in kollegialer Form oder durch ein Mitglied der Geschäftsleitung. Neben dieser horizontalen Koordination haben die Prozessverantwortlichen auch für die vertikale Koordination bzw. Verzahnung zwischen der strategischen Ebene der Unternehmensleitung und den operativen Prozesszielen zu sorgen. Hierzu gehört die Priorisierung von Prozessen, der Anstoß zur Optimierung ausgewählter Prozesse und die Kontrolle der Zielerfüllung im Verantwortungsbereich. Das „Doing" erfolgt in der Regel durch die Prozessleiter und deren Teams, die vom Prozessverantwortlichen ernannt werden.

Oft Bereichsleiter Prozessverantwortlicher

Finden Prozesse bereichsintern statt, ist der Bereichsleiter mit dem Prozessverantwortlichen identisch. Handelt es sich dagegen um bereichsübergreifende Prozesse, ist zu überlegen, ob die Rolle des Prozessverantwortlichen kollektiv durch das betroffene Management-Team wahrgenommen wird. Meist wird aber dem hauptbetroffenen Bereichsleiter die Rolle übertragen, der dann für eine entsprechende Koordination mit seinen Kollegen zuständig ist, damit die Prozessabschnitte respektive ihre Schnittstellen „kompatibel" bleiben. In jedem Fall ist die konkrete Zuordnung von Prozessen zu Prozessverantwortlichen zu dokumentieren und sollte Bestandteil des Prozessmanagement-Systems sein. Aufgrund ihrer Leitungsaufgaben werden Prozessverantwortliche in den seltensten Fällen operativ bei der Gestaltung bzw. Optimierung von Prozessen mitwirken, sondern eher analog einem Projektausschuss im Projektmanagement fungieren.

Hohe Kompetenzen

In einer Studie von STOI wurde unter anderem untersucht, wie in deutschen Großunternehmen Prozessverantwortliche mit Weisungsbefugnissen ausgestattet werden. Demnach würden die Hälfte der Unternehmen Prozessverantwortliche mit fachlichen Befugnissen, 17 % sogar mit disziplinarischen Kompetenzen ausstatten. Diese Zahlen erscheinen vor den geäußerten Matrixschwierigkeiten sehr hoch. Ein Erklärungsansatz ergibt sich aus der hierarchischen Ansiedlung von Prozessverantwortlichen. Ebenfalls in der Studie von STOI wurde untersucht, welche Funktionsträger deutscher Großunternehmen die Prozessverantwortung übernehmen.

Darüber hinaus ergibt sich das Problem, dass der Fachbereichsleiter nun Konflikte mit seinen Linienkollegen auf gleicher Ebene austragen muss. Es liegt in der Natur von Prozessen, dass sie fachbereichsübergreifend sind. Damit sind mehrere Bereichsleiter von Prozessoptimierungen betroffen, hat einer den Hut auf, sind die Konfliktfelder gerade im Middlemanagement vorprogrammiert.

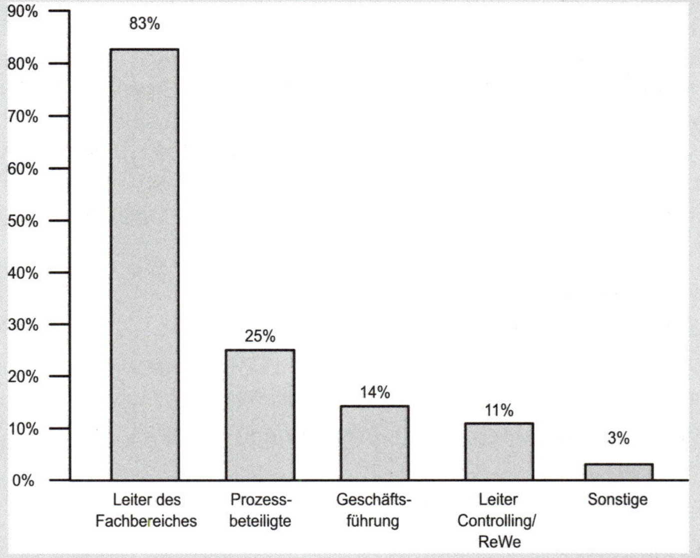

Abb. 3.17: Hierarchische Ansiedlung von Prozessverantwortlichen in deutschen Großunternehmen, Mehrfachnennung erlaubt (STOI)

Die Hauptlast der Arbeit bei der Kontinuierlichen Prozessoptimierung liegt beim Prozessleiter und seinem Team.

Definition

Ein Prozessleiter ist inhaltlich/fachlich für den Prozess zuständig. Er koordiniert die Prozessbeteiligten in einem Prozessteam. Gemeinsam messen sie laufend die Ist-Prozesskennzahlen, diagnostizieren Abweichungen vom Plan und setzen direkte Optimierungsmaßnahmen unmittelbar um.

In Deutschland gibt es immer wieder auch Funktionsbeschreibungen, die diese operativen Aufgaben dem Prozessverantwortlichen zuschreiben. Zwar kann es in kleineren Häusern durchaus sinnvoll sein, die Rollen des Prozessverantwortlichen und Prozessleiters in eine Hand zu legen. Grundsätzlich sollte aber das geteilte Rollenverständnis bleiben. Der Prozessverantwortliche ist für die Führungsfunktionen, der Prozessleiter für die Ausführungsfunktionen zuständig.

Folgende drei wesentlichen Aspekte müssen bei der Institutionalisierung von Prozessverantwortlichen geregelt werden:

1. Aufgaben
2. Kompetenzen
3. Ansiedlung in der Hierarchie.

Zu 1: Aufgaben

Prozessleiter sind primär für die zielgerechte Erfüllung ihrer Linienaufgaben tätig. Die Prozessleitung ist ihre sekundäre Daueraufgabe. Diese besteht darin, die Ist-Daten der für sie relevanten Prozesse zu messen, die Prozessabläufe und die Ergebnisqualität (Soll-/Ist-Vergleich, Ursachenforschung) zu diagnostizieren sowie Verbesserungsmaßnahmen und deren Umsetzung vorzuschlagen. Selbstverständlich sind die Aufgaben von Prozessleitern je Unternehmen individuell zu definieren. Grundsätzlich sollte über folgende Aufgaben nachgedacht werden:

Potenzielle Aufgaben von Prozessleitern

- Gewährleistet Zieleinhaltung
- Gestaltet und dokumentiert inhaltlich die Prozesse
- Definiert Prozess-Schnittstellen sowie deren Abstimmung und Einpassung in vorherige und nachfolgende Prozesse
- Ermittelt Ist-Werte der Prozesskennzahlen und diagnostiziert Abweichungen
- Optimiert und entwickelt ständig die Prozesse weiter
- Schult die Prozesse
- Informiert die Prozess-Servicestelle zu Beginn einer Prozessgestaltung sowie bei Schnittstellenänderungen.

Zu 2: Kompetenzen

Teamansatz sehr schwierig

In der ursprüngliche Konzeption von HAMMER/CHAMPY gab es die Funktion des Prozessleiters nicht. Nach den Vorstellungen der Autoren sollte es für die Prozessgestaltungs- und laufenden Optimierungsaufgaben Reengineering-Teams geben, die ihren Job gleichberechtigt ausführen. Die maximale vorgesehene Führung war ein von den Teammitgliedern selbst gewählter Mannschaftskapitän im Sinne eines Primus inter pares. Diese Vorschläge waren in den 90er Jahren stark im Kommen. Hierarchie war nicht mehr angesagt, auch für die Linienorganisation wurde Teamarbeit in verschiedensten Bereichen vorgesehen.

So wurden auch in vielen Unternehmen teilautonome Arbeitsgruppen oder empowered teams in Bereiche wie Produktion oder Vertriebsunterstützung eingeführt. Die Funktionsbeschreibungen für Gruppenleiter wurden durch Teamleiter ersetzt.

Einer muss den Hut aufhaben

Heute kann man viele der Versuche in Dienstleistungsbereichen als gescheitert betrachten. Die Idee gleichberechtigter Teammitglieder hat sich in der Praxis nicht durchgesetzt. Offensichtlich ist der Hierarchieglaube nach wie vor so stark, dass es immer wieder einer Funktion bedarf, die letztlich zur Verantwortung gezogen werden kann. Aus diesem Grund ist in vielen Unternehmen in Deutschland die Rolle des Prozessleiters entstanden, der Kompetenzen gegenüber den anderen Teammitgliedern hat.

Es ist eine Frage der Führungskultur in den Unternehmen, aber auch eine der Koordination, mit welchen Kompetenzen der Prozessleiter ausgestattet wird. Damit der Prozessleiter seine Aufgaben wahrnehmen kann, muss er von der Führung mit zum Teil weitreichenden Kompetenzen ausgestattet werden. So sollte es dem Prozessleiter beispielsweise möglich sein, den Mitarbeiter- oder Technikeinsatz im Prozess mit zu planen. Ebenfalls sollte ihm die Befugnis eingeräumt werden, den Prozessbeteiligten direkt Aufträge zu erteilen oder bei erheblichen Prozessstörungen die Situation eskalieren zu lassen.

Hohes Konfliktpotenzial bei starken Prozessleitern

Aber genau mit solchen Kompetenzen für den Prozessleiter beginnen die Schwierigkeiten in der Praxis. Ähnlich den Problemen bei der Einführung einer konsequenten Matrixorganisation oder der Installation von starken Produktmanagern und Projektleitern, kommt es zwangsläufig zum Konflikt mit den Funktionsverantwortlichen in der klassischen Linienorganisation. Verschiebt man die Verantwortung für die Leistungserstellung von den Funktionsträgern zu den Prozessleitern, bedeutet das einen erheblichen Macht- und Statusverlust für den Hierarchen, den er in der Regel nicht akzeptiert. Meist entscheidet sich gleich bei den ersten Konfliktfällen, wer dieses „Machtspiel" gewinnt.

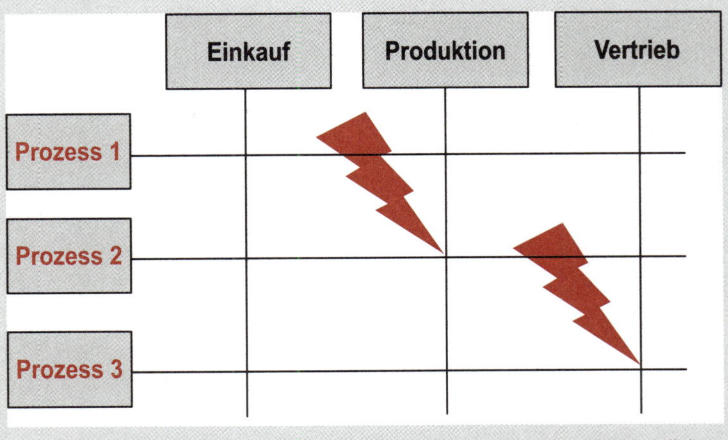

Abb. 3.18: Matrixkonflikt zwischen Prozessleitern und Linienverantwortlichen

Mag man es gut finden oder nicht, in allen bekannten Praxisfällen setzt sich letztlich immer der Abteilungsleiter durch, der Prozessleiter zieht den Kürzeren. Warum ist dies so?

Dominanz der Hierarchie

Offensichtlich ist die Kraft der Hierarchie stärker, als man ihr das zugestehen will. Mit der Bildung einer Organisationseinheit unter einheitlicher Leitung mit eigenen Ressourcen und Budgetverantwortung wird eine so starke Struktur geschaffen, in die sich nicht oder nur sehr schwer eindringen lässt. Alle horizontalen Koordinationsmechanismen wie Gremien, Ausschüsse oder eben Querschnittsfunktionen haben nicht den gleichen Einfluss wie die vertikale Koordination durch Hierarchie.

Machtpromotoren können helfen

Allenfalls durch eine Geschäftsführung, die Bereichsegoismen ständig unterbindet und Prozessleitern immer wieder den Rücken stärkt, kann das Konzept der Prozessleitung greifen. Aber auch diesem Bemühen sind Grenzen gesetzt. Häufig sind mehrköpfige Vorstände durch ihre Ressortzuordnung nur eine Fortsetzung der Abteilungsgrenzen auf oberster Ebene. Zudem darf man die Autonomie von Bereichen durch zu viele Eingriffe nicht aushebeln. Dann gehen die Vorteile verloren, die mit der Organisationseinheit beabsichtigten Konzentration auf ein bestimmtes Betätigungsfeld ursprünglich verbunden wurden.

Diese ernüchternden Erfahrungen sind schließlich auch der Grund dafür, weshalb es sinnvoller ist, über eine prozessorientierte Aufbauorganisation nachzudenken, wie es bereits bei der konzeptionellen Strategischen Prozessorganisation beschrieben wurde. Bildet man Unternehmensstrukturen entsprechend den Prozessen, sind die Leiter dieser Einheiten im Grunde genommen die Prozessverantwortlichen. Innerhalb ihres Bereiches installieren sie Prozessleiter, die die nötige Kompetenz gegenüber ihren Mitarbeitern (Prozessbeteiligten) haben, um die angestrebten Prozessergebnisse zu erreichen.

Tipp

Der Weg, Prozesse über Querschnittsfunktion zu koordinieren, ist konsequenter Weise nur über eine reine Prozessorganisation oder in einer Matrix-Prozessorganisation möglich. Haben beide Aufbaustrukturen aufgrund der Rahmenbedingungen in den Unternehmen keine Erfolgsaussichten, sollte kein Prozessleiter, sondern ein Prozesskoordinator installiert werden. Dieser agiert mehr im Sinne eines „Kümmerers", der durch Überzeugungsarbeit dafür sorgt, dass im Sinne der Prozessziele und -standards gearbeitet wird. Dieser Weg ist zwar mühevoll aber dafür praxistauglich. Und er führt nicht zu Enttäuschungen bei den ursprünglich stark angelegten Prozessleitern, die sich dann doch meist die Zähne an der Linie ausbeißen.

Zu 3: Ansiedlung in der Hierarchie

Wer übernimmt die Rolle des Prozessleiters? Besitzt ein Unternehmen eine geringe Größe und kleine Leitungstiefe, ist es möglich, dass Mitarbeitende der Ausführungsebene zu Prozessleitern ernannt werden. In größeren Firmen mit mehreren Hierarchieebenen, wird es sich um Leitungsstellen handeln, die zwischen der zweiten Leitungsebene (dort sind meist die Prozessverantwortlichen angesiedelt) und der Ausführungsebene liegen; je höher, desto strategischer und je niedriger, desto operativer werden ihre Funktionen sein.

Oft werden Hierarchen Prozessleiter

Die hohe Zahl von Führungskräften als Prozessleiter bestätigt letztlich die getroffenen Aussagen, dass einem Prozessleiter ohne Linienkompetenz im Nacken wenig Chancen eingeräumt werden, ernsthaft Kontinuierliche Prozessoptimierung umzusetzen. Damit wird aber nur das Symptom bekämpft. Es ist äußerst zweifelhaft, ob eine Linienführungskraft die Zeit hat, sich den hier skizzierten Aufgaben eines Prozessleiters zu widmen. Dann delegiert er womöglich die Aufgaben an einen Mitarbeiter und beschränkt sich letztlich wiederum nur auf die Führungsaufgaben analog dem Prozessverantwortlichen. Diese ständige Weiterdelegation der Kernaufgaben ist der eigentliche Grund für viele gescheiterte Versuche, Prozessmanagement zu etablieren. Keiner will die eigentliche Arbeit der Kontinuierlichen Prozessoptimierung leisten, also bleibt sie liegen und die Prozesse bleiben suboptimal.

Symptombekämpfung

3.5 Prozesscockpit

Die technischen Anforderungen aus den Aufgaben der Kontinuierlichen Prozessoptimierung bestehen in mehrfacher Hinsicht. Zunächst müssen die Prozessmanagementtools die automatische oder punktuelle Ist-Datenerfassung unterstützen. Im Kapitel 3.2 Prozessleistungsmessung wurden bereits einige Ausführungen zu den aktuellen technischen Möglichkeiten gemacht. Des Weiteren bedarf es Analysekomponenten, die die Aufbereitung der vielen Ist-Daten technisch unterstützen. Darüber hinaus können Workflowfunktionen sinnvoll eingesetzt werden, da bestimmte Procedere bei der Kontinuierlichen Prozessoptimierung wiederkehrend sind und sich somit eine Automatisierung lohnt.

Technische Anforderungen aus der Kontinuierlichen Prozessoptimierung

Da gerade die Datenanalyse einen breiten Raum bei der technischen Unterstützung einnimmt, werden im Folgenden einige Ausführungen hierzu gemacht. Tools, die die Leistungsanalyse unterstützen, müssen folgende Anforderungen erfüllen:

1. Aggregierbar
2. Mehrdimensional vergleichbar
3. Ansprechend aufbereitet
4. Kausalzusammenhänge werden berücksichtigt.

Zu 1: Aggregierbar

bottom-up Aufbereitung

Wie bei anderen Managementinformationssystemen ist es auch beim Prozesscockpit wichtig, die Informationen adressatengerecht aufzubereiten. Die technische Prozessleistungsanalyse sollte es in jedem Fall ermöglichen, die gewonnenen Informationen stufenweise nach oben zu verdichten.

Abbildung 3.19 enthält einige Beispiele aggregierter Prozesskennzahlen für unterschiedliche Informationsinteressenten.

Adressat	Aggregationsebene	Prozessdarstellung	Beispiele Prozesskennzahlen	Diagrammbeispiele
Top-Management	Prozessmodell	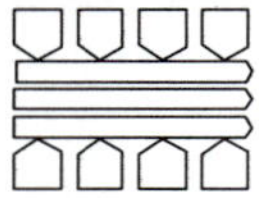	Prozesskostenanteile	Portfolio 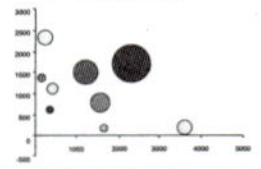
Middle-Management	Prozessgruppe	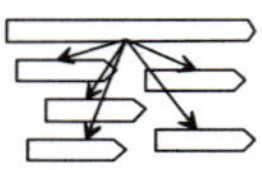	Korrekturen je Standort im Monat	3D-Trend 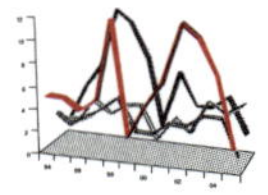
Prozessverantwortliche	Prozess	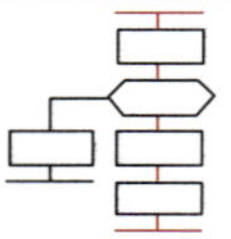	Zeitkomponenten je Aufgabe des Hauptastes	3D-Säule 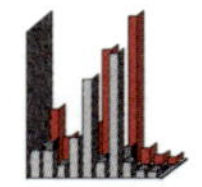
Prozessbeteiligte	Stelle	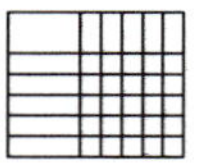	Personaleinsatz je Produkt	2D-Säule 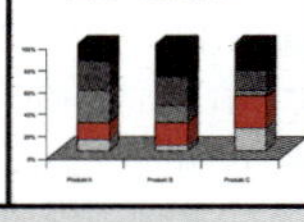

Abb. 3.19: Adressatengerechte Ist-Daten-Analyse

Zu 2: Mehrdimensional vergleichbar

Erkenntnisse aus internen Vergleichen

Bei der Prozessgestaltung werden zumeist Prozessanalysen für den einzelnen Prozess bei einmaliger Durchführung gemacht. Anders bei der Kontinuierlichen Prozessoptimierung. Hier besteht die Herausforderung darin, eine Vielzahl von Prozessinformationen aus zigfachen Prozessdurchläufen zu analysieren. Damit wächst der Wunsch, die Informationen nach verschiedenen Kriterien auszuwerten und zu vergleichen.

Den Prozessverantwortlichen des Beschaffungsprozesses der Component GmbH interessiert es, ob sich die Durchlaufzeiten je Lieferant und Ware unterscheiden. Auch will er Aussagen darüber haben, ob die Bearbeitungskosten je Lagerstandort unterschiedlich sind. Für ihn sind sowohl einzelne Instanzwerte von Bedeutung als auch Durchschnittswerte. Schließlich will er übers Jahr hinaus sehen, ob es saisonale Schwankungen bei seinen Prozesskennzahlen gibt.

Component GmbH

Abbildung 3.20 zeigt die vielfältigen Möglichkeiten auf, nach denen Prozesskennzahlen gebildet und verglichen werden können.

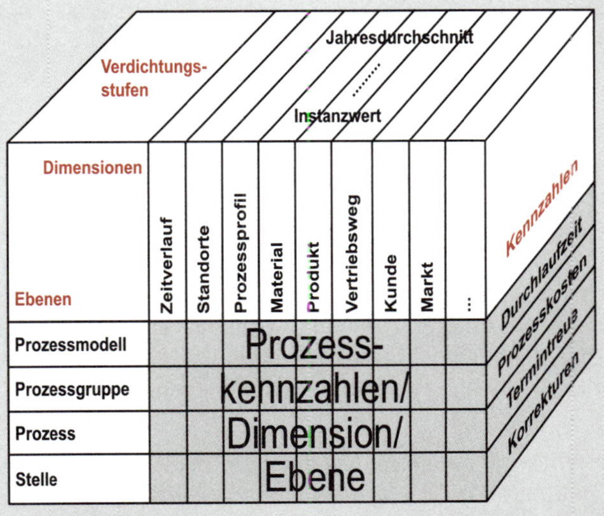

Abb. 3.20: Ebenen, Dimensionen und Verdichtungsstufen von Prozesskennzahlen

Zu 3: Ansprechend aufbereitet

„Weniger ist Mehr" gilt auch bei der Gestaltung des Prozesscockpits. Lieber 3-5 Prozessdiagramme, an die sich das Management dauerhaft gewöhnt, als zig verschiedene Grafiken und Tabellen, die letztendlich nur zur Verwirrung führen. Gerade die vielfältigen unterschiedlichen Aufbereitungsmöglichkeiten, wie sie beispielsweise Standardtabellenkalkulationen beinhalten, verführen dazu, zu viel des Guten zu machen. Neben Tabellen und den bekannten Säulen-, Balken-, Torten- und sonstigen Diagrammtypen sind auch sinnvolle Kombinationen von Beidem denkbar (siehe Abbildung 3.21).

Weniger ist mehr

			Totale Zeiten [min]					
Nr.	Teilstrukturname	Hfg. [%]	BZ	LZ	TZ	Summe	Ant. [%]	BZ:LZ:TZ
1	A2-B2-C2-D2	43,20	55:00	900:00	30:00	985:00	44,79	
7	A3	20,00	25:00	180:00	30:00	235:00	4,95	
3	A2-B2-C3	18,00	40:00	900:00	30:00	970:00	18,38	
2	A2-B2-C2-D1-D2	10,80	72:00	900:00	30:00	1002:00	11,39	
4	A2-B1-B2-C2-D2	4,80	65:00	2340:00	30:00	2435:00	12,30	
6	A2-B1-B2-C3	2,00	50:00	2340:00	30:00	2420:00	5,09	
5	A2-B1-B2-C2-D1-D2	1,20	82:00	2340:00	30:00	2452:00	3,10	
	Summe/Mittelwert:	100,00	48:50	871:12	30:00	950:02	100,00	

Abb. 3.21: Analyse der Durchlaufzeiten

Zu 4: Kausalzusammenhänge werden berücksichtigt

Früh-indikatoren finden

Wie bereits bei der Prozessdiagnose ausgeführt, stehen die Prozesskennzahlen untereinander in Ursache-Wirkungsbeziehungen. Programme, die die Problembehebung technisch unterstützen wollen, müssen diese Kausalbeziehungen in ihren Prozesscockpits berücksichtigen. Um möglichst frühzeitige Informationen über drohende Verschlechterung wichtiger Prozesskennzahlen zu haben, ist es sinnvoll, Ist-Daten auf der tiefsten Ursachenebene zu ermitteln.

Component GmbH

Falsche Artikelnummern wurden beim Beschaffungsprozess der Component GmbH als einer der Hauptgründe für falsche Auftragsbestätigungen, Rechnungen und Wareneingänge gesehen. Die Bearbeitung dieser falschen Vorgänge erhöht die Durchlaufzeiten und die Prozesskosten und senkt den FPY. Damit verschlechtern sich die Lieferzeiten und erhöhen sich die Preise. Letztlich sinken die Umsätze und steigen die Kosten, der Gewinn schrumpft also. Abbildung 3.22 zeigt ein durchgängiges Prozesscockpit auf Basis der Ursache-Wirkungszusammenhänge der Prozesskennzahlen.

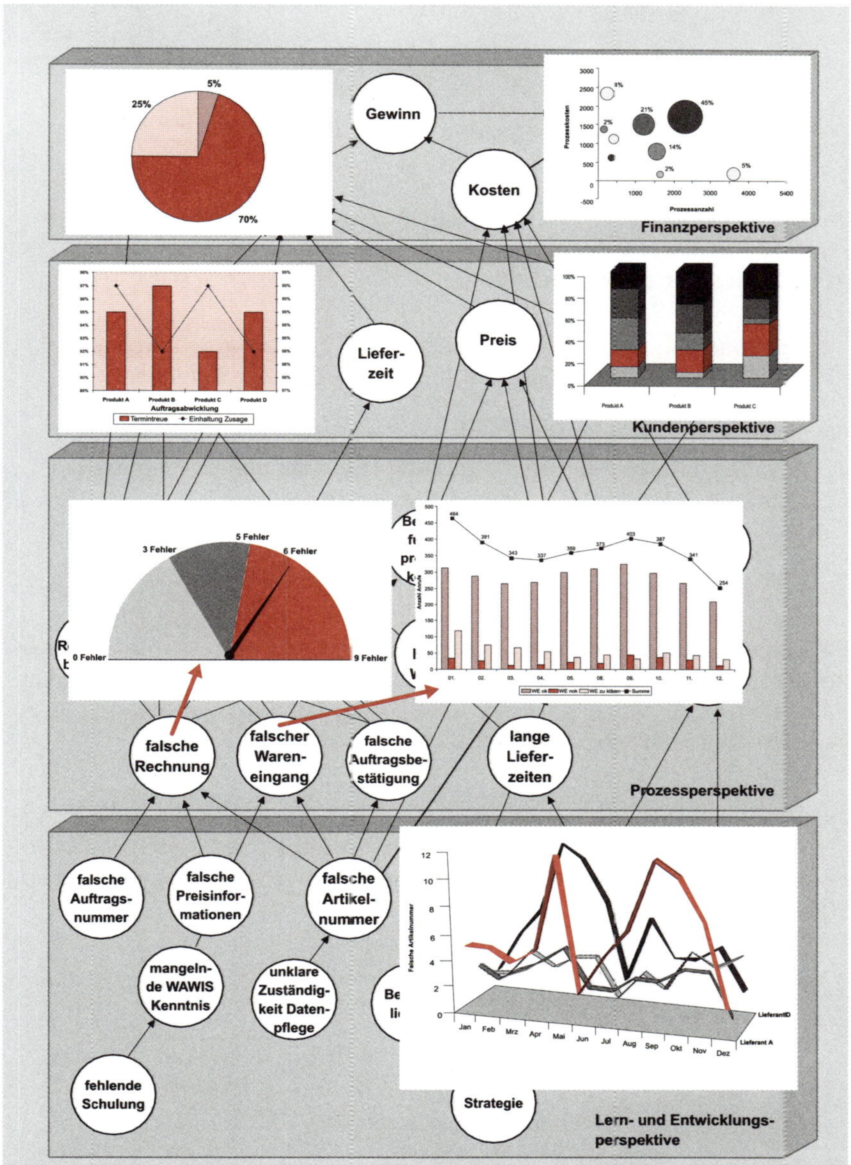

Abb. 3.22: Prozesscockpit auf Basis der Ursache-Wirkungsbeziehungen von Prozesskennzahlen

3.6 Management von Stabilität

„Vor allem ihr Gradlinigen, gebt acht auf die Kurven“
Stanislaw Lec

Vorbild Toyota

Das wohl bekannteste Beispiel für den Prozess der kontinuierlichen Verbesserung (KVP) in der industriellen Fertigung ist das Toyota Production System (TPS). Es besteht aus vier Schritten:

1. Beobachten (wie werden die einzelnen Arbeitsschritte durchgeführt, wie ist die Abfolge, wie lange dauert welche Aufgabe etc.?)
2. Beobachtungen strukturieren
3. Verbesserungsideen der Mitarbeiter sammeln und experimentieren, d.h. unmittelbar die neuen Ideen umsetzen
4. Die Mitarbeiter zum Ideensammeln und Experimentieren motivieren - welches die eigentliche Management-Aufgabe darstellt.

Ein Ergebnis im Tokioter Werk: Durch den ständigen Verbesserungsprozess im laufenden Betrieb wurden z.B. in einer Schicht 58 Verbesserungen innerhalb einer Produktionsinsel umgesetzt, d.h. es fand im Durchschnitt alle 20 Minuten eine Änderung im Arbeitsprozess statt.

Das Management von Stabilität erfordert somit grundsätzlich andere Führungsverhaltensweisen und verläuft in anderen Phasen als das Management von Instabilität. In Abbildung 3.23 wird die Vorgehensweise im Management von Stabilität beschrieben.

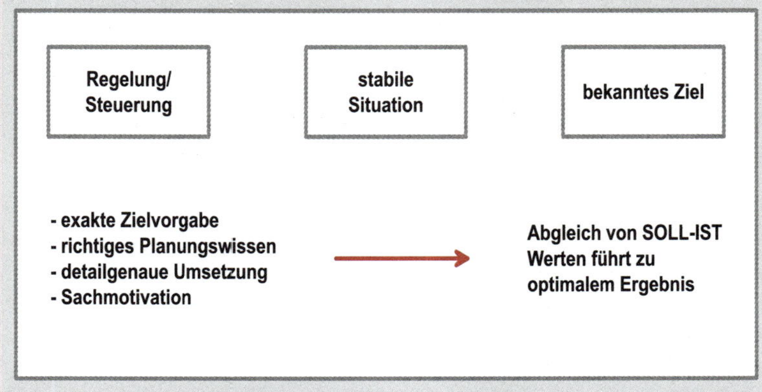

Abb. 3.23: Management von Stabilität

Hilfreich sind dabei stabilisierende Interventionen:

Interventionen, um Stabilität zu fördern

- Regelsysteme aufbauen
- Symbole etablieren
- Systemeigene Stabilitätskriterien erfüllen (z.B. öffentliches „Einschwören" auf formelle Regeln)
- Kohärente Informationen übermitteln
- Handlungsorientierte Informationen geben
- „Business as usual" praktizieren
- Konservatives Verhalten zeigen
- Sicherheitsgefühl, Identität, klare Vision vermitteln/unterstützen.

Warum ist es in Mitteleuropa häufig schwierig, stabile Zustände zu erreichen? Warum leben die Mitarbeiter den Prozess nicht so, wie er geregelt ist?

Component GmbH

Auch beim neuen Beschaffungsprozess der Component GmbH kommt es immer wieder vor, dass die neu eingeführten Regeln nicht eingehalten werden. Da werden Bestellungen per Fax geschickt, Preise nicht rechtzeitig aktualisiert oder falsche Rechnungen tagelang nicht bearbeitet.

Stolperfallen für stabile Prozesse

Selbstverständlich gibt es unterschiedlichste Gründe, nicht regelkonform zu handeln. Vielfach wird gerade damit argumentiert, flexibel auf Situationen eingehen zu müssen. Oft sind die Prozessbeteiligten einfach zu bequem oder ihnen ist gar nicht bewusst, welche Konsequenzen sie mit ihrem abweichenden Verhalten bewirken. Eins steht fest, wenn von Führungskräften regelgerechtes Verhalten nicht eingefordert und nachgehalten wird oder die Manager selbst nicht ein positives Bild abgeben, sind stabile Prozesse kaum zu realisieren.

Letztlich ist es die Unternehmenskultur insgesamt, die Mitarbeitern im Unterbewusstsein mitgibt, ob eigenverantwortliches Einhalten und Abweichen von Regeln betriebliche Praxis ist oder nicht.

Kulturunterschiede

KAIZEN ist in seinem Mutterland Japan gesellschaftlich und unternehmerisch verankert. Deutsche und andere Manager – vor allem aus der westlichen Welt – haben versucht, die KVP-Methode zu imitieren. Dies ist meistens gescheitert; in der Regel aus dem Grund, weil lediglich auf technisch-methodischer Ebene Arbeitsprinzipien nachgeahmt wurden, die letztendlich Ausdruck einer Philosophie bzw. Lebenshaltung sind. Ohne diese mentale Basis verpufft die – rein operativ angewandte - Methode und führt sogar zu massiven Frustrationen bei den Anwendern.

Mit folgenden Maßnahmen kann die Prozessstabilität gefördert werden:

Stabilitätsfördernde Maßnahmen

- Eine für den Prozessgedanken förderliche Unternehmenskultur schaffen bzw. vorleben
- Entsprechendes Handeln der Führungskräfte, mit der Voraussetzung, dass diese von der Mehrheit der Mitarbeiter in ihrer Rolle akzeptiert werden
- Arbeitsgruppen in der Größenordnung 7 ± 2 (5 bis 9 MA als Faustformel)
- Rollentausch bzw. Funktionswechsel innerhalb der jeweiligen Arbeitsgruppe
- Job-Rotation bzw. Hospitation in anderen Arbeitsgruppen der Prozesskette
- (Arbeits-)Prozess-Reflexion zur Analyse und kontinuierlichen Verbesserung des gemeinsamen Vorgehens.

Literatur zum Kapitel „Kontinuierliche Prozessoptimierung"

Becker, J.; M. Kugeler; M. Rosemann: Prozessmanagement. 3. Aufl., Berlin 2002

Bokranz, R.; L. Kasten: Organisations-Management in Dienstleistung und Verwaltung. 4. Aufl., Wiesbaden 2003

Helbig, R.: Prozessorientierte Unternehmensführung. Heidelberg 2003

Schmelzer, H. J.; W. Sesselmann: Geschäftsprozessmanagement in der Praxis. 4. Aufl., München 2004

Stoi, R.: Prozesskostenmanagement in Deutschland.

4 Prozessmanagement

Component GmbH

Folgende Phänomene traten bei der Component GmbH in den letzten Jahren in regelmäßigen Abständen auf. Voller Tatendrang stürzten sich gleich mehrere Mitarbeiter auf die Prozessoptimierung, leider unabgestimmt und ohne Methodik. Die Erhebungsdokumente waren unvollständig, passten nicht zusammen, gaben wenig Anhaltspunkte für Optimierungen und letztlich blieb alles beim Alten. Beim nächsten Mal sollte alles anders werden, monatelang wurden akribische Prozesserhebungen durchgeführt, Unmengen von Analysedaten angehäuft, hunderte von Verbesserungsmaßnahmen erkannt, aber bevor es zu ersten Umsetzungen kam, hatte sich das Umfeld schon wieder geändert.

Koordination aller Prozessaktivitäten sinnvoll

Solche Erfahrungen zeigen, dass es sinnvoll sein kann, alles, was im Unternehmen mit Prozessorganisation im Zusammenhang steht, zu koordinieren. Dazu gehören unter anderem alle Aufgaben, Organisationseinheiten, Prozesse, Tools, Informationen oder Personen, die im Zuge der Strategischen Prozessorganisation, Prozessgestaltung oder Kontinuierlichen Prozessoptimierung eine Rolle spielen. Verknüpft man die einzelnen Elemente der Prozessorganisation, entsteht ein System, das im Folgenden Prozessmanagement-System genannt wird (siehe Abbildung 4.01).

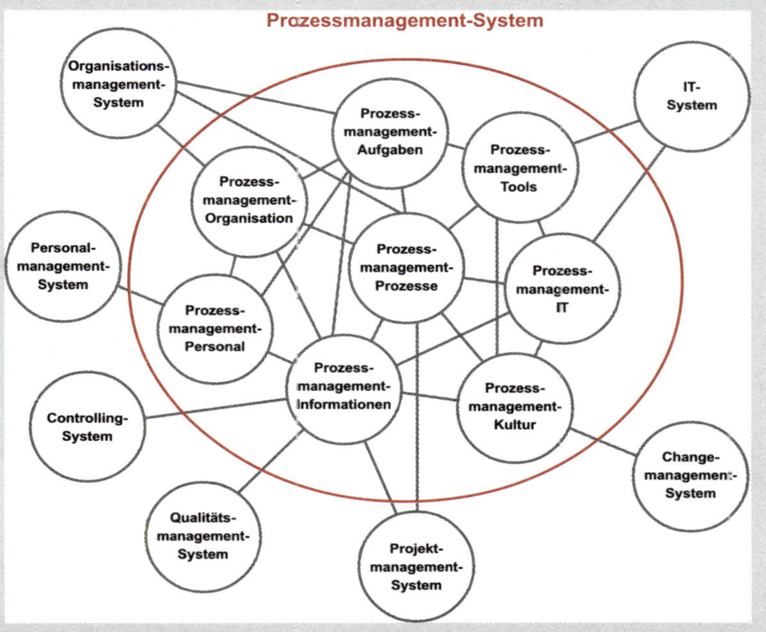

Abb. 4.01: Prozessmanagement-System

Abstimmung mit anderen Management-Systemen erforderlich

Wie eingangs geschildert (siehe Kapitel G.5), gibt es eine Reihe Managementkonzepte, Methoden und Techniken, die in den verschiedenen Prozessfeldern zum Einsatz kommen. Das Prozessmanagement-System integriert die verschiedenen Einzelansätze in einem geschlossenen Modell. Selbstverständlich hat das Prozessmanagement-System keinen Alleinanspruch auf die eingebundenen Werkzeuge. Deshalb ist es wichtig, die Schnittstellen zu anderen Systemen wie Qualitätsmanagement-System, Personalmanagement-System oder Changemanagement zu betrachten, um im Unternehmenskontext keine Doppelspurigkeiten und Inkompatibilitäten entstehen zu lassen.

Hier erweisen die vielen meist von Beratern entwickelten Konzepte den Unternehmen häufig einen Bärendienst. Auch wenn man den einzelnen Konzepten gute Absichten unterstellen mag, so beginnt es dann problematisch zu werden, wenn einzelne Bereiche scheinbar unterschiedliche Konzepte initiieren und damit letztlich auch die eigene Existenzberechtigung betreiben. Da Abteilung von „abteilen" kommt, gibt es die üblichen Bereichsegoismen und Grabenkämpfe. Jeder besteht auf seinem Konzept, Gemeinsamkeiten werden nicht gesehen.

Component GmbH

Bei der Component GmbH wurde beispielsweise vom Controlling das Thema Balanced Scorecard eingeführt. Im Qualitätsmanagement wurde die Zertifizierung nach ISO 9001 forciert. In der IT-Abteilung wurden die Prozesse nach ITIL organisiert, der Vertrieb hat ein Beschwerdemanagement-System eingeführt und im Gesamthaus wurde vom Bereich Unternehmensentwicklung ein Ideenmanagement implementiert, obwohl es schon seit Jahren ein Betriebliches Vorschlagswesen in der Organisation gab.

Die bisherigen Ausführungen zu den Ausgestaltungsmöglichkeiten der ersten drei Prozessfenster lassen erahnen, dass es unzählige Kombinationen gibt, wie ein Prozessmanagement-System in Unternehmen eingerichtet wird.

Component GmbH

In der Component GmbH überlegt man seit langem, welche Modellierungsform als Standard verbindlich vorgegeben wird. Bisher findet man sowohl Fließtexte und Folgepläne, aber auch Swimlane-Darstellungen in verschiedenen Unternehmensbereichen. Ebenfalls uneinheitlich ist die Priorisierung von Prozessen und die Kompetenzausstattung von Prozessleitern geregelt.

Es empfiehlt sich deshalb, zunächst in einem Projekt das Prozessmanagement-System grundsätzlich zu konzipieren und einzuführen, und es dann permanent zu betreuen und zu erhalten.

Definition

Prozessmanagement ist ein Konzept von Vorgehensweisen, Verantwortlichkeiten, IT-Unterstützungen und kulturflankierenden Maßnahmen, die darauf ausgerichtet sind, ein Prozessmanagement-System zu konzipieren, einzuführen und auf Dauer zu erhalten.

Damit ist Prozessmanagement als Führungskonzept auf der Metaebene dafür verantwortlich, dass das Prozessmanagement-System auf der operativen Ausführungsebene effektiv und effizient funktioniert. Abbildung 4.02 zeigt die Themenfelder des vierten und letzten Prozess-Konzeptes.

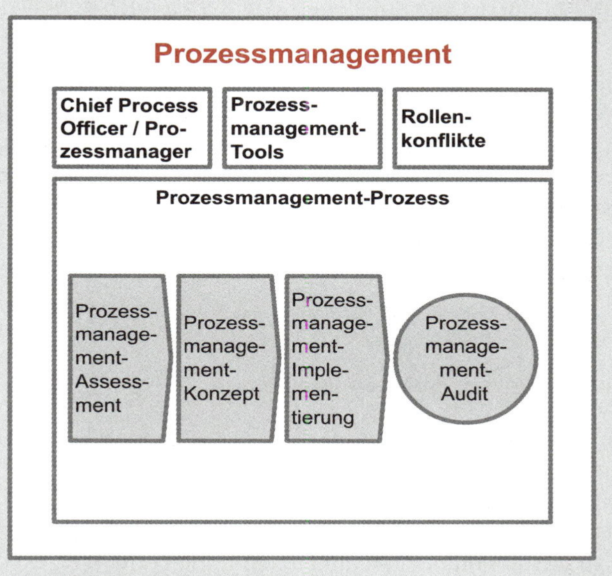

Abb. 4.02: Prozessmanagement

Die Einführung eines Prozessmanagement-Systems erhöht die Effizienz von Optimierungsmaßnahmen sowohl für zeitlich begrenzte Projekte, als auch für kontinuierliche Verbesserungen. Gleichzeitig entsteht eine hohe Transparenz für alle Mitarbeiter, die eine prozessorientierte Unternehmenskultur fördert.

Nutzen von Prozess-management

Diesen Nutzen haben viele Unternehmen bereits für sich erkannt. In ihrer Studie „Geschäftsprozessmanagement in Deutschland" im Jahr 2004 haben BACH/BIEMANN unter anderem nach dem Beitrag gefragt, den das Geschäftsprozessmanagement (GPM) zum Erfolg des Unternehmens leistet.

Ergebnisse GPM-Studie oder Beiträge des GPM zum Unter-nehmenserfolg

Etwa 50% der Unternehmen gaben einen hohen Beitrag zur Steigerung der Kundenzufriedenheit an. Die gleiche Anzahl von Unternehmen gab auch einen hohen Beitrag zur Verbesserung der Prozessqualität und zur Steigerung der Termintreue an. Der Beitrag zur Reduzierung der Durchlaufzeiten wurde von ca. 40% der Unternehmen hoch eingeschätzt und der Beitrag zur Senkung der Prozesskosten von etwa 30% der Unternehmen. Es gab kaum Unternehmen, die den Einfluss des GPM auf den Unternehmenserfolg als sehr gering einschätzten.

Verantwortlichkeit für Prozessmanagement

Auch die Debatte über die Aufgaben des Chief Information Officer (CIO) zeigt die Relevanz des Prozessmanagements für die Unternehmen. Die Entwicklung geht dahin, dass der CIO immer häufiger über das IT-Management hinaus zentrale Aufgaben in der Optimierung organisatorischer Abläufe übernehmen muss. Einige Unternehmen haben daher bereits die Position des Chief Process Officer (CPO) eingeführt, auf dessen Rolle unter Punkt 4.5.1 noch detaillierter eingegangen wird

Technische und kulturelle Anforderungen

Die Auswahl der richtigen IT-Unterstützung für die Aufgaben der strategischen Prozessorganisation, Prozessgestaltung und kontinuierlichen Prozessoptimierung ist eine ständige Frage in der Praxis. In Abschnitt 4.6 wird aufgezeigt, nach welchen Kriterien Prozessmanagement die am Markt angebotenen Tools evaluieren kann. Abschließend werden in Kapitel 4.7 der Umgang mit Rollenkonflikten als ein entscheidender kultureller Erfolgsfaktor für die Einführung eines Prozessmanagement-Systems betrachtet.

4.1 Prozessmanagement-Assessment

Wo stehen wir?

Wie weit ist das Unternehmen mit seinem Prozessmanagement-System und wie gut sind die Regelungen? Um diese Fragen zu klären, kann ein Assessment von einer unabhängigen externen Stelle durchgeführt werden oder von dem Unternehmen selbst in Form eines Self-Assessments. Entscheidend ist, dass alle Informationen zu bestehenden Regelungen, Methoden oder technischen Hilfen systematisch identifiziert und analysiert werden, um Verbesserungspotenziale zu identifizieren.

Definition

Unter Prozessmanagement-Assessment versteht man die systematische Analyse der Stärken und Schwächen eines Prozessmanagement-Systems im Sinne einer Standortbestimmung oder Selbstdiagnose.

Zwei grundsätzliche Fragen sind beim PM-Assessment zu klären:

- Zu prüfende Prozessthemen
- Bewertungsschema.

4.1.1 Zu prüfende Prozessthemen

Welche Themen werden geprüft?

Zunächst ist zu klären, welche Inhalte Gegenstand des Assessments sind. Im einfachsten Fall werden alle Themen aufgelistet, die einem zur Prozessorganisation einfallen. Anhaltspunkte für solche Themenlisten finden sich immer wieder. Abbildung 4.03 zeigt beispielsweise eine Aufzählung möglicher Prozessthemen, die der BPM-Club Deutschland anlässlich einer Mitgliederbefragung benutzt hat.

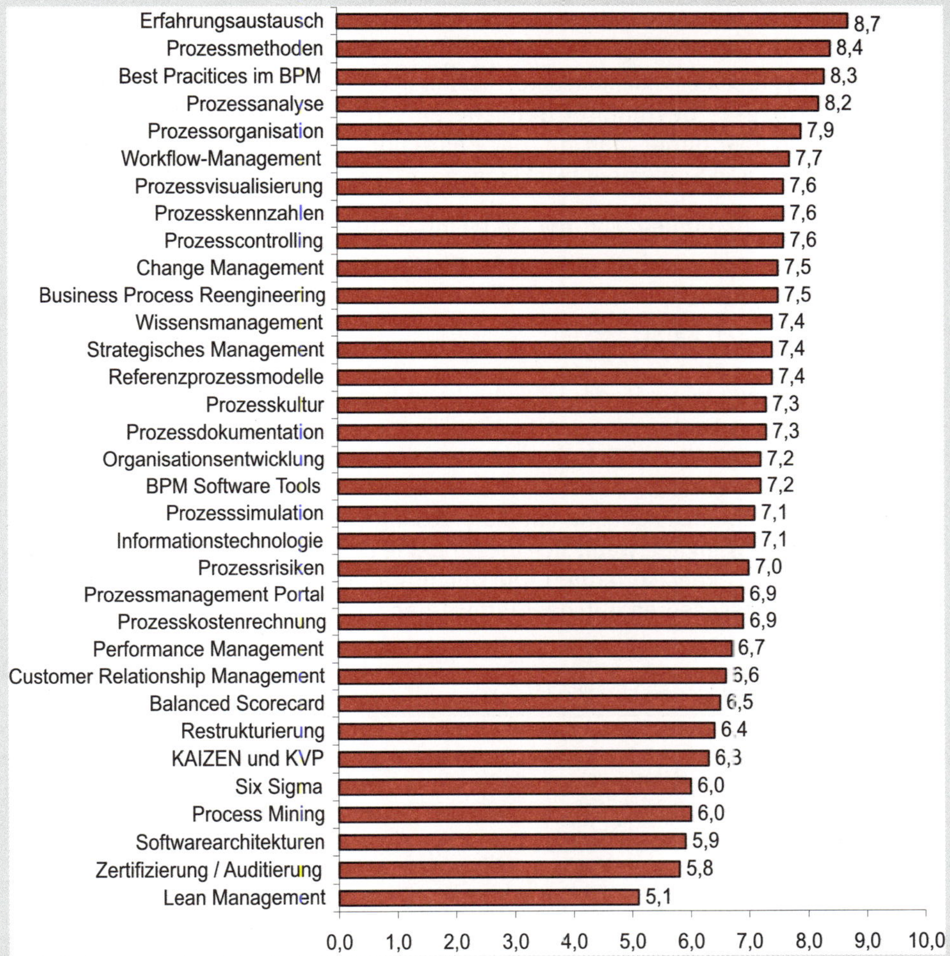

Abb. 4.03: Ergebnis einer Themenabfrage des BPM-Clubs Deutschland bei seinen Mitgliedern

Sinnvoller erscheint es, eine Gliederung der Prozessmanagement-Inhalte vorzunehmen. Von den vielen möglichen Gliederungskriterien bieten sich folgende Faktoren an, näher darauf einzugehen:

Kriterien zur Strukturierung von Prozessthemen

- Zweck (Reorganisation, Auswahl Software, Zertifizierung etc.)
- Gegenstand (Methoden, Verantwortlichkeiten, Tools etc.)
- Lebenszyklus (Initiierung, Identifikation, Analyse, Redesign, Einführung, Kontrolle)

- Gestaltungsbereich (einzelner Prozess, alle Prozesse, Organisationsstrukturen, Branchen, Unternehmensgrößen etc.).

Maturity-Modelle

Es gibt eine Reihe Konzepte, die den Reifegrad von Managementsystemen oder Prozesse bestimmter Bereiche einschätzen. Die bekanntesten Maturity-Modelle findet man bei der Beurteilung von Qualitätsmanagement-Systemen und Softwareentwicklungsprozessen, so zum Beispiel:

- Capability Maturity Model Integration (CMMI)
- European Foundation for Quality Management (EFQM) Excellence Model
- SPICE (ISO 15504).

Orientierung am Qualitätsmanagement-Assessment

Modelle wie z.B. das EFQM-Modell bieten in der Regel Hilfestellungen in Form von mehr oder weniger detaillierten Checklisten, die jeweils an unternehmensspezifische Ziele anzupassen sind. So ist das EQA-Assessment (European Quality Award), das sich an den neun Kriterien (siehe Abbildung 4.04) des EFQM-Modells orientiert und die Gesamtsituation des Unternehmens klärt, vor allem geeignet, wenn sich die Strategie des Unternehmens an diesem Modell der Excellence orientiert. Die Durchführung sollte unter Anleitung erfahrener EQA-Assessoren durchgeführt werden.

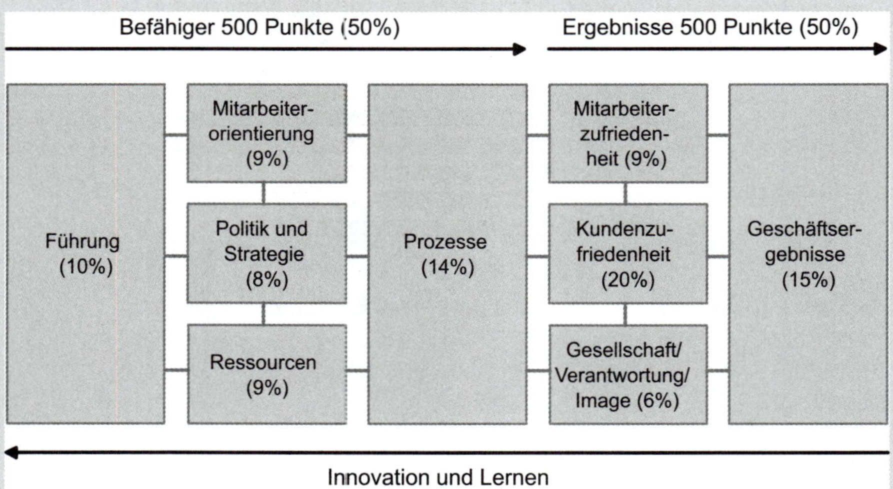

Abb. 4.04: EFQM Excellence Modell

Auch die Normenreihe DIN EN ISO 9004:2000 zum Aufbau von Qualitätsmanagement-Systemen kann eine Hilfestellung für das Assessment des Prozessmanagements bieten.

ISO 9004:2000 unterscheidet fünf Leistungsreifegrade von Qualitätsmanagement-Systemen und ist relativ leicht anwendbar.

Allerdings sollte auch hier eine entsprechende Modifikation vorgenommen werden, damit es sich nicht ausschließlich auf Aspekte der Qualität bezieht. Für eine umfassende Beurteilung des Prozessmanagements ist die Aussagefähigkeit dieses Instrumentes ohne Anpassung nicht ausreichend.

HÜFFNER hat in einer Gegenüberstellung der verschiedenen Maturity-Konzepte herausgearbeitet, dass alle Modelle mehr oder weniger die gleichen Gegenstände (Factor), Lebenszyklen (Perspective) sowie Dimensionen (Scope) berücksichtigen. Gegenstände, die immer wieder in den Assessments untersucht werden, sind IT-Unterstützung, Kultur, Verantwortlichkeiten, Methoden und Messverfahren. Die Lebensphasen entsprechen denen der meisten Vorgehensmodelle. Auf dieser Basis hat HÜFFNER ein eigenes BPM-Maturity-Modell in Form eines dreidimensionalen Würfels entwickelt (siehe Abbildung 4.05).

Ähnliche Prüfungen bei verschiedenen Maturity-Konzepten

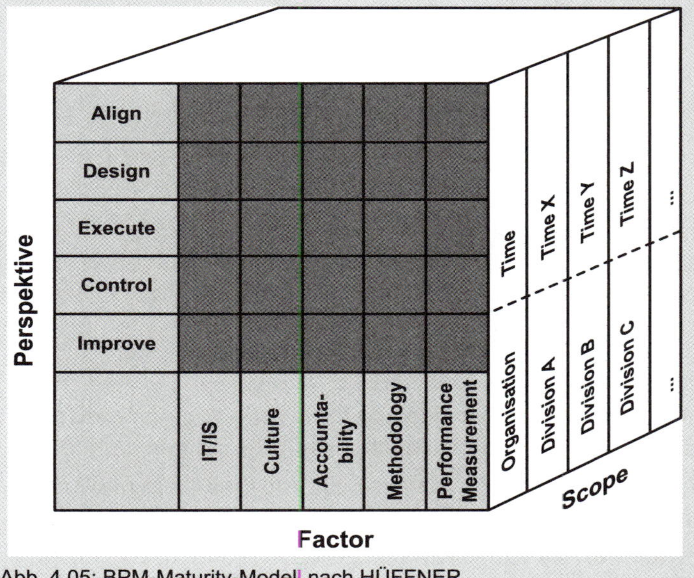

Abb. 4.05: BPM-Maturity-Modell nach HÜFFNER

Die Mehrdimensionalität des Würfels erlaubt sicherlich, die verschiedenen Prozessthemen exakter den Kriterien zuzuordnen. Die Übersichtlichkeit verliert jedoch deutlich. Abbildung 4.06 zeigt die Komplexität auf, wenn man alleine zwei Methoden und Techniken den drei Kriterien genau zuweisen will.

Drei Dimensionen schaden der Übersichtlichkeit

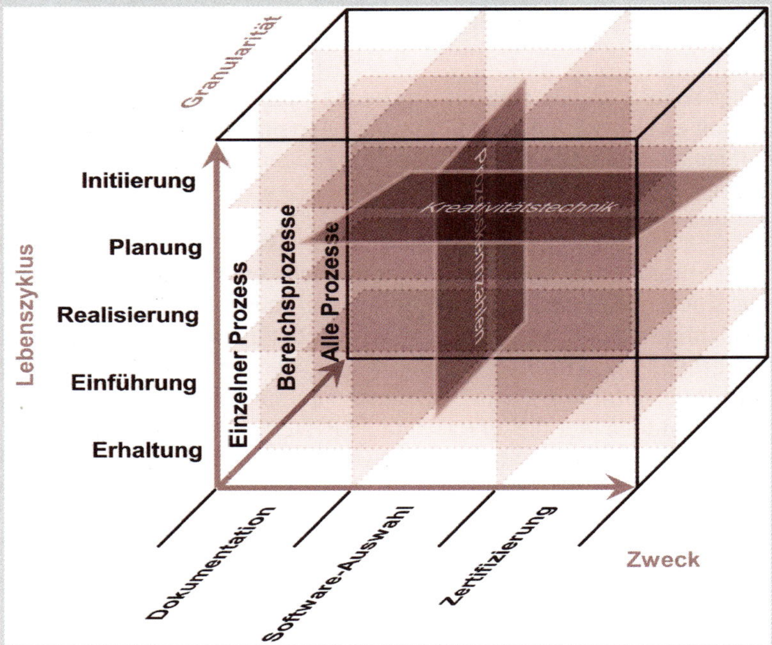

Abb. 4.06: Einordnung von Methoden und Techniken hinsichtlich Zwecksetzung, Lebenszyklus und Gestaltungsbereich

Die gfo (Gesellschaft Führung und Organisation) gibt mit europäischen Schwestergesellschaften für die IABPM (International Association of Business Process Management) ein Body of Knowledge (BoK) für Prozessmanagement (BPM Business Process Management) heraus.

Body of Knowledge = Standardwissen im Prozessmanagement

Dieser Standard

- soll als maßgeblicher Bezugspunkt für Theorie und Praxis dienen und die Grenzen zu anderen Management-Disziplinen definieren.
- repräsentiert die Themen, die aus Sicht von Praktikern und Experten unverzichtbar für ein effizientes Prozessmanagement sind.
- ist als Normtext nur eingeschränkt geeignet, sondern dient mehr als Leitfaden. Für eine Norm ist er zu ausführlich, er ist nicht eindeutig und weist keine konsistenten begrifflichen Konzepte auf.
- bildet die Basis für zahlreiche Seminare und Workshops, die den Teilnehmern den Weg zur Process-Excellence erleichtern sollen.

Themen-landkarte

Auch die Themenlandkarte des gfo BPM-Bok orientiert sich bei seiner 9-Felder-Ansicht an den vorherigen Ausführungen (siehe Abbildung 4.07).

Grundlagen	Führungskonzept	Rollen/Verantwortlichkeiten
- Rahmenkonzept - Begriffe (ohne andere Felder) - Prozessdefinition, Zweck - Prozessziele - Prozesslifecycle - Klassifikation von Prozessen - Ebenen von Prozessen - Links, Veranstaltungen, Studien (ohne andere Felder) - Glossar	- Leitbild - Kosten-/Nutzen von BPM - Verbindungen zu anderen Managementkonzepten (TQM/EFQM, Zertifizierungen, Wertorientierte Führung ...) - Vernetzung zu QM, Controlling, IT - Personalentwicklung - Vorgehen Einführung BPM - Reifegrad/Weiterentwicklung	- Rollen (Prozessverantwortung/ processowner, Prozesskoordinator, Prozessteam, Prozessmitarbeiter, Management-Team, CPO ...) - Prozessorientierte Aufbauorganisation, Einbettung der Rollen und Ressourcenzuordnung - Projektorganisation
Ausrichtung an den Unternehmensstrategien	**Prozessgestaltung**	**Prozesscontrolling und optimierung**
- Strategieumsetzung inkl. Unternehmensübergreifende Wertschöpfungsarchitektur / Prozesslandkarte - Vorgehensweise klären - Prozessarchitektur - Prozesspriorisierung/Kernprozesse - In-/Outsourcing von Prozessen	- Methoden und Techniken zur Prozessmodellierung - Dokumentation - Textuelle Beschreibung - Modellierung/Prozessmodell - Simulation	- Prozesskennzahlen - Prozessbenchmarking - Methoden des Prozesscontrollings - Prozesscockpit (Soll-/Istdaten/Trends) - Prozessrisikomanagement - Prozessorientierte Audits - Methoden der Prozessoptimierung (KVP/SixSigma)
IT	**Kultur**	**Branchen-/Themenbezogene Anwendungsbeispiele**
- Prozessmanagementsysteme - Workflow-MS/BPM-Tools - BPEL - BPMS-Schnittstellen SOA, EAI - ERP-System-Kontext	- Prozessorientierte Unternehmenskultur - Change Management - Kommunikationskonzept - Mitarbeitereinbindung - Lösung von Rollenkonflikten	- Themenbezogene Referenzmodelle - IT-Prozesse / ITIL - Innovationsprozesse - Logistikprozesse / SCM - Vertriebsprozesse / CRM - Branchenbezogene Referenzmodelle - eTOM - öffentliche Verwaltung

Abb. 4.07: Themen des gfo BPM-BoK (Stand Anfang 2006)

Im Rahmen dieses Buches soll das bereits eingeführte ibo-Prozessfenster als thematische Gliederung des Assessments dienen.

Standort-bestimmung anhand des ibo-Prozess-fensters

Um alle Aspekte der Prozessorganisation verständlich und eingängig darzustellen, berücksichtigt das ibo-Prozessfenster auf oberster Ebene lediglich die zwei Gliederungskriterien Lebenszyklus und Gestaltungsbereich, um die Prozessthemen (Gegenstände) zuzuordnen.

Auf diese Weise werden insgesamt 30 zu prüfende Prozessthemen, also Aufgaben, Methoden, Techniken, Strukturen, IT-Systeme und Kulturmaßnahmen, identifiziert (siehe Abbildung 4.08).

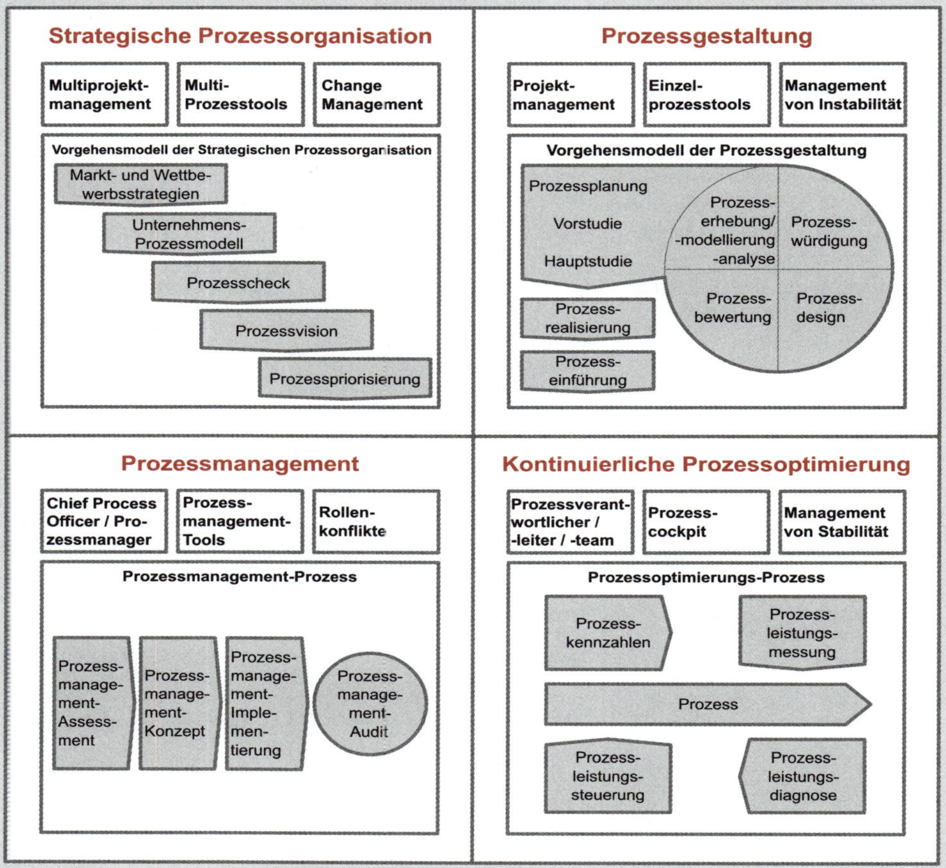

Abb. 4.08: Gesamtmodell ibo-Prozessfenster

4.1.2 Bewertungsschema

Maturity-Modelle helfen bei Bewertungskriterien

Nun, nachdem die zu prüfenden Prozessthemen abgesteckt sind, stellt sich die Frage, nach welchen Kriterien eine einheitliche Bewertung erfolgen kann. Auch hier hilft ein Blick auf bestehende Maturity-Modelle. So arbeitet der CMM-Ansatz mit 5 Reifegradstufen (siehe Abbildung 4.09), das daraufhin weiterentwickelte CMMI und SPICE-Konzept mit 6 Leveln (siehe Abbildung 4.10). Das in Abbildung 4.11 dargestellte RADAR-Bewertungsschema nach EFQM sieht wiederrum 5 Reifegradstufen vor.

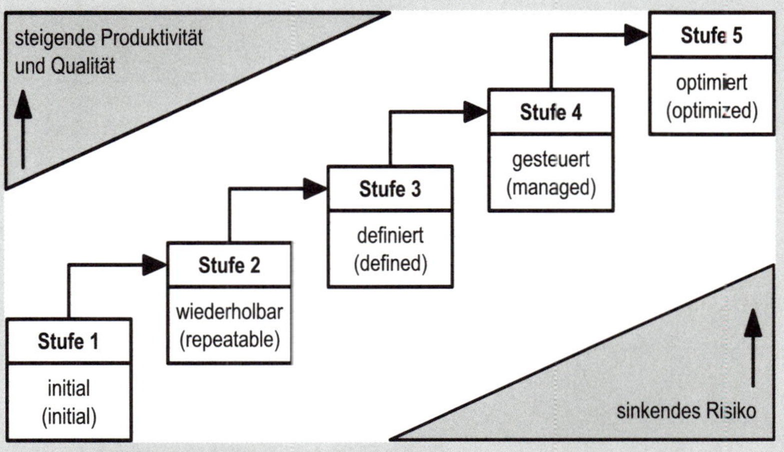

Abb. 4.09: Reifegradstufen nach CMM

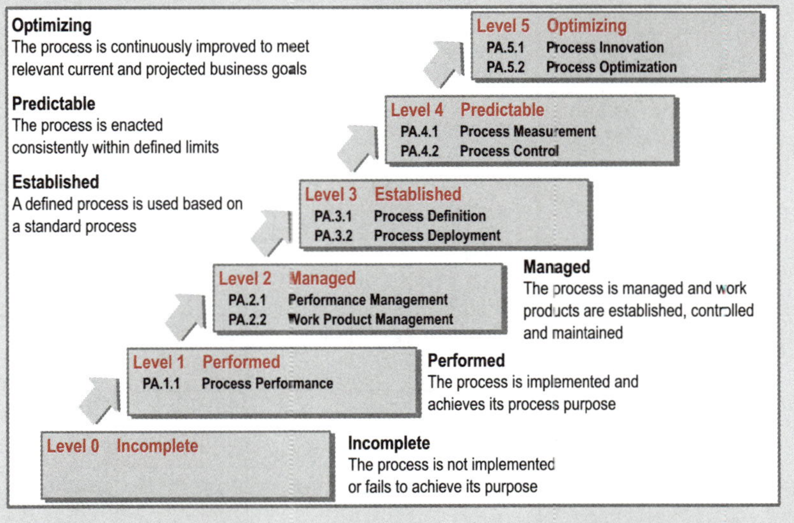

Abb. 4.10: Reifegradstufen nach SPICE

Grob-schema für Nachweise	R *Results* Ergebnisse	A *Approach* Vorgehen	D *Deployment* Umsetzen	A R *Assessment & Review*
0%	*keine*	*keine*	*keine*	*keine*
0-25%	*einige*	*einige*	*einige*	*einige*
25-50%	*für viele*	*vorhanden*	*vorhanden*	*vorhanden*
50-75%	*für die meisten*	*klare*	*klare*	*klare*
75-100%	*für alle Best in Class*	*umfangreiche*	*umfangreiche*	*umfangreiche*

Abb. 4.11: RADAR-Bewertungsschema nach EFQM

Ähnliche Reifegrad-stufen

Abbildung 4.12 stellt die Reifegradstufen verschiedener Maturity-Modelle vergleichend gegenüber.

Stufe	SPICE (ISO)	CMM	CMMI	EFQM	BPMM
0	Not-Performed		Incomplete		
1	Performed-Informally	Initial	Performed	0% (RADAR)	Learner
2	Planned-and-Tracked	Repeatable	Managed	0%-25% (RADAR)	Improver
3	Well-Defined	Defined	Defined	25%-50% (RADAR)	Achiever
4	Quantitatively-Controlled	Managed	Quantitatively Managed	50%-75% (RADAR)	Performer
5	Continuously-Improving	Optimizing	Optimizing	75%-100% (RADAR)	Leader

Abb. 4.12: Vergleich der Reifegradstufen verschiedener Maturity-Modelle

Aus den verschiedenen Bewertungsansätzen heraus ist das ibo-Bewertungsraster entwickelt worden (siehe Abbildung 4.13).

Bewertung	Erläuterung	Beispiel Prozessthema: Unternehmensprozessmodell
1	Das Thema wird nicht bewusst im Unternehmen angegangen, allenfalls gibt es vereinzelte individuelle Vorgehensweisen oder Vereinbarungen.	Einzelne Bereiche haben für sich unterschiedlich aufbereitete Prozesskataloge, ein Gesamtunternehmensmodell existiert nicht.
2	Es bestehen klare Ziele und Vorstellungen, was mit diesem Thema der Prozessorganisation im Unternehmen erreicht werden soll.	Es besteht der eindeutige Wunsch der Geschäftsleitung, ein unternehmensweites Prozessmodell zu haben, das die Strategieumsetzung ermöglicht und die Grundlage für die zukünftigen IT-Entwicklungen ist.
3	Es gibt eindeutige Aufgaben, Methoden, Techniken, Regelungen, Tools etc. zu diesem Prozessthema.	Eine Verfahrensanweisung sieht vor, dass Prozessmodelle top-down entwickelt werden. Die Ebenen sind mit Bezeichnungen belegt. Es gibt Vorgaben für Gliederungsart und -tiefe sowie klare Dokumentationsrichtlinien.
4	Die Aufgaben, Methoden, Techniken, Regelungen, Tools etc. werden systematisch umgesetzt.	Alle Bereichsprozessmodelle sowie das Unternehmensprozessmodell werden entsprechend der Standards umgesetzt.
5	Die Eignung der Aufgaben, Methoden, Techniken, Regelungen, Tools etc. werden auf Basis der erzielten Ergebnisse regelmäßig bewertet und ggf. optimiert.	Die Prozessmodelle unterstützen die Strategie und sind die Vorgabe für sämtliche IT-Vorhaben. Die bestehenden Regelungen erfüllen in effizienter Form die Entwicklung von Prozessmodellen.

Abb. 4.13: Bewertungsschema des ibo-Prozessmanagement-Assessments

4.1.3 ibo-Prozessmanagement-Assessment

Fügt man nun die vorherigen Überlegungen zu den zu prüfenden Prozessthemen und dem Bewertungsschema zusammen, ergibt sich ein systematisches und praktikables Assessmentverfahren, mit dem man den Prozessmanagement-Reifegrad eines Unternehmens einschätzen kann. Hierzu bewerten die Assessoren in vier Checklisten (siehe Abbildung 4.14 bis Abbildung 4.17) die Prozessthemen aus den vier Konzepten des ibo-Prozessfensters.

Checklisten für das Assessment

Nr.	Prozessthema	Nicht bewusst geregelt	Ziel-setzung klar	Methoden etc. standardisiert	Methoden etc. sind umgesetzt	Ergebnisse erfüllen Ziele
		1	2	3	4	5
1	Strategische Prozessorganisation					
1.1	Markt- und Wettbewerbsstrategien	□	□	□	□	□
1.2	Unternehmensprozessmodell	□	□	□	□	□
1.3	Prozesscheck	□	□	□	□	□
1.4	Prozessvision	□	□	□	□	□
1.5	Priorisierung	□	□	□	□	□
1.6	Multi-Projektmanagement	□	□	□	□	□
1.7	Multi-Prozesstool	□	□	□	□	□
1.8	Change Management	□	□	□	□	□

Abb. 4.14: Checkliste zur Strategischen Prozessorganisation

Nr.	Prozessthema	Nicht bewusst geregelt	Ziel-setzung klar	Methoden etc. standardisiert	Methoden etc. sind umgesetzt	Ergebnisse erfüllen Ziele
		1	2	3	4	5
2	Prozessgestaltung					
2.1	Prozesserhebung, -modellierung, -analyse	□	□	□	□	□
2.2	Prozesswürdigung	□	□	□	□	□
2.3	Prozessdesign und -bewertung	□	□	□	□	□
2.4	Prozessrealisierung	□	□	□	□	□
2.5	Prozesseinführung	□	□	□	□	□
2.6	Projektmanagement	□	□	□	□	□
2.7	Einzel-Prozesstools	□	□	□	□	□
2.8	Management von Instabilität	□	□	□	□	□

Abb. 4.15: Checkliste zur Prozessgestaltung

Nr.	Prozessthema	Nicht bewusst geregelt	Ziel-setzung klar	Methoden etc. standardisiert	Methoden etc. sind umgesetzt	Ergebnisse erfüllen Ziele
		1	2	3	4	5
3	Kontinuierliche Prozessoptimierung					
3.1	Prozesskennzahlen	□	□	□	□	□
3.2	Prozessleistungsmessung	□	□	□	□	□
3.3	Prozessleistungsdiagnose	□	□	□	□	□
3.4	Prozessleistungssteuerung	□	□	□	□	□
3.5	Prozessverantwortlicher/ Prozessleiter	□	□	□	□	□
3.6	Prozesscockpit	□	□	□	□	□
3.7	Management von Stabilität	□	□	□	□	□

Abb. 4.16: Checkliste zur Kontinuierlichen Prozessoptimierung

Nr.	Prozessthema	Nicht bewusst geregelt	Ziel-setzung klar	Methoden etc. standardisiert	Methoden etc. sind umgesetzt	Ergebnisse erfüllen Ziele
		1	2	3	4	5
4	Prozessmanagement					
4.1	Prozessmanagement-Assessment	□	□	□	□	□
4.2	Prozessmanagement-Konzept	□	□	□	□	□
4.3	Prozessmanagement-Implementierung	□	□	□	□	□
4.4	Prozessmanagement-Audit	□	□	□	□	□
4.5	Chief Process Officer/ Prozessmanager	□	□	□	□	□
4.6	Prozessmanagement-Tool	□	□	□	□	□
4.7	Rollenkonflikte	□	□	□	□	□

Abb. 4.17: Checkliste zum Prozessmanagement

Beim Bearbeiten dieser Checkliste sollte besonders darauf geachtet werden, dass die vergebenen Punkte klar und ausführlich begründet werden. Daraus können für die spätere Konzeptarbeit wichtige Hinweise abgeleitet werden, wo korrigierende Eingriffe denkbar und gegebenenfalls notwendig sind.

Erläuterungen zu den Bewertungen wichtig

Die Ergebnisse können zunächst tabellarisch dargestellt werden (siehe Abbildung 4.18). Die Summe der Themen je Konzept dividiert durch die Anzahl der Themen ergibt einen Durchschnittswert je Konzept.

Prozessthema	Wert	Prozessthema	Wert	Prozessthema	Wert	Prozessthema	Wert
Strategische Prozessorganisation	**2,5**	**Prozess-gestaltung**	**3,4**	**Kontinuierliche Prozessoptimierung**	**1,9**	**Prozess-management**	**1,4**
Strategie	2	Modellierung	4	Kennzahlen	2	PM-Assessment	1
Prozessmodell	4	Würdigung	4	Leistungsmessung	2	PM-Konzept	2
Prozesscheck	3	Design	3	Leistungsdiagnose	1	PM-Einführung	2
Prozessvision	3	Realisierung	2	Leistungssteuerung	2	PM-Audit	1
Priorisierung	2	Einführung	3	Prozessleiter	3	CPO	1
Multi-Projekt-management	2	Projekt-management	4	Prozesscockpit	1	PM-Tool	2
Multi-Prozess-management	3	Einzel-Prozesstools	4	Stabilität	2	Rollenkonflikte	1
Change Management	1	Instabilität	3				

Abb. 4.18: Assessment-Ergebnisse der Component GmbH

Die grafische Aufteilung der Einzelbewertung sieht man in Abbildung 4.19.

Abb. 4.19: Detaillierte grafische Darstellung der Assessment-Ergebnisse

Die weitere grafische Verdichtung in Abbildung 4.20 trifft eine Aussage darüber, wo Unternehmen hinsichtlich der jeweils vier Konzepte des ibo-Prozessfensters stehen.

Einordnung je Konzept

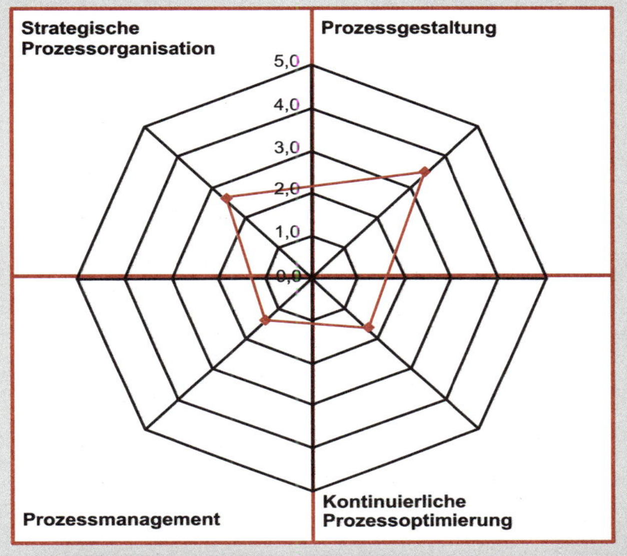

Abb. 4.20: Grobe Darstellung der Assessment-Ergebnisse

Schließlich kann ein Gesamtwert für den Reifegrad von Unternehmen hinsichtlich des Standes ihres Prozessmanagement-Systems ermittelt werden. Auf Basis des Bewertungsschemas (siehe Abbildung 4.13) wurden die 5 OMEGA-Reifegradstufen entwickelt (siehe Abbildung 4.21). Ausschlaggebend für die Einstufung eines Unternehmens kann der insgesamt erreichte Durchschnittswert sein, der dann auf die nächst höhere oder niedrigere Reifegradstufe auf- oder abgerundet wird.

Reifegrad eines Unternehmens beim Prozessmanagement-System

Im vorliegenden Beispiel hat die Component GmbH für alle vier Fenster insgesamt 70 Punkte erreicht. Dividiert durch 30 Themen entspricht dies einem Wert von 2,33. In diesem Fall würde die Component GmbH mit dem Reifegrad „maßgeschneidertes Prozessmanagement-System" ausgezeichnet werden.

Component Stufe 2

Eine strengere Auswertung sieht vor, dass der Reifegrad des Prozessmanagement-Systems immer erst dann die nächste Stufe erreicht, wenn alle vier Konzepte des ibo-Prozessfensters mindestens den Wert der nächsten Stufe erreicht haben. Damit will man vermeiden, dass besser bewertete Konzepte schlechtere Konzepte ausgleichen.

Component Stufe 1

Bei der Prozessgestaltung hat die Component GmbH mit 3,4 relativ gut abgeschnitten. Dafür steckt das Prozessmanagement mit 1,4 noch in den Kinderschuhen. Da damit ein Fenster nur mit „offen gestaltet" bewertet wird, ist das Prozessmanagement-System insgesamt so einzuschätzen.

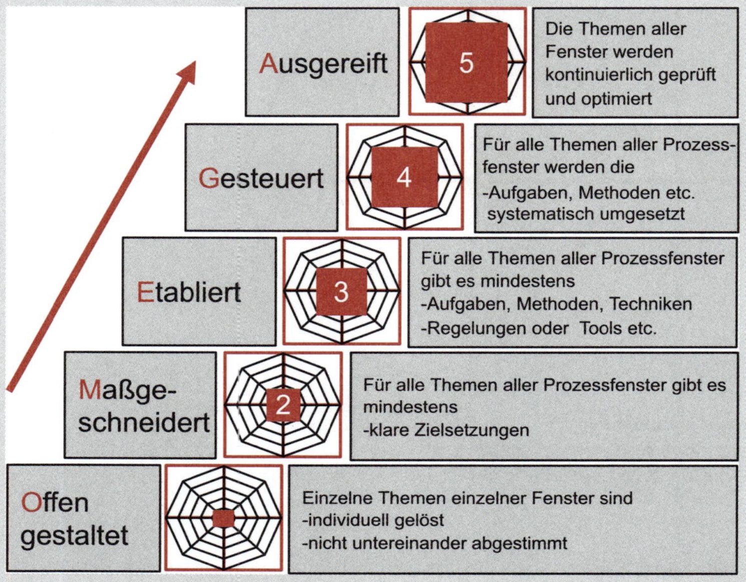

Abb. 4.21: OMEGA-Stufen des ibo-Prozessmanagement-Assessments

4.2 Prozessmanagement-Konzept

Basierend auf der Analyse des Reifegrades des Prozessmanagement-Systems eines Unternehmens wird ein Konzept für die systematische Einführung des neuen Systems entworfen. In diesem Konzept müssen sich alle Beteiligten auf unternehmensweite Standards für Modelle, Vorgehensweisen, Dokumentationen und Kommunikation einigen. Darin werden außerdem Rollen mit den jeweiligen Aufgaben, Kompetenzen und Verantwortungen (AKV) zugewiesen. Weiterhin sollen darin Schnittstellen z.B. zwischen dem Process Office und den Unternehmensbereichen klar geregelt werden.

Einen Konzeptentwurf kann man mit Hilfe der Technik des Morphologischen Kastens erarbeiten (siehe Kapitel 2.6.7). Abbildung 4.22 stellt beispielhaft einen Ausschnitt aus einem Morphologischen Kasten für ein Prozessmanagement-System dar.

Prozessmanagement-Konzept				
Teilelemente	**Lösungsansätze**			
Vorgehensmodell der SPO	konzeptionell top-down	empirisch bottom-up	konzeptionell und empirisch	
Priorisierungs-technik	quantitative ABC-Analyse	qualitative ABC-Analyse	Portfolio-Analyse	
Vorgehensmodell Prozessgestaltung	IT-Vorgehensmodell	organisatorisches Vorgehensmodell	Organisations- und IT-Vorgehensmodell	
Modellierungs-technik	Folgeplan	EPK	Swimlane	geblockter Text
Prozesstool	Prometheus	Adonis	Aris	
AKV Process Officer	Abteilungsleiter	Gruppenleiter	Teamleiter	Sachbearbeiter
AKV Prozess-leiter	Abteilungsleiter	Gruppenleiter	Teamleiter	Sachbearbeiter
Automatisierungs-grad der Prozesse	manuell	IT-unterstützt	automatisch	
Erhebung Ist-Daten	punktuell regelmäßig	realtime	Einmal pro Jahr	punktuell Zufallsprinzip
Prozesskosten-rechnung	aufgabenbasiert	folgebasiert		

Abb. 4.22: Beispiel eines Morphologischen Kastens für ein Prozess-management-System mit einer ausgewählten Kombination

Bei der Auswahl der Teillösungen sollte die Zwecksetzung des Prozessmanagement-Systems berücksichtigt werden (siehe Kapitel G.6). Vorgehensmodelle, Standards und Systemeinsatz hängen davon ab, ob eine Restrukturierung, Qualitätsmanagement-Zertifizierung oder Anpassungen an IT-Vorgaben beabsichtigt sind. Auf diese Art können auch alternative Entwürfe erarbeitet werden. Bei der anschließenden Bewertung kann dann das am besten geeignete Konzept ausgewählt werden.

Wofür soll Prozess-management primär eingesetzt werden?

Damit die Geschäftsleitung eine Entscheidung für ein Konzept des Prozessmanagements treffen kann, ist eine Bewertung der Konzepte notwendig.

Die Geschäftsleitung muss bei der Bewertung berücksichtigen, inwieweit das Konzept des Prozessmanagements kompatibel ist mit den Unternehmensvisionen, strategischen Zielen und den Produktivitätszielen oder diese sogar fördert. Die Auswahl eines Konzeptes kann also auch durch die Bewer-

Vorhandener Nutzen eines Prozessmanagement-Systems

tung erfolgen, welcher Entwurf das Unternehmen am weitesten voran bringt hinsichtlich der bereits genannten Ziele und welcher unter Umständen sogar hinderlich ist. Diese Form der Bewertung kann systematisch anhand einer Nutzwertanalyse durchgeführt werden (siehe zur Technik Band 1 dieser Schriftenreihe).

Definition

In einer Nutzwertanalyse werden alle Varianten den gleichen, gewichteten Kriterien gegenübergestellt. Der Grad der Zielerreichung wird dann in einem zusammenfassenden Punktwert ausgedrückt.

Gemäß dieser Methode wäre die Variante mit dem höchsten Punktwert zu favorisieren.

Component GmbH

Die Component GmbH hat neben dem Ist-Zustand zwei grundsätzliche Lösungsvarianten entwickelt. Eine Kompaktversion, in der die notwendigen Regelungen, Techniken und technischen Unterstützungen enthalten sind und eine umfassende Alternative. Bei der Gegenüberstellung der drei Varianten hat die umfassende Lösung mit 727 Punkten den höchsten Zielerreichungsgrad (72,7 %) erzielt (siehe Abbildung 4.23).

			Ist-Zustand		Kompaktes PMS		Umfassendes PMS	
			Beurteilung	Wert	Beurteilung	Wert	Beurteilung	Wert
Ziele		**Gewicht**						
Wirtschaftliche Ziele		**25**		**189**		**150**		**108**
	geringe laufende Kosten	15	7	105	6	90	4	60
	niedrige Investitionskosten	8	9	72	6	48	4	32
	geringer Pflegeaufwand	2	6	12	6	12	8	16
Leistungsziele		**35**		**90**		**232**		**304**
	schlankes Handbuch	5	3	15	7	35	9	45
	verständliche Formulierungen	3	2	6	5	15	7	21
	leicht erweiterbar	5	3	15	6	30	8	40
	transparentes Genehmigungsverfahren	10	2	20	7	70	9	90
	integrierte Toolunterstützung	10	3	30	7	70	9	90
	umfassende Unterstützung der Prozessleiter	2	2	4	6	12	9	18
Personelle Ziele		**30**		**70**		**195**		**250**
	hohe Akzeptanz der Standards	10	2	20	6	60	8	80
	gutes Image der Prozessm.-Verantwortlichen	10	2	20	7	70	9	90
	bessere Zusammenarbeit in Prozessteams	5	3	15	7	35	8	40
	kompetente Prozessbeteiligte	5	3	15	6	30	8	40
Vorgehensziele		**10**		**57**		**82**		**65**
	kurze Projektlaufzeit	3	8	24	7	21	6	18
	vorbildliches Projektmanagement	5	5	25	9	45	7	35
	unabhängig von Externen	2	4	8	8	16	6	12
Summe		**100**		**406**		**659**		**727**

Abb. 4.23: Beispiel einer Nutzwertanalyse zur Bewertung unterschiedlicher Prozessmanagement-Systeme

Das nicht immer die Variante aus der Nutzwertanalyse mit den höchsten Punktwerten die „Beste" Lösung sein muss, zeigt sich, wenn man die Ergebnisse der Kosten-Wirksamkeitsanalyse grafisch abträgt (siehe Abbildung 4.24). Um einen höheren Nutzen von 110 Punkten zu erreichen, müssen rund 180.000 Euro zusätzlich jährlich ausgegeben werden. Damit wird auch noch einmal grafisch belegt, dass die Kompaktvariante das beste „Preis-/Leistungsverhältnis" hat.

Kosten-/ Nutzen-Überlegungen

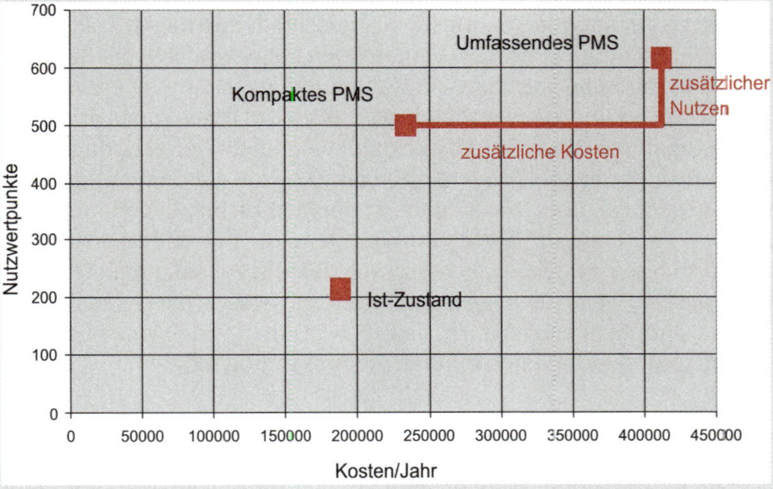

Abb. 4.24: Nutzen-Kosten-Gegenüberstellung verschiedener Prozessmanagement-Systeme

Ist eine Entscheidung gefallen, kommt in der nächsten Phase die Einführung des Prozessmanagement-Systems. Die konkreten Maßnahmen können aus dem Konzept abgeleitet und in einen übergreifenden Projektplan integriert werden.

4.3 Prozessmanagement-Implementierung

Bekannte Stolperfallen geschätzter Systeme

Aus vielen gescheiterten Versuchen, neue Managementsysteme einzuführen, weiß man mittlerweile, worin die Erfolgs- und Misserfolgsfaktoren solcher Implementierungen liegen. Aber dieses Wissen schützt wohl nicht davor, dass immer wieder die gleichen Punkte nicht beachtet werden. Weil hier die Einführung eines Prozessmanagement-Systems keine Besonderheit darstellt, wird nur kurz auf die wichtigsten Faktoren eingegangen und ansonsten auf die zahlreiche Literatur zu diesem Thema verwiesen (siehe unter anderem Band 4 dieser Schriftenreihe „Der Mensch in der Organisation").

Letztlich kann man die positiven Fälle auf die einfache Formel reduzieren:

Erfolgreiche Implementierung = Dürfen + Können + Wollen

Zu 1: Dürfen

Offizielle Regelungen zum Prozessmanagement-System

Zunächst ist sicher zu stellen, dass ab dem Zeitpunkt, ab dem das System gültig ist, verbindliche Regelungen zu allen neu organisierten Prozessthemen vorliegen. Das ist besonders wichtig für die verschiedenen neuen Rolleninhaber. Vor dem Hintergrund der noch zu vertiefenden Rollenkonflikte (siehe Abschnitt 4.7) ist es in der Anfangsphase von Bedeutung, dass die Processverantwortlichen und die anderen Prozessbeteiligten offiziell in ihrem Tun legitimiert sind. Auch die Organisationseinheiten, die dafür verantwortlich sind, darauf zu achten, dass Standards und Konventionen eingehalten werden, brauchen diese formelle Grundlage. Denn bekanntlich ist der Mensch ein Gewohnheitstier und wehrt sich gerne gegen Reglementierungen. Für die Widersacher solcher Neueinführungen ist es ein Leichtes, sich dem Prozessmanagement-System zu verschließen, wenn die Regelungen diesbezüglich noch nicht vorliegen oder unpräzise sind. Aber klar ist auch, dass das „Dürfen" alleine nicht erfolgsentscheidend sondern eine notwendige Voraussetzung ist.

Zu 2: Können

Die zweite Erfolgskomponente besteht darin, inwieweit es dem Unternehmen gelingt, die Prozessbeteiligten fit für ihre jeweiligen Aufgabengebiete zu machen. Dazu ist zunächst der Qualifikationsstand der Mitarbeiter zu ermitteln.

Component GmbH

So fehlte beispielsweise den meisten Prozessleitern der Component GmbH die methodische Kompetenz, Prozesse kontinuierlich zu optimieren. Die Mitarbeiter des neu eingerichteten Processoffice konnten das neue Prozessmanagement-Tool noch nicht effizient bedienen. Die Projektleiter von Prozessgestaltungsprojekten hatten Defizite im Projektmanagement. Das Verfahren und die Bedeutung der Prozesspriorisierung war dem oberen Management wenig transparent.

Zielgruppengerechte Qualifikation

An den unterschiedlichen Adressaten und Themenschwerpunkten wird erkennbar, dass die Qualifizierung der Prozessmanagementbeteiligten nicht über einen Kamm geschert werden kann. Grundsätzlich kommen die üblichen Informations- und Weiterbildungsmöglichkeiten wie Präsentationen, Workshops, Selbststudium, Training on the Job, Seminare oder Coaching in Frage (siehe Abbildung 4.25).

Abb. 4.25: Training zum Prozessmanagement

Abbildung 4.26 zeigt tendenziell auf, welche Zielgruppe welche Inhalte in welcher Detaillierungsstufe und Form beherrschen sollte. Für die Stufe „Kennen" reicht die Form einer Informationsveranstaltung oder eines kurzen Workshops aus. Um die Methoden, Techniken und Tools der Prozessthemen zu können, bedarf es in der Regel Trainingsmaßnahmen. Mitarbeiter, die den Anspruch haben, die Themen reflektieren zu können, benötigen intensive Weiterbildungsmaßnahmen, ständiges Selbststudium zu aktuellen Prozessthemen und ggf. professionelle Begleitung. In allen Fällen sind aussagekräftige Schulungsunterlagen notwendig, sei es für das Selbststudium oder als Seminarhandout.

Firmeninterne Schulungen

Um die hausspezifischen Standards zu schulen, bieten sich firmeninterne Seminare an. Meist gibt es für die Erstschulung bei der Implementierung eines Prozessmanagement-Systems genug Teilnehmer, so dass es auch aus wirtschaftlichen Gründen lohnenswert ist, inhouse Schulungen durchzuführen. Idealerweise sind diese Seminare mit offenen Angeboten am Markt abgestimmt, damit die später dort einzeln nachgeschulten Mitarbeiter die gleichen Methoden und Techniken wie ihre Kollegen zuvor firmenintern vermittelt bekommen. Eine standardisierte und etablierte zehntägige Qualifizierung für Mitarbeiter aus dem Processoffice, Prozessleiter und -teams zeigt Abbildung 4.27.

Nr	Prozessthema	Management/ Prozess-verantwortlicher	CPO/ Prozess-manager	Prozess-leiter	Prozess-teams	Projekt-leiter
		1	2	3	4	5
1	Strategische Prozessorganisation					
1.1	Markt- und Wettbewerbsstrategien	xxx	xx	x	x	xx
1.2	Unternehmensprozessmodell	xx	xxx	xx	x	xx
1.3.	Prozesscheck	xx	xxx	xx	xx	x
1.4	Prozessvision	xxx	xxx	xx	xx	x
1.5	Priorisierung	xxx	xxx	x	x	x
1.6.	Multi-Projektmanagement	xx	xxx	x	x	xx
1.7	Multi-Prozesstool	x	xxx	x	x	x
1.8	Change Management	xxx	xxx	x	x	xxx
2	Prozessgestaltung					
2.1	Prozesserhebung, -modellierung, -analyse	x	xxx	xx	xxx	x
2.2	Prozesswürdigung	x	xxx	xx	xxx	x
2.3	Prozessdesign und -bewertung	x	xxx	xx	xxx	x
2.4	Prozessrealisierung	x	x	x	xxx	x
2.5	Prozesseinführung	xx	xx	xxx	xx	xx
2.6	Projektmanagement	x	xx	xx	x	xxx
2.7	Einzel-Prozesstools	x	xxx	xxx	xx	x
2.8	Management von Instabilität	x	xxx	xx	xx	xxx
3	Kontinuierliche Prozessoptimierung					
3.1	Prozesskennzahlen	x	xxx	xxx	xx	x
3.2	Prozessleistungsmessung	x	xxx	xxx	xx	x
3.3	Prozessleistungsdiagnose	x	xxx	xxx	xxx	x
3.4	Prozessleistungssteuerung	x	xxx	xxx	xx	x
3.5	Prozessleiter/ -teams	x	xxx	xxx	xxx	x
3.6	Prozesscockpit	x	xxx	xxx	xx	x
3.7	Management von Stabilität	x	xxx	xxx	xxx	x
4	Prozessmanagement					
4.1	Prozessmanagement-Assessment	xx	xxx	x	x	x
4.2	Prozessmanagement-Konzept	x	xxx	x	x	x
4.3	Prozessmanagement-Implementierung	xxx	xxx	x	x	x
4.4	Prozessmanagement-Audit	x	xxx	xx	x	x
4.5	Chief Process Officer	x	xxx	x	x	x
4.6	Prozessmanagementtool	x	xxx	xx	x	x
4.7	Rollenkonflikte	xxx	xxx	xx	xx	xx

X = „Kennen“
XX = „Können“
XXX = „Reflektieren“

Abb. 4.26: Qualifizierungsschwerpunkte je Adressat

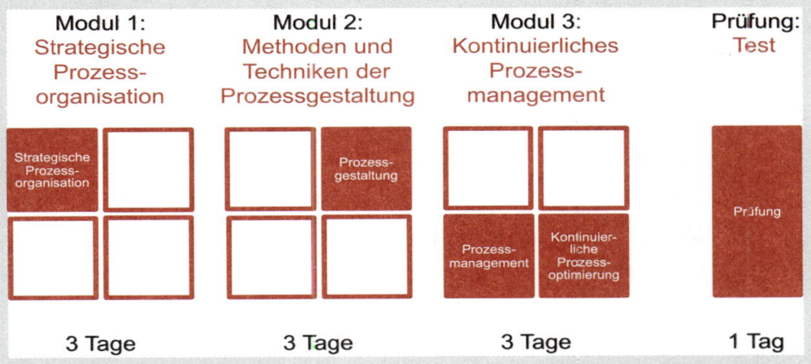

Abb. 4.27: Weiterbildung zum ibo-zertifizierten Prozessmanager

Zu 3: Wollen

Einer der Hauptgründe für gescheiterte Managementsysteme sind die Widerstände von Betroffenen. Mitarbeiter wollen häufig nicht die vorgesehenen Regelungen umsetzen oder geschulte Techniken und Tools anwenden.

Component GmbH

Bei einer der früheren Anläufe, Prozessmanagementstandards bei der Component GmbH einzuführen, gab es zwar keinen aktiven Widerstand in dem Sinne, dass die Mitarbeiter lautstark protestierten oder offen gegen die Regelungen Stellung bezogen. Vielmehr leisteten sie passiven Widerstand, soll heißen, sie behielten einfach ihre alten Gewohnheiten bei der Prozessmodellierung bei, nutzten veraltete IT-Systeme weiter und ignorierten die neuen Regelungen und Methoden.

Ursachen für Widerstände

Sind solche Verhaltensweisen bei den Betroffenen absehbar – und das sind sie fast immer – ist zunächst nach den genauen Ursachen für die Blockadehaltung zu fahnden. Viele der Ursachen liegen in den Ängsten der Mitarbeiter:

- Angst vor Über- und/oder Unterforderung
- Existenzangst
- Angst vor Status- und Imageverlust.

Aber auch andere menschliche Phänomene wie eine grundsätzliche Neuerungsfeindlichkeit, schlechte Erfahrungen, das Gefühl der impliziten Kritik oder andere eigene Prioritäten stehen oft der Akzeptanz neuer Systeme im Weg.

Um die involvierten Mitarbeiter zu gewinnen, haben Maßnahmen zur Akzeptanzsicherung, Motivation, Beteiligung, Information und Kommunikation einen hohen Stellenwert. Die neuen Regelungen müssen regelrecht verkauft werden. Daher sind einige Prinzipien zu beachten, mit deren Hilfe Akzeptanz und Motivation für ein Prozessmanagement-System gefördert werden können:

Maßnahmen zur Akzeptanzsicherung und Motivation

- Gewinnen von Promotoren (ranghohe Sponsoren, informelle Führer, Betriebsrat)
- Projektbegleitend Betroffene informieren (spätestens nach dem Assessment)
- Beteiligung der Betroffenen (Mitarbeit bei der Konzepterstellung, Teilnahme an Workshops)
- Sorgfältig die Anforderungen der Benutzer ermitteln (Adressaten gerecht argumentieren)
- See and sell to everyone
- Hintergründe und Zusammenhänge verdeutlichen (nicht nur die Fakten der Lösung)
- Begründungen geben und konstruktiv auf Einwände eingehen
- Vor Ort Unterstützung anbieten (Koordinatoren, Hotline, Mitarbeiter Processoffice)
- Belastbarkeitsgrenze beachten (nicht zu viel auf einmal implementieren).

4.4 Prozessmanagement-Support und -Audit

Daueraufgabe Prozessmanagement

Prozessmanagement-Assessment, -Konzeption und -Implementierung sind initiierende einmalige Phasen, die sich allenfalls nach ein paar Jahren durch ein grundsätzliches Überarbeiten des Prozessmanagement-Systems wiederholen. Dagegen finden die Support- und Auditaktivitäten permanent auf unbefristete Zeit statt.

Definition

Unter Prozessmanagement-Support versteht man alle Aufgaben, die sicherstellen, dass die laufende Umsetzung des Prozessmanagement-Systems reibungslos funktioniert.

Diese Unterstützungsaufgaben ähneln den Aktivitäten aus der Implementierungsphase, im Einzelnen sind dies

- Information
- Schulung
- Koordination
- Beratung.

Neue Mitarbeiter der Component GmbH werden in die Prozessthematik je nach Betroffenheit durch Information oder Schulung eingeführt. Wenn Mitarbeiter Fragen zu einzelnen Standards, Techniken oder Tools haben, gibt es eine zentrale Anlaufstelle, bei der sie kompetent beraten werden. Bei dieser Zentralstelle laufen alle Informationen über Prozessaktivitäten zusammen, so dass eventuelle Doppelaktivitäten oder Widersprüche aufgedeckt und koordiniert werden.

Component GmbH

Das Prozessmanagement-System bildet den Rahmen für radikale und kontinuierliche Maßnahmen und liefert Instrumente, Methoden und Standards. Um den langfristigen Erfolg dieses implementierten Systems zu gewährleisten, sollten in regelmäßigen Abständen Prozessmanagement-Audits durchgeführt werden.

Prozessmanagement-Audits haben das Ziel, die Qualität und Effizienz des Prozessmanagement-Systems zu erfassen und zu bewerten.

Ziel des Audits

Zur Vorbereitung eines solchen Audits wird der Auditumfang festgelegt, Hilfsmittel bereitgestellt, die Zusammensetzung des Auditteams bestimmt und Auditoren werden autorisiert. Der Auditleiter sollte im Idealfall kein Beteiligter, sondern möglichst unabhängig und unvoreingenommen sein.

Neutrale Auditoren

Bei der Entwicklung eines Fragebogens für ein solches Audit kann man beispielsweise auf das bereits verwendete Assessmenttool zurückgreifen (siehe Kapitel 4.1.3). Gegebenenfalls muss die Checkliste aus dem Assessment noch etwas modifiziert werden. Grundsätzlich bietet sich dieses Instrument an, weil damit gleichzeitig ein Vergleich zu dem vorherigen Stand durchgeführt werden kann. Auf diese Weise ist ebenfalls eine Kontrolle der Umsetzung der geplanten Maßnahmen, sowie deren Wirksamkeit möglich.

Ein erfolgreiches, aussagefähiges Auditverfahren ist auf ausführliche und exakte Daten des Betrachtungsobjektes, hier des Prozessmanagements, angewiesen.

Voraussetzung Audit

Abschließend wird ein Auditbericht erstellt. Dieser Report sollte folgende Inhalte haben:

- Anforderungen an das Prozessmanagement-System
- Abweichungen zwischen dokumentierten Standards und den tatsächlichen Vorgehensweisen
- Probleme im Prozessmanagement-System
- Bisher nicht standardisierte und dokumentierte Aktivitäten
- Vorschläge zur Verbesserung.

Wichtige Aussagen eines Auditreports

Der Auditbericht bildet die Grundlage für die Ableitung konkreter Verbesserungsmaßnahmen. Mit dem Einleiten solcher Optimierungsmaßnahmen wird der Regelkreis geschlossen. Somit kann man auch den Prozessmanagement-Prozess als kontinuierlich betrachten.

4.5 Processoffice

Zentrale Verantwortlichkeit

Nimmt man die bisher gemachten Ausführungen zusammen, wird deutlich, dass an vielen verschiedenen Stellen im gesamten Unternehmen Mitarbeiter mit den Regelungen, Techniken und Tools der Prozessorganisation zu tun haben. Bei einer so verteilten Anwendung des Standards bedarf es einer zentralen Organisationseinheit, die das Ganze zusammenhält und koordiniert.

Definition

Das Processoffice ist eine zentrale Serviceeinheit, in der die Support- und Auditaufgaben des Prozessmanagements ausgeführt werden.

Prozessservicestelle, Prozessbüro oder Prozessmanagement-Abteilung sind synonym zum Processoffice zu verwendende Begriffe.

Definition

Die Mitarbeiter des Processoffice sind die Prozessmanager. Der Chief Process Officer (CPO) ist der Leiter dieser Einheit.

Während CPO und Prozessmanager dauerhafte Stellen in der Primärorganisation sind, sind die bereits in Kapitel 3.4 beschriebenen Prozessleiter und Prozessverantwortliche auf Dauer ausgerichtete Rollen in der Sekundärorganisation (siehe Abbildung 4.28).

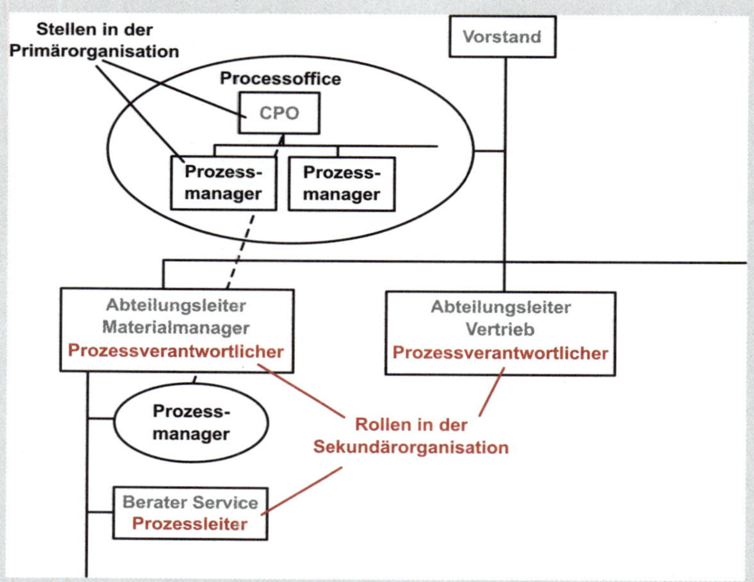

Abb. 4.28: Verantwortlichkeiten im Prozessmanagement

4.5.1 Chief Process Office(r)

Der CPO als Nukleus des Prozessmanagement-Systems

Die Rolle des Chief Process Officers und ihre geeignete personelle Besetzung bildet den Schlüssel zu einem funktionierenden Prozessmanagement-System. Der Chief Process Officer ist im übertragenen Sinn gesprochen der „Gralshüter" der im Initialprojekt geschaffenen Regelungen und ihrer systematischen Weiterentwicklung. Im Kern gehören dazu die Koordination der Prozessbeteiligten und ihrer Aktivitäten, Pflege des Gesamtprozessmodells, der Prozessdatenbank und des Prozessmanagement-Handbuches, welches die festgelegten Standards enthält, sowie die Beratung der Prozessbeteiligten in methodischen und technischen Fragen der Prozessorganisation.

Tipp

Um den damit verbundenen unternehmensweit angelegten Aufgaben gerecht werden zu können, ist diese Rolle möglichst weit oben in der Hierarchie anzusiedeln, vorzugsweise direkt unter der Geschäftsleitung, wo in der Regel auch andere zentrale Stellen wie z. B. Controlling und Finanzen zu finden sind. Obwohl es sich um eine Rolle mit Stabscharakter handelt, sollten dem Chief Process Officer fachliche Weisungsrechte zugestanden werden, die es ihm ermöglichen, die Einhaltung der Regelungen ohne Umwege über eine Leitungsstelle durchzusetzen.

Renaissance des Org-/IT-Leiters

Zur Zeit wird vielfach gefordert, dass der CPO den CIO, also den für die EDV verantwortlichen Chief Information Officer, ablöst. Den IT-Managern der ersten, zweiten oder dritten Generation wird vorgeworfen, sie seien zu technikverliebt und sehen vielfach nicht die Zusammenhänge zwischen IT, Strategie, Struktur und Kultur. Von einem CPO verspricht man sich eine generalistischere Herangehensweise und eine Integration der Informationstechnik und Betriebswirtschaft. Damit gewinnt die organisatorische Kompetenz wieder ein stärkeres Gewicht im Berufsverständnis des IT-Leiters. Von dem CPO wird erwartet, dass er die Innovationspotenziale neuer IT-Anwendungen und Technologien kennt und diese auf die Geschäftsprozesse übertragen kann. In der Kombination von Wissen um Prozessmanagement und Informationstechnologie liegt die Kompetenz des CPO. Es kommt zu einer Renaissance des Org-/IT-Leiters, wenn auch unter neuem modernen Etikett des CPO.

CPO akzeptiert, aber nicht eingesetzt

Von den im Business Process Report 2005 befragten 145 deutschen Unternehmen befürworten 72 Prozent der Firmen eine Position wie den Chief Process Officer mit zentraler Verantwortung und Entscheidungskompetenz für das Management der Geschäftsprozesse. Jedoch hat noch keines der befragten Unternehmen eine solche Position eingerichtet. Problematisch wird diese Rolle vor allem dann, wenn der CPO auch inhaltlich die Prozessgestaltung entscheidet oder zumindest ein Mitspracherecht hat. Damit greift er in die bisherige Autonomie der Fachbereiche, etwa Einkauf oder Vertrieb, ein. Diese müssen Kompetenzen beim Prozessmanagement abgeben, weil der CPO strategische Verantwortung für das Management der Geschäftsprozesse übernimmt.

Prozessmanagement wird Chef-Sache

Trotz dieser Schwierigkeiten scheinen die Unternehmen nun endgültig reif zu sein, der Prozessorientierung auch aufbauorganisatorisch mit dem CPO auf höchster Ebene Rechnung zu tragen. Gerade die Organisation des Prozessmanagements bedarf in vielen Unternehmen noch der Verbesserung. Häufig werden die Prozesse abteilungsweise optimiert, doch die übergreifende horizontale Wertschöpfungskette bleibt außer Acht. So entstehen wieder nur Insellösungen, die hinterher mit viel Aufwand verbunden werden müssen. Auch die betriebswirtschaftliche Software entwickelt sich in Richtung Prozesse und wird sich in Zukunft von Organisationsmodellen ausgehend konfigurieren und einstellen lassen.

Ob es sich beim CPO tatsächlich um den Leiter eines Bereiches als eine eigenständige Stelle handelt oder die Aufgaben zusätzlich einer vorhandenen Stelle zugeordnet werden, hängt von der Größe des Unternehmens und vom Umfang der Aufgaben ab. Entscheidend ist, dass das Thema hierarchisch hoch angesiedelt ist.

57% der Befragten sehen laut Business Process Report 2005 die Verantwortlichkeit für Prozessmanagement beim Leiter Org/IT. In Abbildung 4.29 werden die Ergebnisse weiterer Verantwortlichkeiten für Prozessmanagement dargestellt.

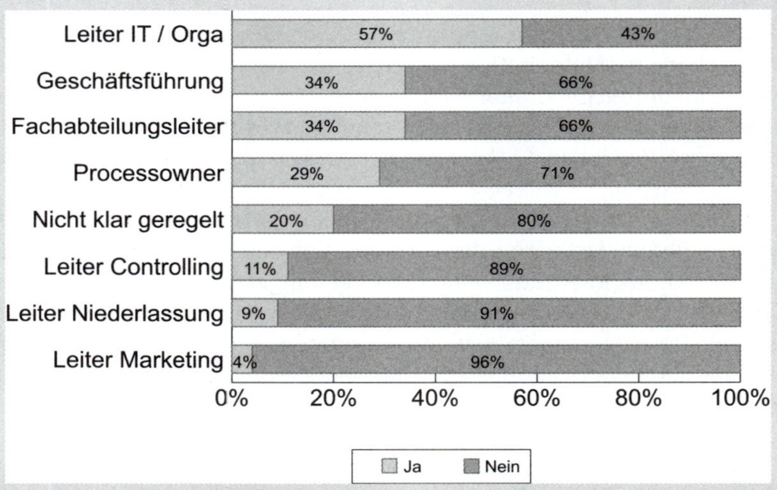

Abb. 4.29: Verantwortlichkeiten für das GPM im Unternehmen. Quelle: Business Process Report 2005

Component GmbH

In der Component GmbH wurde ein neuer Servicebereich „Processoffice“ direkt unter dem European Director eingerichtet. Aufgrund der geringen Größe der Firma handelt es sich jedoch nur um eine Stelle. Die Funktion des CPO und Prozessmanagers fällt somit zusammen.

4.5.2 Prozessmanager

Mengenteilung der Prozessmanager

In größeren Unternehmen reicht eine Person meist nicht aus, um mengenmäßig die eben beschriebenen Aufgaben wahrzunehmen. Dann bietet es sich an, die Arbeit quantitativ auf mehrere Prozessmanager zu verteilen. Um eine größtmögliche Kundenorientierung zu gewährleisten, übernehmen die Prozessmanager dann jeweils einzelne Fachbereiche oder Prozessgruppen.

Dezentrale Prozessmanager

Häufig werden aufgrund räumlicher oder organisatorischer Dezentralisierung lokale Prozessmanager in den Fachbereichen angesiedelt, die jedoch fachlich dem CPO unterstellt sind. Da die Prozessverantwortlichen und -leiter außerdem in der Regel „im Tagesgeschäft stecken", wozu die Optimierung von Prozessen nicht gehört, wird entsprechendes methodisches und technisches Know-how bei ihnen nicht im erforderlichen Maße präsent und die Unterstützung durch ihren Prozessmanager vor Ort hilfreich sein.

Eine Stellenbeschreibung für einen Prozessmanager könnte beispielsweise folgendermaßen aussehen:

Zielsetzungen

Ziele für Prozessmanager

- Die Prozessbeteiligten erhalten die von ihnen benötigten Informationen und fachliches Know-how.
- Das grafische und tabellarische Prozessmodell ist à jour und steht den Prozesseigentümern, den Prozessverantwortlichen und anderen Prozessbeteiligten zur Verfügung.
- Die aktuellen Prozesse bzw. Stammdaten stehen für die Prozessdatenbank zur Verfügung.
- Die Regelungen des Prozessmanagement-Handbuches sind den Prozessbeteiligten bekannt. Abweichungen von den Regelungen sind erkannt und Steuerungsmaßnahmen werden vorgeschlagen.
- Die positive Einstellung der Prozessbeteiligten zum Prozessmanagement wird kontinuierlich entwickelt (gemäß Leitsatz: Jeder denkt und handelt prozessorientiert und trägt fortwährend zur Optimierung bei).

Aufgaben

Aufgaben eines Prozessmanagers

- Information und Beratung der Prozessbeteiligten hinsichtlich der Inhalte des Prozessmanagement-Systems.
- Mitarbeit in und Leitung von Projekten bzw. Vorhaben der Prozessgestaltung.
- Aus- und Weiterbildungsmaßnahmen bezüglich Methode, Techniken und Tools der Prozessorganisation auswählen und gegebenenfalls selbst durchführen.
- Pflegen der Prozessmodelle und den Prozessverantwortlichen,

Prozessleitern und anderen Prozessbeteiligten zur Verfügung stellen.

- Aktuelle Stammdaten den Prozessverantwortlichen, Prozessleitern und anderen Prozessbeteiligten zur Verfügung stellen.
- Sicherstellen und pflegen des Beziehungsnetzwerkes zu Prozess verantwortlichen, Prozessleitern und anderen Prozessbeteiligten sowie zu den Verantwortlichen für Wissens- und Qualitätsmanagement.
- Aktuelles (Prozess-) Organisationswissen sammeln und hinsichtlich Relevanz bewerten.
- Diagnose und Steuerung der Einhaltung der Regelungen des Prozessmanagement-Systems.

Befugnisse

Befugnis von Prozessmanagern

- Fachliche Weisungsrechte innerhalb des definierten Aufgabenbereiches.
- Informationsrechte bezüglich aller Fragen die Prozessorientierung des Unternehmens betreffend (Teilnahme an entsprechenden Sitzungen, Aufnahme in Verteiler relevanter Dokumente bzw. allgemeine Information durch Prozessbeteiligte).

Anforderungen

In Abbildung 4.30 werden die Anforderungen an den Prozessmanager dargestellt.

Kategorie	Anforderung
Kennen/ Wissen	■ Unternehmens-Aufbau, -Strategie, -Geschichte ■ Generelles Branchen-Know-how ■ Projektmanagement (Inhalte und Techniken) ■ Regelungen des Projektmanagements im Unternehmen ■ Organisatorische Gestaltungsinhalte und -techniken ■ Grundlagen der Organisations-Psychologie und -Soziologie ■ Prozessmanagementrelevante Software
Können	■ Projekte bzw. entsprechende Vorhaben initialisieren, planen, diagnostizieren, steuern, realisieren und abschließen ■ Beratungen durchführen ■ Schulungen planen und durchführen ■ Prozess- und Aufbauorganisation zielorientiert gestalten ■ Projektmanagement- und Organisationstechniken anwenden ■ Berichte erstellen und beurteilen ■ Software anwenden (Text, Tabelle, Grafik, Projektmanagement- und Organisationstools) ■ Interventionsmaßnahmen anwenden (vor allem: Konfliktbearbeitung, Moderation von Teams, Partizipation und Projektmarketing) ■ Persönliche Arbeitstechniken anwenden
Erfahrungen	■ Projekt- und Organisationsarbeit ■ Leitung und Begleitung von Projekten (mind. x Projekte)
Persönliche Eigenschaften	■ Kommunikativ (adressatengerecht und engagiert) ■ Sozial kompetent ■ Teamfähig ■ Durchsetzungsfähig ■ Stressstabil/belastbar ■ Lernfähig und -willig ■ Schnelle Auffassungsgabe ■ Problemlösungsfähig (analytisch / kreativ) ■ Selbstbewusstes, natürliches Auftreten ■ Hohe Einsatzbereitschaft ■ Konsequente Haltung

Abb. 4.30: Anforderungen an Prozessmanager

4.6 Prozessmanagement-Tools

Zwei technische Anforderungen lassen sich aus den geschilderten Prozessmanagementaufgaben ableiten:

1. Unterstützung der Supportaufgaben
2. Evaluierung der oder des Prozesstools.

Zu 1: Unterstützung der Supportaufgaben

Technische Unterstützung der Verwaltungsaufgaben

Sofern es Tools gibt, die die Prozessmanager bei ihren zentralen Koordinations- und Beratungsaufgaben unterstützen können, sollten diese eingesetzt werden. Denkbar sind hier Datenbanksysteme oder Tabellenkalkulationen zur Verwaltung der Assessment- und Auditergebnisse oder Informationssysteme für häufige Fragen im Zusammenhang mit dem Prozessmanagement. Auch computerunterstützte Lernprogramme zu Methoden und Techniken der Prozessgestaltung können die Schulungsfunktion des Prozessmanagements unterstützen.

Zu 2: Evaluierung der oder des Prozesstools

Welche Prozesstools eignen sich wofür?

Der Schwerpunkt dieses Kapitels soll einen Überblick über die Evaluierung von Software im Prozessmanagement und eine Hilfestellung für die Auswahl von geeigneten Instrumenten geben. Die Technologie ist ständigen und rapiden Veränderungen unterworfen. Aus diesem Grund sollen aktuelle Entwicklungen kurz dargestellt werden. Bevor der Bereich der Prozesstools genau erläutert wird, müssen zunächst einige Begriffe geklärt werden.

Im Bereich des Prozessmanagements sind in Abhängigkeit von der Branche und dem Unternehmen derzeit die unterschiedlichsten Systeme im Einsatz. Aus der Sicht des Prozessmanagers sind Schlagworte wie CASE-Tools oder Workflow-Management-Systeme teilweise irritierend insbesondere durch die fehlende Standardisierung für die Verwendung von Fachtermini. Hier sollen daher kurz die gebräuchlichen Begriffe mit Definitionen geliefert werden.

Eine sinnvolle Kategorisierung der Werkzeuge kann man nach den Hauptfunktionen vornehmen. Demnach gibt es folgende Systemarten:

Systemarten

- Visualisierungstools
- Modellierungstools
- Analysetools
- Simulationstools
- Workflow-Management-Systeme (WfMS)
- Computer Aided Software Engineering (CASE) -Tools
- Enterprise Resource Planning (ERP) -Tools
- Dokumentenmanagement-Systeme (DMS).

Um die erste Abgrenzung vorzunehmen, werden die ersten vier der genannten Werkzeuge den Prozesstools zugeordnet, wie sie dann betrachtet werden.

Prozesstools sind Softwarewerkzeuge, die der Visualisierung, Modellierung, Analyse und Simulation von Prozessen dienen. Definition

Dabei unterstützen Prozesstools vor allem das Arbeitsgebiet von organisatorisch tätigen Mitarbeitern.

Das Workflow-Management-System (WfMS) kann eher als eine technische Umsetzung des Prozessmanagements verstanden werden.

Ein Workflow-Management-System dient der aktiven Steuerung, Koordination und Kontrolle von definierten arbeitsteiligen Prozessen. Definition

Diese Art der Systeme erhöht den Automatisierungsgrad der Prozesse z.B. durch die automatisierte Weitergabe eines Vorganges über verschiedene Bearbeitungsstufen hinweg. Durch sie können Prozesse teil- oder vollautomatisch durchgeführt werden. Das erleichtert die Kontrolle der Prozesse und liefert wichtige Informationen für das Prozessmanagement.

CASE-Tools bieten eine computerseitige Unterstützung im gesamten Prozess der Software-Entwicklung.

CASE-Tools sind Programme, die den Software-Ingenieur bei der Planung, dem Entwurf, der Implementierung und der Dokumentation unterstützen. Definition

Sie können das Prozessmanagement in dem Sinne unterstützen, dass sie Prozesse informations-technisch realisieren, indem sie Software-Codes generieren.

Enterprise-Resource-Planning (ERP) bezeichnet die unternehmerische Aufgabe, die in einem Unternehmen vorhandenen Ressourcen, wie z.B. Kapital, Betriebsmittel oder Personal, möglichst effizient für den betrieblichen Ablauf einzuplanen.

ERP-Systeme sorgen für die unternehmensweite Ressourcen-Planung mit Hilfe von gezieltem Workflow-Management. Definition

Solche Systeme verbinden Back-Office-Systeme, wie z.B. Produktions-, Personal-, Finanz- und Vertriebssysteme, miteinander und integrieren die Informationen. Das bekannteste Beispiel ist die betriebswirtschaftliche Standardsoftware SAP R/3.

Unter Dokumentenmanagement versteht man die Verwaltung von ursprünglich meist papiergebundenen Dokumenten in elektronischen Systemen.

Definition

Dokumentenmanagement-Systeme dienen zur datenbankgestützten Verwaltung elektronischer Dokumente.

Sie erleichtern eine standardisierte Dokumentation und den Zugriff auf alle wichtigen Informationen für die Mitarbeiter.

Grauzonen üblich

Die hier vorgenommenen Abgrenzungen sind in der Realität sehr verschwommen, da viele Systeme durch Funktionen aus anderen Bereichen erweitert sind. In der Regel können sie aber schwerpunktmäßig zugeordnet werden. Beim Einsatz verschiedener Systeme bietet es sich an, alle Informationen in einer Datenbank zu integrieren.

So können bei der Analyse von Prozessen mit Hilfe von Prozesstools Daten aus dem Workflow-Management-System verwendet oder bei der Modellierung von Prozessen Arbeitsanweisungen aus dem Dokumentenmanagement-System eingebunden werden.

Zweck des Tooleinsatzes entscheidend

Nicht jedes dieser Systeme oder Funktionen ist immer für den Einsatz im Prozessmanagement ideal geeignet. Die derzeitige Angebotsvielfalt mit umfangreichen Funktionalitäten und unterschiedlichen Schwerpunkten erschweren dem potenziellen Anwender, eine geeignete Lösung zu identifizieren. Vorab sollte man sich darüber Gedanken machen, wofür man die Software tatsächlich einsetzen möchte. An dieser Stelle kommt man unweigerlich auf die ursprüngliche Zwecksetzung des Prozessmanagements zurück. Soll das Prozessmanagement aufgrund neuer IT-Vorgaben eingeführt werden, resultieren daraus ganz andere Anforderungen an die Software (z.B. sind CASE-Tools wichtiger) als aus den Vorgaben für eine Zertifizierung des Qualitätsmanagements (z.B. Prozesstools und Dokumentenmanagement-Systeme).

Prozesstools bilden eine große Bandbreite von Funktionen ab. Sie variieren von der reinen grafischen Darstellung bis hin zur automatischen Simulation von alternativen Prozessverläufen. Häufig gibt es ein Basisprogramm, das mit zusätzlichen Modulen auch um andere der genannten Funktionen erweitert werden kann.

Zu Beginn des Entscheidungsprozesses ist es wichtig, die Auswahlkriterien in einem Anforderungs- oder Kriterienkatalog festzulegen. Dieser Katalog sollte auf die unternehmensspezifischen Bedürfnisse abgestimmt sein und bildet die Entscheidungsgrundlage. Es können inhaltliche und technische Anforderungen unterschieden werden. Die inhaltlichen Anforderungen (siehe Abbildung 4.31) ergeben sich aus den Supportmöglichkeiten bei den jeweiligen Schritten der vier Konzepte des Prozessfensters.

Technisch sollten wie bei jeder Toolauswahl Kriterien wie Anwenderfreundlichkeit, Support etc. gecheckt werden (siehe Abbildung 4.32).

Nr	Prozessthema	erfüllt	Bemerkung
1	Strategische Prozessorganisation		
1.1	**Datenbankfunktion** (Markt- und Wettbewerbsstrategien, Kundenbedürfnisse, Kernkompetenzen, Erfolgsfaktoren, strategische Ziele, Wettbewerberinformationen)		
1.2	**Modellierungsfunktion** (Unternehmensprozessmodelle, Bereichsprozessmodelle, Swimlane, Prozesslandkarten, Systemdiagramme)		
1.3.	**Analysefunktion** (Prozesscheck, SWOT-Analyse, Benchmarking, Priorisierung, ABC-Analyse, Portfolio)		
1.4	**Optimierungsfunktion** (Kreativitätstechniken, Simulation)		
1.5	**Workflowfunktion** (Priorisierungsprozess)		
2	Prozessgestaltung		
2.1	**Datenbankfunktion** (Aufgaben, Aufgabenträger, Organisationseinheiten, Personen, IT-Systeme, Formulare, Sachmittel Ereignisse)		
2.2	**Modellierungsfunktion** (Prozesssicht, Organisationssicht, IT-Systemsicht, Datensicht, verschiedene Darstellungstechniken wie Folgeplan, geblockter Text, EPK)		
2.3	**Analysefunktion** (Zeiten-, Mengen-, Qualitätsanalyse, Prozesskostenrechnung, systematische Problemanalyse, Mindmanager, Ishikawa)		
2.4	**Optimierungsfunktion** (Kreativitätstechniken, Simulation, Bewertungstechniken, Nutzwertanalyse, Scoringmethode)		
2.5	**Workflowfunktion** (Modellierungsprozess, Freigabeprozess, Verteilungsprozess)		
3	Kontinuierliche Prozessoptimierung		
3.1	**Datenbankfunktion** (Kennzahlen, Produkte, Standorte, Kundengruppen, Zeitpunkte, Vertriebswege, Märkte)		
3.2	**Ist-Leistungsmessungsfunktion** (permanent, Monitoring, punktuell, Multi-Monitoring, einmalig Messung, Beobachtung, Befragung)		
3.3	**Leistungsanalysefunktion** (Kaizen, Prozessdiagnose und Steuerungsanalyse, Fehlermöglichkeits- undFehlereinflussanalyse, Six Sigma)		
3.4	**Workflowfunktion** (Ist-Erfassungsprozess, Analyseprozess, Diagnose- und Steuerungsprozess)		
4	Prozessmanagement		
4.1	**Datenbankfunktion** (Prozessverantwortliche, Prozesseigentümer, Prozessmanagementdokumente, Prozesstools, Lizenzen)		
4.2	**Modellierungsfunktion** (Prozessregelwerk, Prozessmanagementprozesse, Stellenbeschreibungen, Organigramme)		
4.3	**Analysefunktion** (Assessment, Audit, Prozessmanagementkennzahlen)		
4.4	**Optimierungsfunktion** (Kreativitätstechniken, Bewertungstechniken)		
4.5	**Workflowfunktion** (Modellierungsprozess, Freigabeprozess, Verteilungsprozess)		

Abb. 4.31. Inhaltliche Auswahlkriterien

Nr	Prozessthema	erfüllt	Bemerkung
1	Schnittstellen (Input/Output)		
1.1	**I/O-Formate**		
1.2	**Schnittstellen zu anderen Programmen**		
1.3.	**Datenbanken**		
1.4	**Entwicklungsplattformen**		
2	Architektur und Konfigurierbarkeit		
2.1	**Anbindung an Datenbank**		
2.2	**Customizing**		
2.3	**Flexible und multifunktionale Anwendung**		
2.4	**Rechteverwaltung**		
2.5	**Repository**		
3	Anwenderfreundlichkeit		
3.1	**Softwareergonomie**		
3.2	**Aufbau der Bedienoberfläche**		
3.3	**Vorausgesetzte Kenntnisse**		
3.4	**Funktionalitäten zur Bedienunterstützung**		
4	Support		
4.1	**Training**		
4.2	**Hotline**		
4.3	**E-mail**		
4.4	**Vor-Ort-Support**		
4.5	**Online Hilfe**		
4.6	**Online Forum**		
4.7	**Kontextsensitive Hilfe**		
4.8	**Beratung**		
4.9	**Coaching**		
4.10	**Workshops**		
4.11	**Implementierung**		
4.12	**Software-Updates**		
4.13	**Handbuch**		
5	Kosten		
5.1	**Single-User Lizenzen**		
5.2	**Multi-User Lizenzen**		
5.3	**Wartungsverträge (Updates, Hotlines)**		
5.4	**Beratungsaufwand**		
5.5	**Schulungsaufwand**		
5.6	**Hardware**		

Abb. 4.32. Technische Anforderungen

Eine Marktübersicht liefert dem Unternehmen Informationen über die am Markt befindlichen Tools und Anbieter. Des Weiteren können Informationen über die Produkte aus Informationsmaterial von den Herstellern oder von deren Homepages herangezogen werden, um die Tools dann hinsichtlich des Kriterienkataloges zu bewerten.

Abbildung 4.33 bietet eine Liste von Prozesstoolanbietern und deren Software.

Tool	Anbieter
ADONIS	BOC Information Systems GmbH
AENEIS	ATOSS Software AG
AllFusion Process Modeler	Computer Associates Int
ARIS Toolset	IDS Scheer AG
Bonapart	PIKOS GmbH
Corporate Modeler Suite	Casewise Limited
Control ES	Nimbus EMEA
Eitam	EiTAM Inc
FileNet Business Process Manager	FileNet Corporation
Hyperion Business Modeling	Hyperion Software
IBM WebSphere Business Integration Workbench	IBM
iGrafx ® Suite 2005	Corel GmbH
Income Suite	Get Process AG
Innovator	MID
ithink	isee systems
MEGA Process™	MEGA
Meta WorkFlow Modeler	Meta Software Cooperation
MS Visio 2003	Microsoft
Nautilus	Gedilan Technologies GmbH
ProActivity Version 6.0	ProActivity Inc
Prometheus Suite Vers. 7.0	ibo Software GmbH
PROMOL®	Dr. Lürzer Unternehmensberatung
ProVision Suite Vers. 4.4	Proforma EMEA Ltd
Sciforma Process™ Vers. 4	Sciforma Corporation
Sybase PowerDesigner Vers.11.0	Sybase EDV-Systeme GmbH
Sycat® Process Designer	Dr. Binner Consulting & Software
System Architect V10™	Popkin Software
ViFlow® 2003	ViCon GmbH

Abb. 4.33. Prozesstoolanbieter und deren Software

Gelegentlich bietet es sich an, evaluierende Studien beispielsweise von Forschungsinstituten anzuschauen. Besonderes Augenmerk gilt dabei den verwendeten Kriterien und Bewertungsstandards. Trotz allem sollten die Instrumente anhand des unternehmensbezogenen Kriteriumskataloges bewertet werden.

4.7 Rollenkonflikte

Konflikt-trächtig

Der bereits mehrfach beschriebene Matrix-Effekt bei der Veränderung einer Organisation von funktions- zu prozessorientierter Ausrichtung gilt nicht nur auf organisationaler Ebene. Die handelnden Personen - allen voran die Prozessverantwortlichen, Prozessmanager und -leiter, leben in diesem Dilemma:

Wer ist letztlich der Verantwort-liche?

Funktionale (vertikale) Aufgaben und Zuständigkeiten der Linie werden nun durch prozessuale (horizontale) Kompetenzen und Verantwortlichkeiten - im wahrsten Sinne des Wortes - durchkreuzt. Bereichsinteressen im Einkauf, in der Produktentwicklung, in der Herstellung, im Vertrieb sollen nun durch prozessverantwortliche Rollen dominiert werden. Wer ist nun der „Verantwortliche" des Prozesses, und was bedeutet das für ihn? Gilt das gute, alte AKV-Prinzip auch hier noch? Wenn ja - wie wird es auf die Prozessorganisation angewendet?

Aufgaben, Kompetenzen (Befugnisse) und Verantwortlichkeiten sind vom Top-Management neu zu definieren.

So viel wie nötig klar regeln

Die jeweiligen Verantwortlichen, also z.B. Leiter Einkauf/Entwicklung/Herstellung/Vertrieb, sowie die neuen Prozessrollen haben gemeinsam mit dem Top-Management die für sie bestehenden Gemeinsamkeiten und Unterschiede in der Klarheit der Definitionen zu verhandeln. Dabei werden Grauzonen übrig bleiben: Managementaufgaben, -zuständigkeiten und Verantwortlichkeiten, die nicht vollständig abgrenzbar sind, sondern „im Einzelfall" zu klären bleiben.

D.h. alle Beteiligten verständigen sich darauf, dass nicht alles geregelt bzw. überhaupt regelbar ist.

Des Weiteren: Gibt es eine klare Priorität für „den Prozess" - d.h. steht das Top-Management hinter dem „Prozessleiter" im Konfliktfall?

Prozesse haben Vorfahrt

Erst dann wird deutlich, wie ernst es der Organisation mit dem Prozessgedanken ist - im Zweifel wird der jeweilige Verantwortliche dies schmerzhaft spüren. Im besten Falle kann er seine Rolle als „Eigentümer des Prozesses" nur noch eingeschränkt wahrnehmen. Im schlechtesten erinnert die Angelegenheit an Franz Kafkas „Der Prozess": Je mehr sich der Protagonist bemüht, die

Wahrheit zu sagen, umso unglaubwürdiger wird er - und mutiert vom Zeugen zum Angeklagten.

Hinzu kommt die Problematik, dass in der Regel ein bisheriger Linien-Verantwortlicher (nach funktionaler Gliederung) die neue Prozessverantwortung erhält. Damit wird ein doppelter Widerspruch sowohl in der Funktion (z.B. Abteilungsleiter), als auch in der Rolle (Prozessverantwortlicher) erzeugt: Der vormals eigene Verantwortungsbereich tritt hinter den Prozess zurück, und die bisherigen Kollegen werden zu - im Prozesssinne nachgeordneten - Funktionsträgern.

Zum einen entstehen Konflikte im (ehemals) eigenen Bereich bezüglich des Stellenwertes der Aufgaben und damit auch bezüglich des Selbstverständnisses und -wertes der (eigenen) Mitarbeiter. Zum anderen besteht der - häufig stärker wahrgenommene - Konflikt mit (ehemals?) gleichgestellten Führungskräften: Selbst wenn kein formaler hierarchischer Unterschied zwischen den verschiedenen „Leitern" innerhalb des Unternehmens definiert wird, muss durch die oben genannte Priorisierung des Prozessgedankens und damit der Prozessverantwortung ein „prä" für den Prozess und damit (natürlich) auch für den Prozessverantwortlichen deutlich gemacht werden: Dies ist eine notwendige und unumgängliche Aufgabe des Top-Managements.

...auch bei hierarchisch Gleichgestellten

> Damit stehen die neuen Prozessrollen in der Bedeutung und Verantwortlichkeit über den anderen (Linien-) Führungskräften und müssen diese Stellung durch ihr Verhalten zum Ausdruck bringen; denn genau dies verlangt ihre neue Aufgabe von ihnen.

Prozessorientierung gelingt nur bei klarem Bekenntnis für oberste Priorität der Prozesse

Die Anforderung an die neuen Prozessrollen ist ihre Fähigkeit, Unterscheidungen zu machen - mit anderen Worten: die Bereitschaft, Konflikte zu erzeugen. Dies ist Voraussetzung, um das AKV-Prinzip mit Vorgesetzten und Kollegen auszuhandeln und damit dringend notwendig, um Entscheidungen zu allen relevanten Punkten der „Prozessverantwortlichkeit" mit dem Top-Management, den Führungskräften und den eigenen Mitarbeitern herbeizuführen.

Fazit

Literatur zum Kapitel „Prozessmanagement"

Becker, J.; Kugeler, M.; Rosemann, M.: Prozessmanagement, 3. Aufl., Berlin 2002.

Ellringmann, H., Schmelzer, H. J.(Hrsg.): Geschäftsprozessmanagement inside. München 2004.

A Einführung einer Gesamtbanklösung bei der Schaffhauser Kantonalbank

Bertram Schütze

A.1 Ausgangslage

Klein, aber fein

Die Schaffhauser Kantonalbank (SHKB) ist nach eigener Darstellung „eine der kleineren Kantonalbanken der Schweiz. Sie ist ein in der Region führendes und im Markt erfolgreich tätiges Institut, das sämtliche Produkte- und Dienstleistungen einer Universalbank anbietet." (www.shkb.ch). Sie beschäftigt ca. 250 Mitarbeiter.

Gemäß eines jährlichen Ratings aller Kantonalbanken durch die Westschweizer Wirtschaftszeitschrift „Bilan", in dem die Rentabilität und Solidität der Banken ermittelt wurde, belegt die SHKB seit einigen Jahren den ersten Rang. Einer der Gründe hierfür ist das ausgeprägte Kostenbewusstsein.

„Als Staatsinstitut hat die Schaffhauser Kantonalbank einen öffentlichen Leistungsauftrag zu erfüllen." (www.shkb.ch).

Damit bewegt sich Strategie und Kultur zwischen zwei Polen:

Stabilität und Flexibilität

- Als Staatsinstitut legt man Wert auf Sicherheit und Kontinuität
- Als Bank muss man sich in einem dynamischen Marktumfeld bewähren.

Gestaltungsbereich

Die von dem beschriebenen Teilprojekt hauptsächlich betroffenen Abteilungen Informatik, Organisation und Wertschriftenservicecenter gehören zu dem Bereich Logistik. Die Informatik ist zuständig für Betrieb und Wartung aller Hard- und Softwareteile der Bank. Dazu gehört auch Installation und technischer Test von neuer Software. Die Organisationsabteilung unterstützt das Management in aufbau- und ablauforganisatorischen Fragen.

Im Fokus: Wertschriften-servicecenter

Das Wertschriftenservicecenter hat folgende Aufgaben:

- Die Abwicklung der Wertschriften im Zusammenhang von Börsenaufträgen
- Arbeiten im Zusammenhang von Gesellschaftsereignissen
- Alle anderen administrativen Tätigkeiten im Zusammenhang mit Wertschriften.

Standard-software im Kommen

Der Markt für Gesamtbanklösungen in der Schweiz ist stark zersplittert. Einerseits arbeiten noch 14% der Banken mit teilweise mehrere Jahrzehnte alten selbst erstellten Lösungen, andererseits führen immer mehr Banken moderne Standardsoftware ein. Während Großbanken zumindest für die Kernbereiche Eigenentwicklungen einsetzen, greifen kleinere Banken meist auf Standardlösungen zurück. Es existieren mehrere Zusammenschlüsse von Banken, die eine Lösung zwischen Standard- und Individualsoftware einsetzen. Die hohen Kosten für eine moderne Software können so aufgeteilt werden.

Der Finnova AG Bankware, einem dieser Zusammenschlüsse, gehört die Schaffhauser Kantonalbank an. Die Software Finnova ist eine moderne modular aufgebaute Gesamtbanklösung für Universal- und Privatbanken (siehe Abbildung A.01).

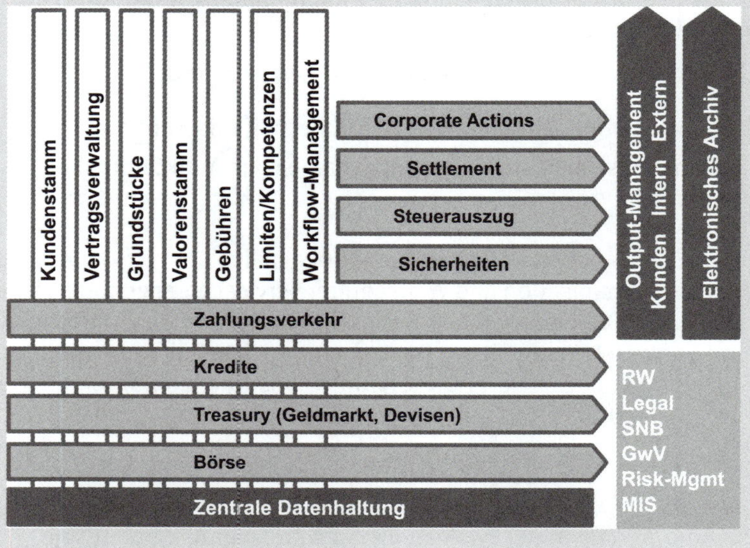

Abb. A.01: Finnova-Module

A.2 Vorgehen

Seit Anfang der achtziger Jahre wickelte die Schaffhauser Kantonalbank ihre Geschäftsvorfälle mit Hilfe des Systems FIS-VRX ab. Trotz kontinuierlicher Weiterentwicklung ließ sich diese Software nicht mehr an die gestiegenen Anforderungen anpassen.

Gemeinsam stark

Gemeinsam mit anderen FIS-VRX-Nutzern wurde 1999 das Unternehmen gegründet, das heute unter dem Namen Finnova AG Bankware firmiert. Neben der Weiterentwicklung ist seine Hauptaufgabe die aktive Vermarktung der Software.

Um gemeinsam eine moderne Softwareplattform zu entwickeln, bringen die Mitarbeiter der Mitgliedsbanken ihr bankfachliches Know-how ein, während das softwaretechnische Wissen im Unternehmen Finnova selbst vorhanden ist.

FAU-Prozessmodell

In der Vorstudie wurde die Basis des Projektes gelegt. Folgende Ergebnisse wurden in dieser Phase dokumentiert:

- Das Prozessmodell gab einen Überblick über mehr als 250 Prozesse aus allen Unternehmensbereichen. Auf der obersten Ebene ist es nach dem FAU-Modell gegliedert. In der zweiten Ebene werden die Prozesse nach Objekten unterteilt. Das Prozessmodell war in späteren Phasen die Basis für die detaillierte Prozessmodellierung.

Prozesse (Ausführungsprozesse: Dienstleistungen)		Kunde/ Sender	Input	Prozessbeschreibung	Output	Kunde/ Empfänger
1.	Dienstleistungsprozesse					
1.1	Kundenbewirtschaftungsprozesse					
1.1	Kundeneröffnungsprozess	Kunde	Wunsch, Kunde zu werden	Personalien erfassen, Identität prüfen, Bedürfnis abklären, Unterschriftenkarte erstellen und unterschreiben lassen, Vollmachten abklären	Allgemeine Geschäftsbedingungen	Bankkunde
					erfasste Stammdaten	EDBV-System
					Unterschriftenkarte	Zentralregister
				Bei Nr.-Kunden Kundendossier erstellen	Nr.-Kundendossier	Zentralregister

Abb. A.02: Ausschnitt aus dem Prozessmodell

- Die Anforderungen der Bank an die Software wurden grob festgelegt.
- Die Schritte für die Einführung der Software wurden definiert.

Vorgehensschritte

- Um Einheitlichkeit und Systematik in der Prozessorganisation sicher zu stellen, wurde ein Prozessorganisationsleitfaden erstellt.
- Das Projektvorgehen mit den entsprechenden Berichten und Sitzungen wurde definiert.
- Es wurden die Projektgremien und deren Besetzung bestimmt.
- Das Projekt wurde in Teilprojekte unterteilt. Den Teilprojekten wurden Verantwortliche zugewiesen. Später wurden die Teilprojekte in Arbeitspakete unterteilt.

Aufbauorganisatorisch handelte es sich um eine Matrix-Projektorganisation. Das heißt, dass alle Projektmitarbeiter neben ihren Projektaufgaben gleichzeitig weiterhin für ihre Linienaufgaben zuständig waren.

Matrix-Projekt-Organisation

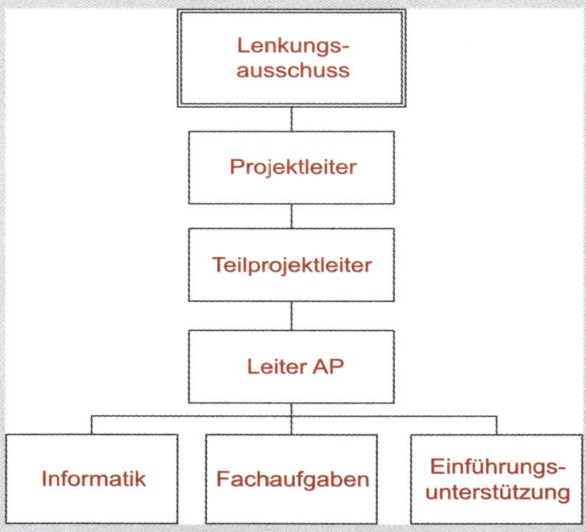

Abb. A.03: Projektaufbau

Das Projekt gliederte sich in folgende Teilprojekte:

13 Teilprojekte

- TP01 OMS-Börsenhandel
- TP02 Treasury
- TP03 PMS (Performance Management System)
- TP04 Corporate + Special Actions
- TP05 Zahlungsverkehr
- TP06 Kommerz
- TP07 Kunde
- TP08 Rechnungswesen

- TP09 Imageprozessing
- TP10 Internet-Banking
- TP11 Gesamttools
- TP12 Schulung/Ausbildung
- TP13 Prozessorganisation.

Das Teilprojekt Corporate and Special Actions betraf vor allem Prozesse des Wertschriftenservicecenters und war organisatorisch dort angesiedelt.

Das Teilprojekt war in folgende Arbeitspakete unterteilt:

Arbeitspakete im Wertschriftenservicecenter

- AP01 Wertpapierstamm
- AP02 Titellieferungen
- AP03 Corporate Actions (Zins-, Dividenden- und Kapitalmarkttransaktionen)
- AP04 Wertpapierkurse VDF (Wertpapierdaten der Telekurs Financial Information Ltd., Zürich)
- AP05 Titellieferung Massenfunktionen
- AP06 Transaktionsunabhängige Gebühren (z. B. Depotgebühren, Administrationsgebühren)
- AP07 Bankeigene Kassenobligationen
- AP08 Schweizer Steuerauszug.

Abbildung A.04 stellt einen Ausschnitt aus der Bildschirmmaske zur Wertschriftenbearbeitung dar

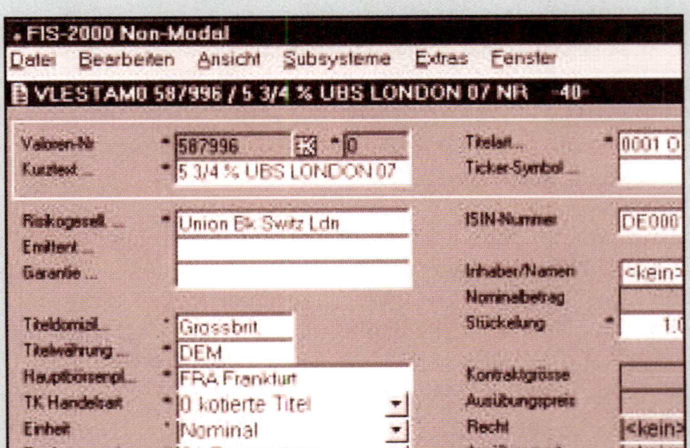

Abb. A.04: Ausschnitt aus dem Bildschirm zur Wertschriftenbearbeitung

Prozessplanung

Beispiel Titellieferungen

Im Folgenden wird das Vorgehen im Arbeitspaket AP02 Titellieferungen exemplarisch beschrieben. Von diesem Arbeitspaket waren alle Geschäftsvorfälle bzgl. der Ein- und Auslieferung sowie der Umbuchung von physischen und nicht-physischen Wertpapieren betroffen.

Vor dem eigentlichen Start des Teilprojektes waren die Grundanforderungen der beteiligten Banken an die Software abgestimmt worden. Auf dieser Basis hatte Finnova zu Beginn des Arbeitspaketes bereits gewisse Grundstrukturen programmiert.

Modellierung mit Folgeplan

In einem ersten Schritt wurde diese Software begutachtet und die Ist-Prozesse wurden erhoben. Anhand der durch die Vorstudie vorgegebenen Gliederung wurden die bestehenden Prozesse durch Interviews mit den betroffenen Mitarbeitern ermittelt und in ibo Process-Designer in Form von Folgeplänen dokumentiert. Hauptziel des Projektes war die Einführung der Software. Damit war ein konzeptionelles Vorgehen vorgegeben. Die Ist-Erhebung wurde deshalb bewusst kurz gehalten. Auf die aufwändige Erhebung von Zeiten, Mengen und Häufigkeiten wurde weitgehend verzichtet.

Bei der Würdigung der Prozesse ergab sich Folgendes:

Lange Durchlaufzeiten

- Früher notierten die Kundenberater den Auftrag auf einem Beleg und auf der Kundenquittung. Die Daten des Auftrages wurden von Mitarbeitern des Wertschriftenservicecenters anschließend im System eingegeben.
- Die Belege waren uneinheitlich, teilweise nicht eindeutig und wirkten auf den Kunden nicht professionell.
- Früher mussten die Mitarbeiter des Wertschriftenservicecenters mehrfach die gleichen Daten in unterschiedlichen Systemen erfassen. Neben der hohen Durchlauf- und Bearbeitungszeit mussten häufig Unstimmigkeiten abgeklärt werden und es kam zu Fehlern.
- Bei der physischen Einlieferung von Wertpapieren konnte der Bestand erst nach ein bis zwei Tagen dem Kunden gutgeschrieben werden. Die Tatsache, dass damit der tatsächliche Bestand von dem gebuchten Bestand für einige Zeit abwich, wurde vor allem vom Inspektorat beanstandet.

Prozessdesign

In der Prozessgestaltung wurden unter Berücksichtigung der bereits erstellten Software die Soll-Prozesse entworfen. In mehreren Workshops mit betroffenen Mitarbeitern und Vertretern des Softwarelieferanten wurden diese Prozesse erarbeitet. Um den teilweise recht komplexen Informationsfluss verfolgen zu können, wurden Bubble-Charts erstellt (siehe Abbildung A.05).

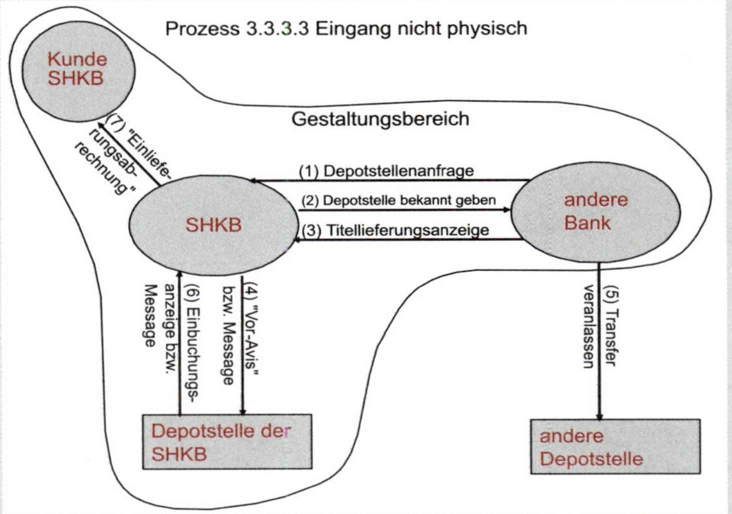

Abb. A.05: Bubble-Chart zur Verdeutlichung der Informationsflüsse

Überblick bewahren

Durch die Gestaltung der Prozesse ergab sich Folgendes:

- Im neuen System werden die Daten direkt vom Kundenberater erfasst und sofort verbucht. Die Quittung kann am Arbeitsplatz des Kundenberaters gedruckt werden. Mit der Datenerfassung muss der Kundenberater jedoch eine bisher „niedere Tätigkeit" ausführen. Dieser kulturelle Wandel wurde zunächst nicht klaglos hingenommen. Da sich aber bereits im Vorfeld zeigen ließ, dass die Arbeitsbelastung durch die Datenerfassung geringer war als durch die manuelle Belegerfassung, konnten die Kundenberater bald von dem neuen Vorgehen überzeugt werden. Die Argumente der Professionalisierung und Standardisierung taten ein Übriges.

Anfängliche Widerstände

- Durch kleine Änderungen und Erweiterungen der Software sowie eine auf die Prozesse ausgerichtete Parametrisierung wurden umständliche manuelle Tätigkeiten vermieden und ein hoher Automatisierungsgrad erreicht.
- Im neuen System sind die wichtigsten Fälle vollständig automatisiert. Die Mitarbeiter können sich so auf die Sonderfälle und die Kontrolle der Systeme konzentrieren.

Hohe Automatisierung

- Teilweise ergaben sich vollständig neue Abläufe. Unterschiedliche Fälle, die zuvor so ähnlich gehandhabt wurden, dass sie im gleichen Prozess abgebildet werden konnten, mussten jetzt auf mehrere Prozesse aufgeteilt werden. Gleichzeitig konnten an anderer Stelle verschiedene Prozesse zusammengelegt werden.

Substanzielle Einsparungen

Abbildung A.06 zeigt einen Ausschnitt des Folgeplanes Wertschriftenausgang.

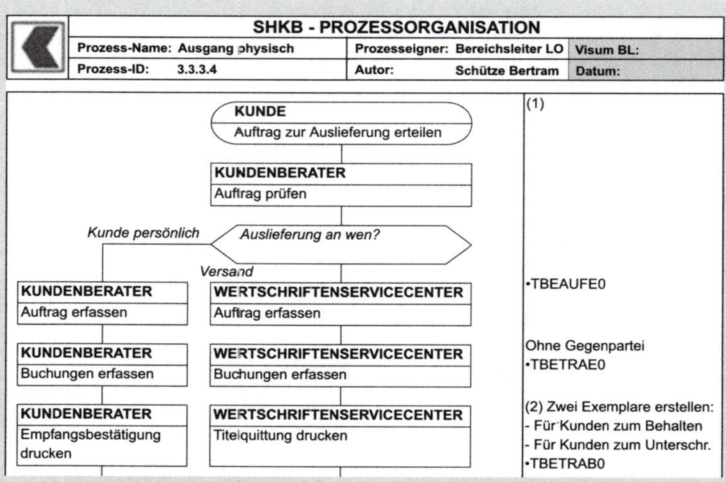

Abb. A.06: Ausschnitt aus dem Prozess Wertschriftenausgang physisch

Da Personaleinsparungen nicht das Hauptziel des Projektes waren, wurden die Bearbeitungszeiten nur grob abgeschätzt. Bereits dabei ergaben sich in der Bewertung substanzielle Einsparungen. Diese konnten später in der Praxis auch durch Umgruppierungen realisiert werden.

Prozessrealisierung

Ernstfall geprobt

Nachdem die Software fertig gestellt und auf dem Testsystem installiert war, wurden ihre Grundfunktionen technisch überprüft. Basierend auf den Soll-Prozessen wurden die unternehmensspezifischen Daten und Parameter erfasst. Anschließend musste das so vorbereitete System eingehend getestet werden. Hierfür wurden von Mitarbeitern des Wertschriftenservicecenters anhand realer Geschäftsvorfälle die neuen Prozesse mit der neuen Software erprobt. Ein Protokoll wurde erstellt, damit die Testergebnisse dokumentiert und nachvollziehbar waren (siehe Abbildung A.07).

Da die Mitarbeiter einerseits die Geschäftsvorfälle aus der täglichen Praxis kannten, andererseits mit den Soll-Prozessen bereits aus den vorangegangenen Phasen vertraut waren, konnten die Tests mit minimalem Schulungsaufwand begonnen werden. Darüber hinaus hatte dieses Vorgehen folgende Vorteile:

- Die Motivation zu gutem Testen war durch das Interesse, später eine stabil funktionierende Software zu haben, automatisch gegeben.

Effiziente Tests

- Die Software wurde inklusive der Parametrisierung und der migrierten Daten sehr praxisnah getestet.
- Die Mitarbeiter lernten das System detailliert kennen. Die Schulung vor dem produktiven Start konnte deutlich vereinfacht werden.
- Über Probleme und Widerstände konnte bereits im Vorfeld praxisnah gesprochen werden.

Test-Dokumentation FIS-2000 Titellieferungen / Titelbuchhaltung Schaffhauser Kantonalbank

Datum:	**Tester:**	**Version FIS-2000:** zu finden unter Menü Hilfe / Info (z.B. 2.50.03
Datum:	**Visum:**	**Auftragsnummer:**

Titeleinlieferungsprozess physisch Tresor Police

Funktionen / Bereiche / Fenster	Input	Aktion	Output Soll	Output Ist
Auftrag erfassen (Tresor)	Kundennr. Geschäftsfall "Eingang phy." Text Kunde: ...	OK		
Buchung erfassen Valorenr.		Doppelklick auf Valorennr. Police auswählen und "Crtl+N"	Im Buchungsbildschirm ist im Text die Police mit dem Verfalldatum zu sehen	
	Verfalldatum	OK übernehmen		
Buchung erfassen Rest	Menge, DST: **1000**	OK Bestätigung drucken	Empfangsbestätigung (doppelt)	

Abb. A.07: Ausschnitt aus dem Formular zur Protokollierung der Tests

Wenige Wochen vor dem Start wurde begonnen, alle produktiven Geschäftsvorfälle parallel im Testsystem zu erfassen. Hierdurch wurde die Zuverlässigkeit in zweierlei Hinsicht verbessert:

- Alle häufigen Geschäftsvorfälle wurden getestet.
- Der Output des Testsystems konnte mit dem Output des bestehenden Systems verglichen werden.

Prozesseinführung

Aufgrund der oben erwähnten Testphase mussten nur noch die betroffenen Kundenberater geschult werden. In mehreren einstündigen Seminaren wurden jeweils 12 Kundenberater mit einer Präsentation und mit Übungen auf die Umstellung vorbereitet.

In den ersten Tagen nach dem produktiven Start wurden die Mitarbeiter des Wertschriftenservicecenters und die Kundenberater intensiv von der Informatik und der Teilprojektleitung unterstützt.

Nach Mehrbelastung Entlastung

Die Projektarbeit stellte für die Mitarbeiter des Wertschriftenservicecenters zeitweise eine erhebliche Mehrbelastung dar. Erst nachdem die Anfangsprobleme überstanden waren, stellte sich die erwartete Reduktion der Arbeit ein.

Abbildung A.08 zeigt die Belastung im zeitlichen Verlauf.

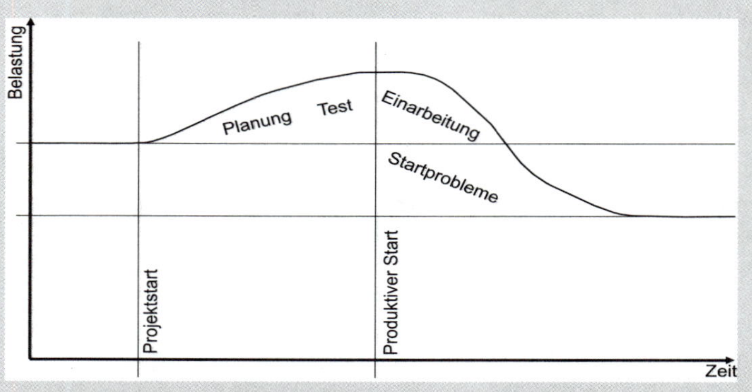

Abb. A.08: Schematische Darstellung der Belastung der Mitarbeiter

A.3 Ergebnisse

Alle Wertschriftentransaktionen, die aufgrund von An- und Verkäufen an der Börse stattfinden, können ohne Eingreifen der Mitarbeiter abgewickelt werden. Damit ist in diesem Bereich ein sogenanntes „Straight Through Processing“ realisiert.

Fehlerrate drastisch gesenkt

Es sind keine Mehrfacherfassungen mehr notwendig. Dadurch konnte die Fehlerrate drastisch gesenkt werden. Viele Geschäftsvorfälle können innerhalb eines Tages erledigt werden.

Transparente Prozesse

Alle Prozesse wurden als Folgepläne mit IRIS im Intranet veröffentlicht. Damit sind sie für alle Mitarbeiter einfach und transparent sichtbar. Dies ist insbesondere in Zweifelsfällen und für die Einarbeitung neuer Mitarbeiter hilfreich.

Prozess-optimierung schafft Freiräume

Nachdem alle wichtigen Programmteile eingeführt waren und die Mitarbeiter sich an die neuen Prozesse gewöhnt hatten, stellte sich tatsächlich eine deutlich reduzierte Arbeitsbelastung ein. Diese führte zu einer Reduktion des Personalbedarfes von 30%. Dieser Effekt stellte sich nicht überall so ausgeprägt ein. Neben den verschiedenen Aufgabenstellungen der Abteilungen, die natürlicherweise zu unterschiedlichen Einsparpotenzialen führten, dürfte der Hauptgrund in der Anwendung der Prozessorganisation liegen. Das Hauptziel des Projektes war nicht die Effizienzsteigerung und die Prozessoptimierung, sondern die Einführung der Software. Aufgrund der hohen Arbeitsbelastung, die ein solches Projekt darstellt, und aufgrund des Zeitdruckes wurde meist auf eine Optimierung der Prozesse verzichtet. Statt dessen wurden bestehende Prozesse minimal an die Erfordernisse der Software angepasst, ohne deren Potenziale aber ausschöpfen zu können. Dies soll in späteren Phasen umgesetzt werden.

B Prozesshandbuch bei einer Großbank

Wolfgang Liebelt

B.1 Ausgangslage

Prozesshandbuch

Die Aufgabenstellung bestand darin, ein Handbuch für einen Servicebereich (Customer Relationship Management) einer Großbank, im Beispiel BANK genannt, zu erstellen. In diesem Handbuch sollten die Prozesse aktuell und vollständig beschrieben werden, so dass es als Arbeitsanweisung dienen kann, die die standardisierte Abwicklung ermöglicht und damit eine entsprechende Qualität sicher gestellt wird.

Es boten sich zwei grundsätzliche Vorgehensweisen an, die durch die folgenden zwei verschiedenen Fassungen (Kurzform) der Formulierung für Prozesse repräsentiert werden:

- Version 1: Ein Prozess besteht aus einer Folge von Aufgaben.
- Version 2: Eine Folge von Aufgaben bildet einen Prozess.

Top-down oder bottom-up

Die Konsequenz aus Version 1 ist, dass zuerst eine Prozessgliederung erstellt wird und anschließend die in diesem Prozess enthaltenen Aufgaben im Rahmen der Prozessdefinition genannt werden.

Die Konsequenz aus Version 2 ist, dass zuerst eine Aufgabenanalyse durchgeführt wird und anschließend die Aufgaben zu Prozessen gebündelt werden. Die Prozessgliederung wird also in einem zweiten Schritt erstellt.

Aufgabenanalysen als Basis

Die zweite Version ist zwar die anspruchsvollere, weil die Aufgabengliederungstechnik einzusetzen ist, was einiges an Kenntnissen und Erfahrungen im Einsatz dieser Technik voraussetzt; jedoch wurde nach einer Diskussion der Vor- und Nachteile der beiden grundsätzlichen Vorgehensweisen diese Variante gewählt, weil die Vollständigkeit durch das systematische Vorgehen der Aufgabengliederungstechnik eher sichergestellt werden kann.

B.2 Vorgehen

1. Schritt: Aufgabenanalysen

Gegenstand der Aufgabenanalyse waren die Aufgaben des „Customer Relationship Managements“. Sie wurden anhand der folgenden vier Gliederungsfälle aufgesplittet:

Objekt-ODER

- Verschiedene relevante ganze Objekte mit
- verschiedenen Teilen/Verrichtungen/Verfahren

Objekt-UND

- Relevante Bestandteile ganzer Objekte mit
- verschiedenen Verfahren/Verrichtungen

Verrichtungs-ODER

- Unterschiedliche relevante Verfahren für
- ganze Objekte oder Teile von Objekten

Verrichtungs-UND

- Unterschiedliche relevante Verfahren an
- ganzen Objekten oder Teilen von Objekten.

Dass das Wort „relevant“ so häufig verwendet wird, sollte für die Beachtung des auftragsgemäßen Gestaltungsbereiches sensibilisieren. Abbildung B.01 zeigt einen Ausschnitt aus der so entwickelten Aufgabengliederung:

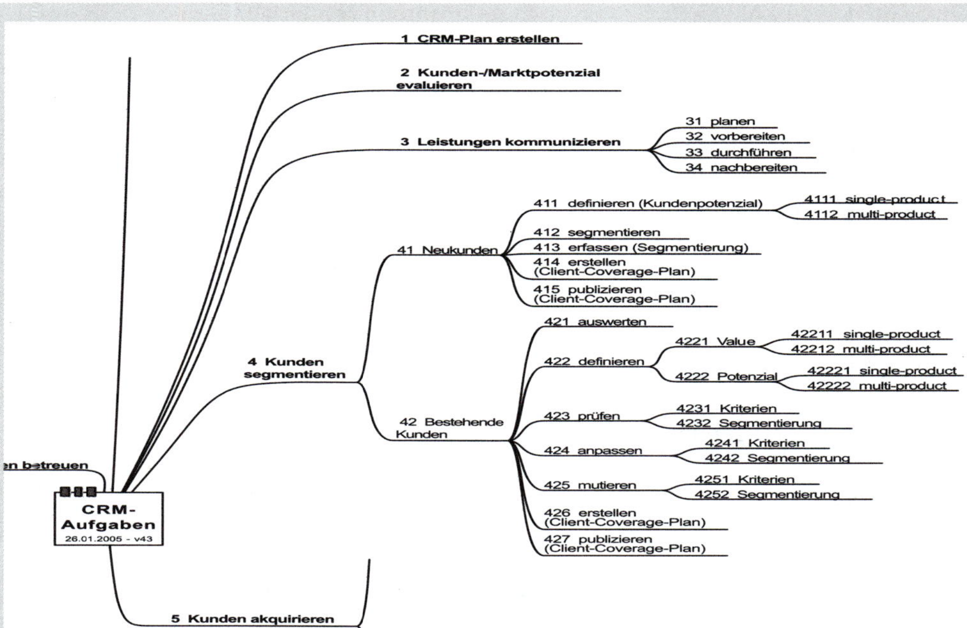

Abb. B.01: Ausschnitt aus der CRM-Aufgabengliederung

Tipp

Sind Begriffe in Klammern gesetzt, so bedeutet dies in der Aufgabengliederung, dass es nur jeweils ein Objekt oder nur eine Verrichtung zu dem davor stehenden Wort gab, so dass auf eine Gliederung mit nur einem einzigen Gliederungspunkt „.1“ verzichtet wurde.

2. Schritt: Aufgabenbündelung

Der nächste Schritt bestand darin, die Aufgaben zu Prozessen zu bündeln. Dabei zeigte sich, dass man intuitiv die Aufgaben bereits durch eine „prozessorientierte Brille“ betrachtet hatte, so dass die Prozessgliederung sich fast von selbst ergab (siehe Abbildung B.02).

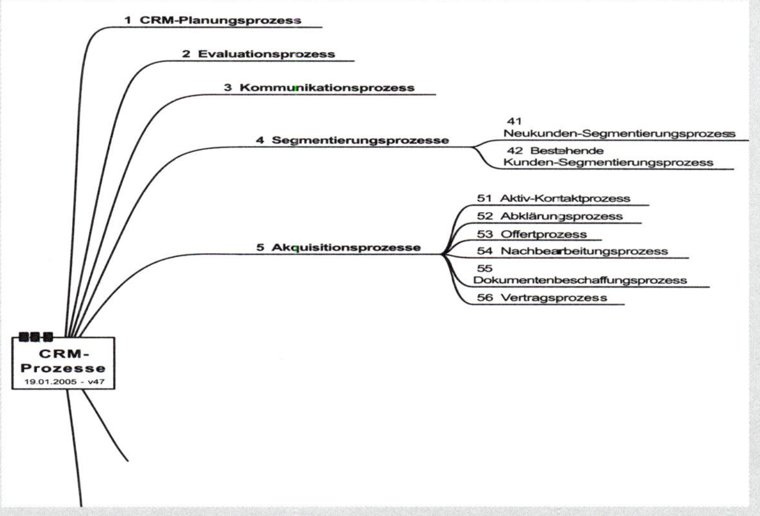

Abb. B.02: Ausschnitt aus der CRM-Prozessgliederung

3. Schritt: Prozessdefinition

Damit war die Voraussetzung für den dritten Schritt, die Definition der Prozesse in einem Tabellarischen Prozessmodell, geschaffen, das neben den Aufgaben der Prozesse zusätzlich Sender und Inputs sowie Outputs und Empfänger beinhaltete. Wo immer sinnvoll und möglich, wurden die jeweiligen Prozesse als Sender und Empfänger angegeben, um die Vernetzung der CRM-Prozesse untereinander in den Griff zu bekommen. Abbildung B.03 zeigt einen Ausschnitt aus dem Tabellarischen Prozessmodell, das einen Umfang von insgesamt 14 DIN A4-Seiten aufwies.

Nr.	Prozess-bezeichnung	Kunde / Sender	Input	Prozess-Skizze *) Aufgaben	OE 1	OE 2	OE 3	OE 4	OE 5	OE 6	Output	Kunde / Empfänger
1.	CRM-Planungsprozess	BANK-Planungsprozess	Auftrag	-----	M			A	M		Evaluationsauftrag	2. Evaluationsprozess
2.	Evaluationsprozess	Kontaktdatenbank	Kontaktergebnisse	Kunden-/Marktpotenzial evaluieren	A			M	M	M	Märkte-/Kunden-empfehlung	4.1 Neukunden-Segmentierungsprozess 4.2 Bestehende Kunden-Segmentierungsprozesse
		1. CRM-Planungsprozess	Evaluationsauftrag								Stammdaten, Markt- und Kundenverhaltens-Informationen	6.1 Informations-Bewirtschaftungsprozesse
		4.2 Bestehende Kunden-Segmentierungsprozesse	Client-Coverage-Plan (Vorjahr)									
		6.1 Informations-Bewirtschaftungsprozesse	Stammdaten, Markt- und Kundenverhaltens-Information									
3.	Kommunikationsprozess	Kontaktdatenbank	Kontaktdaten	▪ Image- u. Leistungs-Kommunikationsaktivitäten planen	A			M	M	M	Image- und Leistungsinformationen: Artikel Zeitschriften, Broschüren, Events	Kunden Interessenten bankinterne Stellen Lager
		BANK-Planungsprozess	UBS-Marketingplanung	▪ Aktivitäten vorbereiten		M		A		M		
				▪ Aktivitäten durchführen	A	M			M	M		
				▪ Aktivitäten nachbereiten	A	M		M			Kommunikationsplan	6.2.1 Beziehungspflege-prozesse
		4.1 Neukunden-Segmentierungsprozess 4.2 Bestehende Kunden-Segmentierungsprozesse	Client-Coverage-Plan (Laufendes und Vorjahr)									
		6.1 Informations-Bewirtschaftungsprozesse	Stammdaten, Markt- und Kundenverhaltens-Informationen									
4.	Segmentierungsprozesse											
4.1	Neukunden-Segmentierungsprozesse	2. Evaluationsprozess	Märkte-/Kunden-empfehlung	▪ Kundenpotenzial definieren (single-/multi-product)	A			M	M		Client-Coverage-Plan	Produktestreams weitere bankinterne Stellen 5.1 Aktiv-Kontaktprozess 5.2 Abklärungsprozess 6.2.1 Beziehungspflege-prozesse
				▪ Neukunden segmentieren	A			M	M			
				▪ Segmentierung erfassen	M	A						
				▪ Client-Coverage-Plan erstellen	A			M	M			
				▪ Client-Coverage-Plan publizieren	A			M				
											Stammdaten	6.1.2 Stammdatenprozess
4.2	Bestehende Kunden-Segmentierungsprozesse	2. Evaluationsprozess	Märkte-/Kunden-empfehlung	▪ Informationen auswerten	M			A	M	M	Client-Coverage-Plan	2. Evaluationsprozess 5.1 Aktiv-Kontaktprozess 5.2 Abklärungsprozess 6.2.1 Beziehungspflege-prozesse
		6.1 Informations-Bewirtschaftungsprozesse	Stammdaten, Markt- und Kundenverhaltens-Informationen	▪ Value/Potential - single/multi-product definieren	A			M	M			
				▪ Kriterien/Segmentierung prüfen	A			M	M			
				▪ Kriterien/Segmentierung anpassen	A			M				
		6.2.2 Beziehungs-Überwachungsprozess	Relevante Überprüfungs-ergebnisse	▪ Kriterien/Segmentierung mutieren	M	A						
				▪ Client-Coverage-Plan erstellen	A			M	M			
		6.4 Auftrags-Abwicklungsprozesse	Auftragsdaten	▪ Client-Coverage-Plan publizieren	A			M			Stammdaten	6.1.2 Stammdatenprozess
		7. Kündigungsprozesse	Kündigungen									

*) OE 1-8= prozessbeteiligte OrganisationsEinheiten; A=Ausführung; M=Mitwirkung

Abb. B.03: Tabellarisches Prozessmodell der CRM-Prozesse)

Im vorliegenden Fall wurde das Tabellarische Prozessmodell insoweit modifiziert als Spalten für die prozessbeteiligten Organisationseinheiten eingefügt wurden, in denen nach verantwortlich ausführender, mitwirkender und entscheidender Beteiligung unterschieden werden konnte. Die Funktionen wurden wie folgt definiert:

Ergänzungen des Tabellarischen Prozessmodells

A: Die betreffende Organisationseinheit (OE) ist in Bezug auf bestimmte Aufgaben verantwortlich ausführend tätig, inkl. aufgabenbezogener Koordination und Einbezug anderer Stellen sowie inkl. geregelter Entscheidungsbefugnisse im Rahmen der Erfüllung dieser Aufgaben.

E: Es handelt sich um Entscheidungen, die wegen der getroffenen Kompetenzregelungen nicht im Rahmen der Aufgabenerfüllung getroffen werden dürfen, sondern in der Kompetenz einer anderen als der ausführenden Stelle liegen.

M: Bei der Mitwirkung handelt es sich aus der Sicht der Ausführung (!) um quantitativ/qualitativ unterstützende/zuarbeitende Funktionen.

Es handelt sich somit um eine Kombination aus Tabellarischem Prozessmodell und Funktionendiagramm. In anderen Fällen wurde das Tabellarische Prozessmodell um Spalten für Applikationsmodule, Berechtigungscodes oder relevante Weisungen erweitert. Der Phantasie sind hier nur die Grenzen des zur Verfügung stehenden Platzangebotes gesetzt.

Tipp

Beim Ausfüllen der Rubrik „Prozess-Skizze" wurden konsequent die Aufgaben der Aufgabengliederung übernommen, allerdings in „normale" Sprache umgeformt. So wurde z. B. aus „erfassen Daten", was aus der Gliederungsfolge so entstanden war, neu „Daten erfassen" formuliert.

4. Schritt: Prozesslandkarte

Im inzwischen vierten Schritt sollte auf der Basis des Tabellarischen Prozessmodells eine grafische Prozesslandkarte erarbeitet werden, die einen Überblick über die Prozesszusammenhänge geben sollte. Wie sich jedoch herausstellte, wäre eine getreue Umsetzung zu komplex geworden und hätte den vorgesehenen Zweck nicht erfüllt. So entschied man sich für eine vereinfachte Form, die einen Grob-Überblick ermöglichte und als Marketing- und Kommunikationsinstrument abteilungsintern und nach „draußen" dienen sollte (siehe Abbildung B.04).

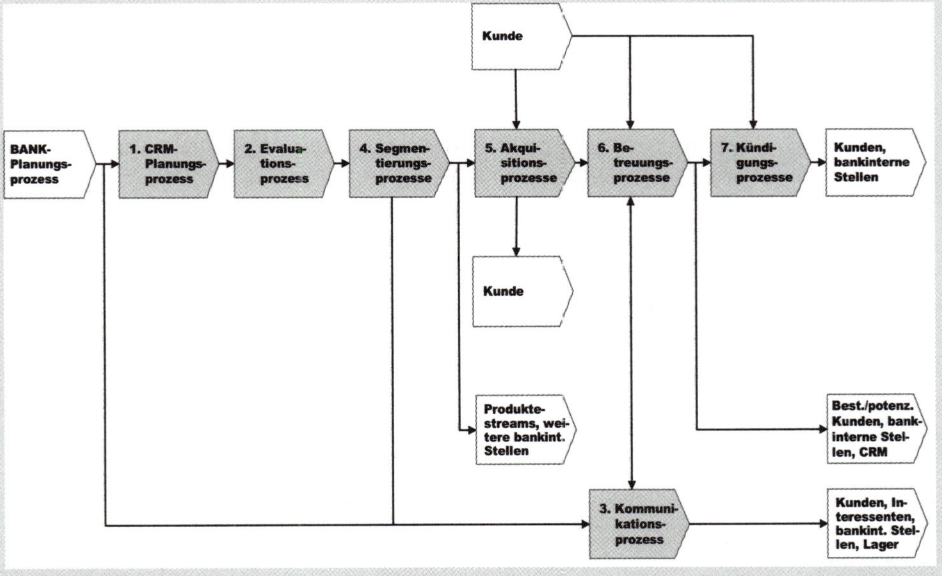

Abb. B.04: Master-Prozesslandkarte der CRM-Prozesse

B.3 Ergebnis

Gliederung des Prozesshandbuches

Für den Aufbau des Handbuches sollte das Prinzip des „Vom Groben zum Detail" befolgt werden. Die zuletzt erarbeitete Prozesslandkarte kam so vor der Prozessgliederung und diese vor dem Tabellarischen Prozessmodell zu stehen. Letzterem sollten noch ergänzende Detailbeschreibungen zu den einzelnen Prozessen folgen: Ziel(e) des Prozesses, Erläuterungen zu den verwendeten Begriffen, evtl. weitere Aufgabendetails, eingesetzte Systeme/Sachmittel (inkl. Formulare und Bildschirmmasken), zu beachtende Weisungen und andere Vorschriften/Gesetze, sonstige Bemerkungen.

Des Weiteren wurden Instrumente zur Prüfung und Aufrechterhaltung der Konsistenz vor allem des Tabellarischen Prozessmodells als komplexester eingesetzter Technik geschaffen. Es handelte sich dabei um:

- Eine Schnittstellenmatrix der Prozesse, die mit x in den Schnittfeldern zeigt, welche Prozesse mit welchen anderen vernetzt sind.
- Eine Aufgaben-/Prozess-Zuordnungsmatrix, die mit x in den Schnittfeldern zeigt, welche Aufgaben in welchen Prozessen vorkommen. Hieraus können Redundanzen oder Lücken erkannt werden. Eine zweite mögliche Erkenntnis ergibt sich, wenn bestimmte Aufgaben oder Aufgabenblöcke in mehreren Prozessen enthalten sind. Das könnte der Hinweis sein, dass man diese Aufgaben zu einem eigenen Prozessmodul bündelt, das dann von anderen Prozessen angesteuert wird. Im vorliegenden Fall kam so etwas allerdings nicht vor.
- Eine Matrix, die Auskunft darüber gibt, welche Änderungen an einem der Ergebnisse (Prozesslandkarte, Prozessgliederung, Tabellarisches Prozessmodell, Aufgabengliederung) zu welchen Änderungen bei den jeweils anderen Ergebnissen führen.

Ausblick

Die weiteren Schritte seien hier nur kurz erwähnt, weil sie das eingangs aufgezeigte Anliegen dieses Aufsatzes nicht direkt berühren:

- Regelung der Zuständigkeit/Verantwortung für den Unterhalt des neu gestalteten Handbuches festlegen
- Handbuch fertig stellen inkl. grafisch ansprechender Gestaltung der Inhalte
- Umsetzung (Roll-Out) des Handbuches planen und durchführen.

Prozessspezialisten am Werk

Erwähnenswert ist noch, dass die Projektgruppe aus Absolventen von mehrwöchigen Organisationslehrgängen bestand, wodurch das oben beschriebene konsequent-systematische und anspruchsvolle Vorgehen möglich war. Hat man es mit Beteiligten aus Fachbereichen zu tun, denen organisatorische Techniken fremd sind, ist meistens eher die andere Variante des Vorgehens geeignet.

C Prozessoptimierung bei einem führenden Unternehmen der Bauzulieferindustrie

Klaus Knechten

C.1 Ausgangslage

Das Unternehmen ist die, für den deutschen Markt zuständige Vertriebsgesellschaft eines der führenden Konzerne der Bauzulieferindustrie in Europa. Entgegen der branchenüblich eher geringen Bekanntheit der Baustoffhersteller gilt das hier betrachtete Unternehmen als ein erfolgreicher Markenartikler, der in der Zielgruppe der privaten Endkunden eine ähnlich hohe Bekanntheit besitzt wie in den Hauptzielgruppen der Fachhändler, Baumärkte und Fachhandwerksbetriebe. Allein in Deutschland beschäftigt das Unternehmen etwa 400 Mitarbeiter in den Bereichen Vertrieb und Service.

Erfolgreicher Markenartikler

Das Unternehmen plante zum Ende des Jahres 2002 die unternehmensweite Untersuchung und Optimierung ihrer Prozesse. Als Unternehmen der Bauzulieferindustrie sah man sich der schlechten konjunkturellen Lage im Bausektor in zunehmendem Maße ausgesetzt, so dass allein aus dieser Situation heraus Handlungsbedarf bestand, die gewachsenen Organisationsstrukturen zu untersuchen und auf die Zukunft auszurichten.

Prozesse blieben bisher unberührt

Die Organisation zeichnete sich zum Projektstart besonders durch zwei wesentliche Eigenschaften aus. Erstens erfolgte die Einführung von SAP wenige Monate zuvor, ohne eine vorhergehende oder begleitende Erhebung, Dokumentation oder ausreichende Optimierung der Prozessorganisation.

Zweitens wurde auf die bisherigen Wachstumsphasen in hohem Maße mit Personalaufbau reagiert. Optimierungen in den Strukturen und Prozessen hatten kaum stattgefunden. Somit bestand ein hohes Interesse an einer Ermittlung der Prozesseffizienz, insbesondere an einer Analyse der in den Kernprozessen gebundenen personellen Kapazitäten.

C.2 Vorgehen

Die wesentliche Zielsetzung der Geschäftsleitung bezog sich auf die Prozesseffizienz. Zum einen sollte untersucht werden, wie hoch der Kapazitätsbedarf in den Hauptprozessen ist, zum anderen sollten die Prozesse und SAP als ERP-System im Unternehmen besser aufeinander abgestimmt werden.

Ziele des Projektes

Über die Prozesseffizienz hinaus erwartete man transparente und nachvollziehbar dokumentierte Prozesse. Diese Prozesse sollten mit praxisgerechten Prozesskennzahlen und klaren Zuständigkeiten versehen sein. Besonderes Augenmerk sollte dabei auf die organisatorischen Schnittstellen gelegt werden.

Das ganze Unternehmen stand auf dem Früfstand

Gestaltungsbereich des Projektes war das Gesamtunternehmen mit den Unternehmensbereichen Geschäftsführung, Finanzen und Administration, Marketing, Service und Vertrieb, einschließlich dem Vertriebsaußendienst mit den entsprechenden Vertriebsleitungen, Verkaufsteams und dem Serviceaußendienst. Für den Innendienst Vertrieb und Service hatte das Unternehmen drei Jahre zuvor ein Call-Center aufgebaut. Hier waren etwa 120 Mitarbeiter beschäftigt.

Rahmenbedingungen des Projektes waren neben den Auswirkungen der Baukonjunktur auf die wirtschaftliche Situation und Perspektive des Unternehmens insbesondere die sehr kommunikative und offene Unternehmenskultur. Gesetzte Restriktionen waren in erster Linie das technische Umfeld (SAP) sowie die bereits vereinbarten Meilensteine im Hinblick auf die Terminplanung.

Strategische Prozess-organisation und Prozess-gestaltung in einem Projekt

Die gewählte Vorgehensweise war eine Kombination aus den beiden hier beschriebenen Konzepten der Strategischen Prozessorganisation und der Prozessgestaltung. Die Schritte der Strategischen Prozessorganisation wurden als Vorstudie, die Aktivitäten der Prozessgestaltung als Hauptstudie des Projektes organisiert.

Zunächst wurden in der Vorstudie die für das Projekt relevanten Prozesse, Strukturen und Informationen grob und zügig erhoben. Ergebnis der Vorstudie war einmal die grundsätzliche Entscheidung über die Fortsetzung des Projektes, zum anderen die Auswahl und Priorisierung der im Detail zu untersuchenden und zu gestaltenden Prozesse und Sachthemen für die nächste Phase, die Hauptstudie.

In der Hauptstudie wurden die priorisierten Inhalte im Detail analysiert, um im nächsten Schritt praxisgerechte Lösungsvarianten zu generieren und die nachfolgende Umsetzung und Einführung zu planen. Über das Analysieren und Optimieren der Prozesse sollten die Schnittstellen geklärt werden. Im Ergebnis sollte aus den SOLL-Prozessen heraus ein Strukturvorschlag für die zukünftige Aufbauorganisation entwickelt werden.

Abbildung C.01 zeigt das Vorgehen und die Projektorganisation des Projektes.

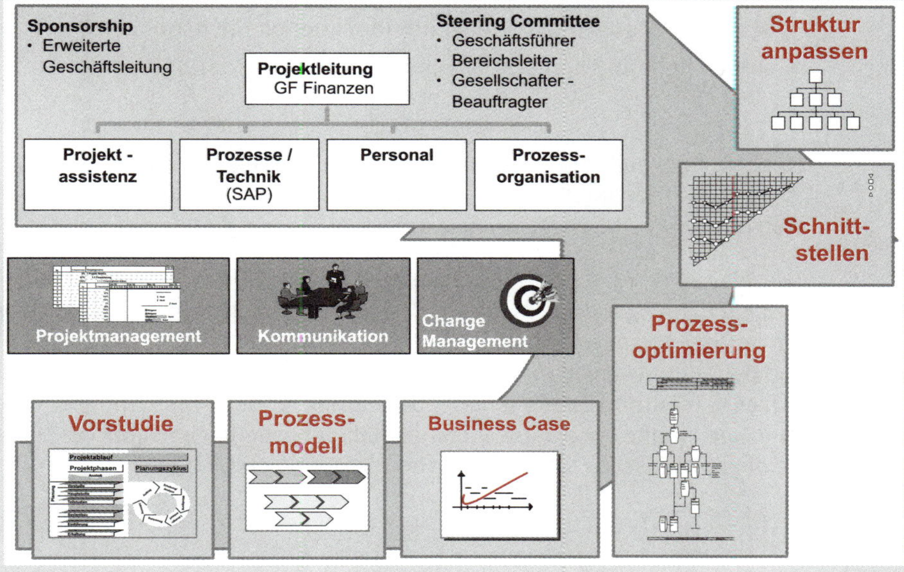

Abb. C.01: Vorgehen und Projektorganisation

Ein rein konzeptionelles Vorgehen („grüne Wiese“) im Sinne der Strategischen Prozessorganisation war aus zwei Hauptgründen nicht angezeigt:

Für eine konzeptionelle Vorgehensweise gab es keinen Anlass

1. Die Einführung von SAP hatte konkrete Rahmenbedingungen für eine Analyse und Verbesserung der organisatorischen Prozesse vorgegeben.
2. Sowohl die zu Projektbeginn etablierten Prozesse als auch die vorhandene Aufbauorganisation zeigten keine eklatanten Schwachstellen mit sofortigem Handlungsbedarf. Die vorhandene Organisation des Unternehmens konnte insgesamt als gute Ausgangssituation bewertet werden.

Innerhalb von etwa 8 Wochen wurde die Vorstudie durchgeführt, um zunächst alle Prozesse im Unternehmen zu identifizieren und grob zu erheben. Dazu wurden auf Grundlage des aktuellen Organigramms des Unternehmens in allen aufbauorganisatorischen Bereichen Erhebungsworkshops durchgeführt.

Prozesse identifizieren

Fragen waren:

- Welche Prozesse werden in Ihrem Bereich (Abteilung, Gruppe, Team) bearbeitet?
- Was sind Start und Ende der Prozesse?
- Aus welchen groben Schritten besteht der Prozess?

- Welche Systeme / Personen sind am Prozess beteiligt?
- Welche Mengen und Mengentreiber können Sie nennen?
- Welche Stärken und Schwächen hat die Ist-Situation?

Ergebnisse der Vorstudie

Ergebnis der Vorstudie war ein Prozessmodell für alle ca. 250 Prozesse. Diese Prozesse werden im Prozessmodell nach Führungs-, Ausführungs- und Unterstützungsprozessen differenziert dargestellt (siehe Abbildung C.02).

Zweites Ergebnis waren identifizierte Teilprojekte für die Hauptstudie als nächste Planungsphase im Projekt. Diese im Lenkungsausschuss abgestimmten Teilprojekte ergaben sich aus den Ergebnissen der Erhebungsworkshops und benannten so genannte „Baustellen“. Unter diesen „Baustellen“ wurden Prozesse (Kernprozesse mit hoher Bedeutung für das Unternehmen), Teilsysteme und Inhalte mit entsprechendem Handlungsbedarf im Sinne von Prozessvisionen (Auflistung siehe Phase Hauptstudie) verstanden.

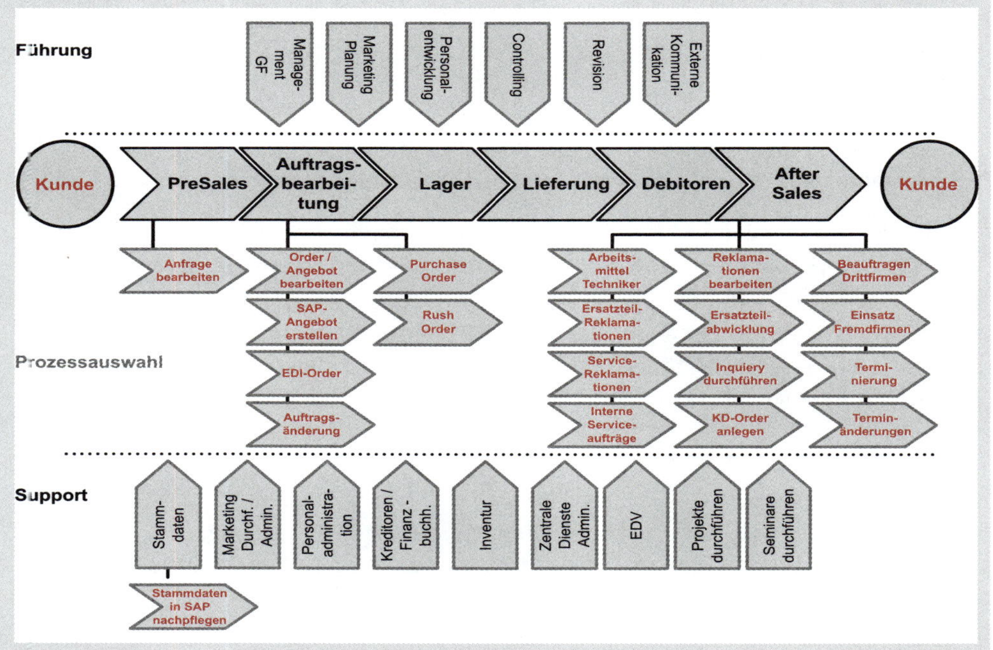

Abb. C.02: Prozessmodell (Ausschnitt)

Aus den Ergebnissen der Vorstudie ergaben sich insgesamt 6 Teilprojekte, die sämtlich miteinander in Beziehung standen. Höchste Bedeutung im Hinblick auf die Projektziele kam den Teilprojekten zu, die sich mit den Ausführungsprozessen, den Schnittstellen, der zukünftigen Struktur sowie dem Kapazitätsbedarf in den Prozessen auseinandersetzten.

Hauptstudie

Teilprojekt 1: Strategie Check Absatzkanalstrategie: Servicewirtschaftlichkeit und Kundenbetreuungskonzept
(Erhebung und Analyse IST; Entwickeln von prozessbezogenen Empfehlungen)

Teilprojekt 2: Durchgängige Betrachtung des Ausführungsprozesses vom Kunden zum Kunden
(Priorisierung, Detailerhebung, Analyse und Optimierung der zugehörigen Prozesse, Betrachtung der Schnittstellen)

Teilprojekt 3: Bildung einer prozessorientierten Aufbaustruktur
(Varianten einer SOLL-Struktur in Verbindung mit einem Personalkonzept vor der Umsetzung der neu geschaffenen bzw. optimierten Prozesse und Schnittstellen).

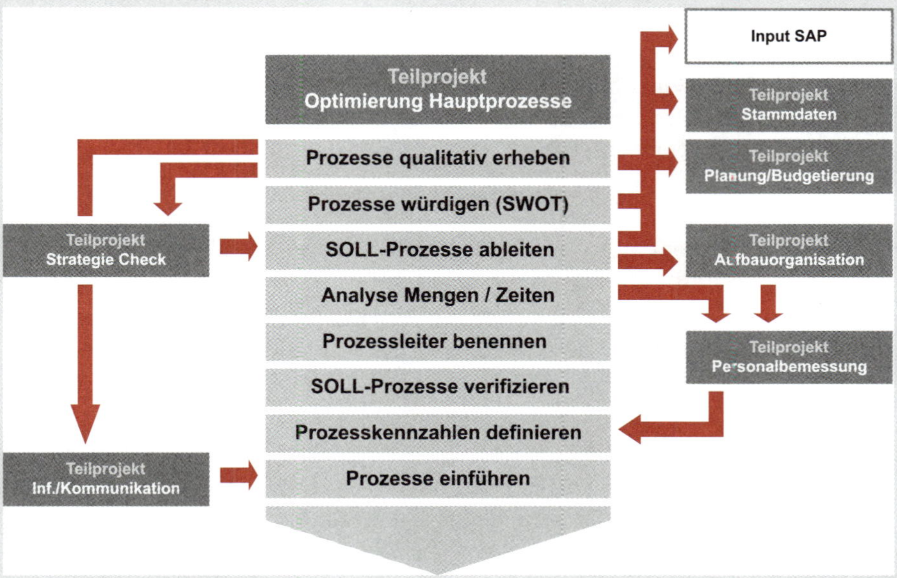

Abb. C.03: Vorgehensweise und Teilprojekte

Teilprojekt 4: Querschnittsthema „Stammdaten“
(Teilsystem, u.a. zur Qualitätssicherung des gesamten Ausführungsprozesses)

Teilprojekt 5: Prozesskette „Von der Idee zum Umsatz“ – Zusammenarbeit zwischen den Bereichen Marketing, Vertrieb, Service, Finanzen
(Klärung und Verbesserungsmöglichkeiten der bereichsübergreifenden Information und Kommunikation)

Teilprojekt 6: Prozessorientierte Personalbemessung
(u.a. Kapazitätsbedarfsplanrechnung infolge der Prozessoptimierung und Strukturanpassungen).

Abbildung C.03 stellt den Zusammenhang der Teilprojekte dar.

C.3 Teilprojektergebnisse

1. Strategie Check Absatzkanalstrategie

Im Fokus des Gesamtprojektes lagen die Kernprozesse des Unternehmens, die aus der Vorstudie heraus priorisiert wurden. Werden zentrale Prozesse eines Unternehmens modellhaft in Frage gestellt und im nächsten Schritt verändert („optimiert“), so sind zuvor zwei zentrale Themen zu klären. Zum einen muss untersucht werden, ob die neuen Prozesse der gültigen Unternehmensstrategie folgen oder ob strategische Fragen noch vorher zu klären sind. Zum anderen ist zu überprüfen, ob die Aufbauorganisation den Prozessen folgt und diese möglichst auch unterstützt.

Strategische Kernaussagen

Der Strategie Check ergab folgende Kernaussagen bzw. Empfehlungen:

- Die Bedeutung der Zielgruppen und Absatzkanäle differenziert klären
- Architekten-Bearbeitung mit dem Ziel langfristiger Absatzimpulse forcieren z.B. durch Anbinden der Architektengruppe an das Marketing
- Den Beratungsaufwand gegenüber den verschiedenen Zielgruppen effizienter gestalten, z.B. durch eine differenzierte (1st/2nd Level) Produktberatung
- Kulanz- und Garantieleistungen verbindlich regeln, so dass kundenbezogene „Zugeständnisse“ zurückverfolgt werden können
- Zuständigkeiten, Entscheidungskompetenzen, Budgetierungen und Buchungsregelungen organisatorisch klären.

2. Durchgängige Betrachtung des Ausführungsprozesses vom Kunden zum Kunden

Prozessgestaltung aller wesentlichen Ausführungsprozesse

In der Prozesskette „vom Kunden zum Kunden" wurden alle wesentlichen Prozesse im Ist-Zustand dokumentiert und analysiert. Im nächsten Schritt wurden die bestehenden Schwächen und Stärken diskutiert und daraus ein Vorschlag für die zukünftigen Soll-Prozesse abgeleitet.

Folgende Prozesse wurden untersucht und bearbeitet:

- Anfrage bearbeiten
- Arbeitsmittel für Techniker beschaffen
- Auftragsänderung
- Bearbeitung interner Serviceaufträge
- Beauftragung Drittfirmen
- Belastungsanzeigen bearbeiten
- EDI Order clearing
- Einrichtung Kreditlimit
- Einsatz Fremdfirmen
- Ersatzteilabwicklung
- Ersatzteilreklamationen bearbeiten
- Inquiery durchführen
- Kostenvoranschläge Service
- Kreditprüfung bei eingehenden Aufträgen
- Kundenreaktion nach Mahnung klären
- Mahnung
- Materialbeschleunigung Service
- Notification anlegen
- Präsentationsbestellungen
- Reklamationsbearbeitung
- Sales order
- SAP-Angebot erstellen
- Servicereklamationen bearbeiten
- Spezialfälle Kreditlimitprüfung
- Stammdaten in SAP nachpflegen
- Terminierung und Terminänderung Service
- Zahlungseingang.

Wesentlich berücksichtigt wurde die Durchgängigkeit der Prozesskette.

- Wer soll zukünftig für welchen Schritt verantwortlich sein?
- Wie kann die Anzahl der Schnittstellen reduziert werden?

Diese Erkenntnisse und Ergebnisse waren in die Vorschläge zu einer möglichen neuen Aufbauorganisation im internen Call-Center eingeflossen.

Basis für Kontinuierliche Prozessoptimierung

Es konnten im Rahmen der Optimierung nicht alle identifizierten Schwächen abgestellt werden. Die vorhandenen Restriktionen (SAP template, Internationale Vorgaben der Unternehmensgruppe) führten zu Einschränkungen hinsichtlich organisatorischer Optimierungsansätze. Mit den Optimierungen dieses Teilprojektes war die Grundlage für die Übergabe der Prozessverantwortung in die Linie und die Weiterarbeit von Prozessverantwortlichen gelegt.

3. Bildung einer prozessorientierten Aufbaustruktur

Historisch gewachsene Struktur

Die vorhandenen Strukturen hatten sich über die Jahre herausgebildet. Auffällig waren u.a. der Mix aus funktionaler, regionaler, kundenorientierter und produktbezogener Struktur im Vertriebsbereich. Daraus resultierten eine Vielzahl von unnötigen Schnittstellen, Unklarheiten von Zuständigkeiten und unnötigen Liegezeiten. Darüber hinaus boten die aufbauorganisatorische Trennung der Auftragsannahme und Disposition von Serviceaufträgen sowie die stark unterschiedlichen Leitungsspannen und -tiefen in den verschiedenen Bereichen Potenziale zur Verbesserung.

Optimierungsansätze

- Schaffen einer Verantwortung für die Prozessorganisation
- Zusammenführen der verschiedenen technisch ausgerichteten Beratungsteams zu einer technischen Produktberatung 2nd Level
- Zusammenfassen von Serviceauftragsannahme und Servicedisposition unter eine gemeinsame Verantwortung
- Zentralisieren der Ersatzteilprozesse innerhalb des Service-Bereiches
- Regionale Gliederung der Betreuungsteams für die Standardkundenbetreuung als 1st Level im Call-Center
- Schaffen eines Spezialistenteams für die Reklamationsbearbeitung als 2nd Level Support.

In den aufgeführten aufbauorganisatorischen Veränderungen bestanden große Chancen, zahlreiche Prozesse zu vereinfachen sowie die Organisation insgesamt effektiver und effizienter zu gestalten.

Effizientere Struktur

- Zahlreiche Schnittstellen in der Aufbauorganisation entfallen
- Miteinander in Abhängigkeit stehende Teilprozesse werden unter eine Gesamtverantwortung gestellt
- Balance zwischen Standardbearbeitung und Spezial-/Ausnahmefällen wird verbessert.

Ganzheitliche Kundenbearbeitung

In einem weiteren Optimierungsschritt (Stufe 2 der Strukturveränderung) sollten alle Call-Center-Prozesse zusammengeführt werden. Bisher wurde neben den Aktivitäten des Vertriebsinnendienstes lediglich ein Teil des Service-Innendienstes im Call-Center bearbeitet. Die Zusammenführung sollte zu Produktivitätssteigerungen infolge einer ganzheitlichen Kundenbearbeitung von Sales- und Serviceaufträgen führen, klare Verantwortlichkeiten schaffen und Schnittstellen in den Hauptprozessen reduzieren.

4. Querschnittsthema „Stammdaten"

Das Thema Stammdaten (Artikelstammdaten, Kundenstammdaten) wurde in den Ausführungsprozessen mit berücksichtigt (welche Stammdaten werden wann, wo und durch wen angelegt, gelesen, verändert?). Darüber hinaus wurden die Prozesse dokumentiert und wenn notwendig optimiert, die über die Prozesse der Ausführungskette hinaus Stammdaten nutzen.

5. Prozesskette „Von der Idee zum Umsatz"

Bereits in den Erhebungsworkshops der Vorstudie wurde eine Schwachstelle unzureichender Information und Kommunikation deutlich:

Manko Informationsweitergabe

- Ist eine Information Hol- oder Bringschuld?
- Wie konkret werden Informationen formuliert und weitergegeben?
- Welche Informationen sind wünschenswert für den einzelnen Mitarbeiter und welche Informationen sind tatsächlich für das Erledigen bestimmter Aufgaben notwendig?
- Wie offen wird über Bereichsgrenzen hinweg kommuniziert?
- Welche „Bremswirkung" haben organisatorische Schnittstellen in Bezug auf eine zügige Informationsweitergabe?
- Wie bindend werden mündliche bzw. schriftliche Vereinbarungen seitens der Gesprächspartner, Meetingteilnehmer etc. wahrgenommen und umgesetzt?

Trotz einer sehr offenen und diskussionsfreudigen Unternehmenskultur ließ sich hinsichtlich dieser Fragen ein konkreter Klärungs- und Regelungsbedarf feststellen.

Es sollte seitens der Führungskräfte dafür Sorge getragen werden, dass:

Verbindliche Führung

- Führung transparent und damit kalkulierbar ist
- Gefasste Beschlüsse auch umgesetzt und weiter verfolgt werden
- Unklarheiten und Konflikte an Bereichs- und Abteilungsgrenzen nachvollziehbar auf höchster Ebene geklärt werden (Prozessdenken)
- Diskussionen offen geführt, aber auch mit konkreten Entscheidungen beendet werden.

6. Prozessorientierte Personalbemessung

Die priorisierten Ausführungsprozesse bezogen sich hauptsächlich auf Vertrieb und Service. Nach der Erhebung und Sollprozessentwicklung dieser Prozesse wurden im nächsten Schritt die Bearbeitungszeiten aller Aufgaben in diesen Prozessen durch Interviews und Workshops erhoben.

Berechnung der Mitarbeiterkapazitäten

Mit diesem Datenmaterial wurden für alle priorisierten Ausführungsprozesse Kapazitätsbedarfe ermittelt. Diese Kapazitätsbedarfe bezogen sich zunächst darauf, wie viele rechnerische Mitarbeiterkapazitäten (MaK) für eine bestimmte Anzahl von Prozessdurchläufen benötigt werden. Diese Daten mit den entsprechenden Prozessmengen (Anzahl Durchläufe gemäß Data Warehouse) bewertet ergaben den Kapazitätsbedarf je Zeiteinheit (Monat, Jahr) für einen Prozess.

Saisonale Unterschiede

Wie in Unternehmen der Bauzulieferindustrie üblich, schwankten die Kapazitätsbedarfe auch hier unterjährig sehr stark. Den umsatzstarken Sommermonaten stehen die umsatzschwachen Monate November - Februar gegenüber. Diese saisonalen Schwankungen wurden berücksichtigt, indem je Prozess monatliche Zeitreihen gebildet wurden.

Im nächsten Schritt wurden über die Zuordnungen von Aufgabenträgern (z.B. Sachbearbeiter des Teams „Baumärkte NRW“) zu allen Aufgaben Prozessbündel geschnürt. Aus der rein prozessbezogenen Kapazitätsbedarfsanalyse wurde nun eine vollständige Personalbemessung der Bereiche Vertrieb und Service abgeleitet.

Genaue Erhebung von Grundlasten

Um zu einer seriösen Kennzahl (MaK) je Team, Abteilung oder Bereich zu kommen, wurde nach Auswertung und Zuordnung aller relevanten Prozesse eine zusätzliche Erhebung der „Sonstigen Aufgaben“ durchgeführt. Meetings, persönliche Administration, Projektarbeit, Führungsaufgaben etc. sind Aufgaben, die je nach Inanspruchnahme der jeweiligen Person einen deutlichen Zusatzbedarf an Kapazitäten bedeuten kann.

Über die weitere Korrekturgröße der sogenannten Verteilzeiten (Pausen etc.) lassen sich Sicherheitsintervalle nach oben und unten berechnen. Diese Größe wurde in einem ersten Schritt mit einem Sicherheitswert von 20% angesetzt, üblich sind Werte zwischen 10% und 15%.

Basis für die nächsten Jahre

Über dieses Verfahren konnte auf Basis der Vorjahreswerte eine seriöse Personalbemessung der vorgenannten Bereiche errechnet werden. Mit aktualisierten Werten lässt sich zukünftig regelmäßig der konkrete Kapazitätsbedarf je Prozess oder Team ermitteln (siehe Abbildung C.04).

Vertrieb

Monat	Summe
Jan	142,17
Feb	133,48
Mrz	144,39
Apr	146,91
Mai	152,75
Jun	160,59
Jul	162,48
Aug	159,09
Sep	150,22
Okt	148,14
Nov	139,86
Dez	126,72
∅	147,48
IST	175,63
Potenzial	-28,15

Call-Center

Monat	Summe
Jan	86,87
Feb	78,18
Mrz	89,09
Apr	91,61
Mai	97,45
Jun	108,29
Jul	107,18
Aug	103,79
Sep	94,92
Okt	92,84
Nov	84,56
Dez	71,42
∅	92,18
IST	120,63
Potenzial	-28,45

Service

Monat	Summe
Jan	91,74
Feb	88,01
Mrz	88,52
Apr	88,94
Mai	93,60
Jun	94,17
Jul	94,15
Aug	92,74
Sep	93,76
Okt	94,06
Nov	89,32
Dez	86,93
∅	91,33
IST	79,50
Potenzial	11,83

Abb. C.04: Ergebnisüberblick Personalbemessung

7. Umsetzung und Einführung

Die Umsetzungsphase diente dazu, die Ergebnisse in den laufenden Betrieb zu implementieren. Diese Phase konzentrierte sich auf vier wesentliche Punkte:

Dauerhaftes Prozess-management

- Offizielle Einführung des Prozessmanagements
- Schulungen der Prozessverantwortlichen in Inhalten der Prozessorganisation, der Methodik sowie der zugehörigen Toolanwendungen Prometheus und IRIS
- Organisationsanalyse der bisher nachrangig priorisierten Bereiche
- Zweiter Optimierungsdurchlauf einzelner Prozesse.

C.4 Ergebnisse

Übergreifende Prozessmanagement-Verantwortung

Alle Hauptprozesse des Unternehmens sind nun dokumentiert und damit verbindlich für das Tagesgeschäft geregelt. Durch Übergabe der Prozessarbeit an einen zentralen Prozessverantwortlichen (Chief Process Officer) wurde eine Stelle geschaffen, die im Sinne einer Matrix-Organisation den Linienverantwortlichen Prozesskennzahlen und Auswertungen liefert und sie prozessbezogen unterstützt.

Dass Prozesse keine Abteilungsgrenzen kennen, ist inzwischen jedem Mitarbeiter bewusst. So konnte z.B. der Prozess „Belastungsanzeigen bearbeiten" hinsichtlich organisatorischer Veränderungen dieses Prozesses sowie entsprechender Abstimmungen zwischen Prozess und SAP so verbessert werden, dass nun jede Belastungsanzeige eines Handelskunden zeitnah und fallabschließend bearbeitet werden kann. Hierzu wurden insbesondere die internen Zuständigkeiten und die Schnittstellen zum Kunden angepasst.

Anpassung der Kapazitäten

Das Ziel der Prozesseffizienzsteigerung wurde erreicht. Das Verfahren der prozessorientierten Personalbemessung ergab rechnerische Überkapazitäten im Call-Center von mehr als 10%. Durch Arbeitszeitmodelle und individuelle Vereinbarungen konnten Überstunden drastisch abgebaut werden. Eine Annäherung der Kapazitätskurve an den tatsächlichen saisonal geprägten Bedarf führte nicht nur zu einer gleichmäßigen Auslastung, sondern auch zu positiven Feed-backs der Kunden und einer spürbar gestiegenen Mitarbeiterzufriedenheit.

Prozesse und Personalbedarfsermittlungen sind nach den guten Projekterfahrungen nun ein originärer Schritt auf dem Weg zu jährlichen Businessplänen.

D Prozessorganisatorische Vorarbeiten für eine E-Business-Lösung einer großen Krankenkasse

Wolfgang Liebelt

D.1 Ausgangslage

Eine der größeren Schweizer Krankenkassen, im Beispiel KASSE genannt, will ihren Kunden E-Business-Optionen anbieten. Es wird ein Projekt gestartet, das prozessorganisatorische Vorarbeiten für die Programmierung digitalisierter Prozesse erbringt. Im Vorfeld dieses Projektes wurde bereits ein unternehmensweites Tabellarisches Prozessmodell erstellt und eine Fachstelle „Prozessorganisation“ eingerichtet.

Prozesse und IT-Systeme

Grundsätzlich kann nach Firmen- und Einzelverträgen unterschieden werden. Wegen des bei weitem größeren Volumens fiel die Wahl auf die Einzelvertragskunden, für die auf der Internet-Plattform der KASSE ein Selbstbedienungskonzept entwickelt werden sollte. Im Idealzustand hieß das, dass der Kunde nur noch im Dialog mit dem Computer seine Anliegen regeln können sollte. Kontakte mit einem (menschlichen) Sachbearbeitenden waren nur noch für Ausnahmefälle vorgesehen. Das Projekt erhielt die Bezeichnung „Digitale Einzelvertragsprozesse“ und sollte auf der sprichwörtlichen „grünen Wiese“ die Vorarbeiten für die Programmierung erbringen, die von einer externen Firma durchgeführt wurde.

Grüne Wiese

Neben dem konzeptionellen Vorgehen wurde weiterhin gefordert, dass die idealen, digitalen Soll-Einzelvertragsprozesse für bestehende und potenzielle Versicherte und aus Kundensicht (customer focus) zu gestalten waren.

Grenzen des Projektes

Aus dem Gestaltungsbereich des Projektes wurden Analysen der Wirtschaftlichkeit bezogen auf das Channel-Enhancement, Analyse der Kundenbedürfnisse bezogen auf die Nutzung des Internet-Channels sowie Marketingmaßnahmen im Vorfeld des „meeting point“ ausgegrenzt.

Lösungsprämissen waren: Vision und Strategie der KASSE, Corporate-Design-Vorschriften, die Contentstruktur der KASSE und der Erhalt der bisherigen Bezugspersonen für die Kunden.

Folgende Ziele wurden formuliert:

Ziele

Wirtschaftlichkeitsziele

- Niedrige einmalige Investitionskosten (CHF-Betrag für Anschaffung)
- Niedrige laufende Betriebskosten (CHF-Betrag pro Jahr für Personal und Infrastruktur)

Kundenbezogene Ziele

Ziele

- Hohe Kundenfreundlichkeit (Anzahl Schritte zum Ergebnis)
- Kurze Durchlaufzeiten (Zeitdauer vom „meeting“ bis zum „leaving“)
- Bedarfsgerechte Info-Bereitstellung (Differenz von Angebot und Nachfrage)
- Hoher Zusatznutzen für Kunden (Umfang der Überraschungseffekte)

Kassenbezogene Ziele

- Hoher Automatisierungsgrad (Systemanteil am Prozess)
- Wenige Medienbrüche (Anzahl der Brüche)
- Wenige Schnittstellen zwischen System und Mensch (Anzahl der Schnittstellen).

D.2 Vorgehen

Für das Projekt wurde ein stufenweises Vorgehen mit zunehmendem Detaillierungsgrad gewählt, der schließlich einen möglichst nahtlosen Anschluss an die Programmierung ermöglichte und damit konkrete Vorgaben für diese beinhaltete (siehe Abbildung D.01).

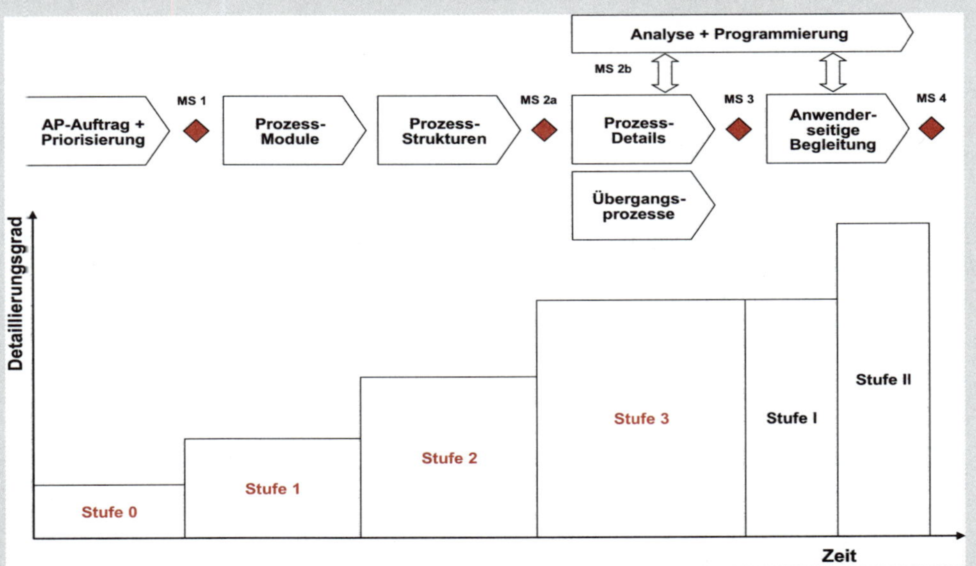

Abb. D.01: Stufenweises Vorgehen

Stufe 0: Projektauftrag und Priorisierung

Der einführende Text gibt bereits einige wichtige Aspekte des Projektauftrages wieder: Definition der Inhalte des Gestaltungsbereiches, Ausgrenzungen, Lösungsprämissen und Ziele.

Doing right things

Auf der Basis des vorher mit dem Auftraggeber abgestimmten Auftrages wurde das Kickoff-Meeting durchgeführt. Einer der Hauptpunkte bestand in der Priorisierung der Einzelvertragsprozesse, die Bestandteil der Marktprozesse waren, die wiederum auf gleicher Gliederungsstufe wie die Leistungsprozesse standen. Die Prozessgliederung der Einzelvertragsprozesse stellte sich wie folgt dar:

Einzelvertragsprozesse

- Verkaufsprozesse (Tranche 1)
- Offertprozess
- Antragsprozess
- Risikoprüfungsprozess
- Kassen-Entscheidungsprozess
- Kunden-Entscheidungsprozess.

Serviceprozesse (Tranche 2)

- Auskunfts- und Reklamationsprozess
- Mutationsprozess
- Subventionsprozess
- Inkassoprozess.

Austrittsprozess (Tranche 3).

Die Reihenfolge der Verkaufs-, Service- und Austrittsprozesse entspricht ihrer Abfolge in der Gliederung. Die Leistungs- und Serviceprozesse verlaufen im Groben gesehen parallel zueinander (siehe Abbildung D.02).

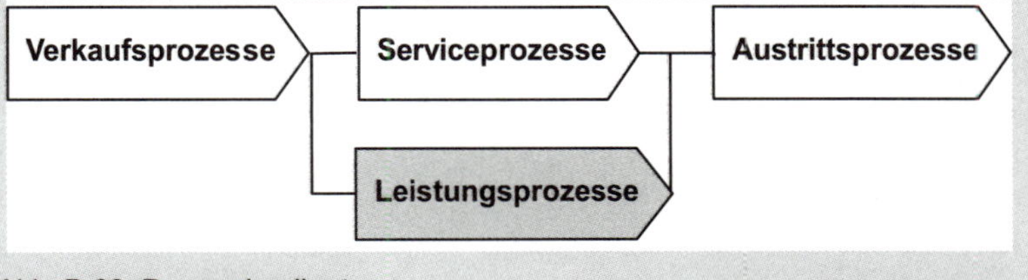

Abb. D.02: Prozesslandkarte

Mit Nutzwertanalyse Prozesse priorisieren

Die Priorisierung wurde in einem ersten Schritt anhand der vorgegebenen Kriterien „Attraktivität für Kunden" und „Effizienz für KASSE" im Rahmen einer Nutzwertanalyse vollzogen. Folgende Vereinbarungen wurden für die Bewertung getroffen:

- Kunden-Attraktivität: Beurteilt anhand des Grades der Aktivität bzw. Einflussnahme des Kunden
- Kassen-Effizienz: Beurteilt anhand des Arbeitsvolumens, als Indiz für Standardisierbarkeit und damit Rationalisierungsmöglichkeiten.

Die Punktvergabe erfolgte mit 0 = keine, 1 = geringe, 2 = mittlere und 3 = hohe. Die Gewichtung der Kriterien wurde dem Auftrag entnommen, der für die Kundenziele 70% und die Kassenziele 30% vorsah. Ergebnis des Rating und Ranking war ein gleichhohes Abschneiden der Verkaufsprozesse (Offert-, Antrags- und Risikoprüfungsprozess) und der Serviceprozesse (Auskunfts- und Reklamationsprozess).

Mit folgenden zusätzlichen Gründen wurde empfohlen und daraufhin auch entschieden, mit den Verkaufsprozessen zu beginnen:

Gründe für Beginn mit Verkaufsprozess

Strategiekonformität: Die Verkaufsprozesse bieten dem Kunden den höchsten Selbstbedienungsnutzen und erfüllen den strategischen Grundsatz der Kundenbindung in hohem Maße.

Prozessorientierung: Es ist grundsätzlich sinnvoll und natürlich, mit dem ersten Glied einer Prozesskette zu beginnen. Hier werden die Voraussetzungen für die folgenden Glieder festgelegt, also die Daten generiert, die von späteren Prozessgliedern zu verarbeiten sind.

Lernprozess: Die Kunden werden von Anfang an an das digitale Verfahren herangeführt und sind es später, z. B. bei „Meine Meldungen" bereits gewöhnt.

Imagebildung: Für potenzielle Kunden bewirkt der digitale Erstkontakt die Bildung eines positiven, modernen Images. Bestehenden Kunden signalisiert die Neuerung die Innovationsfreudigkeit ihrer Krankenversicherung.

Implementation: Es existiert bereits ein Offertprogramm für die Nutzung durch die Sachbearbeiter, das zwar kundenseitig (Web-User-Applikation) zu ergänzen und auszubauen wäre, jedoch grundsätzlich die Forderung nach schneller Implementierbarkeit erfüllen würde.

Verbindungen: Auch im Hinblick auf die sich an die Verkaufsprozesse anschließenden und parallel zu den Serviceprozessen laufenden Leistungsprozesse ist der gewählte Start günstig. Die Schnittstellen zwischen den Markt- und Leistungsprozessen sind zu berücksichtigen und zu synchronisieren.

Stufe 1: Prozessmodule (Tranche 1)

Modulbildung erleichtert Umgang mit Komplexität

Auf der Basis der oben abgebildeten Prozessgliederung wurden Module definiert. Diese Maßnahme diente einerseits der besseren Handhabung der Komplexität, andererseits dem Anschluss an die Programmierung. Im Vergleich zur Prozessgliederung wurden folgende Anpassungen vorgenommen:

- Ergänzung des Moduls „Identifikation“, das eine Triage für die nachfolgenden Prozesse durchführt.
- Splitting des Offert- und Antragsprozesses in Module für bestehende und potenzielle Kunden, da es zwar Gemeinsamkeiten, aber auch deutliche Unterschiede gibt.
- Splitting des Kassen-Entscheidungsprozesses in ein automatisiertes und ein nicht-automatisiertes Modul, da es immer Fälle geben wird, die nicht rein digital behandelt werden können.

So entstanden 9 Module, die es in den Stufen 2 und 3 zu detaillieren galt:

- Modul 0: Identifikationsprozess
- Modul 1a: Offertprozess bestehende Kunden
- Modul 1b: Offertprozess potenzielle Kunden
- Modul 2a: Antragsprozess bestehende Kunden
- Modul 2b: Antragsprozess potenzielle Kunden
- Modul 3: Risikoprüfungsprozess
- Modul 4: Kassen-Entscheidungsprozess (automatisiert)
- Modul 5: Kassen-Entscheidungsprozess (nicht-automatisiert)
- Modul 6: Kunden-Entscheidungsprozess.

Der prozessuale Zusammenhang wurde mit einem Folgeplan in Abbildung D.03 dargestellt.

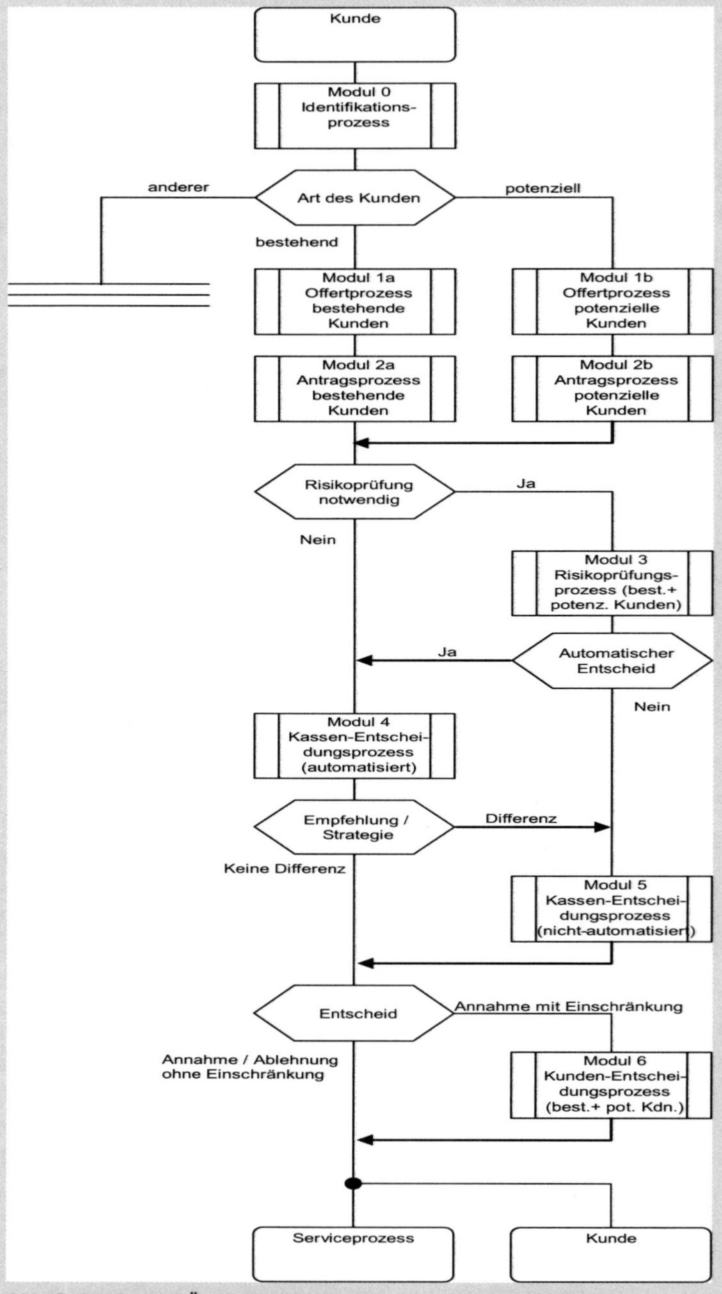

Abb. D.03: Stufe 1 Überblick der Module mit Hilfe eines Folgeplanes

Stufe 2: Prozessstrukturen (Tranche 1)

Referenzprozesse für Krankenversicherer

Für jedes der genannten Module wurde die Prozessstruktur des Kunde-System-Dialogs anhand von Folgeplänen dargestellt. Dabei war das „Grüne-Wiese"-Prinzip gedankenführend. Die Prozesse wurden also quasi als Referenzmodell für Krankenversicherer generell konzipiert. Der Bezug zur konkreten Situation der KASSE sollte erst in den sogenannten Übergangsprozessen (= Brücke vom IST zum idealen SOLL) zum Tragen kommen. Die Abbildung D.04 zeigt das Darstellungsprinzip der Folgepläne, ihre Beziehung zu den Modulen der Stufe 1 und die weitere Detaillierung in Stufe 3. Dabei bedeuten: Q = Quelle, A = kundenseitige Aufgabe, F = systemseitige Funktion, B = Bedingung, S = Senke.

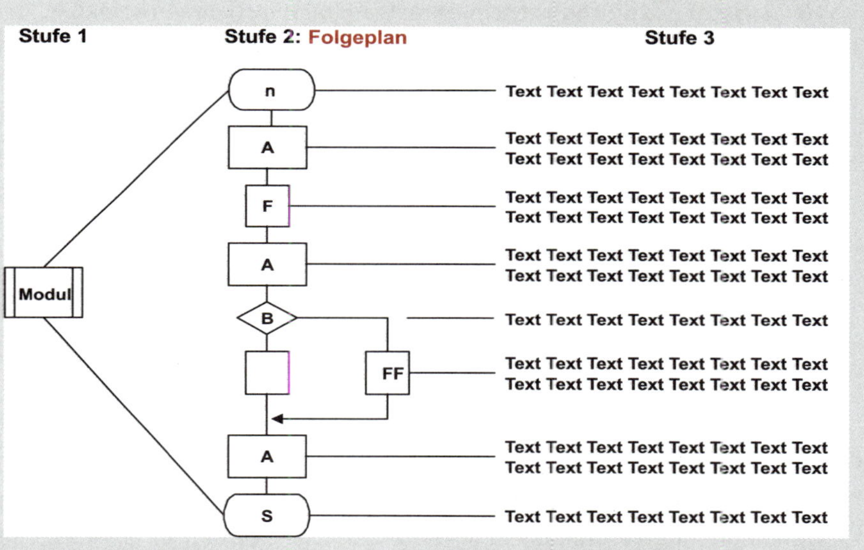

Abb. D.04: Stufe 2 im Zusammenhang

Geschätzte Mengen

Da es sich um Soll-Prozesse auf der „grünen Wiese" handelt, sind Häufigkeiten eher spekulativ. Dennoch konnten Erfahrungswerte herangezogen und auf dieser Basis Schätzungen durchgeführt werden. Dies war vor allem für relative Häufigkeiten bei Bedingungen recht gut möglich. Die so geschätzten Prozentwerte wurden in den Folgeplänen der Stufe 2 an den Ästen der Bedingungen notiert. Mit Hilfe dieser Angaben war es nun möglich, die relative Häufigkeit einer bestimmten Prozessvariante in einer Prozessstruktur zu berechnen, indem man die auf dem betrachteten Weg liegenden Prozente miteinander multipliziert.

Konsequenterweise stellte sich die Frage nach den absoluten Häufigkeiten, also danach, wie oft bestimmte Aufgaben tatsächlich erfüllt werden. Die Projektgruppe stellte hierzu Überlegungen an, um ein Gefühl für die zu erwartenden Mengen zu bekommen und auch, weil diese Angaben von Programmiererseite gewünscht wurden. Da eine Analyse der Wirtschaftlichkeit aus dem Gestaltungsbereich ausdrücklich ausgegrenzt worden war, wurden die Zahlen nicht für Kosten/Nutzen-Betrachtungen verwendet.

40.000 mögliche Nutzer

In groben Zügen soll eine dieser Schätzungen geschildert werden: Der Bestand von seinerzeit rund 340.000 Versicherten setzt sich aus Einzel- und Familienversicherungen zusammen. Für die Gestaltung von digitalen Kundenprozessen ist jedoch nicht die Anzahl der Versicherten, sondern die Anzahl der Kontakte maßgeblich, die erfahrungsgemäß bei der Hälfte der Versichertenzahl liegt, also bei 170.000 Kontakten. Nach allgemeinen statistischen Angaben wurden Versicherte mit einem niedrigen Einkommen (können sich keinen PC leisten) und solche mit schlechter Schulbildung (können keinen PC bedienen) abgezogen. So ergaben sich ca. 40.000 realistisch mögliche Nutzer des Kassen-Channels, die in der folgenden Zeit vom Marketing zu gewinnen waren.

Stufe 3: Prozessdetails (Tranche 1)

In Stufe 3 wurde der Detaillierungsgrad weiter voran getrieben. Zunächst allerdings nur für die bestehenden Kunden, da hier der größte Nutzen, sowohl für die Kunden als auch für die KASSE zu erzielen war. Den potenziellen Kunden stand außerdem bereits das bestehende Offertprogramm zur Verfügung. Für sie war also gesorgt.

Konkrete Programmvorgaben

Für jedes Symbol im Folgeplan, also für Quellen und Senken sowie für Aufgaben (Mensch), Funktionen (System) und Entscheidungen, wurde geprüft, welche Konkretisierungen erforderlich waren, um den Anschluss an die Programmierung zu ermöglichen. Die Ergebnisse wurden in einer separaten Tabelle dargestellt.

Für bestimmte Schritte erfolgte eine weiter vertiefende Betrachtung auf einer Stufe 4. Hierher gehören generell vor allem Hilfstabellen (z. B. für Prämien), Formulare und Bildschirmmasken.

Die geschilderte Tranche 1 des Projektauftrages konnte termingerecht abgeschlossen werden, der Aufwand der Projektgruppe wurde in Summe um 6% unterschritten. Erwähnenswert ist noch, dass eine frühe Abstimmung mit der Firma erfolgte, die für die Programmierung zuständig war.

Die zweite Tranche der „digitalen Einzelvertragsprozesse“ betraf die Service- und Austrittsprozesse, für die wiederum ein stufenweises Vorgehen gewählt wurde.

Stufe 0: Auftrag und Priorisierung (Tranche 2)

Auch für die Tranche 2 wurde ein eigenes Kickoff-Meeting durchgeführt. Ein wichtiger Punkt bestand in der Re-Priorisierung der Service- und Austrittsprozesse auf der Basis der in Tranche 1 gewonnenen Erkenntnisse. Die weiter oben gezeigte Prozessgliederung wurde hinsichtlich der Serviceprozesse - wo erforderlich - weiter detailliert und stellte sich wie folgt dar:

Einzelvertragsprozesse

- Verkaufsprozesse
  (Tranche 1: weitere Untergliederung ausgeblendet)

Serviceprozesse (Tranche 2)

- Auskunfts- und Reklamationsprozess
- Mutationsprozesse
- Folgeverarbeitungsprozess
- Direktverarbeitungsprozess
- Triageprozess
- Stammdatenänderungsprozess
- Produktdatenänderungsprozess
- Subventionsprozess
- Inkassoprozess

Austrittsprozess (Tranche 3)

Die Priorisierung der Service- und Austrittsprozesse wurde in einem ersten Schritt wiederum anhand der bereits in Tranche 2 verwendeten Kriterien „Attraktivität für Kunden“ und „Effizienz für KASSE“ im Rahmen einer Nutzwertanalyse vollzogen. Die Vereinbarungen für die Bewertung hinsichtlich Operationalisierung der Kriterien, Punktvergabe und Kriteriengewichtung waren ebenfalls gleich (siehe oben).

Wiederum Nutzwertanalyse zur Prozesspriorisierung

Die Diskussion in der Projektgruppe ergab, dass Subventions- und Inkassoprozesse nicht Gegenstand der Tranche 2 sein sollten. Diese Veränderung des auftragsgemäßen Gestaltungsbereiches wurde damit begründet, dass bei beiden Prozessen aus digitaler Sicht für den Kunden so gut wie kein Nutzen erkennbar war. Im Einzelnen:

Subventionsprozess: Der Kunde kann direkt und selbst nicht viel machen, da der Vorgang von der KASSE über die kantonale Behörde (bzw. umgekehrt) laufen muss - in den meisten Fällen ohne Beteiligung des Kunden. War daher eher als Bestandteil des Auskunftsprozesses anzusehen: Subventionen pro Kanton werden angezeigt mit der Möglichkeit, ein entsprechendes Formular digital auszufüllen.

Inkassoprozess: Der Kunde kann in den Inkassoprozess nicht eingreifen (er zahlt oder er zahlt nicht). Änderungen der Zahlungsverbindungen oder des Zahlungsmodus (Lastschriftverfahren, Rhythmus) sind Bestandteil des Mutationsprozesses. Informationen über den Stand der Zahlungen sind Bestandteil des Auskunftsprozesses („Meine Zahlungen").

Auskunfts- und Reklamationsprozess wichtig

Die Prozesse, die in der Nutzwertanalyse noch „im Rennen" waren, erzielten folgende Ergebnisse:

- Auskunfts- und Reklamationsprozess: 300 Nutzenpunkte Rang A
- Mutationsprozess (Stammdatenändg.): 100 Nutzenpunkte Rang C
- Austrittsprozess: 240 Nutzenpunkte Rang B

Der Stammdatenänderungsprozess schnitt bei der systematischen Betrachtung zwar am schlechtesten ab, jedoch schien es dem Projektteam zum damaligen Zeitpunkt sinnvoll, ihn vor den Austrittsprozessen zu bearbeiten, da er

- in der Prozessfolge vor den Austrittsprozessen rangiert
- den Fortsetzungsprozess (Modul 8) für die Verkaufsprozesse bildet (Policen erstellen und versenden) und es nahe lag, den Anschluss an diese zu vollziehen.

Letztlich musste dem Stammdatenänderungsprozess aufgrund eines strategischen Entscheides des Lenkungsausschusses Vorrang sogar vor dem hoch priorisierten Auskunfts- und Reklamationsprozess gegeben werden. Fokussiert wurde auf die Änderung persönlicher Daten (Adressen und Zahlungsverbindungen).

Grenzen von Methoden und Techniken

Dieser „Schlenker" wurde bewusst nicht geschönt. Er zeigt einerseits, dass eine Technik wie hier die Nutzwertanalyse das Denken nicht ersetzt, indem zusätzliche Überlegungen angestellt werden. Diese können natürlich in Form von Bewertungskriterien in eine modifizierte Nutzwertanalyse einbezogen werden oder sie dienen etwas pragmatischer als die Nutzwertanalyse ergänzenden Argumenten (wie im vorliegenden Fall). Strategische Entscheidungen schließlich sind zwar hinterfragbar und diskutierbar, aber wenn aufrechterhalten, als Muss zu betrachten. Alles das gehört zur Praxis und die soll ja durch die Fallschilderungen in diesem Buch gezeigt werden, mit den Möglichkeiten von Methodik und Techniken, aber auch mit deren Grenzen.

Stufe 1: Prozessmodule

Auf der Basis der in der Priorisierung bereinigten Prozessgliederung wurden Module definiert. Auch wenn seinerzeit der Stammdatenänderungsprozess vorrangig zu bearbeiten war, diente diese Maßnahme der besseren Handhabung der Komplexität sowie der Vorbereitung der für einen späteren Zeitpunkt vorgesehenen Programmierung der anderen Module.

- Modul 7: Auskunfts- und Reklamationsprozess
- Modul 8.1: Folgeverarbeitungsprozess
- Modul 8.2a: Triageprozess
- Modul 8.2b: Stammdatenänderungsprozess
- Modul 8.2c: Produktdatenänderungsprozess
- Modul 9: Austrittsprozess.

Die in Abbildung D.05 dargestellte Prozesslandkarte zeigt den Zusammenhang zwischen den Verkaufsprozessen und den 8er-Modulen und vor allem die Einbettung des favorisierten Stammdatenänderungsprozesses in dieses Gefüge.

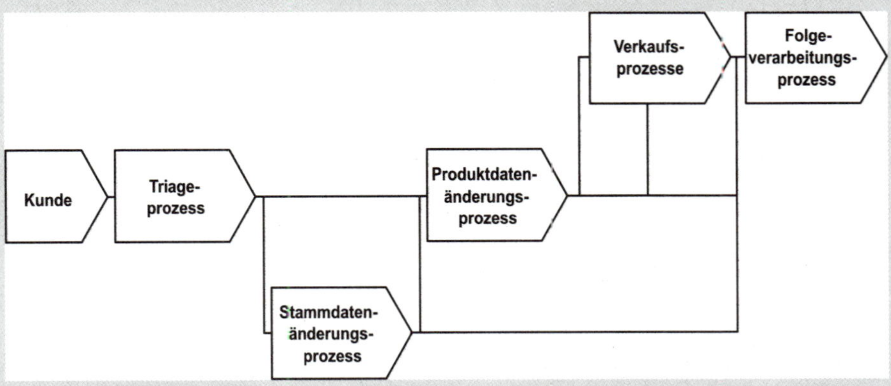

Abb. D.05: Prozesslandkarte

Stufe 2: Prozessstrukturen (Tranche 2)

Bei den Stammdatenänderungen lag weniger eine sequenzielle Prozesslogik vor wie es bei den Verkaufsprozessen der Fall war. Es handelte sich vielmehr um eine dynamische Vernetzung der Änderungsobjekte. Eine Darstellung anhand von Folgeplänen bot sich daher diesmal nicht an. Stattdessen war es sinnvoll und notwendig, als Vorbereitung für die Programmierung das Netzwerk der Änderungen zu ermitteln und zu dokumentieren. Dies geschah mit einer Matrix, für deren Aufbau es wiederum erforderlich war, die Änderungen zu systematisieren:

Matrix geeigneter als Folgeplan

Stammdatenänderungen = Person ist betroffen; es handelt sich um Attribute der Person

Produktdatenänderungen = Produkt ist betroffen; es handelt sich um Produktattribute.

Flexibler Werkzeugeinsatz

Auch das ist im Sinne einer Praxisdarstellung eine interessante Vorgehensvariante, die zeigt, wie mit dem zur Verfügung stehenden organisatorischen Handwerkszeug situationsgerecht umzugehen ist.

Abbildung D.06 zeigt einen Auszug der Matrix mit der Soll-Vernetzung der Änderungen.

	Objekte [1] bewirken Änderung bei ►	01	02	03	04	05	06	07	08	09	10	11	12	13	14	15	16	17
	Stammdaten-Änderungen																	
Direktverarbeitungen	**Familiendaten**																	
Direktverarbeitungen	**Personendaten**																	
Direktverarbeitungen	01 Familienadresse												X	X				X
Direktverarbeitungen	02 Sprache																	
Direktverarbeitungen	**Zahlungsdaten**																	
Direktverarbeitungen	03 Zahlungsverbindungen				X												X	
Direktverarbeitungen	04 Zahlungsverfahren			X													X	
Direktverarbeitungen	**Mitgliederdaten**																	
Direktverarbeitungen	**Personendaten**																	
Direktverarbeitungen	05 Mitgliederadresse												X	X		X		X
Direktverarbeitungen	06 Zivilstand					X		X							X	X		
Direktverarbeitungen	07 Familienname (bei ZivilstandsÄ.)						X								X	X		
Direktverarbeitungen	08 Beruf				X													
Direktverarbeitungen	09 Nationalität										X	X						
Direktverarbeitungen	10 Aufenthaltsbewilligung (EU/And.)									X		X						
Direktverarbeitungen	11 Heimatort (CH)									X	X							
Folge	12 Sektionswechsel	X												X				
Folge	13 Prämienregion												X					
Folge	14 Spitalbeitrag																	
Folge	15 Familienstamm																	
Folge	16 Inkassorhythmus																	
	Produktdaten - Änderungen																	
Direktverarbeitg.	**Produkt**																	
Direktverarbeitg.	17 Zuwahl				X													
Direktverarbeitg.	18 Abwahl				X													X
Direktverarbeitg.	**Deckung**																	
Direktverarbeitg.	19 Klassenwechsel																	
Direktverarbeitg.	20 OKP-Unfalldeckung																	
Direktverarbeitg.	21 HausArztSystem (HAS)																	
Direktverarbeitg.	22 Franchise																	
Folge	23 Prämie																	
Folge	24 Verschiebung Deckungsbeginn																	
Folge	25 Reaktivierung Deckung																	
Folge	26 Stornierung Deckung																	
Folge	27 Bestätigung Neuversicherer																	
	Kassen-Folgeverarbeitungen																	
Durch KASSE	28 Police erstellen																	
Durch KASSE	29 Steuerbestätigung erstellen																	
Durch KASSE	30 Vorbehalt																	
Durch KASSE	31 Ablehnung																	
Durch KASSE	32 Neuer Versicherter																	
Durch KASSE	33 Anonyme Versicherte																	
Durch KASSE	34 KASSEN-Card erstellen																	
Durch KASSE	35 Wechsel Zuständigkeit KPT-intern																	

[1] Alle Objekte werden erfasst, geändert und gelöscht

Abb. D.06: Änderungsmatrix

In Abbildung D.07 zeigt ein Mind-Map (Auszug) die relevanten Änderungsobjekte (Stammdaten und Produkte).

Auch wenn der Fokus auf den Stammdatenänderungen lag, wurden wiederum die Objekte der Produktdatenänderungen zur späteren Verwendung mit berücksichtigt.

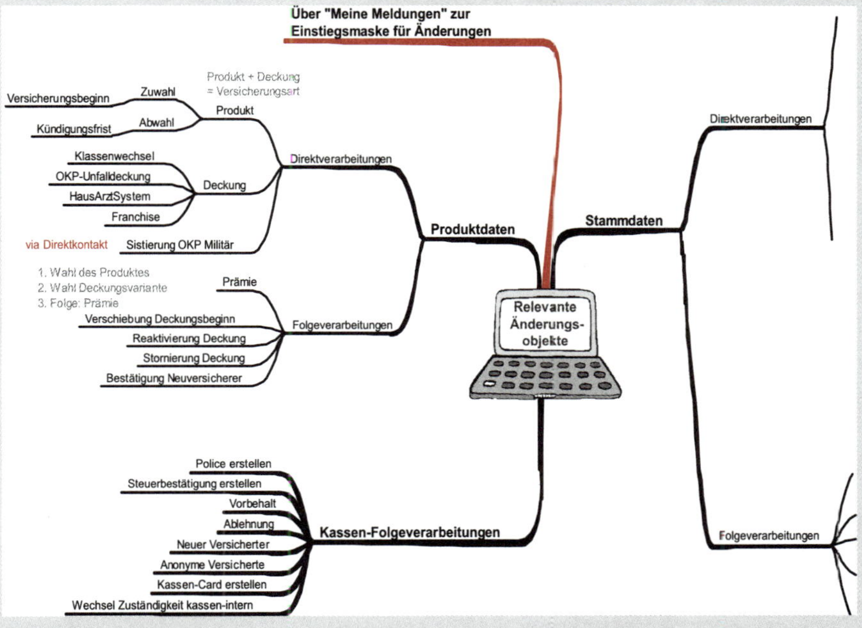

Abb. D.07: Auszug eines Mind-Map Änderungsobjekte

Der Ablauf der Stammdatenänderungen wurde dann auf der Basis der obigen Vorarbeiten und orientiert an der Maskenfolge in einem interaktiven Bearbeitungsprozess mit Hilfe eines Prototypen gestaltet. Aufgrund des hohen Komplexitätsgrades war hier ein intuitiver Ansatz angemessener und erfolgreicher als der analytische.

Intuitiver Ansatz

Stufe 3: Prozessdetails (Tranche 2)

Ergebnis der Stufe 2 war ein abgestimmter Prototyp, der die erforderlichen Masken und deren Ablauflogik beinhaltete. Sie waren Gegenstand des Use-Case der Firma, die für die Programmierung zuständig war.

Use-Case

Die Stufe 3 der Prozessdetails bestand für das Projektteam lediglich noch aus der Formulierung von Erläuterungs- und Hinweistexten für bestimmte Bildschirmmasken. Die Objekt-Nr. bezieht sich auf den erwähnten Use-Case (siehe Abbildung D.08).

Objekt-Nr.	Texte	Bemerkungen
IU3_4_4	Sie können hier auf einfache Art persönliche Daten (Adressen und Zahlungsverbindungen) ändern.	„Persönliche Daten" bezieht sich auf den obenstehenden Reiter.
IU3_4_19	Haben Sie zusätzliche Fragen oder Bemerkungen? Benutzen Sie den Direktkontakt Online. Ihr Kundenberater wird Ihnen gerne weiterhelfen.	Es wurde lediglich die Interpunktion geändert.
IU3_4_21	Die mit * gekennzeichneten Felder müssen ausgefüllt sein.	Der restliche Text kann entfallen, da er bei IU3_4_32 an passender Stelle steht.
IU3_4_32	Bitte geben Sie die neuen Daten ein bzw. überschreiben Sie die ausgefüllten Felder mit den neuen Adressdaten.	
IU3_4_43	Adressdaten übernehmen, keine Änderung der Zahlungsverbindung.	Dieser Text soll links neben dem Button stehen.

Abb. D.08: Tabellen-Ausschnitt

Auch diese Tranche wurde mit einem geringeren als dem geplanten Aufwand realisiert. Der Endtermin wurde bei einer Laufzeit von 3 Monaten um 5 Tage geringfügig überschritten. Hauptursache war die zu bewältigende Komplexität in der Vernetzung der Änderungsobjekte.

D.3 Ergebnisse

Im Rückblick hielt die Projektgruppe folgende Punkte in einer Abschlusssitzung fest:

Lessons learned

- Möglichst frühzeitig Prototypen erstellen, damit die teilweise recht abstrakten Inhalte auch für „Projektamateure" aus den Beiträge leistenden Fachbereichen vorstell- und begreifbar werden.
- Stets von der Gesamtsicht (Prozesse, Netzwerke) stufenweise zum Detail kommen, sonst gibt es „patchwork" und der Überblick geht zu Lasten der Ergebnisqualität verloren.
- Grundsatz: keine Projektgruppensitzung ohne Plan-Agenda, die in der Sitzung nachzuführen und den Teilnehmern als Ist-Agenda mit dem Protokoll zur Verfügung zu stellen ist. Nur so kann erkannt werden, ob die Planung realistisch war und gelernt werden kann, was beim nächsten Mal anders/besser zu machen ist. Will man das Vorgehen eines Projektes tiefergehend aufwands-, termin- und inhaltsbezogen analysieren, sind Ist-Agenden unabdingbar.
- Projektverantwortliche sollten den Kontakt zu ihrem Auftraggeber in Form regelmäßiger oder situativ erforderlicher Briefings pflegen.

Literaturverzeichnis

Ansoff, H. I. : Strategic management. London 1980

Appelfeller, W.; W. Buchholz: Supplier Relationship Management. Wiesbaden 2005

Bach, N.; T. Biemann: Geschäftsprozessmanagement in Deutschland. Ergebnisse einer Befragung im April 2004

Becker, J.; M. Kugeler; M. Rosemann: Prozessmanagement. 3. Aufl., Berlin 2002

Berning, R.: Prozessmanagement und Logistik. Berlin 2002

Best, E.; M. Weth: Geschäftsprozesse optimieren. Wiesbaden 2003

Binner, H. F.: Integriertes Organisations- und Prozessmanagement. München 1997

Bösenberg, D.; H. Metzen: Lean Management - Vorsprung durch Schlanke Konzepte. 5. Aufl., Landsberg/Lech

Bokranz, R.; L. Kasten: Organisations-Management in Dienstleistung und Verwaltung. 4. Aufl., Wiesbaden 2003

Bothe, K.: Strategic Supply Chain. A Blueprint for revitalizing the manufacture-supplier-partnership. Amacon 1989.

Bühner, R.: Betriebswirtschaftliche Organisationslehre. 5. Aufl., Oldenburg 2004

Buser, T.; B. Welte; Th. Wiederkehr: Vom Unternehmen zum Kunden-unternehmen. Zürich 2003

Cantin, F.; N. Thom: Organisationsarbeit in der Schweiz - Profil von Organisierenden in Wirtschaft und Verwaltung. Winterthur 1995

Champy, J.: Reengineering im Management. Frankfurt/Main 1995

Chandler, A. D.: Strategy and structure. Chapters in the History of Industrial Enterprise. Cambridge/Mass./London 1962

Christopher, M.: Logistics and Supply Chain Management. London 1992

Daenzer, W. F. (Hrsg.): Systems Engineering: Methode und Praxis. 7. neu bearb. und erw. Aufl., Zürich 1992

Davenport, T.H.: Process Innovation. Boston 1993

Demmer, C.; A. Gloger; R. Hoerner: Erfolgreiche Reengineering-Praxis in Deutschland. Düsseldorf-München 1996

Dernbach, W.: Geschäftprozessoptimierung - Der neue Weg zur marktorientierten Unternehmensorganisation. In Nippa, M/Picot, A. (Hrsg.): Prozeßmanagement und Reengineering - Die Praxis im deutschsprachigen Raum. Frankfurt am Main, New York 1995

Deutsches Institut für Normung e.V.: DIN EN ISO 9000. Ausgabe: 2005-12, Qualitätsmanagementsysteme - Grundlagen und Begriffe (ISO 9000:2005)

Dittrich, J.; M. Braun: Business Process Outsourcing. Stuttgart 2004

Dunst, K. H.: Portfolio Management. Konzeption für strategische Unternehmensplanung. Berlin/New York 1979

EFQM : European Foundation for Quality Management.(Hrsg.): Das EFQM-Modell für Excellence. Brüssel 2000

Eiff, W. v.: Geschäftsprozeßmanagement. In: zfo, 63/1995, S. 364-371

Ellringmann, H.; H. J. Schmelzer (Hrsg.): Geschäftsprozessmanagement inside. München 2004

Engelmann, Th.: Business Process Reengineering. Wiesbaden 1995

Fischermanns, G.: Organisationscontrolling. Hamburg 1996

Fischermanns, G.; W. Liebelt: Grundlagen der Prozessorganisation. 5. Aufl., Gießen 2000

Frese, E. (Hrsg.): Handwörterbuch der Organisation. 4. Aufl., Stuttgart 2004

Frese, E.: Grundlagen der Organisation. 5. Aufl., Wiesbaden 1992

Frese, E.; A. v. Werder: Zentralbereiche - Organisatorische Formen und Effizienzbeurteilung. In: Frese, E.; Werder, A. v.; Maly, W. (Hrsg.): Zentralbereiche. Stuttgart 1993, S. 1-50

Fuchs, R.: Personalbemessung: Methodischer Ansatz und Umsetzung mit einem eigenentwickelten Software-Tool. Vortrag bei ibo-Forum 2005

Gadatsch, A.: Grundkurs Geschäftsprozess-Management. 3. Aufl., Wiesbaden 2003

Gadatsch, A.; Th. Knupperts; Sv. Schnägelberger: Geschäftsprozessmanagement - Eine Umfrage zur aktuellen Situation in Deutschland. Sankt Augustin 2004

Gaitanides, M.: Prozeßorganisation: Entwicklung, Ansätze und Programme prozeßorientierter Organisationsgestaltung. München 1983

Gaitanides, M. et al.: Prozeßmanagement. München 1994

Geschka, H.: Wettbewerbsfaktor Zeit, Beschleunigung von Innovationsprozessen. Landsberg 1993

Gierhake, O.: Integriertes Geschäftsprozessmanagement. 3. Aufl., Braunschweig/Wiesbaden 2000

Glaser, H.: Prozeßkostenrechnung - Darstellung und Kritik. In: ZfbF, 44/1992, H.3, S. 275-287

Gleich, R.: Das System des Performance Measurement. München 2001

Goldratt, E: Das Ziel: Ein Roman über Prozessoptimierung. Frankfurt 2001

Götzer, K. G.: Kürzere Durchlaufzeit um jeden Preis!? Zielkonflikte bei der Prozeßoptimierung. In: zfo, 60/1991, S. 112-114

Hammer, M.: Das prozeßorientierte Unternehmen. Frankfurt 1997

Hammer, M.; J. Champy: Reengineering the Coorporation. A Manifesto for Business Revolution. New York 1993

Hammer, C.; J.Champy : Business Reengineering: die Radikalkur für das Unternehmen. 5. Aufl., Frankfurt a. M./New York 1995

Hässig, K.: Prozessmanagement. Zürich 2000

Harry, M.; R. Schroeder: Six sigma: Prozesse optimieren, Null-Fehler-Qualität schaffen, Rendite radikal steigern. Frankfurt/Main 2000

Heilmann, H. : Workflow Management - Integration von Organisation und Informationsverarbeitung. In: HMD, 176/1994, S.8-21

Helbig, R.: Prozessorientierte Unternehmensführung. Heidelberg 2003

Helfrich, Ch.: Praktisches Prozess-Management. München 2001

Hertel, J.; J.Zentes; H. Schramm-Klein: Supply-Chain-Management und Warenwirtschaftssysteme im Handel. 1. Aufl., Berlin 2005

Hohmann, P.: Geschäftsprozesse und integrierte Anwendungssysteme. Köln 1999

Horváth, P.; R. Mayer: Konzeption und Entwicklungen der Prozeßkostenrechnung. In Männel, W. (Hrsg.): Prozeßkostenrechnung - Bedeutung, Methoden, Branchenerfahrungen, Softwarelös sungen. Wiesbaden 1995

Horváth & Partner (Hrsg.): Prozessmanagement umsetzen. Stuttgart 2005

Hosseini-Rösner, R.: Qualitätsmanagement von der Funktions- zur Prozeßorientierung: die Revision der DIN ISO 9000 ff. Bergisch Gladbach 1999

IDS Scheer AG (Hrsg.): Business Process Report 2004. Tübingen 2004

Imai, M.: Kaizen: Der Schlüssel zum Erfolg der Japaner im Wettbewerb. Berlin/Frankfurt 1994

Ishikawa, K.: Guide to quality control. Tokyo 1983

ISO/IEC TR 15504: Information technology - Software process assessment. Part 1–9

Johnson, H. T.; R. S. Kaplan: Relevance Lost - The Rise and Fall of Management Accounting. Boston 1987

Kagelmann, U.: Shared Services als alternative Organisationsform. Wiesbaden 2001

Kaplan, R. S.; D. P. Norton: The balanced scorecard: translating strategy into action. Boston, Mass. 1996

Kieser, A.; P. Walgenbach: Organisation. 4. Aufl., Stuttgart 2003

Klingebiel, N.: Performance Measurement & Balanced Scorecard. München 2001

Komus, A.: Benchmarking als Instrument der intelligenten Organisation: Ansätze zur Steuerung und Steigerung organisatorischer Intelligenz. Wiesbaden 2001

Krafcik, J. F.: Triumph of the Lean Production System. In: Sloan Management Review, 1/1988, S. 41 - 52

Krüger, W.: Organisation der Unternehmung. 3. Auflage, Stuttgart 1994

Krüger, W.; Ch. Homp: Kernkompetenz-Management : Steigerung von Flexibilität und Schlagkraft im Wettbewerb. Wiesbaden 1997

Kuhn, A.; H. Hellingrath: Supply Chain Management. Berlin 2002

Lange, B.: Portfolio-Methoden in der strategischen Unternehmensplanung. Hannover 1981

Liebelt, W.; M. Sulzberger: Grundlagen der Ablauforganisation. Gießen 1989

Magnusson, K.; D. Kroslid: Six Sigma umsetzen: die neue Qualitätsstrategie für Unternehmen. 2. Aufl., München 2004

Markowitz, H. M.: Portfolio Selection. In: Journal of Finance, 7/1952, S. 77 - 91

Maurer, G.: Von der Prozeßorientierung zum Workflow Management - Teil 2: Prozeßmanagement, Workflow Management, Workflow-Management-Systeme. In Schwickert, A. C. (Hrsg.): Arbeitspapiere WI, Nr. 10. 1996

Mölder, H. (Hrsg.): Innovationen umsetzen, Erfolg durch Projektmanagement. 2.Aufl., Stuttgart 1999

Müller-Stewens, G; Ch. Lechner: Strategisches Management. Stuttgart 2001

Nadig, L.: Prozesskostenrechnung in Theorie und Praxis. Zürich 2000

Nickel, T.: Vom betrieblichen Vorschlagswesen zum integrativen Ideenmanagement: Analyse - Organisation - Training. Wiesbaden 1999

Nippa, M.; A. Picot: Prozeßmanagement und Reengineering. Frankfurt a. M. 1995

Oestereich, B.; Ch. Weiss; Cl. Schröder; T. Wielkiens; A. Lenhard: Objektorientierte Geschäftsprozessmodellierung mit der UML. Heidelberg 2003

Österle, H.: Prozeß- und Systementwicklung. 2. Aufl., Berlin 1995

Österle, H.; C. Brenner; Chr. Gaßner; Th. Gutzwiller; Th. Hess: Business Engineering. 2. Aufl., Berlin 1996

Osterloh, M.; J. Frost: Prozessmanagement als Kernkompetenz. Wiesbaden 1996

Prahalad, C. K.; G. Hamel: The Core Competence of the Corporation. In: Harvard Business Review, May-June 90, No. 3, S. 79 - 91

Rüegg-Stürm, J.: Das neue St. Galler Management-Modell. 2. Aufl., Berlin 2003

Scharfenberg, H. (Hrsg.): Strukturwandel in Management und Organisation. Baden-Baden 1993

Scheer, A.-W.: ARIS - Vom Geschäftsprozeß zum Anwendungssystem. 3. Aufl., Berlin 1998

Schmelzer, H. J.; W. Sesselmann: Geschäftsprozessmanagement in der Praxis. 4. Aufl., München 2004

Schmidt, G.: Grundlagen der Aufbauorganisation. 4. überarb. u. erw. Aufl., Gießen 2000

Schmidt, G.: Methode und Techniken der Organisation. 13. Aufl., Gießen 2003

Schmidt, G.: Organisatorische Grundbegriffe. 12. Aufl., Gießen 2000

Schober, H.: Prozessorganisation: Theoretische Grundlagen und Gestaltungsoptionen. Wiesbaden 2002

Schreyögg, G.: Organisation. 4. Aufl., Wiesbaden 2003

Schwarzer, B.; H. Kremar: Grundlagen der Prozeßorientierung. Wiesbaden 1995

Servatius, H. G.: Reengineering Programme umsetzen. Stuttgart 1994

Siebert, G.; S. Kempf: Benchmarking: Leitfaden für die Praxis. München 1998

Simon, H.; A. von der Gathen: Das grosse Handbuch der Strategieinstrumente. Frankfurt/Main 2002

Sorg, S.: Schlanke Produktion im Büro: Aller Anfang ist schwer. In: OM, 41/1993, H. 9, S. 6-15

Spahl, S.: Geschichtliche Entwicklung des BVW. In: Personal, Band 42, S. 178 - 180, 1990

Steinbruch, P. A.: Moderne Organisation für Praxis und Studium. Ludwigshafen (Rhein) 1998

Stoi, R.: Prozesskostenmanagement in Deutschland.

Strasmann, J.; A. Schüller (Hrsg.): Kernkompetenzen. Stuttgart 1996

Straub, R.: Benchmarking - Eine Darstellung des Benchmarking als modernes Instrument zur Leistungsentwicklung. Dissertation der Wirtschaftlichen Fakultät der Universität Zürich, Zürich 1997

Teufel, P.: Der Prozess der ständigen Verbesserung (Kaizen) und dessen Einführung. In Bullinger, H.-J./Warnecke, H. J. (Hrsg.): Neue Organisationsformen im Unternehmen: ein Handbuch für das moderne Management, Berlin et. al.1996, S. 526 - 548

Thommen, J.-P.: Management und Organisation. Zürich 2003

Töpfer, A.: Total-Quality-Management: Anforderungen und Umsetzung im Unternehmen. 4. Aufl., Neuwied 1995

Töpfer, A. (Hrsg.): Six Sigma. 2. Aufl., Berlin 2003

Ulrich, P.: Organisationslehre. Bern u. Stuttgart 1992

Vahs, D.: Organisation. Stuttgart 1997

Vossen, G.; J. Becker (Hrsg.): Geschäftsprozeßmodellierung und Workflow-Management. Bonn 1996

Wagner, K. W. (Hrsg.): PQM - Prozessorientiertes Qualitätsmanagement. 2. Aufl., München 2003

Weber, J; B. Wertz: Benchmarking excellence. Vallendar 1999

Werder, A. v.; H. Stöber: Center-Organisation. Stuttgart 2004

Witt, Fr.-J.: Aktivitätscontrolling und Prozesskostenmanagement. Stuttgart 1991

Stichwortverzeichnis

5-A-V Regeln 394
5-S Bewegungen 393
8-V Regel 393, 394

ABC-Analyse 153,154, 155ff, 240, 393
Ablauforganisation 11, 28, 36, 53
Alleinstellungsmerkmal 134
Analyse 11, 27, 35, 70, 83, 106, 112, 125, 178, 180, 185, 222, 237, 240, 246, 260, 287, 320, 360, 362, 392, 398, 406, 408, 412, 416, 426, 430, 447, 471, 483, 490
Analysefunktion 361
Analysetools 446
Ankunftsrate 294, 338
Antragsteller 121, 166, 355
Arbeitsgruppen, teilautonome 402
Aufbauorganisation 12, 28ff, 35ff, 56, 95, 140, 147, 149, 168, 183, 185, 199, 319, 339, 347, 404, 445, 472, 473,476, 478
Aufbauorganisation, prozessorientierte 95, 140, 147, 168, 404
Aufgaben 12, 13,16ff, 25, 29ff, 44, 47, 59, 92, 97, 101, 103, 109, 112, 122, 141, 150, 153, 176ff, 189ff, 202ff, 214, 221ff, 237, 247ff, 289, 302, 316ff, 332ff, 346, 360, 382ff, 388, 396, 401ff, 413, 422, 425, 430, 438, 441ff, 452
Aufgaben, essenzielle 317ff,
Aufgabenhäufigkeit 226, 254
Aufgabenträger 12, 14, 29ff, 47, 145, 187, 189, 195, 199, 200, 207, 211, 216, 227, 237, 245ff, 250, 263, 269, 271, 279ff, 291ff, 302, 304, 320, 331ff, 352, 360, 384, 396
Auftraggeber 15, 166, 177, 215, 355, 358, 364, 376, 485, 496
Auftragsklärung 184, 364
Ausgangshäufigkeiten 237, 238
Auslastungsgrad 71, 222, 278, 280, 294, 329, 341
Auslöser 13, 172, 177
Automatisierungsgrad 207, 380, 447

BCG-Matrix 86
Bearbeitung 17, 18, 32, 61, 104, 131, 132, 141ff, 152, 171, 189, 193, 244, 247, 258, 280, 290, 320, 325, 331ff, 340, 385, 408
Bearbeitungsrate 294, 338, 341
Bearbeitungszeit 43, 187, 221, 245ff, 253, 264, 280ff, 320, 329, 331, 337, 397, 460
Bedürfnisse 16, 66ff, 77, 78, 81, 82, 95, 104, 144, 149, 448
Bedürfnisse, abgeleitete 16
Benchmarking 25, 42, 45, 123ff, 182, 287, 288
Benchmarking, funktionales 124
Benchmarking, internes 124
Benchmarking, wettbewerbsorientiertes 124
Berechnung, aufgabenweise 255
Bewertungsschema 416, 422ff
Bewilligungsgremium 166, 167, 356
Binnenorganisation 37
Body of Knowledge (BoK) 420
bottom-up-Ansatz 104, 261
BPM-Maturity-Modell 419

Bruttoarbeitszeit 279
Business Process 11, 12, 26, 39, 41, 44, 48, 102, 126, 137, 323, 441,
Business Process Management 11, 26, 44, 420
Business Process Outsourcing 39, 102, 126, 137ff, 168, 174, 178,

Change Management 22, 168, 169, 171, 173, 426, 428
Chief Process Officer (CPO) 51, 416, 440
Clusterprozess 93, 94, 378
CMMI 418, 422, 424
Computer Aided Software Engineering (CASE) -Tools 446
Corporate Service Center 102

Daten 16, 24, 47, 63, 71, 118, 121, 137, 152, 184ff, 209, 221ff, 252, 270, 320ff, 350, 360, 374, 379, 380ff, 393, 398, 402ff, 439, 448, 460ff, 480
Datenanalyse 393, 405
Datenbankfunktionalität 360
Datensicht 47, 189, 209, 210, 361
Differenzierung 20, 90, 201, 321, 339
Dimensionen 12, 13, 18, 19, 319, 336, 407, 419
DIN EN ISO 9004:2000 418
Dringlichkeit 157, 160, 310, 325
Durchführbarkeit 21, 160, 161, 164
Durchlaufzeit, durchschnittliche 187, 253ff, 348

EFQM-Modell 418
Einlinienorganisation 33
Einzelfolgen 187, 290, 337
Einzelprozesstools 360, 361
Elemente 12, 13, 16, 29, 30, 61, 153, 195, 211, 214, 220, 228, 302, 319ff, 334, 360, 413
Endereignis 14, 107
Enterprise Resource Planning (ERP) -Tools 446
Entity-Relationship-Modell (ERM) 209
Erfolgsposition 62, 81
Erfolgspotenzial 239, 310, 312
Erhebungstechniken 187, 225, 280, 380, 381

First Pass Yield 221, 241ff, 256, 287, 334, 348, 349, 376
Fließprinzip 333
FMEA 390, 397, 398
Folgebeziehung, logische 17
Folgeplan 186, 190, 198, 201ff, 247, 249, 251, 301, 303, 361, 460, 487
Folgestruktur 211, 213ff, 233
Fremdbeobachtung 381
Führungsprozesse 41, 99ff, 134

Geblockter Text 216ff, 361
Geschäftsprozess 12, 26, 94, 137, 174, 372
Geschäftsprozess-management 26, 48, 174, 412, 453
Geschäftsprozess-optimierung (GPO) 42
Groupware-Systeme 323, 325
Gruppierung 294, 304, 335, 339, 396

Hauptast 181, 219, 239ff, 256, 287, 376
Hauptprozess 94, 109, 242, 275, 276, 398
Hauptstudie 23, 181ff, 352, 472, 475

Hauptziele 220ff. 288
Hierarchie 30, 33, 35, 44, 377, 401ff, 441

ibo-Prozessfenster 18, 19, 61, 421, 422
Informationssystem 30
Inhouse Partnerschaft 126, 127, 128, 133
Input 12, 13, 14, 106, 107, 119, 121, 122, 183, 185, 189, 212, 331, 350
Instabilität 24, 168, 362ff, 410, 426, 428
Integrationstests 351
Interventionen 322, 365, 411
Ishikawa Diagramm 304
ISO 9000 ff 44
Ist-Daten-Ermittlung 379, 380
Ist-Prozessmodelle 102, 103
IT-Systeme 108, 143, 150, 151, 263, 292, 320ff, 334, 336, 347, 360, 422, 437
IT-Systemsicht 189, 205, 207, 208, 264, 361

Job Enlargement 32, 322
Job Enrichment 32, 328, 340
Job Rotation 32

Kaizen 25, 43, 172, 373, 390ff, 411
Kernkompetenz 75ff,106, 134, 139, 159, 174
Kernkompetenzen-Baum 77, 78
Kernprozess 94, 139
Kernziele 112, 113, 141, 159
Kette 135, 193, 218, 285, 297, 335
Kombinatorik 229, 333
Kontinuierliche Prozess-optimierung 24, 25, 49, 373ff, 399, 400ff, 428
Kooperationsformen 39, 81
Kostenführerschaft 20, 89, 90
Kosten-Wirksamkeits-analyse 347, 433
Kritischer Erfolgsfaktor 67, 258
Kunden 13, 15, 59, 61ff, 71ff, 118, 121ff, 128, 130ff, 142ff, 170, 177, 183, 185, 196, 222, 243, 245, 252, 257ff, 287, 320, 327, 352, 392, 398, 483, 492
Kundenbedürfnisse 63, 66ff, 73, 78, 85, 97, 106, 109, 112, 299, 346, 483
Kundenbefragung 66, 68, 71, 82
Kunde, interne 392
Kunde-Kunde-Prinzip 92, 93, 94
Kundenzufriedenheit 114, 136, 144, 221, 288, 370, 375, 415

Laufzettel 187, 247, 381, 388
Lean Management 41
Leitbild 56, 59, 60, 61, 368
Leitungssystem 30, 33, 141, 147
Lenkungsausschuss 165, 185, 355, 474
Liegezeit 142, 221, 245ff, 255, 285, 314, 315, 329, 341
Linear/kausale Problemketten 296, 297
Linear/kausale Problemwurzel 303

MAK 47
MAK-Verteilung 269, 278
Managementprozesse 99, 101
Marktstrategien 63, 81, 83, 85, 87
Matrixorganisation 34, 35, 148, 403
Matrix-Projektorganisa-tion 165, 358, 359
Matrix-Prozessorganisa-tion 147, 148, 404

Mehrlinienorganisation 34, 148
Meta-Kommunikation 369
Methoden, zeitversetzte 380
Mind-Map 305, 361, 494, 495
Minutensatz 263
Mission 56, 57, 59, 60
Mitarbeiterzufriedenheit 115, 185, 222, 243, 288
Modellierungsfunktion 361
Modellierungstools 446
Module 206
Modultests 350
Morphologische Analyse 346
Multi-Moment-Monitoring 381, 384, 385, 386
Multimomentstudie 384, 385, 387, 388
Multi-Projektmanagement 22, 165, 167, 426

Nettoarbeitszeit 263, 279, 280
Neupositionierung 83,
Notation 186, 188
Null-Fehler-Strategie 371
Nutzwertanalyse 162, 347, 432, 433

Objektkosten 261, 264, 265, 266
ODER-Rückkopplung 193, 196, 197
ODER-Verknüpfung 193, 196, 231
ODER-Verzweigung 193, 195, 196, 214, 230, 231, 232, 240, 250, 383
Optimierungsfunktion 361
Organisation 11, 28, 34, 37, 39, 40, 45, 47, 50, 52, 134, 140, 147ff, 168ff, 220, 272, 273, 324, 360, 364, 369, 372, 384, 399, 414, 420, 433, 442, 452, 455, 458
Organisation, divisionale 141
Organisation, funktionale 34, 141, 147ff
Organisationseinheit 36, 128, 149, 167, 199, 200, 227, 247, 280, 310, 339, 358, 404, 440
Organisationssicht 189, 190, 199, 200ff, 361
Output 12, 13, 14, 16, 94, 106, 121, 122, 168, 183, 185, 189, 245, 331, 463
Outsourcing 39, 41, 49, 77, 101, 102, 126ff, 168, 174, 183, 290, 321, 331

Papiercomputer 311, 312
PDCA-Zyklus 390, 395
Personalkosten 142, 156, 202, 203, 258, 261, 297
Portfolio-Analyse 86, 87, 158, 159ff, 311, 313
Primärorganisation 35, 359, 440
Priorisierung 21, 27, 153, 157, 158, 240, 310, 311, 400, 414, 426, 428, 453, 472, 475, 485, 491, 493
Priorisierungstabelle 162, 163
Problem 16, 73, 87, 96, 170, 171, 283, 285, 288, 310ff, 323, 333, 389, 390, 392, 395, 400
Problembewertung 285, 306, 310, 311
Problemdarstellung 285, 308, 309
Problemfelder, isolierte 296
Problemnetze 305, 306, 307
Problemsuche 285, 286, 287, 296, 389
Process Performance Management 373
Processoffice 434, 435, 438, 440
Processowner 399
Produktionstests 351
Produktqualität 43, 59, 115, 143, 221, 288, 375

Project-Office 355, 357
Projekt 22, 53, 58, 104, 116, 124, 165ff, 175ff, 183, 184, 201, 211, 351, 354ff, 373, 375, 414, 428, 445, 458, 464, 472
Projektleiter 165, 185, 355ff, 375, 434
Projektmanagement 22, 165, 167, 176, 354ff, 371, 399, 400, 426, 434, 445
Projektmitarbeiter 358, 360, 365
Projektorganisation 175ff, 184, 355, 358, 375, 458, 472
Projektorganisation, Reine 358
Projektphase 46, 178
Promotor 166, 167, 355, 363, 371
PROSA 390, 396, 397
Prozess 54, 63, 68, 93ff, 106, 109, 112, 115, 120ff, 140ff, 154ff, 167, 176ff, 198, 201, 204ff, 209ff, 216, 223ff, 233, 238, 247, 252, 260ff, 271ff, 281ff, 291, 316ff, 330ff, 344ff, 350ff, 367ff, 373, 377, 381, 383, 389, 396, 398, 400ff, 410ff, 438, 440ff,
Prozessanalyse 44, 115, 220, 221, 227, 347, 375, 383
Prozessanforderungen 109, 286
Prozessattraktivität 160, 161, 164
Prozessauftrag 177, 183ff, 201, 363
Prozessbearbeitung, ganzheitliche 141ff, 151
Prozessbefreiung 317, 319
Prozessbenchmarking 123, 124, 125
Prozessbewertung 23, 347, 349
Prozesscheck 21, 22, 111, 112, 115, 120ff, 160, 389, 426, 428
Prozesscockpit 26, 405ff, 427, 428
Prozessdefinition 12, 13, 17, 66, 77, 92, 107, 121, 177
Prozessdesign 23, 115, 182, 316, 317, 350, 389, 426
Prozessdiagnose 112, 122, 389, 396, 408
Prozessdiagramm 116, 118ff, 182, 200
Prozessebenen 12, 92ff, 109, 199, 271, 351, 378
Prozesseigenschaften 108, 109
Prozesseinführung 24, 179, 350f, 426
Prozesserhebung 180, 186, 187, 426
Prozessgestaltung 18, 22ff, 42, 49, 51, 112, 115, 125, 175ff, 374, 376, 389, 406, 413, 416, 426, 430, 441, 460, 472, 477
Prozessidentifikation 104ff, 109
Prozesskatalog 121
Prozesskennzahlen 11, 24, 25, 46, 61, 112, 123, 125, 181, 374ff, 385, 401ff, 427
Prozesskosten 24, 109, 114, 115, 132, 142, 144, 159, 185, 220ff, 258ff, 271, 275, 277, 281, 287ff, 334, 339, 348, 349, 375, 376, 378, 386, 408, 415
Prozesskosten, durchschnittliche 268, 287
Prozesskostenrechnung 42, 51, 202, 203, 259, 260ff, 277, 372
Prozesskostenrechnung häufigkeitsbasierte 261
Prozesskostenrechnung, mengenbasierte 261, 268, 269, 270
Prozesskostenrechnung, top-down 261
Prozesslandkarte 103, 112, 120, 485, 493
Prozessleistung 125
Prozessleistungs-diagnose 25, 389, 390, 427
Prozessleistungs-messung 379, 381, 405, 427

Prozessleistungssteuerung 380, 427
Prozessleiter 376, 389, 397, 399ff, 427, 435, 440
Prozessmanagement 18, 20, 25ff, 44ff, 166, 174, 352, 399, 400, 405, 412, 413ff,
Prozessmanagement-Assessment 26, 416, 425ff, 438
Prozessmanagement-Audits 27, 439
Prozessmanagement-Implementierung 433, 435, 437
Prozessmanagement-Konzept 26, 427, 430, 431
Prozessmanagement-Support 438, 439
Prozessmanagement-System 26, 413ff, 429, 434, 438,441
Prozessmanagement-Tools 27, 446ff, 451
Prozessmanager 11, 427, 437, 440ff, 452
Prozessmodell, tabellarisches 121
Prozessmodellierung 115, 117, 119, 121, 188, 199, 200ff, 361, 437
Prozessmonitoring 381ff,
Prozessmusterwechsel 364, 367, 369
Prozessplanung 22, 179, 180ff, 350, 460
Prozessportfolio 164
Prozesspriorisierung 94, 164, 434
Prozessprofil 108, 110, 139
Prozessqualität 115, 142, 143, 159, 220ff, 288, 349, 375, 415
Prozessrealisierung 24, 179, 350, 426
Prozessrollen 27, 399, 452, 453
Prozesssicht 189, 191, 198, 209, 212, 361
Prozessskizze 115, 121, 122, 184, 185
Prozessteam 389, 401
Prozesstest 350
Prozessthemen 416, 419, 421ff, 434, 435
Prozessvariante 227, 228, 489
Prozessverantwortlicher 27, 148, 353, 399, 427, 453
Prozessvision 20, 60, 63, 81, 125, 146, 317, 321, 389, 426, 428
Prozesswürdigung 23, 125, 283, 389, 426
Prozesszeit 18, 243, 245
Prozessziele 51, 112ff, 122, 147, 183, 221, 222, 243, 351, 373, 375, 399, 404
Qualifizierung 434
Qualitätsmanagement 45, 286, 304, 371, 392, 414, 418, 431
Quelle 48ff, 172, 190, 211, 217, 227, 228, 233, 386, 392, 442

Rahmenorganisation 38, 39
Raum 18, 29, 54, 215, 282, 336, 367, 405
Reifegrad 26, 51, 52, 418, 424, 425, 429
Ressourcenstrategie 63, 126
Risiken 111, 122, 123, 135, 160, 175, 283, 284, 285, 308, 309, 310, 311, 398
Risikoprioritätszahl 398
Rollenkonflikte 427, 428, 434, 452, 453
Rüstzeit 221, 245, 280

Sachmittelkosten 261ff, 297
Sachmittelsystem 329
Schnittstellen 14, 116, 117, 127, 131, 138, 172, 184, 221, 224, 287, 293, 317, 327, 340, 348, 382, 397, 400, 402, 414, 430, 471, 475ff, 482, 486

Schnittstellenmatrix 116, 117
Sekundärorganisation 35, 359, 440
Selbstbeobachtung 381
Self-Multimomentstudie 385
Senke 190, 211, 217, 227, 231, 235
Service Level Agreement (SLA) 132
Serviceprozesse 98
Shared Service Center 39, 102, 126ff
Simulation 44, 351, 447, 448
Simulationstools 446
Single-Segment-Strategie 84
Six Sigma 42, 370, 371, 372
SMART-Prinzip 114, 132
Soll-Vorstellungen 286
SOS-Konzept 98
Spezialisierung 31, 105, 141ff, 194, 291, 339
Spezifikationstests 350
Spice 44, 418, 422ff
Sponsor 166, 167, 355
Stabilität 26, 36, 145, 147, 366, 374, 410, 411, 427, 428
Stabs-Projektorganisation 358, 359
Standardisierung 49, 96, 131, 136, 150, 187, 224, 328, 332, 392, 446
Startereignis 12, 13, 107, 190, 247
Stelle 18, 31, 32, 37, 81, 88, 94, 141ff, 169, 187, 200ff, 263, 278, 324ff, 334, 338, 340, 347, 357, 361, 362, 375, 382, 389, 392, 416, 442, 448, 461
Steuerungsprozesse 98, 102
Strategische Geschäftsfelder 63ff, 81
Strategische Prozessorganisation 20, 53ff, 426
Strategisches Management 41, 174
Supply Chain Management 39, 41, 126, 135, 152, 206
Supportprozesse 98, 128, 130
Swimlane-Modell 116
SWOT-Analyse 122, 123, 182
Symbole 201, 210ff, 221, 411
Symptombekämpfung 298
Systemdiagramm 116, 117
Systemgrenze 116

Teilprojektleiter 355, 356
Teilprozess 92, 95, 189, 201, 261, 272ff, 314, 344, 383, 398
Termintreue 136, 244, 246, 256ff, 287, 415
Top-down-Ansatz 102
Total cost of ownership 263
Total Quality Management (TQM) 44, 373
Transaktionen 206, 382, 383, 384
Transportsachmittel 329
Transportzeit 221, 245ff, 250, 255, 333, 334, 394
Triage-Ansatz 339
Trigger 13

Umpositionierung 83
UND-Verknüpfung 193ff, 234, 235, 245
UND-Verzweigung 193ff, 232ff, 248, 249, 319
Unternehmenskultur 63, 75, 77, 114, 168, 170, 415
Unternehmensphilosophie 59
Unternehmenspolitik 59ff
Unternehmensprozessmodell 22, 91, 103, 109ff, 425, 426
Unternehmensstrategie 20, 44
Unternehmenszweck 59
Unterstützungsprozesse 99ff, 128, 130

Ursache 41
Ursache-/Wirkungsanalyse 285
Usability Tests 351

Varianten 122, 224, 227, 230ff, 240, 253, 255, 260, 267, 275, 287, 319, 334, 346, 354, 432
Variantenbildung 107, 109
Variantenhäufigkeiten 237, 239
Variantenzahl 221, 227ff, 289, 324
Verarbeitungsbezogene Betrachtung 302
Verbesserungspotenzial 21, 160, 164, 371
Verfahren (realtime), echtzeitbasiertes 380
Verteilzeiten 246, 279, 295
Vision 56ff, 95, 366, 411
Visualisierungstools 360, 446
Vorgangskettendiagramm 116, 119
Vorgangsbearbeitung, ganzheitliche 141, 144, 263, 265, 267, 268
Vorgehen 102, 104, 162, 169, 171, 177, 271, 305, 316, 320, 323, 354, 393, 395, 460ff,
Vorgehensmodell 53, 56, 176, 178, 184
Vorstudie 23, 181ff, 457, 460, 472ff, 479

Wartezeit 221, 245, 246, 280, 394
Werkstatt-Prinzip 326
Wert 12, 13, 15,66, 75, 77, 90, 94, 227, 245, 255, 276, 279, 373, 389, 428,
Wertschöpfung 15, 53, 97, 100, 101
Wertschöpfungsketten-diagramm 97
Wettbewerbsanalyse 70, 72, 287
Wettbewerbsstrategien 20, 56, 62, 88, 91, 258, 426
Wichtigkeit 37, 49
Workflowfunktion 362
Workflowmanagement (WFM) 43
Workflow-Management-Systeme (WfMS) 446

Zeit 11, 18, 29, 43, 48, 52, 58, 63, 66, 77, 80, 88, 107, 113, 126, 136, 145, 154, 215, 245, 247, 279, 309, 314, 320, 327, 336, 351, 373, 375, 382, 394, 399, 405, 438, 441
Zeitdauer 18, 211, 244ff, 253, 294, 295, 296, 308
Zeitklassenverfahren 269, 270
Zeitpunkt 14, 30, 80, 89, 115, 124, 133, 185, 244, 245, 379, 380, 434
Zeitraum 18, 22, 79, 178, 188, 244, 246, 269, 280, 282, 295, 308, 376, 380
Zielerreichungsgrad 347, 349, 432
Zwecksetzungen 45, 50, 62

Zum Autor

Dr. Guido Fischermanns, Jahrgang 1966, ist seit 2000 Geschäftsführer und Gesellschafter der ibo Beratung und Training GmbH.

Nach dem Studium der Betriebswirtschaftslehre an der RWTH Aachen begann er 1991 bei ibo und ist seitdem als Trainer und Berater zu den Themen Prozess-, Organisations- und Projektmanagement tätig. Von 1991-1996 schrieb er seine Promotion zum Thema „Organisationscontrolling" und veröffentlichte in den folgenden Jahren Bücher und Artikel zu den Themen „Prozessorganisation", „Projektmanagement" und „E-Learning". Seit 2004 ist Guido Fischermanns Lehrbeauftragter für die Themen Prozess- und Projektmanagement an der Justus-Liebig-Universität Gießen. Er ist im Beirat der gfo (Gesellschaft Führung und Organisation) und koordiniert die regionalen BPM-Expertenkreise der gfo.